国家出版基金项目
NATIONAL PUBLICATION FOUNDATION

现代冶金功能耐火材料

Functional Refractories for Modern Metallurgy

李红霞　编著

北　京
冶 金 工 业 出 版 社
2022

内 容 提 要

透气元件、浸入式水口、滑板等是现代钢铁制备流程中的关键功能性耐火材料。本书系统地介绍了功能耐火材料服役行为、失效机理、材料设计制备及评价方面的研究结果，并突破传统设计思路，提出了以功能分区和关键部位增强为核心的关键服役性能协同提升的学术思想。同时介绍了冶金功能耐火材料的制备与使用，包括原料、生产工艺、设备等。最后介绍了功能耐火材料的研发重点和趋势。

本书从冶金发展需求出发，系统、全面地讨论了各种冶金功能耐火材料，选材新颖、广泛，内容丰富，理论联系实际，具有较强的实用性，对我国从事耐火材料开发和应用的科研、教学和生产技术人员具有重要的参考价值。

图书在版编目（CIP）数据

现代冶金功能耐火材料/李红霞编著. —北京：
冶金工业出版社，2019.2（2022.1 重印）
ISBN 978-7-5024-8075-2

Ⅰ.①现… Ⅱ.①李… Ⅲ.①耐火材料—研究
Ⅳ.①TQ175.71

中国版本图书馆 CIP 数据核字（2019）第 033623 号

现代冶金功能耐火材料

出版发行	冶金工业出版社	电　话	（010）64027926
地　址	北京市东城区嵩祝院北巷 39 号	邮　编	100009
网　址	www.mip1953.com	电子信箱	service@ mip1953.com

责任编辑　任静波　于昕蕾　美术编辑　彭子赫　版式设计　孙跃红
责任校对　石　静　责任印制　禹　蕊
三河市双峰印刷装订有限公司印刷
2019 年 2 月第 1 版，2022 年 1 月第 2 次印刷
710mm×1000mm　1/16；49 印张；958 千字；768 页
定价 168.00 元

投稿电话　（010）64027932　投稿信箱　tougao@cnmip.com.cn
营销中心电话　（010）64044283
冶金工业出版社天猫旗舰店　yjgycbs.tmall.com
（本书如有印装质量问题，本社营销中心负责退换）

序　言

　　我国钢产量已多年位居世界第一，2018 年产钢达 9.28 亿吨。钢铁行业的发展，不仅体现在量的增加，更反映在产品品种的完善和质量的提高，这与冶金技术进步，特别是转炉炼钢、炉外精炼、连铸等技术的进步密不可分。目前，我国钢产量已达到平台期，产品高端化、绿色发展和智能制造将成为钢铁冶金发展的重要方向，也是提升冶金行业竞争力的必然选择。耐火材料是钢铁冶金流程中不可或缺的重要基础材料，深度参与到冶金过程，其服役行为对钢材品种质量、冶金效率有重要影响。在一定程度上，重大冶金新技术的实施依赖于耐火材料新技术的突破，在钢铁冶金高质量和绿色发展的进程中，高性能耐火材料的重要作用不可替代。

　　现代钢铁制造流程的特点是多工序串联、动态有序和连续紧凑，其中精炼、连铸工序是关键。可靠性高、寿命长和服役行为优的透气元件、浸入式水口、滑板等冶金功能耐火材料是精炼、连铸工序精准匹配、高效运行的关键支撑材料，起到均匀钢液成分和温度、控制钢液流量及分布、促进夹杂物上浮、防止钢液二次氧化等重要作用，其服役行为对新品种开发、提质增效、洁净钢生产及节能降耗有重要影响。如果没有高品质的功能耐火材料，将无法实现高效率、高品质钢的生产。李红霞博士多年来致力于冶金、石化等高温行业新技术、新装备用关键耐火材料的研究与工程化应用，在国家"九五"攻关计划、国家"863"计划、国家"973"计划、国家自然科学基金、国家科技支撑计划等支持下，她带领团队针对我国功能耐火材料发展滞后的问题开展了卓有成效的工作，在材料服役失效机理、材料组成与结构设计、功能优化及应用基础与工程化研究等方面取得了一系列科研成果。她发明了冶金功能耐火材料关键服役性能协同提升技术，实现了材料功能与寿命等的多目标优化，研制出系列新型冶金功能耐火材料，并在精炼和连铸中获得成功应用。她率领团队将冶金功能耐火材料的组成和结构设计、制造和应用技术提升到一个新的高度，实现了我国薄板坯连铸、高品质特殊钢生产用关键功能材料国产化，满足了钢铁流程高效运行和高品质钢生产的需要，引领和促进了耐火材料行业的科技进步。

　　薄板坯连铸连轧是继氧气转炉炼钢、连续铸钢之后，又一带来钢铁工业技术革命的新技术。其产线布置更为紧凑，流程更加简约高效，更利于实现智能制造。过程能耗和排放也更低，是一种高效、低成本生产高性能钢铁材料的绿色生产技术，符合钢铁工业的发展方向。自1999年8月26日珠钢电炉—薄板坯连铸连轧生产线成功热试后，我国薄板坯连铸连轧产线如雨后春笋般涌现，现为生产线最多、产能最大的国家，多项技术国际领先。我一直从事薄板坯连铸连轧技术和低成本高性能钢铁材料制造技术研究，工作在工程设计和企业科研第一线，在我负责国家重点工程——珠钢薄板坯连铸连轧项目中，深感冶金功能耐火材料对薄板坯连铸连轧工程高效稳定运行的重要。由于结晶器特殊性和高拉速特点，浸入式水口结构复杂、结晶器保护渣侵蚀性强，浸入式水口的寿命和服役功能极大地影响着薄板坯连铸效率和钢坯质量，成为制约薄板坯连铸安全稳定运行的关键冶金功能耐火材料。

在珠钢与原冶金工业部洛阳耐火材料研究院（中钢集团洛阳耐火材料研究院的前身）合作研制开发薄板坯连铸用浸入式水口时，我初识李红霞博士，在整个研制进程中，从配方试验、结构设计到中试生产，李红霞博士全程工作在生产一线。无论什么时间安排现场试验，即使是凌晨，她也要从烘烤、开浇到结束全程查看水口的状态，这样她带领团队研制的水口经过热震试验、短浇次、长浇次及批量试验后应用效果完全达到了进口产品水平，打破了国外垄断，使浸入式水口的价格大幅度降低，解决了薄板坯连铸连轧高效运行的关键耐火材料技术瓶颈，从而推动了该技术在我国的迅速发展。

李红霞博士不仅有着深厚的材料学知识基础，更高度地关注钢铁冶金发展方向，特别是对钢铁冶金新技术所需要的耐火材料技术高度敏感，解决了许多冶金新技术用关键耐火材料技术问题。《现代冶金功能耐火材料》一书是她及团队多年从事冶金功能耐火材料研究与工程化应用所积累的知识和研究成果的总结、归纳与提炼。该书涉及冶金流程中的系列功能耐火材料，涵盖了材料服役环境与失效机理研究、组成结构设计、功能设计、制备技术及发展趋势等诸多方面。该书所涉及的相关研究方法与制备技术在整个耐火材料领域的代表性十分突出，可为行业技术人员提供指导，书中大量应用实践也为我国从事冶金生产技术的人员提供了有益参考。基于该书的重要性和意义，《现代冶金功能耐火材料》获得了2019年度国家出版基金资助。另外，该书的编著者不仅理论知识丰富，而且实践应用能力强，并邀请行业中有代表性水平的专家审稿，定位于高起点、高水平、高出版质量。鉴于此，我认为《现代冶金功能耐火材料》一书的出版是一件值得嘉许的事情。

　　今后一段时期，以无头轧制为代表的薄板坯连铸连轧技术（ESP）、薄带连铸连轧技术和非晶薄带材生产技术将在我国得到快速发展，所涉及的高通量浸入式水口、陶瓷侧封板、喷嘴等是影响产品质量和生产效率的关键功能耐火材料，希望广大耐火材料科技工作者能从这本书中得到启发，创新性地开展高质量冶金功能耐火材料研发和应用，推动我国钢铁工业高质量绿色发展。

毛新平

2019 年 2 月

前　言

　　产品高端化和绿色发展是现代冶金行业发展的重要方向。精炼用透气元件、连铸用浸入式水口、薄带铸轧用侧封板、非晶带材用流口等，是冶金高端产品开发、新技术实施和节能降耗的重要功能耐火材料，起到均匀钢液成分和温度、促进夹杂物上浮、控制钢液流量及分布、防止钢液氧化等重要作用，极大地影响精炼、连铸工艺的高效运行和钢坯质量。由于服役环境异常苛刻、瞬间经受温差大于1000℃以上的剧烈热冲击和钢液及熔渣的侵蚀等，传统材料在服役过程中存在抗热震性差、局部严重侵蚀、功能劣化等共性问题，导致钢水偏流、紊流等，致使非金属夹杂物增多，严重影响铸坯或带材的性能和质量。此外，由于传统耐火材料关键服役性能之间相互制约，材料的功能改善和寿命提高难以协同，严重影响冶金效率和能耗，不能满足高品质钢材高效化生产需求。那么，怎样避免冶金功能耐火材料关键服役性能的相互制约，怎样设计制造兼具高抗热震性和高抗侵蚀性、功能稳定且不污染钢液的高品质功能耐火材料，这一直是发展高性能功能耐火材料需要研究和突破的技术瓶颈。

　　本书编著者结合自身的研究和应用实践，对系列冶金功能耐火材料进行了较系统的阐述，涵盖了系列功能耐火材料服役环境与失效机理、组成结构设计、功能设计、制备技术以及发展趋势等诸多方面，所涉及的数值、物理与热场相结合的"三位一体模拟"功能耐火材料研究新方法，结构和功能一体化设计的材料服役功能化与长寿化设计新思路，复合制备技术等新理念对耐火材料技术发展具有重要意义，对耐火材料科技人员具有很好的指导作用，书中大量应用实例也为从事冶金生产的技术人员提供有益参考。

在本书编写的过程，为了使其更加全面、丰富，部分内容和数据参考了一些文献，在此对文献作者表示真诚的谢意，同时参考过程中难免有些许遗漏，敬请见谅。

本书编写过程中，刘国齐教授级高工、张晖教授级高工、石干教授级高工、杨文刚高工、陈卢高工、于建宾高工、余同署高工、马天飞高工、尹红丽高工、钱凡高工、闫广周高工、魏昌晟高工、马渭奎工程师、郭鹏工程师等参与了部分章节的编写工作，杨彬教授级高工进行了审稿，在此表示衷心的感谢。

本书编写过程中得到了中国工程院王一德院士和毛新平院士的鼓励和支持，毛新平院士还拨冗为本书作序，在此表示诚挚的谢意。

本书的编写和出版得到了中钢集团洛阳耐火材料研究院的大力支持。衷心感谢为本书撰写提供支持帮助的领导、同事和所有朋友，特别是王文武副院长、李光辉部长积极协调，柴俊兰秘书长及时与出版社沟通，保障了本书的按时出版，在此表示衷心的感谢。

本书获得了国家出版基金资助，在此向国家出版基金管理委员会表达诚挚的谢意。

由于作者水平有限，不足之处在所难免，敬请读者指正。

李红霞

2019 年 2 月

目　　录

1 概　　论

1.1　基本概念

冶金功能耐火材料是钢铁冶金等工业用结构功能一体化材料[1,2]，包括透气元件、滑板、长水口、塞棒、浸入式水口、湍流控制器、侧封板等，除具有一般耐火材料的特性如耐高温、抗热震、抗侵蚀外，还通过材料配置或结构设计实现特定功能，如均匀钢液成分和温度、控制钢液流量及分布、促进夹杂物上浮、防止钢液氧化等。

1.2　技术概念

冶金功能耐火材料是支撑钢铁生产高效运行的关键辅助材料，主要体现在以下几点：（1）生产的安全性，作为与钢水接触的材料，功能耐火材料异常损坏或过度侵蚀均有可能引起钢水泄漏，甚至造成严重安全事故。如透气元件过度侵蚀造成的漏钢、浸入式水口使用过程中的非正常断裂引起的钢水外溅、塞棒过度蚀损引起的控流失效、侧封板功能失效造成的漏钢等。（2）生产效率，冶金功能耐火材料是钢铁生产的关键环节，其性能好坏对钢铁生产效率有重要影响。透气元件、滑板使用中损坏、功能失效等均会下线更换，降低钢包周转次数；浸入式水口、塞棒、侧封板是连铸炉数的关键控制环节之一，材料的过度蚀损、冲刷以及非正常断裂等均会降低连铸炉数，进而影响钢铁生产效率。（3）钢坯质量，功能耐火材料的功能尤其重要，其作用是否发挥对钢坯质量有重要影响。透气元件的搅拌作用对均匀钢液成分和温度，促进合金化有重要影响；长水口、浸入式水口保护钢水避免二次氧化，同时浸入式水口控制结晶器流场的功能对促进夹杂物上浮、减少卷渣、稳定流场有重要作用；具有防堵塞功能的无硅无碳浸入式水口不仅可以降低对钢水的增碳、增硅，而且可以避免氧化铝在水口内部的附着，减少钢坯中引入大型夹杂物；镁碳质浸入式水口避免了钢水中引入氧化铝夹杂，有利于提高帘线钢的质量；中间包内设置合理结构的湍流控制器、优化堰坝组合、使用气幕挡墙等减少死区，可优化钢液流动路径，促进夹杂物上浮，改善钢坯质量；优化塞棒棒头形状，提高钢水控流灵敏度，减少结晶器内液面波动，降低卷渣的可能性；整体塞棒棒头设置氩气通道，也可降低氧化铝附着，提高钢坯质量。因此功能耐火材料性能及服役行为对钢铁生产的安全性、效率，尤其是对高品质钢材生产有重要影响。

1.3　基本材料体系

1.3.1　氧化物-石墨复合材料

滑板、长水口、塞棒、浸入式水口所用材料均为含碳耐火材料，它是以氧化物和鳞片状石墨为主要成分，以酚醛树脂、沥青等有机物作为结合剂热处理后形成的一种碳结合氧化物-石墨多相复合材料，如广泛使用的铝锆碳（氧化铝-氧化锆-石墨复合材料）滑板、铝碳质（氧化铝-石墨复合材料）长水口、铝碳质（氧化铝-石墨复合材料）整体塞棒、铝碳（氧化铝-石墨复合材料）-锆碳（氧化锆-石墨复合材料）复合浸入式水口等。氧化铝、氧化锆、氧化镁等氧化物具有熔点高、耐侵蚀的特点。鳞片状石墨熔点高，与耐火氧化物高温下不共熔；导热性能好，具有各向异性，宏观膨胀小，在温度变化时体积变化不大，因此石墨具有优良的抗热震性；另外石墨与熔渣润湿性差，具有优良的抗渣能力。因此氧化物-石墨复合材料具有优良的抗热震性和抗侵蚀性，在钢铁行业广泛应用。

氧化物-石墨复合材料中还经常引入少量添加物以便更有效地提升材料的性能，包括：（1）改善抗热震性，如添加低膨胀的熔融石英、锆莫来石或者单斜氧化锆等。（2）提高抗氧化性，含碳材料在高温下使用，其最主要的一个缺点是易氧化，通过添加 Si、SiC、B_4C、$AlSi_4C_4$、Al 等，在使用时优先与氧反应，改变材料的显微结构，提高致密程度，阻塞气孔等，提高含碳材料的抗氧化能力；另外，Si、Al 等在热处理或使用过程中能够形成陶瓷结合相，改善材料碳结合易氧化、强度低的问题，提高材料的抗侵蚀能力。（3）提高抗侵蚀，在材料中引入 BN、炭黑、ZrB_2 等，改善材料的抗侵蚀性，提高功能耐火材料的使用寿命。

1.3.2　刚玉-尖晶石质浇注料

透气元件目前的主流材料为刚玉-尖晶石浇注料，它是一种高纯铝镁浇注料，以刚玉、尖晶石、镁砂等高熔点氧化物为主要原料，使用铝酸盐水泥为结合剂，并添加一定量的微粉，通过浇注、高温烧结制成的一种复合耐火材料，物相中有刚玉、尖晶石和 CA_6 三种高熔点相，并形成了良好的结合，具有良好的抗热震性和抗渣性。刚玉-尖晶石浇注料中还经常引入少量的氧化铬以提高高温强度和抗冲刷性，改善服役性能。

1.3.3 氧化锆材料

由于氧化锆材料熔点高、化学性能稳定、热稳定性能好、高温蠕变小、耐钢水侵蚀，氧化锆质定径水口广泛用于小方坯连铸。氧化锆材料是以氧化锆为主要材料，添加一定量的稳定剂，经过高温烧成制成的一种材料。

1.3.4 BN 基复合材料

侧封板目前的主流材料是 BN 材料，它是一种以 BN 粉末为主要原料，并添加少量的黏土、SiC、氧化锆等，然后高温热压制成的一种材料。由于 BN 硬度低，其可加工性好，采用普通加工设备即可制备不同形状的部件；BN 熔点高，耐热性好；BN 线膨胀系数低，抗热冲击性能优良，经过简单预热即可承受强烈高温钢水的热冲击；BN 与熔钢、熔渣不发生反应，具有优良的抗侵蚀性。

1.4　功能耐火材料服役特点及设计原则

功能耐火材料使用时钢水通过其内孔或表面，优良的抗热震性是功能耐火材料能否使用的前提，否则在 1500℃ 以上钢水苛刻的热震条件下材料容易发生开裂、断裂等，引起材料的失效，造成生产中断甚至引发安全事故等。功能耐火材料不同部位所受微环境亦不同，造成不同部位蚀损不同，依据"木桶"效应，关键部位侵蚀速度的大小决定使用寿命，这是功能耐火材料的另外一个显著特点，如浸入式水口渣线受熔钢和熔渣的交替侵蚀，其侵蚀速度远大于碗部、出钢口等部位的侵蚀速度，渣线部位能否耐侵蚀是决定连铸炉次高低的决定性因素。优良的抗侵蚀性是保证功能耐火材料在钢水、熔渣作用下能够长时间使用的重要条件，也是其功能得以实现的基础，对于钢铁生产节奏的稳定、效率的提高、产品质量的保证有重要影响。出色的功能是适应钢铁生产工艺的需要，提高冶金效果的必要条件，如透气元件的透气、搅拌功能，制约钢水成分、温度的均匀性以及夹杂物上浮的效率等，对钢水的二次精炼效果有较大影响[3~5]。

通常，材料的热物理性能和结构决定其抗热震性能，材料的组成和显微结构决定抗侵蚀能力。对功能耐火材料而言，就材料组成、结构、性能调控而言，抗热震性和抗侵蚀性相互制约，提高抗侵蚀性将导致抗热震性变差，反之亦然，难以使功能耐火材料兼备优良的抗热震性保证使用安全同时又抗侵蚀长寿。另外对于功能耐火材料来说，功能的设计也会影响到材料的抗热震性和抗侵蚀性。如根据 Hasselman 裂纹扩展的能量理论，高抗热震性能需要材料具有高热导率、低线膨胀系数、高气孔率及低弹性模量等。在功能耐火材料设计制备时常采用提高石墨、熔融石英等的含量来改善其抗热震性。但是，熔融石英抗渣性差，高碳含量、高气孔率材料不耐钢液冲蚀且产生污染，使材料功能劣化服役寿命只有几小时；含碳材料中含有石英会导致非金属夹杂物增多，也会严重损害钢坯质量。因此功能耐火材料设计的原则是平衡抗热震性、抗侵蚀性以及功能，目标是协同提高热震性、抗侵蚀性，并保证优良的功能，这不仅是发展高性能功能耐火材料的关键，也是制约其他耐火材料改善服役行为的共性关键技术。

1.5　研究方法

功能耐火材料受到钢水冲击时，会产生较大的热应力，要求功能耐火材料具有优良的抗热震性，其热震性不仅与材料的热物理性能有关，而且结构也是影响抗热震的重要因素。一般通过水冷、空冷、浸渍熔融金属等可以检测材料的抗热震性，但功能耐火材料为形状各异的结构器件，产生的结构热应力难以通过常规方法检测，阻碍了功能耐火材料的进一步发展。有限元模拟（Finite Element Analysis，FEA）是利用数学近似的方法对真实物理系统（几何和载荷工况）进行数值模拟，它利用简单而又相互作用的元素就可以用有限数量的未知量去逼近无限未知量的真实系统，广泛用于热传导、流体等方面。利用有限元模拟可以计算功能耐火材料使用时的热应力，研究材料、结构对其抗热震性的影响。将有限元数值模拟应用于功能耐火材料可缩短设计和分析的循环周期；通过优化设计，可找出产品设计最佳方案，降低材料的消耗或成本；在产品制造或使用前预先发现潜在的问题；模拟各种试验方案，减少试验时间和经费等。

功能耐火材料的结构对钢包、中间包和结晶器内的钢水流场有重要影响，但涉及的钢水温度高，直接测量和观察钢液的流动行为，不仅在测量技术方面有难度，而且研究费用高昂，难以研究功能耐火材料对钢液行为的影响，其功能的设计和优化也受到较大的限制。为此人们通常采用模拟方法对钢包、中间包及结晶器内的钢液流动进行模拟研究，包括有限元数值模拟和物理模拟。物理模拟一般采用水模拟钢水，通过调整结构、配置等研究功能耐火材料对钢包、中间包、结晶器内流场的影响，以达到优化设计、改善冶金功能的目的。

决定功能耐火材料服役寿命的是其抗侵蚀性，在钢水、熔渣或两者综合作用下耐火材料逐渐发生侵蚀，侵蚀速率的大小决定了服役寿命的高低。一般通过现场试验可直接检测出材料的服役寿命，但存在的不确定因素较多，容易影响钢铁生产，甚至产生安全等问题，尤其对于功能耐火材料来说对钢铁的生产影响更大。因此，鉴于一般的耐火材料抗侵蚀方法难以有效地模拟功能耐火材料的使用环境，为了在耐火材料开发阶段检验材料的抗侵蚀性，研究钢水、熔渣等与耐火材料的作用机理，需采用与真实环境更为接近的高温模拟方法。

功能耐火材料研究与开发需要综合考虑抗热震性、抗侵蚀性和功能，这就需要利用数值模拟、流场模拟和高温模拟技术形成"三位一体模拟"的研究方法，辅助材料的开发和研究，通过数值模拟研究材料和结构对最大热应力的影响；利用高温模拟技术明确侵蚀机理并对材料抗侵蚀性进行优化；采用流场模拟研究功能耐火材料结构对涉及高温容器流场以及夹杂物运动等的影响，优化其功能性。

1.6 关键服役性能协同提升技术

1.6.1 关键服役性能协同提升技术路线

以"三位一体模拟"的机理研究方法为基础，并结合结构功能化复合制备，提出了基于服役环境的功能分区和关键部位增强的技术路线，如图1-1所示，以实现功能耐火材料关键性能的协同提升。依据功能耐火材料服役和损毁特点，研究温度场分布、应力场分布、流场分布以及耐火材料与熔渣、熔钢的相互作用，发现服役过程中的失效机理，揭示材料、结构与功能、热应力、抗侵蚀性等的相互关系；并以材料断裂力学理论为指导，通过多学科技术融合，结合不同材料的热物理性能，采用计算机模拟和高温模拟，通过结构复合和材料优化配置，设计热应力吸收机制，拓宽材料性能的调控空间以提高抗热震性；关键部位材料性能决定部件使用寿命，借助先进陶瓷制备技术、纳米技术等，发展功能耐火材料微结构精细化调控新技术，创新低碳耐火材料制备方法，获得抗侵蚀性优异的材料。最终通过功能分区实现最佳材料的设计，采用梯度设计与多层复合、增强关键部位材料性能等方法提高抗热震性、抗侵蚀性及功能性，实现功能耐火材料服役性能协同提升。

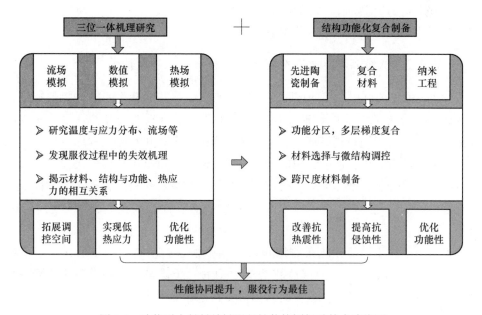

图 1-1 功能耐火材料关键服役性能协同提升技术路线图

1.6.2　关键部位材料性能增强技术

针对制约功能耐火材料服役寿命短板，通过对关键部位材料相组成、显微结构高温演变优化调控，有效降低了蚀损速率，显著提高了服役寿命。氧化物-碳复合材料中，碳来源于石墨及作为结合相的酚醛树脂热裂解产生的非晶态碳等，不同碳源及分布对材料性能有重要影响。非晶态碳在服役条件下易氧化且易溶于钢液，导致材料结构弱化强度下降，抗高温钢液与熔渣侵蚀性劣化；高碳含量使钢液增碳，影响高品质钢生产。因此，为改善含碳功能耐材的服役功能，必须减少碳含量并提高其抗氧化性。但是，低碳材料抗热震性低、抗渣渗透性差。提高树脂残碳率并石墨化、优化组成和微结构防止碳氧化以及改善抗侵蚀性，是提升功能耐材关键服役性能必须解决的核心技术。

1.6.2.1　低维增强、抗氧化、自修复新型抗氧化剂复合体系

依据服役环境下材料的反应热力学及优势区相图，通过研究优化抗氧化剂组成，采用 Al-Si、Fe-Si 复合金属微纳米粉体、聚硼硅烷、ZrB_2 前驱体（ZrO_2-B_2O_3-Al），通过热处理或高温服役时抗氧化剂的物相演变，获得 AlN、ZrB_2 等高抗侵蚀、高导热物相或具有低维结构的 SiC 晶须等特定陶瓷相，填充细化气孔，可实现碳与高温陶瓷的复相结合，并提高材料高温力学性能，抑制熔渣渗透，改善抗侵蚀性（图 1-2）；添加 Al_4SiC_4 等，高温服役时氧化生成 Al_2O_3、SiC 及 C，产生 196.2% 的体积膨胀，细化气孔抑制碳氧化和熔渣渗透，提高抗侵蚀性，可实现材料服役时在线自增强与修复。

1.6.2.2　低维石墨化碳在功能耐火材料中的应用新技术

KCl 等催化剂可提高热处理时酚醛树脂的残碳率并能催化酚醛树脂裂解生成低维碳纳米管或碳纤维（图 1-3）[6]，改善了树脂结合碳的脆性和强度，减少碳在钢液中的溶解；通过高能球磨，制备出纳米碳包覆氧化铝复合粉体，创新了低维碳引入与分散方式，高度分散的低维石墨化碳不仅可抵抗高温熔渣侵蚀，而且可发挥纳米碳能量耗散、应力吸收作用，弥补减少对材料热物理、力学性能及抗热震性能的不利影响，解决了低碳材料的抗热震性差和抗侵蚀性劣化等技术难题。

通过上述技术可研发出关键服役部位增强的系列材料包括浸入式水口低碳 ZrO_2-C 渣线材料、适应不同钢种的低碳 MgO-C、低碳 $MgAl_2O_4$-C 等塞棒棒头材料等，为开发高性能的功能耐火材料提供了技术保障。

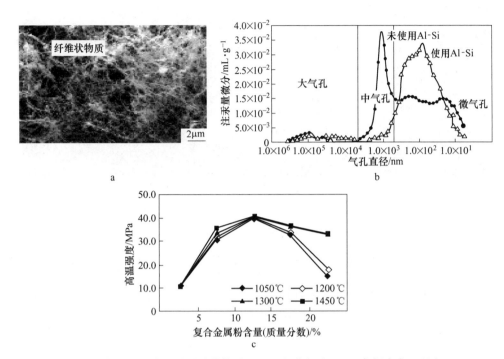

图 1-2   抗氧化剂反应生成纤维状物质（a）、细化气孔（b）和提高高温强度（c）

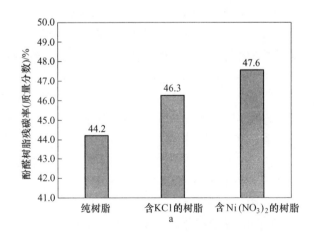

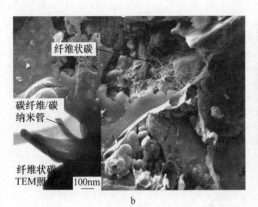
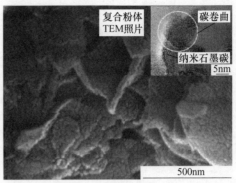

图 1-3　不同催化树脂的残碳率（a）及裂解生成的
纤维碳（b）和纳米碳包覆氧化铝复合粉体（c）

1.6.3　功能耐火材料性能协同提升实例

1.6.3.1　长水口

采用 Al_2O_3-C 材料制备的长水口，服役时瞬间经受从室温到 1500℃以上钢液的强烈热冲击。根据各功能材料结构和服役特点及失效行为，采用数值模拟分析高温服役环境下长水口不同材料复合的温度场和应力场响应、热应力与应变关系等，发现不同气孔率与微结构、不同热导率与线膨胀系数的材料以不同形式多层复合，在经受强烈热冲击时的温度场随时间响应不同，与高温钢液接触的水口内腔复合厚 3~5mm 的高气孔率低热导材料能显著优化受钢瞬间温度场分布，最大热应力降低 47%，如图 1-4 和图 1-5 所示。多层复合改变了应力应变关系及在材料中的应力分布，改善了材料的抗热震性能。因此基于功能分区，设计了碳含量不同的梯度多层复合材料。为不污染钢液，与钢液接触的内层材料采用高气孔率（20%~30%）、低热导率的低碳材料（质量分数 1%~3%），以降低瞬间受热冲击时温度梯度和最大热应力；受高温钢液冲蚀或熔渣侵蚀严重的部位，采用气孔率较低、纤维增强的中碳材料（质量分数 6%~24%），保证抗侵蚀的同时减少钢液增碳，材料蚀损速率可下降 30% 以上；本体采用高碳材料（质量分数 26%~32%），赋予材料足够强度保证长水口的结构功能（图 1-6）。梯度多层复合设计实现了材料抗热震性与抗侵蚀性及功能性的协同提升。

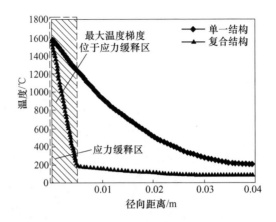

图 1-4 长水口单一结构和复合结构径向温度对比

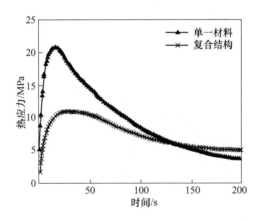

图 1-5 长水口单一结构和复合结构热应力随时间的变化

1.6.3.2 透气元件

透气元件服役时除受高温钢液侵蚀外，常因炉次循环、吹气及清洗等造成的热应力导致热剥落、断裂，进而渗钢导致服役失效。优良的抗热震性是提高吹通率和寿命的关键。通过数值、高温热场模拟透气元件 1100~1600℃ 热循环服役环境，结合流场模拟吹气搅拌效果，优化设计出功能分区的具有最佳吹气搅拌效率、低热应力的陶瓷芯板组合气道结构作为工作区；中下部不直接与钢液接触，采用起预热冷态气体和安全标识作用的高温弥散透气陶瓷；本体采用尖晶石质浇

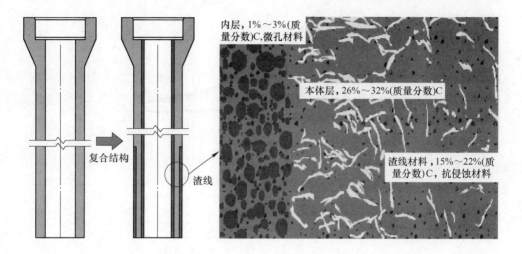

内层，1%～3%(质量分数)C，微孔材料

本体层，26%～32%(质量分数)C

渣线材料，15%～22%(质量分数)C，抗侵蚀材料

复合结构

渣线

图 1-6   长水口结构功能复合示意图

注料确保透气元件的力学性能（图 1-7）。与传统整体狭缝式结构相比，功能分区复合结构的新型透气元件，热应力降低了 64%，高温热场模拟试验表明无裂纹、无断裂，陶瓷芯板抗侵蚀性好，实现了材料抗热震性与抗侵蚀性及功能性的协同提升。

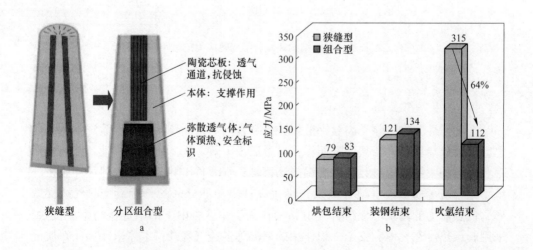

陶瓷芯板：透气通道，抗侵蚀

本体：支撑作用

弥散透气体：气体预热、安全标识

狭缝型   分区组合型

a

b

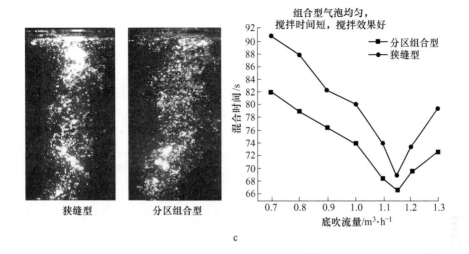

图 1-7　透气元件功能分区结构设计

a—示意图；b—热应力；c—搅拌效果对比

参考文献

［1］Li H X. Some design consideration of advanced refractories ［J］. Refractories Worldforum, 2017, 9 (4)：99-105.

［2］李红霞. 中国耐火材料行业的发展与资源、能源和环境 ［J］. 耐火材料, 2010, 44 (6)：401-403.

［3］Li H X, Liu G Q. Current situation and development of refractories for clean steel production ［J］. China's Refractories, 2013, 22 (3)：1-6.

［4］李红霞. 洁净钢冶炼用耐火材料的发展 ［C］∥中国钢铁工业协会 ［China Iron and Steel Association (CISA)］、中国耐火材料行业协会 ［The Association of China Refractories Industry (ACRI)］. 中国耐火材料生产与应用国际大会论文集. 2011：13.

［5］林育炼. IF 钢生产用耐火材料的技术发展 ［J］. 耐火材料, 2011, 45 (2)：130-136.

［6］吴小贤, 李红霞, 刘国齐, 等. 高能球磨合成纳米碳包覆 α-Al_2O_3 复合粉体 ［J］. 无机材料学报, 2013, 28 (3)：261-266.

2　功能耐火材料设计基础

冶金工业高效运行需要服役功能卓越的功能耐火材料支撑，然而由于服役环境严酷复杂，瞬间经受1500℃以上高温钢液的剧烈热冲击，功能耐火材料常出现裂纹或热震断裂导致生产流程中断；高温钢液、渣液、气体多重侵蚀等，使功能耐火材料局部严重冲蚀，污染钢液，或钢液流场失稳导致铸坯非金属夹杂物增多；材料渣线、透气元件工作区等关键部位侵蚀穿孔出现漏钢等重大事故，不能满足冶金工业高效化生产需求，因此，发展高品质功能耐火材料被国内外同行和钢铁等用户业高度关注[1~3]。

在苛刻的服役条件下要实现高服役可靠性、高服役寿命和稳定的服役功能，功能耐火材料必须同时具备良好的抗热震性、抗侵蚀性和功能，因此现代冶金功能耐火材料设计通常需要考虑抗热震性、抗侵蚀性和功能三方面的内容[4]。功能耐火材料一般工作于钢铁生产的关键环节，性能的优劣对钢铁生产有重要影响，通过组成、显微结构的简单调控难以有效地提升关键服役性能；同时缺乏适当的研究手段，其功能对冶金效果的影响作用不明晰，在验证实际效果时也增加了产生安全事故的可能性等，限制了高性能功能耐火材料的开发。现代冶金功能耐火材料采用了数值、高温热场及流场等模拟，通过系统分析在高温强热冲击服役环境下温度场和应力场响应、钢液与渣液侵蚀及功能劣化机理，创新材料设计、提出结构功能复合的方法等，突破了制约材料关键服役性能协同提升的技术难题。本章从抗热震性、抗侵蚀性和功能三个角度出发介绍了现代冶金功能耐火材料设计的基本原则、方法，包括基本材料体系、提升关键材料性能的技术途径、多层复合基础、功能优化方法等，为功能耐火材料关键服役性能抗热震性、抗侵蚀性和功能的协同提升提供了有力的保障。

2.1　高抗热震性功能耐火材料设计基础

功能耐火材料服役时经受瞬间钢液强热冲击（如受钢、吹气、连铸开浇时）造成材料的无先兆热震破坏，是影响功能耐火材料安全应用和服役寿命的最主要原因。单纯采用材料成分调控、显微结构设计难以有效地调和材料抗热震性和抗侵蚀性协同提高的矛盾，采用结构复合和材料优化配置的技术路线，综合考虑服役条件和要求，将功能耐火材料不同部位设计为不同组成、不同热物理性能、具有不同服役特性的材料，改变材料受热冲击时温度场和应力场分布，显著降低温度梯度和最大热应力，从而提高功能耐火材料制品抗热震能力。以此为指导，本节以有限元数值模拟为基础，系统介绍了不同条件下层状复合长水口、浸入式水口、滑板和透气元件热应力场，以期通过材料配置和结构优化降低服役时最大热应力，并提高抗侵蚀性调控空间，为协同提高抗热震性和服役寿命打下坚实的基础。

2.1.1 数值模拟基础

2.1.1.1 简介

随着计算机技术的发展以及工业技术的进步，数值模拟技术已成为当前工业生产中优化生产工艺、简化中间实验过程和降低成本、提高产品质量的实用技术。借助于计算机数值模拟，可以对使用中的窑炉内衬和各种高温部件进行结构分析，得到它们在不同工况下的温度分布和应力分布，并可通过大幅度调整各种影响参数的取值范围，使新设计的效果、优缺点在实施前就被充分理论论证，从而可减少初级和中间实验环节，缩短为获得理想方案所花费的时间，进而达到节约资金、降低消耗、提高企业经济效益的目的。此外，计算机模拟还可对设计过程中不易进行试验的课题进行深入的探讨。目前，有限元分析技术在耐火材料领域得到了初步的应用。

有限元方法（Finite Element Method，FEM）是求取复杂微分方程近似解的一种非常有效的工具，是现代数字化科技的一种重要基础性原理，其基本思想是将整个求解对象离散为次区间，即为一组有限元且按一定的方式互相联结在一起的单元组合体，以此作为整个对象的解析模拟。根据求解对象的结构和所处的场，用一假设的简单函数来表示该区域内应力或应变分布及变化，假设函数需要尽可能表征其对象的特点，并保证计算结果的连续性、收敛性和稳定性。有限元方法被广泛用于模拟真实的工程场景，在许多领域都有较好的应用。

2.1.1.2 计算流程

A 模型的建立和简化

以功能耐火材料结构为主体，将各部分材料理想化为均质体，不同耐火材料间无滑移，仅考虑弹性应变。当功能耐火材料为对称体时，可以进行对称简化处理，降低计算的工作量，提升计算速度。

B 物性参数的确定

进行热应力计算时需要确定材料的热物性参数包括热导率、弹性模量、线膨胀系数、体积密度、比热容和泊松比。由于在高温下使用，不同温度下材料的物性参数也不是保持恒定，因此获得功能耐火材料在不同温度下的物性参数十分必要，而对于耐火材料来讲，高温下的物性参数不仅缺乏，而且测量也比较困难。

热导率表示材料的导热能力，对于耐火材料可以根据热导率的大小选择热线法、平板导热法或激光闪射法进行测量不同温度下耐火材料的热导率。如含碳耐火材料热导率较高，可以采用 ASTM E1461 标准以激光闪射法测量热导率。

弹性模量是表示物质弹性的一个物理量，即单向应力状态下产生单位应变所施加的应力。材料的热应力是由于其热膨胀发生不均匀应变而产生的，所以材料的弹性模量对其抗热震性能的影响极大，因此需要对功能耐火材料的弹性模量进行准确的测量。国内关于致密耐火材料弹性模量测量的标准 GB/T 30758 在 2014 年已发布，采用激振脉冲法进行测量，该方法也可测量不同温度下耐火材料的弹性模量。

线膨胀系数是指在一定温度范围内单位温度变化所导致的长度量值的变化，是热应力产生的根本原因，可根据 GB/T 7320 标准测量功能耐火材料在不同温度范围内的线膨胀系数。

体积密度较容易获得，一般采用阿基米德法测量。

比热容是单位质量物体改变单位温度时的吸收或释放的能量。由于无机材料的比热容与结构几乎无关，一般可以根据材料的化合物组成进行加和计算，也可利用热分析法测量。

泊松比是材料在单向受拉或受压时，横向正应变与轴向正应变的绝对值的比值（横向应变与纵向应变之比值），也叫横向变形系数，它是反映材料横向变形的弹性常数，一般耐火材料泊松比取值为 0.15~0.20。

C 边界条件的确定

在与钢水接触的部位应设置为对流换热条件，但对流系数难以获得，一般假设为在很短的时间内升到钢水温度，随后保持恒定。

暴露在空气中的部位与周围空气发生较复杂的热传递作用，有辐射和对流。周围空气一般流动性较好，可认为环境温度保持为恒定不变。根据传热学知识，此部位可视为无限空间中的自然对流换热问题来处理。根据自然对流条件，可根据 $GrPr$（Pr：空气普朗特数，Gr：格拉晓夫数）确定该部位周围空气流动状态，已知公式：

$$Gr = g \frac{2}{T_w + T_f} \Delta T \frac{l_0}{\nu^2}$$

$$GrPr = g \frac{2}{T_w + T_f} \Delta T \frac{l_0}{\nu^2} Pr$$

式中，g 为重力加速度；T_w 为部位外表面温度；T_f 为空气温度；l_0 为特征长度；ν 为空气黏度；Pr 为空气普朗特数；Gr 为格拉晓夫数。

当 T_w 在 20~1600℃ 之间时，$10^9 < GrPr < 10^{12}$，空气为湍流流动。因此，空气的自然对流系数公式 $\alpha_1 = \dfrac{\lambda}{l_0} A(GrPr)^n$ 中，$A = 0.1$，$n = \dfrac{1}{3}$。

另一方面辐射换热公式为

$$\alpha_2 = \frac{\omega C_0}{T_w - T_f}\left[\left(\frac{T_w}{100}\right)^4 - \left(\frac{T_f}{100}\right)^4\right]$$

式中，C_0 为黑体辐射系数，等于 5.669W/($m^2 \cdot K^4$)；ω 为此部位的黑度，取 0.9。

将两者合并可得对流辐射换热系数，为

$$\alpha = \alpha_1 + \alpha_2$$

式中，α 为温度的函数，在有限元分析软件中可将其作为函数载荷加载在此部位的外壁。

此外，在实际操作过程中，功能耐火材料还受到外力、支撑或限制的情况，可考虑对应的条件施加载荷。

2.1.1.3　存在的问题

有限元法的引入为耐火材料的发展注入了新的动力，但目前还有许多问题需要研究解决。耐火材料热力学性能的分析与其性能、结构和工作环境有关，因而其各组分物性参数（如杨氏模量、泊松比、线膨胀系数、热导率等），特别是高温下物性参数的测量就显得至关重要。但由于耐火材料是多组分、多相材料，组分、结构和性能的关系十分复杂，因而其物性参数不易获得，这给耐火材料热应力的计算带来了很大困难。

耐火材料大多为非均质脆性材料，为典型的颗粒弥散多相复合结构，而在有限元计算中，一般将耐火材料作为均质材料处理，采用宏观性能作为材料性能的唯一表征。用宏观断裂模型分析耐火材料的热应力，仅能在一定程度下解决工程问题，无法揭示耐火材料结构、组分和性能之间的关系。

2.1.2　隔热层对长水口抗热震性的影响

当前国内钢厂多采用免烘烤型长水口，它的抗热震性是连铸功能耐火材料中要求最高的，当浇铸开始时，其内表面温度瞬间升至钢液温度，从而在材料内部产生较大的热应力，容易使水口产生纵向裂纹、横向断裂等。为保证长水口具有良好抗热震性能，主要从以下两个方面着手。

（1）材料设计。提高材料中石墨的含量，并加入低线膨胀系数的熔融石英、锆莫来石等，以降低材料的线膨胀率和弹性模量。然而，石墨含量的增加会降低材料的抗钢液冲刷和侵蚀性，其加入量应适宜。熔融石英则容易与 MnO 或 FeO 反应生成低熔点物质，同样会降低材料的抗侵蚀和抗冲刷性能。另外过多的二氧化硅和碳也容易溶解到钢水中，造成钢水的增硅、增碳，不利于超低碳钢等高品质钢的浇铸。

（2）结构设计。保持本体的铝碳材质不变，仅在内部复合不超过一定厚度的隔热材料[5~9]，不仅可以大大提升长水口的抗热震性能，提升长水口性能的调控空间，而且还能根据不同的冶金环境，调整内衬材料组成使之适应多钢种冶炼，如利用刚玉石英复合或者熔融石英或者电熔莫来石、熔融石英和氧化铝复合或者 Al_2O_3-MgO-TiO_2 等材料为内衬和铝碳本体复合，制造出了不同的抗热震性优良的免烘烤长水口。因此，在长水口内壁复合一层隔热材料是一种经济高效的设计。接下来，通过数值模拟，对复合结构长水口的工作原理，以及内衬材料、本体材料性能、复合厚度等与热应力变化的规律等进行了详细介绍。以一常用长水口为例，基本结构如图 2-1 所示，物性参数见表 2-1[10]。

表 2-1　复合长水口材料的基本参数测定

类　别	体积密度 /g·cm^{-3}	弹性模量 /GPa	热导率 /W(m·K)$^{-1}$	线膨胀系数 /K^{-1}	比热容 /J·(kg·K)$^{-1}$	泊松比
铝碳材料	2.66	7.8	18	$4.5×10^{-6}$	840	0.15
内衬	2.26	2.4	0.78	$3.0×10^{-6}$	780	0.15

2.1.2.1　最大热应力随时间的变化

图 2-2 是不同时刻无内衬长水口热应力云图，发现当最大热应力增加到 3MPa 左右时，最大热应力点开始出现在长水口颈部，并在之后的时间内固定在此处。同时，长水口的实际使用经验也证明颈部是最易受热冲击破坏的，因此选取长水口最脆弱的颈部位置作为分析点。

图 2-3 是热冲击过程中无内衬长水口颈部温度及热应力随时间的变化规律。由于长水口是带台阶的圆柱体，为此将长水口热应力分解为三个方向，轴向

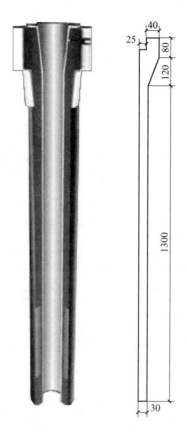

图 2-1 长水口结构示意图

（Axial）、周向（Circumferential）和径向（Radial），其中轴向表示沿长水口轴线方向，轴向拉应力大容易导致长水口断裂；周向是绕长水口体轴线方向（垂直于轴线，同时垂直于截面半径），周向拉应力大容易导致长水口纵裂；径向是沿长水口截面半径方向（垂直于轴线）。由图 2-3 可以看出周向应力值最大，轴向应力次之，而径向应力最小。另外三者仅是在应力大小上有所差别，而随时间的变化趋势是相同的，在时间为 30s 时，颈部应力达到峰值，随后减小并逐渐稳定在一定数值；同时颈部温度在 200s 内升至 1000℃左右，随后趋于平稳。由此可见，长水口受钢水热冲击时，颈部热应力，在很短的时间内达到最大，这是长水口热震破坏的主要原因，因此提高长水口抗热震性的关键是降低最大热应力。

图 2-4 是热冲击过程中复合内衬长水口颈部温度及热应力随时间的变化。可以发现，与无内衬时相似，周向应力值最大，轴向应力次之，而径向应力最小。另外三者仅是在应力大小上有所差别，而随时间的变化趋势是相同的，在 3s 内，应力值急剧增加；之后增加速度稍有降低，但仍保持比较大的增长速度，到 50s

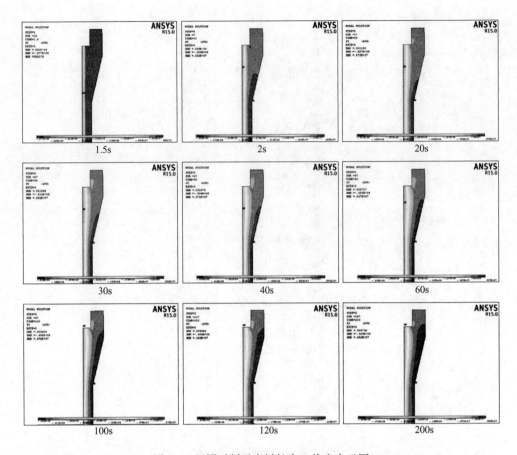

图 2-2　不同时刻无内衬长水口热应力云图

时应力增加到最大值；在 50s 后热应力开始降低，但降低速度缓慢；到 150s 之后，应力降低速度更加缓慢。复合长水口最大热应力出现的时间为 50s，相对于无内衬时，最大热应力出现的时间延长，最大热应力显著降低，如最大周向应力由 5.9MPa 降低到 3.1MPa，降低幅度达 47%，对提高长水口的抗热冲击性非常有效。此时，长水口外壁的温度降低 200℃以上。

　　由上可以看出，当长水口内复合隔热内衬后，减少了向外的热传导，使得受热冲击时最大热应力显著降低，达到最大热应力的时间延长，长水口外壁温度显著降低的效果。

2.1.2.2　材料性能对最大热应力的影响

　　弹性模量、热导率、线膨胀系数是影响热应力大小的关键因素，下面分别就本体和内衬材料性能的变化对最大热应力的影响进行介绍[11]。

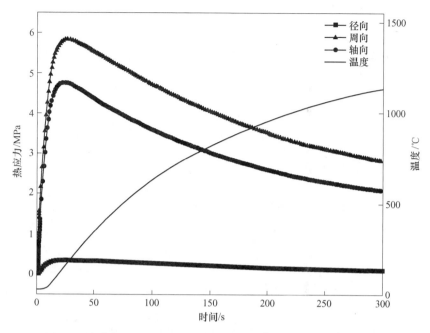

图 2-3 热冲击过程中无内衬长水口颈部温度及热应力随时间的变化

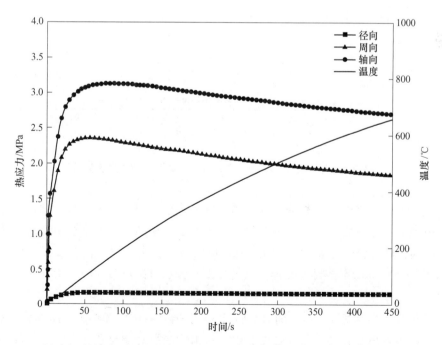

图 2-4 热冲击过程中复合内衬长水口颈部温度及热应力随时间的变化

A　本体材料弹性模量

将本体弹性模量设置为 4~10GPa，共设置 13 个变化量，本体弹性模量与最大热应力变化如图 2-5 所示，可以看出最大热应力与复合长水口弹性模量之间的关系为完全的线性关系，其关系式为

周向应力：

$$y = 0.278x + 1$$

轴向应力：

$$y = 0.203x - 0.941$$

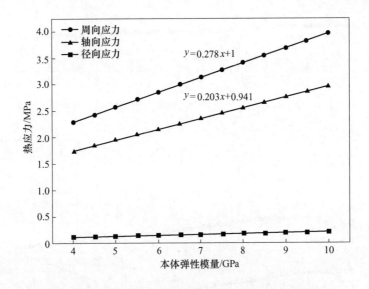

图 2-5　复合长水口最大热应力与本体弹性模量之间的关系

复合长水口各个方向热应力与本体弹性模量呈完全的线性关系，这是因为材料的热物理性能一定时，在热冲击过程中的温度场相同，由温度场引起的应变场 ε 也相同，应力公式为 $\sigma = E\varepsilon$，因此最大热应力应与本体材料的弹性模量成完全的线性关系。降低本体材料的弹性模量是提高长水口抗热震性的一个有效途径。

B　本体材料热导率

本体热导率与最大热应力的关系如图 2-6 所示（本体热导率为 10~24W/(m·K)），可以看出复合长水口的最大热应力与本体的热导率呈负相关，不呈线性关系。利用多项式对数据点进行拟合，可得到如下公式：

周向应力：

$$y_1 = -2.871 \times 10^{-4}x^3 + 1.990 \times 10^{-2}x^2 - 0.514x + 7.385$$

轴向应力：

$$y_2 = -2.178 \times 10^{-4}x^3 + 1.501 \times 10^{-2}x^2 - 0.389x + 5.575$$

径向应力：

$$y_3 = -1.586 \times 10^{-5}x^3 + 1.104 \times 10^{-3}x^2 - 2.861 \times 10^{-2}x + 0.406$$

热导率是材料对温度传导能力的度量，热导率越大，材料导热能力越强，在同一时刻温度场分布越均匀，材料内部产生的温度梯度越小，从而减小材料由热膨胀引起的内应力。

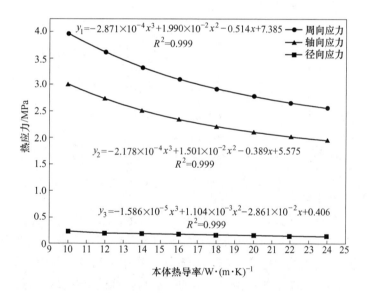

图 2-6 复合长水口最大热应力与热导率之间的关系

C 本体材料线膨胀系数

本体线膨胀系数与最大热应力关系如图 2-7 所示（本体的线膨胀系数取值为 $1 \times 10^{-6} \sim 8 \times 10^{-6} \mathrm{K}^{-1}$），可以看出，最大热应力与本体线膨胀系数呈正相关，拟合数据所得到的公式如下：

周向应力：

$$y_1 = 3.674 \times 10^5 x + 1.584 \quad R^2 = 0.998$$

轴向应力：

$$y_2 = 2.690 \times 10^5 x + 1.223$$

材料受热冲击的应变场 ε 仅是其温度差 ΔT 和线膨胀系数 α 的函数，$\varepsilon = \Delta T\alpha$，因此本体线膨胀系数与其最大应力也是线性关系。

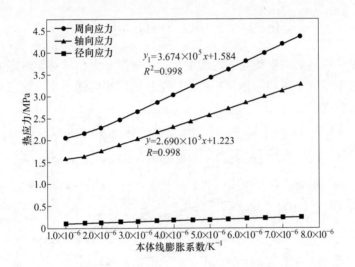

图 2-7　复合长水口最大热应力与本体线膨胀系数之间的关系

D　内衬弹性模量

内衬弹性模量与最大热应力关系如图 2-8 所示，随着内衬弹性模量的增加最大热应力线性增加。内衬弹性模量并不影响本体的温度场，故由温度引起的本体应力保持不变，而内衬通过应变施加给本体的作用力与其弹性模量呈线性关系，引起总应力的增大。图中的线性关系表明，内衬弹性模量对长水口最大应力影响比较小，一般实际生产中内衬弹性模量的变化范围不大，对长水口最大应力的影响并不明显。

E　内衬热导率

内衬热导率与最大热应力关系如图 2-9 所示，可以看出随着内衬热导率的增加，复合长水口的颈部最大应力会增加。低热导的内衬材料有很强的热阻作用，对本体材料的最大热应力有着较大影响。内衬材料热阻越大，越容易获得抗热震性高的长水口。

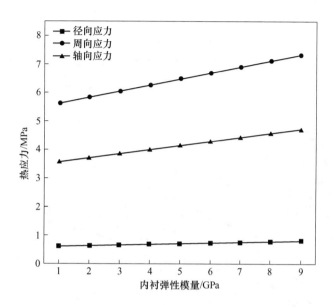

图 2-8 复合长水口最大热应力与内衬弹性模量之间的关系

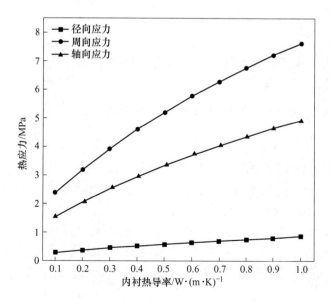

图 2-9 复合长水口最大热应力与内衬热导率之间的关系

F 内衬线膨胀系数

内衬线膨胀系数与最大热应力关系如图 2-10 所示，随着内衬的线膨胀系数增大，最大热应力呈线性增大。内衬线膨胀系数的变化并不影响长水口的温度场，因此由本体温度场梯度产生的应力保持不变，而温度场相同的条件下，热应变场与线膨胀系数呈线性关系。因此，总应力与内衬的线膨胀系数呈线性关系。

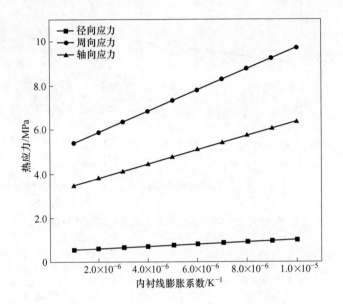

图 2-10 复合长水口最大热应力与内衬线膨胀系数之间的关系

2.1.2.3 本体和内衬厚度对最大热应力的影响

A 本体厚度对最大热应力的影响

将长水口的材料参数固定，内径以及内衬厚度保持不变，图 2-11 是长水口本体的厚度从 5mm 增加到 45mm 时最大热应力与本体厚度变化的关系。从图中曲线的变化趋势可以看出，本体厚度在 25mm 时，其最大热应力最小，当厚度小于 25mm 时，随着厚度的增加，最大热应力急剧减小，当厚度大于 25mm 时，最大热应力却有轻微的增加。因此对某一特定的材料和结构，复合长水口应有其最佳的厚度，这是长水口设计者应考虑的一个重要因素，或者要保证有足够的厚度。

B 内衬厚度对最大热应力的影响

长水口内衬厚度会影响传递到本体的热量，所以其变化也会影响最大热应

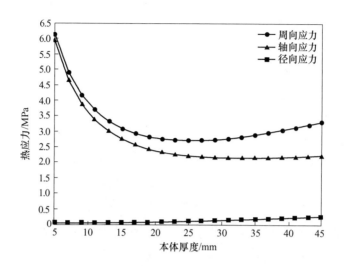

图 2-11　复合长水口最大应力与本体厚度之间的关系

力，图 2-12 是复合长水口内衬厚度由 1mm 增加到 8mm 时最大热应力的变化情况。可以看到，随着内衬厚度的增加最大热应力呈先降低后略微增加的趋势。也就是说在设计长水口内衬时厚度要适宜，这样最大热应力才较小，长水口的抗热震性最佳。

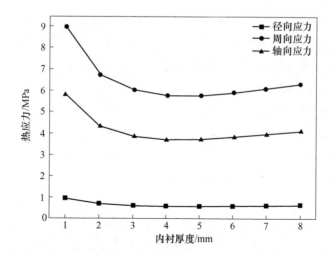

图 2-12　内衬厚度与最大应力之间的关系

因此，当内衬厚度固定时，本体厚度适宜时最大热应力最小；本体厚度固定时，内衬厚度适宜时最大热应力也最小。可以认为在设计长水口时，内衬与本体的厚度比有一最佳值，此时热应力最小。而在通常设计时，一般在长水口内复合3~5mm 的隔热层，没有考虑到本体厚度对最大热应力的影响，所以在设计内衬厚度时应该综合考虑。

2.1.2.4 内衬材料的作用机理

复合长水口内衬材料紧紧附着在本体表面，开始浇钢时，内衬温度急剧增加，并且受热膨胀，产生较大的热应变。此时，内衬材料通过界面向本体材料施加应变载荷，本体内侧材料因此受到拉应力，而内衬材料则受到本体材料反作用的压应力。因而，内衬材料既能充当本体材料的热阻，缓冲热应力，也能通过热应变对本体材料施加应变载荷，使本体材料产生应力。首先假设复合长水口本体受两种应力作用，一是本身受热产生的应力，二是内衬受热膨胀施加给本体的应力。为了分析这两种作用对本体材料最大热应力影响的大小。需要假设两种理想状况：（1）内衬材料仅起到热阻作用，并不对长水口产生作用力，长水口本体由于自身的热应变而产生应力；（2）长水口本体仅由内衬材料通过界面层对本体施加应变载荷。虽然这两种情况在实际实验条件中极难达到，但基于 ANSYS 软件的特殊处理方法可以得到这两种应力。对于工况（1），仅需在建模过程中设置内衬材料的有限元模型的刚度矩阵为 0 即可，而工况（2），内衬对本体施加应变时应考虑内体材料自身的热应变，但此时本体热应变产生的应力将会影响分析结果，所以并不能直接利用有限元模拟，但可通过常规情况下的应力总值减去工况（1）所得应力得到。建立两种理想工况的有限元模型，分析内衬对复合长水口本体的作用力成分。

通过上述三种情况的应力模拟计算，可分别得到长水口颈部热力随时间变化的曲线，如图 2-13 所示。可以看出长水口本体由温度梯度引起的应力较大，是总应力的主要成分，与总应力的变化趋势相同。而由内衬引起的长水口颈部应力相对较小，最大热应力出现的时间较早。在前 3s 内，内衬引起的应力急剧增大，达到峰值，之后进入缓慢减小的过程。另外，可以看出在前 3s 高温区域全部集中在内衬部分，此时内衬温度快速升高，急剧膨胀，而长水口本体温度尚未变化，也没有发生应变，内衬施加给本体材料的应力较大；10s 时，热量通过界面区域向本体材料扩散，本体材料的温度逐渐升高，开始膨胀，内衬相对于本体的应变减小，从而导致内衬应变引起的本体应力进入缓慢降低的过程，同时随着本体温度升高，其自身热应力开始增加；而在 50s 时，界面处的温度基本均匀，内衬相对本体材料的应变很小，此时内衬材料施加给本体的作用力很小，但由于颈部结构的突变产生了较大的热应力；随后，温度向长水口碗口部分进行扩散，颈部温度梯度持续小幅度降低，到150s时，颈部的温度梯度已经进入相对稳定的状态。

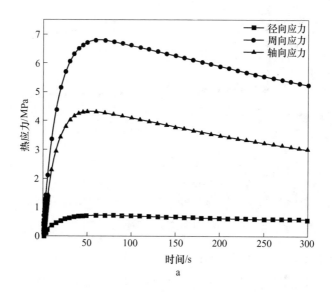

a

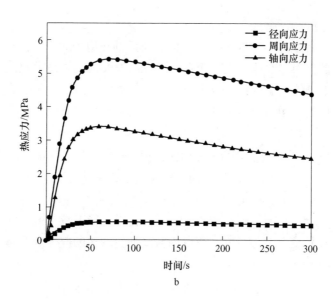

b

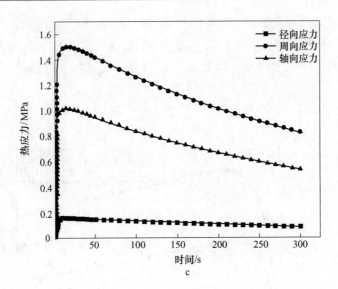

图 2-13   长水口热应力分解

a—长水口受热冲击时颈部热应力随时间的变化；b—本体温度场产生的应力情况；

c—内衬应变引起长水口应力变化情况

为了进一步分析内衬对最大热应力的影响，采用上述方法分解了不同内衬弹性模量、热导率和厚度时的热应力，并进一步阐述了内衬对降低长水口最大热应力的机理。

A   内衬弹性模量

图 2-14 中示出了 50s 时，周向方向分解后的热应力大小。图中可以看出，弹性模量增加的作用主要体现在由于自身形变的加大提高了最大热应力。内衬弹性模量并不影响本体的温度场，故由温度引起的本体应力保持不变，而内衬通过应变施加给本体的作用力与其弹性模量呈线性关系，引起总应力的增大。

B   内衬热导率

图 2-15 示出了分解后周向应力随内衬热导率的变化关系，随着内衬热导率的增加，本体热应力随之增大，而内衬应变引起的应力几乎未发生变化。这表明，内衬热导率对最大应力的影响主要是因为热阻作用变化，导致本体材料温度场发生较大变化，从而影响热应力场。而内衬因为厚度较小时，热导率的变化对其温度场分布并没有太大影响，所以内衬施加给本体的应变应力基本保持不变。

C   内衬厚度

复合长水口颈部在 50s 时分解的热应力如图 2-16 所示。可以看出，随着内衬厚度的增加，内衬施加的热应力逐渐增大，而本体应力逐渐降低，两者叠加的结

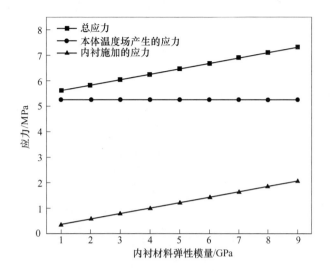

图 2-14　分解后热应力与内衬弹性模量的关系

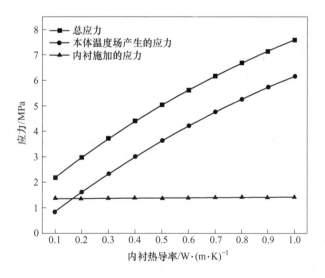

图 2-15　分解后热应力与内衬热导率的关系

果导致了长水口颈部应力出现先减小后增大的趋势。当内衬厚度较小时，本体材料的热应力很大，占总应力的 90% 左右，主导总应力，而随着内衬厚度的增加，本体温度场产生的热应力迅速减小，内衬施加的应力增加，本体材料热应力所占比例减小；当厚度大于 5mm 时，内衬施加的应力超过本体温度场产生的热应力，开始逐渐主导总应力值。出现上述现象的原因在于内衬对长水口的影响并非单方面的，内衬厚度一方面影响其热阻效应，另一方面，由于其自身的热膨胀，进而影响对本体材料的应变作用。

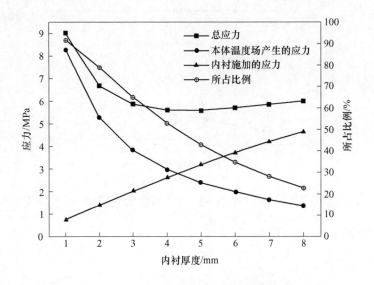

图 2-16　在 50s 时长水口颈部周向应力

2.1.2.5　小结

对复合内衬的长水口进行分析发现，浇钢瞬间高温区域全部集中在内衬部分，此时内衬温度迅速升高，急剧膨胀，而长水口本体温度尚未变化，热应变很小，内衬施加给本体材料的应力较大；之后，热量通过界面区域向本体材料扩散，本体材料的温度逐渐升高，开始膨胀，内衬相对于本体的应变减小，从而导致内衬应变引起的应力进入缓慢降低的过程，同时随着本体温度升高，其自身热应力开始增加；紧接着，界面处的温度基本均匀，内衬相对本体材料的应变很小，此时内衬材料施加给本体的作用力很小，而本体材料因为颈部的结构突变产生的温度梯度导致了较大的热应力；随着热量向长水口碗口部分进行扩散，颈部温度梯度持续小幅度降低。最后，颈部的温度梯度进入相对稳定的状态。

复合长水口的结构和性能参数是影响热应力大小的关键参数。本体厚度较小时，复合长水口的热冲击应力较大；当厚度增加到一定值时，热冲击应力变化不大；对特定的复合长水口，本体应有其最佳厚度值。内衬厚度较小时，复合长水口最大热应力较大；当厚度适宜时，最大热应力较小；然后随着内衬厚度的增加，最大热应力有增加的趋势，因此，对于特定的长水口，内衬的复合厚度应有最佳值，此时最大热应力最小，长水口的抗热震性最佳。本体的弹性模量与复合长水口的最大热应力呈线性关系，因此应选用低弹性模量的本体材料。本体热导率越高，其受热冲击时最大应力越小；线膨胀系数越大，受热冲击时应力越大。内衬热导率对材料的最大热应力影响也较大，内衬热导率越小，本体材料的热冲击应力越小；内衬线膨胀系数增大、弹性模量增大也会导致复合长水口的最大热应力增大。因此高抗热震性复合长水口设计规则是本体材料低膨胀、低弹性模量和高热导，内衬材料低膨胀、低弹性模量和低热导，适宜本体和内衬厚度。

内衬材料通过界面向本体材料施加应变载荷，本体内侧材料因此受到拉应力，而内衬材料则受到本体材料反作用的压应力。因而，内衬材料既能充当本体材料的热阻，缓冲热应力，也能通过热应变对本体材料施加应变载荷，使本体材料产生应力。内衬材料参数的变化，所引起的本体材料最大热冲击应力的改变是这两种效应综合作用的结果。

2.1.3 多层结构浸入式水口的热应力分析

在浇铸含 Al、Ti 等钢种时，浸入式水口的内壁会产生氧化铝附着，导致水口堵塞。为防止水口的堵塞，可在其内壁设置无硅无碳材料。另外，为提高浸入式水口的抗热震性，一般也在浸入式水口内壁复合一层抗侵蚀的无碳材料。为防止预热后浸入式水口温度的降低，则通常在其表面包裹一定厚度的耐火纤维（以下称之为保温层）。对于这种具有多层结构的浸入式水口，以下将对其热应力及钢水通过它的热损失进行分析，从而为其设计提供理论依据。

2.1.3.1 模型建立及参数

多层结构浸入式水口的剖切面形状如图 2-17 所示（图中尺寸单位为 mm），其本体部位、内衬和渣线部位分别采用铝碳材料、无碳材料和锆碳材料；保温层则为 5mm 厚的耐火纤维，性能如表 2-2 所示[10]。

浸入式水口内壁与钢水接触，设其温度在 3s 内升至 1873K；耐火纤维与空气接触（环境温度为 323K），其对流辐射换热系数的计算可参见 2.1.1.2 节；浸入式水口上表面设置轴向位移为 0；支撑面受力支撑，方向沿轴向向上。初始条件：模拟烘烤状态，内表面温度设定为 1000℃，然后稳态求解的结果作为求解的初始条件。最后进行热应力求解，得出最大热应力。

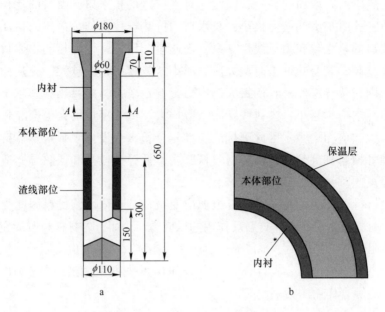

图 2-17　浸入式水口结构简图

a—剖切面；b—*A—A* 断面（1/4）

表 2-2　复合浸入式水口材料的基本参数

类　别	体积密度 /g·cm⁻³	弹性模量 /GPa	热导率 /W·(m·K)⁻¹	线膨胀系数 /K⁻¹	比热容 /kJ·(kg·K)⁻¹	泊松比
铝碳材料	2.23	4.6	21.7	$3.0×10^{-6}$	783	0.20
锆碳材料	3.50	3.6	18.6	$4.3×10^{-6}$	879	0.20
内衬	2.70	2.8	2.0	$5.7×10^{-6}$	1130	0.20
保温材料	1.13	—	0.12	—	1130	—

2.1.3.2　内衬厚度对最大热应力的影响

图 2-18 是内衬厚度对铝碳层和锆碳层最大拉应力的影响，可以看出，当内衬厚度在 2~4mm 时，它能够降低浸入式水口所经受的最大热应力；而当其厚度大于 4mm 时，铝碳层所受最大热应力反而有所增加。这主要是因为内衬具有较低的热导率，能够有效降低铝碳层所承受的温度梯度，所以当内衬较薄时，铝碳层所受最大热应力较低，同前文中复合结构长水口的机理相同。然而当内衬较厚

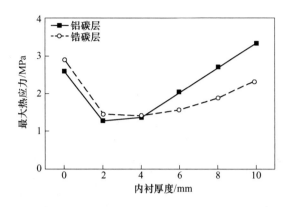

图 2-18　浸入式水口内衬厚度对最大热应力的影响

时，因其线膨胀系数与弹性模量的乘积（αE）显著大于铝碳层的，铝碳层所受最大热应力又逐渐增加。而这两种相反作用的综合结果就是，当内面层厚度在 2~4mm 之间时，浸入式水口所受最大热应力较小。

内衬厚度对锆碳层所受最大热应力的影响及其作用原理与铝碳层类似。综合铝碳层和锆碳层的计算结果，当内面层厚度为 4mm 时，它们所承受的最大热应力均较小。考虑到内衬在使用时会被钢水逐渐冲刷掉以及制作的因素，其厚度介于 4~6mm 之间为宜。

2.1.3.3　内衬材料物性参数对浸入式水口最大热应力的影响

内衬厚度保持在 5mm 时物性参数变化与铝碳层和锆碳层最大热应力的对应关系如图 2-19 所示。可以看出，随着内衬弹性模量的增加，铝碳层和锆碳层所受最大热应力也相应增加，但它们之间并不呈线性关系，此外，铝碳层所受最大热应力较锆碳层的增幅要大得多，其主要原因是铝碳层和内衬层的线膨胀系数相差较大。随着内衬线膨胀系数的增加，铝碳层和锆碳层所受最大热应力呈线性关系增加，而且铝碳层所受最大热应力的增幅也大于锆碳层的，其原因是铝碳层和内衬的弹性模量相差较大。随着内衬热导率的增加，铝碳层所受最大热应力基本不变，锆碳层所受最大热应力则呈线性关系增加，这是因为当内衬层厚度为 5mm 时，铝碳层所受热应力主要取决于它与内衬层 αE 的差异，而锆碳层所受热应力则主要取决于温度梯度。因此，为降低浸入式水口所受热应力，内衬应具有较低的弹性模量、线膨胀系数和热导率。

2.1.3.4　预热温度对浸入式水口最大热应力的影响

图 2-20 是预热温度对浸入式水口最大热应力的影响，可以看出随着浸入式

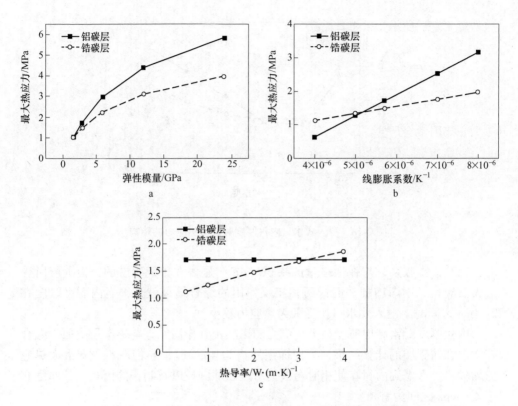

图 2-19　内衬材料物性参数对浸入式水口最大热应力的影响

a—弹性模量；b—线膨胀系数；c—热导率

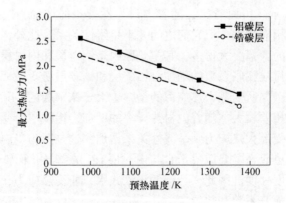

图 2-20　预热温度对浸入式水口最大热应力的影响

水口预热温度的增加，铝碳层和锆碳层所受最大热应力均呈线性关系减小，显然这是由于它们所承受的温度梯度逐渐降低的缘故。

2.1.3.5 钢水通过多层浸入式水口的散热

在连铸过程中，保证产品质量并提高操作效率是钢铁制造的重要目标。然而结晶器中的冷却条件、钢水流动形式、结晶器振动条件以及水口出口角度和保护渣性质等因素会严重影响产品质量。这些因素往往与结晶器中凝固壳的形成有关，也就是说，钢坯外观质量在很大程度上依赖于结晶器中钢水的热损失。有关热损失造成钢铁表面质量下降的研究较多，然而它们大都仅述及钢水与水冷结晶器之间的传热。对于多层结构浸入式水口来说，内衬作为一个热阻层，降低了钢水通过浸入式水口向外的传热，因此本节详细介绍了浸入式水口各层厚度及热导率对热损失的影响，主要考虑水口内钢水流的径向热损失。

本体热导率对浸入式水口热流密度的影响见图 2-21 所示。由该图可知，热流密度随着本体热导率的降低而呈抛物线形式下降。对于浸入式水口来说，其热导率主要取决于石墨含量，而大幅度降低石墨含量势必会影响水口的抗热震性能，在不降低抗热震性的前提下开发低导热浸入式水口不仅可减少通过浸入式水口的热损失，而且有利于提高钢坯质量。

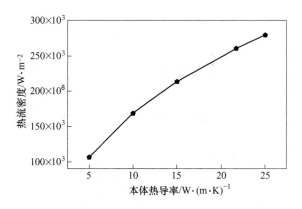

图 2-21 本体热导率对浸入式水口热流密度的影响

图 2-22 是内衬厚度对浸入式水口热流密度的影响，可以看出随着内衬厚度的增加，浸入式水口的热流密度逐渐降低。其中，当内衬厚度由 0mm 增至 4mm 时，热流密度降低幅度较大。考虑到内衬在浇钢过程中会逐渐冲蚀，因此其厚度不宜过小。根据前面分析，为防止水口在浇钢时出现纵向裂纹，其厚度不宜超过 6mm。经综合分析，当内衬厚度为 5~6mm 时，浸入式水口的热应力和热损失可得到较好的平衡。

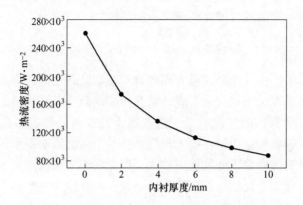

图 2-22　内衬厚度对浸入式水口热流密度的影响

图 2-23 是保持内衬厚度为 5mm，内衬热导率对浸入式水口热流密度的影响，可以看出热流密度随着内衬热导率的降低呈抛物线降低的关系。因此，降低内衬的热导率，不仅能够有效地降低最大热应力，提高抗热震性，而且还能够有效地降低钢水通过浸入式水口的热损失，有利于钢坯质量的提高。

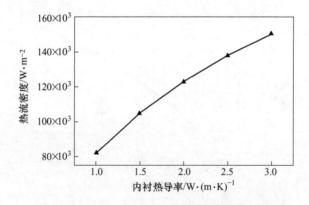

图 2-23　内衬热导率对浸入式水口热流密度的影响

在浸入式水口外壁，一般包裹一定厚度的耐火纤维作为保温层。由于浸入式水口通常是预热至约 1000℃ 以后使用，在开始浇铸前浸入式水口要停止预热，随着中间包移动到结晶器上方，中间间隔 3~10min，由于热辐射和热对流的作用，浸入式水口温度会迅速降低，而耐火纤维可防止其因降温过多而引起的断裂现象。保持本体和保温层热导率分别为 21.7W/(m·K) 和 0.12W/(m·K) 不变的条件下，耐火纤维厚度对热流密度的影响如图 2-24 所示，可以发现由于耐火纤维的热导率很低，当其厚度仅为 1mm 时就能大幅度降低浸入式水口的热流密度。当纤维层厚度由 1mm 增至 3mm 时，热流密度降低不多。而当内衬层厚度由 3mm 增至 4mm 时，热流密度基本不变。因此，纤维层厚度以 3mm 左右为宜。在实际生产中，耐火纤维包裹层的厚度一般大于 3mm。这是因为，浸入式水口的外壁温度很高，紧贴着它的耐火纤维会出现一定程度的烧结，以致增大了它的热导率。保温层热导率对浸入式水口热流密度的影响如图 2-25 所示，可以看出随着保温层热导率的降低，水口热流密度呈线性下降。因为当外面层厚度超过 3mm 时，再增加其厚度基本不影响水口的热流密度，所以若要进一步降低水口的热损失，最有效的方法是降低保温层的热导率。

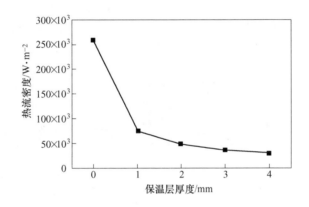

图 2-24　保温层厚度对浸入式水口热流密度的影响

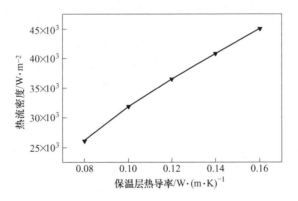

图 2-25　保温层热导率对浸入式水口热流密度的影响

　　为了对比不同结构层对浸入式水口散热情况的影响，设计了以下四种不同形式的水口：（1）25mm 厚的本体（SN1）；（2）20mm 本体和 5mm 内衬（SN2）；（3）25mm 厚的本体和 3mm 厚的保温层（SN3）；（4）20mm 厚的本体、5mm 厚的内衬和 3mm 厚的保温层（SN4）。它们热流密度的对比如图 2-26 所示。可以看出，与设置内衬的浸入式水口 SN2 相比，具有较低热导率保温层的 SN3 和 SN4 更能有效降低浸入式水口的热流密度。对于 SN3 和 SN4 来说，它们的热流密度相差不大，也就是说，保温层对热流密度的影响较大。因此，在浸入式水口外壁包裹耐火纤维是降低其热损失的最有效措施，特别是对于没有设置内衬的普通水口。

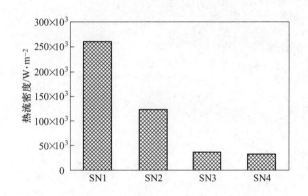

图 2-26　不同结构浸入式水口的热流密度

2.1.3.6　小结

　　（1）浸入式水口内部复合无碳内衬时，由于其热阻的作用，能够有效地降低受热冲击时的最大热应力，减少钢水通过浸入式水口的热损失。适宜的内衬厚度能够有效地降低最大热应力，但过厚时水口所受热应力反而增加。为降低多层结构浸入式水口所受热应力，其内衬应具有较低的弹性模量、线膨胀系数和热导率，同时提高水口的预热温度。

　　（2）钢水通过浸入式水口的热流密度随浸入式水口本体热导率的降低而呈抛物线形式下降。增加内衬层厚度，或降低其热导率，钢水通过浸入式水口的热流密度降低。增加保温层厚度，钢水通过浸入式水口的热流密度降低明显，但其厚度超过 3mm 时，热流密度基本不变。降低保温层热导率，热流密度也降低。与内衬相比，保温层对钢水通过浸入式水口的热流密度的影响较大，为尽量较少热损失，浸入式水口外应设置保温层，保温层厚度应适宜，并具有较低的热导率。

2.1.4 复合结构整体塞棒热应力分析

为了提高耐钢水冲刷，整体塞棒棒头一般复合碳含量低的耐火材料，但随着碳含量的进一步降低，棒头材料与棒身材料之间的热性能不匹配越来越明显，使得整体塞棒抗热冲击的能力下降，发生断裂的可能性增大，对生产的安全性产生了较大的影响。由于复合结构形式是影响使用效果的一个因素，因此本节介绍了不同复合结构对塞棒热应力场的影响。图 2-27 是整体塞棒三种不同的复合方式，A 是本体和棒头直接复合，B 是在本体和棒头之间设置一个过渡层，这个过渡层是本体和棒头按 1∶1 混合，其性能也是两者的加和，C 除了在本体和棒头之间设置过渡层之外，还在棒头外设置更低碳材料的抗侵蚀层。各部分材料性能如表 2-3 所示。

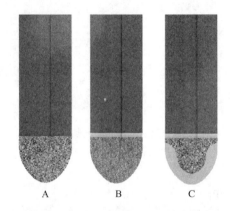

图 2-27　不同形式整体塞棒结构示意图

表 2-3　整体塞棒不同部位性能

类　别	热导率 /W · (m · K)$^{-1}$	比热容 /kJ · (kg · K)$^{-1}$	密度 /g · cm^{-3}	弹性模量 /GPa	泊松比	线膨胀系数 /K^{-1}
本体	15.8	837	2.50	4.1	0.2	$5.6×10^{-6}$
棒头	12.1	850	2.60	2.7	0.2	$7.8×10^{-6}$
过渡层	14.0	844	2.56	3.4	0.2	$6.7×10^{-6}$
抗侵蚀层	4.0	870	2.80	2.5	0.2	$9.0×10^{-6}$

　　由于仅考虑热应力，所以假设塞棒自由膨胀。塞棒表面施加对流条件，钢水温度为 1600℃，对流传热系数为 5000W/（$m^2 \cdot K$）。瞬态计算，计算时间 120s。

　　图 2-28~图 2-30 是塞棒在 45s 时不同方向上的应力分布，负值表示压应力，正值表示拉应力，由于耐火材料易受拉应力发生破坏，所以仅仅考虑拉应力的影响。塞棒 A、B、C 的应力结果表明受到的周向拉应力最大，其次是轴向拉应力，最小的是径向拉应力，不同方向上的最大拉应力均位于本体和棒头结合处。使用过渡层后，最大轴向和径向应力降低，但周向应力变化不明显。在塞棒表面复合抗侵蚀层后，最大热应力有轻微的增加。

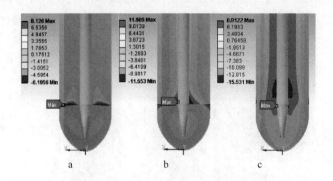

图 2-28　塞棒 A 不同方向热应力分布
a—径向；b—周向；c—轴向

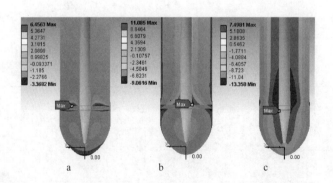

图 2-29　塞棒 B 不同方向热应力分布
a—径向；b—周向；c—轴向

　　图 2-31 是塞棒不同方向上最大热应力随时间的变化，可以看出在 0~10s 时最大热应力快速上升，随后还是随着时间的延长而增大，但上升的幅度降低，到

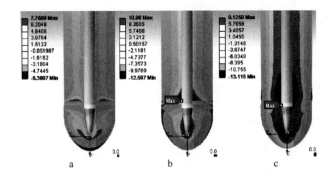

图 2-30 塞棒 C 不同方向热应力分布

a—径向；b—周向；c—轴向

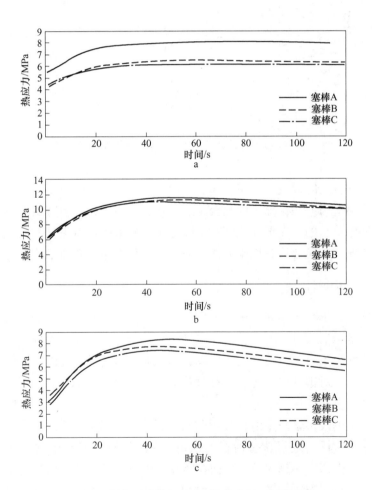

图 2-31 塞棒不同方向上最大热应力随时间的变化

a—径向；b—周向；c—轴向

40s 时基本达到最大，然后径向应力基本保持不变，轴向和周向应力反而缓慢降低。不同的复合形式对不同方向上的应力影响也有所不同，使用过渡层能够显著降低径向和轴向方向的热应力，但对于周向应力则影响不大。

在本体和棒头之间设置过渡层能够缓解它们之间的不匹配，一般认为将过渡层性能调整到两者中间最好，为此研究了过渡层不同线膨胀系数对最大应力的影响，如图 2-32 所示，可以发现与我们先前的预想不一致，轴向应力随着过渡层线膨胀系数的增加而增加，而径向和周向应力在线膨胀系数为 $7.2×10^{-6}K^{-1}$ 时最小，而不是 $6.7×10^{-6}K^{-1}$ 时。

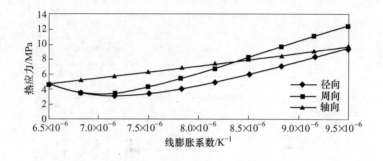

图 2-32　过渡层线膨胀系数对整体塞棒不同方向最大热应力的影响

棒头和棒身之间设置过渡层能够有效地缓解它们之间的热不匹配，降低热冲击时的最大热应力。在塞棒表面复合一层低碳抗侵蚀材料，会降低塞棒的抗热震性，通过调整材料的热匹配才能满足实际应用。如果要获得更好的抗热震性，过渡层的线膨胀系数需要进行调整，而不应是棒头和本体两者简单的平均。

2.1.5　滑板结构设计

虽然连续铸钢是不间断的操作过程，然而滑板是周期性工作的。每次浇钢开始，当炽热的钢液从打开的滑板铸孔流过时，就会对其造成巨大的热冲击，而这会使铸孔边缘发生环状龟裂，同时形成以其为中心的放射状裂纹。这样，空气极易从裂缝吸入而对钢液造成污染，有时甚至出现渗钢或夹钢事故。因此，高抗热冲击性是滑板首要保证的性能。

通过材质的改善来防止滑板裂纹的形成已有大量研究，然而实际应用表明，这种改善十分有限。通过调整滑板的锥角，并通过特殊机构限制水平裂纹的形成，已在实际生产中得到应用。然而在实际应用中，平行裂纹仍会出现。

为了了解滑板裂纹的形成过程，对用后滑板中裂纹的分布情况进行了调查，结果如图 2-33 所示[12]。

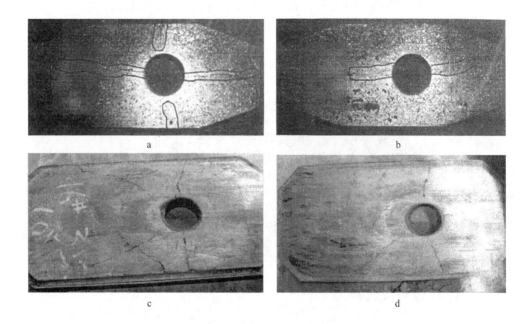

图 2-33　用后滑板的裂纹分布

a—裂纹形式（一）；b—裂纹形式（二）；c—裂纹形式（三）；d—裂纹形式（四）

　　根据调查结果，将用后滑板中的主要裂纹分为四类，详细情况如图 2-34 所示。第一类裂纹垂直于滑板的滑动方向，它起源于滑板的外边缘。在实际的用后滑板中，这类裂纹经常出现，而且难以控制。不过，这类裂纹对滑板的使用不会造成太大影响。第二类裂纹平行于滑板的滑动方向，对滑板的危害最大。第三类裂纹与滑板滑动方向成一定角度，对滑板的危害也较大。第四类裂纹环绕于铸孔四周，它主要引起铸孔的扩大。

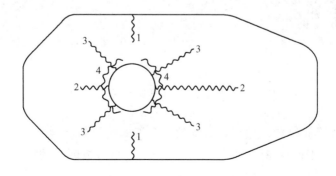

图 2-34　用后滑板的主要裂纹形式

滑板裂纹来源于热冲击时的热应力，为更好地解释其形成过程，对常用的一种35mm厚的矩形滑板进行了分析，其规格为380mm×210mm、铸孔半径为40mm，具体的结构和尺寸如图2-35所示。浇铸时，钢水从铸孔流过，而滑板外侧与空气直接接触。

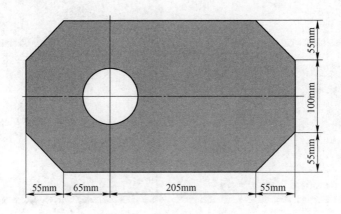

图 2-35　滑板的结构简图

由于滑板的截面尺寸远大于其厚度，而且沿厚度方向不会出现开裂现象，所以可把该问题简化为二维平面应力问题。根据滑板几何结构及边界条件的对称性，取其1/2进行分析，则有限元模型如图2-36所示。

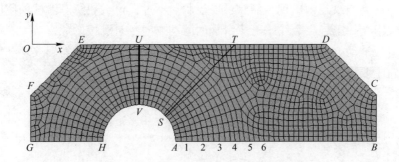

图 2-36　滑板的二维平面应力有限元模型

滑板所承受的热载荷如下：浇钢前，滑板的初始温度为573K；滑板铸孔内表面在3s内升温至1873K；空气温度为343K，与滑板侧面的换热系数为15W/(m·K)。滑板的性能参数如表2-4所示。

表 2-4　滑板的物理性能参数

类　别	热导率 /W·(m·K)$^{-1}$	比热容 /kJ·(kg·K)$^{-1}$	密度 /g·cm^{-3}	弹性模量 /GPa	泊松比	线膨胀系数 /K^{-1}
数　值	9.5	1200	3.33	22.5	0.2	$7.0×10^{-6}$

2.1.5.1　第一类裂纹

以图 2-36 为研究对象，分别在滑板边界 *BC*、*CD*、*DE*、*EF* 和 *FG* 上施加热对流载荷，在 *AB* 和 *GH* 上施加对称位移载荷，在铸孔内侧施加温度载荷。计算结果表明，滑板热应力分布随着时间的变化而不断地变化，图 2-37 仅给出它在第 30s、60s、300s 和 600s 时的热应力分布云图，这些图很直观地说明了这一点。由图 2-37 可知，滑板所受热应力较大且变化较剧烈的区域位于直线 *UV*（见图 2-36）附近，这是因为滑板在此处的断面面积最小，所承受的热应力最大。通过实际观察，用后滑板的第一类裂纹经常在直线 *UV* 附近出现，这充分说明模拟计算结果与实际情况相符。

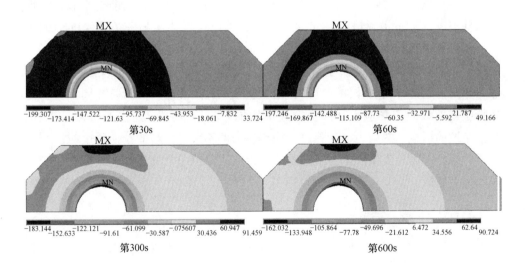

图 2-37　滑板在不同时刻的热应力分布云图（第一种情况）

考虑到耐火材料承受拉应力的能力较弱，这里仅对滑板所受最大拉应力进行研究（以下同）。将滑板在不同时刻的热应力分布云图经过对比之后发现，浇钢开始后，滑板所受最大拉应力点均位于点 *U* 处。因此，以下考察了点 *U* 处热应力随时间的变化情况，结果如图 2-38 所示。

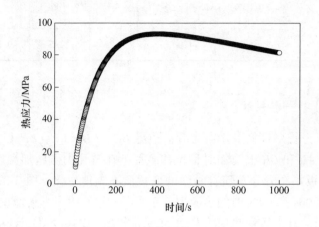

图 2-38　*U* 点热应力随时间的变化

由图 2-38 可知，随着时间的延长，*U* 点热应力逐渐增加，至 402s 时达最大值；然后，热应力又逐渐回落。需要指明的是，以上计算结果的前提是假定滑板不出现裂纹。然而实际情况并非如此，由此可以这样描述第一类裂纹的形成过程：当滑板内孔与钢水接触后，其周围的材料开始产生热膨胀，并由此在滑板外围产生拉应力，其中 *U* 点所受拉应力最大。随着时间的延长，*U* 点热应力逐渐增加。当其值超过材料的拉伸强度时，滑板就会从此处开裂。由于铸孔周围材料仍在膨胀（所以 *U* 点热应力计算值会逐渐增加），裂纹将沿 *UV* 逐渐向铸孔扩展。由于裂纹的形成，热应力得到释放。当热应力值不大于材料的拉伸强度时，裂纹扩展将终止。第一类裂纹是否贯穿整个滑板取决于热应力的大小、其他裂纹的形成等许多原因。

2.1.5.2　第二类裂纹

在第一类裂纹形成期间或以后，滑板所受最大拉应力点位置出现了变动。为分析此时滑板的热应力分布情况，假定 *UV* 处已形成贯穿裂纹。此时，分析所用有限元模型为图 2-36 中的 *ABCDUV*。分别在滑板边界 *BC*、*CD* 和 *DU* 上施加热对流载荷；在 *AB* 上施加对称位移载荷；在 *VA* 上施加温度载荷；同时固定 *UV* 在 *x* 方向（水平方向）的位移。滑板的 *y* 向热应力分布随时间的变化情况如图 2-39 所示。

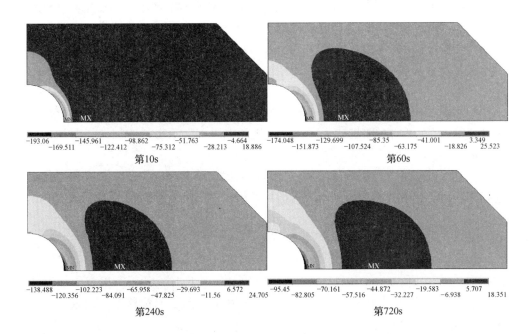

图 2-39　滑板在不同时刻的热应力分布云图（第二种情况）

由图 2-39 可知，此时滑板所受最大拉应力点位于直线 AB 上，即第二类裂纹形成的位置。由该图还可知，最大应力点沿直线 AB 逐渐由铸孔向右侧移动；最大应力值则是先增后降。为进一步考察 AB 上的应力变化情况，研究了点 1~6（见图 2-36）处热应力随时间的变化，结果如图 2-40 所示。

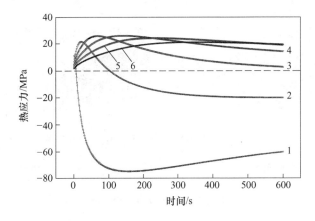

图 2-40　点 1~6 的热应力随时间的变化

由图 2-40 可知，距铸孔较近的点初期所受热应力为拉应力，随着时间的延长，逐步过渡到压应力；距铸孔较远的点始终承受拉应力。单就拉应力来说，可以得出与图 2-38 同样的结论。第二类裂纹的形成过程可描述为：当滑板内孔与钢水接触后，其周围材料因热膨胀受限而受到压应力。在距铸孔一定距离的位置上则产生拉应力。随着时间的延长，最大拉应力点沿直线 AB 逐渐向右侧移动，其值则不断增加。当最大应力值超过材料的拉伸强度时，滑板就开始开裂，并且裂纹将沿 AB 逐渐向右侧扩展。同样，当热应力值不大于材料的拉伸强度时，裂纹扩展将终止。

将第一类和第二类裂纹的扩展过程进行对比后可发现，前者由滑板外侧向铸孔扩展；后者则刚好相反，这与实际滑板的裂纹走向也十分吻合。

2.1.5.3　第三类裂纹

理论分析表明，第三类裂纹的形成时间落后于第二类裂纹。为分析第三类裂纹的形成过程，假定 UV 和 AB 处已形成贯穿裂纹。此时，分析所用有限元模型仍为图 2-36 中的 ABCDUV，所不同的是把 AB 在 y 方向上的位移进行固定。此时滑板热应力分布随时间的变化情况如图 2-41 所示。

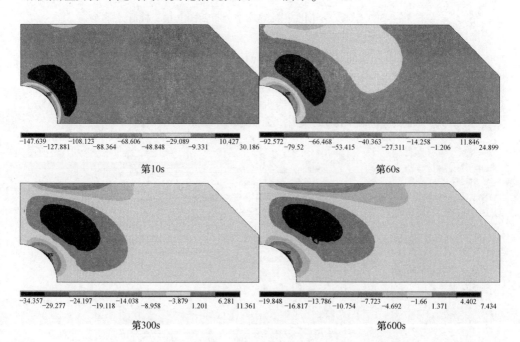

图 2-41　滑板在不同时刻的热应力分布云图（第三种情况）

由图 2-41 可知，在第三种情形下，最大热应力点的变化较为复杂。但总的来说，最大应力值随着时间的增加而逐渐降低，而最大应力点基本沿着圆弧 VA 中心点的垂直方向变化，即沿直线 ST 变化，这与第三类裂纹形成的位置大致相符。第三类裂纹形成过程与第二类裂纹类似，此处不再详述。

2.1.5.4 第四类裂纹

为说明第四类裂纹的形成，对滑板的三维模型进行了分析，图 2-42 所示为滑板在第 60s 时沿 z 方向（垂直方向）的应力分布云图。

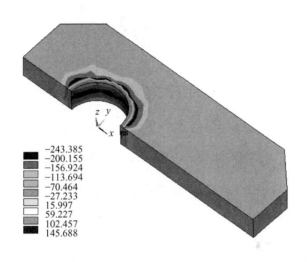

图 2-42　第四类裂纹的形成（第四种情况）

图 2-42 可知，在铸孔内侧，存在很大的压应力；而距铸孔稍远的地方则存在很大的拉应力。这主要是由铸孔内侧材料在厚度方向的热膨胀引起的。由该图还可知，z 向拉应力区域环绕在铸孔周围，这与第四类裂纹的形成情况也很相符。

当然，用后滑板实际裂纹分布情况还受其受热方式和既有裂纹分布等多种因素的影响，但从总体上来说，理论分析与实际情况基本相符。

2.1.5.5 滑板裂纹的控制

根据以上分析，滑板裂纹形成的主要原因是它所承受的拉应力超过了其自身抗拉强度。要避免裂纹的产生或降低裂纹的危害，一种有效的方法就是在滑板中预加一定的压应力，这在实际生产中已得到应用。然而就实际使用情况来看，这并不能有效避免裂纹的产生，其主要原因是滑板结构设计不合理、预加压应力方式不正确。

在滑板中引入预加压应力的方式有多种，然而根据前面的分析可知，第一类裂纹最容易形成，然而若要防止该裂纹的形成，必须在 x 方向预加约 90MPa 的压应力。当 x 方向预加很大压应力后，第二类和第三类裂纹形成的可能性剧增，此时必须在 y 方向也预加较大的压应力。这样，整个滑板中就存在较大的预加压应力，特别是铸孔处。而当钢水从铸孔流过时，其周围材料所承受压应力进一步增加，从而加剧第四类裂纹的形成，同时也加剧滑板扩孔、剥落的发生。

使用实践表明，影响滑板使用寿命的主要裂纹形式为第二类和第三类裂纹。因此，在滑板中引入预加压应力主要是控制这两类裂纹的产生，而 Y. Ryoichi 和 Y. Michinori 等对于滑板的设计也均是基于这样的考虑。也就是说，可以让第一类裂纹形成，以释放一定的热应力，但要确保左右两部分在裂纹形成后能够保持良好的接触。根据上述考虑，可以设计出不同结构的滑板或采用不同的预加压应力形式。但为了便于比较，仅对 Ryoichi（R 型）和 Michinori（M 型）所设计的滑板进一步做了改进（L 型）。这三种滑板的结构及其约束施加方式分别如图 2-43a~c 所示。

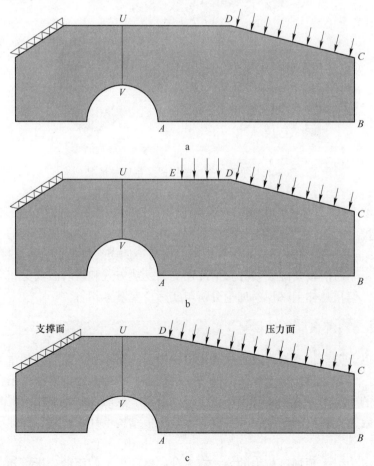

图 2-43　三种类型滑板的结构和约束施加方式
a—R 型；b—M 型；c—L 型

由图 2-43 可知，M 型与 R 型的差异在于预加压应力的施加方式不同，前者在滑板的 CD 和 DE 边上均施加了压应力，而后者仅在 CD 边上施加了压应力；L 型与 R 型的主要差异在于滑板结构不同，前者的 CD 边较后者的长。

2.1.5.6 预加压应力的分布

为了考察预加应力形式对滑板应力分布的影响，对三种滑板做了静力分析，初始条件如下：（1）假定 UV 处已形成贯穿裂纹，所以仅对三种滑板的右半部分进行分析（左半部分的结果与之类似）；（2）固定 UV 在 x 方向的位移；（3）在 AB 上施加对称位移载荷；（4）在 CD、DE 面上施加 30MPa 的压应力。计算结果如图 2-44 所示。

图 2-44 所显示的是以铸孔为圆心的周向应力分布云图（柱坐标显示），某个方向的应力绝对值越大，裂纹就越不易形成。直观观察表明，与 R 型滑板相比，在第二类和第三类裂纹容易形成的区域，M 型和 L 型滑板均存在较高的压应力。也就是说，M 型和 L 型滑板的结构或预加应力形式较为合理，且两者的应力分布云图也很相似。

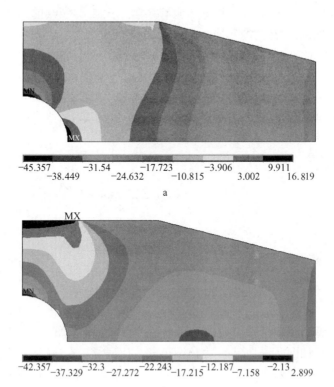

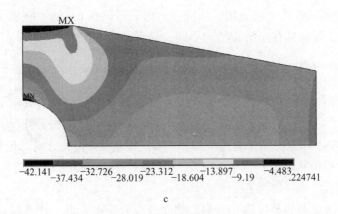

图 2-44　预加应力在滑板上的分布
a—R 型；b—M 型；c—L 型

　　对三种类型滑板在第二类裂纹易于形成的区域，即直线 *AB* 上的应力分布做了进一步研究，结果如图 2-45 所示。由该图可知，对于 R 型滑板，在距铸孔较近的区域，预加压应力较小，因而不能有效阻止第二类裂纹的形成。而对于 M 型和 L 型滑板来说，*AB* 上的压应力较高且分布较为均匀，因而能有效阻止第二类裂纹的形成。此外，M 型和 L 型滑板在 *AB* 上的应力分布也很相似。

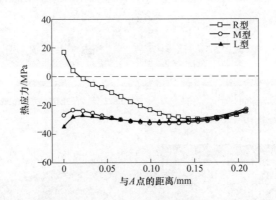

图 2-45　预加应力在直线 *AB* 上的分布

　　对三种类型滑板在第三类裂纹易于形成的区域，即直线 *ST* 上的应力分布也做了研究，结果如图 2-46 所示。由该图可知，R 型滑板在 *ST* 上的预加压应力较 M 型和 L 型滑板的要小得多。而对于 M 型和 L 型滑板来说，后者在接近铸孔的区域具有更高的压应力。因此，L 型滑板更有利于防止第三类裂纹的形成。

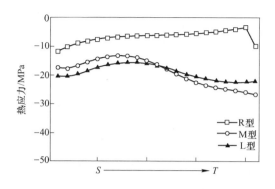

图 2-46 预加应力在直线 ST 上的分布

2.1.5.7 通钢时的应力分布

进一步对三种类型滑板在通钢时 AB 上的应力分布进行了研究，结果如图 2-47所示。

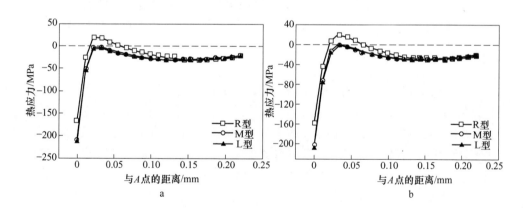

图 2-47 通钢时直线 AB 上的应力分布随时间的变化
a—第 30s；b—第 60s

由图 2-47 可知，在 AB 上，每一种类型滑板在不同时刻的应力分布形式类似，只是应力值有所不同。此外，R 型滑板在 AB 上存在有较大拉应力；而 M 型和 L 型的应力分布类似且不存在拉应力。当然，是否存在拉应力还与所施加应力的大小有关，而这可根据需要进行调节。值得一提的是，位于 M 型和 L 型滑板铸孔周围的材料所承受的压应力略大于 R 型的，因此它们在铸孔处损毁的概率增大。

同样，对三种类型滑板在通钢时 ST 上的应力分布进行了研究，结果如图 2-48所示。由它们所得到的结果与图 2-47 类似，此处不再赘述。

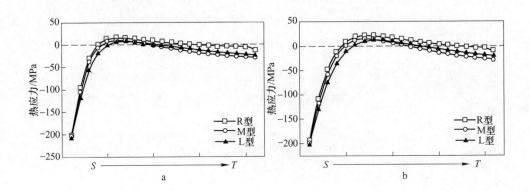

图 2-48　通钢时直线 ST 上的应力分布随时间的变化
a—第 30s；b—第 60s

因此从热应力大小上考虑，M 型和 L 型滑板优于 R 型滑板；而 L 型滑板又优于 M 型滑板。此外，L 型滑板的预加应力易于实现，其滑动机构相对简单。

2.1.6　透气元件热应力分析

在大多数炉外精炼设备中，都采用透气元件吹入惰性气体，以强化熔池搅拌、纯净钢液，并使其温度和成分均匀。因此底吹透气元件在炉外精炼中起着十分重要的作用，它的使用寿命和吹成率对钢的质量、生产节奏的安排及生产成本的控制等都有着直接的影响。透气元件工作于高温状态，并频繁遭受急冷急热作用，由此所产生的热应力是造成其损毁的重要原因之一。通过改善操作条件或优化透气元件结构以降低其所遭受的热应力，对于提高其使用寿命具有重要意义。

图 2-49 为钢包用内装式透气元件的安装示意图。从该图可知，透气元件位于钢包底部并被耐火材料所包围，因而其温度分布及应力分布强烈地依赖于周围的环境：耐火材料的种类及物理性能、砌筑方式和厚度、热膨胀缝的大小，以及耐火材料温度、周围环境温度和保温情况等。因此，要确切了解透气元件的热应力大小及分布几乎是不可能的。对透气元件应力场进行研究的主要目的，一是通过改变结构使其总体应力水平较低且分布也较为合理；二是探讨外部条件对其应力场的影响，进而优化操作，以尽可能延长透气元件使用寿命。因此，研究透气元件的应力场时，在不影响结论正确性的前提下，对于得到的具体数值和一些细枝末节问题不必考虑过多。

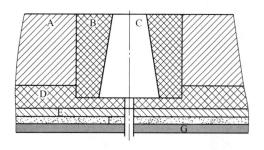

图 2-49 钢包用内装式透气元件安装示意图
A—工作层；B—座砖；C—透气元件；D—第一永久层；
E—第二永久层；F—绝热层；G—钢包壳

为方便研究，以下将透气元件所受热应力分为内应力和宏观热应力。内应力是指透气元件因其各组成相线膨胀系数存在差异而产生的热应力，这不是本章所研究的内容。宏观热应力分为热梯度应力（或温差应力）和热机械应力。前者是指透气元件因不同部位存在温度梯度而产生的热应力，这可由温度的快速变化引起，或在热平衡状态下因材料不同部位存在温度差异引起；后者则是指透气元件的热膨胀受座砖的约束而产生的热应力。

钢包在使用过程中，其温度分布是不断变化的。然而研究表明，钢包经历烘包和数次预热、等待、浇钢、储运、二次精炼、出钢浇注的热循环后，便达到一种"准稳态"。此时，钢包的温度场和应力场受工作状态的影响较小，且该状态在钢包的使用过程中占主要地位。当钢包处于"准稳态"时，透气元件在受钢到出钢结束之间的一段时间里，其工作面（热面）和非工作面的温度保持相对稳定。此时，因透气元件热面和非工作面之间存在一定的温差，所以在其内部会产生热梯度应力。由于透气元件的受力方式极为复杂，若同时考虑各因素的影响显然是不现实的。因为透气元件具有很高的弹性模量和较低的线膨胀系数，所以当温度变化时其变形很小。这样，可根据材料力学叠加原理，对各种应力分别进行研究。

为了阐明透气元件热应力的影响因素，对一典型钢包及所用透气元件进行了分析，图 2-50 为钢包的结构示意图。计算过程主要涉及钢包底部表面 F1、上部表面 F2 和侧壁内表面 F3。图中所标注尺寸 d_1 为钢包底部内径，d_2 为上口内径，H 为钢包深度，钢包模型尺寸参数见表 2-5。透气元件为圆台形结构，如图 2-51 所示，其材质为刚玉质，结构与尺寸参数见表 2-6。

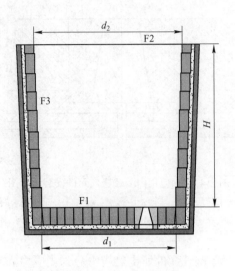

图 2-50 钢包的结构尺寸

表 2-5 钢包模型尺寸参数   （mm）

上口内径	钢包底部内径	高　度
3772	3200	4290

表 2-6 透气元件结构与尺寸参数   （mm）

内圈狭缝数	外圈狭缝数	顶面直径	底面直径	高度	狭缝宽度	狭缝长度
12	24	130	220	445	0.2	20

　　对透气元件的分析包括温度场分析和热梯度应力场分析，其中前者需同钢包一起进行分析。分析时的边界条件为：（1）透气元件热面与高温钢水接触，可认为其与钢水同温，设其值为 1873K；（2）钢包外壁与周围空气的自然对流换热系数及其与周围环境的热辐射换热系数，可用一等价的对流辐射换热系数来代替；（3）环境温度取为 303K。

　　透气元件在整个服役过程中所处的阶段不同，施加在透气元件上的温度制度不同，将透气元件服役过程分为四个阶段，分别为烘包、出钢、吹氩和浇铸阶段。透气元件不同阶段的温度制度如图 2-52 所示。本次分析所涉及的材料及其

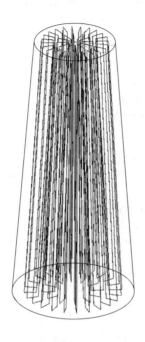

图 2-51　透气元件结构示意图

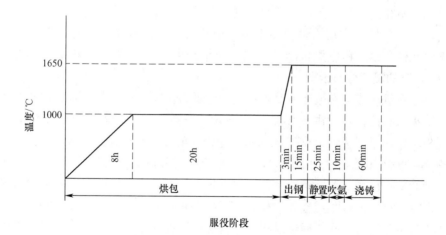

图 2-52　透气元件不同服役阶段温度制度

物理性能参数见表 2-7。其中，包壳和隔热层的热导率及透气元件的弹性模量均由参考文献所列数据经拟合分析得到。

表 2-7　材料物理性能参数

项　目	材　料	厚度/mm	热导率/W·(m·K)$^{-1}$	弹性模量/GPa	泊松比	线膨胀系数/K^{-1}
包壳	钢	40	$50.33-2.74\times10^{-2}t$	—	—	—
隔热层	耐火纤维毯	20	$2.11\times10^{-2}+2.32\times10^{-4}t$ $+1.61\times10^{-7}t^2$	—	—	—
永久层 工作层	刚玉尖晶 石浇注料	30	$2.90-0.58\times10^{-3}t$	—	—	—
透气元件	刚玉尖晶石	—	$2.90-0.58\times10^{-3}t$	$382.26-1.15\times10^{-2}t-7.82\times10^{-5}t^2+$ $1.07\times10^{-7}t^3-7.86\times10^{-11}t^4$	0.24	8.5×10^{-6}

注：t 为材料温度，℃。

2.1.6.1　整体温度分布

透气元件服役过程中各阶段的温度条件不同，因此各阶段透气元件内部的温度分布并不相同，为了清楚了解服役过程中透气元件内部的温度分布，选取了四个阶段进行分析，分别为烘包结束、出钢结束、吹氩结束和浇铸结束。图 2-53 为透气元件服役过程中烘包结束（a）、出钢结束（b）、吹氩结束（c）、浇铸结束（d）时的温度分布云图。

钢包在进入热工作循环前要进行适当的烘烤，以减少出钢时因瞬时升温而导致的耐火材料的损坏。由图 2-53 可以看出，按设定的烘烤制度烘包结束后，透气元件工作面温度达到 1000℃，接近钢包外壳的冷面部分温度为 410℃，透气元件整体温度分布较均匀，由工作面到冷面温度逐渐降低；在出钢阶段，透气元件工作面和钢水接触，温度迅速上升，由于耐火材料的热传导性，透气元件内部各部分温度均有所上升，透气元件冷面由于与外界的热交换等原因，温度上升幅度较小；在钢包进行底吹氩精炼过程中，常温气体进入透气元件狭缝，与狭缝壁面发生热交换而带走狭缝壁面的部分热量，引起壁面及其附近温度下降，随着吹氩的进行，透气元件冷面温度下降，透气元件工作面附近既与高温钢水相接触，又与低温氩气接触，因此吹氩结束时工作面附近区域形成较大的温度梯度；在浇铸过程中，没有低温氩气的进入，由于耐火材料的热传导性，透气元件内部温度较吹氩阶段有所上升，温降有所缓和。

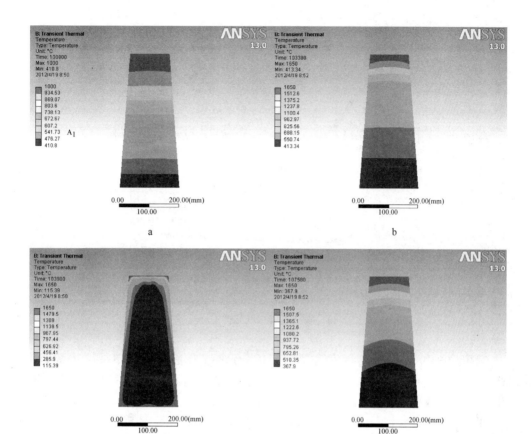

图 2-53　透气元件服役过程温度分布云图

a—烘包结束；b—出钢结束；c—吹氩结束；d—浇铸结束

图 2-54 是各个阶段结束时透气元件中心轴线的温度分布，可以看出，烘包结束时，透气元件内部温度分布较均匀，温度由透气元件工作面至底面逐渐降低；出钢结束时，由于与高温钢水接触及耐火材料的热传导性，透气元件工作面及其以下 150mm 的范围内温度高于烘包结束阶段，但随着与透气元件工作面的远离，两者的温度差别逐渐消失；吹氩结束时，透气元件工作面及其以下 50mm 的范围内存在较大的温度梯度，底面附近由于钢包外壳的热传导作用，温度高于中心部位；由于受到吹氩阶段低温氩气的影响，浇铸结束时透气元件下半部的温度低于相同位置出钢结束时的温度，但两者差别较小。

从上述分析可以看出，透气元件服役过程温度变化较大的阶段为吹氩阶段，出现位置为透气元件工作面及其以下 50mm 的范围。

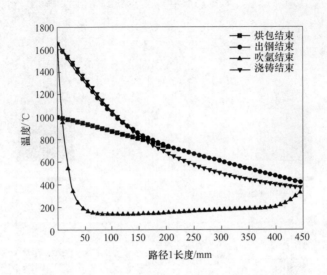

图 2-54　服役过程透气元件温度分布

图 2-55 中 a~d 分别为吹氩结束时距透气元件工作面 5mm、15mm、25mm 和 50mm 处截面的温度分布。从图中可以看出，各截面的低温区均位于透气元件的中心部位，高温区位于截面的外缘，从所选取截面的边缘到截面的中心部位，温度逐渐降低，图 2-55b 中截面的边缘部位温度梯度较大。

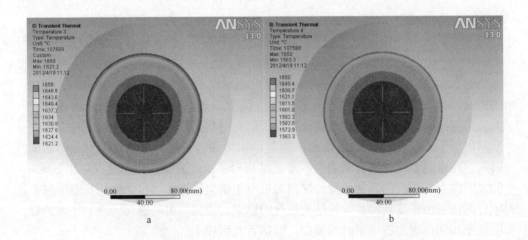

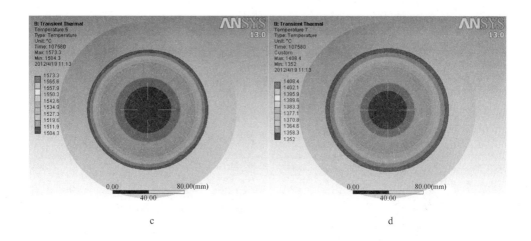

图 2-55 吹氩结束距工作面不同距离截面温度分布

a—5mm；b—15mm；c—25mm；d—50mm

2.1.6.2 透气元件应力分布特征

图 2-56 是不同阶段时狭缝式透气元件热应力分布图，从图 2-56a 可以看出，狭缝式透气元件烘包结束时应力较大的部位主要在透气元件热端狭缝周围产生。透气元件芯内部距热端 30～50mm 范围内应力较大，最大值为 117MPa；从图 2-56b可以看出，吹氩开始前应力较大的部位主要在透气元件热端狭缝周围产生。透气元件芯内部距热端 30～50mm 范围内应力较大，最大值为 170MPa；从图 2-56c可以看出，吹氩结束后透气元件热端狭缝窄边应力最大，达到 356MPa，这是由于受到氩气强制对流冷却，造成透气元件热端温度梯度最大，从而应力最大。

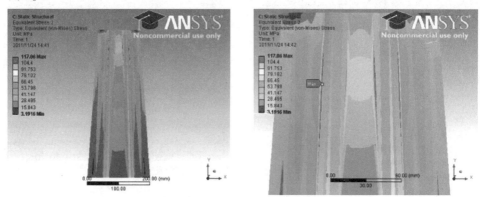

沿砖垂直中心面应力分布图和局部放大图

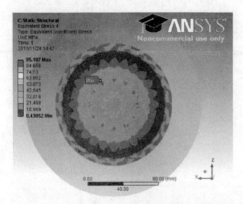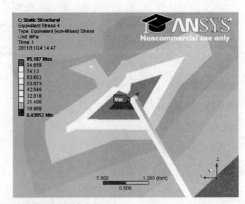

透气元件热端应力分布及狭缝位置局部放大图

a

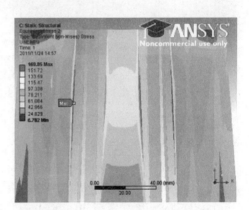

沿砖垂直中心面应力分布图和局部放大图

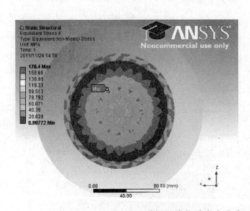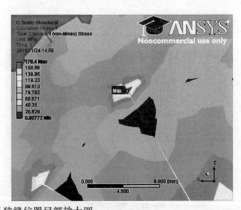

透气元件热端应力分布及狭缝位置局部放大图

b

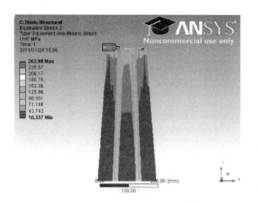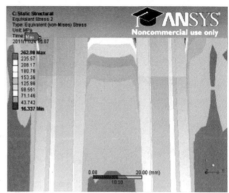

沿砖垂直中心面应力分布图和局部放大图

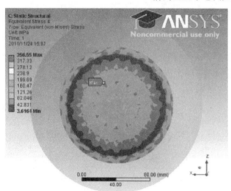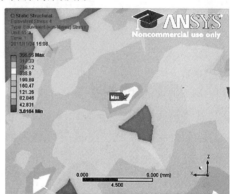

透气元件热端应力分布及局部放大图

c

图 2-56 狭缝式透气元件热应力分布图

a—烘包结束时狭缝型透气元件应力分布图；b—吹氩前狭缝型透气元件应力分布图；
c—吹氩结束后狭缝型透气元件应力分布图

整体应力分析表明，透气元件服役过程中最大应力值及最大应力出现的位置均不断变化，高应力区位于透气元件内部靠近工作面的中心部位、工作面上及内部的狭缝角端。因此为进一步分析透气元件服役过程中的应力变化，图 2-57 为分析透气元件温度与应力变化时采用的分析路径，其中 $P1$ 为透气元件工作面中心到底面中心的连线；$P2$、$P3$ 分别为透气元件内外圈狭缝高度方向的边线；$P4$ 为透气元件外缘边线；$P5$、$P6$ 分别为透气元件工作面上内外圈狭缝长度方向的边线；$P7$、$P8$、$P9$、$P10$ 分别为透气元件工作面上内外圈狭缝宽度方向的边线。

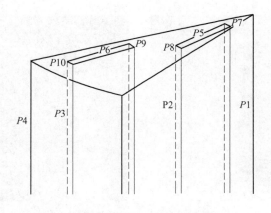

图 2-57　分析路径

　　图 2-58 中 a~d 分别为 P1、P2、P3 及 P4 在烘包结束、出钢结束、吹氩结束及浇铸结束时的应力分布曲线。在四条路径中，烘包结束时应力值最小，出钢结束和浇铸结束时的应力分布基本相同，吹氩结束时 P1、P2、P3 在透气元件工作面上具有最大应力，P4 在工作面以下约 20mm 处具有最大应力；透气元件内部应力剧烈变化的区域位于透气元件工作面及其以下 100mm 的范围内，越靠近工作面，这种变化越剧烈，如果服役过程中透气元件表层所受的热应力不能及时释放，较大的热应力会向透气元件内部更深处扩展，不利于透气元件使用，若含有大量裂纹的表层发生剥落，透气元件表面温度再次变化时，透气元件内部所受热冲击加大，内部发生损毁的概率变大。

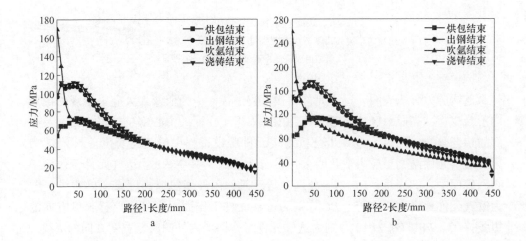

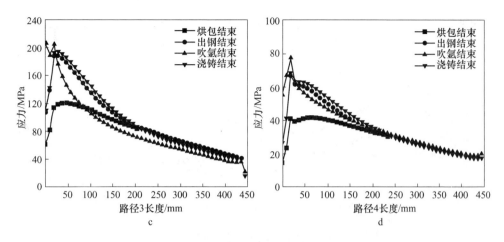

图 2-58 沿狭缝高度方向不同路径应力分布
a—P1；b—P2；c—P3；d—P4

在四条路径中，路径 P2 的应力值大于其余路径，出钢结束和浇铸结束时，最大应力值位于工作面下约 50mm 处，吹氩结束时，最大应力位于工作面附近，造成上述变化的原因可能是，在出钢和浇铸阶段，工作面与高温钢水接触，由于耐火材料的传导性，温度梯度由工作面下移，最大应力出现的区域随之下移，此时易发生应力破坏的区域位于透气元件工作面以下；在吹氩阶段，低温的氩气与炽热的透气元件接触，在其内部产生很大的热梯度应力，随着吹氩的进行，高温区域所在位置不断上移，导致最大应力出现位置不断上移，在吹氩过程中，透气元件工作面附近出现损毁的概率最大。

路径 P3 和路径 P4 的最大应力值均出现在透气元件工作面以下约 20mm 处，这是由于透气元件安装在钢包底部的座砖中，上述变化是由透气元件热膨胀受到座砖限制产生的热机械应力引起的，当此应力值过大时会造成透气元件的破坏。

图 2-59 中 a、b 分别为 P5 和 P6 在烘包结束、出钢结束、吹氩结束及浇铸结束时的应力分布曲线。从图中可以看出，路径 P5 的应力值大于路径 P6，烘包结束时的应力值最小，出钢结束和浇铸结束时的应力分布基本相同，吹氩结束时应力值最大；两条路径的最大应力值均出现在角端。

上述分析说明，在透气元件工作面上内圈狭缝处的应力值大于外圈狭缝处的应力值，最大应力值出现在吹氩结束时的狭缝角端。

图 2-60 中 a~d 分别为 P7、P8、P9 及 P10 在烘包结束、出钢结束、吹氩结束及浇铸结束时的应力分布曲线。从图中可以看出，透气元件服役过程中四条路径的应力分布基本相同，但应力值大小不同，路径 P8 的应力值最大，路径 P9 应力值最小，各路径的最大应力均出现在吹氩结束时的路径端部。

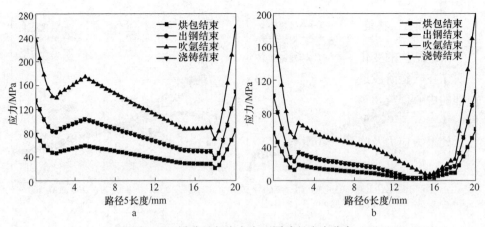

图 2-59   沿狭缝长度方向不同路径应力分布

a—$P5$；b—$P6$

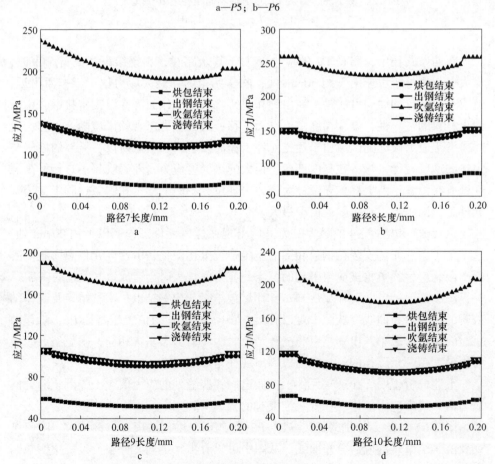

图 2-60   沿狭缝不同宽度方向不同路径应力分布

a—$P7$；b—$P8$；c—$P9$；d—$P10$

2.1.6.3 狭缝结构对热应力的影响

狭缝结构的变化也会影响热应力场，导致最大热应力发生变化。前面的分析表明，在吹氩阶段透气元件所受应力达到最大，且高应力区主要分布在透气元件内部的中心部位及透气元件工作面上的狭缝角端，为此在分析透气元件狭缝长度、狭缝宽度及狭缝相对位置对热应力的影响时仅考虑吹氩前后透气元件中心轴线上的最大应力及吹氩后透气元件狭缝角端最大应力。

A 狭缝长度对透气元件应力的影响

图 2-61 为吹气量不变时狭缝长度对热应力的影响，图 2-61a 为吹氩前和吹氩后透气元件中心轴线上的最大应力变化，图 2-61b 为吹氩后透气元件狭缝角端的最大应力变化。

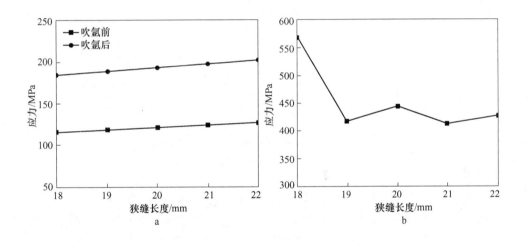

图 2-61 吹气量不变时狭缝长度对应力的影响
a—中心轴线应力；b—狭缝角端应力

图 2-61 可以看出，透气元件狭缝长度增大，吹氩前后中心轴线上的应力增大，当狭缝长度由 19mm 增大到 21mm，中心轴线上的应力在吹氩前由 118.78MPa 增大到 123.85MPa，吹氩后由 188.68MPa 增大到 196.73MPa，狭缝角端应力吹氩后由 416.31MPa 减到最小为 412.60MPa。因此透气元件狭缝长度可根据实际使用情况选择，若在实际使用过程中，透气元件中心部位最先发生破坏，可适当降低狭缝长度；若实际使用中，狭缝部位最先发生应力破坏，可将狭缝长度选择为 19mm 或 21mm。

B　狭缝宽度对透气元件应力的影响

图 2-62 为吹气量不变时狭缝宽度对应力的影响，可以看出狭缝宽度变化对吹氩前后透气元件中心轴线上的应力变化影响较小，对吹氩后狭缝角端应力有一定的影响，狭缝宽度由 0.18mm 增大到 0.22mm 后，吹氩后狭缝角端在狭缝宽度为 0.2mm 时应力最大，为 444.1MPa，在狭缝宽度为 0.21mm 时，应力最小为 397.2MPa。

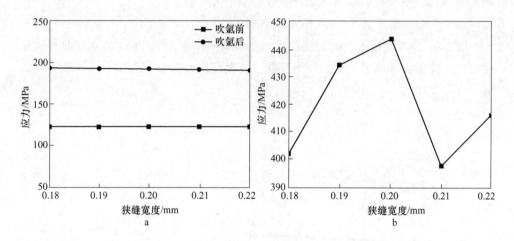

图 2-62 吹气量不变时狭缝宽度对应力的影响

a—中心轴线应力；b—狭缝角端应力

在实际生产中，为防止钢液渗透，又不致于使底吹气体的阻力急剧增大，狭缝型透气元件的狭缝宽度一般控制在 0.2mm。上述分析说明，在实际允许的情况下，可选择狭缝宽度为 0.18mm 或 0.21mm，将明显降低吹氩后狭缝角端的应力值。

C　狭缝相对位置对透气元件应力的影响

令内圈狭缝与透气元件顶面中心的距离为 d_1，外圈狭缝与透气元件顶面中心的距离为 d_2，d_1、d_2 的变化对吹氩前后透气元件中心轴线及吹氩后透气元件狭缝角端最大应力也会产生影响。图 2-63a 为吹氩前和吹氩后透气元件中心轴线上的最大应力变化，图 2-63b 为吹氩后透气元件狭缝角端的最大应力变化（下同）。

从图 2-63 可以看出，狭缝与透气元件顶面中心的距离对狭缝角端的应力影响较小；在透气元件的中心轴线上，随着 d_1、d_2 的增大，吹氩前后的应力值均有所减小，但 d_1 的变化对中心轴线上最大应力变化的影响更明显，d_1 由 7mm 增大到 13mm，透气元件中心轴线上的最大应力吹氩前由 131MPa 减小到 115MPa，吹氩后由 227MPa 减小到 172MPa。

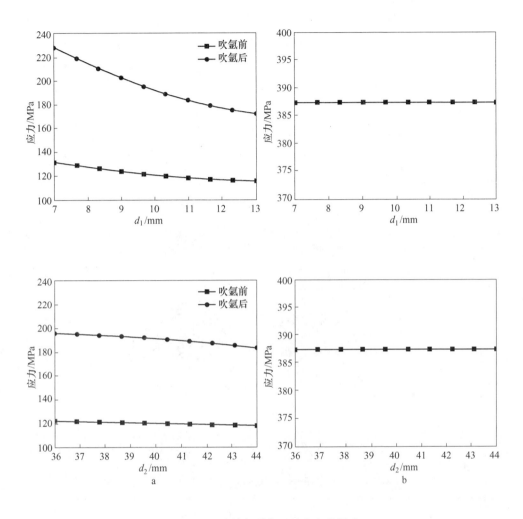

图 2-63 狭缝相对位置对应力的影响
a—中心轴线应力；b—狭缝角端应力

上述分析表明，狭缝与透气元件顶面中心的距离对吹氩后狭缝角端应力影响很小，对透气元件中心轴线上的应力有一定影响，尤其是内圈狭缝与透气元件顶面中心的距离，在实际生产中可以适当增大内圈狭缝与顶面中心的距离以减小吹氩前后透气元件内部中心的应力。

2.1.6.4 结构复合透气元件热应力分析

为提高透气元件的性能，降低热应力，设计了三部分组合而成（本体、芯板和弥散气孔烧结体）的结构复合透气元件，如图 2-64 所示，性能见表 2-8。本体为透气元件外围实体材料,采用刚玉-尖晶石浇注料,材质类似原整体透气元件,在抗热震性、抗冲刷侵蚀性方面能很好满足;透气狭缝由单体芯板拼装组合而成。芯板材质为刚玉-尖晶石烧结体,其特点一方面具有和本体相类似的化学组成,以和本体保持较好的匹配性,另一方面材料是经特定工艺制作的烧结体,具有较高的性能指标,服役过程中芯板和芯板、芯板和本体间具有一定的独立性,相互影响较小,有利于提高透气元件整体抗热震性和使用寿命;弥散孔烧结体为透气元件安全段气体通道,在正常服役全过程中不接触钢液、渣液,但对本体和芯板有缩短其长度、一定的隔热保温、预热氩气的附加作用,改善了透气元件的非工作端环境条件。

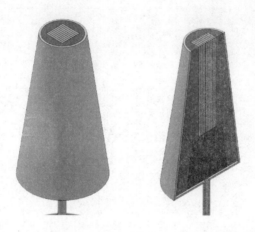

图 2-64　结构复合透气元件示意图

表 2-8　结构复合透气元件不同材料物理性质参数

项　目	密度 /g·cm^{-3}	比热容 /J·(kg·K)$^{-1}$	热导率 /W·(m·K)$^{-1}$	线膨胀系数 /K^{-1}	泊松比	弹性模量 /GPa
弥散型透气芯	2.90	1000	3.2	6.7×10^{-6}	0.2	6.0
芯板	3.10	1100	3.6	8.5×10^{-6}	0.2	6.1
浇注料	3.10	1000	3.0	5.0×10^{-6}	0.2	6.6

图 2-65 为梯度透气元件不同时刻的应力分布图。从图 2-65a 可以看出,在烘

包阶段，在中心面上应力分布呈月牙形，在热端呈以透气元件中心为圆心的圆环形分布。梯度透气元件应力最大的地方位于透气元件热端与座砖接触位置附近，距透气元件热端约 30mm，其值为 83MPa；从图 2-65b 可以看出，在吹氩开始前，透气元件中心面上应力分布呈月牙形，在热端呈透气元件中心为圆心的圆环形分布。组合型透气元件应力最大的地方位于透气元件与座砖接触位置附近，距透气元件热端约 25mm，其值为 134MPa；从图 2-65c 可以看出，在吹氩结束后，透气元件中心面上应力分布呈几字形，在热端呈透气元件中心为圆心的圆环形分布。组合型透气元件应力最大的地方位于透气元件热端中心处，其值为 112MPa。

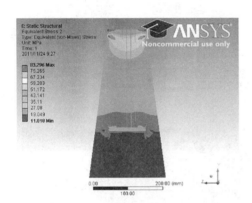 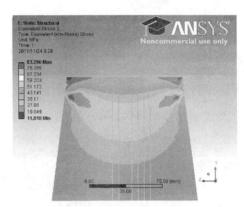

沿砖垂直中心面应力分布图和局部放大图

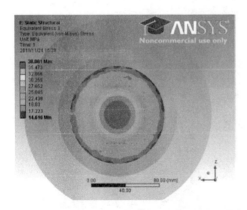 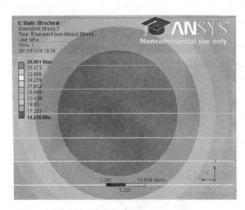

透气元件热端应力分布及局部放大图

a

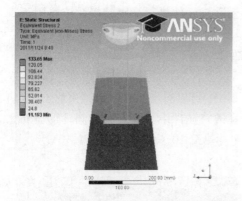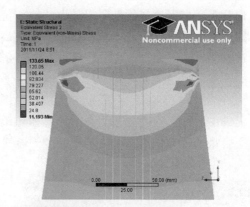

沿砖垂直中心面应力分布图和局部放大图

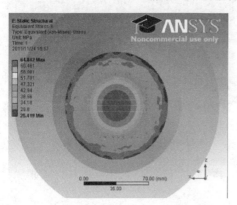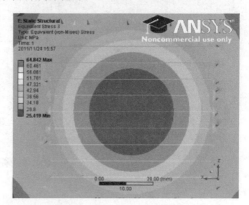

透气元件热端应力分布及局部放大图

b

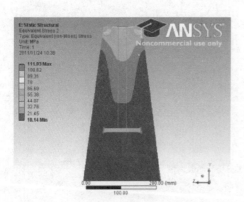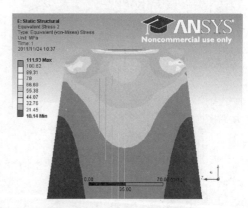

沿砖垂直中心面应力分布图和局部放大图

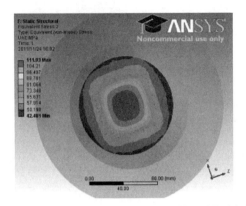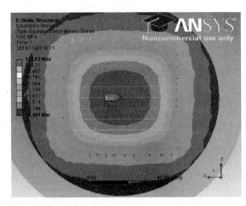

透气元件热端应力分布及局部放大图

c

图 2-65 组合型透气元件热应力分布图

a—烘包结束时组合型透气元件应力分布图；b—吹氩前组合型透气元件应力分布图；

c—吹氩结束后组合型透气元件应力分布图

图 2-66a 为选取狭缝型透气元件中两点（A 为透气元件热端中心，B 为透气元件中心线上距热端 35mm），在透气元件烘包到吹氩结束时应力变化情况。从图 2-66a 可以看出，烘包阶段 A 和 B 两点在到达稳定温度前，应力一直处于上升状态，保温过程中，应力变化不大，A 点应力还有所减小。在装钢开始阶段 A 点受到热冲击应力迅速增加，然后应力开始稳定，略微有所降低，B 点应力一直增加。在吹氩阶段由于受到氩气的强制对流作用，A 点应力迅速增加，接近 200MPa，B 点由于温度梯度变小，应力降低。

图 2-66b 为组合型透气元件应力最大点（A）的应力和透气元件热端中心点（B）应力值随时间的变化图。从图 2-66b 可以看出，烘包阶段 A 和 B 两点在到达稳定温度前，应力一直处于上升状态，保温过程中，应力值基本没有变化，最大应力点不在透气元件热端中心处。在装钢开始阶段受到热冲击 A、B 两点应力迅速增加，然后 B 点有所降低。在吹氩阶段由于受到氩气的强制对流作用，A 点应力迅速增加，最大应力位置开始向透气元件热端移动，最后最大应力点位于透气元件热端中心处。

图 2-67 为两种透气元件不同使用阶段最大应力对比，从图中可以看出，在烘包结束时狭缝型和组合型透气元件最大应力基本一致，在装钢结束时，组合型透气元件应力最大值略大于狭缝型透气元件，但在吹氩结束时，组合型透气元件应力远小于狭缝型透气元件，说明组合型透气元件在吹氩时受到的热应力损坏程

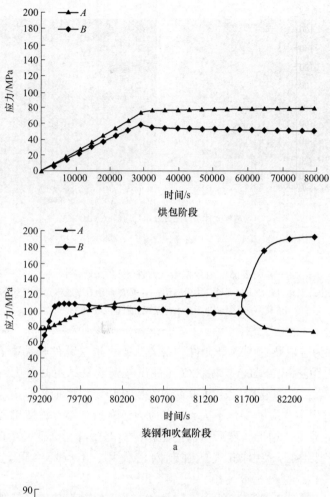

烘包阶段

装钢和吹氩阶段

a

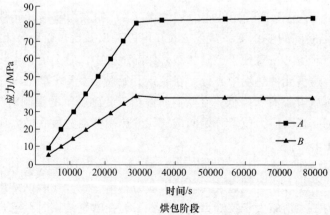

烘包阶段

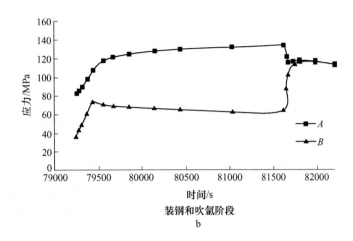

图 2-66 透气元件应力随时间变化情况

a—狭缝式透气元件应力随时间变化情况；b—组合型透气元件应力随时间变化情况

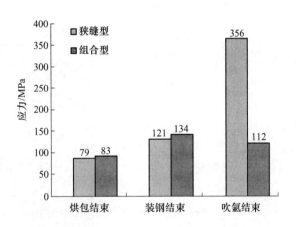

图 2-67 两种透气元件不同使用阶段最大应力对比

度远小于狭缝型透气元件。

通过对狭缝型和组合型透气元件不同使用阶段进行热应力分析，得出结果如下：（1）狭缝型透气元件最大应力主要在狭缝周围产生。在烘包和装钢阶段，其最大应力位于距热端 30~50mm 的区域，其最大值为 121MPa；在吹氩结束时，其最大应力为于透气元件热端狭缝窄面处，最大值为 356MPa。（2）在烘包和装钢阶段，组合型透气元件应力最大的地方位于透气元件与座砖接触位置附近，距透气元件热端 25~30mm，最大值为 134MPa；在吹氩结束时，最大值为 112MPa。（3）使用组合型透气元件能显著降低透气元件在吹氩时产生的热应力。

2.1.6.5 小结

当透气元件处于热平衡状态时，因热面和非工作面之间存在温差而产生的热应力对其损害不大。然而在进钢的瞬间以及浇钢完毕后，透气元件热面将承受很大的热冲击应力，从而造成其热面的开裂和剥落。要降低透气元件因上述原因所造成的损毁，从材料角度来讲，就是要提高其抗热震损伤性能，而这一点已有大量研究成果。从操作的角度来讲，就是要降低透气元件所承受的热冲击负荷。这一点主要要求：（1）钢包在使用前要充分预热；（2）加快钢包的周转，并加强它的保温，以防止其在待包期间温度降低过多；（3）浇钢完毕后，要及时加盖钢包盖，以防止透气元件热面温度急剧下降。在不能提高氩气温度或降低其用量的前提下，要降低透气元件因吹氩而引起的热梯度应力，只能调整透气元件的结构。

2.2 关键材料设计基础

2.2.1 锆碳材料

连铸三大件在服役过程中，在耐火材料-钢液-熔渣三相界面处，通常称为渣线部位，蚀损较为严重，以浸入式水口尤为严重，如图 2-68所示，渣线是决定浸入式水口使用寿命的关键部位，当前渣线部位普遍选用 ZrO_2-C 材料。ZrO_2-C 材料通常以部分稳定氧化锆及鳞片状石墨为主体，辅以结合剂和添加剂，经过多级混练造粒，等静压成型，热处理等工艺得到具有特殊用途的功能材料。

图 2-69 为典型 ZrO_2-C 材料的组织结构，可以看出 ZrO_2-C 材料中氧化锆颗粒间隙被石墨细粉以及树脂热处理后的树脂碳所填充。ZrO_2-C 材料气孔率较低，导热性能好，同时采用的部分稳定电熔氧化锆在一定温度产生相变增韧作用缓解产生的体积效应，具有优良的抗热震性

图 2-68 用后浸入式水口

能。氧化锆被石墨包围，可以缓解与熔渣的接触作用，同时氧化锆不与熔渣反应，不易被钢液润湿[13]，熔渣及钢液对氧化锆的溶解作用极其有限，石墨抗渣性好。由上可以看出 ZrO_2-C 材料具有优良的抗热震性能和抗侵蚀性能，是浸入式水口渣线不可替代的材料。

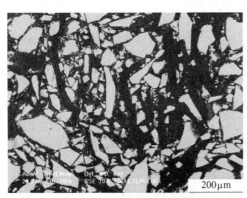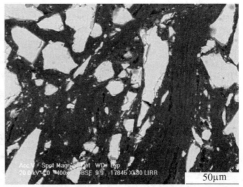

图 2-69 典型 ZrO_2-C 材料的显微结构

ZrO_2-C 材料的组成与结构决定了其抗热震性能和抗侵蚀性能，控制要素是电熔氧化锆原料的品质（致密程度、稳定化率、纯度）、氧化锆的加入量及粒度组成、石墨的品质、添加剂，以及材料的显微结构等。

2.2.1.1 氧化锆品质

游离的氧化锆在自然界只存在于斜锆石中，常用的氧化锆大部分是通过工业手段获得的。纯的 ZrO_2 有立方、四方和单斜三种晶型，它们分别稳定于高温、中温和低温度区，在没有稳定剂存在的情况下，立方和四方晶型的氧化锆无法在常温条件下存在，而只能以单斜相存在，各晶型之间的转变是可逆的，其变化可表示如下：

$$m\text{-}ZrO_2 \underset{}{\overset{1170℃}{\rightleftharpoons}} t\text{-}ZrO_2 \underset{}{\overset{2370℃}{\rightleftharpoons}} c\text{-}ZrO_2 \underset{}{\overset{2680℃}{\rightleftharpoons}} 液相$$

由于上述晶型转变会伴随体积变化会造成耐火材料烧成时容易开裂，故普遍采用部分稳定 ZrO_2，目前广泛采用的稳定剂有 CaO、MgO 及 Y_2O_3 及其混合物等，由于 Y_2O_3 稀缺，而 MgO 的稳定效果没有 CaO 好，所以浸入式水口渣线材料的氧化锆采用 CaO 来稳定（CPSZ）。加入稳定剂 CaO 后使得稳定立方相能够在较大的温度范围内存在而不会发生相变体积变化。部分稳定氧化锆（PSZ）的热震稳定性明显比其他种类的氧化锆原料要高，由 30%的单斜相和 70%的立方相组成的氧化锆的热震稳定性最好；20%单斜相和 80%立方相组成的氧化锆的抗侵蚀性能最好[14,15]。通常部分稳定的氧化锆原料中存在少量杂质，比如 Al_2O_3、SiO_2等。影响 ZrO_2-C 材料抗渣性的主要因素之一是在熔渣作用下稳定剂的脱溶反应。电熔氧化锆颗粒中低熔点杂质和亚晶界的存在容易导致渣液向氧化锆颗粒侵入和稳定剂的脱溶，ZrO_2-C 材料的抗渣性下降。

　　ZrO_2 原料多是经过电熔工艺制备的，电熔工艺的一个作用是通过熔炼加入一定种类和合适数量的稳定剂制备稳定 ZrO_2 原料，另一个作用是制备出最均匀的稳定剂分布和致密的氧化锆原料。不同致密度的电熔氧化锆原料显微结构有明显的不同，致密的电熔氧化锆原料，高倍放大几乎看不到结晶缺陷，如图 2-70a 所示，欠致密电熔氧化锆原料品质相对要差一些，如图 2-70b 所示，杂质含量较多。相比较之下，脱硅锆和以脱硅锆为原料制备的电熔氧化锆原料杂质含量较明显，结晶程度也较差些，含有低熔点相[16]。以斜锆石和化学锆为原料的电熔氧化锆杂质含量较低，采用合适的电熔工艺可制备相对致密的电熔氧化锆原料。

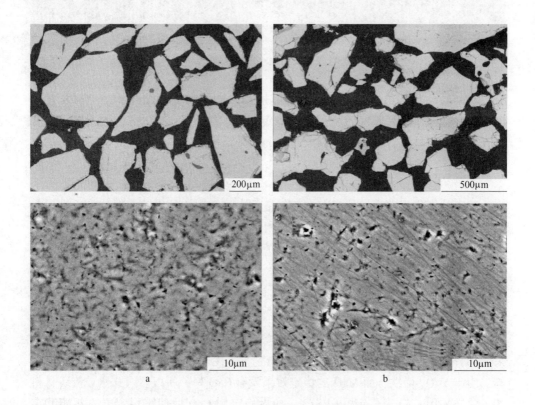

图 2-70　电熔氧化锆显微结构

a—高致密，无缺陷；b—欠致密，有缺陷

　　通常 CaO 稳定 ZrO_2 原料生产的制品要经过热处理或烧成，在此过程中 ZrO_2 的稳定化率有可能发生变化，进而对产品性能产生影响，而杂质含量低的电熔氧化锆和 Y_2O_3 稳定电熔氧化锆有较高的稳定性。通过对几种不同致密度、不同稳定化率的氧化锆原料制备的 ZrO_2-C 材料进行中频炉法模拟抗渣试验，结果如表

2-9 所示，并在此基础上采用高抗侵蚀性锆碳材料进行了浸入式水口的试制和现场实际验证试验，使用寿命有较大的提高，表明结构致密和稳定程度高的氧化锆具有更好的抗渣侵蚀性。

表 2-9 不同品质氧化锆对 ZrO$_2$-C 材料抗渣试验结果的影响

试 样	A	B	C
侵蚀速率/mm·h^{-1}	9.36	8.42	8.31

ZrO$_2$ 含量对 ZrO$_2$-C 材料的抗侵蚀性能也有较大的影响，如图 2-71 所示[17]，随着 ZrO$_2$ 含量的增加，ZrO$_2$-C 材料的抗侵蚀性能增强，但当 ZrO$_2$ 含量超过 70%以后，这种变化趋势就减弱了[18]。从图中可以发现 ZrO$_2$-C 材料抗侵蚀性和抗热震性的关系，即高 ZrO$_2$ 含量虽然提高了 ZrO$_2$-C 材料的抗侵蚀性，却使其抗热震性下降，因此在设计 ZrO$_2$-C 材料时必须平衡两者关系，在保证 ZrO$_2$-C 材料其他方面性能的前提下尽可能提高其抗侵蚀性。

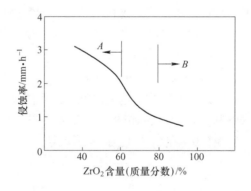

图 2-71 ZrO$_2$ 含量与渣侵蚀率的关系

A—抗蚀性差；B—热震性差

通过在原料的细粉区域使用适量单斜锆，在其他的原料区域使用部分稳定氧化锆，由此获得了耐蚀性优良的材质[19]。同时利用大颗粒氧化锆抗侵蚀性能力好的特点，将氧化锆颗粒与细粉复合添加并适当提高中颗粒含量，能够促进材料结构致密化，提高抗侵蚀性能。通过对高的显气孔率和低的氧化锆含量的制品侵蚀试验后的显微结构观察，发现熔渣能够轻易渗入 ZrO$_2$-C 材料内部并导致接触面损毁，失稳层增厚最终导致损毁面增加，因此在氧化锆含量一定的情况下，气孔率越低，试样的抗侵蚀性能越好[20]；气孔率一定的情况下，氧化锆含量越高，试样的抗侵蚀性能越好。通过调整 ZrO_2-C 材料中 ZrO_2 的粒度，也能够获得低气孔率、高体积密度的致密材料，改善材料的抗侵蚀性能。引入纳米氧化锆能够降低 ZrO_2-C 材料气孔率和促进基质微孔化，提高抗侵蚀能力[21]。

2.2.1.2　石墨

石墨为六方晶系，具有典型的层状结构，熔点极高，高温强度好，线膨胀率低且具有各向异性，有良好的导热性能，在常温下具有很好的化学稳定性，不受任何强酸、强碱及有机溶剂的侵蚀，层中的碳原子以共价键牢固结合，致使石墨鳞片表面能很低，不为熔渣所润湿，因而抗侵蚀能力极强，所以石墨广泛应用于含碳耐火材料中。研究表明，只有石墨氧化（氧化性气体或者熔渣成分，如氧化铁的作用），或者被钢液溶解之后，在制品热面产生大约几毫米厚的脱碳层，才产生渣液渗透。关于石墨阻止熔渣渗透作用的原因可以归纳为如下几点：

（1）不浸润的物理效应，在石墨与熔渣之间有很大的润湿角（θ）；

（2）熔渣中氧化铁被还原成金属的化学效应而使熔渣高黏度化；

（3）石墨还可以将渗入砖内的含氧化铁炉渣还原成无氧化性的 FeO 和 Fe[22]。

渣线材料中采用鳞片状石墨，呈六角板状结晶。石墨鳞片的大小、厚度及石墨的灰分对渣线材料的性能都有影响。石墨粒度越小，使材料变得更加致密，因而材料的抗氧化性和耐侵蚀性越好；石墨鳞片越薄，材料的高温强度、抗热震性以及耐侵蚀性越好。鳞片状石墨中灰分的成分主要为 SiO_2、Al_2O_3、Fe_2O_3 等。一般随着石墨纯度的增加，材料的溶损速度降低，值得注意的是当石墨的纯度超过 95% 时，反而会降低其抗侵蚀性，如图 2-72 所示，其原因被认为是由于存在石墨层间的杂质少，石墨向钢中溶解速度加快的缘故。

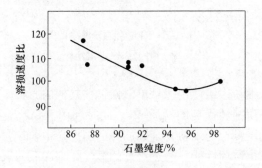

图 2-72　石墨纯度和溶损速度的关系

　　对于 ZrO_2-C 耐火材料而言，应当尽量降低石墨的灰分[23]。通常是由浮选石墨精矿并经提纯得到含碳量 95% 的天然鳞片状石墨作为渣线部位的碳质原料。石墨中的杂质成分及数量对 ZrO_2-C 材料抗侵蚀也有一定的影响，石墨粉中的 SiO_2、Al_2O_3 等化合物与石墨作用生成 SiO、Al_2O 等气体扩散到氧化锆颗粒的边缘并同稳定剂 CaO 发生反应，造成 ZrO_2 由立方或四方相变为单斜相，使 ZrO_2 颗粒裂解为细小的颗粒被冲蚀到渣液中，然而存在于石墨粉中的 Al_2O_3/SiO_2 比率接近于 1 时，在高温条件下杂质就会产生一种液相并防止石墨氧化[24]。

　　通过非均匀成核法改性石墨，在石墨表面形成均匀的 ZrO_2 包覆层，提高了其抗氧化性和分散性，减少了团聚，以此作为先驱体引入 ZrO_2-C 耐火材料中，延缓或阻止石墨的氧化和向熔钢中的溶解，进而改善 ZrO_2-C 材料的抗侵蚀性[25]。图 2-73 给出了以 $ZrOCl_2$ 为前驱物改性石墨的综合热分析曲线，可以看出石墨经 ZrO_2 包覆改性后，在同一温度下氧化失重率和热流量均有所降低。改性石墨对应的两条曲线较标准 199 石墨对应的两条曲线均向高温方向偏移。定量分析发现：标准 199 石墨的开始氧化温度为 537℃，放热峰温度为 1075℃，800℃ 和 1000℃ 的失重率分别为 22.11% 和 73.21%。改性石墨的开始氧化温度为 644℃，放热峰温度为 1135℃，800℃ 和 1000℃ 的失重率分别为 9.3% 和 56.7%。两者相比，开始氧化温度提高了 107℃，放热峰温度提高了 60℃，800℃ 和 1000℃ 的失重率分别降低了 12.81% 和 16.51%，说明石墨的改性处理对于石墨抗氧化性的提高比较显著。

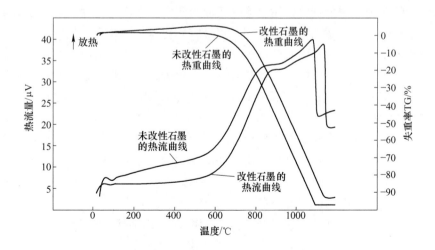

图 2-73　未改性石墨和以 $ZrOCl_2$ 为前驱物改性石墨的综合热分析曲线

2.2.1.3   结合体系

酚醛树脂对耐火骨料和石墨有良好的润湿性,结合剂的品质对坯料的混练、干燥、成型性能以及成品的显微结构和使用性能都有着直接的影响。酚醛树脂是苯酚和甲醛在酸性或碱性催化剂条件下加热,反复进行加成和缩合反应逐渐形成的。按硬化方式酚醛树脂分热塑性酚醛树脂和热固性酚醛树脂,按形态可分为固态和液态酚醛树脂,生产中两种树脂均可使用。酚醛树脂的黏度、固含量等是选择和使用树脂时的主要依据。

碳结合耐火材料的致密度在很大程度上取决于结合剂树脂的特性[26],对酚醛树脂碳化的研究表明,树脂中的二甲酚往往发生石墨化,高分子质量树脂具有高的碳产出量;石墨化碳比炭化碳密度高,高碳产出量会降低气孔率,从而提高制品的抗侵蚀性能,并且其致密化几乎没有降低制品的热震稳定性。采用催化活化树脂或炭黑改性酚醛树脂作为结合剂,热处理后具有更高的石墨化程度,可提高结合体系的抗氧化性能。

2.2.1.4   功能添加剂

为了针对性地改善浸入式水口产品的使用性能,常在配料中加入一定量的起改性作用的添加剂,在 ZrO_2-C 材料中加入一些适当的功能添加剂,能够抑制或减缓石墨在使用过程中的氧化,低熔点、低线膨胀系数添加剂能缓冲热应力,提高抗热冲击性等。对于 ZrO_2-C 材料而言,防氧化问题是在产品组成设计时必须考虑的问题,经验表明,在 ZrO_2-C 材料中添加合适的复合添加剂更有利于其抗侵蚀性能的改善。添加剂的作用机理一般分为两个方面:一方面从热力学观点出发,在工作温度下,添加剂或添加剂与碳反应产物与氧的亲和力比碳与氧的亲和力大,优先于碳被氧化从而起到保护作用;另一方面,从动力学观点出发,添加剂与氧气、一氧化碳反应的化合物还可以改变含碳耐火材料的显微结构,如增加了致密度,堵塞了气孔,从而阻碍氧和反应物的扩散[27]。一般添加剂为硅粉、碳化硅、碳化硼等。

对不含添加剂和含有硅粉、碳化硅或碳化硼的 ZrO_2-C 材料进行抗侵蚀试验,并对试验后的试样进行显微结构分析,如图 2-74 所示,可以看出试样 A_0(不含添加剂)原砖层各组分结构比较完整,氧化锆裂解也不明显;试样 A_{SiC}(含 SiC)原砖层中的部分 SiC 结构较为完整,相变裂解主要发生在小颗粒部分,同时大颗粒的边缘也发生了相变裂解;试样 A_{B_4C}(含 B_4C)原砖层中部分反应并残余少量,形态也发生了变化,氧化锆颗粒也发生了一定程度的裂解。试样 A_{Si}(含 Si)原砖层中可以看到部分微小的 Si 粉,并且无固定的形状,这是由于在试验温度下 Si(s)→Si(l) 使得 Si 原细粉形态发生了变化,氧化锆颗粒的裂解较为严重。原砖层的氧化锆发生失稳裂解现象，主要是由于试验温度下石墨及氧化锆原料中的杂质与 C 发生如式 2-1、式 2-2 所示的反应[28]：所生成的低价态氧化物高温气相与 CaO 反应会使得氧化锆失稳裂解，从图 2-74 可以看出，试样 A_0 的显微结构中可以看出这种作用并不明显。而对于含有添加剂的原砖层，氧化锆均不同程度地发生了裂解。添加剂在试验环境下或热处理过程中能够与气孔中的气氛反应，见反应式 2-3~式 2-5。这些添加剂的转变产物与稳定剂反应自由能变化值见表 2-10，可以看出这些反应均能引起氧化锆脱溶。图 2-75 为各试样原砖层的 XRD 图谱，原砖层的氧化锆晶形分布也发生了一定程度的转变，并有一定量新相生成。四种 ZrO_2-C 材料中均为新相 ZrC 生成，含 Si 的 ZrO_2-C 材料中还有 SiC 生成，另外含 B_4C 的 ZrO_2-C 材料中有 ZrB_2 生成，所发生的反应如式 2-6~式 2-8 所示。

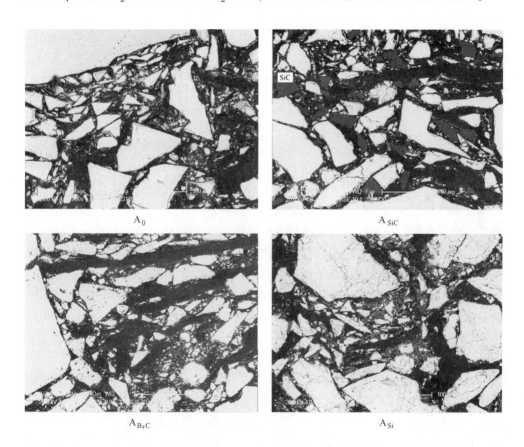

图 2-74 试验后原砖层形貌（200×）

$$SiO_2(s) + C(s) \Longrightarrow SiO(g) + CO(g) \qquad (2\text{-}1)$$

$$Al_2O_3(s) + 2C(s) \Longrightarrow Al_2O(g) + 2CO(g) \qquad (2\text{-}2)$$

$$SiC(s) + CO(g) \Longrightarrow SiO(g) + 2C \tag{2-3}$$

$$B_4C(s) + 6CO(g) \Longrightarrow 2B_2O_3(l) + 7C \tag{2-4}$$

$$Si(l) + CO \Longrightarrow SiO(g) + C \tag{2-5}$$

$$ZrO_2(s) + 3C(s) \Longrightarrow ZrC(s) + 2CO(g) \tag{2-6}$$

$$2ZrO_2(s) + B_4C(s) + 3C(s) \Longrightarrow 2ZrB_2(s) + 4CO(g) \tag{2-7}$$

$$Si(s) + C(s) \Longrightarrow SiC(s) \tag{2-8}$$

表 2-10　稳定剂与添加剂的转化产物的热力学反应（1823K）

反　　应	$\Delta G^{\ominus}/kJ \cdot mol^{-1}$
$CaO(s) + SiO_2(s) \longrightarrow CaSiO_3(l)$	-920.927
$CaO(s) + SiO(g) + CO(g) \longrightarrow CaSiO_3(l) + C$	
$CaO(s) + B_2O_3(l) \longrightarrow CaB_2O_4(s)$	-107.640

2.2.1.5　展望

在 ZrO_2-C 材料的基础上，通过采用一些新材料、原位反应形成陶瓷结合技术、梯度结构设计与制备，以及电化保护等方法来提高渣线的使用寿命，但是仍处于实验室阶段，由于代价过高或技术复杂很难扩大应用，目前国内外主要相关厂家仍然是追求渣线部位材料的稳定性能。未来生产效率提高的客观要求以及连铸钢种的多样化，高拉速超低碳钢、洁净钢的连铸均对渣线材料提出了更苛刻的要求，浸入式水口的使用寿命及其使用性能的稳定性已成为连浇炉数限制性环节，如何顺应连铸这一发展要求，需要耐火材料工作者加以解决。

2.2.2　陶瓷结合相的生成及对铝碳耐火材料性能和结构的影响

碳结合氧化铝-石墨复合材料（简称铝碳材料，AG）具有优异的抗热震性和抗侵蚀性等，因此被广泛用于使用条件苛刻的连铸过程，如长水口、浸入式水口和塞棒的本体均为 AG 材料，但 AG 材料的致命缺点是在高温氧化气氛时容易氧化，致使材料失效。可以采取两种方法解决上述缺点，一是目前普遍采用的方法，即材料中添加抗氧化剂或制品外涂防氧化涂层，防止材料在高温使用过程中的氧化；二是在碳结合的基础上复合陶瓷结合，这样在结合碳氧化后，陶瓷结合相的存在不会使材料即刻发生失效。在浇铸氧含量高的高速切削钢时，塞棒头部或浸入式水口碗部使用复合 AlN 的 AG 材料，可以明显改善材料的抗钢水冲

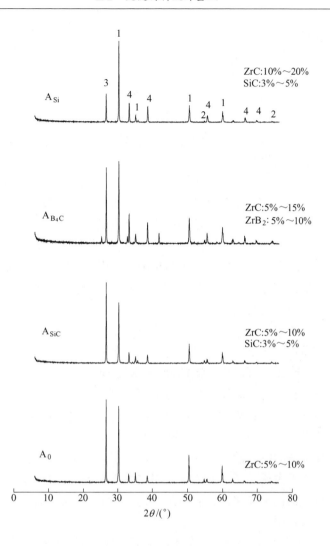

图 2-75　试验后试样原砖层 XRD 分析结果

1—c-ZrO$_2$；2—m-ZrO$_2$；3—石墨；4—ZrC

刷性。

　　氧化铝-石墨材料中由于高熔点碳相的存在和较低的热处理温度，使得材料很难通过烧结的方式来引入第二陶瓷结合相，较好的办法是通过原位引入金属，金属发生反应的温度低，容易使材料产生第二结合相。目前较为实用的是金属硅、金属铝、金属镁及它们的合金，氧化铝-石墨复合材料中引入金属硅后，会在热处理过程中生成 SiC、Si$_3$N$_4$、SiO$_2$ 等[29~32]，它们虽然对提高材料的强度、抗氧化性等有利，但含硅物质会降低材料的抗侵蚀性，尤其是浇铸 Mn 含量较高的钢种时尤为如此。金属镁是一种非常活泼的金属，夺取氧的能力非常高，同时挥发性较强，在热处理过程中容易形成含 MgO 化合物，如在铝碳材料中还会形成尖晶石，对材料性能的影响较小。氧化铝-石墨材料中引入金属铝，经热处理后会有 AlN、Al_4C_3 等陶瓷结合相生成，两者均为高熔点化合物，尤其是金属铝、AlN、Al_4C_3 的氧化产物——氧化铝不会对材料的抗侵蚀性造成影响。

一般情况下，金属铝粉加入到含碳耐火材料中的主要作用是提高材料的抗氧化性，减少石墨的氧化，延长含碳制品的使用寿命。同时含铝粉的材料在经过高温处理之后，铝粉会发生化学变化，生成一定的陶瓷相，提高材料的性能[33]。在中性气氛（氩气）下，对氧化铝-石墨复合材料和镁碳材料在不同温度（500～1500℃）下进行热处理时金属铝粉的加入具有局部的效应，在加入的位置受金属铝的影响产生渗透现象，从而提高材料的强度；在含金属铝粉的镁碳材料中，金属铝粉在加热到熔点之后，铝液会胀破包围在金属铝粉外的氧化铝壳与周围的碳反应生成碳化铝；当温度到达 1100℃时，铝粉会完全消失，这时可以看到两个新相——大量互相交错的板状碳化铝和镁铝尖晶石；当温度超过 1100℃后，在碳化铝的位置生成小的尖晶石晶体，同时碳化铝开始消失，生成氧化铝并与氧化镁反应生成镁铝尖晶石；在 1500℃碳化铝完全消失，形成了由尖晶石组成的、细格子状的陶瓷结合。碳化铝可以由不同的液-固或气-固反应生成，但此时由液态铝与周围的碳反应生成碳化铝的反应是热力学上最容易的。由于碳活性的不同，金属铝会有不同的反应性。在氧化铝-石墨复合材料中，当温度小于 1100℃时，与镁碳材料中的效果一样，当温度大于 1300℃后，会有氧碳化铝产生，降低材料的渗透性，并提高材料的抗侵蚀性。而在 1200℃埋碳热处理后原先金属铝存在的周围有氧化铝和碳化铝生成，还有形成于石墨之间或碳化铝表面的纤维状氮化铝。产物中有些是氧化铝包围碳化铝，有些是氧化铝壳中包围着金属铝，碳化铝或氧化铝壳中有气孔或孔洞。

Al_4C_3 生成的过程是：Al(l) 与 CO 反应生成 Al_2O 气体，该气体与 CO 在固相或液相的表面生成 Al_4C_3 和 CO_2（CO_2 扩散到附近的碳上又生成 CO），生成的 Al_4C_3 晶核可能再溶解到 Al 液里或在固体表面外延生长。在固体表面外延生长的 Al_4C_3 即为晶须或纤维；而溶解在 Al 液中的 Al_4C_3 达到饱和后就会沉积在液滴所在的固体颗粒上，并不断长大成为晶须或者纤维。在晶体生长过程中，液滴也随之上升，因而在晶须尖端出现亮点。低于 1000℃时 Al_4C_3 的生成反应不可能通过固-气反应进行，因为在热力学平衡的条件下，与 Al(l) 平衡的 Al(g) 和 $Al_2O(g)$ 的分压非常低，$p_{Al} < 10^{-14}$ atm，$p_{Al_2O} < 10^{-14}$ atm，所以这个反应发生的可能性不大。此外碳在金属铝液中的溶解度很小，Al_4C_3 不可能在金属铝液中沉积出来。因此 Al_4C_3 的形成只可能通过金属铝液与周围的活性炭通过反应 2-10 生成。

$$4Al(g) + 3C(s) = Al_4C_3(s) \tag{2-9}$$

$$4Al(l) + 3C(s) = Al_4C_3(s) \tag{2-10}$$

2.2.2.1 Al-C-N-O 系热力学分析

A N₂ 保护热处理时气氛的平衡分压

氧化铝-石墨材料中含有 Al、C 和 O 三种元素，热处理时的气氛为 N_2，故整个体系为 Al-C-N-O 系，研究金属铝粉在 Al-C-N-O 系中的热力学过程对金属铝粉在氧化铝-石墨材料中的应用具有一定的现实意义。金属铝可能转化为 Al_2O_3、Al_4C_3 或 AlN，不同的热力学条件会产生不同的结果。由于 Al_4C_3 水化的倾向比较大，我们不期望在材料中有过多的 Al_4C_3 生成，理解 Al_4C_3 生成的热力学过程，对有效避免生成 Al_4C_3 可以提供一定的借鉴作用。

添加金属铝粉的氧化铝-石墨材料在 N_2 保护热处理过程中，N_2 中必然会含有少量的氧气，由于材料中碳的存在，平衡时气氛中主要有 CO、CO_2 和 N_2，其示意反应为

$$C(过剩) + O_2(N_2 中) + N_2 \longrightarrow CO + CO_2 + N_2 + C(过剩) \tag{2-11}$$

CO_2 和 CO 的相对数量取决于碳气化反应 $C+CO_2 = 2CO$ 的平衡，$K^\ominus$ 为其平衡常数，设平衡时 CO、CO_2 和 N_2 的平衡分压分别为 p_{CO}、p_{CO_2} 和 p_{N_2}，总压为 $p_总 = 101325Pa$，$p^\ominus = 101325Pa$，则有

$$p_{CO} + p_{CO_2} + p_{N_2} = p_总 \tag{2-12}$$

$$K^\ominus = \frac{\left(\dfrac{p_{CO}}{p^\ominus}\right)^2}{\dfrac{p_{CO_2}}{p^\ominus}} \tag{2-13}$$

高纯 N_2 中 O_2 的分压一般小于 $5\times10^{-4}\%$，故假定 O_2 的分压为其最大值为 $5\times10^{-4}\%\times101325Pa=0.51Pa$，又

$$\frac{2p_{N_2}}{p_{CO} + 2p_{CO_2}} = \frac{101325 - 0.51}{0.51} = k \tag{2-14}$$

联立式 2-12~式 2-14 得

$$p_{CO} = -K^{\ominus}p^{\ominus}\frac{2+k}{2+2k} + \frac{1}{1+k}\sqrt{\left(1+\frac{k}{2}\right)^2(K^{\ominus})^2(p^{\ominus})^2 + 4p_{总}K^{\ominus}p^{\ominus}(1+k)}$$

$$(2\text{-}15)$$

式 2-16 中的二项式是碳氧平衡的平衡常数与温度的关系，由于计算值与实际值比较接近，常被采用进行计算。将常数 $p^{\ominus}$、$p_{总}$、k 和不同温度下的 $K^{\ominus}$ 代入式 2-15 中，得到了在 101325Pa 下碳过剩的条件时不同温度的平衡气相组成，如表 2-11 所示。可以看出 N_2 保护热处理时平衡的气相组成主要为 N_2 和 CO，可以认为在 800~1400℃ 范围内 N_2 和 CO 的平衡分压基本保持不变，$p_{CO平衡} = 1.02Pa$，$p_{N_2平衡} = 101324Pa$。

$$\lg K^{\ominus} = -\frac{8916}{T} + 9.113 \qquad (2\text{-}16)$$

表 2-11　不同温度时 N_2 保护热处理的平衡气相组成　　　　（Pa）

$T/℃$	p_{CO}	p_{CO_2}	p_{N_2}	$T/℃$	p_{CO}	p_{CO_2}	p_{N_2}
600	1.019736	1.29×10^{-4}	101324	1100	1.019995	2.47×10^{-8}	101324
700	1.019972	1.15×10^{-5}	101324	1200	1.019995	8.94×10^{-9}	101324
800	1.019992	1.61×10^{-6}	101324	1300	1.019995	3.69×10^{-9}	101324
900	1.019994	3.16×10^{-7}	101324	1400	1.019995	1.69×10^{-9}	101324
1000	1.019995	7.99×10^{-8}	101324	1500	1.019995	8.46×10^{-10}	101324

B　含铝气相平衡分压

由于金属铝和氧化铝的存在，Al-C-N-O 系中气氛不仅是 N_2 和 CO，还有少量的含铝气相 Al、AlO、Al_2O、Al_2O_2 和 AlO_2 等，其平衡反应如式 2-17~式 2-26 所示，它们的存在对材料中金属铝发生的化学变化起着重要作用。热处理前，材料中有金属铝和氧化铝，热处理过程中与之对应的含铝气相的平衡分压与温度的关系如图 2-76 所示，可以看出在 1100~1450K 阶段以 Al(g) 为主，1450~1800K 时 Al(g) 和 $Al_2O(g)$ 平衡气压值相差较少，所以在 1100~1800K 范围内，所考虑的含铝气相以 Al(g) 和 $Al_2O(g)$ 为主，其他气相分压相对较小，可以忽略不计。

$$Al(l) = Al(g) \tag{2-17}$$

$$2Al(l) + CO(g) = Al_2O(g) + C(s) \tag{2-18}$$

$$2Al(l) + 2CO(g) = Al_2O_2(g) + 2C(s) \tag{2-19}$$

$$Al(l) + 2CO(g) = AlO_2(g) + 2C(s) \tag{2-20}$$

$$Al(l) + CO(g) = AlO(g) + C(s) \tag{2-21}$$

$$Al_2O_3(s) + 3C(s) = 2Al(g) + 3CO(g) \tag{2-22}$$

$$Al_2O_3(s) + 2C(s) = Al_2O(g) + 2CO(g) \tag{2-23}$$

$$Al_2O_3(s) + C(s) = Al_2O_2(g) + CO(g) \tag{2-24}$$

$$Al_2O_3(s) + CO(g) = 2AlO_2(g) + C(s) \tag{2-25}$$

$$Al_2O_3(s) + C(s) = 2AlO(g) + CO(g) \tag{2-26}$$

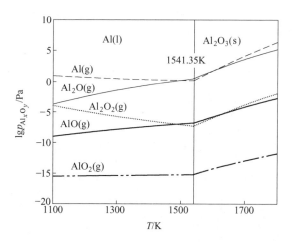

图 2-76 $p_{CO} = 1.02Pa$ 条件下 Al-O 系中气相组分的平衡分压

C 金属铝的转化

气氛中的氮可以按式 2-27 与液体铝或气相铝反应生成 AlN,气相中含有大量的 N 元素,更加有利于金属铝的氮化反应。

$$2Al(g/l) + N_2(g) = 2AlN(s) \tag{2-27}$$

从反应的可能性上说,氧化铝的生成可以通过以下三种途径,即:

$$2Al(g) + 3CO(g) = Al_2O_3(s) + 3C(s) \tag{2-28}$$

$$Al_2O(g) + 2CO(g) = Al_2O_3(s) + 2C(s) \tag{2-29}$$

$$2Al(l) + 3CO(g) = Al_2O_3(s) + 3C(s) \tag{2-30}$$

由图 2-76 还可以看出, 温度低于 1541.35K 时与金属铝平衡的 $Al(g)$ 和 $Al_2O(g)$ 分压高于与氧化铝平衡的分压, 因此在温度高于 1541.35K 时 $Al(g)$ 和 $Al_2O(g)$ 不会通过式 2-28 和式 2-29 生成 Al_2O_3。可以看出在 CO 平衡分压为 1.02Pa 的条件下, 当温度小于 1541.35K 时液体铝可以与气氛中的 CO 生成 Al_2O_3, 但温度高于 1541.35K 时这个反应就不能发生。气氛中含有大量 N 元素, 含铝气相与 CO 接触的概率非常小, 因此从热力学上讲氧化铝虽然可以生成, 但在动力学上生成的概率比较小。

生成 Al_4C_3 的反应较多, 如下所示。虽然式 2-31~式 2-33 可以发生, 但反应本身比较复杂, 同时气相的平衡分压较低, 大量发生的可能性较小, 但可以通过它们生成晶须状 Al_4C_3。气相或液相金属铝与碳反应生成 Al_4C_3, 从热力学和动力学上说都是比较容易的, 见反应 2-34。

$$2Al_2O(g) + 5C(s) = Al_4C_3(s) + 2CO(g) \tag{2-31}$$

$$4Al(g)/(l) + 6CO(g) = Al_4C_3(s) + 3CO_2(g) \tag{2-32}$$

$$2Al_2O(g) + 8CO(s) = Al_4C_3(s) + 5CO_2(g) \tag{2-33}$$

$$4Al(g)/(l) + 3C(s) = Al_4C_3(s) \tag{2-34}$$

D   Al-C-N-O 系优势区相图

在热处理过程中, 存在有气体参加的化学反应, 应用优势区相图可以确定凝聚相与气相及温度的关系, 为找出金属铝在 N_2 保护热处理的条件下发生的变化, 依据优势区相图 (PAD) 原理和计算方法, 对 Al-C-N-O 系统的优势区相图进行计算。$Al(s)/(l)$ 和 $C(s)$ 不能够平衡共存, 所以在 $C(s)$ 共存时 Al_4C_3 是稳定的凝聚相。为计算简便, 只考虑三种含铝的化合物即 $Al_4C_3(s)$、$AlN(s)$、$Al_2O_3(s)$。利用 $Al_4C_3(s)$、$AlN(s)$、$Al_2O_3(s)$ 和 $C(s)$ 间的稳定关系, 如式 2-35~式 2-37 所示。

$$Al_4C_3(s) + 2N_2(g) = 4AlN(s) + 3C(s) \tag{2-35}$$

$$Al_4C_3(s) + 6CO(g) = 2Al_2O_3(s) + 9C(s) \tag{2-36}$$

$$2Al_2O_3(s) + 6C(s) + 2N_2(g) \Longleftrightarrow 4AlN(s) + 6CO(g) \qquad (2-37)$$

对 1473K 时 Al-C-N-O 系内凝聚相的稳定关系进行了计算，如图 2-77 所示。可以看出，在与碳共存的条件下，AlN、Al_2O_3 和 Al_4C_3 平衡存在的条件不同，当 N_2 分压固定时，增加 CO 分压会有利于 Al_2O_3 生成；CO 分压不变时，N_2 分压的增加会有利于 AlN 的生成。在较低 N_2 分压和较低 CO 分压时，有利于 Al_4C_3 的生成。图 2-78 是 $p_{CO} = 1.02Pa$ 条件下 Al-N-C-O 系凝聚相间的稳定关系，可以看出温度对 AlN、Al_2O_3 和 Al_4C_3 相平衡存在的影响，温度小于 2813.9K 时稳定相是 AlN+C，$Al_4C_3(s)$ 在高温时是稳定相。

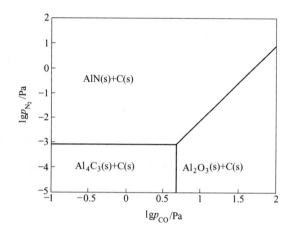

图 2-77　1200℃ 时 Al-N-C-O 系凝聚相间的稳定关系

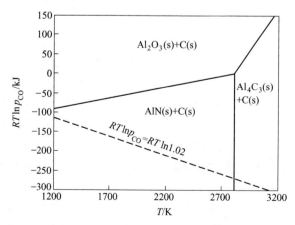

图 2-78　$p_{N_2} = 101324Pa$ 条件下 Al-N-C-O 系凝聚相间的稳定关系

E　小结

总之,通过以上分析可以看出金属铝在 N_2 保护热处理时可能会转化为 Al_2O_3、AlN 或 Al_4C_3,转化成 Al_2O_3 的概率较小,提高 N_2 的纯度和压力均会促进 AlN 的生成;减少 Al(g) 或 Al(l) 与 C 的接触会降低 Al_4C_3 的生成,但不会避免 Al_4C_3 的生成;合适的热处理温度是保证 AlN 生成的必要条件;必须使用外加剂等方法以便在热处理过程使 Al_4C_3 少生成或转化成其他物质。

2.2.2.2　热处理气氛对 Al_2O_3-Al-C 系内金属 Al 行为的影响

在不使用其他添加剂的条件下,研究不同热处理气氛对金属 Al 在 AG 材料中行为的影响,表 2-12 是配方组成,A-0 是对比样,A-A 是将 10% 的电熔白刚玉替换为金属铝粉。经高速混练机混练、干燥、等静压成型 260mm×25mm×25mm 长条样和 ϕ36mm×300mm 圆柱样,将试样置于气氛保护炉中进行保护热处理,热处理气氛分别为 N_2 气氛(N_2)、Ar 气氛(Ar)和还原气氛(CN)。N_2 气氛和 Ar 气氛是向气氛炉中分别通入 N_2 和 Ar,还原气氛是将试样放入匣钵中并埋入焦炭,使得热处理时的气氛以 CO 和 N_2 为主。经 1300℃×300min 热处理后,测定试样热处理前后的质量变化,热处理后试样的强度、显气孔率、体积密度、抗水化性,并用衍射仪确定试样的物相组成和用 SEM 观察试样断口的显微结构。

表 2-12　热处理气氛对 Al_2O_3-Al-C 系内金属 Al 行为的影响试验组成

（质量分数,%)

名称	板状刚玉	电熔白刚玉	Al_2O_3 微粉	鳞片石墨	金属铝粉	酚醛树脂
规格	0.2~0.6mm	<0.088mm	<0.01mm	−199	<0.06mm	
A-0	45	27	18	10	0	+8
A-A	45	17	18	10	10	+8

材料热处理后的相组成如图 2-79 所示,均有碳化铝生成,金属铝粉转化较完全,未发现有残余的金属铝。添加金属铝粉的铝碳材料在氮气保护处理和埋碳保护热处理后,相组成相近,除有碳化铝生成外,还有少量的 AlN,热处理气氛的改变并没有改变两者最终的相组成。A-A 材料在氩气保护热处理后,仅有碳化铝生成。

由图 2-80 可以看出,参考材料 A-0 经不同气氛热处理后质量变化不尽相同,在氮气和氩气保护热处理后质量变化相近,埋碳热处理后失重变小,由于 A-0 在

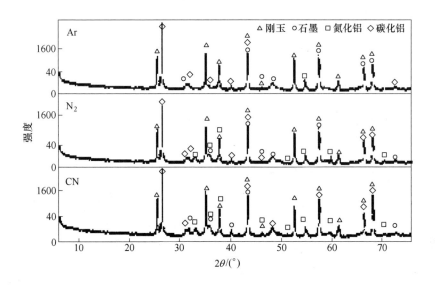

图 2-79 A-A 经不同气氛热处理后 XRD 图

埋碳的条件下，气氛中的碳会沉积到气孔中，减少材料热处理前后的失重。含铝粉的 A-A 材料经不同气氛热处理后，质量变化相似，与 A-0 相比均表现为增重，并且增重的量相近，在氮气和埋碳下的增重可能是因为金属铝粉与氮气、氧气反应所致，但在氩气条件下增重的原因一定不是与氮气反应，可能是由于金属铝与气相中的氧或者与其他物质发生反应，生成氧化铝，减少材料失重。

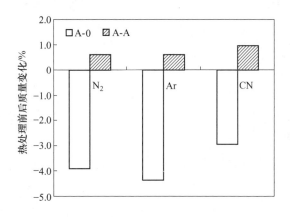

图 2-80 A-0 和 A-A 材料经不同气氛热处理后的质量变化

由图 2-81 可以看出，A-0 经不同气氛热处理后，强度基本保持不变，说明不含添加剂的材料对气氛的敏感性较低。含金属铝粉的材料经不同气氛热处理后强度变化较大，A-A 在氮气和埋碳条件下热处理后强度较高，但在经氩气热处理后强度非常低，甚至没有参比材料 A-0 的高，说明金属铝粉在氩气条件下发生的变化对强度起恶化作用。

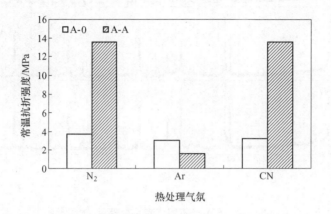

图 2-81　A-0 和 A-A 材料经不同气氛热处理后的强度

图 2-82 和图 2-83 是这两种材料经不同气氛热处理后的气孔率和体积密度，可以看出两种材料的趋势是一致的，经氩气保护热处理后气孔率最高、体积密度最小；经埋碳热处理后气孔率最低、体积密度最大；经氮气热处理后材料的气孔率和体积密度介于两者之间。在相同气氛热处理后，A-0 比 A-A 材料的体积密度和显气孔率相对较高。

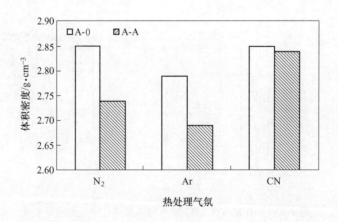

图 2-82　A-0 和 A-A 经不同气氛热处理后体积密度对比图

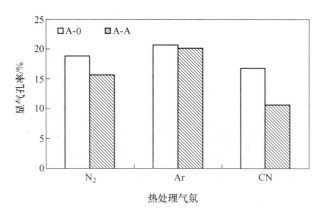

图 2-83 A-0 和 A-A 经不同气氛热处理后显气孔率对比图

A-A 材料在热处理后，放置在空气中会产生水化现象，在氩气保护热处理后放置 3d 就完全粉化；在埋碳保护热处理后放置 7d 就完全粉化；在氮气条件下热处理后放置 43d 才在试样断口的表面发现粉化现象。

添加金属铝粉的 A-A 试样经不同气氛保护热处理后，呈现出明显不同的显微结构。图 2-84 为埋碳保护热处理后 A-A 材料的断口形貌照片，铝粉反应生成亚微米级的柱状物（见图 2-84a）和簇状柱状物（见图 2-84b），它们交错生长，不均匀地分布于材料的内部，有的未发育成柱状，生成粒状物质。由于仪器分辨率的限制，用 EDAX 分析它的成分以 Al、O 和 C 为主，但基体为铝碳材料，与衍射结果相对照，判断这些柱状物可能为 Al_4C_3。由图 2-84c 可以看出，在金属铝基体上有柱状物生成，并在表面有未发育成柱状物的粒状物。在显微结构中没有发现明显的 AlN 结构，可能是生成的 Al_4C_3 量较多，覆盖在生成的 AlN 表面，不能明显地发现 AlN 的存在。

a
b

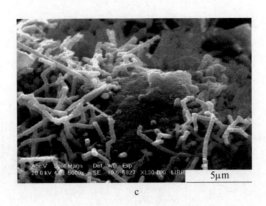

图 2-84 埋碳保护热处理生成物的显微结构
a—亚微米级的粒状物；b—簇状柱状物；c—铝基体上的柱状物

    图 2-85 是 A-A 试样在氩气保护热处理后断口形貌图，与前者相比存在较大差异，在断口中有大量絮状、带状和微米级六方锥状物质，用 EDAX 分析带状物和锥状物成分为氧化铝，它们均是新生成的氧化铝相。因为从衍射结果来看，除有碳化铝外无新相生成，也无金属铝残留。但有一点可以看出，新生成的氧化铝直径较大，达到微米级，对材料的强度起了破坏作用。新生成相——氧化铝的出现可以解释材料经 Ar 保护热处理后的增重，金属铝与气氛中的 CO 反应生成氧化铝，使材料在热处理后变为增重。

图 2-85 Ar 保护热处理生成物的显微结构
a—Ar 保护处理后生成的氧化铝；b—Ar 保护处理后新生成物形态图

    而在氮气保护热处理后，A-A 断口形貌明显区别于上述两者的形貌，图 2-86 是 A-A 试样经 N_2 保护热处理后的断口形貌照片。在金属铝存在的位置才有晶须状物质存在，如图 2-86a 所示，没有亚微米级的柱状物。它最明显的显微特征是断口中有大量粒状的 AlN 存在，如图 2-86b 所示。并且在断口中还发现了类似破损蛋壳形状的物质，它是由大量粒状的 AlN 组成，由金属铝与外来的氮原位反应生成，如图 2-86c 所示，其 EDAX 分析为 AlN。

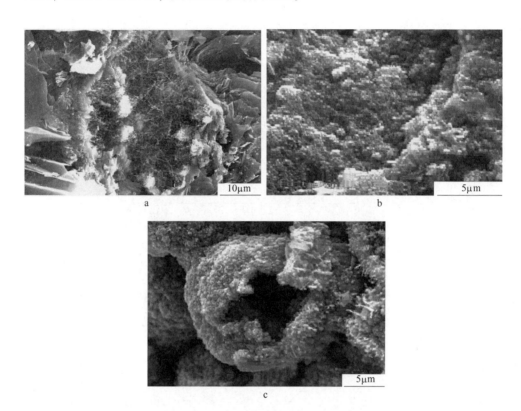

图 2-86　N_2 保护热处理生成物的显微结构

a—N_2 处理后材料孔洞内的晶须；b—N_2 保护处理后 Al 反应后的形态；

c—N_2 保护处理后生成的 AlN 的形态

埋碳保护热处理时气相的主要组成是 CO 和 N_2，其平衡分压分别为 $p_{CO} = 35463.75Pa$，$p_{N_2} = 65861.25Pa$。图 2-87 是 1300℃时 Al-C-O-N 系优势区相图，图中两条虚线分别是埋碳保护时 N_2 和 CO 的平衡分压，可以看出两条平衡分压的交点位于 Al_2O_3+C 区，说明埋碳保护时最稳定的相是 Al_2O_3，加入的金属铝容易向 Al_2O_3 转化，但在衍射结果中明显发现有 AlN 和 Al_4C_3 生成，气氛中有较多氮存在，并且 Al 周围分布较多的 C，可能是生成 AlN 和 Al_4C_3 的主要原因。

氩气保护热处理时气氛中绝大部分是氩气，还有极少量的氧等杂质气体，氩气中的总氧含量小于 $5×10^{-4}$%，则根据前面的计算和假设认为氩气中的 CO 含量为 1.02Pa，材料中有 Al、C、O 三种元素，图 2-88 是 1300℃时 Al-C-O 系三元优势区相图，可以看出在此条件下最稳定的相是 Al_2O_3。由显微结构和衍射结果可以看出，氩气保护热处理后材料中有 Al_2O_3 和 Al_4C_3 生成，与前面的热力学分析基本一致，Al_4C_3 的生成可能是金属 Al 液与周围的碳直接反应的结果。

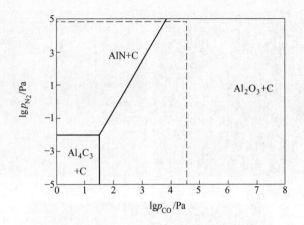

图 2-87　1300℃时 Al-C-O-N 系优势区相图

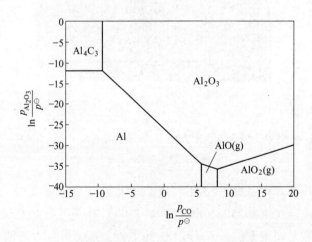

图 2-88　1300℃时 Al-C-O 系优势区相图

　　N_2 保护热处理时的热力学分析在前面已经阐述，最稳定的相是 AlN+C，但在实际结果中除 AlN 外还有 Al_4C_3 生成，可能是其他方面的原因。

　　由上面的结果可以看出，A-0 在不同气氛热处理后失重不同，与气氛的组成有着直接的关系，理论失重量 Δm_T 为

$$\Delta m_{\mathrm{T}} = \frac{树脂量 \times (1 - 树脂残碳率)}{100 + 树脂量} \times 100\% = \frac{8 \times (1 - 0.436)}{100 + 8} \times 100\% = 4.18\%$$

$$(2\text{-}38)$$

A-0 氩气热处理的质量变化略大于 Δm_{T}，N_2 保护热处理后 A-0 的质量变化略小于 Δm_{T}，而 CN 热处理后 A-0 的质量变化低于 Δm_{T}，相差较多，与碳的沉积有关。A-A 热处理后表现为增重，原因在于金属铝与气相物质如 O_2、CO、N_2 等反应，生成 AlN 和 Al_2O_3，抵消酚醛树脂分解产生的失重。增重越多，说明铝与气氛反应的比例越大。根据反应：

$$2Al(l) + N_2(g) =\!=\!= 2AlN(s) \tag{2-39}$$

金属铝与 N_2 反应其增重率是 $14/27 \times 100\% = 51.9\%$。

根据反应：

$$2Al(l) + 3CO(g) =\!=\!= Al_2O_3(s) + 3C(s) \tag{2-40}$$

金属铝与 CO 反应造成的增重率为 $84/54 \times 100\% = 155.6\%$。

根据前面的结果，金属铝在 N_2 保护热处理时有 AlN 和 Al_4C_3 生成，没有发现明显 Al_2O_3 等其他含铝相生成，也没有明显发现金属铝残留，并根据衍射结果可以假定金属铝在 N_2 保护热处理时全部转化为 AlN 和 Al_4C_3，并假定 N_2 保护热处理时 A-A 和 A-0 中以树脂分解产生的失重是相同的，可以认为 A-A 与 A-0 在 N_2 保护热处理前后质量变化的差值即为由金属铝与 N_2 反应造成的增重，得到生成 AlN 的 Al 的质量分数为

$$\frac{\Delta m_{\mathrm{A\text{-}A}} - \Delta m_{\mathrm{A\text{-}0}}}{0.519 \times Al\text{ 的含量}} \times 100\% = \frac{0.62 - (-3.91)}{0.519 \times 10} \times 100\% = 87.3\% \quad (2\text{-}41)$$

有 $(1 - 87.3\%) = 12.7\%$ 的铝与碳反应生成了碳化铝。同样可以假定金属铝在 Ar 保护热处理时全部转化为 Al_2O_3 和 Al_4C_3，并假定 Ar 保护热处理时 A-A 和 A-0 中以树脂分解产生的失重是相同的，可以认为 A-A 与 A-0 在 Ar 保护热处理前后质量变化的差值即为由金属铝与 CO 反应造成的增重，得到生成 Al_2O_3 的 Al 的质量分数为

$$\frac{\Delta m_{\mathrm{A\text{-}A}} - \Delta m_{\mathrm{A\text{-}0}}}{1.556 \times Al\text{ 的含量}} \times 100\% = \frac{0.61 - (-4.35)}{1.556 \times 10} \times 100\% = 31.8\% \quad (2\text{-}42)$$

有（1−31.8%）=68.2%的铝与碳反应生成了碳化铝。当埋碳保护热处理时金属铝可能转化为 AlN、Al_4C_3 和 Al_2O_3，假定埋碳保护热处理时 A-A 和 A-0 中以树脂分解产生的失重是相同的，并假定 A-A 与 A-0 相比造成的增重是 Al 反应生成了 AlN、Al_4C_3 或 Al_4C_3、Al_2O_3，生成碳化铝的 Al 的质量分数为

$$\frac{\Delta m_{A-A} - \Delta m_{A-0}}{0.519 \times Al\,的含量} \times 100\% = \frac{0.97 - (-2.94)}{0.519 \times 10} \times 100\% = 75.3\% \quad (2\text{-}43)$$

当假定 A-A 与 A-0 相比造成的增重是 Al 反应生成了 Al_4C_3、Al_2O_3，生成碳化铝的 Al 的质量分数为

$$\frac{\Delta m_{A-A} - \Delta m_{A-0}}{1.556 \times Al\,的含量} \times 100\% = \frac{0.97 - (-2.94)}{1.556 \times 10} \times 100\% = 25.1\% \quad (2\text{-}44)$$

说明 24.7%~74.9%的铝与碳反应生成碳化铝。所以由上面的结果可以定量地看出不同气氛下碳化铝的生成量是不同的，N_2 保护热处理时最少，Ar 和埋碳保护热处理时较多。

从显微结构可以看出，气孔中存在大量的晶须，对降低材料显气孔率和提高材料的强度非常有利。热处理气氛不同，显微结构明显不同；气氛中氮含量越高，越有利于 AlN 的生成。无论在何种气氛保护热处理后，材料中均有 Al_4C_3 生成，说明气氛的改变对抑制生成 Al_4C_3 作用不明显，部分 Al_4C_3 的生成是通过 Al 与 C 的接触反应，此反应没有避免。但从水化结果可以看出，气氛的改变对提高材料的抗水化性有一定的贡献，N_2 保护热处理后 A-A 的抗水化性最好。

因此，Al_2O_3-Al-C 材料经不同气氛保护热处理后，气氛的改变不能避免 Al_4C_3 生成，但可以影响材料的抗水化性，N_2 保护热处理后由于 Al_4C_3 生成量的减少，材料的抗水化性最好。气氛的不同，显微结构明显不同：埋碳保护热处理后材料中有大量亚微米的柱状和类柱状物的晶须；Ar 保护热处理后材料中有带状、锥状的氧化铝和少量的晶须生成；N_2 保护热处理后材料中有较多粒状 AlN 产生。与未添加金属的铝碳材料相比，材料热处理后均表现为增重。N_2 保护和埋碳保护热处理有利于提高材料的强度，降低材料的显气孔率。

2.2.2.3　含铝硅复合粉体 Al_2O_3-Al-C 系材料性能和结构研究

在烧成含碳耐火材料中，金属 Al 应用的最主要障碍是热处理时 Al_4C_3 的生成，Al_4C_3 在常温时非常容易水化，造成材料粉化失效。2.2.2.2 节研究发现热处理气氛对材料的抗水化性有一定程度的影响作用，在 N_2 保护热处理后添加 Al 的材料抗水化性最好，但不能在根本上避免 Al_4C_3 的生成；发现使用适量的 Si 可

以有效地降低 Al_4C_3 的生成，因此为尽量减少 Al_4C_3 的生成，在铝碳材料中添加复合金属粉 AS（75%金属 Al+25%Si，均为质量分数），加入量（质量分数）分别为 A1 5%，A2 10%，A3 15%，A4 20%，A0 为空白试样。下面介绍了 N_2 保护条件下复合金属粉对 Al_2O_3-Al-C 系材料结构和性能的影响。

A　物相和显微结构

不同温度热处理后相组成有所不同，所有材料中均有 Al_2O_3、AlN 和石墨相，没有明显金属铝残留。1050℃热处理后材料中发现较多 AlN 相和少量的 Al_4C_3、SiC、Si 相。与1050℃热处理后材料的相组成相比，1200℃热处理后材料中仅发现极少量的 Al_4C_3，并有一定的 AlN 相、少量的 SiC 相和极少量的 Si、Al_4SiC_4；1300℃热处理后除发现一定量的 AlN 和 SiC 相外，没有发现明显的 Al_4C_3 相和 Si 相，但有少量的 Al_4SiC_4；1450℃热处理后材料的相组成与1300℃热处理后的类似，均有一定量的 AlN、Al_4SiC_4 和少量的 SiC，没有发现明显的 Al_4C_3 相。因此可以看出，Si 对 Al_4C_3 的抑制作用以及生成的物相与热处理温度有较大的关系，1050℃热处理后材料中还有较多的 Al_4C_3 和少量的 Si 残余，但当热处理温度达到1200℃后，没有发现有明显的 Al_4C_3 生成和 Si 残存，说明反应开始发生的温度要大于1050℃，明显发生的温度至少为1200℃，即采用 Si 减少 Al_4C_3 生成的热处理温度至少为1200℃。

当热处理温度大于1200℃后，材料中会有明显的 Al_4SiC_4 生成，Al_4SiC_4 熔点约为2037℃，是 Al-C-Si 系众多化合物中最稳定的一种，在高温下具有高的力学性能和良好的稳定性以及 Al_4SiC_4 与高温熔体润湿性差的特点，使其可能会成为冶炼纯净钢、超纯净钢的高级耐火材料。Al_4C_3 和 SiC 在较低温度（<1100℃）就已经生成，Al_4SiC_4 生成可能是通过反应 2-45，进一步降低 Al_4C_3 的生成。根据热力学计算，式 2-45 自发进行的温度为1106℃，即当热处理温度大于1106℃时 Al_4C_3 和 SiC 才有可能反应生成 Al_4SiC_4。在1200℃氮气保护热处理后材料中有微量 Al_4SiC_4 生成，与热力学的计算结果相一致，因为局限于固-固接触面，式 2-45 在较低温度（<1600℃）时大量发生的可能性较小。Al_4SiC_4 产生的 Al(g) 和 Si(g) 的平衡分压分别低于由 Al_4C_3 产生的 Al(g) 的平衡分压和由 SiC 产生的 Si(g) 的平衡分压，材料中 Al_4SiC_4 也可能是通过反应 2-46 不断生成的。

$$Al_4C_3(s) + SiC(s) = Al_4SiC_4(s) \tag{2-45}$$

$$4Al(g) + Si(g) + 4C(s) = Al_4SiC_4(s) \tag{2-46}$$

图 2-89 是经1050℃、1200℃、1300℃和1450℃热处理后反应产物的高倍（1000 倍）显微结构照片。在图 2-89a 和 c 中 Al 与 Si 的反应产物共存，不能明确地区分 Al 反应后的产物或 Si 反应后的产物；在图 2-89d 中 Al 与 Si 的反应产物也

共存，同时也不能够区分两者反应后的产物，产物中含有 Al、C、N、O、Si 等元素。并且在图 2-89d 的气孔中发现明显的片状物存在，说明经 1450℃ 热处理后铝硅的反应产物的形态可能是片状的。通过上面的结果可以看出，经不同温度热处理后显微结构会明显不同，高温热处理后材料中会明显形成陶瓷结合相，形成碳结合和陶瓷结合的复合结合相，改善材料在失碳后力学性能急剧降低的缺点。

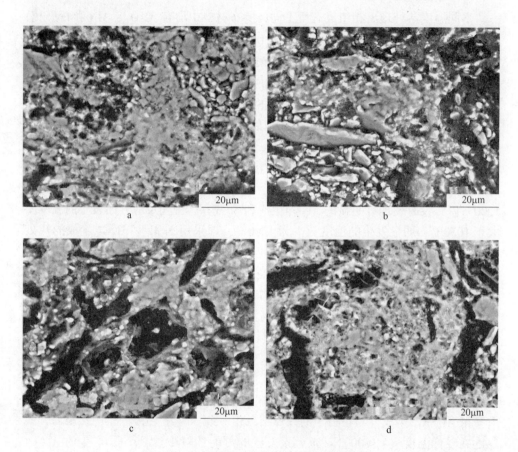

图 2-89   经不同温度热处理后材料的显微结构

a—1050℃；b—1200℃；c—1300℃；d—1450℃

图 2-90 是 A4 经 1050℃、1200℃、1300℃ 和 1450℃ 热处理后断口的显微结构照片。可以看出材料中有大量晶须存在，均匀分布在材料内部；同时发现粒状的 AlN 以团簇状存在。1050℃ 热处理后晶须的直径比较小，由于仪器分辨率限制不能够确定晶须直径的大小和成分；但随着热处理温度的升高，晶须直径有增加的趋势；柱状物呈六方存在。经过 1450℃ 热处理后，可以看出断口中没有纤维状物质存在，反而有大量六方柱状物质存在，有的发育比较好，长度达 3μm，但有相当的部分没有发育好，用 EDAX 分析其成分以 Al、C、N、O 为主。

图 2-90　经不同温度热处理后材料断口的显微结构

a—1050℃；b—1200℃；c—1300℃；d—1450℃

B　热处理前后质量变化

图 2-91 是经 1050℃、1200℃、1300℃ 和 1450℃ N_2 保护热处理后，铝碳材料热处理前后质量变化与复合粉 AS 含量的关系。

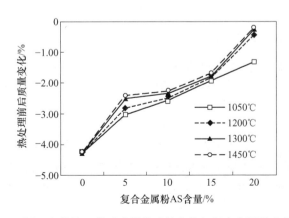

图 2-91　不同温度热处理前后试样的质量变化与复合金属粉含量的关系

　　当铝碳材料不含添加剂时，材料在热处理后的失重主要是结合剂——酚醛树脂在热处理过程中分解产生的，所有材料中结合剂的含量均为8%，所以可以假定在相同温度热处理过程中，由酚醛树脂分解造成的材料失重相同，并与空白材料的一样。如果材料在热处理后的质量损失小于相同温度热处理后空白材料的质量损失，则表示材料在热处理过程中气氛中的某些物质与材料中的金属反应或直接沉积到材料中。当铝碳材料中添加铝硅粉后，相对空白材料而言热处理后质量失重减少，说明金属铝或硅已经与气氛中的 N_2 或 CO 反应，减少了材料由于酚醛树脂分解造成的失重。铝碳材料热处理前后质量变化随复合金属粉含量的增加而增加，但增加的趋势并不与铝硅粉含量成正比，AS 含量由 0 到 5% 和由 15% 到 20% 试样热处理前后质量增加的趋势大于 AS 含量由 5% 到 10% 和由 10% 到 15% 增加的趋势。当铝碳材料不含复合金属粉时，其质量变化与热处理温度的相关性较小；但当铝碳材料含有铝硅粉时，随热处理温度的增加，热处理前后质量变化随之增加，增加的趋势与热分析结果基本一致，只是质量剧增的温度降低了大约 80℃，如图 2-92 所示。

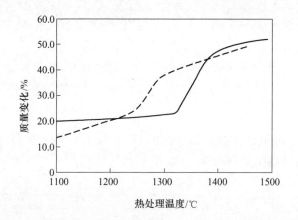

图 2-92　热处理前后质量变化曲线与金属铝粉热重曲线对比
（虚线为含5%铝硅粉铝碳材料热处理前后质量变化趋势曲线；实线为热重曲线）

　　图 2-93 是相对于 1050℃ 热处理后不同温度热处理后质量变化增长率图，可以看出，随温度的增加，所有材料质量增长率均有不同程度的增加，但铝硅粉含量越高，增加的程度越小；直到铝硅粉含量为 15% 和 20% 时，两者几乎相同。说明材料中金属添加剂含量不是越高越好，过多会由于金属粉的熔化而堵塞气孔，阻碍与气氛尤其是与 N_2 反应。

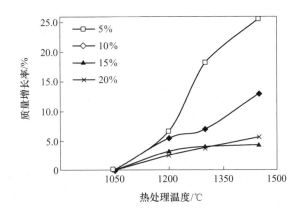

图 2-93 不同含量复合粉铝碳材料相对于 1050℃热处理后质量变化与热处理温度的关系

（其中：质量增长率=$(\Delta m_T - \Delta m_{1050}) / \Delta m_{1050} \times 100\%$，$\Delta m_T$ 表示温度 T

（1050℃、1200℃、1300℃、1450℃）热处理前后试样质量变化率）

C 体积密度和气孔率

图 2-94 是体积密度与添加剂含量和热处理温度之间的关系图，可以看出，不同温度热处理后铝碳材料体积密度随 AS 粉含量变化的趋势大致相同，随铝硅粉含量的增加，铝碳材料的体积密度随之降低。当铝碳材料中添加 5%（质量分数）铝硅粉后，其体积密度与空白材料相比略微降低，说明铝碳材料中添加少量（质量分数≤5%）铝硅粉对材料的体积密度影响较小；当材料中添加较多铝硅粉（质量分数≥10%）后，材料的体积密度降低较多。当铝碳材料中没有添加铝硅粉时，其体积密度随热处理温度的变化并不明显，随热处理温度的提高，铝碳材料的体积密度基本保持不变。当 AS 粉含量（质量分数）为 5% 时，铝碳材料的体积密度与热处理温度的关系也不明显，但当热处理温度到 1300℃ 时，体积密度有轻微的降低。当铝硅粉含量（质量分数）为 10%，15% 和 20% 时，铝碳材料体积密度随热处理温度增加而增加。

图 2-95 是显气孔率与 AS 粉含量和热处理温度之间的关系图，可以看出，不同温度热处理后铝碳材料显气孔率随 AS 粉含量变化大致相同：与空白材料相比，当铝碳材料中添加 5% 和 10% 铝硅粉时显气孔率会迅速降低；当材料中添加的铝硅粉含量大于 10% 时，材料的显气孔率有增高的趋势。空白材料的显气孔率随热处理温度的升高而升高，与空白材料体积密度随热处理温度的提高而降低的趋势相对应。含铝硅粉铝碳材料的显气孔率随热处理温度变化的趋势则与其不同，当

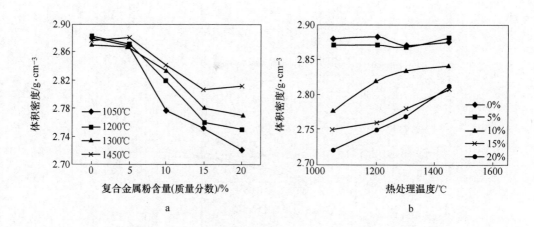

图 2-94　铝碳材料体积密度与复合金属粉含量(a)和热处理温度(b)的关系

铝碳材料中添加铝硅粉后，铝碳材料的显气孔率随热处理温度的升高有降低的趋势，但在 1300℃ 热处理后出现轻微的反常，与体积密度随温度的变化趋势相对应。

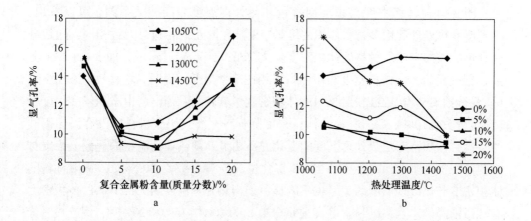

图 2-95　铝碳材料显气孔率与复合金属粉含量(a)和热处理温度(b)的关系

D　强度

图 2-96a 是不同温度热处理后常温强度与 AS 粉含量的关系图，可以看出，不同温度热处理后铝碳材料的常温强度与 AS 粉含量的关系并不一致，1050℃、1200℃ 和 1300℃ 热处理后铝碳材料的常温强度与铝硅粉含量的关系大致相同，随着铝硅粉含量的增加，常温强度随之快速增加；当铝硅粉含量（质量分数）为

10%时常温强度最高；然后常温强度随铝硅粉含量的增加而降低。1450℃热处理后铝碳材料的常温强度随铝硅粉含量增加而缓慢增加，当铝硅粉含量为10%时，常温强度达到最大；然后随铝硅粉含量的增加而缓慢降低。

图2-96b是不同AS粉含量时常温强度与热处理温度的关系图，可以看出铝硅粉含量（质量分数）为10%和5%时，铝碳材料常温强度随热处理温度的变化趋势一致，当热处理温度由1050℃增加到1200℃时常温强度随之增加，但当热处理温度由1200℃增加到1450℃后，常温强度快速降低。当铝硅粉含量为20%时，铝碳材料常温强度随热处理温度的变化与上述两者不一样：热处理温度由1050℃增加到1300℃时，常温强度缓慢增加；当热处理温度增加到1450℃时，常温强度急剧下降。当铝硅粉含量为15%，铝碳材料常温强度与热处理温度的关系并不明显。当铝碳材料不含铝硅粉时，其常温强度随热处理温度的降低而缓慢降低。因此，复合金属粉对铝碳材料具有明显的增强作用，其作用的程度与AS的添加量和热处理温度有较大的关系，当热处理温度为1200℃和添加量为10%时增强作用最大。

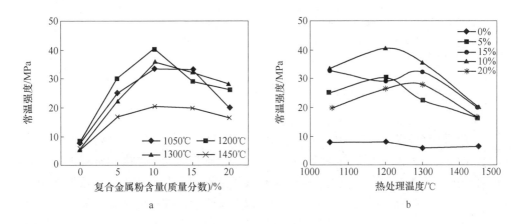

图2-96　铝碳材料常温强度与复合金属粉含量(a)和热处理温度(b)的关系

图2-97a是不同温度热处理后铝碳材料高温强度与AS粉含量的关系图，可以看出，与空白材料相比，铝硅粉的添加，均在很大程度上提高了铝碳材料的高温强度，但铝硅粉含量（质量分数）为20%时经低温处理（1050℃和1200℃）的铝碳材料，其高温强度仅比空白材料有轻微的提高。不同温度热处理后铝碳材料的高温强度与铝硅粉含量的关系基本一致，铝硅粉含量由0增加到10%后，铝碳材料的高温强度快速增加；铝硅粉含量由10%增加到20%后，高温强度随之降低，但不同温度热处理后铝碳材料高温强度降低的趋势不一致：高温（1300℃和1450℃）热处理后高温强度降低的速率小，低温（1050℃和1200℃）热处理后

高温强度降低的速率快。

图 2-97b 是不同 AS 粉含量时铝碳材料高温强度与热处理温度的关系图，可以看出，当铝碳材料中不添加铝硅粉时，其高温强度随热处理温度的增加而轻微地降低。含 5%，10% 和 15% 铝硅粉的铝碳材料其高温强度与热处理温度的关系一致，随热处理温度的提高，高温强度有缓慢的增加。当铝碳材料中添加 20% 铝硅粉时，其高温强度也是随热处理温度的增加而增加，但热处理温度由 1200℃ 增加到 1300℃ 时，高温强度增加较快，其他温度范围只是缓慢增加。

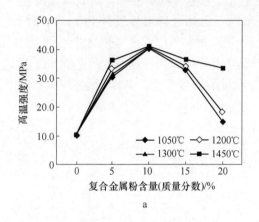

a

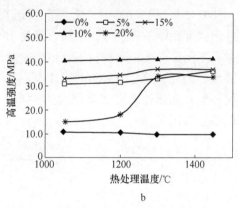

b

图 2-97　铝碳材料高温强度与复合金属粉含量(a)和热处理温度(b)的关系

由图 2-96 和图 2-97 的对比可以看出，铝碳材料高温强度和常温强度与铝硅粉含量的关系大体一致，但在量上相差较多。铝碳材料高温强度和常温强度与热处理温度的关系有一定的差别：当铝碳材料添加不同含量铝硅粉后，随热处理温度升高其常温强度先是增加，随后降低，但高温强度却随热处理温度的升高而缓慢增加。空白铝碳材料的常温强度和高温强度趋势基本一致，均是随热处理温度的升高而降低。但降低的趋势不一样，高温强度随热处理温度升高而降低的趋势小于常温强度随热处理温度变化的趋势，说明热处理温度对铝碳材料的高温强度影响程度小于对常温强度的影响程度。以上结果说明材料的高温强度虽然和常温强度结果有一定的关系，但常温强度与高温强度还是有一定的差别。

为观察裂纹在材料的断裂过程中的扩展情况，将强度试验后的试样进行电镜观察，取样部位是裂纹两边。图 2-98 是 A0 断裂面的显微结构，断面主要以沿颗粒边缘扩展为主。图 2-99 是 1200℃ 和 1450℃ 热处理后 A2 断裂面的显微结构，可以看出与 A0 断裂面的显微结构基本相同，断面结构显示裂纹仍是沿颗粒边缘扩展为主。

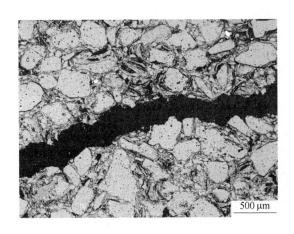

图 2-98　A0 断裂面结构

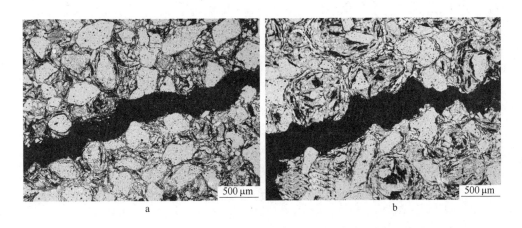

图 2-99　1200℃(a)和 1450℃(b)热处理后 A2 的断裂面结构

E　弹性模量

图 2-100a 是不同温度热处理后铝碳材料弹性模量与复合金属粉含量的关系图，可以看出，1050℃、1200℃和 1300℃热处理后铝碳材料的 E 随复合金属粉含量变化的趋势基本一致：当复合金属粉含量（质量分数）由 0 增加到 10% 时，E 随之增加；当复合金属粉含量由 10% 增加到 20% 时，E 却随之下降；当 AS 含量为 10% 时材料的 E 最大。1450℃热处理铝碳材料的 E 随复合金属粉含量变化的趋势比较缓慢：当复合金属粉含量由 0 增加到 10% 时，E 随之缓慢增加；当复合金属粉含量由 10% 增加到 20% 时，E 也随之缓慢下降；当 AS 含量为 10% 时材料

的 E 最大。

　　图 2-100b 是不同复合金属粉含量铝碳材料静态弹性模量与热处理温度的关系图，可以看出，不同复合金属粉含量铝碳材料的 E 随处理温度的变化趋势并不大相同。对比图 2-100a 和图 2-96a 可以发现两者趋势相似，说明弹性模量与常温强度具有一定的相关性。当不复合金属粉含量为 0 时，在 1050~1300℃ 区间内 E 基本不变；而当热处理温度升高到 1450℃ 后，E 有一定程度的增高。当复合金属粉含量为 5%、10% 和 20% 时，1200℃ 热处理后试样的弹性模量最大，随着热处理温度的进一步升高，材料的弹性模量有降低的趋势。而当复合金属粉的含量为 15% 时，弹性模量随热处理温度变化的趋势不是太明显。以上关系与图 2-96b 中常温强度随温度的变化趋势基本一致，可以推测常温强度与弹性模量有一定的相关性。

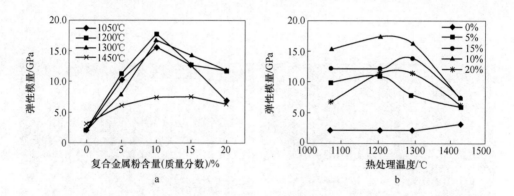

图 2-100　铝碳材料静态弹性模量 E 与复合金属粉含量(a)和热处理温度(b)的关系

F　孔径分布

　　将经不同温度热处理后的 A2 材料和经 1050℃ N_2 保护热处理后的 A0 材料用 Micromeritics 公司的压汞仪测定孔径分布，同时用 AutoPore IV 9500 V1.05 软件进行分析，结果如表 2-13 和图 2-101、图 2-102 所示。

表 2-13　孔结构数据表

名　称	压　汞　数　据		
	气孔表面积/$m^2 \cdot g^{-1}$	中值直径(面积)/nm	平均气孔直径/nm
A0-1050	3.213	15.6	28.8

续表 2-13

名　称	压 汞 数 据		
	气孔表面积/$m^2 \cdot g^{-1}$	中值直径(面积)/nm	平均气孔直径/nm
A2-1050	3.105	18.8	60.2
A2-1200	2.988	19.2	55.2
A2-1300	2.887	25.6	61.7
A2-1450	2.679	32.4	65.4

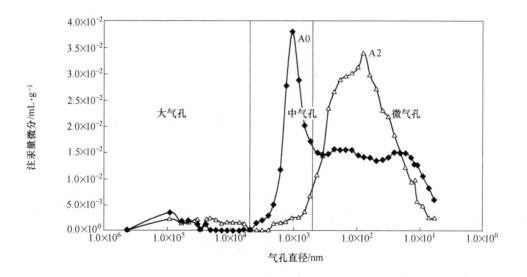

图 2-101　1050℃热处理后 A0 与 A2 气孔分布图

　　由 A0-1050 和 A2-1050 孔结构数据的对比可以看出，材料中引入铝硅合金后在很大程度上改变了材料的孔结构，使气孔表面积减少，相对于表面积的中值直径增加。A2 经不同温度热处理后，相对于孔表面积的中值直径随热处理温度的增加而增加，气孔表面积降低，而平均气孔直径则变化不明显。

　　图 2-101 是 A0-1050 和 A2-1050 材料气孔的分布图，首先根据气孔的分布将其分为大气孔（>5000nm），中气孔（500～5000nm）和微气孔（<500nm）。可以看出，铝碳材料中引入铝硅合金后，气孔孔径分布变化较大，其中大气孔尤其是微气孔增加较多，但中气孔大幅度下降。图 2-102 是 A2 材料经不同温度热处

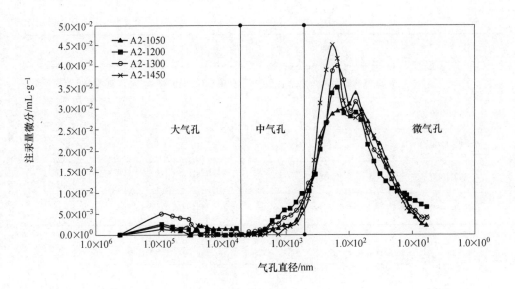

图 2-102　不同温度热处理后 A2 材料的气孔分布图

理后的气孔分布，可以看出，不同温度热处理后材料的气孔分布基本相似，但也有一定的差别。温度到 1450℃后大气孔增多，1050℃时大气孔也较多。随着热处理温度的升高，铝碳材料微气孔有增多的趋势。

G　热膨胀性

图 2-103 是经 1300℃热处理后，A0～A4 线膨胀率随温度的变化曲线，可以看出，温度相同时，铝碳材料中添加的复合金属粉末越多，则材料的线膨胀率越小，说明复合金属粉末对降低材料的热膨胀有一定的积极意义。

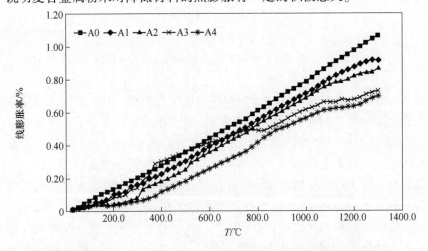

图 2-103　经 1300℃热处理后 A0～A4 材料线膨胀率随温度的变化图

表 2-14 是经 1300℃ 热处理后，A0~A4 材料的线膨胀系数，可以看到与线膨胀率同样的结果。试样线膨胀率的降低与材料中新形成的物相密不可分，复合金属粉以等量替代了氧化铝后，复合金属粉的转化物 AlN（400℃ 时为 $4.2 \times 10^{-6}/℃$）、Al_4SiC_4（400℃ 时为 $6.3 \times 10^{-6}/℃$）和 SiC（$4.7 \times 10^{-6} \sim 5.0 \times 10^{-6}/℃$）等的线膨胀系数均低于 Al_2O_3（400℃ 时为 $7.2 \times 10^{-6}/℃$）的线膨胀系数，导致添加复合金属粉材料的线膨胀率要低于参比材料 A0。

表 2-14　室温~1000℃、室温~1200℃时不同材料的线膨胀系数 α　（K^{-1}）

名称	A0-1300	A1-1300	A2-1300	A3-1300	A4-1300	A4-1050	A4-1200	A4-1450
1000℃	8.04×10^{-6}	7.29×10^{-6}	7.18×10^{-6}	6.58×10^{-6}	5.88×10^{-6}	5.58×10^{-6}	5.74×10^{-6}	6.46×10^{-6}
1200℃	8.28×10^{-6}	7.43×10^{-6}	6.94×10^{-6}	6.32×10^{-6}	6.12×10^{-6}	5.87×10^{-6}	6.01×10^{-6}	6.75×10^{-6}

图 2-104 是 A4 材料经不同温度热处理后的线膨胀率随温度的变化关系，可以看出，经 1450℃ 热处理后，A4 材料的线膨胀率明显增加；而经 1050℃、1200℃ 和 1300℃ 热处理后的线膨胀率则区别较小，这也与材料中新形成的物相有较大的关系，在较高温度热处理后形成了较多的 Al_4SiC_4，Al_4SiC_4 相对其他如 AlN 等的线膨胀系数高，导致较高温度热处理后试样的线膨胀系数较高。

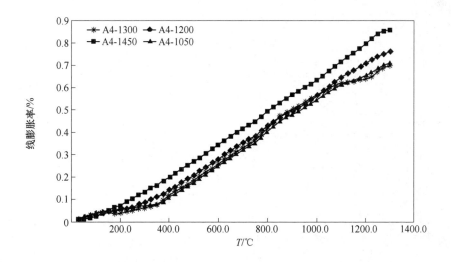

图 2-104　A4 经不同温度热处理后线膨胀率随温度的变化图

H　抗氧化性

图 2-105 是经 1050℃、1200℃、1300℃和 1450℃热处理后 A0～A4 的非等温氧化曲线，可以看出，经相同温度热处理后，随复合金属粉含量的增加，材料的氧化失重随之降低。A0 与 A1 的氧化失重曲线类似，分为三个阶段：不氧化阶段（室温～395℃）、快速氧化阶段（395～775℃）和缓慢氧化阶段（775℃～）。A2、A3 和 A4 曲线与之类似，但在大约 1350℃后出现轻微的增重，所以质量变化曲线可以分为四个阶段：不氧化阶段（室温～395℃）、快速氧化阶段（395～775℃）、缓慢氧化阶段（775～1350℃）和增重阶段（1350℃～）。

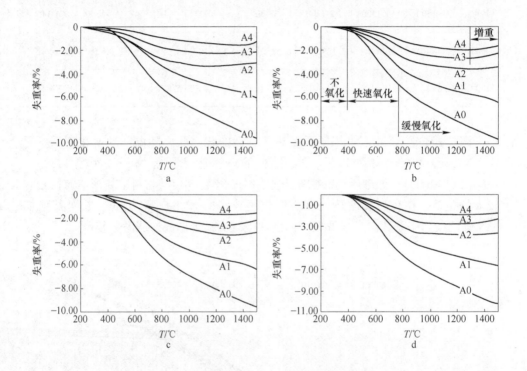

图 2-105　不同温度热处理后 A0～A4 材料的非等温氧化曲线

a—1050℃；b—1200℃；c—1300℃；d—1450℃

在固体碳存在的条件下且温度达 1000℃以上时，气相中 CO_2 和 O_2 的量甚微，这时不仅要考虑抗氧化剂与氧的亲和力，还需要考虑抗氧化剂和 CO 的反应。由图 2-106 可以看出，AlN 在温度低于 1700℃时与氧的亲和力大于碳与氧的亲和力，因此在约 1700℃以前 AlN 是含碳耐火材料有效的抗氧化剂。通过下面 AlN 与 CO 的反应，同样可以得出 AlN 在 1713℃以前是含碳耐火材料有效的抗氧化剂。同样在 1740℃以前 Al_4SiC_4 是含碳耐火材料有效的抗氧化剂，在 1993℃以

前 Al_4C_3 是含碳耐火材料有效的抗氧化剂，在 1539℃ 以前 SiC 是含碳耐火材料有效的抗氧化剂。

$$2AlN(s) + 3CO(g) \Longrightarrow Al_2O_3(s) + N_2(g) + 3C(s) \qquad (2-47)$$

$$\Delta G = \Delta G^\ominus - 3RT\ln\frac{p_{CO}}{p^\ominus} + RT\ln\frac{p_{N_2}}{p^\ominus} = 686746 - 347.75T - 3RT\ln\frac{p_{CO}}{p^\ominus} + RT\ln\frac{p_{N_2}}{p^\ominus}$$

$$(2-48)$$

又氧化试验时为开放体系，取 CO 和 N_2 的平衡分压分别为 35463.75Pa 和 65861.25Pa，得到

$$\Delta G = 686746 - 347.75T - 3RT\ln0.35 + RT\ln0.65 = 686746 - 345.73T < 0$$

$$(2-49)$$

得 $T < 1986K$ 时反应可以发生。

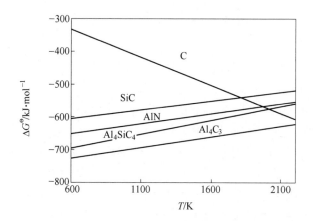

图 2-106　AlN、C、Al_4C_3、Al_4SiC_4、SiC 同 1mol O_2 反应的
标准吉布斯自由能变化与温度的关系

一般认为，AlN 表面的初始氧化温度为 700~800℃，明显发生氧化的温度为 950℃ 以上，在空气中氧化的最终产物是 Al_2O_3，所以在缓慢氧化阶段 AlN 的氧化增重可能对氧化时材料的质量变化起一定的作用。Al_4SiC_4 初始氧化温度在 800℃ 附近，它与氧的反应也会对材料氧化时的质量变化有一定的贡献。SiC 防氧化作用在 1400℃ 时不明显，而到 1500℃ 后这种作用才变得比较突出，A4 质量变

化曲线后期（>1400℃）的增重可能与 SiC 发生作用有关，因为根据下面的反应，SiC 与 CO 反应会使材料增重。

$$SiC(s) + 2CO(g) = SiO_2(g) + 3C(s) \qquad (2-50)$$

800℃以前的氧化失重与材料中 AS 粉含量有密切关系，AS 粉含量越多，氧化失重越少，而此时作为抗氧化剂的 AlN 等还不会明显地与 O_2 反应影响试样的质量变化。当材料中添加复合金属粉后，材料的气孔分布向微细方向移动，可能是造成材料抗氧化性提高的原因之一。另外，材料在热处理过程中，金属铝的气相化合物会沉积在石墨表面，改性石墨，提高石墨的抗氧化性；另外形成晶须类化合物也会堵塞气孔，降低氧化性气体在材料中的扩散速度，进而增加材料的抗氧化性。

经不同温度热处理后材料的氧化失重也有一定的差别，即随着热处理温度的提高而失重增加。A0 试样失重增加的原因可能与材料本身气孔随热处理温度提高而增加有关。而添加复合金属粉的材料其气孔率在 1200℃热处理后最低，但其氧化失重并没有与之相对应，这可能有其他方面的原因。氧化失重可能与材料的气孔结构有更大关系，因为热处理温度越高，材料的微气孔越少，气孔直径越大，导致材料发生氧化的速率更快。

I 抗水化性

图 2-107 是经 1050℃、1200℃、1300℃和 1450℃热处理后 A0～A4 的水化增重与处理时间的关系。可以看出水化试验后，未添加复合金属粉的 A0 质量变化几乎可以忽略不计，而 A1～A4 却有一定量的水化增重，并且随着水化时间的延长，增重量增加；复合金属粉含量增加，水化增重量也增加。就 A1～A4 中的单一材料来说，在 1050℃热处理后增重最多，其次是 1200℃和 1300℃，水化增重最少的是 1450℃热处理后的材料。经过水化试验后材料均未发生开裂、粉化的现象，材料的抗水化性相对单纯加金属 Al 的材料来说有很大的提高。

材料的水化增重与材料中的 Al_4C_3 和 AlN 有着密切的关系，Al_4C_3 在常温下就会与 H_2O 反应，发生膨胀并放出 CH_4，如式 2-51 所示，1mol Al 增重率为 116.7%（假设 1mol Al 反应生成的 Al_4C_3）。AlN 在常温下也会与水反应，如式 2-52所示，1mol Al 增重率为 90.2%（假设 1mol Al 反应生成的 AlN），但反应进行的速率比较慢，温度升高后水化反应的速率会相应增加。A1 在 1050℃热处理后不仅有 AlN 生成还有 Al_4C_3 生成，1200℃热处理后材料中几乎没有 Al_4C_3 生成，Al_4C_3 易于水化，在温度为 40℃，湿度为 90%的条件下 100h 后 Al_4C_3 就已经全部水化；另外 Al_4C_3 水化增重率较高，上述原因可能造成了 1050℃热处理后 A1 的水化增重大于 1200℃热处理后的水化增重。A1 在 1450℃热处理后不仅有

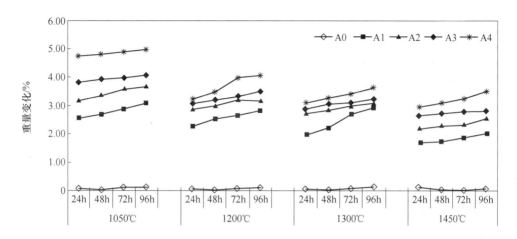

图 2-107 不同温度 1050℃、1200℃、1300℃ 和 1450℃ 热处理后 A0~A4 材料的抗水化性

AlN 生成，还有 Al_4SiC_4 生成，Al_4SiC_4 几乎不水化，在温度为 40℃，湿度为 90% 的条件下 Al_4SiC_4 的水化不明显。Al_4SiC_4 降低了由 AlN 水化造成的增重，使得 A1 试样在 1450℃ 热处理的水化增重小于 1200℃、1300℃ 热处理后的水化增重。

$$Al_4C_3 + 12H_2O == 4Al(OH)_3 + 3CH_4 \uparrow \qquad (2-51)$$

$$AlN + 3H_2O == Al(OH)_3 + NH_3 \uparrow \qquad (2-52)$$

J 抗热震性

图 2-108 是不同温度热处理后 A0~A4 的抗热震性，左边是试样热震后的残余强度，右边是强度保持率。热震后强度均有降低，说明热震试验对材料有一定的破坏作用。随着热处理温度的提高，A0 热震后的残余强度略有降低，强度保持率略有提高。但 A0 热震后铝碳材料的残余强度均低于相同条件下含复合金属粉的材料，强度保持率均高于相同条件下含复合金属粉的材料。A1 和 A2 热震后强度随热处理温度的变化趋势大致相同，1200℃ 热处理的铝碳材料热震后残余强度最高，然后随着热处理温度的升高，强度随之下降。但 A3 和 A4 热震后强度随热处理温度变化的趋势没有较强的规律性。A1~A4 的强度保持率随热处理温度的变化趋势也大致相同，即当热处理温度由 1050℃ 增加到 1200℃ 时强度保持率下降，然后随着热处理温度的升高强度保持率又有一定程度的提高。从总体上看，热震前强度越高，热震后强度保持率越低。

K 抗侵蚀性

图 2-109 是 1200℃ 热处理后 A0~A4 抗侵蚀性的对比图，可以看出，A2 的抗

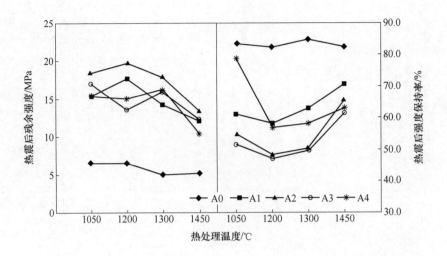

图 2-108　1050℃、1200℃、1300℃和 1450℃热处理后 A0~A4 材料的抗热震性

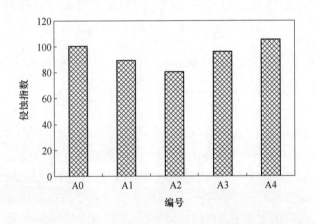

图 2-109　1200℃热处理后 A0~A4 抗侵蚀的对比

（A0 为对比样）

侵蚀性最好，A1 的抗侵蚀性略优于对比材料，A3 的抗侵蚀性与对比材料的相接近，A4 的抗侵蚀性甚至不如对比材料的。所以适量的复合金属粉有助于提高材料的抗侵蚀性，在本试验中复合金属粉含量为 10%材料的抗侵蚀性最好。材料的抗侵蚀性不仅与材料本身的材质有关，还与材料的性质如气孔有较大的关系。当铝碳材料中添加少量复合金属粉时，材料的强度提高、气孔率降低，材料的致密度增加，使得材料的抗侵蚀性增加。当添加较多 AS 时，材料的气孔率反而高于

添加少量复合金属粉的材料，另外较多复合金属粉势必引入较多 Si，Si 的过量引入会降低材料的抗侵蚀性，因此较多复合金属粉时材料的抗侵蚀性不会提高较多，甚至会下降。

图 2-110 是不同温度热处理后 A2 的抗侵蚀性，可以看出，随着热处理温度的提高，A2 的抗侵蚀性有提高的趋势，这不仅与 A2 气孔率随热处理温度的升高而降低有关，还可能与较高温度热处理后有较多 AlN、Al_4SiC_4 生成有关。

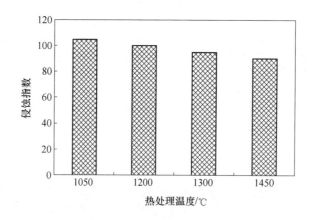

图 2-110 不同温度热处理后 A2 抗侵蚀性的对比

（1200℃热处理后的 A2 为对比样）

图 2-111 和图 2-112 是经 1200℃热处理 A0 和 A2 侵蚀试验后三相界面（熔渣-试样-熔钢）处的 50 倍和 100 倍显微结构图片。A0 挂渣层大约 170μm，挂渣层中有立方镁铝尖晶石析出，材料与熔渣的界面上大颗粒氧化铝较多，说明对侵蚀速度起制约作用的是氧化铝颗粒与熔渣的反应，即氧化铝颗粒向硅酸盐熔体内的溶解；另外在熔渣与材料界面发现少量鳞片状石墨，石墨周围是熔渣，说明熔渣已经将石墨周边的基质细粉溶蚀，而石墨没有被氧化或发生反应，进入渣层的石墨长度大约是 50μm。A2 挂渣层大约是 90μm，材料与熔渣的界面上大颗粒氧化铝比 A0 的界面上更多，石墨进入渣层的长度小，仅有 10μm 左右，由图 2-113 中的对比更能清楚地看出熔渣中石墨长度的不同。

另外还可以看出石墨与熔渣没有明显的反应痕迹，说明石墨的溶损可能是通过氧化或被熔钢溶解进行的。通过对比可以看出，熔渣对 A0 基质的侵蚀要大于对 A2 基质的侵蚀，A2 基质中含有较多的复合金属粉的产物即 AlN 等，它与熔渣润湿性差，减轻熔渣对基质的侵蚀有一定作用。图 2-114 是 A0 和 A2 中氧化铝与渣反应界面显微结构，氧化铝与熔渣之间有一连续的反应层，它的主要成分为铝钙化合物，A0 中铝钙化合物层较薄，仅有 5μm 左右，而 A2 中铝钙化合物较厚，

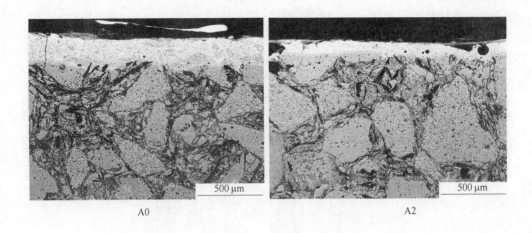

图 2-111　1200℃热处理后 A0 与 A2 侵蚀试验后的显微结构（50×）

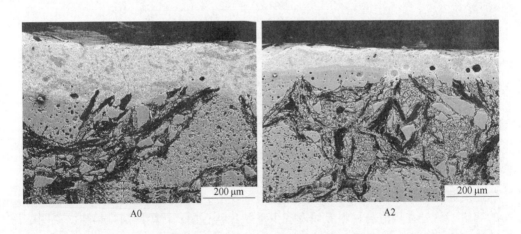

图 2-112　1200℃热处理后 A0 与 A2 侵蚀试验后的显微结构（100×）

大约有 10μm。

　　铝钙化合物的形成说明氧化铝向硅酸盐熔体的溶解是间接发生的，渣层中形成的镁铝尖晶石和氧化铝颗粒周边的铝钙化合物均与氧化铝向熔体的间接溶解有关，由于 Ca、Mg 离子在硅酸盐熔体中的扩散速度大于 Al 离子并远大于 Si 离子的扩散速度，使得在反应界面富集氧化铝-氧化钙或氧化铝-氧化镁的反应产物。本试验中氧化铝颗粒周边连续的铝钙化合物层就是氧化铝与渣中扩散到界面的氧化钙反应的产物，是一种典型的间接溶解。铝钙化合物然后向附着层中溶解，使得在反应界面附近的渣层中氧化铝达到饱和值，与氧化镁形成镁铝尖晶石。形成

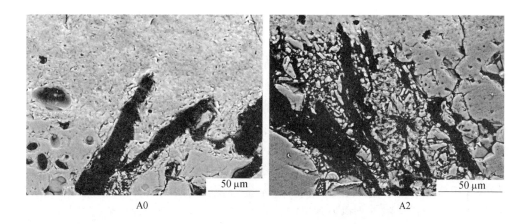

图 2-113　1200℃热处理后 A0 与 A2 侵蚀试验后的显微结构

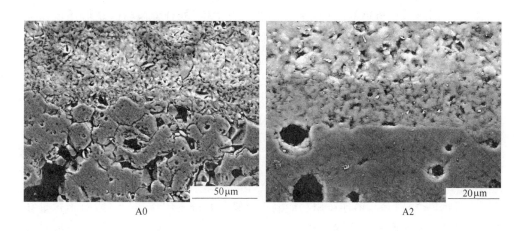

图 2-114　A0 和 A2 中氧化铝与渣反应界面显微结构

的镁铝尖晶石形状与其自身的晶体构造有关，镁铝尖晶石晶体属立方晶系，因此
与熔体平衡时的形状为八面体。

　　因此，复合金属粉的添加可以降低材料的气孔率、使气孔微细化、形成的
AlN 等可以减轻熔渣与试样基质的反应，适量的复合金属粉可以提高材料的抗侵
蚀性。过多的复合金属粉增加了材料的气孔率、引入了较多的 Si，反而会降低材
料的抗侵蚀性；热处理温度的升高有助于提高材料的抗侵蚀性。

2.2.2.4　小结

具有优良抗热震性的铝碳材料在连铸用功能耐火材料中广泛应用，但受石墨组分固有特征——易氧化和易溶解于钢水的影响，在使用寿命上难以有大的突破，或不适应一些特殊钢的连铸，通过提出将 Al_2O_3-Al-C 系材料用于连铸功能耐火材料，发现：（1）添加金属铝的铝碳材料经 N_2 保护、Ar 保护和埋碳保护处理后均不能避免 Al_4C_3 生成，但断口显微结构明显不同：埋碳保护热处理后材料中有大量亚微米的柱状和类柱状物的晶须；Ar 保护热处理后材料中有带状、锥状的氧化铝和少量的晶须生成；N_2 保护热处理后材料中有较多粒状 AlN 产生。N_2 保护和埋碳保护热处理有利于提高材料的强度，降低材料的显气孔率，N_2 保护热处理后材料的抗水化性最好。（2）添加复合金属粉的铝碳材料经 N_2 保护热处理后有 AlN 原位生成，当热处理温度大于或等于 1300℃后材料中有明显 Al_4SiC_4 相生成。显微结构表明，铝碳材料中引入复合金属粉后，经 1450℃ 热处理后材料中可以明显形成碳结合和陶瓷结合的复合结合相。铝碳材料中引入复合金属粉后，微气孔明显增多、线膨胀率降低、抗氧化性提高。热处理温度升高，Al_4SiC_4 逐渐增多，材料的抗水化性相应提高。（3）复合金属粉的添加还可以降低材料的气孔率、使气孔微细化、形成的 AlN 等可以减轻熔渣与试样基质的反应，所以适量的复合金属粉可以提高材料的抗侵蚀性；过多的复合金属粉使材料的气孔率增加、引入了较多的 Si，反而会降低材料的抗侵蚀性；当材料中添加10%复合金属粉时，热处理温度的升高也有助于提高材料的抗侵蚀性。基于上述结果，Al_2O_3-Al-C 系材料适于作为接触高速钢水部位的材料，如整体塞棒棒头、浸入式水口碗部和出钢口部位、长水口出钢口等部位。

2.2.3　碳复合耐火材料低碳化

铝碳耐火材料是目前连铸用功能耐火材料的基础本体材料，一般石墨含量在15%~30%，碳素原料石墨赋予材料优良的抗热冲击性和抗渣性，满足连铸时苛刻的使用条件。随着洁净钢、超低碳钢生产的发展及环境保护的要求，传统含碳耐火材料碳含量高带来的一系列问题越来越凸显，如钢水增碳、能耗增加、石墨资源消耗以及温室气体排放等，低碳化是含碳耐火材料发展的必然趋势。碳复合耐火材料具有优良的性能主要在于石墨的与渣不润湿性和高导热、低膨胀，因此，简单降低碳含量后，必然导致材料的热导率下降，弹性模量增大，渣与材料的润湿性增强，从而使材料抗热震性、抗渣渗透性变差。因此，如何充分发挥较低含量碳的作用，提高抗氧化性、抗热震性和抗渣渗透性是低碳、超低碳耐火材料开发中的关键[34~38]。

碳复合耐火材料中的碳源可分为组分碳（石墨化碳）和结合碳（无定形

碳），二者对材料尤其是低碳材料的性能和结构有重要影响。为实现低碳化，主要通过直接引入低维碳（如纳米石墨、纳米炭黑、膨胀石墨或添加碳纳米管/纤维等）和改性酚醛树脂原位生成碳纳米纤维、引入聚碳硅烷等方法来改善低碳耐火材料的结构和性能。

2.2.3.1 酚醛树脂催化

酚醛树脂是连铸用功能含碳耐火材料生产中主要的结合剂，它对石墨等碳质材料及氧化物耐火材料都具有良好的润湿性，经过有机溶液稀释可以均匀地分布于氧化物和碳材料之上，保证良好的混合与成型性能。酚醛树脂经热处理固化后，能在材料中形成网络结构保证制品生坯强度，经过进一步高温碳化处理后，在制品中形成较多的残炭，以形成一定程度的碳结合，保证制品在服役过程中优异的抗热冲击性和抗侵蚀性能。酚醛树脂受热时，在 $200 \sim 800\,^{\circ}\mathrm{C}$ 分解，放出 CO_2、CO、CH_4 及 H_2 等小分子气体，其中小分子含碳气体提供碳源，在催化剂催化下，这些碳氢化合物及 CO 气体会在催化剂颗粒表面沉积生成碳纳米管或纤维。碳纳米管外径在 $1 \sim 50\,\mathrm{nm}$，长度一般从几到几百微米，管壁分为单层和多层。多层管如同由许多单层管叠在一起组成。合成的碳管往往端部有封口，封口结构是半个富勒烯小球，接近于正球形。碳纳米纤维是实心的，直径在 $50 \sim 200\,\mathrm{nm}$ 之间的细小纤维状物体。碳纤维中的碳多呈无序排列。从晶体结构上看，有的碳纳米纤维晶化程度很高，缺陷很少；但有的石墨化程度很低，甚至接近于非晶态；有的则是由纳米晶态夹杂着一些非晶碳组成的纳米材料。

酚醛树脂结合剂中添加过渡金属催化剂后残炭结构中可以原位生成少量碳纤维/碳纳米管，同时可以提高残炭的石墨化程度。在含碳耐火材料热处理过程中原位合成碳纤维/碳纳米管，这些原位生成的碳纳米管/碳纤维一方面提高了酚醛树脂残炭率，另一面促进残炭石墨化程度，增强碳网结构。目前碳纤维/碳纳米管最常用的合成方法是化学气相沉积法，其中催化剂多采用 Fe、Co、Ni 等过渡金属，这些过渡金属催化剂具有容易获得且价格相对低廉，同时催化效果优良的优势，但是过渡金属催化剂也存在着不足，如部分过渡金属催化剂具有一定毒性，会对人体及环境造成影响，此外这些过渡金属催化剂在催化碳管生长过程中，往往会进入碳管内部、形成较稳定的碳化物或被石墨层包裹，而其自身熔点也比较高，因此大部分仍残留在碳纳米管产品中。本节主要介绍过渡金属 Ni 及其盐类和非过渡金属催化剂 KCl 和 NaCl 为催化剂在不同催化剂加入量、不同气氛（氮气和埋碳）等条件下对碳纳米管/纤维生长和石墨化程度影响[39]。

A 催化剂过渡金属 Ni 及其盐类对树脂碳结构的影响

选择添加 1% 金属 Ni、4.96% Ni$(NO_3)_2 \cdot 6H_2O$ 和 4.06% NiCl$_2 \cdot 6H_2O$（均为质量分数），试样中 Ni 原子摩尔比相同。另外选择纯酚醛树脂作为对比试样，分

别在埋碳气氛和氮气气氛条件下 1000℃热处理。

　　埋碳气氛条件下热处理后断口形貌如图 2-115 所示，可以发现未加催化剂酚醛树脂热处理化后断口整体较光滑致密，未发现碳纤维/纳米管，说明在试验温度条件下，纯树脂试样碳化后主要还是以各向同性的玻璃态形式存在。含 Ni 试样中出现了相对含量较多的碳纤维/管，催化剂颗粒也发生长大的现象，树脂断口中存在很多 100nm 左右的小颗粒，经能谱分析发现其主要元素为 Ni 和 C，可以确认这些小颗粒为催化剂颗粒，热处理后已经由原来的 50nm 增加到 100nm 左右，可能是由于其活性很高在热处理过程中发生烧结团聚，同时由于其吸附了树脂碳化过程中的含 C 气体，发生 C 沉积和析出也增加了催化剂 Ni 颗粒的粒度。同时其中可见到较少量的原位催化形成的碳纤维/管，直径也在 100nm 左右，长

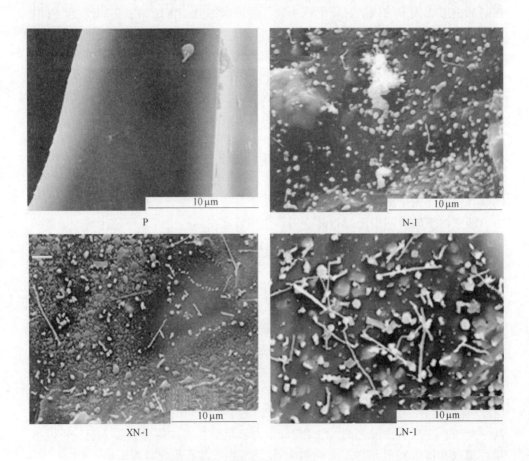

图 2-115　埋碳气氛热处理后 P(纯树脂)、N-1(Ni)、XN-1(Ni(NO$_3$)$_2$·6H$_2$O)、

LN-1(NiCl$_2$·6H$_2$O) 树脂碳断口 SEM 照片

短不一，最长的在 5μm 左右。另外发现树脂碳断口凹凸不平，认为可能是催化剂颗粒引起树脂非晶态结构发生了改变。含 $Ni(NO_3)_2 \cdot 6H_2O$ 试样树脂断口中出现了相对含量较多的碳纤维/管，部分长度达 10μm 左右，部分催化剂颗粒也发生团聚长大的现象，对催化剂颗粒和碳纤维/管进行 EDS 分析，发现其主要元素组成为 C、Ni 和 O，碳纤维/管的主要成分为 C 和少量 Ni 和 O。含 $NiCl_2 \cdot 6H_2O$ 试样断口中也出现了长度达 10μm 左右相对含量较多的碳纤维/管，部分催化剂颗粒也发生团聚长大。对比 Ni、硝酸镍和氯化镍这 3 种催化剂 1000℃埋碳热处理结果可以得出：使用硝酸镍和氯化镍做催化剂比单质 Ni 更有利于碳纤维/管生成，树脂中添加催化剂可以改变树脂残炭的结构。XRD 图谱见图 2-116，可见未加催化剂的 P 试样，在 25°附近有个馒头峰，而石墨 d(002) 位置没有见到衍射峰，说明纯酚醛树脂碳化后以非晶态存在。而使用 Ni、氯化镍和硝酸镍催化的试样中石墨 d(002) 位置的衍射峰也不太明显，强度较低。其中使用硝酸镍为催化剂的 XN-1 试样石墨 d(002) 峰相对较强些，说明使用硝酸镍催化酚醛树脂具有相对较好的石墨化效果。同时观察到硝酸镍和氯化镍催化树脂碳中的 Ni 元素都是以单质 Ni 存在，说明镍盐在热处理过程中已经全部被分解还原成了金属 Ni。而使用纳米 Ni 粉的 N-1 试样中除了 Ni 峰还出现了微弱的 NiO 峰，可能是由于纳米 Ni 粉具有很高的表面活性，在热处理过程中部分被氧化形成。

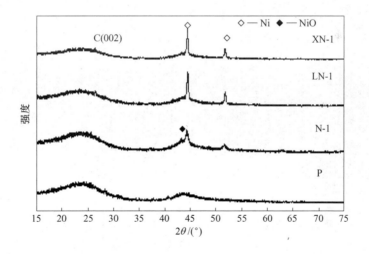

图 2-116 埋碳气氛热处理后 P(纯树脂)、N-1(Ni)、XN-1($Ni(NO_3)_2 \cdot 6H_2O$)、
LN-1($NiCl_2 \cdot 6H_2O$) 埋碳气氛热处理后树脂碳的 XRD 图谱

不同热处理气氛可能对酚醛树脂催化改性后树脂残碳形貌有影响，因此试验考察了氮气气氛对树脂催化合成碳纤维/管的影响，不同试样热处理后断口形貌

示于图 2-117。可以发现未加催化剂的纯树脂 P 试样断口光滑未见有碳纤维/管；添加金属 Ni 为催化剂 N-1 试样断口中出现了少量直径在 100~200nm 的碳纤维/管，同时断口中有很多 50~100nm 的催化剂颗粒；添加硝酸镍的 XN-1 试样断口出现了较多纳米碳纤维/管，其直径在 50~100nm，长度在 5~10μm；而以氯化镍为催化剂的 LN-1 试样中没有发现明显的碳纤维/管，只有一些短棒状的颗粒出现，类似碳纤维/管刚开始在催化剂一端生长，经能谱分析这些颗粒主要元素为 Ni 和 C，此外还含少量 O。

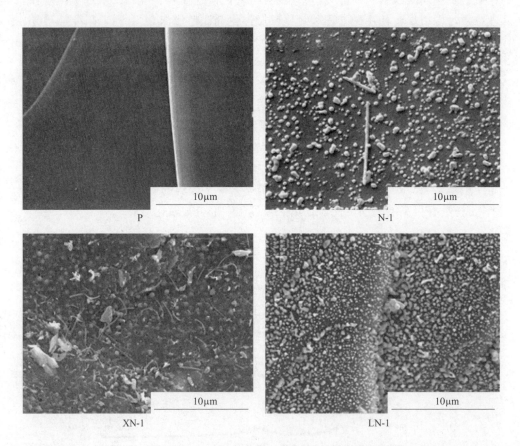

图 2-117　氮气气氛热处理后 P(纯树脂)、N-1(Ni)、XN-1(Ni(NO$_3$)$_2$·6H$_2$O)、
LN-1(NiCl$_2$·6H$_2$O) 树脂碳断口 SEM 照片

在氮气气氛热处理条件下，使用 Ni 及其盐类做催化剂可以使树脂原位催化生成碳纤维/管，3 种催化剂中硝酸镍催化树脂最容易获得较多纳米碳纤维/管。氮气气氛热处理除了硝酸镍催化时树脂残炭中出现较多碳纤维/管，Ni 和氯化镍催化时原位生成碳纤维/管效果不如埋碳热处理好。

不同的反应温度对催化剂活性和催化反应产物形貌有较大影响，对含氯化镍试样在不同温度下（900℃，1000℃，1100℃，1200℃）进行热处理，显微结构如图 2-118 所示，发现 900℃热处理后树脂断口中存在类似硝酸镍为催化剂时出现的很多 50~100nm 催化剂颗粒，同时有少量较短的纳米碳纤维/管，并且树脂碳断口开始出现凹凸不同，催化剂对树脂碳形貌影响较大；1000℃热处理后的树脂断口中也出现了长度达 10μm 左右相对含量较多的碳纤维/管，部分催化剂颗粒也发生团聚长大；1100℃热处理后发现试样断口中出现很多亚微米级催化剂颗粒，粒度在 200~500nm，试样断口中只发现少量纳米碳纤维/管；而 1200℃热处理后发现试样断口中发现有直径 500nm~1μm，长度 5~10μm 的碳纤维/管出现。升高温度可以促进碳纤维/管直径长大，同时会使催化剂失去催化活性，从合成数量较多高长径比碳纤维/管角度考虑，热处理温度应该控制在 1000℃左右，树脂中添加催化剂可以改变树脂残炭的结构。

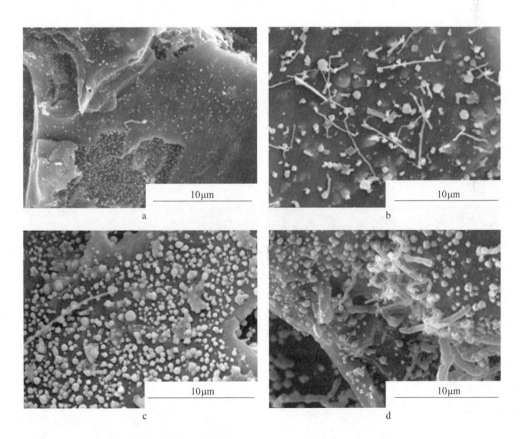

图 2-118 不同温度热处理 LN-1 试样断口 SEM 照片

a—900℃；b—1000℃；c—1100℃；d—1200℃

　　催化剂添加量对合成纳米碳纤维/管有一定影响，因此研究了 Ni 原子含量（质量分数）分别为 0.5%、1%、1.5% 和 2% 的硝酸镍和氯化镍催化树脂试样，观察了不同催化剂添加量试样断口中碳纤维/管生长情况。图 2-119 示出了不同硝酸镍添加量树脂残炭断口形貌照片，从图中可见，XN-0.5 试样断口中催化剂颗粒数量较少，部分催化剂颗粒端部生长出长度约 $10\mu m$ 的碳纤维/管；XN-1 试样断口中出现了较多催化剂颗粒，部分催化剂颗粒表面有较短的碳纤维/管存在，同时视域中只发现少量 $10\mu m$ 左右长度的碳纤维/管存在；XN-1.5 试样中出现了大量一端带短棒状碳纤维/管的催化剂颗粒，这些碳纤维/管长度较短，直径相对较粗；而 XN-2 试样树脂残炭中有大量气孔和催化剂颗粒存在，未见明显碳纤维/管存在。因此随着硝酸镍添加量的增加，树脂残炭中催化剂颗粒含量也逐渐增加，添加 7.44% $Ni(NO_3)_2 \cdot 6H_2O$ 的 XN-1.5 试样中整体碳纤维/管含量较多但长径比较小。

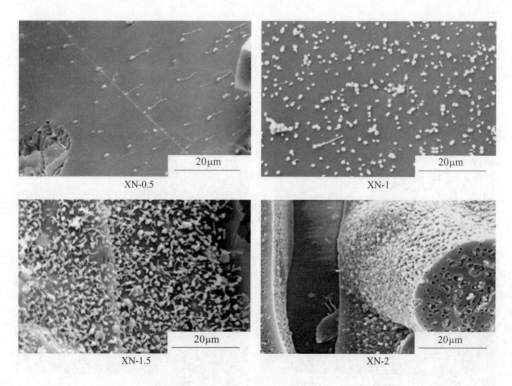

图 2-119　不同 $Ni(NO_3)_2 \cdot 6H_2O$ 含量试样断口形貌 SEM 照片

　　图 2-120 给出了不同氯化镍添加量树脂残炭断口形貌照片，可见 LN-0.5 试样断口中有少量碳纤维/管存在，催化剂颗粒均匀分布在树脂中，相互团聚的较少；随着催化剂含量增加，树脂残炭表面附着的碳纤维/管含量逐渐增加，LN-2

试样中出现了大量碳纤维/管附着在树脂残炭表面，碳纤维/管长短不一，最长可达 15μm 左右，直径在 200~500nm，说明氯化镍催化剂加入量的增加有利于碳纤维/管生长。

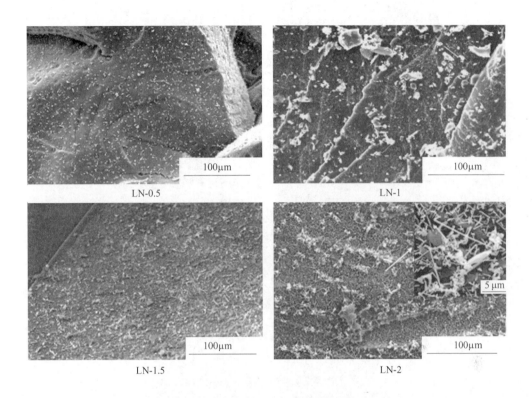

图 2-120　不同 $NiCl_2 \cdot 6H_2O$ 含量试样断口形貌 SEM 照片

为了观察树脂碳中原位生长的碳纤维/管内部微观结构，采用 TEM 观察了埋碳 1000℃热处理的含 Ni 试样，如图 2-121 所示。从图 2-121a 发现，试样中存在弯曲的纳米碳纤维，对其中 A 区域放大观察可以发现纤维内部为定向层状排列的石墨化 C 原子（图 2-121b），说明试样中存在晶态的碳纤维。同时还观察到外形较直、直径均匀的长纤维/管，如图 2-121c 所示，可以发现这根纤维一端为实心结构，另一端出现中空结构形成了碳纳米管。从图 2-121 这说明酚醛树脂催化合成产物中碳纤维和管同时存在。

通过以上结果，可以得出过渡金属 Ni 及其盐在合适的气氛和条件下能够在树脂碳化过程中催化原位生成碳纤维/管。酚醛树脂在炭化过程中会发生分解反应，释放出 CO、CH_4、苯、甲苯、酚、甲醛、二甲苯酚和水蒸气等气体，其中的含碳气体可作为提供碳纤维/纳米管生长的碳源。同时，酚醛树脂碳化过程中

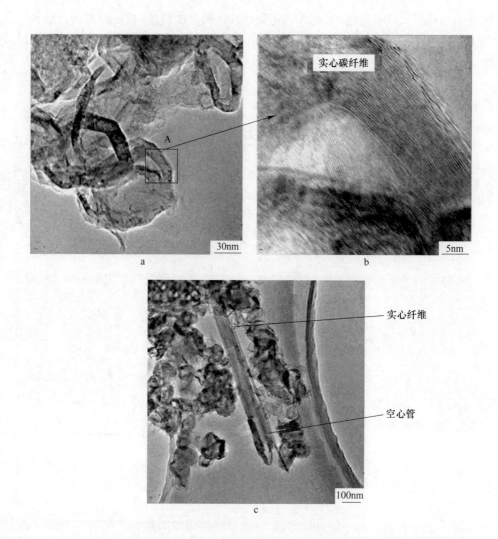

图 2-121　原位合成的碳纤维/管 TEM 照片

树脂内部会生成大量微孔，这些微孔可以使树脂内局部含碳气体浓度增大为催化反应提供场所，树脂碳中碳纤维/管的制备方法可归入化学气相沉积法。其基本原理是酚醛树脂炭化过程中分解形成的含碳气体在过渡金属催化剂颗粒表面被溶解吸附，当碳浓度达饱和后在催化剂表面一侧析出生成碳纤维/管，其机理是典型的气-固-液（VLS）反应机理。

从图 2-119 中 XN-0.5 试样中明显可以发现，从催化剂颗粒端部生长出来碳纤维/管，这就是典型的"底端生长"模式。同时在一些试样中还能发现一些碳纤维/管顶端与催化剂颗粒相连，如图 2-122a 中一些碳纤维/管顶端带有催化剂小颗粒。碳纤维/管生长过程可以认为是在碳纤维/管端部，催化剂微粒没有被碳覆盖的部分，吸附并催化裂解含碳小分子而产生碳原子，碳原子在催化剂表面扩散或穿过催化剂进入碳纤维/管与催化剂接触的部位，从而实现碳纤维/管生长。碳纳米管的另一种生长是按照"颗粒-线-管"机理逐级进化的，即酚醛树脂碳化时产生的碳氢气体在催化剂的作用下开始转化为碳粒，当一个碳粒达到一定尺寸后，就开始下一个碳粒的产生，就这样碳粒一个接着一个最后连成一条线，当碳粒个数达到一定数量后，在催化剂作用下，从含有催化剂的那头开始，碳粒接着开始变细变长，到达一定尺寸后，下一个碳粒接着开始变细变长，最后由这些细长碳粒组成的纤维开始进行结构的晶化和裁剪，内部形成管腔最终成为碳纳米管，就如图 2-122b 所示在树脂碳结构中发现的这种由碳粒逐渐组成纤维/管的形貌。

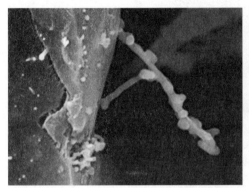 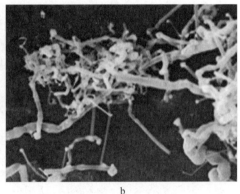

a   b

图 2-122　试样中不同碳纤维/管形貌

B　非过渡金属催化剂对树脂碳结构的影响

在酚醛树脂中添加了 5% 的 NaCl 和 KCl，经 1000℃ 埋碳热处理后观察碳纤维/管生成情况。图 2-123 给出了 NaCl 催化树脂残炭显微形貌，从图 2-123a 可以发现，树脂残炭表面有许多长度约 5μm 的绒毛状碳纤维/管生成，图 2-123b 为这些"绒毛"高倍下形貌，发现其直径在 1μm 左右，且这些纤维/管端部有不规则的团状物存在，经能谱分析其组成元素为 C、Na、Cl 和 O，从图 2-123c 可以看到，这些短纤维/管主要生长在 NaCl 晶体顶端，可能是由 NaCl 晶体高温下吸附含碳气体沉积形成。

图 2-124 给出了含 5%KCl 的酚醛树脂碳化后形貌照片，从图 2-124a 可以发现，碳化树脂气孔中生成了大量白色絮状物，经电镜高倍放大观察，发现其为直径 200nm 左右，长度可达 10~20μm 甚至更长的纤维/管，如图 2-124b 和 c 所示，

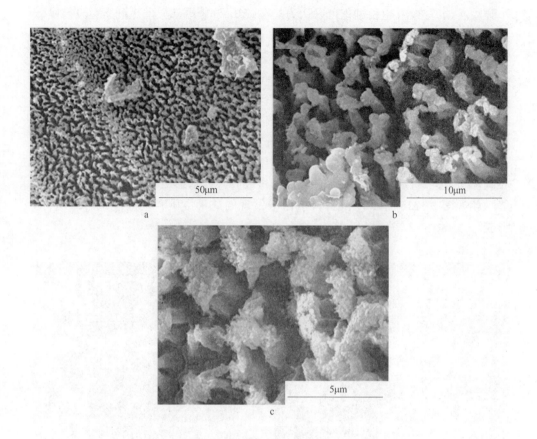

图 2-123　NaCl 催化树脂碳断口 SEM 照片

这些纤维/管互相交错或缠绕生长在一起。经能谱分析这些纤维/管的主要元素组成为 C，其次是 O，此外还有少量 K 和 Cl，如图 2-125 所示。从图 2-123 和图 2-124对比 NaCl 和 KCl 催化效果分析，认为在酚醛树脂中采用 KCl 做催化剂对原位生成碳纤维/管具有更优的催化效果。

　　图 2-126 是不同含量 KCl 催化树脂碳化后显微形貌，KCl 含量分别为占酚醛树脂含量（质量分数）1%、3%、5% 和 7%，添加 1%KCl 时树脂残炭表面只出现了大量粒径在几百纳米间的微小碳颗粒，未发现明显的碳纤维/管，可能是由于催化剂含量较少未能催化析出足够的碳粒来组成碳纤维/管；当 KCl 含量达 3% 时，此时树脂碳表面不但有微小碳粒还出现较多的碳纤维/管，部分纤维/管长度已达几十微米，此外还可以发现有立方块状的 KCl 晶体存在，其晶体长边尺寸在 20μm 左右；当催化剂含量达 5% 时，树脂碳表面已经有大量碳纤维/管生成，同时还可以发现有一些板片状物质存在，经能谱分析其成分碳纤维/管成分类似也

图 2-124 KCl 催化树脂碳断口 SEM 照片

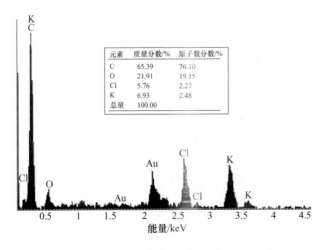

元素	质量分数/%	原子数分数/%
C	65.39	76.10
O	21.91	19.15
Cl	5.76	2.27
K	6.93	2.48
总量	100.00	

图 2-125 KCl 催化生成碳纤维/管的 EDS 谱图

图 2-126　不同 KCl 含量树脂碳断口 SEM 照片

a—1%；b—3%；c—5%；d—7%

为 C、O、K 和 Cl，因此认为 KCl 催化时不但可以生成碳纤维/管，还可以生成片状的含碳物质；当 KCl 含量达 7%时，树脂碳表面发现了大量立方 KCl 块状晶体，和一些覆盖着的不规则片状物，未发现碳纤维/管存在，此时 KCl 块状晶体长边尺寸已经达 50μm 左右，说明过量 KCl 时会使树脂中残余 KCl 晶体尺寸增大，分析认为可能是由于 KCl 含量过多导致高温下熔融态 KCl 填充到树脂碳气孔中夺取了树脂碳化生成的含碳气体储存空间，也占据了碳纤维/管的生长需要的空间，因此反而不利于碳纤维/管生长。从以上分析认为采用 KCl 作为催化剂具有比 NaCl 较优的催化效果，从原位合成碳纤维/管产率考虑，KCl 含量控制在 5%左右是比较合适的。

　　同时对使用非过渡金属 KCl 催化的树脂残炭进行 XRD 分析，图 2-127 给出了不同 KCl 含量树脂残炭 XRD 图。从图 2-127 可以看到，含 1%KCl 试样在石墨 d(002) 位置没有见到衍射峰，只在 25°附近有馒头峰，说明此时树脂碳试样还是以非晶态存在；而添加 3% 和 5%KCl 的试样中明显发现了较强的石墨 d(002) 衍射峰，说明此时树脂碳中已经存在部分结晶态的 C；当 KCl 添加量达 7% 时，试样中石墨 d(002) 衍射峰还存在但其强度降到了 1000(a.u.) 左右，已经比碳含量为 3% 和 5% 时要低；此外还可以看到当 KCl 含量小于 3%(含 3%) 时树脂残炭中未见明显的 KCl 衍射峰，这可能是由于树脂残炭中残余的 KCl 含量较少衍射仪无法测出，而当 KCl 添加量为 5% 时残炭中可以发现少量的 KCl 衍射峰，但当添加量为 7% 时树脂残炭中发现了很强的 KCl 衍射峰，说明此时残炭中含有较多的 KCl。KCl 催化时树脂中出现了明显的石墨峰说明其具有较好的催化石墨化效果，这也与其催化时生成较多具有石墨化结构的碳纤维/管及片状碳的结果是相一致的。考虑到 KCl 是低熔物，在耐火材料中大量存在可能对性能不利，因此 KCl 添加量应控制在 5% 以内。

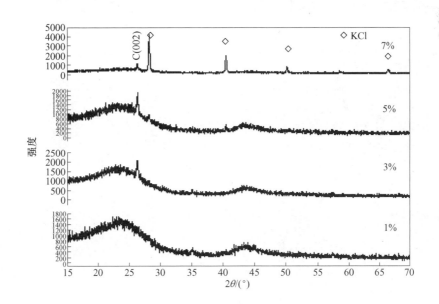

图 2-127　不同 KCl 含量树脂碳试样 XRD 图谱

为进一步确定 KCl 催化生成的碳纤维/管或片状碳形貌，选择 KCl 含量为 5% 的树脂碳进行 TEM 观察。在透射电镜下观察到试样中存在直径在 40nm 左右粗细均匀的长纤维/管（如图 2-128a 所示），同时发现部分碳纤维/管相互团聚在一起，单根碳纤维/管长度在 1μm 左右（如图 2-128c 所示），还发现树脂碳中存在一些薄片状碳（如图 2-128d 所示），这些薄片在电镜下几乎呈透明状，说明厚度非常薄，推测应该是树脂碳化过程中 KCl 催化生成的石墨微晶片，同时还在电镜下发现在 KCl 晶粒边缘原位生长出碳纤维/管的形貌（如图 2-128b 所示）。

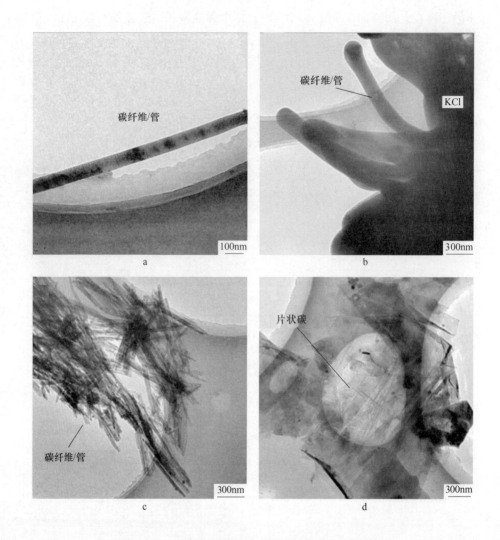

图 2-128　KCl 催化树脂碳中不同碳结构形貌 TEM 照片

　　结合电镜照片分析，认为 KCl 催化树脂时碳纤维/管的生长机理适用于"顶端生长机理"或"底端生长机理"。图 2-129 给出了 KCl 催化时树脂碳中发现的不同碳生长形貌，从图 2-129a 中可以清楚发现，KCl 晶体边缘原位生长的碳纤维/管，这就是典型的"底端生长机理"；从图 2-129b 中发现，大颗粒 KCl 表面析出了很多碳颗粒，同时也有碳纤维/管开始生长，但其长度较短直径较粗，KCl 晶体轮廓已经钝化；图 2-129c 中可以发现，KCl 晶体已经变成圆形大颗粒，但表面生长出了一些碳纤维/管及趋向片状的小块；图 2-129d 中可以看到，形貌较好的碳纤维/管和一些不规则的片状碳。从图 2-129 分析认为，KCl 晶体在高温下可以捕获 CO 等气体并不断析出碳纤维/管，而片状碳出现猜测可能是由于 KCl 在高温下发生熔融铺展，液体 KCl 捕获 CO 等气体后由于 C 原子在液相中容易扩散重排，可以使析出的碳原子快速实现晶化重排成为石墨结构。因此试样中可以发现片状碳结构存在。

图 2-129　KCl 催化树脂碳中不同碳形貌显微结构照片

C　树脂催化对低碳铝碳耐火材料性能和结构的影响

将含有催化剂的酚醛树脂应用在低碳铝碳耐火材料中，树脂碳中原位生成的碳纤维/管有助于增强树脂碳结合强度，催化剂在一定程度上促进了树脂碳的石墨化，有助于提高低碳铝碳耐火材料的强度和抗热震性能。本节在碳含量为 6% 的低碳铝碳耐火材料中加入不同催化剂，介绍了催化剂对低碳耐火材料性能的影响，组成见表 2-15。为了对比研究制备的低碳铝碳耐火材料性能与普通高碳铝碳耐火材料性能区别，也与不加催化剂、碳含量 15% 的高碳试样（编号：碳 15）进行了对比。

表 2-15　不同试样催化剂含量　　　　　　（质量分数,%）

代　号	组　成
碳 15	酚醛树脂
199	酚醛树脂
N	1%Ni+酚醛树脂
XN	4.96%Ni(NO$_3$)$_2$·6H$_2$O+酚醛树脂
LN	4.06%NiCl$_2$·6H$_2$O+酚醛树脂
KCl	5%KCl+酚醛树脂
NaCl	5%NaCl+酚醛树脂

　　为了比较不同催化剂对低碳铝碳耐火材料力学性能影响及低碳试样与高碳试样力学性能的差别，对埋碳热处理后的试样进行了常温强度和水冷热震 1 次后的残余强度进行了测试，结果如图 2-130 所示。从图 2-130 中不同试样常温抗折强度可见所有试样抗折强度在 4.92 ~ 6.57MPa 之间，碳 15 试样强度最高为 6.57MPa，低碳试样中未加催化剂的 199 试样强度最低为 4.92MPa，加入不同催化剂的各试样强度都略有增加，纳米 Ni 粉催化试样强度相对最好为 5.74MPa。从常温抗折强度数据分析认为：加入催化剂不但不会降低试样的常温抗折强度，反而会适当增加其强度，但整体强度增加不明显。低碳试样强度比高碳试样强度会略有降低，原因是由于鳞片石墨具有很好的挠曲性，弯曲很大角度也不会断裂，这就使铝碳材料在断裂时必须将石墨从基体中拔出，需要较大的能量，因而石墨含量较高的碳 15 试样具有相对较好的常温抗折强度。

　　从图 2-130 中热震后抗折强度数据发现：碳 15 试样强度最大为 3.93MPa，未加催化剂的低碳 199 试样热震后强度最低仅为 1.65MPa，采用硝酸镍为催化剂的试样强度为 3.82MPa，已比较接近高碳试样残余强度；硝酸镍和氯化镍催化试样强度比金属 Ni 粉催化后残余强度要高；非过渡金属 KCl 和 NaCl 催化试样残余强度分别为 2.20MPa 和 2.29MPa，比过渡金属氯化镍和硝酸镍催化要低一些；总体上各催化树脂试样热震后残余强度均要高于纯树脂制备低碳铝碳试样，但仍均比高碳试样要低。

　　热震后试样残余强度保持率是目前评价试样抗热震性能优劣的方法之一，因此根据各试样热震前后强度计算了试样的残余强度保持率，其结果示于图 2-131。从图 2-131 发现，XN 试样热震后残余强度保持率最高为 73.18%，其次是碳 15

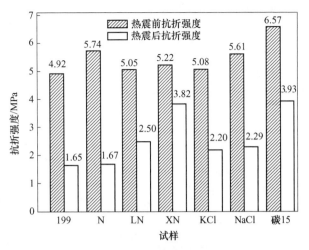

图 2-130 不同试样热震前后抗折强度对比

试样为 59.82%，而使用金属 Ni 催化的 N 试样保持率最低，仅为 29.09%，纯树脂 199 试样保持率次低，为 33.54%。分析认为：碳 15 试样残余强度最高是由于石墨本身具有优良的热导率，石墨含量高抗热震性能也相应好，使用催化树脂低碳试样比纯树脂 199 试样强度好是由于催化剂改变了树脂碳结构或者原位催化形成了碳纤维/管，从而增加了强度及抗热震性能。

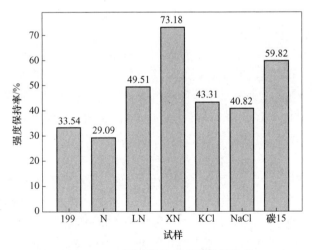

图 2-131 不同试样热震后强度保持率

结合图 2-130 和图 2-131 对比试验使用的几种催化剂的试样性能，认为采用硝酸镍作为催化剂可以使低碳铝碳试样获得较好的抗热震性能，虽然其热震后残余强度不及碳 15 试样，但其强度保持率已经高于碳 15 试样。

　　材料的弹性模量是影响其热震性能的一个重要参数，不同材料弹性模量结果示于图 2-132，发现含 Ni 试样弹性模量最高为 24.08GPa，其次为纯树脂 199 试样，为 21.15GPa，NaCl 和 KCl 最低，为 11.87GPa 和 12.52GPa，碳 15 试样为 15.49GPa。前面分析认为抗热震性能较好的含硝酸镍试样弹性模量为 19.77GPa，一般认为铝碳耐火材料弹性模量越低其抗热震性能也越好，而图 2-132 结果不能很好反映此规律。

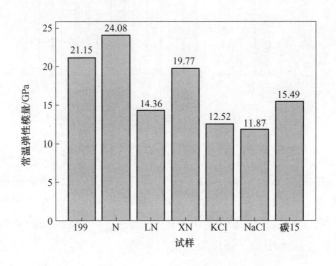

图 2-132　埋碳条件热处理不同试样常温弹性模量

　　材料中气孔的大小、形貌、含量和分布的均匀性等对材料热震性能具有重要影响，通常条件下当气孔总量相同时，降低气孔的大小有利于提高材料的抗热震性能，因为微小气孔壁面有助于分散材料中产生的热应力，从而提高其抗热震性能，199、Ni、XN、LN 和 KCl 试样孔径分布测试结果示于图 2-133 和表 2-16。可见孔径大小在 $3\mu m$ 附近曲线开始急剧上升，说明试验制备的试样气孔大小主要分布在 $3\mu m$ 以内，含不同催化剂各试样孔径分布存在明显区别。经统计发现孔径大于 $100\mu m$ 范围的大气孔数量整体较少，使用催化剂会使试样中大气孔数量增加，未加催化剂的 199 试样为 6.04%，KCl 催化试样最多，为 10.42%；$100\sim 3\mu m$ 范围的中孔含量也相对较少，其中 199 试样最少，为 5.21%，KCl 试样最多，为 7.06%；而 $3\sim 0.1\mu m$ 范围小孔数量分布规律则出现了变化，此时 199 试样小孔数量最多，达 63.49%，KCl 试样小孔数量最少，为 42.72%，具体数量规律为 199 > Ni > LN > XN > KCl；而小于 $0.1\mu m$ 的纳米孔数量上则是 KCl > XN > LN > Ni > 199，其中 KCl 催化试样纳米孔达 39.80%。发现加入催化剂后试样中大于 $3\mu m$ 和小于 $0.1\mu m$ 的气孔含量为增加，同时 $3\sim 0.1\mu m$ 范围小孔数量会降低，原因是试样中的催化剂催化了酚醛树脂原位生成了碳纤维/管填充了部分小气孔，使小气孔转变成了纳米孔，导致纳米孔数量增加而小气孔数量减少。

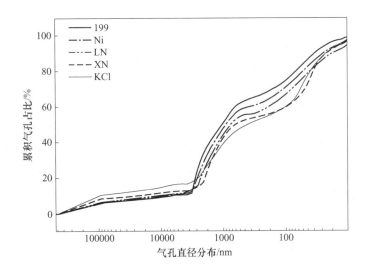

图 2-133　不同试样孔径分布

表 2-16　不同试样孔径分布具体统计情况　　　　　　　（%）

孔　径	199	Ni	LN	XN	KCl
>100μm	6.04	6.16	6.28	8.06	10.42
100~3μm	5.21	5.96	6.70	5.26	7.06
3~0.1μm	63.49	58.84	54.20	46.45	42.72
<0.1μm	25.26	29.04	32.82	40.23	39.80

D　沥青对低碳铝碳材料性能和结构的影响

沥青是煤焦油或石油经蒸馏处理或催化裂化提取沸点不同的各种馏分后的残留物，是由芳香族和脂肪族结构为主构成的混合物。其组成与性能随原料种类、蒸馏方法和加工处理方法不同而异，但一般为黏稠的液体、半固体或固体，色黑而有光泽，有臭味，不溶于水，熔化时易燃烧，并放出有毒气体。至今为止，沥青之所以仍作为碳复合耐火材料的结合剂之一，是因为其残炭量高、价格便宜、使用可靠，同时沥青碳化后形成的结合碳的结晶状况、真密度和抗氧化能力都比树脂碳好。上节提到催化剂硝酸镍能够在酚醛树脂碳化过程中催化小分子含碳气体生成碳纤维/管，并且能在一定程度上促进树脂碳石墨化程度。本节主要介绍催化剂对沥青（包括中间相沥青 MP、环保沥青 CP 和高温沥青 HP）-酚醛树脂复合结合剂的催化作用，以及含催化剂的复合结合剂对低碳铝碳耐火材料性能的影响。

图 2-134 为几种沥青 800℃热处理后的残炭率，由图可知，几种沥青 800℃的残炭率按照 MP、CP 和 HP 的顺序依次降低，依次为 89.27%、81.75% 和 70.4%。将几种沥青（占树脂 30%）加入到酚醛树脂 5405 中，按比例计算的理论残炭率分别为 57.68%、53.52% 和 52.65%，而实际上依次为 66.66%、60.73%和55.54%（见图 2-135）。可见，将沥青加入树脂中残炭率有所提高，提高的比例在 5.5%~15.5%变化，说明沥青和树脂的协同作用有利于残炭率的提高。升温至 1200℃，树脂-沥青残炭率均有小幅度降低，变化趋势与 800℃热处理后相同，见图 2-136。

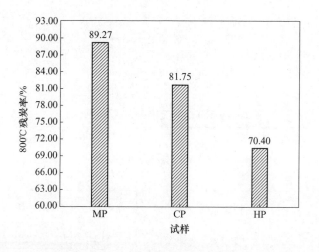

图 2-134　几种沥青的 800℃残炭率

从图 2-135 可以看出，经 800℃热处理后，加入催化剂硝酸镍后 PF-沥青结合剂试样的残炭率按由大到小的顺序依次为 MP-PF、CP-PF、HP-PF，较理论残炭率分别提高 22.66%、22.38%和 8.17%，较未加催化剂 PF-沥青试样残炭率依次提高 6.14%、7.85%和 2.54%。图 2-137 为硝酸镍催化下的 CP-PF 显微结构照片，当加入催化剂硝酸镍后，试样中均能发现大量纤维状物质生成，平均长约 3μm，同时有个别较长的线状物出现，纤维存在明显的顶端生长特征，呈竹节状或蝌蚪状。结合能谱分析发现，该纤维成分为碳，纤维顶端成分为镍。酚醛树脂为固相炭化，最终形成各向同性、致密均匀的脆性玻璃碳结构，沥青的炭化则为液相炭化，最终与树脂形成各向异性的镶嵌结构或流动结构碳。由于沥青的加入，在固化和炭化过程中，沥青软化产生的流动性液体黏度较大，由于气体的挥发而促使体系中大量微孔的形成，微孔的存在提供了纤维状纳米碳生长的空间场所。

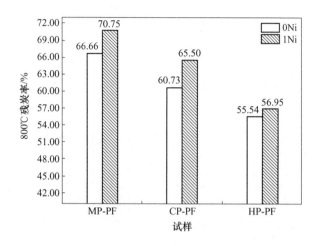

图 2-135　添加沥青后树脂的 800℃残炭率

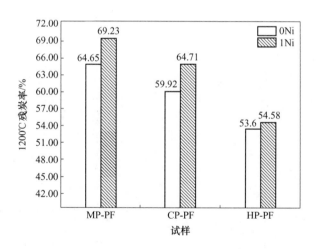

图 2-136　添加沥青后树脂的 1200℃残炭率

图 2-138 与图 2-139 为加入沥青试样经热处理后的常温和高温抗折强度结果的柱状图。由图可以看出：（1）加入不同沥青的试样，MOR 和 HMOR 有相同的变化规律，均按 MP、CP 和 HP 的顺序依次降低。相对于不加沥青的试样，加入

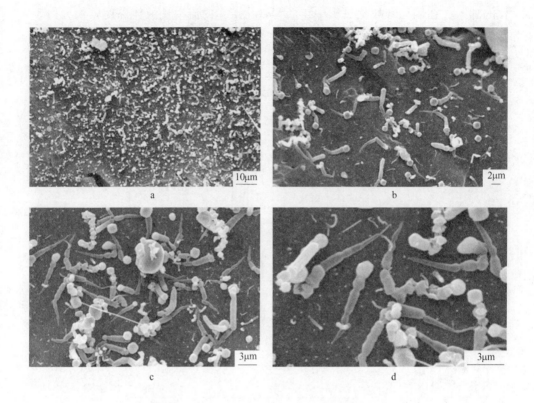

图 2-137　催化剂作用下的 CP-PF 显微结构照片

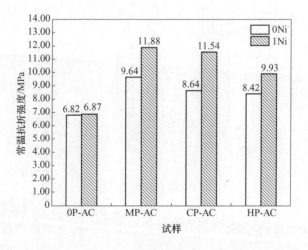

图 2-138　加入沥青试样常温抗折强度

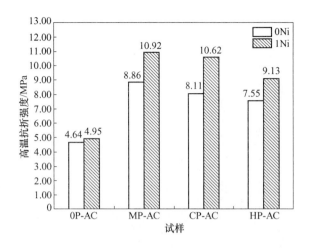

图 2-139　加入沥青试样高温抗折强度

沥青后 MOR 和 HMOR 均有明显提高，试样 0P-AC 的 MOR 和 HMOR 均小于 7MPa，而加入沥青后试样的 MOR 和 HMOR 均在 7.5MPa 以上。（2）在催化剂条件下，含沥青试样的 MOR 和 HMOR 均有较大幅度的提高。对于试样 0P-AC，MOR 均在 6.8MPa 左右，HMOR 则在 4.6~4.9MPa 之间波动，因此，催化剂对不加沥青试样的常温和高温强度影响都不大。对于加入沥青试样，当不加催化剂时，MOR 在 8.4~9.6MPa 之间变化，加入催化剂后 MOR 有明显提高，在 9.9~11.8MPa 之间；当不加催化剂时，HMOR 在 7.5~8.8MPa 之间，加入催化剂后数值在 9.1~10.9MPa 之间。因此，催化剂对加沥青试样的强度提高明显。可见，沥青的加入有利于提高 Al_2O_3-C 材料的常温和高温抗折强度。

图 2-140 与图 2-141 为加沥青的低碳铝碳试样经热震后的残余抗折强度及强

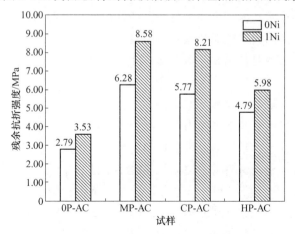

图 2-140　加入沥青试样热震后残余强度

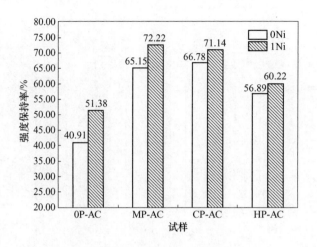

图 2-141   加入沥青试样热震后残余强度保持率

度保持率结果的柱状图。由两图可知：（1）加入沥青试样的残余抗折强度均在
4.7MPa 以上（4.7~8.5MPa），远远高于不加沥青试样的残余抗折强度（2.79~
3.53MPa）。（2）加入沥青对试样热震强度保持率提高显著。对于不加催化剂的
试样，加入沥青后，强度保持率在 56%~65% 之间，高出不加沥青试样 39%~
59%；而加入催化剂试样的强度保持率在 60%~72% 之间，高于不加沥青试样的
17%~40%。可见，在有沥青的试样中加入催化剂后，强度保持率亦有较大幅度
提高。

　　因此，沥青加入酚醛树脂中有利于体系残炭率的提高，MP、CP 和 HP 在
800℃残炭率依次降低。酚醛树脂-沥青体系热处理后产生的气孔提供了纤维状碳
生长的空间场所，在催化剂作用下生成了一定量的纤维状纳米碳。沥青的加入能
降低材料的显气孔率和体积密度，与高温沥青相比，环保沥青和中间相沥青对提
高试样的常温和高温力学性能及热震稳定性更加有利，加入催化剂后形成较多且
长的纤维状纳米碳，对常温和高温力学性能的提高更加显著，热震强度保持率达
70%以上。

　　E　酚醛树脂种类对低碳铝碳材料结构与性能的影响

　　结合剂对材料的常温及高温力学性能有重要影响，测定了三种不同的酚醛树
脂的分子量及其分布、残炭率以及热处理后的物相组成和石墨化程度等，并给出
了树脂种类与低碳铝碳材料力学性能、热震稳定性和显微形貌之间的关系。

　　图 2-142 为三种酚醛树脂分子量及分子量分布图，分子量及其分布系数见表
2-17。由表可知，三种酚醛树脂 8495、5405 及 9202 的重均分子量与黏均分子量
相等，并且依次降低，分别为 1170、995.93 和 847.82；Z-均分子量也是依次降

低，分别为 1940、1880 和 1250；数均分子量呈现不同的规律，分别为 692.69、400.62 和 592.07，其中，树脂 5405 的最低。出现该结果的原因在于分布系数 d 的差别。分子量分布越窄，分布系数 d 越接近 1，树脂 8495 和 9202 分别为 1.70 和 1.43，说明分布较窄，而树脂 5405 分散系数较大，为 2.49，说明分子量分布较宽。不同种类的酚醛树脂黏度差别较大，按照 8495、5405 和 9202 的顺序依次降低，分别为 8.4Pa·s、7.6Pa·s 和 2.5Pa·s，变化规律与重均分子量大小一致，见表 2-18。

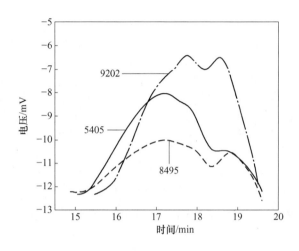

图 2-142　三种酚醛树脂分子量分布

表 2-17　三种酚醛树脂分子量分布

分子量	M_n	M_w	M_η	M_z	d
8495	692.69	1170	1170	1940	1.70
5405	400.62	995.93	995.93	1880	2.49
9202	592.07	847.82	847.82	1250	1.43

表 2-18　酚醛树脂的黏度

试　样	8495	5405	9202
黏度/Pa·s	8.4	7.6	2.5

图 2-143 为三种酚醛树脂经热处理后的残炭率柱状图，由图可知，经 800℃ 和 1200℃ 热处理后，三种树脂残炭率按照 8495、5405 和 9202 的顺序依次降低，

加入催化剂后，该趋势不变。在三种树脂中加入 4.96%硝酸镍后，与原树脂相比残炭率均有所提高，但是提高幅度不同，800℃热处理后的提高幅度分别为 5.37%、5.22%和 1.80%，1200℃热处理后的提高幅度分别为 5.73%、8.95%和 1.78%。由数据可知，树脂 8495 和 5405 提高幅度均较高，而树脂 9202 提高较小，在 1.8%左右。

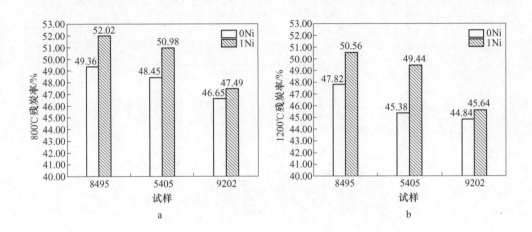

图 2-143　三种酚醛树脂 800℃（a）和 1200℃（b）残炭率

酚醛树脂黏度和残炭率的变化与树脂的重均分子量大小规律一致，说明树脂的黏度和残炭率直接受树脂分子量的影响，分子量越大，树脂的黏度和残炭率越高；加入催化剂有利于提高树脂的残炭率，原因在于硝酸镍经高温分解产生 Ni，能吸收树脂分解产生的 CH_4、C_2H_4、C_2H_2、CO、C_6H_6 等气体而使碳保留下来。

图 2-144 为酚醛树脂经热处理后的 XRD 图谱，由图可知，当酚醛树脂中不加催化剂时，XRD 图谱在 25°和 48°附近分别有一个馒头峰，而石墨 d（002）和 d（004）位置没有见到衍射峰，说明纯酚醛树脂炭化后以非晶态存在。当加入 4.96%硝酸镍后，树脂 8495 和 5405 的结合碳衍射图谱在 26°和 53°左右出现了尖锐的衍射峰，由于试样中只有酚醛树脂和少量催化剂，可以确定 26°和 53°均是石墨峰，分别对应于（002）和（004）晶面。同时观察到催化后 8495 和 5405 酚醛树脂碳中的 Ni 元素都是以单质 Ni 形式存在，说明硝酸镍在热处理过程中全部分解还原成了金属 Ni。催化酚醛树脂 9202 热处理碳在 25°左右显示出非晶态的馒头峰，在 53°左右出现了对应于石墨（004）面的峰。同时还发现，X 射线衍射图谱中除了 Ni 峰，在 35°左右还出现了 NiO 的衍射峰。

为了进一步说明催化剂对酚醛树脂裂解碳结构的影响，对热处理后催化裂解碳的晶态结构进行了表征。常用石墨化度 G 来衡量碳素材料的晶体结构接近理想石墨晶格尺寸的参数。富兰克林首先确定了完全未石墨化碳的晶格中间层间距为 $3.44×10^{-10}$ m，而理想石墨的层间距为 $3.354×10^{-10}$ m，因此石墨化度 G 可表示为

$$G = \frac{3.44 - d}{3.44 - 3.354} × 100\% \qquad (2\text{-}53)$$

由计算可得，在催化剂作用下，树脂 8495 和 5405 的石墨化度分别为 50.00% 和 37.91%，而催化树脂 9202 的石墨化度出现了负数，表明其 c 轴点阵常数已大于 0.3440nm，结果见表 2-19。由图 2-144b 可知，Ni-9202 已经出现了（101）、（102）和（004）晶面对应的峰，通过计算，其 c 轴点阵常数大于 0.3440nm；而图 2-144a 中对应的峰远没有 Ni-9202 的尖锐，因此，其 c 轴点阵常数也应大于 0.3440nm，所以未催化树脂的石墨化度非常低。

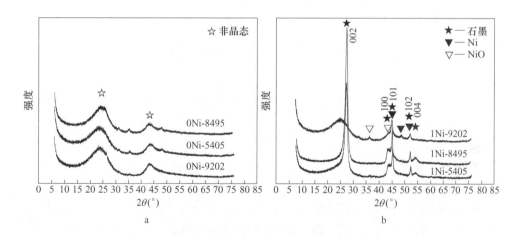

图 2-144　酚醛树脂经热处理后的 XRD 图
a—未催化树脂；b—催化树脂

表 2-19　热处理后掺杂酚醛树脂催化热解碳的晶体结构参数

试　样	$2\theta/(°)$	$d_{(004)}/m$	$G/\%$
Ni-8495	53.94	$3.3970×10^{-10}$	50.00
Ni-5405	53.76	$3.4074×10^{-10}$	37.91
Ni-9202	51.66	$3.5358×10^{-10}$	-111.40

图 2-145 为试样经热处理后的显气孔率和体积密度柱状图，由图可知，加入催化剂的试样显气孔率均略低于同等条件下未加入催化剂的试样，但是差别不大，

均在 16% 左右。而加入催化剂试样体积密度变化不大，但是不小于未加入催化剂的试样，数值在 $3.00\sim3.03g/cm^3$ 变化。因此，酚醛树脂种类和催化剂对试样显气孔率和体积密度影响均不大。

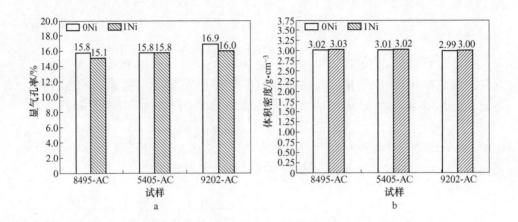

图 2-145　　试样经热处理后的显气孔率(a)和体积密度(b)

　　图 2-146 为热处理后试样常温和高温抗折强度结果，可以看出酚醛树脂种类对 Al_2O_3-C 材料的 MOR 和 HMOR 有一定的影响，当使用树脂 8495 做结合剂时 MOR 和 HMOR 最高，使用树脂 9202 时试样的 MOR 和 HMOR 则最低，树脂 5405 居于两者之间。该规律亦与酚醛树脂的分子量大小规律一致，因此，酚醛树脂的分子量越大试样的强度越高。加入催化剂能提高材料的 MOR 和 HMOR，并且提高幅度不同。对于以树脂 8495 做结合剂的试样，加入催化剂后 MOR 提高最大，约为 5%，而以 5405 和 9202 做结合剂时 MOR 提高则较小；以树脂 8495 为结合剂的试样，加入催化剂后 HMOR 提高最小，为 4.84%，而以树脂 5405 和 9202 为结合剂时提高均在 7% 左右。可见，加入催化剂后对以树脂 8495 为结合剂试样的 MOR 提高较大，而对 HMOR 的提高幅度却有所降低。

　　图 2-147 是热震后材料的残余抗折强度及强度保持率，相对于未加催化剂的试样，加入催化剂后，试样的残余抗折强度均有所提高，以树脂 8495 为结合剂的试样强度提高 26%，树脂 5405 和 9202 均在 10% 左右。未加催化剂试样的强度保持率比较接近，均在 45% 左右；加入催化剂后，试样的热震强度保持率均有所提高，以树脂 8495 为结合剂试样的强度保持率最高，为 55.08%，较不加的对比试样提高达 20%。

　　图 2-148 为以不同酚醛为结合剂的 Al_2O_3-C 材料不同放大倍数的显微结构照片，图 2-148a~d 为树脂 8495，图 2-148e~h 为树脂 5405，图 2-148i~l 为树脂

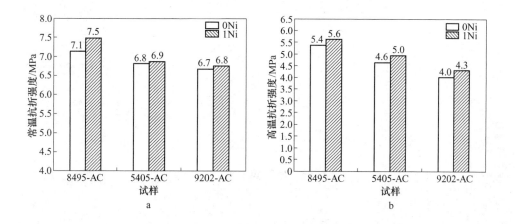

图 2-146 低碳铝碳材料的常温(a)和高温(b)抗折强度

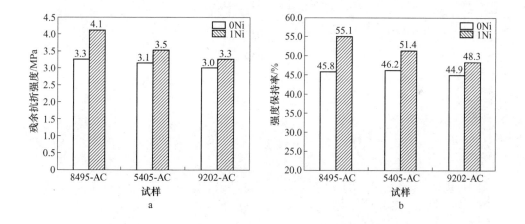

图 2-147 热震后残余抗折强度(a)及保持率(b)

9202。由图 2-148 a~d 可知，使用树脂 8495 做结合剂的 Al_2O_3-C 材料中，在各个视域中均可以看到大量且分布均匀的纤维状物质，纤维短且粗，长约 2μm，直径在 200~300nm，呈棒状。图 2-148 e~h 使用树脂 5405 做结合剂的 Al_2O_3-C 材料中，纤维分布多且细小，长度小于 2μm，直径在 200~250nm，呈仙人掌刺状；同时，在纤维顶部可以看到明显的"蘑菇帽"，即纤维的顶端生长特征。图 2-148 i~l 使用树脂 9202 做结合剂的 Al_2O_3-C 材料中，纤维分布较少，形状不规则且长短不均，最长纤维 2μm 左右，呈蠕虫状。

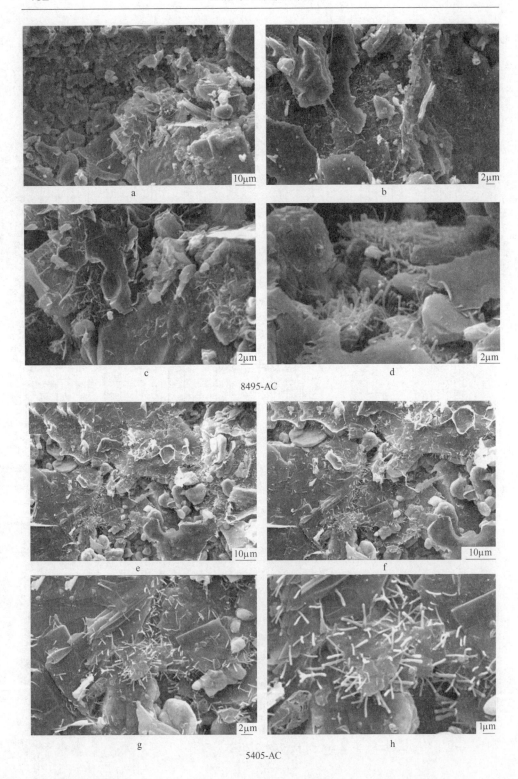

a

b

c

d

8495-AC

e

f

g

h

5405-AC

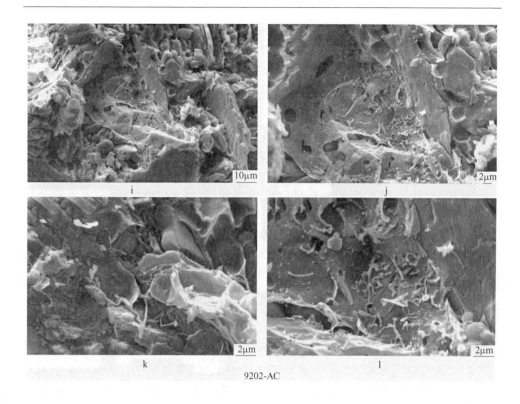

图 2-148　加入不同树脂 Al_2O_3-C 材料经热处理后的显微结构照片

在酚醛树脂中加入催化剂后残炭率有一定提高，但电镜下只看到 Ni 颗粒的结晶，却没有纤维状碳的生长；在 Al_2O_3-C 材料中加入催化树脂后，在试样的各个视域中均能发现有碳纤维的存在。一般要形成碳纤维必须满足三个条件：第一有足够的碳源气体及分压，第二要有能吸附碳源的催化剂存在，第三要有供碳纤维生长的足够空间。固化后的酚醛树脂为较为致密的结构，没有纤维生长的空间，所以在酚醛树脂中加入催化剂能提高树脂的残炭率却没有纤维生成。铝碳材料经热处理后有 15%~16% 的显气孔率，将催化树脂加入其中，颗粒堆积或其他缺陷形成的气孔提供了碳纤维生长的场所，所以在各个视域中均能发现纳米纤维状物质。

　　加入催化剂后的铝碳耐火材料试样，显气孔率和体积密度与未催化试样相比差别不大，而力学性能有较为明显的提高，尤其是对高温抗折强度和热震稳定性提高明显，这主要是由催化剂对试样内部原位催化形成纤维状纳米碳造成的。相对于未加催化剂的试样，在热处理过程中，催化剂能吸附酚醛树脂裂解产生的 CH_4、C_2H_4、C_2H_2、CO、C_6H_6 等气体而沉积成纤维状纳米碳，它们能填充材料部分气孔，同时由于纤维状碳在材料断裂时裂纹的偏转、拔出及应力吸收等机制的存在，使材料的强度和热震稳定性有一定程度的提高。

　　酚醛树脂的种类对催化剂作用下的 Al_2O_3-C 材料微观结构有较大影响，树脂 8495 和 5405 生成的纤维较多，树脂 9202 生成的纤维少而短，并且有变形。三种试样的热处理条件和催化剂的加入量相同，差别主要在于树脂的种类。

　　酚醛树脂分子量越大，黏度和残炭率越高，催化剂的加入改变了结合碳的形态和结构，使脆性的玻璃碳向晶态转变，提高了树脂的残炭率和石墨化程度。酚醛树脂分子量大小影响低碳 Al_2O_3-C 试样性能，分子量越大，常温和高温强度越高，热震稳定性越好，当催化剂存在时强度和热震稳定性进一步提高。酚醛树脂种类对催化剂作用下的 Al_2O_3-C 试样显微结构有较大影响，以树脂 8495 和 5405 为结合剂的试样中生成大量的纤维并呈现顶端生长特征，树脂 9202 生成的纤维少而短，并且有变形。

2.2.3.2　膨胀石墨机械剥离合成含纳米碳复合粉体研究

　　石墨是一种典型的层状化合物，同一层平面内碳原子采用 SP^2 杂化的 σ 键与 3 个碳原子结合，平面层内 σ 键键能约为 400kJ/mol，层与层之间靠结合力较弱的分子间范德华力结合在一起，平均键能大约为 54kJ/mol。石墨层间的 π 电子容易被浓硫酸等强氧化剂氧化形成可膨胀石墨（也称氧化石墨）；热处理过程中可膨胀石墨的层间化合物会发生分解形成气态物质，其高温下发生膨胀产生强大的作用力可以使石墨中片层沿 c 轴方向发生急剧膨胀，从而形成疏松多孔的膨胀石墨。膨胀石墨的外观类似蠕虫状，结构中存在大量粘连或叠合的石墨鳞片，其中表层石墨鳞片厚度在 100~300nm 之间。而膨胀石墨折断后对它的内部截面进行扫描电镜观察，可以发现其内表面上存在大量厚度在 50~80nm 的薄片，片层间有许多蜂窝状的微细孔隙[40]。膨胀石墨的这种疏松多孔结构使它具有普通石墨所不具备的吸附性能，目前被广泛应用于机械、能源材料、农药、建材和石油化工等工业中[41~43]。膨胀石墨中纳米厚度石墨鳞片容易通过外力被剥离下来形成纳米石墨片，随着对纳米碳材料研究的兴起，很多学者采用膨胀石墨剥离的方法来制备纳米石墨薄片甚至石墨烯[44~46]。图 2-149 为膨胀石墨的场发射扫描电镜（FESEM）照片。

　　目前在耐火材料行业中为了降低石墨含量提出了石墨"细晶化"概念，所使用的超细石墨粒度也在微米级，也可采用纳米炭黑作为纳米级碳源，但是与石墨相比炭黑易被氧化且不耐高温，易挥发。如果将石墨剥离成纳米级厚度，那么虽然降低了材料本身中石墨含量，但由于相同质量下纳米薄片石墨占据的体积比普通石墨大很多，在低碳耐火材料中使用纳米薄片结构碳源时能使碳元素更均匀地分散在材料中，从而不仅能充分发挥碳元素的作用，也能发挥纳米薄片的尺寸效应，使含碳材料具备优良性能。因此纳米薄片石墨在低碳耐火材料中将会有潜在的应用前景。

5.00μm

图 2-149　由厚度约 100nm 石墨片组成的微米级缝隙膨胀石墨 FESEM 照片

机械球磨是制备碳纳米材料的有效方法之一，球磨过程中球磨机的转动或振动使研磨球之间、球与球磨罐壁之间产生碰撞、挤压，使得其中的石墨原料被强烈地撞击、研磨和搅拌，石墨发生反复地断裂、剥离、形变，使石墨结构不断地细化形成纳米级的微结构，同时使粉末具有很高的晶格畸变能和表面能，成为扩散和反应的驱动力。

鳞片石墨在球磨期间的结构演变已被大量地研究[47~49]，通常的结论是石墨球磨期间经历了晶态到非晶态的转变。球磨使鳞片石墨产生各种缺陷如石墨晶面的分层、翘曲、层错等，纳米碳结构包括碳纳米弧、类洋葱、碳纳米管等[50~52]。罗桂莲[53]等以天然石墨为原料，采用湿法行星式球磨机球磨 50h 制备了直径为 5μm、厚度小于 30nm 的纳米石墨片。Li J L 等[54]对石墨进行高能球磨发现石墨片被球磨剥离并弯曲，产物中出现了纳米碳卷，随着球磨时间延长碳卷会变成纳米碳管。Yue X Q 等[55]对膨胀石墨进行高能球磨，发现球磨 100h 后原料中出现高度弯曲的多层石墨烯片。

A　高能球磨工艺合成含纳米碳复合粉体

采用原料如下：可膨胀石墨（粒度 23μm，碳含量>90%，膨胀倍率 10~20mL/g）和 α-Al$_2$O$_3$ 微粉（平均粒度 5μm）。其中可膨胀石墨先经 1000℃ 热处理，使其中片层发生膨胀形成具有微米级缝隙的膨胀石墨。分别对经 600r/min 高能球磨 1~5h 后制备得到的不同氧化铝介质粉与膨胀石墨比例的复合粉体进行 XRD 分析，其结果示于图 2-150。从图 2-150 可见，不同比例复合粉体球磨过程中随着球磨时间延长石墨衍射峰逐渐减弱，5h 后石墨的衍射峰基本消失，同时发现氧化铝的衍射峰也随球磨时间延长强度逐渐减弱，说明高能球磨过程中膨胀石墨中石墨和氧化铝晶体结构都被逐渐破坏。高能球磨 5h 后膨胀石墨晶体结构基本被破坏成非晶态，产物中已检测不出明显的石墨衍射峰。不同氧化铝粉添加比例对膨胀石墨合成纳米碳颗粒影响较小，可能由于高能球磨效率很高，本身研磨球对膨胀石墨的研磨撞击作用很大，足够剥离破坏石墨片层。

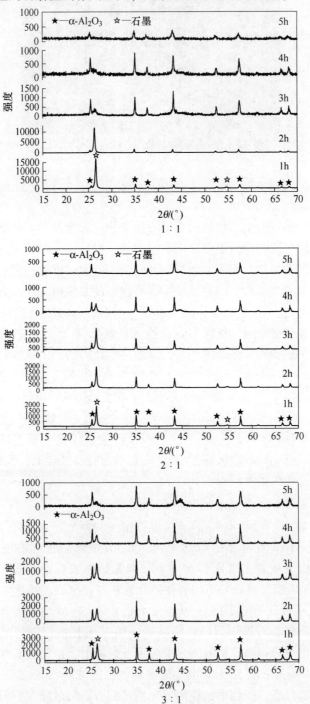

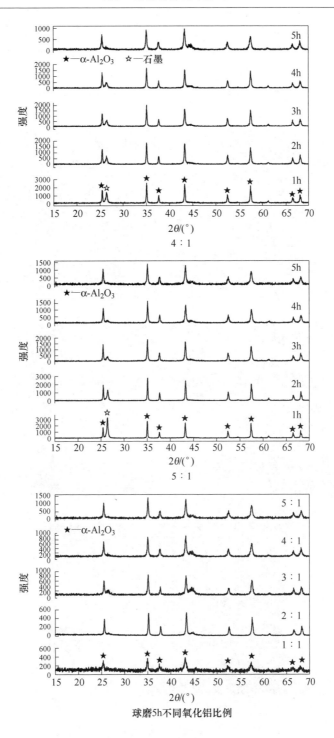

图 2-150　不同 Al_2O_3 微粉与膨胀石墨比例复合粉体球磨不同时间后 XRD 图谱

采用场发射扫描电镜（FESEM）对氧化铝粉∶膨胀石墨＝2∶1 球磨后所得的复合粉体进行了形貌观察。图 2-151 给出了不同时间高能球磨后复合粉体的 FESEM 照片，图 2-151a 中 1~2μm 的小颗粒为 α-Al$_2$O$_3$，层片状结构为膨胀石墨，从图 2-151a 看到高能球磨 1h 后复合粉体中膨胀石墨粒度由原来的 23μm 降到了

图 2-151 不同高能球磨时间复合粉体 FESEM 照片（氧化铝粉∶膨胀石墨＝2∶1）

a—1h; b—2h; c—3h; d—4h; e—5h

5μm 左右；从图 2-151b 和 c 看到球磨 3h 以内复合粉体中石墨形貌还基本维持在片状结构，同时纳米厚度石墨片开始从膨胀石墨表面剥离脱落（见图 2-151c）；图 2-151d 可见高能球磨 4h 后复合粉体中石墨粒度均在 2μm 以下，同时出现了许多纳米粒度的石墨碎片及颗粒，部分石墨碎片黏附在 α-Al$_2$O$_3$ 颗粒表面；高能球磨 5h 后微米级石墨片已经全部消失（见图 2-151e），同时发现 α-Al$_2$O$_3$ 颗粒表面包覆着许多纳米粒度的碳颗粒，对图 2-151e 中白色方框位置进行高倍下观察可以发现这些纳米碳颗粒粒度在 20nm 左右，由于 XRD 分析此时复合粉体中没有石墨衍射峰，因此称这些颗粒为纳米碳而非纳米石墨。

从图 2-151 分析可以得出球磨速率为 600r/min 高能球磨时，膨胀石墨的片层会随球磨时间延长逐渐剥离并破碎，高能球磨 5h 即可得到被 20nm 左右粒度碳颗粒包覆的 α-Al$_2$O$_3$ 复合粉体。

图 2-152 为氧化铝粉：膨胀石墨＝2:1 时不同球磨速率复合粉体的 XRD 图谱，球磨速率分别为 480r/min、600r/min 和 700r/min。从图 2-152 可以发现：球磨速率为 480r/min 时，球磨 5h 后复合粉体中还有明显的石墨衍射峰，说明 480r/min 球磨 5h 后复合粉体中还有石墨晶体存在；球磨速率为 600r/min 和 700r/min 时，复合粉体中已没有明显石墨特征峰，说明较高球磨速率会加速破坏石墨晶体结构；不同球磨速率时 α-Al$_2$O$_3$ 的特征峰强度基本一致，说明 α-Al$_2$O$_3$ 的晶体结构未发生明显变化。

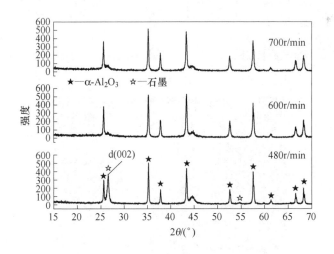

图 2-152　不同高能球磨速率球磨 5h 后复合粉体 XRD 图谱

从图 2-152 分析可以得出随着球磨速率提高，复合粉体中石墨的晶体结构被破坏越严重，当球磨速率超过 600r/min 时，球磨 5h 即可实现石墨由晶态向非晶态转变。

对不同速率球磨 5h 得到的复合粉体进行 FESEM 观察，示于图 2-153。从图 2-153a 可见 480r/min 速率球磨 5h 后复合粉体中的石墨还以微米级片状形态存在，但是这些石墨片结构已经较为破碎，部分碎片粒度及厚度已经在纳米级。而从图 2-153b 和 c 发现经 600r/min 和 700r/min 速率球磨 5h 后，复合粉体中微米级片状石墨已经消失，出现了粒度在 50nm 以内的小颗粒碳，一部分包覆在 α-Al_2O_3 表面，一部分团聚在一起，这就解释了图 2-152 中 600r/min 和 700r/min 复合粉体衍射图谱中没有石墨衍射峰的原因，因为片状膨胀石墨的结构已经被完全破坏成纳米碳颗粒。对比 600r/min 和 700r/min 复合粉体形貌，发现它们并无明显区别，纳米碳颗粒粒度也基本一致，所以在一定球磨速率范围下，提高球磨速率可以促进微米级石墨向纳米粒度碳颗粒转变，而超过一定球磨速率后球磨速率对降低纳米粒度碳颗粒尺寸无明显作用。

a　　　　　　　　　　　　　　　　　　b

c

图 2-153　不同高能球磨速率球磨 5h 后复合粉体 FESEM 照片

a—480r/min；b—600r/min；c—700r/min

图 2-154 为采用 325 目（45μm）刚玉颗粒替代 α-Al₂O₃ 微粉作为研磨介质粉，按刚玉颗粒：膨胀石墨=2：1、600r/min 速率球磨 1~5h 后复合粉体的 XRD 图谱。从图 2-154 可见随着球磨时间增加石墨（002）衍射峰逐渐减弱，但球磨 4h 后还有明显的石墨衍射峰，同时出现了少量 Fe 的峰，可能由于刚玉颗粒粒度相对较大且硬度较高，导致研磨钢球中的 Fe 被磨损进入原料中。球磨 5h 后石墨（002）衍射峰消失，同时 Fe 的衍射峰增强。对比图 2-150 中采用相同比例 α-Al₂O₃ 微粉做研磨介质时的衍射图谱，发现采用粒度较大的刚玉颗粒作为研磨介质时球磨也需 5h 才能完全破坏膨胀石墨结构，但是会引入较多的杂质 Fe，因此采用较细的 α-Al₂O₃ 微粉作为研磨介质比较合适。

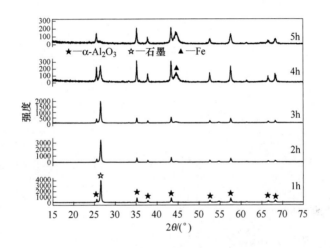

图 2-154　以 325 目刚玉为研磨介质球磨 1~5h 后复合粉体 XRD 图谱

图 2-155 给出了采用刚玉颗粒作为研磨介质球磨 5h 后复合粉体的显微形貌照片，可见 325 目（45μm）的刚玉颗粒粒度降到了 5μm 以内，同时膨胀石墨被磨成了纳米粒度颗粒，但这些纳米碳颗粒互相团聚在一起。

对合成的纳米碳颗粒进行了 TEM 形貌观察，示于图 2-156 中。从图 2-156a 可见纳米碳颗粒中有几层碳原子构成的纳米碳片层，同时发现纳米碳片层会卷曲成大环形，在图 2-156b 中也可以见到直径约 3nm 的碳卷。从图 2-156 中的纳米碳颗粒形貌可以认为试验合成的纳米碳颗粒主要以纳米碳片层及纳米碳卷的形式存在，这些片层和碳卷会互相缠绕在一起。

B　振动球磨工艺合成含纳米碳复合粉体研究

分别按氧化铝研磨介质与膨胀石墨质量比=(1：1)~(5：1)称取氧化铝粉体原料置于球磨罐中，用直径 5~15mm 氧化铝球作为研磨球，按膨胀石墨：氧化铝

图 2-155　325 目刚玉作为研磨介质粉球磨 5h 后复合粉体 FESEM 照片

a—较低放大倍数下复合粉体形貌；b—较高放大倍数下复合粉体形貌

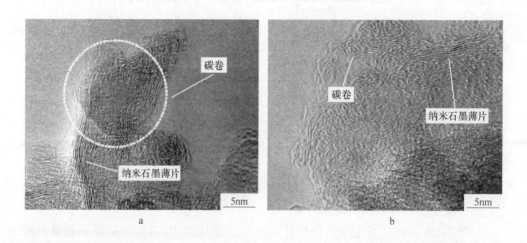

图 2-156　600r/min 球磨 5h 由碳卷和纳米石墨薄片组成的纳米碳颗粒 TEM 照片

球=1:10 称取氧化铝球进行球磨。研究不同球磨时间（5~30h）对复合粉体物相组成和显微形貌的影响。

　　对不同氧化铝粉比例 15h 振动球磨后得到的复合粉体进行 XRD 分析，其结果示于图 2-157。从图 2-157 可见，随着氧化铝含量增加石墨衍射峰强度逐渐减弱，说明氧化铝介质粉的增加有利于膨胀石墨片的剥离和结构破坏。但振动球磨 15h 后复合粉体中还存在较明显的石墨衍射峰，对比高能球磨结果中球磨 5h 后石墨（002）晶面衍射峰基本消失，说明振动球磨效率比高能球磨效率要低。

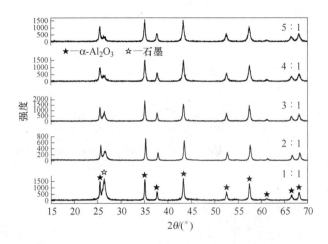

图 2-157 不同 Al_2O_3 微粉与膨胀石墨比例的复合粉体球磨 15h 后 XRD 图谱

不同氧化铝微粉与膨胀石墨比例的复合粉体球磨 15h 后进行了显微形貌分析，如图 2-158 所示。从图 2-158 可见随着氧化铝比例的增加视域中膨胀石墨片

图 2-158　不同氧化铝微粉与膨胀石墨比例的复合粉体球磨 15h 后 FESEM 照片

层剥离的数量逐渐增加，当氧化铝微粉与膨胀石墨比例为 1：1~3：1 时，复合粉体中还存在较多未充分剥离的大块膨胀石墨；当氧化铝添加比例为 4：1 和 5：1 时，复合粉体中膨胀石墨大部分被剥离成纳米厚度的片层石墨，片层厚度在 50nm 左右，同时这些纳米片层石墨表面呈碎裂状态，由约 25nm 的碳颗粒组成，所以增加氧化铝微粉与膨胀石墨比例有利于膨胀石墨片层剥离成纳米片层。

为了确定制备含纳米碳复合粉体的较合适球磨时间，选择氧化铝介质与膨胀石墨比例为 5∶1 的组成进行研究，研究了球磨 5h、10h、15h、20h 和 30h 后复合粉体的物相和显微形貌情况。图 2-159 给出了不同时间球磨后复合粉体的 XRD 图谱，从图 2-159a 可见随着球磨时间延长复合粉体中石墨（002）晶面衍射峰强度逐渐减弱，同时氧化铝的衍射峰强度也逐渐减弱，说明球磨时间延长使膨胀石墨和氧化铝晶体结构破坏程度增加。图 2-159b 为图 2-159a 中 2θ 为 25°～28° 区间衍射峰图谱，可以清晰发现随球磨时间延长氧化铝衍射峰强度逐渐减弱并发生右移，说明氧化铝微粉在球磨过程中晶面间距逐渐减小，晶体结构被破坏，粒度也

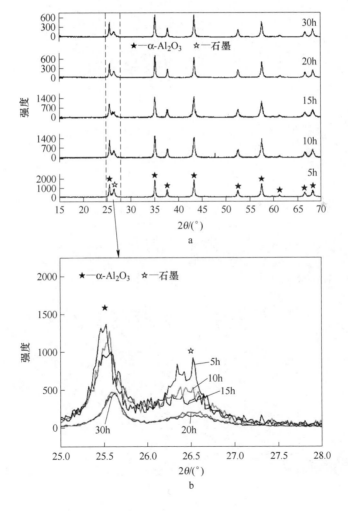

图 2-159 不同时间球磨后复合粉体 XRD 图谱

a—2θ = 15°～70°；b—2θ = 25°～28°

逐渐减小；同时膨胀石墨（002）晶面衍射峰强度逐渐减弱，这是由于振动球磨过程中膨胀石墨片层被逐渐剥离形成纳米碳。球磨时间超过 20h 后膨胀石墨衍射峰强度下降不明显，说明此时大部分膨胀石墨结构已经被剥离破坏成纳米碳。因此合成含纳米碳复合粉体的振动球磨时间应该在 20h 以上。

图 2-160 给出了不同时间振动球磨后复合粉体的 FESEM 照片。从图 2-160 可

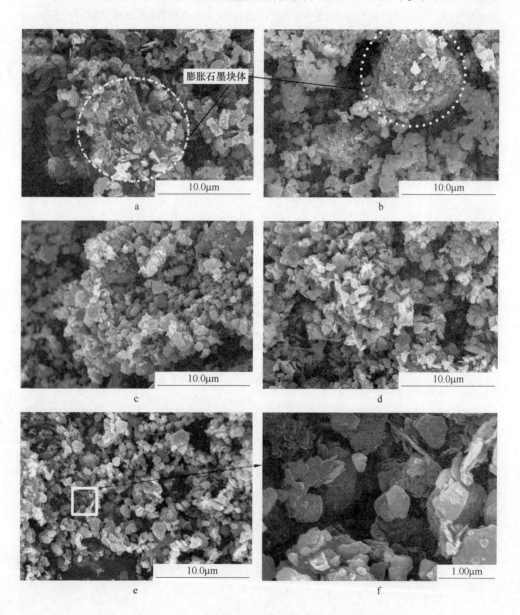

图 2-160 不同球磨时间复合粉体 FESEM 照片

a—5h；b—10h；c—15h；d—20h；e—30h；f—e 图局部区域放大

见球磨 5h 和 10h 后复合粉体中还存在 10μm 左右粒度的膨胀石墨，同时粉体中也已经有纳米厚度片层石墨出现，膨胀石墨块体和纳米片层分布在氧化铝颗粒之间，部分粒度较小的氧化铝颗粒嵌入在膨胀石墨片层的缝隙中；球磨 15h 后未见 10μm 左右粒度的膨胀石墨，但可见粒度小于 5μm 的膨胀石墨和氧化铝颗粒富集的区域；球磨 20h 后，复合粉体中未见明显膨胀石墨，发现粒度在 1μm 以下、厚度在纳米级的膨胀石墨与氧化铝粉互相包裹在一起，形成了相对均匀分布的复合粉体；球磨 30h 后，发现复合粉体中膨胀石墨中的片层基本被剥离成纳米厚度片层，且均匀分散在氧化铝粉体间，对图 2-160e 中白色方框位置局部放大可见复合粉体中大部分纳米碳厚度在 100nm 以内，片层长度在 1μm 以内，部分纳米碳碎片黏附在氧化铝颗粒表面。所以随着球磨时间延长膨胀石墨逐渐被剥离形成纳米厚度的片层碳，同时片层长度也会逐渐降低到亚微米级甚至到纳米级，这也印证了图 2-159 复合粉体 XRD 图中随着球磨时间延长石墨衍射峰强度逐渐降低的规律。从不同球磨时间复合粉体形貌分析，可以认为想要获得较多纳米碳，球磨时间应该超过 20h。

C 含纳米碳复合粉体形成机理分析

通常采用粉体原料机械球磨时只能获得微米级或亚微米粒度粉体，而本研究采用膨胀石墨和 α-Al$_2$O$_3$ 微粉为原料，利用高能球磨和振动球磨的方式得到了含纳米碳复合粉体，且高能球磨时可形成纳米碳颗粒包覆 α-Al$_2$O$_3$ 复合粉体。对纳米碳形成过程及机理进行了分析，得出其具体合成过程及机理，如图 2-161 所示。

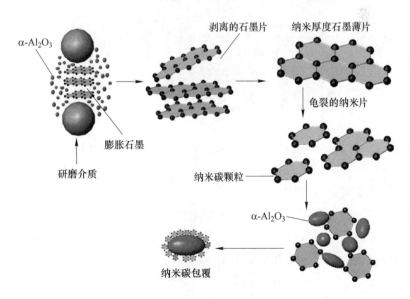

图 2-161　纳米碳包覆 α-Al$_2$O$_3$ 复合粉体合成过程示意图

从图 2-161 可见膨胀石墨在研磨介质不断研磨撞击作用下，石墨片层会逐渐剥离脱落形成纳米厚度片层，原料中加入的 α-Al_2O_3 微粉也起到了研磨介质的作用，膨胀石墨在 α-Al_2O_3 微粉及研磨球的作用下，石墨片层会被逐渐剥离脱落并形成纳米厚度的石墨薄片，然后纳米厚度石墨薄片在 α-Al_2O_3 微粉及研磨球的进一步研磨撞击作用下会发生龟裂（如图 2-162 所示），龟裂的纳米片层随着裂纹扩展逐步破碎成片状纳米颗粒。当采用高能球磨制备时，随着球磨时间延长这些龟裂的纳米石墨片层会彻底破碎成片状纳米碳颗粒，破碎形成的片状纳米碳颗粒会逐步包覆到 α-Al_2O_3 微粉表面并在高能球磨作用下进一步发生卷曲变形，最终形成纳米碳颗粒包覆 α-Al_2O_3 复合粉体。归纳起来纳米碳形成机理可以认为是，首先石墨晶体结构中相对较弱的层间范德华力结合被机械球磨过程中机械能破坏剥离成纳米厚度片层石墨片；有研究认为机械球磨时可以产生 2~6GPa 的局部压力[55]，然后当作用在石墨片层表面的球磨撞击应力足够大时石墨片层中的 C—C 共价键断裂，随着球磨时间延长石墨片层中 C—C 共价键不断被破坏从而形成纳米碳。

图 2-162　复合粉体球磨过程中发生龟裂现象的 FESEM 照片

D　含纳米碳复合粉体对低碳铝碳耐火材料性能影响研究

采用机械球磨剥离工艺制备的含纳米碳氧化铝复合粉体中纳米碳在氧化铝粉体中具有较好的均匀分散性能，将含纳米碳复合粉体作为组分碳加入到材料中可以使本身数量较少的纳米碳在材料中实现相对较好的均匀分散。因此，将含纳米碳的氧化铝复合粉体作为组分碳添加剂引入到低碳铝碳耐火材料中，分析纳米碳含量及不同球磨时间合成的纳米碳对低碳铝碳耐火材料性能的影响。

根据表 2-20 制备了碳含量（质量分数）为 6%（不包括结合剂树脂残炭量）

低碳铝碳耐火材料。为了方便表达，在此将由膨胀石墨和氧化铝粉体振动球磨制备的含纳米碳复合粉体中的纳米尺度碳和可能残余存在的非纳米级石墨整体统一定义成 NT 粉体（不包含复合粉体中的 Al_2O_3；按氧化铝微粉与膨胀石墨质量比 5∶1 配比，振动球磨）。

表 2-20　低碳铝碳耐火材料组成 （质量分数，%）

编　号	白刚玉			Al_2O_3 微粉	C		树脂
	36 目	180 目	325 目	<10μm	199 石墨	NT	
空白试样	45	12	17	20	6	0	6
JZ0.25	45	12	17	20	5.75	0.25	6
JZ0.5	45	12	17	20	5.50	0.50	6
JZ0.75	45	12	17	20	5.25	0.75	6
JZ1	45	12	17	20	5	1	6

注：配比中 Al_2O_3 微粉含量为含纳米碳复合粉体中 Al_2O_3 粉体和单独加的 Al_2O_3 微粉总和，采用乌洛托品为固化剂，加入量为树脂量的 8%。

图 2-163 给出了不同 NT 粉体添加量时试样的显气孔率，各试样显气孔率在 13.3%~14.3% 之间。发现各试样显气孔率相差较小，NT 粉体添加量的大小对试样显气孔率的影响没有明显规律，一方面可能是由于添加的 NT 粉体相对含量较小，另一方面由于铝碳耐火材料成型工艺过程中原料造粒好坏、挥发分含量控制等对材料显气孔率等有重要影响。不同 NT 粉体含量试样的体积密度在 2.99~3.01g/cm³ 之间，变化也非常小，如图 2-164 所示。因此，NT 粉体添加量（质量分数）在 0~1% 范围内对低碳铝碳试样体积密度和显气孔率影响不明显。

不同 NT 粉体添加量对试样水冷热震前后抗折强度影响如图 2-165 所示。从图 2-165 中可见热震前试样常温抗折强度随着 NT 粉体添加量的增加先增加后降低，添加 0.5%NT 粉体试样强度最高为 8.87MPa，未加 NT 粉体的空白试样强度最低为 6.73MPa，说明在低碳铝碳耐火材料中添加 NT 粉体有助于改善其常温强度。从图 2-165 中热震后抗折强度数据发现随着 NT 粉体添加量的增加热震后试样的强度逐渐增加，但数值上相对增加量较小，其中未加 NT 粉体的空白试样热震后强度仅为 1.57MPa，添加 1% NT 粉体的 JZ1 试样热震后强度最大

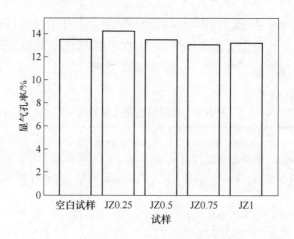

图 2-163 不同 NT 粉体含量对试样显气孔率影响

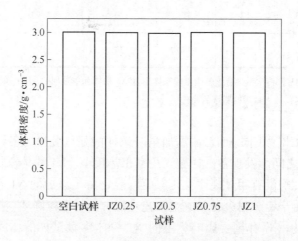

图 2-164 不同 NT 粉体含量对试样体积密度影响

为 2.79MPa。

根据热震前后强度数据计算了各试样的热震后强度保持率，如图 2-166 所示。从图 2-166 可见添加 1%NT 粉体的 JZ1 试样热震后残余强度保持率最高为 39.08%，未加 NT 粉体的空白试样保持率仅为 23.33%，添加 0.5%NT 粉体的 JZ0.5 试样保持率最低为 22.10%。结合图 2-165 和图 2-166 分析认为，添加 NT 粉体有利于改善低碳铝碳耐火材料的常温强度和抗热震性能。

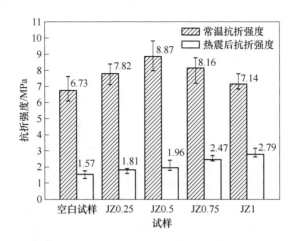

图 2-165 不同 NT 粉体添加量对试样热震前后抗折强度影响

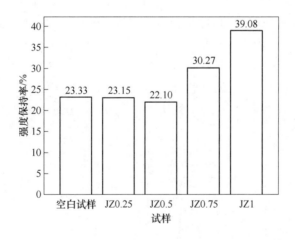

图 2-166 不同 NT 粉体添加量试样残余强度保持率

不同 NT 粉体添加量试样的常温弹性模量结果如图 2-167 所示，可见随着 NT 粉体添加量增加试样的弹性模量逐渐降低，添加 1%NT 粉体试样具有最低弹性模量 28.93GPa。较低的弹性模量可以使试样具有相对较好的抗热震性能，这也与前面随着 NT 粉体含量增加试样热震后残余强度逐渐增加的结果相符合。因此，添加 NT 粉体可以适当降低低碳铝碳耐火材料的弹性模量。

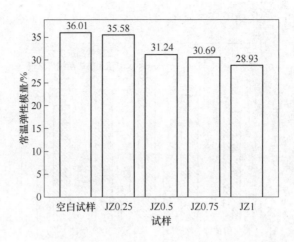

图 2-167 不同 NT 粉体添加量对试样弹性模量影响

根据前面添加球磨 30h 的 NT 粉体对低碳铝碳试样性能影响的研究，得出添加 1%NT 粉体时试样具有较好的抗热震性能，因此在此基础上给出了添加 1%，经 1h、10h、20h 和 30h 球磨的 NT 粉体对低碳铝碳耐火材料性能影响。

图 2-168 给出了添加不同球磨时间的 NT 粉体对试样显气孔率的影响，发现随着球磨时间延长试样显气孔率逐渐由 15.0% 降低至 13.3%。虽然显气孔率降低不明显，但还是说明更长时间球磨获得的 NT 粉体有利于降低试样显气孔率。添加不同球磨时间 NT 粉体试样的体积密度在 $2.98 \sim 3.02 \text{g/cm}^3$ 之间，变化也非常小，如图 2-169 所示。

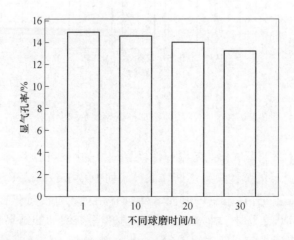

图 2-168 不同球磨时间 NT 粉体对试样显气孔率影响

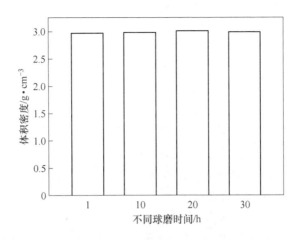

图 2-169　不同球磨时间 NT 粉体对试样体积密度影响

　　添加 1% 不同球磨时间 NT 粉体的试样水冷热震前后抗折强度如图 2-170 所示。从图中可见热震前试样常温抗折强度随着球磨时间延长逐渐降低，添加球磨 1h 粉体的试样常温强度最高达 10.49MPa，而添加球磨 30h 的 NT 粉体试样强度最低为 7.14MPa；而热震后各试样残余抗折强度随着球磨时间延长逐渐增加，添加球磨 1h 得到的 NT 粉体试样强度最低仅为 1.69MPa，球磨 30h NT 粉体试样强度最高为 2.79MPa。从热震前后强度数据可以得出，添加球磨时间更长的 NT 粉体会导致常温抗折强度下降，但可提高低碳铝碳耐火材料的抗热震性能。

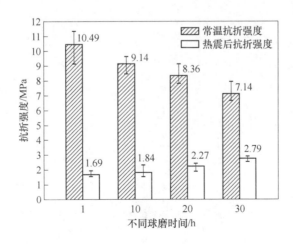

图 2-170　不同球磨时间 NT 粉体对试样热震前后抗折强度影响

由于合成 NT 粉体使用的膨胀石墨是由很多相互连接并具有微米级缝隙的纳米厚度石墨片层组成，随着球磨时间延长膨胀石墨结构被剥离破坏越严重，直至膨胀石墨片层全部剥离破碎成纳米碳，球磨 1h 的 NT 粉体中还存在较多具有微米级缝隙的膨胀石墨颗粒，在成型过程中结合剂树脂会进入到这些膨胀石墨的缝隙中，热处理后碳化的树脂就与膨胀石墨紧密结合在一起，而铝碳耐火材料断裂强度主要来自于结合树脂碳化形成的碳网，由于碳网与其中的石墨片会紧密结合，因此当试样断裂时，膨胀石墨中大量片层会被剥离拔出，形成类似纤维增强的效果，从而导致其常温强度增强；而随着球磨时间延长膨胀石墨被完全破坏成纳米粒度碳后，这些类似纤维增强的效果就减弱消失了，因此添加 30h 球磨的 NT 粉体试样的常温抗折强度相对较低。

但是热震后强度却是球磨时间越长强度越大，可能原因是，树脂碳是玻璃碳，而石墨是晶体碳，两者线膨胀系数不一，尤其是膨胀石墨在热震1100℃急热处理过程还会发生一定膨胀，这会使与其本身结合紧密的树脂碳网发生断裂破坏，从而导致强度下降，球磨 1h 粉体中还含有较多膨胀石墨颗粒，因此其热震后残余强度较低；此外，球磨时间越长，试样中纳米碳含量越多，纳米粒度碳颗粒在树脂碳网中会起到吸收和分散热应力的作用，从而提高试样抗热震性能，因此添加球磨 30h NT 粉体的试样热震后残余强度最高。根据热震前后强度数据计算了各试样的热震后强度保持率，如图 2-171 所示。可见随着球磨时间延长热震后试样残余强度保持率提高，添加 1% 30h 球磨获得的 NT 粉体后，试样热震后残余强度保持率最高为 39.08%。因此，为了提高低碳铝碳耐火材料的抗热震性能，应该添加球磨时间更长的 NT 粉体。

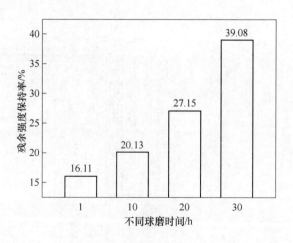

图 2-171   不同球磨时间 NT 粉体试样残余强度保持率

对添加 1% 不同球磨时间 NT 粉体的试样进行常温弹性模量测试，其结果示于图 2-172。从图可见随着球磨时间延长，各试样的弹性模量逐渐降低，添加球磨 1h NT 粉体试样弹性模量最高为 35.45GPa，球磨 30h NT 粉体最低为 28.93GPa。由于铝碳材料具有相对较低弹性模量时抗热震性能相对较好，这与前面添加 30h NT 粉体具有较好的热震后残余强度规律相符。

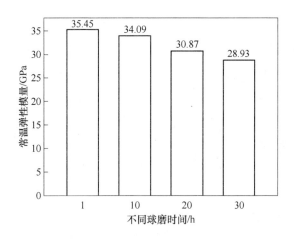

图 2-172　不同球磨时间 NT 粉体对试样弹性模量影响

添加不同含量球磨 30h 合成的 NT 粉体试样孔径分布结果如图 2-173 和表 2-21 所示。结合图 2-173 和表 2-21 数据发现，试验制备的低碳铝碳试样孔径 70%~

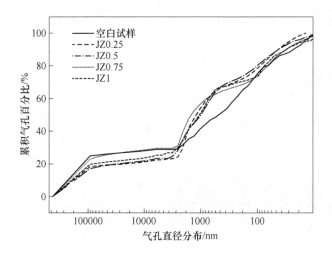

图 2-173　不同试样孔径分布

80%分布在小于3μm的尺寸范围，添加NT粉体后大于100μm的气孔含量有所减少，100~3μm的气孔含量略有增加，而3~1μm范围小孔数量随着NT粉体增加有明显增加，1~0.1μm的亚微米孔数量随着NT粉体的添加有所降低，小于0.1μm的纳米孔数量随着NT粉体加入量增加而增加，添加1%NT粉体的JZ1试样纳米孔含量最高。综合前面热震结果可以看出，这些微米或亚微米级气孔存在对改善材料热震性能有一定帮助。

表2-21　不同试样孔径分布具体情况 （%）

孔径/μm	空白试样	JZ0.25	JZ0.5	JZ0.75	JZ1
>100	24.85	18.33	17.02	22.93	19.74
100~3	4.01	4.77	7.44	6.55	7.01
3~1	12.09	30.30	24.41	26.77	23.47
1~0.1	35.01	25.69	31.96	18.24	23.65
<0.1	24.04	20.91	19.17	25.51	26.13

对添加1%球磨30h获得的NT粉体试样进行断口形貌观察，如图2-174所示。从图2-174a和b中可见试样断裂时主要为树脂碳网断裂，并导致石墨片从中拔出，石墨片的这种拔出效应可以起到类似纤维增强的作用；试样断口中还发现有与树脂碳结合在一起的膨胀石墨片层存在，如图2-174c所示，这也解释了添加不同球磨时间NT粉体试样中球磨时间短的试样常温抗折强度高，可能是由残留的膨胀石墨从树脂碳中断裂拔出需要消耗较多能量导致的；试样断口中还发

a   b

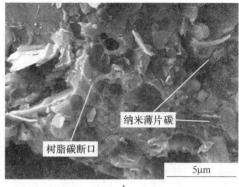

c   d

图 2-174 含 NT 粉体试样断口形貌显微结构照片

a，b—试样断口中石墨片拔出形貌；c—断口中膨胀石墨片形貌；d—树脂碳断口中纳米薄片碳形貌

现与树脂碳紧密结合的纳米片层碳，如图 2-174d 所示，这些纳米片层碳存在于相对致密的树脂残碳中，有助于分散热应力集中，可以提高材料抗热震性能。

图 2-175 为不同 NT 粉体添加量试样浸钢热震后形貌照片，共浸渍 5 次。从图 2-175 可见，浸渍 4 次后添加 0.25% 和 0.50%NT 粉体的试样表面出现裂纹，浸渍 5 次后添加 0.25% 和 0.50%NT 粉体的试样发生了断裂，同时添加 0.75%NT 粉体试样表面也出现了裂纹，而添加 1%NT 粉体试样表面未见明显裂纹，所以 NT 粉体添加量增加有利于提高低碳铝碳耐火材料的抗热震性能。

同时对比了添加 1% 不同球磨时间合成的 NT 粉体对试样浸钢热震性能影响，其结果如图 2-176 所示。从图 2-176 中可见添加球磨 1h 的 NT 粉体试样 3 次浸钢热震后出现较短微裂纹，此时其他试样表面未见明显裂纹，4 次热震后添加 1h NT 粉体试样裂纹扩展，5 次热震后其发生断裂，5 次热震后添加 10h 和 20h NT 粉体的试样表面也出现了微裂纹但未发生断裂，30h NT 粉体试样表面未见明显裂纹。说明 30h 球磨获得的 NT 粉体有较好的抗热震性能。

通过浸钢热震试验，可以看出添加球磨 30h 的 NT 粉体有助于改善低碳铝碳耐火材料的热震性能。添加 NT 粉体抗热震性能提高主要是由于通过高能量机械球磨制备的 NT 粉体中纳米碳颗粒能够较均匀地分散在氧化铝微粉中，相比粒度较大的 199 石墨，同样质量分数的纳米碳颗粒由于碳颗粒数量非常巨大，当这些纳米碳颗粒均匀分散在材料中时，碳粒子优良的抗热震性能充分发挥，从而使添加 NT 粉体的试样抗热震性能提高。此外纳米粒度的碳由于其具有纳米尺寸效应，也能提高抗热震性能。

综上，我们可以得到：

（1）膨胀石墨在 α-Al_2O_3 微粉或 325 目刚玉粉及研磨球的作用下，石墨片层

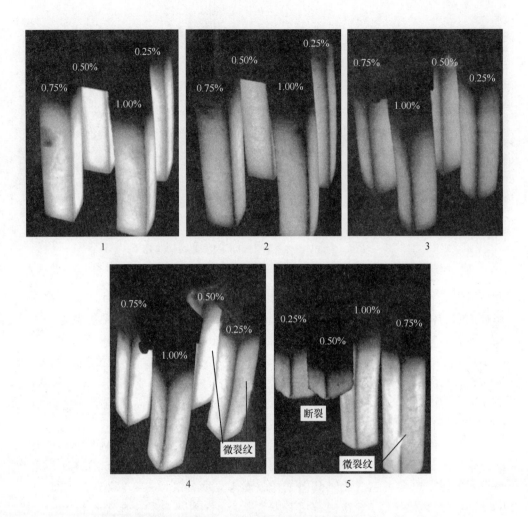

图 2-175 不同 NT 粉体添加量试样浸钢后外观形貌照片（共 5 次）

会被逐渐剥离脱落形成纳米厚度的石墨薄片，然后纳米厚度石墨薄片在 α-Al$_2$O$_3$ 微粉及研磨球的进一步研磨撞击作用下会发生龟裂并随着裂纹扩展逐步破碎成纳米颗粒。

（2）以膨胀石墨为原料、氧化铝微粉为研磨介质，采用高能球磨 600r/min 球磨 5h 即可获得纳米碳与氧化铝的复合粉体，纳米碳包覆在氧化铝微粉表面，此时膨胀石墨已由片层结构转变成纳米碳颗粒。

（3）添加纳米碳包覆氧化铝粉体有利于提高低碳铝碳耐火材料的热震性能，球磨 30h 合成的 NT 粉体具有抗热震的最佳性能。

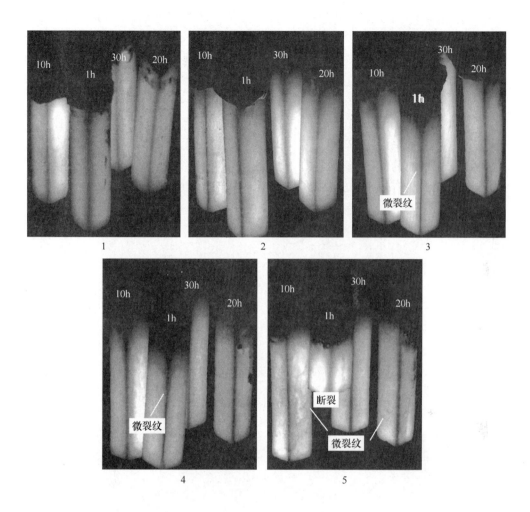

图 2-176 含不同球磨时间 NT 粉体试样浸钢后外观形貌照片（共 5 次）

2.2.3.3 聚碳硅烷对结合碳及低碳铝碳材料性能和结构的影响

聚碳硅烷（PCS）是重要的陶瓷有机前驱体，热解后生成 SiC 颗粒或纤维，常用于 SiC 纤维、SiC 表面/界面抗氧化涂层和 SiC 基陶瓷复合材料以及 C/C 复合材料的制备。聚碳硅烷与酚醛树脂均为有机体系，在高温热处理后形成纤维状陶瓷材料，将其引入改性酚醛树脂可改善酚醛树脂结构，提高抗热震性等。

A　PCS 对酚醛树脂热解过程及产物结构的影响

将 SPCS（固态聚碳硅烷）和 SP（酚醛树脂中外加 12% 的 SPCS）在 Ar 气氛下进行热分析，结果如图 2-177 所示。可以看出，SPCS 在升温过程中发生了较为复杂的反应。由 TG 曲线可知，在 550℃之前，曲线较为平稳；550~800℃之间，发生了剧烈的失重现象；800~1400℃失重现象不明显。由 DSC 曲线可知，在 200~550℃发生了吸热放热反应，主要是水分及其他游离小分子的逸出，同时伴随着网络程度的提高；在 550~800℃之间有一个尖锐的吸热峰，主要发生有机-无机转变，形成无定形的三维网络结构，伴随着 Si—H 和 C—H 键的断裂，Si—C 骨架依然存在，放出小分子气体，所以失重严重；800~1000℃之间有机-无机转变已基本完成，产物为完全均一的无定形无机物，所以失重不明显；1000~1200℃有小的放热峰，表明此时 SiC 晶核开始形成，无定形向晶态转变；1200~1400℃，仍有较小的放热峰，此时连续晶化的 SiC 已经形成。

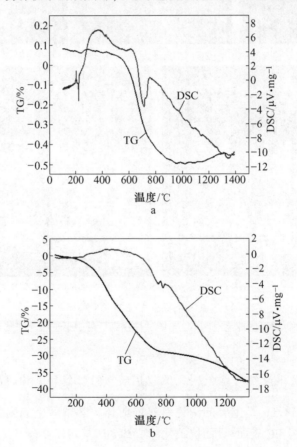

图 2-177　SPCS（a）和 SP（b）在 Ar 气氛下分解的 TG 及 DSC 曲线

由图 2-177b 中的 TG 曲线可以看出，SP 在 400~700℃之间发生较为剧烈的失重现象，700~1000℃曲线较为平稳，1000℃后，有缓慢失重现象。结合 DSC

曲线，400~700℃间，有较为圆滑的放热峰，主要是酚醛树脂受热分解，释放 H_2O、CO_2、CO、CH_4、酚、甲醛、二甲苯酚类等气体；在 700~800℃间有较为明显的吸热峰，对比图 2-177a 可知，此处发生 SPCS 的有机-无机转变，形成三维网络结构，可能由于树脂结合碳的影响，阻碍聚碳硅烷的裂解。800~1000℃，酚醛树脂热解和 SPCS 有机-无机转变基本结束，失重曲线平稳。1000℃后，SiC晶核开始形成，无定形态向晶态转变。

图 2-178 为 SP 试样固化后经950℃、1100℃和1400℃热处理后的 XRD 图谱。从图中可以看出，经不同温度热处理后的试样在23.63°左右有较宽的馒头峰，对应于无定形的 SiC_xO_y 和 SiO_2 相。在36°、40°、60°和70°左右有较尖锐的衍射峰，说明有 β-SiC 相存在。以上说明，试样经处理后 Si 有三种可能的存在状态。经950℃处理后，23°~26°有两个峰组成，而经1100℃处理后却成为了一个峰；同时，43.75°有一个馒头峰，对应于石墨的（111）面；因此可以推测 23°~26°左右可能是石墨与 SiC 的无定形峰的叠加。随着处理温度升高，峰的强度随之上升并且趋于变窄，说明裂解后的产物逐渐由无定形态向晶态转变。

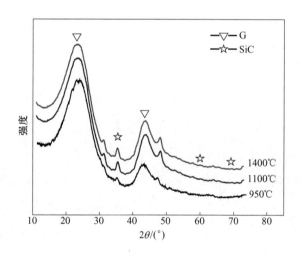

图 2-178　结合碳 XRD 图谱

图 2-179 为酚醛树脂经1550℃热处理后的断口显微形貌。由图可知，不含聚碳硅烷的酚醛树脂热解后形成结构致密的玻璃碳，断口致密光滑。酚醛树脂的碳化过程为固相碳化，碳化过程中不会流动或者产生取向，因此热解碳为各向同性的玻璃热解碳，是脆性的非晶结构。该结构在应力作用下易脆性断裂，高温下易氧化，不利于铝碳材料抗热震性能的提高。

a   b

图 2-179   酚醛树脂经 1550℃热处理后结合碳显微结构图

图 2-180 为加入 12%SPCS 的酚醛树脂经 1550℃热处理后的热解碳的断口显微形貌图。由图可知 1550℃热处理后，材料仍为光滑的玻璃碳结构，热解碳断口处有许多大小不一的孔状凹洞，并且有晶须生成，与纯树脂的致密玻璃碳结构有较大区别。

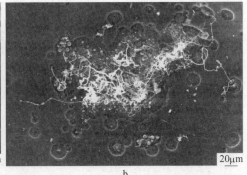

a   b

图 2-180   SP 经 1550℃热处理后结合碳显微结构图

图 2-181 为 LP（使用了液态聚碳硅烷替代固态聚碳硅烷）经 1000℃热处理后结合碳 SEM 图片，可以看出致密的树脂玻璃碳结构转变为疏松多孔层状结构，层间互相连接，该结构为纤维生长提供了空间，并发现有蠕虫状晶须生成，这是由于液态聚碳硅烷分子具有更多的可反应活性基团，与树脂反应更为剧烈。

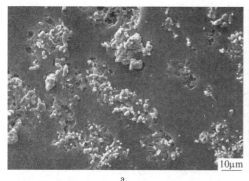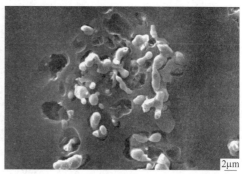

a   b

图 2-181 1000℃热处理后的 LP 结合碳显微结构图

聚碳硅烷分子结构中具有可以反应的活性基团且交联固化后可以形成三维网络结构，加入到酚醛树脂中，热处理后结合碳由各向同性的脆性玻璃碳结构转变为结构多孔的三维网状结构，结合碳结构有望得到改善。液态超支化聚碳硅烷分子结构中具有更多的可反应活性基团，引入酚醛树脂后，与树脂润湿性好，并且在结构中有蠕虫状物质生成。

B 固态聚碳硅烷（SPCS）对低碳铝碳材料性能的影响

SPCS 加入酚醛树脂，经热处理后改变酚醛树脂热解碳结构，使结合碳由致密的脆性玻璃碳结构变成较为多孔的韧性层状结构，高温热处理后在孔洞处生成了大量含 Si 晶须。为此在石墨含量（质量分数）6% 的低碳铝碳材料中分别添加了结合剂酚醛树脂总量 6%、9%、12% 的 SPCS，试样分别标记为 AP6、AP9 和 AP12，AP0 为对比样，并在 950℃、1100℃、1250℃、1400℃ 和 1550℃ 下热处理。

不同含量 SPCS 低碳铝碳材料经不同温度热处理后的显气孔率和体积密度如图 2-182 所示。由图 2-182 可知，随着 SPCS 含量的增加，试样显气孔率先增加后降低，主要是因为加入聚碳硅烷后，树脂的高温热解发生变化，树脂碳由致密的脆性玻璃碳结构转变为多孔的三维网状结构，当 SPCS 含量较低时，SPCS 主要起到破坏树脂结构的作用；随 SPCS 含量提高，形成完备的网状结构，显气孔率降低；热处理温度对试样显气孔率影响较小。由于 SPCS 是从微观层面影响铝碳材料的性能，试样体积密度在 $2.8 \sim 2.9 g/cm^3$，整体变化不大。

图 2-183 为 SPCS 添加量及热处理温度对试样常温抗折强度的影响，可以看出 SPCS 添加量一定时，随着热处理温度升高，试样常温抗折强度基本呈先下降后增加的趋势；温度一定时，常温抗折强度随着 SPCS 含量的提高先减小后增加。

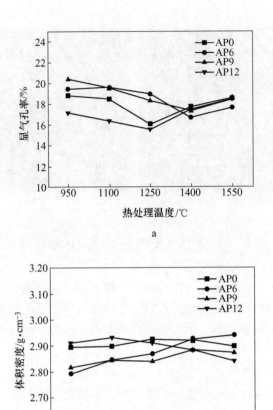

图 2-182　不同含量 SPCS 低碳铝碳材料经不同温度热处理后的显气孔率(a)和体积密度(b)

当 SPCS 加入量为 6% 时，950℃ 热处理后，常温抗折强度较空白样提高了 25%，由 8.59MPa 提高到 10.80MPa；1550℃ 热处理后，常温抗折强度较空白样提高了 106%，由 5.58MPa 提高到 11.52MPa。

当 SPCS 加入量较低，低温（<1400℃）时，由于热处理温度不足，试样中无晶须生成，破坏作用为主导，常温抗折强度较空白样大幅下降；高温（>1400℃）时有少量晶须生成，强度基本保持不变。随着 SPCS 含量增加，试样强度明显增加；低温时，SPCS 热解形成均匀的三维网状结构，试样强度提高；当温度为 1200~1400℃ 时，SPCS 由有机结构转化为无机结构，同时晶须生成量小，强度低，较空白样基本不变；当热处理温度>1400℃ 时，大量晶须生成，试

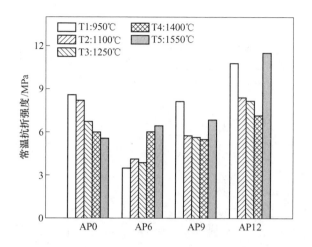

图 2-183　试样热处理后的常温抗折强度

样强度明显增加。

　　图 2-184 为 SPCS 添加量及热处理温度对试样高温抗折强度的影响。由图可知，随 SPCS 含量的增加，试样的高温抗折强度先下降后增加，与常温抗折强度变化趋势相同，但高温强度略高于常温强度。由此可知，SPCS 有利于提高 Al_2O_3-C 材料高温强度。

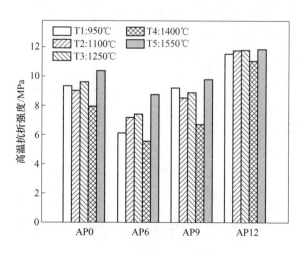

图 2-184　试样热处理后的高温抗折强度

AP12 组试样与空白样抗热震实验结果如图 2-185 所示。加入 SPCS 的试样热震残余强度均大于空白样，在 950℃和 1550℃热处理后，AP12 残余强度最高。试样热震后强度保持率结果表明，热处理温度低于 1550℃时，强度保持率高于空白样，随着温度升高，AP12 组试样强度保持率明显低于空白样。这是因为在低温热处理阶段，SPCS 裂解生成的 SiC_xO_y 三维网络结构起到了缓解热应力的作用；随着温度升高，SPCS 裂解继续，三维网络连接结构消失，生成含 Si 晶须。

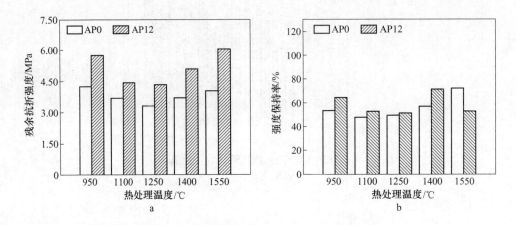

图 2-185   不同温度热处理后试样的抗热震性能
a—残余强度；b—热震后强度保持率

图 2-186 为高温热处理后试样的线膨胀率，由图可知高温热处理后 AP12 试

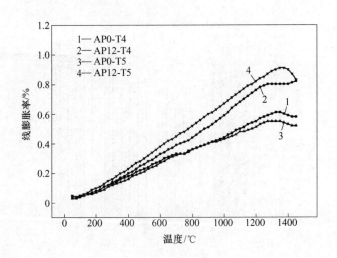

图 2-186   试样线膨胀率随温度的变化
T4—1400℃；T5—1500℃

样线膨胀率高于空白样，这可能是由于含 Si 晶须的生成，引起试样热强度增加，从而导致试样热膨胀增加。

由此可见，固态聚碳硅烷的加入，改变了结合碳的结构形式，对材料有增强作用，随着热处理温度的增加，这种效果更加明显，主要是由于高温下陶瓷结合相的作用更加显著。

C 液态聚碳硅烷（LPCS）对低碳铝碳材料性能的影响

在石墨含量（质量分数）6% 的低碳铝碳材料中添加了酚醛树脂含量 12% 的 LPCS。试样标记为 LP12，LP0 为对比样，分别在 950℃、1250℃、1400℃ 和 1550℃ 下热处理。图 2-187a、b 分别表示热处理温度对试样显气孔率和体积密度的影响，可见 LP0 试样显气孔率随温度的升高先增大后降低，体积密度变化趋势相反，这是由树脂热解碳性能决定的。酚醛树脂固相碳化生成脆性的结合碳，并且难以碳化。随温度升高，热处理时间延长，结合碳碳化更加完全，试样气孔率增加。热处理温度为 1550℃ 时，试样发生轻微烧结收缩，气孔率下降，体积密度增加。LPCS 引入到酚醛树脂中后，当热处理温度增加，LPCS 热解程度更高，试样气孔率随之升高，体积密度降低。

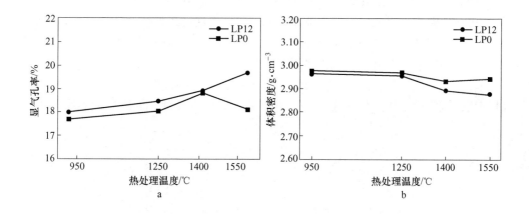

图 2-187 热处理温度对低碳铝碳材料显气孔率（a）和体积密度（b）的影响

图 2-188 是热处理温度对试样常温抗折强度的影响，试样常温抗折强度随热处理温度的升高先降低后升高。对比 LP0 和 LP12 试样，当温度低于 1400℃ 时，低碳铝碳材料内部无晶须生成，LPCS 主要作用是改变酚醛树脂结构，生成的三维网络结构提高材料结合强度，LP12 试样常温抗折强度较空白样无明显变化。随温度升高，LPCS 裂解生成蠕虫状含 Si 晶须，随着含 Si 晶须长大，铝碳材料常温抗折强度大幅增加。

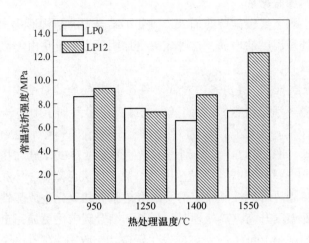

图 2-188　热处理温度对低碳铝碳材料常温抗折强度的影响

　　图 2-189 是热处理温度对试样高温抗折强度的影响，可以看出 LP0 试样高温抗折强度随温度先降低后增加，整体变化不明显，这是因为在 1400℃高温抗折试验过程中，试样产生轻微烧结，略高于常温抗折强度。LP12 试样高温抗折强度随热处理温度升高而升高，随温度升高，LPCS 继续反应，生成少量晶须，由于升温较快，温度不足，晶须无法长大，试样高温抗折强度提高不明显。1550℃热处理后，试样中生成大量含 Si 晶须，起到晶须增韧的作用，高温强度大幅增加。

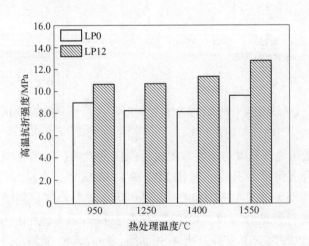

图 2-189　热处理温度对低碳铝碳材料高温抗折强度的影响

　　图2-190给出了热处理温度对试样热震稳定性的影响，可以看出加入液态聚碳硅烷后，试样热震残余抗折强度明显高于空白样。另外从强度保持率的数据可以看出，高温处理后试样的强度保持率较低，这主要是由于热处理温度高后常温强度较高，并不表明材料的抗热震性变差。

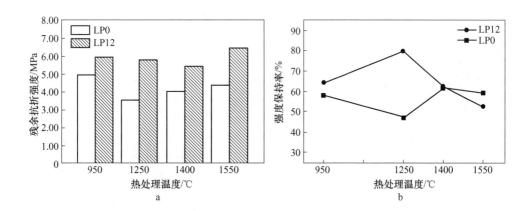

图2-190　不同温度热处理后低碳铝碳材料的抗热震性能
a—残余抗折强度；b—强度保持率

　　与固态聚碳硅烷相比，液态聚碳硅烷黏度小、流动性好，分子结构中具有更多的可反应活性基团。将LPCS微量加入酚醛树脂，制备低碳铝碳材料，经热处理后，LPCS与树脂反应更剧烈，生成不溶的三维网络结构，结合碳结构转变成更为疏松多孔的结构。随着热处理温度的升高，LPCS裂解产物由无定形态的SiC_xO_y（氧碳化硅）三维网络结构到含硅晶须。1550℃热处理后，试样的常温和高温抗折强度最高。LPCS裂解产物SiC_xO_y三维网络结构可以起到缓解材料内部热应力的作用，提高试样的抗热震性；随着热处理温度的提高，SiC_xO_y三维网络结构消失，含Si晶须生成，引起材料热膨胀失配，强度保持率下降。

2.2.4　铝碳材料中原位合成 ZrB_2

　　ZrB_2作为一种工程陶瓷材料，具有熔点高、硬度高、导电性、导热性良好、抗钢液/保护渣侵蚀性能优异等优点，因而在高温陶瓷、复合材料和耐火材料等领域受到广泛重视。ZrB_2可以提高浸入式水口渣线材料的抗侵蚀性并能改善材料的抗氧化性，在700~1100℃的温度区间内抗氧化效果最好。为此，采用铝热还原法在铝碳材料中原位合成ZrB_2，以期提高材料的特定性能如抗氧化性等，同时作为副产物的Al_2O_3没有成为材料的杂质。

$$3B_2O_3 + 3m\text{-}ZrO_2 + 10Al \Longrightarrow 3ZrB_2 + 5Al_2O_3 \tag{2-54}$$

按 4 种不同配比合成 ZrB_2，如表 2-22 所示。3315 和 3320 中铝粉过量，目的是尽量使 B_2O_3 和 $m\text{-}ZrO_2$ 反应完全，6330 目的是使 $m\text{-}ZrO_2$ 尽量反应完全，6320 是用价格较便宜的硼酸替代 B_2O_3，并使铝粉过量。随后将四种不同配比的粉料替代铝碳材料的细粉，在铝碳材料中原位合成 ZrB_2，替代比例为 15%。

表 2-22　原料性质及配比（摩尔比）

原料名称	B_2O_3	H_3BO_3	$m\text{-}ZrO_2$	Al
备注	晶体	晶体	<10μm	<100μm
纯度/%	>98	>99.5	>99	>97
3315	3		3	15
3320	3		3	20
6330	6		3	30
6320		6	3	20

由表 2-23 的衍射结果可以看出，采用金属铝粉、$m\text{-}ZrO_2$、B_2O_3（或硼酸）可以合成 ZrB_2，不仅有作为理论副产物的 Al_2O_3 生成，还有 AlN、ZrN 和微量 $c\text{-}ZrO_2$、铝硼化合物生成。由 3315 和 3320 的对比可以得出 3315 中金属铝粉的量已经足够使反应发生完全，增加金属铝粉含量对 ZrB_2 的生成影响较小。6630 的目的没有达到，不仅 $m\text{-}ZrO_2$ 未完全反应，$m\text{-}ZrO_2$ 残留较多，而且生成的 ZrB_2 也较少。6320 中用硼酸替代 B_2O_3，不仅生成的 ZrB_2 较多，而且抑制了 AlN、ZrN 的生成，但有较多的金属铝粉残留。

表 2-23　反应产物

强度	非常强	强	中度	弱	很弱
3315		ZrB_2, ZrN	AlN, $\alpha\text{-}Al_2O_3$	$m\text{-}ZrO_2$	$c\text{-}ZrO_2$, AlB_{10}
3320		ZrB_2, AlN, ZrN	$\alpha\text{-}Al_2O_3$	$m\text{-}ZrO_2$	$c\text{-}ZrO_2$, AlB_{10}
6330	$m\text{-}ZrO_2$	AlN, $\alpha\text{-}Al_2O_3$	Al, ZrB_2	ZrN	$c\text{-}ZrO_2$
6320	ZrB_2	$\alpha\text{-}Al_2O_3$	Al	$m\text{-}ZrO_2$	AlN, ZrN, $9Al_2O_3 \cdot B_2O_3$

金属铝粉首先按式 2-55 和式 2-56 分别将 ZrO_2 和 B_2O_3 还原为 Zr 和 B，而铝则变为氧化物，然后 Zr 和 B 按式 2-57 生成 ZrB_2。ZrN 是由式 2-55 生成的 Zr 与气氛中的氮气反应生成的，而 AlN 也是由 Al 直接与氮气反应生成。AlB_{10} 是由式 2-56生成的 B 与铝粉反应生成，$9Al_2O_3 \cdot B_2O_3$ 是由未反应的氧化硼与材料中的氧化铝反应生成。$c\text{-}ZrO_2$ 可能是在发生铝热反应时，由于瞬间的高温使得 $m\text{-}ZrO_2$ 固溶 N 元素，成为立方相并保持到室温。

$$3ZrO_2 + 4Al \Longrightarrow 3Zr + 2Al_2O_3 \tag{2-55}$$

$$B_2O_3 + 2Al \Longrightarrow 2B + Al_2O_3 \tag{2-56}$$

$$Zr + 2B \Longrightarrow ZrB_2 \tag{2-57}$$

$$Zr + 0.5N_2 \Longrightarrow ZrN \tag{2-58}$$

$$Al + 0.5N_2 \Longrightarrow AlN \tag{2-59}$$

$$Al + 10B \Longrightarrow AlB_{10} \tag{2-60}$$

$$9Al_2O_3 + B_2O_3 \Longrightarrow 9Al_2O_3 \cdot B_2O_3 \tag{2-61}$$

图 2-191 是 6320 复合粉料在受热时引起的化学变化和物理变化过程，在 147.31℃ 和 170.35℃ 有两个连续的吸热峰，这是硼酸脱水吸热所致。660.31℃ 时有一吸热峰，对应于铝粉熔化吸热。912℃ 开始发生铝热反应将氧化硼和氧化锆还原为单质体，最终在 1005.48℃ 有一放热峰出现。

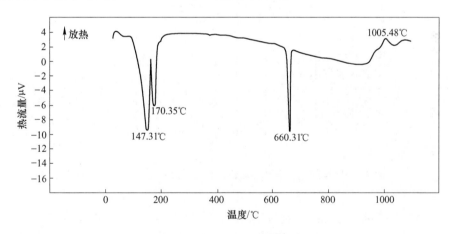

图 2-191　6320 复合粉体的 DSC 曲线

图 2-192 是材料常温抗折强度和高温抗折强度图，图 2-193 是其体积密度和显气孔率数据图。可以看出，铝碳材料中原位合成 ZrB_2 后，其常温强度均低于未加复合粉体的材料 AG-0，说明铝热反应对铝碳材料的碳结合有一定的破坏作用，但从高温强度与常温强度数据的对比可以看出，AG-0 的常温强度高于高温强

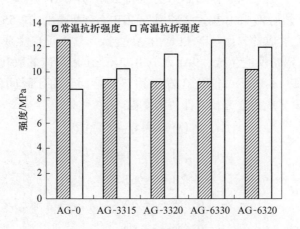

图 2-192　添加不同前驱体后铝碳材料的常温抗折强度和高温抗折强度（1400℃）

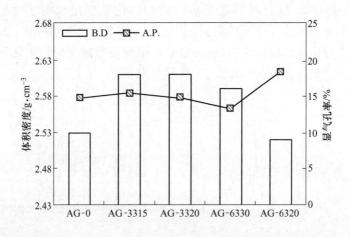

图 2-193　添加不同前驱体后铝碳材料的体积密度和显气孔率

度，但其他材料的高温强度均在一定程度上高于常温强度，说明铝碳材料中通过铝热反应原位合成 ZrB_2 后有助于材料高温强度的提高。由 AG-3320 与 AG-6320 的对比可以看出，氧化硼替换为硼酸后，对材料的常温和高温强度影响较小，但显气孔率增加，体积密度减小，可能是硼酸脱水所致。图 2-194 是 AG-0 与 AG-6320 抗氧化效果对比图，两者均在开始有失重现象，原因是材料受潮，在受热后脱水所致。AG-0 在 420℃开始失重，失重速率逐渐增大一直到 670℃，然后速率一直保持不变。而 AG-6320 从 370℃开始，有轻微的增重，到 545℃开始失重；

1100℃保温后 10min 以前，几乎没有失重；1100℃保温 10min 以后，失重速率才开始变大，并且随时间的延长，失重速率在不断增大，但小于 AG-0 的失重速率。最后 AG-0 的失重为 6.93%，AG-6320 的失重为 2.52%。所以无论从失重的量，还是从失重速率出发，AG-6320 的抗氧化性明显优于 AG-0 的抗氧化性。

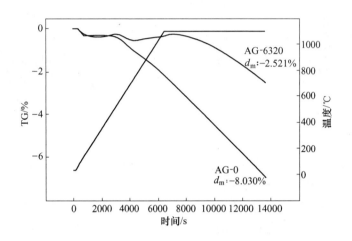

图 2-194　AG-0 和 AG-6320 氧化时 TG 曲线

　　图 2-195 是铝碳材料中合成产物的显微结构图，白色物质中的孔洞是金属铝粉反应后所遗留的，周围是生成的 ZrB_2 与氧化铝的混合物，铝粉原位氮化后的形貌呈蛋壳状，由无数粒状的 AlN 组成。图 2-196 是材料的断口形貌图，可见材料中有大量亚微米级、类似于枝状物的晶须存在，它们对材料高温强度的提高有促进作用。

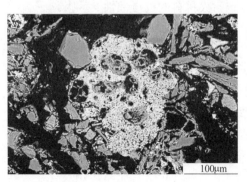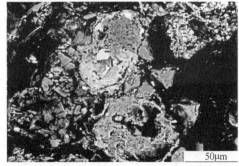

图 2-195　铝碳材料中前驱体反应产物显微结构

图 2-196　铝碳材料断口显微结构

通过铝热反应，利用金属铝粉、m-ZrO_2、氧化硼或硼酸它们三者的复合粉体可以在铝碳材料中原位合成 ZrB_2，同时还有 AlN 和 ZrN 生成。氧化硼和硼酸均可作为硼源来合成硼化锆，对材料的强度无较大影响。添加复合粉体后有利于提高材料的高温强度，对常温强度有轻微的降低，同时材料的抗氧化性有显著的提高。

2.2.5　铝热反应对铝碳材料性能和结构的影响

含碳耐火材料在服役过程中，受钢液或环境中氧的作用会出现明显的脱碳层，即含碳耐火材料颗粒之间的碳发生氧化或溶解，脱碳层内的氧化物颗粒疏松，强度急剧下降，在钢液或熔渣的冲刷下导致材料发生侵蚀。为了改善原有的碳网结合相，通过铝热反应（Al-TiO_2、Al-ZrO_2）在含碳耐火材料内部原位生成新结合相，增强原有的碳网结合相，减少含碳耐火材料由于热冲击作用或氧化作用弱化结合相而导致材料的损坏，提高含碳耐火材料的抗侵蚀性。

图 2-197、图 2-198 分别是 Al-TiO_2、Al-ZrO_2 前驱体在还原性气氛中 1300℃、3h 热处理后产物的 XRD 物相分析结果，金属 Al 在反应中最终生成了 Al_2O_3；TiO_2 转化为 Ti（C，N）固溶体，TiO_2 经历的反应过程为：首先金属 Al 置换出 Ti 单质，Ti 单质与 N_2 和 CO 反应生成 Ti（C，N）陶瓷相。在 Al-ZrO_2 前驱体反应产物中依然存在 ZrO_2，生成了 ZrN 相。金属 Al 完全转化为 Al_2O_3，说明金属 Al 全部参加置换反应。

图 2-199 是添加 Al-TiO_2 前驱体铝碳试样及空白样的显微结构 SEM 照片，与空白样相比，引入前驱体的试样中基质和刚玉颗粒之间都有前驱体颗粒存在。前驱体颗粒在试样中分布均匀，且颗粒大小比较均一，有利于耐火材料的性能改善。

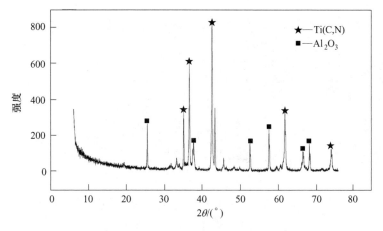

图 2-197   Al-TiO$_2$ 前驱体热处理后 XRD 结果

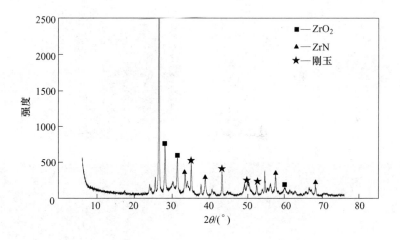

图 2-198   Al-ZrO$_2$ 前驱体热处理后 XRD 曲线

图 2-200 为反应后铝钛前驱体颗粒中孔洞的形貌图，前驱体反应后形成大小不一的孔洞。图 2-201 为前驱体颗粒中孔洞内壁的显微结构，可以看出在孔洞内壁形成了致密的柱状或块状颗粒。通过图中孔洞附近的元素面分析可以得出，空洞内壁位置有 Al 和 O 元素分布，孔洞周围为 Ti 元素分布。由此可以推测孔洞内壁致密的颗粒为氧化铝，孔洞周边为含钛的化合物，基本可以判定金属铝粉与二氧化钛发生铝热反应。由反应后产物的形貌和分布情况可以断定在热处理前前驱体是以二氧化钛完全包裹铝粉的形态存在，避免了铝粉与碳之间的反应。

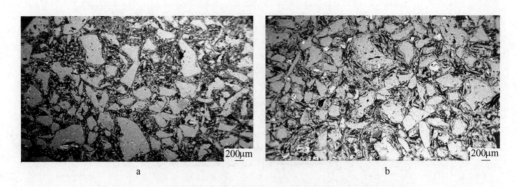

图 2-199   添加 Al-TiO$_2$ 前驱体铝碳试样及空白样的显微结构照片

a—空白样；b—Al-TiO$_2$ 前驱体

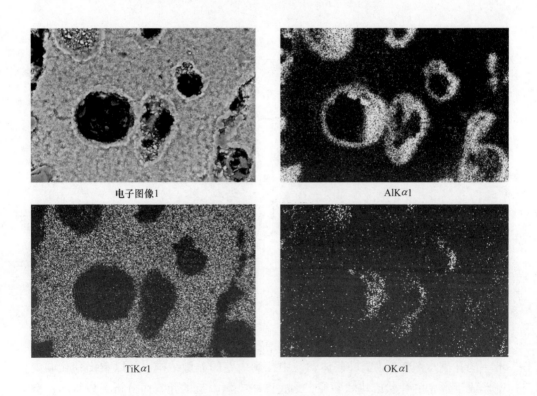

图 2-200   Al-TiO$_2$ 前驱体反应后结构形貌及元素面分析

图 2-202 为 Al-ZrO$_2$ 前驱体在铝碳材料中反应后形貌图，图中灰白色部分为前驱体反应后产物形貌。Al-ZrO$_2$ 前驱体反应并没有形成类似 Al-TiO$_2$ 前驱

体留下的孔洞。通过元素分析，图中位置 A 的元素为 Zr(63.97%)，Al(13.27%)，O(20.74%)。

图 2-201 Al-TiO$_2$ 前驱体反应后孔洞内壁显微结构

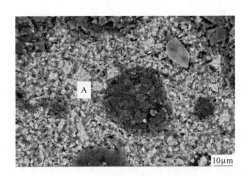

图 2-202 Al-ZrO$_2$ 前驱体在铝碳材料中反应后形貌

表 2-24 为不同 Al-TiO$_2$、Al-ZrO$_2$ 前驱体对铝碳耐火材料热震前后抗折强度及高温强度的影响。从表中数据可以得出，Al-TiO$_2$、Al-ZrO$_2$ 前驱体对铝碳耐火材

表 2-24 添加前驱体铝碳试样的热震性能和高温强度

项 目	热震前强度/MPa	热震后强度/MPa	强度保持率/%	高温抗折强度/MPa
空白样	6.3	3.9	62.6	7.9
铝钛前驱体	11.4	8.4	73.9	11.2
铝锆前驱体	8.8	6.3	71.6	12.6

料热震前后的抗折强度的影响相似。Al-TiO$_2$前驱体加入到铝碳耐火材料后，试样热震前后的抗折强度都要优于空白样。其热震前抗折强度与空白样相比升高了5.1MPa，热震后抗折强度升高了4.5MPa。添加Al-TiO$_2$前驱体的试样的强度保持率与空白样相比提高了11.3%。加入前驱体后，铝碳材料的高温强度均提高了40%以上，说明前驱体反应后形成的陶瓷结合相较大地改善了原有的碳网结合强度。

图2-203、图2-204分别是Al-TiO$_2$、Al-ZrO$_2$前驱体粉体比例对铝碳试样热震前后抗折强度的影响，其中1：2.2，1：2.5分别是铝钛前驱体和铝锆前驱体的化学计量比，其他比例均为氧化钛或氧化锆过量，保证铝粉能够充分反应。从图

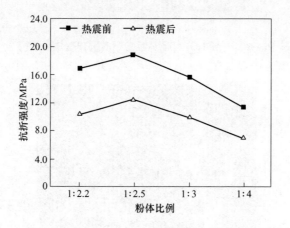

图 2-203　添加不同粉体比例 Al-TiO$_2$ 前驱体试样热震前后抗折强度

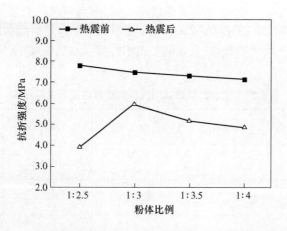

图 2-204　添加不同粉体比例 Al-ZrO$_2$ 前驱体试样热震前后抗折强度

中的数据可以看出，随着氧化物在前驱体中质量分数的升高，试样热震前的抗折强度呈先增加后降低的趋势。当 Al：TiO$_2$ 为 1：2.5 时，试样有最大抗折强度，可能是此时反应最充分。随着氧化物在前驱体中质量分数的升高，前驱体在试样中的实际反应量会逐步减少，相应的新生成的第二结合相也减少，导致强度降低。当 Al：TiO$_2$ 为 1：2.5，Al：ZrO$_2$ 为 1：3.0 时，试样热震后的抗折强度均有一个最大值。

图 2-205、图 2-206 分别是添加不同比例 Al-TiO$_2$、Al-ZrO$_2$ 前驱体试样的高温抗折强度，可以看出随着 TiO$_2$ 在前驱体中质量分数升高，试样的高温抗折强度有下降趋势。添加 Al-ZrO$_2$ 前驱体的铝碳材料的高温抗折强度大于其常温抗折强度，这是由于前驱体在 1400℃ 条件下比 1300℃ 时反应会更充分，另外过量的氧化锆对铝碳材料的高温强度也有一定的增强作用。

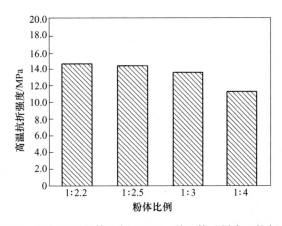

图 2-205　添加不同粉体比例 Al-TiO$_2$ 前驱体试样高温抗折强度

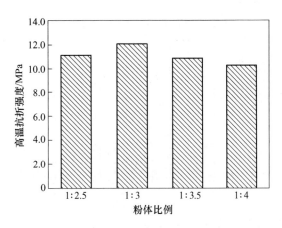

图 2-206　添加不同粉体比例 Al-ZrO$_2$ 前驱体试样高温抗折强度

　　在 Al-TiO$_2$ 前驱体中最佳粉体比例（Al：TiO$_2$ = 1：2.5）条件下，不同添加量（0%、2%、4%、6%、8%）对铝碳耐火材料性能的影响如图 2-207 所示。图 2-207 为不同前驱体添加量对铝碳材料显气孔率和体积密度的影响，可以看出随着 Al-TiO$_2$ 前驱体加入量的增多，铝碳试样的显气孔率逐渐升高。这是由于生成 1mol TiN，需要原料 Al 粉 36g、TiO$_2$ 粉 80g；产物为 TiN 36g，Al$_2$O$_3$ 68g。Al 粉密度为 2.7g/cm^3，TiO$_2$ 粉的密度为 3.8g/cm^3；产物 TiN 的密度为 5.43g/cm^3，Al$_2$O$_3$ 的密度为 3.8g/cm^3；反应结束后固体体积减少了 16.2%。因此反应会留下一定的空隙，前驱体中粉体反应越多会留下越多的"气孔"。

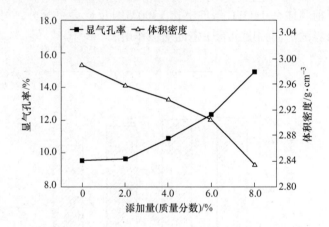

图 2-207　引入不同质量分数 Al-TiO$_2$ 前驱体试样的显气孔率和体积密度

　　图 2-208 为添加不同质量分数 Al-TiO$_2$ 前驱体对铝碳试样抗折强度的影响。

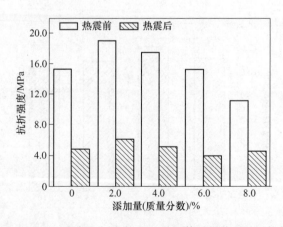

图 2-208　引入不同质量分数 Al-TiO$_2$ 前驱体试样热震前后抗折强度

从图中曲线可以看出，随着 Al-TiO$_2$ 前驱体加入量的增加，热震前试样的抗折强度有先升高后下降的趋势，当添加量为 2% 时，试样的抗折强度达到 19MPa。当 Al-TiO$_2$ 前驱体加入量达到 6% 以后，试样的强度开始低于空白样。这是因为前驱体反应后留下气孔，减少了载荷作用的横截面积，从而导致强度降低。试样热震后的强度较热震前强度下降较多，导致了其强度保持率不高，如图 2-209 所示。图 2-210 是不同前驱体添加量对试样高温抗折强度的影响，可以看出随着前驱体的添加量增多，试样的高温抗折强度亦表现出先增大后减小的趋势。由于在 1300℃条件下，Al-TiO$_2$ 前驱体反应比较完全，故其高温抗折强度没有大于常温抗折强度。

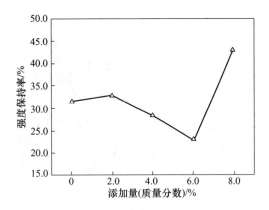

图 2-209　引入不同质量分数 Al-TiO$_2$ 前驱体试样强度保持率

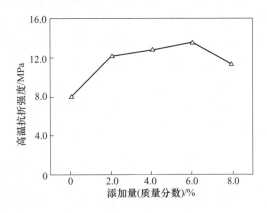

图 2-210　引入不同质量分数 Al-TiO$_2$ 前驱体试样高温抗折强度

2.2.6 Al₄SiC₄ 对铝碳材料性能的影响

Al$_4$SiC$_4$ 化合物稳定性好、熔点高（2037℃）以及抗水化性强，是 Al-Si-C 系中最有可能成为耐火材料的一种新型材料。采用自蔓延法合成了 Al$_4$SiC$_4$ 粉体，显微结构如图 2-211 所示，产物呈六边形片状，粒度较小，基本上都在 20μm 以下。将 Al$_4$SiC$_4$ 粉体加入到铝碳材料中，同时对比了不同添加剂对材料性能的影响[56]。

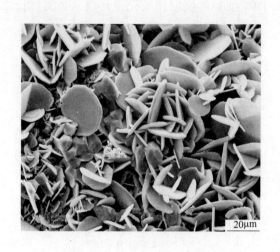

图 2-211 合成的 Al$_4$SiC$_4$ 粉体

Al$_4$SiC$_4$ 粉体加入到铝碳材料中会降低材料的显气孔率，加入量越大，气孔率降低得越多，如图 2-212 所示。同样，加入的 Al、Si 或者 Al-Si 会降低材料的气孔率，尤以 Al-Si 效果最佳。图 2-213 是 Al$_4$SiC$_4$ 对铝碳材料高温抗折强度的影响，可以看出 Al$_4$SiC$_4$ 粉体加入到铝碳材料中会提高材料的高温抗折强度，规律和显气孔率的一样，加入量越多，高温抗折强度的提升就越明显，加入量在5%~7%时基本达到了添加 Al、Si 或者 Al-Si 的程度。这是由于在热处理温度或者测试高温抗折强度的温度下，材料中发生式 2-62 的反应，使材料致密化，气孔率降低，高温抗折强度增加，粉体的添加量越多，这种效果则越明显。

$$Al_4SiC_4(s) + 6CO(g) = 2Al_2O_3(s) + SiC(s) + 9C(s) \qquad (2-62)$$

图 2-214 是 Al$_4$SiC$_4$ 对铝碳材料热膨胀的影响，可以看出相对于空白试样，无论是添加 Al、Si 或者 Al-Si，还是 Al$_4$SiC$_4$ 的铝碳材料热膨胀均会增加，这是由于它们增加了材料的陶瓷结合，材料的致密度增加。但与 Al、Si 或者 Al-Si 相

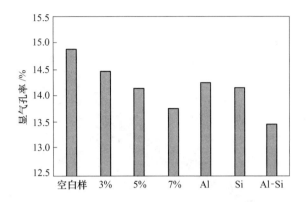

图 2-212 Al_4SiC_4 的加入对铝碳材料显气孔率的影响

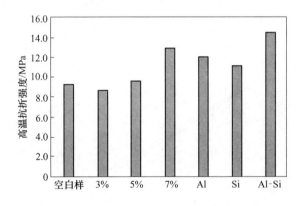

图 2-213 Al_4SiC_4 的加入对铝碳材料高温强度的影响

比，含 Al_4SiC_4 铝碳材料的线膨胀率相对较低，这对于保证铝碳材料的抗热震性有较大帮助。

图 2-215 是含不同添加剂铝碳材料氧化失重的曲线，可以看出空白样失重最多，而添加 Al_4SiC_4 的铝碳材料失重率最小，这不仅与此材料抗氧化效果好有关，如图 2-216 所示的脱碳层厚度的对比，还与式 2-62 的反应增重有关。首先从 Al_4SiC_4 颗粒表面蒸发出 Al 蒸气，Al 蒸气进一步扩散到试样表面，通过反应式 2-64 在试样表面与 CO 反应生成 Al_2O_3 和 C；第二阶段，由反应式 2-63 生成的 SiC

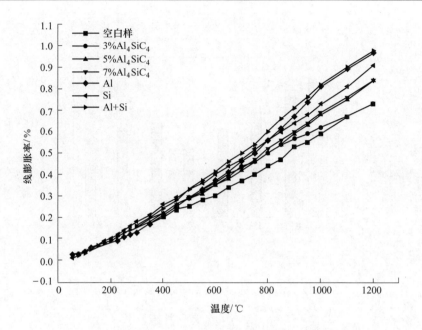

图 2-214　Al_4SiC_4 对铝碳材料热膨胀的影响

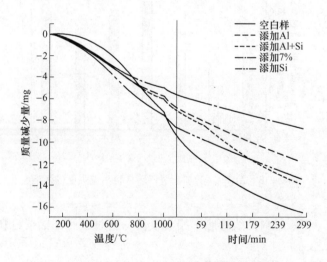

图 2-215　Al_4SiC_4 对铝碳材料抗氧化性的影响

继续与 CO 反应生成 SiO 气体并还原出 C，生成的 SiO 气体扩散到试样表面，在表面上与 CO 和 Al_2O_3 反应，按照反应式 2-66 生成 $3Al_2O_3 \cdot 2SiO_2$ 和 C，这样就

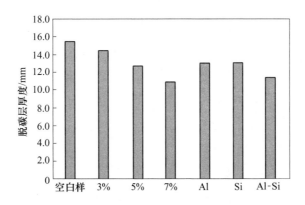

图 2-216　Al$_4$SiC$_4$ 对铝碳材料脱碳层的影响

在材料表面上形成了 3Al$_2$O$_3$·2SiO$_2$，如图 2-217 所示，由于体积膨胀，这层相对致密，阻止了碳的进一步氧化，也就是说它们提高了耐火材料的抗氧化性。

$$Al_4SiC_4(s) = 4Al(g) + SiC(s) + 3C(s) \tag{2-63}$$

$$2Al(g) + 3CO(g) = Al_2O_3(s) + 3C(s) \tag{2-64}$$

$$SiC(s) + CO(g) = SiO(g) + 2C(s) \tag{2-65}$$

$$3Al_2O_3(s) + 2SiO(g) + 2CO(g) = 3Al_2O_3·2SiO_2(s) + 2C(s) \tag{2-66}$$

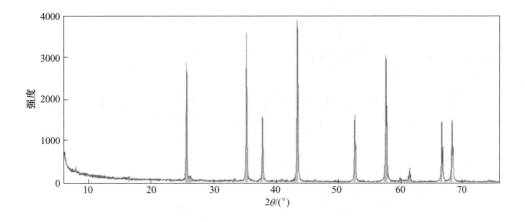

图 2-217　添加 Al$_4$SiC$_4$ 材料脱碳层 XRD 图谱

对熔钢侵蚀前后试样底部面积进行测量，比较各试样被钢水侵蚀的损失率，如表 2-25 所示，从表中看出添加 Al$_4$SiC$_4$ 的试样被钢水侵蚀率最小，与空白样相比具有较好的抗钢水冲刷性；而添加金属 Si 的试样抗钢水冲刷性稍逊于空白样。添加 Al$_4$SiC$_4$ 粉体的铝碳质试样，在接触熔钢界面处 Al$_4$SiC$_4$ 氧化形成莫来石致密层，可以减缓石墨的氧化溶解及熔钢的渗透，提高材料的抗熔钢侵蚀性。

表 2-25 不同材料抗侵蚀性结果

试　样	空白样	5%Al₄SiC₄	Si
冲刷前/mm²	697. 488	772. 284	633. 529
冲刷后/mm²	498. 987	598. 653	435. 719
损失面积/mm²	198.5	173. 63	197.81
损失率/%	28	22	31

制备的 Al_4SiC_4 粉体作为添加剂加入到铝碳材料中可有效降低材料的显气孔率并改善高温性能，尤其在抗氧化性和抗钢水冲刷性方面表现优异，可弥补目前较普遍使用的含铝添加剂存在的缺陷，是一种较理想的含碳材料功能添加剂。

2.2.7 氮化物对铝碳材料性能的影响

目前随着钢铁技术的发展，人们对洁净钢的要求越来越高。含碳耐火材料由于其中的碳会污染钢水，人们期望降低铝碳材料中的碳含量。氮化物具有耐侵蚀、抗氧化、抗热震性优良等优点，同时在使用过程中，氮化物中的"氮"不会污染钢水，可以把它们作为一种高级耐火原料加入到含碳耐火材料中，提高铝碳材料的性能，分别在铝碳材料中引入了 5%、10%、15%的 AlN、BN、Si_3N_4 和 TiN 替代同量的石墨。

图 2-218 和图 2-219 是不同氮化物添加量对铝碳材料显气孔率和体积密度的影响，由图可知，对于加入 AlN、Si_3N_4 和 TiN 的试样，其显气孔率随氮化物含

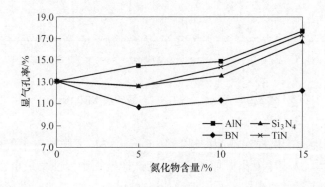

图 2-218 氮化物含量对显气孔率的影响

量的增加呈上升趋势，而体积密度则随着添加量的增加而增加，主要是因为氮化物的密度高于石墨；但在添加量为 15% 的时候，却出现了下降，这主要是由于气孔增加太多的缘故。与空白样相比，含 BN 试样的显气孔率明显降低、体积密度增加，但随着 BN 含量的进一步增加，显气孔率缓慢上升、体积密度缓慢下降。图 2-220 是不同氮化物添加量对铝碳材料抗折强度的影响，由图可知，随着 BN 和 Si_3N_4 含量的增加，铝碳材料的强度降低，含 BN 试样强度降低得更加明显。AlN 和 TiN 则对铝碳材料强度的影响趋势不明显。

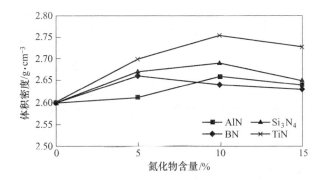

图 2-219　氮化物含量对体积密度的影响

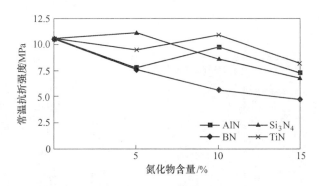

图 2-220　氮化物含量对常温抗折强度的影响

　　不同氮化物对铝碳材料高温抗折强度的影响如图 2-221 所示，AlN、Si_3N_4 和 TiN 试样呈现出相似的规律，即在适量添加时高温强度最高，如含 TiN 试样在添加量为 5% 时最高，AlN 和 Si_3N_4 在添加量为 10% 时最高。随着 BN 含量的增加，高温强度呈现下降的趋势，这与 BN 氧化后生成 B_2O_3，出现低熔点物质有关，不能提高铝碳材料的高温强度。

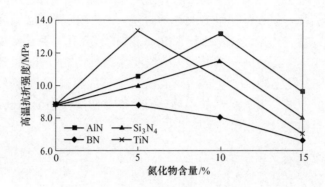

图 2-221　氮化物含量对高温抗折强度的影响

　　铝碳材料由于石墨的存在而具有良好的抗热震性，而氮化物具有线膨胀系数小、导热率高的优点，氮化物替代石墨不会对材料的抗热震性产生较大影响。含氮化物铝碳材料热震前后常温抗折强度对比及强度保持率如图 2-222~图 2-225 所示。由热震前后强度变化图可以看出，加入 AlN 试样的震后强度比震前强度稍有提高。加入其他氮化物试样的震后强度与震前相比都有所下降，当氮化物含量为 15% 时，强度下降都比较快。分析强度保持率图可知，氮化物加入量不超过 10% 的试样的强度保持率都比空白试样的高。氮化物含量为 15% 时，除 AlN 外，其他试样的强度保持率又降低。

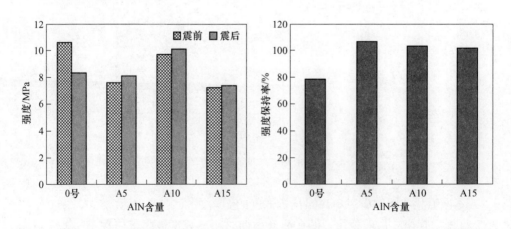

图 2-222　AlN 含量对抗热震性的影响

　　对含 5%、10% 氮化物的铝碳试样进行了抗氧化性分析。由氧化层厚度与温度关系评价不同氮化物对材料抗氧化性的影响。氧化层厚度的测定是采用对试样

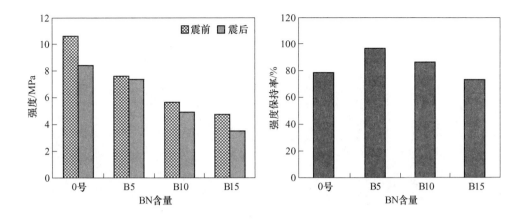

图 2-223 BN 含量对抗热震性的影响

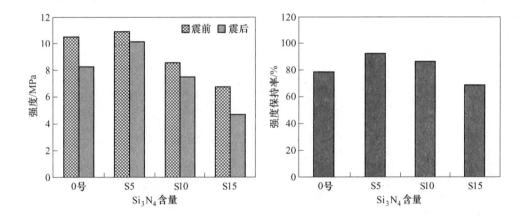

图 2-224 Si$_3$N$_4$ 含量对抗热震性的影响

每旋转 60°测量一次氧化层厚度，求六次测量的平均值。氧化层厚度与温度关系如图 2-226 所示。

由图 2-226 氧化层厚度与温度的关系可知：与空白样相比，添加 10%BN 试样的氧化层厚度最小，由此可以判断，加入 BN 能提高铝碳材料的抗氧化性。而加入 AlN、Si$_3$N$_4$、TiN 的试样，由于氧化层厚度和空白样的差别不大，因此它们的加入并没有改善铝碳材料的抗氧化能力。含 BN 的试样中发生如下反应：

$$2BN(s) + 3CO(g) \Longrightarrow B_2O_3(l) + 3C(s) + N_2(g) \tag{2-67}$$

$$2B_2O_3(l) + 10Al_2O_3(s) \Longrightarrow (Al_2O_3)_{10}(B_2O_3)_2(s) \tag{2-68}$$

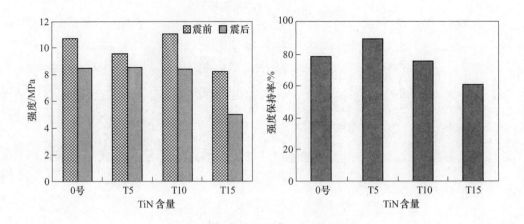

图 2-225　TiN 含量对抗热震性的影响

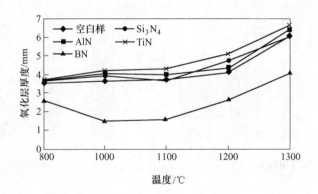

图 2-226　温度对含 10%氮化物试样氧化层厚度的影响

B_2O_3 熔点为 450℃左右。由于试样中有液态 B_2O_3 生成,会堵塞试样内气孔,同时在试样内形成保护膜,阻碍外部氧化性气体的进入,阻碍石墨的进一步氧化,有利于提高试样的抗氧化性。

由图 2-227 试样氧化后的 XRD 分析可知,有硼酸铝 $(Al_2O_3)_{10}(B_2O_3)_2$ 生成,由此我们推测 BN 首先被氧化成 B_2O_3,然后与 Al_2O_3 进一步反应生成一致熔融化合物硼酸铝。由图 2-228 的 SEM 照片可以看出,在氧化层,BN 的氧化生成物形成保护膜包裹在石墨和刚玉周围,阻止外部氧气的进入,从而起到保护碳的作用。$(Al_2O_3)_{10}(B_2O_3)_2$ 形貌类似短纤维的细条状。

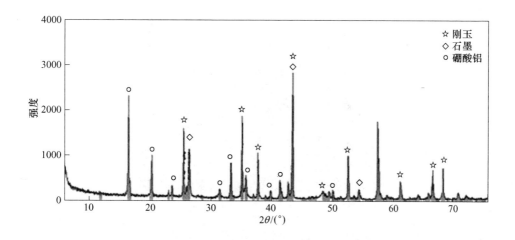

图 2-227 1200℃氧化后含 10%BN 试样氧化层 XRD 图

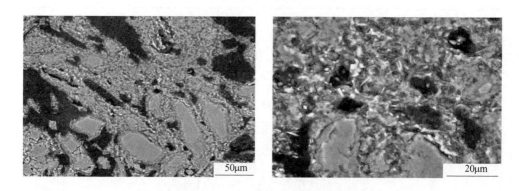

图 2-228 含 BN 试样的氧化层显微结构照片

采用中频炉动态抗渣法测试了不同材料的抗侵蚀性，试样氮化物含量为 15%，所用钢种为 45 号钢，试验时间 1h 后取出试样，保护渣成分如表 2-26 所示，试验后试样形貌如图 2-229 所示，侵蚀速率如表 2-27 所示。可以看出：1 号（含 AlN）试样抗渣侵蚀率最好，其次为 2 号（含 BN）试样，4 号（含 TiN）试样和 3 号（含 Si_3N_4）试样抗渣蚀率较差。

表 2-26 钢液保护渣成分

成分	SiO_2	Al_2O_3	Fe_2O_3	Na_2O	CaO	MgO	K_2O	TiO_2	SO_3	Cl	P_2O_5	Cr_2O_3
含量/%	49.25	25.20	7.68	6.37	3.87	3.21	1.41	1.14	1.09	0.34	0.18	0.13

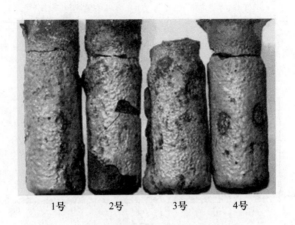

1号   2号   3号   4号

图 2-229 保护渣和钢液动态侵蚀后试样形貌
(1 号~4 号依次为含 AlN、BN、Si₃N₄ 和 TiN 试样)

表 2-27 不同试样的侵蚀速率

试样编号	1 号	2 号	3 号	4 号
渣侵蚀率/mm·h⁻¹	1. 07	1. 54	3. 38	3. 15

通过上面的结果可以看出，不同的氮化物替代石墨对铝碳材料的性能影响是不同的。AlN 材料有利于抗热震性和抗侵蚀性的保持；BN 虽然可以降低材料的线膨胀系数，提高抗氧化性，但对强度提高不利；Si_3N_4 和 TiN 不利于材料抗侵蚀性。

2.2.8 氧化铝基内衬材料

为适应特殊钢及多钢种的冶炼，铝碳材料需要向低碳化和低硅化方向发展，但其带来的线膨胀系数增大和热导率降低等问题会导致长水口在使用过程中的热应力增大，易发生热冲击断裂。为提高抗侵蚀能力而增加长水口渣线部位厚度和材料致密度，会导致颈部应力增加，增加了颈部断裂的风险。长水口在使用过程中受到急热引起的热应力和钢液冲刷振动引起的机械应力，两者相互叠加，使长水口在颈部处受到最大应力，此处最易损坏。复合长水口的发展在一定程度上解决了长水口低碳、低硅化和长寿化之间的矛盾。但是，现今使用的复合长水口内衬材料多含有大量熔融石英与漂珠等含硅物质，低熔点、非晶态含硅物质的存在降低了内衬材料的线膨胀系数和热导率，能够有效缓解长水口浇钢初期的热应力，提高了长水口的使用可靠性。但是，氧化硅易被钢水侵蚀并向钢水中溶解，导致钢水中硅含量升高，同时使得内衬材料使用寿命严重降低，大大缩短长水口的服役时间，因此本节介绍了氧化铝基内衬材料及影响因素。

2.2.8.1 抗热冲击指数的提出

长水口使用前不预热，使用时经受温差超过1500℃以上的热冲击。优异的抗热震性是保证长水口安全使用的前提，但目前的测试方法难以评价长水口的抗热震性。长水口在服役过程中最大热应力点集中在颈部，轴向、周向和径向应力随时间变化趋势相同，其中周向应力值最大，因此选择了长水口颈部周向应力值作为评价依据。通过有限元法计算了不同参数的内衬材料对应的长水口颈部最大周向应力值 σ_{max}，通过提出长水口抗热冲击指数，如式 2-69 所示，用于评价内衬材料对长水口抗热冲击性的影响。

$$P = \sigma_f / \sigma_{max} \tag{2-69}$$

式中　P——抗热冲击指数；

　　σ_{max}——长水口颈部最大周向应力，MPa；

　　σ_f——长水口本体极限抗拉强度，MPa。

σ_{max} 具体计算方法：本体材料为 Al_2O_3-C，线膨胀系数为 $3.0 \times 10^{-6} K^{-1}$，弹性模量为 4.0GPa，热导率为 12W/(m·K)，抗拉强度为 8.86MPa。结构参数如图 2-230 所示。内衬材料的物理性能参数取值共 216 组数据，利用 ANSYS 计算出每组 α、E 和 λ 对应的 σ_{max} 值。α、E 和 λ 的取值见图 2-231。

首先对 216 组数据进行单变量分析，结果如图 2-232 所示。由图中可以看出 σ_{max} 与 α 和 E 均呈线性关系，与 λ 呈对数关系。

为进一步研究热导率、线膨胀系数和弹性模量对最大热应力的综合影响，进一步对 σ_{max}、α、E 和 λ 进行三种不同模型的回归分析，得出热应力与线膨胀系数、弹性模量和热导率的关系。其中模型（1）为指数模型，模型（2）为线性模型，考虑到模型（2）中的 3 个参数可能存在交叉影响，因此同时讨论了模型（3）三因素交叉线性模型，见表 2-28。

通过对比 3 个模型的 R^2 值可以发现，模型（3）的拟合度最高，模型（2）次之，模型（1）最低。在模型（3）R^2 值已经达到 0.9986，说明模型（3）可解释 σ_{max} 变化的 99.86%，具有非常高的准确性。此外，在模型（3）的交叉项系数中 k_5、k_6 和 k_7 均较小，说明交叉影响主要存在于 E 与 λ 之间，这与内衬材料的作用机理是一致的。将不同体系内衬材料的性能参数代入模型（3）可计算 σ_{max} 值。

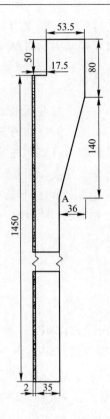

图 2-230　复合长水口结构示意图

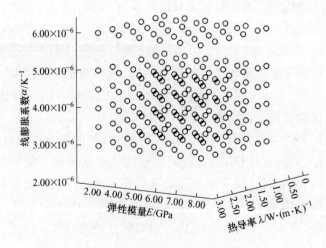

图 2-231　内衬材料性能参数选择

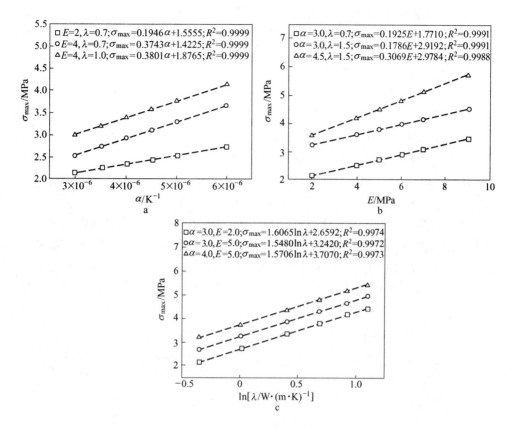

图 2-232 最大热应力与线膨胀系数（a）、弹性模量（b）和热导率（c）的关系

表 2-28 回归模型

模型编号	模 型	相关系数	R^2
（1）	$\sigma = K\alpha^a E^b \lambda^c + d$	$K = 2.1719$；$a = 0.3687$ $b = 0.2293$；$c = 0.2587$ $d = -1.4012$	0.9683
（2）	$\sigma = a\alpha + bE + c\ln\lambda + d$	$a = 0.5141$；$b = 0.2923$ $c = 1.5722$；$d = 0.1604$	0.9721
（3）	$\sigma = (a_1\alpha + b_1)(a_2 E + b_2)(a_3\ln\lambda + b_3)$ 线性化： $\sigma = k_1\alpha + k_2 E + k_3\ln\lambda + k_4\alpha E + k_5\alpha\ln\lambda +$ $k_6 E\ln\lambda + k_7\alpha E\ln\lambda + k_8$	$k_1 = 0.0385$；$k_2 = -0.0678$ $k_3 = 1.6419$；$k_4 = 0.0845$ $k_5 = 0.0001$；$k_6 = -0.0313$ $k_7 = 0.0043$；$k_8 = 2.1877$	0.9986

目前采用的漂珠内衬抗冲击指数 P 为 2.92。漂珠内衬可以安全使用，因此当 $P \geqslant 2.92$ 时，采用此内衬材料的长水口可以满足使用要求。$\sigma_f < \sigma_{max}$ 时，长水口会被破坏，因此当 $P < 1.00$ 时，内衬材料不可使用。而 $1 \leqslant P < 2.92$ 时，需要更多工程实际案例加以验证。

2.2.8.2　氧化铝空心球含量对氧化铝基内衬材料性能的影响

氧化铝空心球作为长水口内衬材料的主要成分之一，为材料提供了大量的气孔，保证了材料的隔热效果，因此在内衬材料中引入了 25%、30%、35%、40%、45% 的氧化铝空心球。图 2-233 为试样经 950℃ 热处理后的显气孔率与体积密度。由图中可以看出随氧化铝空心球含量的增加试样的体积密度显著下降，显气孔率总体略有升高。一方面随着空心球含量增加，由空心结构产生的闭气孔增多，另一方面氧化铝空心球密度显著低于烧结刚玉密度，导致材料的体积密度明显下降。图 2-234 为试样经 950℃ 热处理后的抗折强度与弹性模量，可以看出随氧化铝空心球含量的增加试样的抗折强度和弹性模量均显著下降且试样的强度均较低。

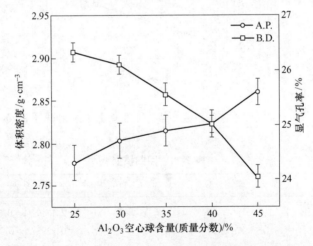

图 2-233　氧化铝空心球含量对试样体积密度和显气孔率的影响

试样经 950℃ 热处理后的室温~1450℃ 的平均线膨胀系数如图 2-235 所示。由图中可知氧化铝空心球的添加量对试样线膨胀系数的影响不大。固体材料热膨胀的本质是点阵结构中质点间平均距离随温度升高而增大。空心球与基质中其他材质的主成分均为 $\alpha\text{-}Al_2O_3$，质点间平均距离的增加相同，宏观上并不会造成线膨胀系数的变化。

图 2-236 为氧化铝空心球含量对长水口整体抗热冲击性的影响，随氧化铝空

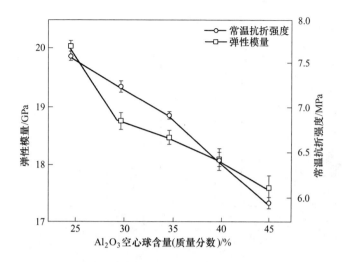

图 2-234　氧化铝空心球含量对试样抗折强度与弹性模量的影响

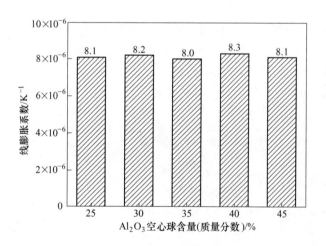

图 2-235　氧化铝空心球含量对试样线膨胀系数的影响

心球含量增加，长水口颈部最大热应力减小，抗热冲击指数升高，但其值均小于1。因此，单纯增加内衬材料中氧化铝空心球含量难以满足长水口抗热冲击性要求。

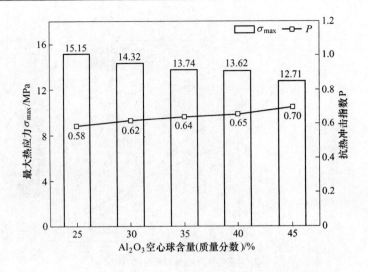

图 2-236 氧化铝空心球含量对试样抗热冲击性的影响

2.2.8.3 氢氧化铝对长水口内衬材料结构与性能的影响

氢氧化铝是一种常用的造孔剂，引入到内衬材料中可降低热导率，另外热解后为氧化铝，不含二氧化硅，抗侵蚀性强。图 2-237 为试样经 950℃ 热处理后的显气孔率与体积密度，由图中可以看出随氢氧化铝含量的增加试样的体积密度显著下降，显气孔率升高。氢氧化铝原位分解成氧化铝，一方面在试样中留下气

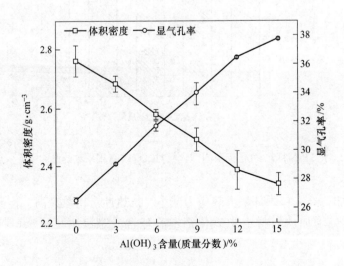

图 2-237 氢氧化铝对试样显气孔率与体积密度的影响

孔，另一方面分解产物在试样中呈现孤岛状分布，同样会导致试样结构疏松，从而使得显气孔率升高，体积密度下降。

图 2-238 为试样经 950℃热处理后的常温抗折强度与弹性模量，由图中可以看出随氢氧化铝含量的增加试样的抗折强度和弹性模量均显著下降。试样的弹性模量取决于试样密度 ρ 和试样中声速 V_t。由于 ρ 随氢氧化铝的增加而降低，并且空气中的声速要远小于固体材料的声速，因此 V_t 同样会降低。此外当声波传递到气孔与基体界面处时会发生反射、折射以及复杂的绕射等现象，进一步使声速 V_t 降低，最终导致材料的弹性模量降低。常温抗折强度随氢氧化铝的增加而降低是因为氢氧化铝含量的增加导致了试样显气孔率增加，结构疏松。图 2-239 为试样经 950℃热处理后的在不同温度下的热导率，由图中可以看出随氢氧化铝含量的增加试样的热导率显著下降。

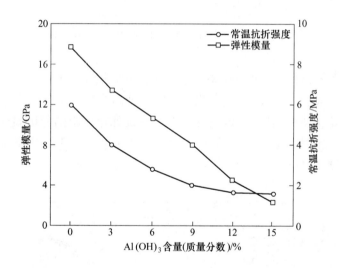

图 2-238　氢氧化铝的添加对试样常温抗折强度与弹性模量的影响

材料热导率与气孔所占体积分数成反比，因此随着氢氧化铝含量的增加，试样气孔率升高从而使得热导率降低。试样热导率随温度的升高而增大的主要原因是试样内部存在较多的气孔，气体分子平均热运动速度增大，虽然平均自由程因碰撞概率加大而减小，但是前者占主导地位，因而气体的热导率增大，最终导致试样的热导率增大。而当温度达到 500~800℃时材料中的树脂碳会在实验条件下发生部分氧化，减少高导热碳的同时在原位留下气孔，因此，材料在 800℃的热导率受气孔热导率增大和碳氧化热导率减小的双重作用。

图 2-240 为试样经 950℃热处理后的室温~1450℃的平均线膨胀率，由图中

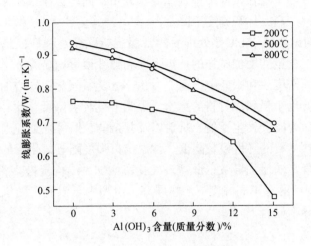

图 2-239　氢氧化铝含量对试样热导率的影响

可以看出，所有试样在室温～1200℃之间时热膨胀曲线基本重合，此段的平均线膨胀系数均在 $8.0×10^{-6}K^{-1}$ 左右，当温度继续升高线膨胀率达到最大值后开始下降，并且随着试样中氢氧化铝含量的增加，线膨胀率下降的起始温度降低。对比表 2-29 中试样最大线膨胀率与平均线膨胀系数可知，由于线膨胀率的降低，平均线膨胀系数随之降低。

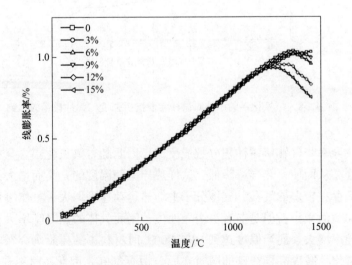

图 2-240　氢氧化铝含量对试样线膨胀率的影响

表 2-29   试样最大线膨胀率及对应温度和平均线膨胀系数

氢氧化铝含量（质量分数）/%	最大线膨胀率/%	最大线膨胀率对应温度/℃	平均线膨胀系数/K^{-1}
0	1.029	1450	7.2×10^{-6}
3	1.021	1350	7.0×10^{-6}
6	1.015	1350	6.7×10^{-6}
9	1.036	1350	7.0×10^{-6}
12	0.950	1250	5.9×10^{-6}
15	0.931	1225	5.3×10^{-6}

固体材料热膨胀的本质是点阵结构中质点间平均距离随温度升高而增大。试样间不存在相的变化，主成分均为 $\alpha\text{-Al}_2\text{O}_3$，质点间平均距离的增加相同，因此在试样开始发生烧结收缩前其平均线膨胀系数不会产生变化。氢氧化铝中还含有少量 Na_2O，实验温度下与 Al_2O_3 反应生成液相，导致试样在 1200℃ 后出现线膨胀率降低的现象，从而使试样在测试温度范围内的平均线膨胀系数降低。

图 2-241 为氢氧化铝含量对长水口整体抗热冲击性的影响，发现随氢氧化铝含量增加，长水口颈部最大热应力降低，抗热冲击指数升高。当氢氧化铝含量大于 6% 时，$P>1$；当氢氧化铝含量大于 12% 时，$P>2.92$。内衬材料可以满足使用要求。

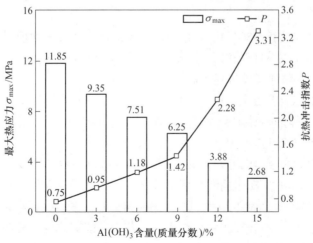

图 2-241   氢氧化铝含量对试样抗热冲击性的影响

2.2.8.4 锆莫来石对长水口内衬材料结构与性能的影响

锆莫来石（MZ）具有低的线膨胀系数，加入后能够降低内衬材料的热膨胀，减少长水口的最大热应力，在基质分别为氧化铝粉（AZ系列）和氢氧化铝（HZ系列）的材料中加入5%~25%的锆莫来石。图2-242为试样经950℃热处理后的体积密度和显气孔率，由图中可以看出HZ组显气孔率显著高于AZ组试样。锆莫来石的含量对试样显气孔率和体积密度影响不大。HZ组试样基质主要为氢氧化铝，氢氧化铝热分解后会在材料中产生大量气孔，从而提高了材料的显气孔率。

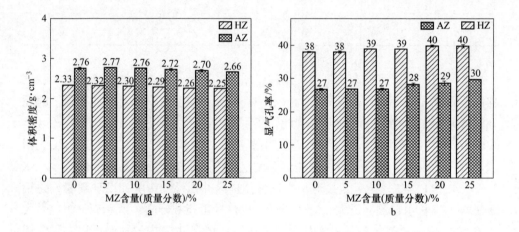

图 2-242　锆莫来石对试样体积密度(a)与显气孔率(b)的影响

图2-243为试样经950℃热处理后的常温抗折强度与弹性模量，锆莫来石对试样的常温抗折强度和弹性模量影响不大，受氢氧化铝热分解产生气孔的影响，AZ组试样的强度和弹性模量显著高于HZ组。

图2-244为试样经950℃热处理后的在不同温度下的热导率。由图中可以看出锆莫来石对试样的热导率影响较小。材料热导率与气孔所占体积分数成反比，因此高气孔率的HZ组试样热导率要低于AZ组。

图2-245为试样经950℃热处理后的室温~1450℃的平均线膨胀率，由图中可以看出两组试样的热膨胀曲线有明显差别，随锆莫来石含量的增加，曲线斜率减小，线膨胀率降低。表2-30为试样室温~1450℃的平均线膨胀系数。随锆莫来石含量的增加试样平均线膨胀系数减小。锆莫来石能够改变试样热膨胀性的主要原因是锆莫来石本身的线膨胀系数要显著低于氧化铝的线膨胀系数。

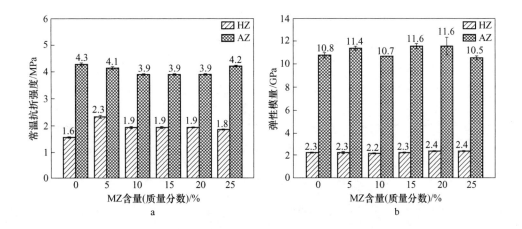

图 2-243　锆莫来石对试样抗折强度(a)与弹性模量(b)的影响

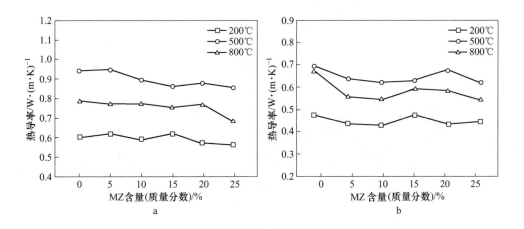

图 2-244　锆莫来石对试样热导率的影响

a—AZ 系列；b—HZ 系列

图 2-246 为锆莫来石含量对长水口整体抗热冲击性的影响。锆莫来石含量增加，内衬材料平均线膨胀系数降低，由此导致长水口颈部最大热应力减小、抗热冲击指数升高。而当氢氧化铝与锆莫来石同时存在时，内衬材料同时具有低热导率、低线膨胀系数和低弹性模量。因此，抗热冲击指数 P 均大于 2.92，内衬材料能够满足使用要求。

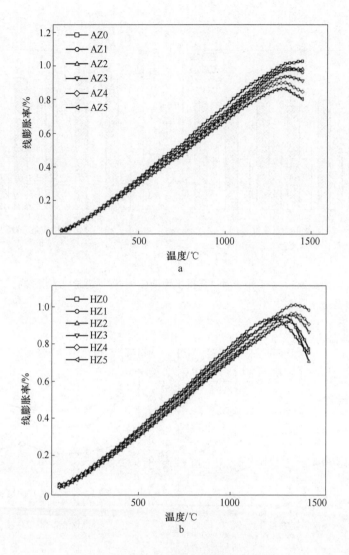

图 2-245　锆莫来石对试样线膨胀率的影响

a—AZ 系列；b—HZ 系列

2.2.8.5　小结

长水口颈部最大周向应力与内衬材料物理参数具有对应关系，可以用抗热冲击指数 P 表征内衬材料对长水口抗热冲击的影响。氧化铝空心球含量的增加对长水口抗热冲击性影响较小。氢氧化铝热解后在材料中形成连续气孔，导致材料结构疏松，从而降低了材料的体积密度、抗折强度、弹性模量和热导率，提高长水口的抗热冲击性。锆莫来石的引入主要降低了材料的平均线膨胀系数，添加量越多，长水口的抗热冲击性越高，但同时要考虑到二氧化硅的引入对抗侵蚀性的影响。

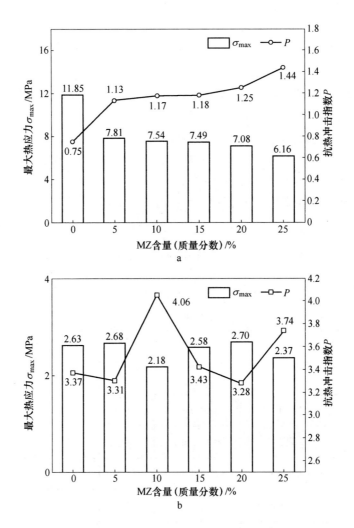

图 2-246 锆莫来石含量对试样抗热冲击性的影响

a—AZ 系列；b—HZ 系列

表 2-30 试样平均线膨胀系数 （K^{-1}）

MZ 含量 （质量分数）/%		0	5	10	15	20	25
项目	AZ	$7.2×10^{-6}$	$6.8×10^{-6}$	$6.9×10^{-6}$	$6.4×10^{-6}$	$6.0×10^{-6}$	$5.7×10^{-6}$
	HZ	$5.3×10^{-6}$	$6.9×10^{-6}$	$5.0×10^{-6}$	$6.1×10^{-6}$	$6.4×10^{-6}$	$5.5×10^{-6}$

2.2.9　氧化铝粉对铝碳材料性能和结构的影响

中间包整体塞棒是连铸生产过程中最为重要的控制元件之一，安装于中间包内，与内装式浸入式水口或中包上水口配合，在连铸工艺中控制钢水从中间包到结晶器的流量，以保证钢水在结晶器中的液面稳定和连铸工艺的稳定；由于塞棒在服役过程中的不可更换性，一旦塞棒发生问题，就会导致钢流失控甚至停浇，使得连铸因此而中断，从而造成严重的安全事故或者巨大的经济损失。

对于连铸而言，要尽可能地降低整体塞棒在服役过程中的非正常、突发性意外损毁的概率，这就要求整体塞棒要具备较高的可靠性。因此，改进和提高整体塞棒可靠性成为耐火材料工作者关注的重点。氧化铝粉是制备整体塞棒的重要原料之一，为此本节介绍了氧化铝粉对整体塞棒棒身材料和棒头材料性能和结构的影响[57]。

2.2.9.1　不同粒度氧化铝粉对铝碳质棒身材料性能的影响

在铝碳质棒身材料中加入不同粒度的氧化铝粉，试验组成如表 2-31 所示。

表 2-31　试验组成

项　目	原　料	粒　度	质量分数/%			
			A1	A2	A3	A4
颗粒	高铝矾土	1~0.2mm	40	40	40	40
细粉	高铝矾土	≤0.074mm	17	17	17	17
	电熔氧化铝粉	$d_{50}=17\mu m$	15	0	0	0
	烧结氧化铝粉	$d_{50}=16\mu m$	0	15	0	0
	活性氧化铝粉 I	$d_{50}=5\mu m$	0	0	15	0
	活性氧化铝粉 II	$d_{50}=2\mu m$	0	0	0	15
石墨	鳞片石墨	≤0.18mm	23	23	23	23
添加剂	Si/SiC	≤0.044mm	5	5	5	5
结合剂	酚醛树脂	—	+10	+10	+10	+10

注：乌洛托品为树脂的 8%~10%，"+"表示外加。

　　图 2-247 为铝碳质棒身材料中加入 15%不同粒度氧化铝粉的坯料粒度分布图，从图中可以看出，A1 和 A2 坯料中细粉部分（粒度≤0.1mm）所占的比重几乎相同，大于 A3，而 A4 坯料最少。A1 所使用的氧化铝粉的中值粒径 d_{50} 虽然略大于 A2 的，但 d_{90} 又略小于 A2 的，因此 A1 和 A2 所使用的氧化铝粉的粒径几乎相同，而 A3、A4 中所使用的氧化铝粉中值粒径明显较小。随着氧化铝粉中值粒径的减小，铝碳质棒身坯料中细粉部分（粒度≤0.1mm）所占的比重逐渐降低。坯料中细粉部分（粒度≤0.1mm）所占的比重越小，坯料造粒效果越好。在铝碳质棒身材料组成不变的情况下，氧化铝粉粒度越小，比表面积越大，吸附能力越强，在混料过程中容易聚集在颗粒和石墨的周围，从而提高坯料的造粒效果。

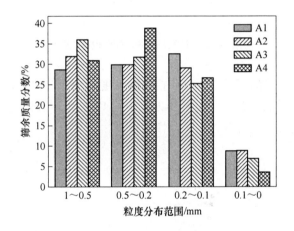

图 2-247　坯料的粒度分布

　　图 2-248 是加入 15%不同粒度氧化铝粉后坯料的堆积密度和振实密度对比图，从图中可以看出，从 A1～A4，随着氧化铝粉中值粒径的降低，坯料的堆积密度和振实密度都升高，结合图 2-247 可以说明：随着氧化铝粉粒度的减小，坯料中细粉部分（粒度≤0.1mm）所占的比重减少，中间颗粒部分（粒度为 0.5～0.2mm）增加，坯料的填充效果更好，有利于坯料的紧密堆积，使得坯料的堆积密度和振实密度都变大。

　　图 2-249 为加入 15%不同粒度氧化铝粉坯料的流动性指标卡尔指数的计算结果，卡尔指数能反映坯料在装模和成型过程中发生颗粒重排程度或偏析的可能性，其值越大，坯料发生颗粒重排的程度或偏析的可能性就越大，材料内部颗粒和细粉分布的均匀性就会变差。由图 2-249 可以看出，从 A1～A4，随着氧化铝粉粒度的减小，坯料的卡尔指数也逐渐减小，表明坯料的流动性逐渐提高。在铝碳

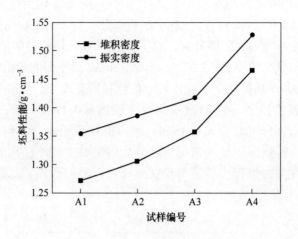

图 2-248　坯料的堆积密度和振实密度

质棒身材料配方不变的情况下，氧化铝粉的粒度越小，造粒效果越好，因此得到的坯料流动性越好，另外，从图 2-247 中可以看出，坯料中间粒度（0.5～0.2mm）比重越大，这也有利于流动性的提高。

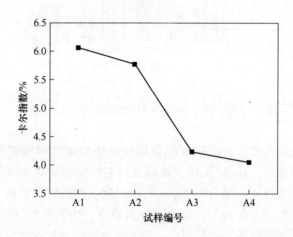

图 2-249　坯料的卡尔指数

为了确定氧化铝粉在铝碳棒身材料中是否发生烧结，分别在 950℃ 和 1600℃ 热处理 3h，对试样 A2 和 A4 试样进行显微结构分析，结果如图 2-250 所示。经 950℃ 热处理后的 A2、A4 试样都没有发现氧化铝粉有烧结的迹象，氧化铝粉还保持原来的晶体形貌；经 1600℃ 热处理后的 A4 试样，氧化铝粉之间空隙明显比

950℃热处理后的试样少，氧化铝粉之间已经发生烧结反应，A2 试样中也有烧结迹象的发生，但不如 A4 试样明显。因此，氧化铝粉的粒度越细、其活性越高，烧结越容易发生。

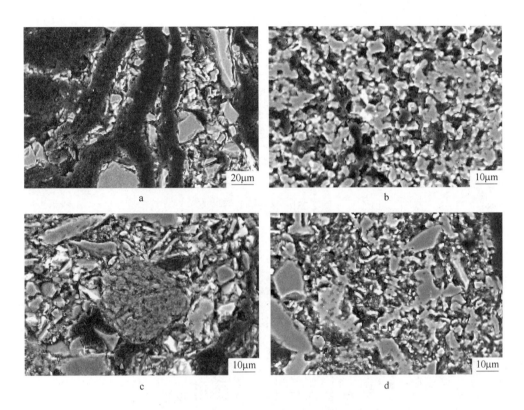

图 2-250　试样的显微结构照片

a—A2 试样 950℃热处理；b—A2 试样 1600℃热处理；c—A4 试样 950℃热处理；d—A4 试样 1600℃热处理

经 950℃和 1600℃ 3h 热处理后试样的显气孔率和体积密度如图 2-251 和图 2-252所示。经 950℃热处理后，从 A1～A4，试样的显气孔率逐渐降低，体积密度逐渐升高；这与坯料的性能有关，坯料的流动性就越好，越容易形成紧密堆积，压制后坯体越致密。

然而，经 1600℃热处理后，从 A1～A4，试样的显气孔率出现明显降低的趋势，体积密度出现明显升高的趋势。结合图 2-251 可知，经 1600℃热处理，氧化铝粉可以促进铝碳材料的显气孔率降低，体积密度升高。

试样经 950℃和 1600℃热处理后的抗折强度如图 2-253 所示。从图中可以看出，在氧化铝粉加入量（质量分数）都为 15%情况下，无论是 950℃还是 1600℃热处理后，从 A1～A4，试样的抗折强度都是先升高后降低。试样经 950℃热处

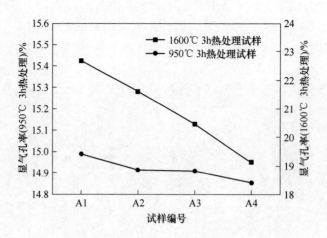

图 2-251　试样的显气孔率

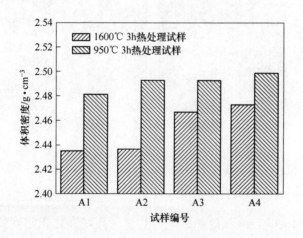

图 2-252　试样的体积密度

理，由于热处理温度较低，氧化铝微粉很难产生烧结，此时试样的常温抗折强度主要取决于材料碳结合；从 A1～A4，试样的显气孔率逐渐降低，体积密度逐渐升高，试样的抗折强度应逐渐升高，然而由于 A4 试样中氧化铝粉的团聚，在试样中形成一定的缺陷，影响了试样的抗折强度，造成 A4 试样的抗折强度低于其他试样的抗折强度。经 1600℃ 热处理后，A1～A4 试样的抗折强度相对于 950℃ 热处理都有所提升，A4 试样中氧化铝粉的团聚，使其抗折强度降低。

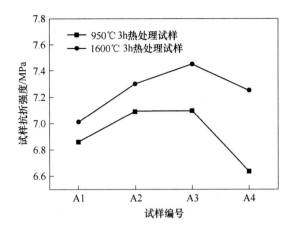

图 2-253　试样的抗折强度

　　试样的弹性模量如图 2-254 所示，从图 2-254 可以明显看出，随着氧化铝粉粒度的减小试样的弹性模量有先升高再降低的趋势，这与试样的常温抗折强度结果一致。

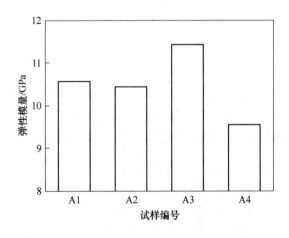

图 2-254　试样的弹性模量

　　试样的线膨胀率见图 2-255，当测试温度低于 700℃ 时，各组试样的线膨胀率均无明显的变化；但随着热膨胀测试温度的升高，各试样的线膨胀率表现出明显的差异；在同一热膨胀温度下，试样的线膨胀率随着氧化铝粉中值粒径的降低而增大。从室温~1100℃ 各试样的平均线膨胀系数如表 2-32 所示，随着氧化铝粉中值粒径的降低平均线膨胀系数逐渐增大。

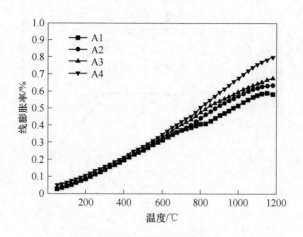

图 2-255　试样的线膨胀率

表 2-32　室温~1100℃试样的平均线膨胀系数 α　　　　（℃$^{-1}$）

试样编号	A1	A2	A3	A4
α	5.4×10^{-6}	5.7×10^{-6}	6.1×10^{-6}	7.1×10^{-6}

在中频感应炉内，试样经保护渣侵蚀后的结果如图 2-256 所示，试样的侵蚀厚度见表 2-33。在氧化铝粉（质量分数）加入量都为 15% 情况下，随着氧化铝粉粒度的减小，试样的抗渣侵蚀性增强。原因是氧化铝粉的粒度减小，填充效果

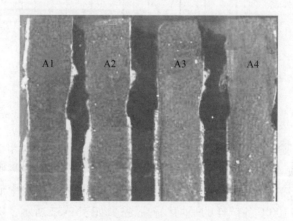

图 2-256　试样侵蚀结果

好，坯体的显气孔率减小，粒度越小的氧化铝粉高温下的烧结作用越明显，进一步降低了坯体的显气孔率，从而提高了抗侵蚀性。

表 2-33　试样的平均侵蚀厚度　　　　　　　（mm）

试样编号	A1	A2	A3	A4
厚　度	3.42	3.42	2.86	2.12

2.2.9.2　不同比例氧化铝粉对铝碳质棒身材料性能的影响

氧化铝粉选用活性氧化铝粉 I（$d_{50} = 5\mu m$），改变组成中氧化铝粉及高铝矾土粉（≤0.074mm）的质量比例，如表 2-34 所示。

表 2-34　试验配比

项　目	原　料	粒　度	质量分数/%			
			B1	B2	B3	B4
颗粒	高铝矾土	1~0.2mm	40	40	40	40
细粉	高铝矾土	≤0.074mm	32	22	12	2
	活性氧化铝粉 I	$d_{50} = 5\mu m$	0	10	20	30
石墨	鳞片石墨	≤0.18mm	23	23	23	23
添加剂	Si/SiC	≤0.044mm	5	5	5	5
结合剂	酚醛树脂	—	+10	+10	+10	+10

注：乌洛托品为树脂的 8%~10%，"+"表示外加。

图 2-257 为铝碳棒身材料中加入不同含量活性氧化铝粉后坯料的粒度分布图，可以看出，随着活性氧化铝粉加入量的增加，坯料中细粉部分（粒度≤0.1mm）所占的比重先减少后增加，坯料中颗粒部分（粒度为 1~0.5mm）所占的比重先增加后减少，说明坯料的造粒效果先变好后变差。由于具有较强的吸附能力，细粒度的氧化铝微粉可以提高坯料的造粒效果，随着细粒度氧化铝粉加入量的增加，原料的比表面积越来越大，所需要的结合剂数量越来越多，在结合剂加入量不变的情况下，坯料的造粒效果变差。

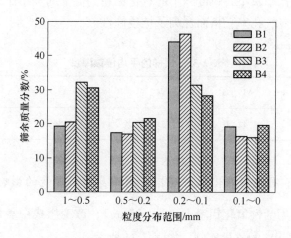

图 2-257 加入不同含量活性氧化铝粉后坯料的粒度分布

图 2-258 是加入不同含量活性氧化铝粉后坯料的堆积密度和振实密度对比图，从图中可以看出，随着活性氧化铝粉加入比例的增加，坯料的堆积密度和振实密度都升高，说明细粒度的氧化铝微粉可以提高铝碳棒身材料的堆积密度和振实密度。

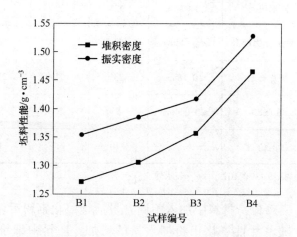

图 2-258 加入不同含量活性氧化铝粉后坯料的堆积密度和振实密度

图 2-259 为不同坯料流动性指标卡尔指数的计算结果，由图可以看出，随着活性氧化铝粉 Ⅰ 加入比例的增加，坯料的卡尔指数先减小再增大，表明坯料的流动性先提高再降低。在结合剂加入量不变的情况下，随着细粒度氧化铝微粉加入

量的增加，坯料的造粒效果变好，坯料流动性就好；而随着细粒度氧化铝微粉加入量进一步的增加，原料的比表面积增大，而结合剂数量不变，坯料的造粒效果就会变差，这不利于坯料流动性的提高。

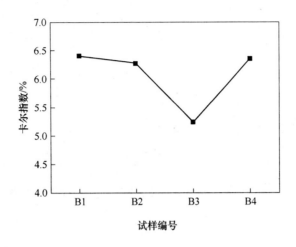

图 2-259　加入不同含量活性氧化铝粉后坯料的卡尔指数

生坯和经 950℃ 热处理后的熟坯试样的抗折强度如图 2-260 所示，显气孔率如图 2-261 所示，体积密度如图 2-262 所示。在坯料挥发分控制一样的条件下，随着氧化铝微粉加入量的增加，生坯和熟坯试样的抗折强度、体积密度逐渐降低，显气孔率逐渐升高。铝碳材料的生坯性能主要和结合剂的加入量有关，在结

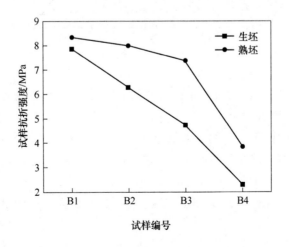

图 2-260　加入不同含量活性氧化铝粉后试样的抗折强度

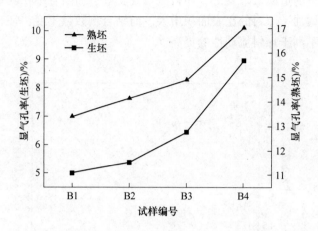

图 2-261　加入不同含量活性氧化铝粉后试样的显气孔率

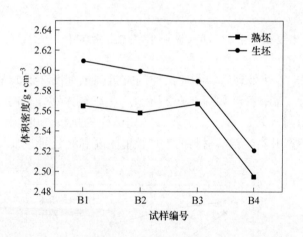

图 2-262　加入不同含量活性氧化铝粉后试样的体积密度

合剂加入量不变的情况下，细粒度氧化铝粉加入量越多，原料的比表面积越大，树脂碳不能均匀地覆盖在基质的表面，造成坯料的压缩性能变差，坯体致密度变差。当活性氧化铝粉的加入量达到 30% 时，试样的生坯抗折强度只有 2.3MPa，降幅明显；生坯显气孔率为 8.95%，明显高于其他试样，说明 B4 试样结合剂的加入量明显不足。

　　铝碳材料的熟坯性能除了与结合剂有关外，还与组成中的添加剂和粒度有关，细粒度的氧化铝粉有利于提高坯料的造粒效果，填充空隙，从而提高坯料的体积密度和强度，但结合剂加入量的不足，导致了熟坯性能的下降。因此，从B1~B4，熟坯试样的抗折强度逐渐降低，B1~B3降幅缓慢，而B4降幅明显。

经1600℃热处理，试样的抗折强度如图2-263所示，体积密度如图2-264所示，显气孔率如图2-265所示，随着活性氧化铝微粉加入量的增加，抗折强度和体积密度具有先降低再升高然后再降低的趋势，显气孔率具有先升高再降低然后再升高的趋势。B1试样没有加入活性氧化铝微粉，Al_2O_3全部以高铝矾土的形式引入，由于高铝矾土中含有大量的杂质，经过1600℃热处理，在材料形成玻璃相填

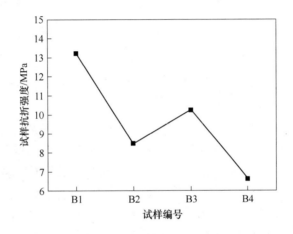

图 2-263　活性氧化铝粉含量对试样抗折强度的影响
（1600℃热处理）

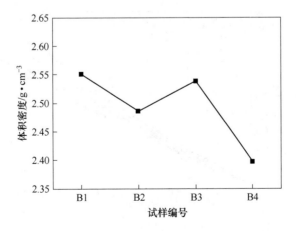

图 2-264　活性氧化铝粉含量对试样体积密度的影响
（1600℃热处理）

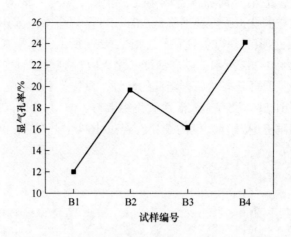

图 2-265   活性氧化铝粉含量对试样显气孔率的影响

(1600℃热处理)

充了气孔，造成 B1 试样显气孔率最低，体积密度最高，抗折强度最高。B3 坯料造粒效果最好，另外高温下活性氧化铝微粉具有烧结作用，有利于提高试样的抗折强度和体积密度，降低试样的显气孔率，因此 B3 试样的性能要好于 B2 试样。由于 B4 试样中结合剂的加入量严重不足，试样压制时致密化不足，1600℃热处理后活性氧化铝微粉的烧结作用体现得不明显，因此 B4 试样的性能最差。

试样的线膨胀率见图 2-266，当热膨胀测试温度较低时，各组试样的线膨胀率均无明显的变化；当测试温度高于 400℃时，各试样的线膨胀率开始显现出差

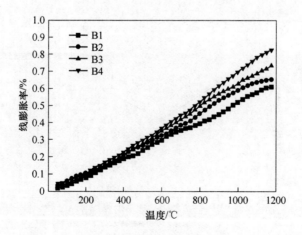

图 2-266   试样的线膨胀率

异，试样的线膨胀率随着氧化铝粉加入量的增加而增大。从室温~1100℃各试样的平均线膨胀系数如表2-35所示，随着氧化铝粉加入量的增加平均线膨胀系数逐渐增大。

表 2-35 室温~1100℃试样的平均线膨胀系数 α （℃$^{-1}$）

试样编号	B1	B2	B3	B4
α	5.3×10^{-6}	5.9×10^{-6}	7.1×10^{-6}	7.8×10^{-6}

在中频感应炉内，试样经保护渣侵蚀后的结果如图2-267所示，试样的侵蚀厚度见表2-36。随着活性氧化铝粉的增加，试样的抗渣侵蚀性减弱。

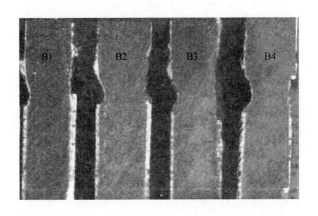

图 2-267 试样侵蚀结果

表 2-36 试样的平均侵蚀厚度 （mm）

试样编号	B1	B2	B3	B4
厚 度	2.92	2.94	3.16	3.78

2.2.9.3 不同粒度氧化铝粉对铝碳质棒头材料性能的影响

棒头是塞棒最关键的部位，保证棒头材料的性能十分重要，其常用材质有铝碳质和镁碳质，此节以铝碳质棒头为例，分析不同粒度的氧化铝粉对棒头性能的影响，试验组成如表2-37所示。

表 2-37　试验组成

项　目	原料	粒　度	质量分数/%			
			T1	T2	T3	T4
颗粒	白刚玉	0.6~0.2mm	40	40	40	40
细粉	白刚玉	≤0.074mm	22	22	22	22
	电熔氧化铝粉	$d_{50}=17\mu m$	25	0	0	0
	烧结氧化铝粉	$d_{50}=16\mu m$	0	25	0	0
	活性氧化铝粉 I	$d_{50}=5\mu m$	0	0	25	0
	活性氧化铝粉 II	$d_{50}=1.5\mu m$	0	0	0	25
石墨	鳞片石墨	≤0.18mm	8	8	8	8
添加剂	Si/SiC/Al	≤0.044mm	5	5	5	5
结合剂	酚醛树脂	—	+7.5	+7.5	+7.5	+7.5

注：乌洛托品为树脂的 8%~10%，"+"表示外加。

　　图 2-268 为铝碳棒头坯料中加入不同种类、粒度氧化铝粉后坯料的粒度分布图，从图中可以看出，组成不变的情况下，随着氧化铝粉中值粒径的降低，坯料中细粉部分（≤0.1mm）所占的比重逐渐减小，中间颗粒部分（0.5~0.2mm）

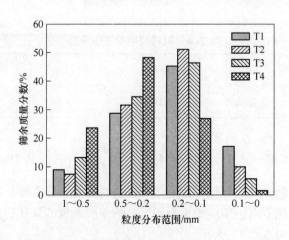

图 2-268　不同粒径氧化铝粉对坯料粒度分布的影响

所占的比重逐渐增加，这是由于细粒度的氧化铝微粉具有较强的吸附能力，有利于提高坯料的造粒效果。

图 2-269 是铝碳棒头坯料中加入不同种类、粒度氧化铝粉的堆积密度和振实密度对比图，从图中可以看出，随着氧化铝粉中值粒径的降低，坯料的堆积密度和振实密度都升高，细粒度的氧化铝微粉填充效果好，紧密的堆积在颗粒和石墨的周围，所形成的颗粒更加致密，使得坯料的堆积密度和振实密度都变大。

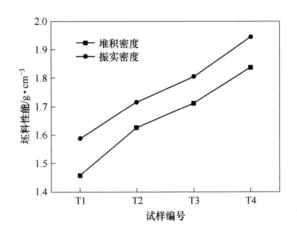

图 2-269　不同粒径氧化铝粉对坯料的堆积密度和振实密度的影响

图 2-270 为不同坯料流动性指标卡尔指数的计算结果，由图可以看出，随着氧化铝粉粒度的减小，铝碳棒头坯料的卡尔指数先减小再增大，表明坯料的流动

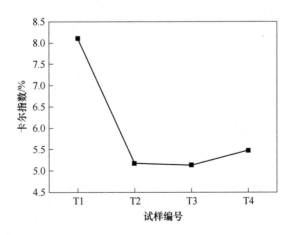

图 2-270　不同粒径氧化铝粉对坯料卡尔指数的影响

性先提高后降低。在铝碳棒头料组成不变的情况下，氧化铝粉的粒度越小，造粒效果好，坯料中间粒度部分（0.5~0.2mm）比重越大，坯料流动性越好，但 T4 中加入的氧化铝粉的粒度过细，出现了颗粒团聚的现象，具体表现为坯料中粗颗粒部分（1~0.5mm）和中颗粒部分（0.5~0.2mm）远高于其他配方，这样反而不利于坯料的紧密堆积，因而 T4 的卡尔指数高于 T2 和 T3 的卡尔指数。

  生坯和 950℃ 热处理后的熟坯试样的显气孔率如图 2-271 所示，体积密度如图 2-272 所示，随着氧化铝粉粒度的变小，生坯试样的显气孔率没有明显规律，体积密度有逐渐升高的趋势；熟坯试样的显气孔率逐渐降低，体积密度逐渐升高。

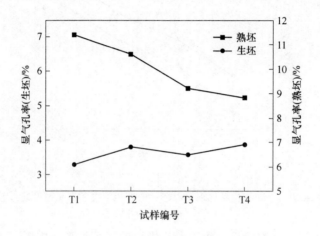

图 2-271 不同粒径氧化铝粉对试样显气孔率的影响

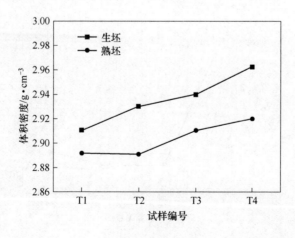

图 2-272 不同粒径氧化铝粉对试样体积密度的影响

　　试样经950℃热处理后高温抗折强度如图2-273所示。从图2-273可以看出，在氧化铝粉加入量相同的情况下，无论是950℃热处理的常温抗折强度还是高温抗折强度都是T2试样最高，同一测试条件下T3和T4试样的抗折强度相差不大，但都高于T1，可能是细粒度的氧化铝粉提高了坯料的堆积密度，压制时坯体更致密。

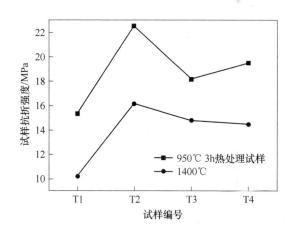

图2-273　不同粒径氧化铝粉对试样常温和高温抗折强度的影响

　　试样的线膨胀率见图2-274，随着测试温度的升高，各试样的线膨胀率表现出明显的差异，材料的线膨胀率随着氧化铝粉中值粒径的降低而增大。从室温～1100℃各试样的平均线膨胀系数如表2-38所示，随着氧化铝粉中值粒径的降低平均线膨胀系数逐渐增大。

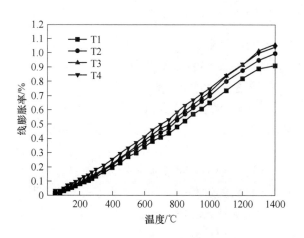

图2-274　试样的线膨胀率

表 2-38　室温~1100℃试样的平均线膨胀系数 α　　　（℃$^{-1}$）

试样编号	T1	T2	T3	T4
α	6.9×10^{-6}	7.2×10^{-6}	7.8×10^{-6}	7.8×10^{-6}

2.2.9.4　不同比例氧化铝粉对铝碳质棒头性能的影响

氧化铝微粉选用烧结氧化铝粉，改变氧化铝粉及白刚玉粉（≤0.074mm）的质量比例，其组成如表 2-39 所示。

表 2-39　试验组成

项　目	原　料	粒　度	质量分数/%			
			F1	F2	F3	F4
颗粒	白刚玉	0.6~0.2mm	40	40	40	40
细粉	白刚玉	≤0.074mm	47	32	17	2
	烧结氧化铝粉	$d_{50}=2\mu m$	0	15	30	45
石墨	鳞片石墨	≤0.18mm	8	8	8	8
添加剂	Si/SiC/Al	≤0.044mm	5	5	5	5
结合剂	酚醛树脂	—	+7.5	+7.5	+7.5	+7.5

注：乌洛托品为树脂的 8%~10%，"+"表示外加。

图 2-275 为加入不同比例氧化铝粉后坯料的粒度分布图，从图中可以看出，随着氧化铝粉加入量的增加，坯料中细粉部分（≤0.1mm）所占的比重逐渐减小，并且小于 5%，说明结合剂的加入量非常充足；粗颗粒部分（1~0.5mm）所占的比重逐渐增加，F4 中粗颗粒部分最多，达到总比重的 48%。由于细粒度的氧化铝微粉具有较强的吸附能力，在结合剂加入量足够的条件下，氧化铝粉越多坯料的造粒效果越好。

图 2-276 是不同氧化铝粉含量时的堆积密度和振实密度，从图中可以看出，随着氧化铝粉的增加，坯料的堆积密度和振实密度升高，细粒度的氧化铝微粉具有较好的填充效果，紧密地覆盖在颗粒和石墨的表面，形成的颗粒更加致密，氧化铝粉越多颗粒越致密，使得坯料的堆积密度和振实密度都变大。

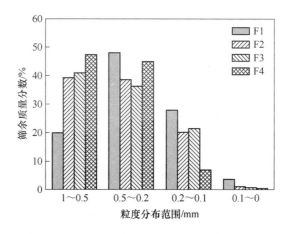

图 2-275 氧化铝粉含量对坯料粒度分布的影响

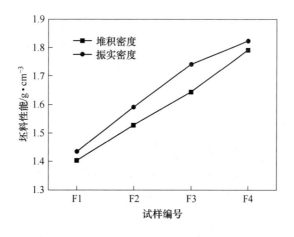

图 2-276 氧化铝粉含量对坯料堆积密度和振实密度的影响

图 2-277 为不同坯料流动性指标卡尔指数的计算结果，由图 2-277 可以看出，随着氧化铝粉加入量的增加，铝碳棒头坯料的卡尔指数先增大再减小，表明坯料的流动性先变差后变好。这是因为随着氧化铝粉加入量的增加，坯料中粗颗粒部分所占的比重越来越大，细粉部分越来越少，不利于坯料的紧密堆积，致使卡尔指数升高。

试样的显气孔率如图 2-278 所示，体积密度如图 2-279 所示，随着氧化铝粉加入比例的增加，生坯和熟坯试样的显气孔率都是先降低再升高，体积密度先升

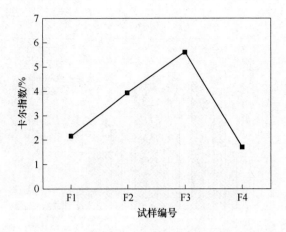

图 2-277　氧化铝粉含量对坯料卡尔指数的影响

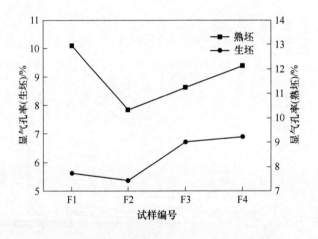

图 2-278　氧化铝粉含量对试样显气孔率的影响

高再降低。

　　试样经 950℃ 热处理后常温和高温抗折强度如图 2-280 所示。从图 2-280 可以看出，氧化铝含量为 15% 的 F2 试样常温和高温抗折强度最高。由于成型时坯体的致密性变差，使得 F3 和 F4 试样的常温抗折强度和高温抗折强度降低；另外，坯体中氧化铝粉的团聚也会导致试样强度的降低。

　　试样的线膨胀率见图 2-281，可见试样的线膨胀率随着氧化铝微粉加入量的增加而增大。从室温～1100℃ 各试样的平均线膨胀系数如表 2-40 所示，随着氧化铝粉中值粒径的降低，平均线膨胀系数逐渐增大。

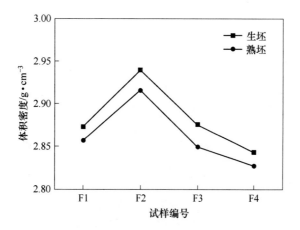

图 2-279　氧化铝粉含量对试样体积密度的影响

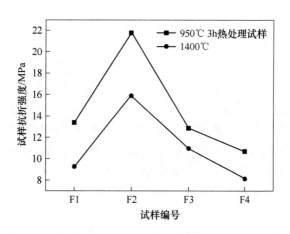

图 2-280　氧化铝粉含量对试样常温和高温抗折强度的影响

表 2-40　室温~1100℃试样的平均线膨胀系数 α （℃$^{-1}$）

试样编号	F1	F2	F3	F4
α	7.0×10^{-6}	7.4×10^{-6}	8.1×10^{-6}	8.3×10^{-6}

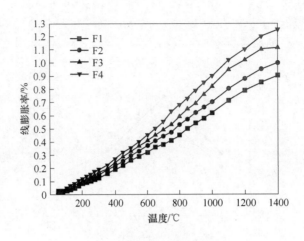

图 2-281　试样的线膨胀率

2.2.10　尖晶石生成对含碳耐火材料性能和结构的影响

由于尖晶石在原位生成过程中会产生 5%～8% 的体积膨胀，所以目前在连铸
用耐火材料中常常是先预合成尖晶石。对于原位形成尖晶石对含碳材料的结构与
性能的影响还研究甚少。H. S. Tripathi[58]研究了 MgO 和 Al_2O_3 的粒度对 Al_2O_3-
$MgAl_2O_4$-C 耐火材料中的尖晶石形成及其伴随的重烧永久线变化和显微结构的影
响，结果表明反应物很细以及活性大时，有大量的尖晶石形成，在 Al_2O_3-
$MgAl_2O_4$-C 耐火材料中，尖晶石相在氧化铝晶粒之间形成，作为晶粒之间的结合
相，形成的尖晶石相基本上为化学计量比组成，使用电熔氧化镁和煅烧氧化铝合
成尖晶石，效果最佳，保持耐火材料的强度和控制永久线变化率。有报道[59]称
原位尖晶石的存在对耐火材料产生积极的影响，使其具有较好的抗侵蚀性和抗热
震性。

Zhu Tianbin 等[60]等以 Al 粉为抗氧化剂，研究了低碳镁碳中空尖晶石晶须
形成，试验结果表明尖晶石的生长机制是由液体 Al 毛细管力传输能力控制，
Al_4C_3、AlN 晶须和尖晶石晶须弥散分布于基质中。吕李华等[61]在研究铝碳材料
抗氧化剂硼化镁时，发现 MgB_2 与 CO 生成 MgO，然后 MgO 和 Al_2O_3 生成
$MgAl_2O_4$，强化了骨料与基质的结合，降低了气孔率，从而提高了试样的抗氧化
性能。在 1570℃ 冶炼高铝合金钢时，在 MgO-C-Al 耐火材料表面形成 Al_4C_3 增加
了材料的强度，并形成了 $MgAl_2O_4$，提高了抗渣性和抗侵蚀性。通过在低碳
MgO-C 中加入纳米 Fe 和 Al 微粉，1200℃ 时可形成规则八面体尖晶石和 CNTs，
极大地提高了材料的抗热震性。连进[62]认为添加 MgB_2 生成的镁铝尖晶石填充

了开口气孔，并使得镁碳耐火材料内部结构更加致密从而有效地抑制了碳的氧化。A. D. Mazzoni 等[63]研究了还原气氛下镁铝尖晶石的形成与烧结，分别在三种不同的气氛下观察了尖晶石的烧结性能，发现还原气氛不会影响尖晶石的形成，但是在还原气氛下形成的尖晶石内孔较多。

随着冶金技术的不断发展及钢厂对钢液洁净度要求越来越严格，要求含碳耐火材料"长寿化、低碳化"，然而碳含量的降低劣化了含碳耐火材料的抗热震性能和抗渣性能，一定程度上影响了含碳耐火材料的使用效果。为提高低碳耐火材料性能，通过添加氧化铝微粉，利用镁铝尖晶石原位反应产生的体积膨胀效应，堵塞气孔，提高了低碳镁碳材料的抗氧化性能和抗热震性能；另外，使用镁碳和铝碳材料进行结构复合制备连铸用功能耐火材料，在铝碳材料和镁碳材料界面会发生尖晶石化反应，产生的膨胀影响体积稳定性等问题，容易引起塞棒棒头断裂等中断连铸的事故。因此，尖晶石原位生成反应是影响含碳耐火材料服役行为的一个重要技术关键，一方面可提高低碳材料的抗侵蚀性，另一方面也严重制约功能耐火材料的可靠性。

通常利用氧化镁和氧化铝的固相反应原位生成尖晶石改善材料的结构与性能，如铝镁浇注料，其影响因素也进行了详细报道，但在含碳耐火材料中由于碳的存在，阻碍了氧化镁和氧化铝的接触，同时体系中以还原气氛为主，镁铝尖晶石的生成机理发生了很大变化，因此含碳耐火材料中镁铝尖晶石的生成机理，尤其是通过气相反应生成机理，以及其对含碳耐火材料结构与性能的影响显得尤为重要。

2.2.10.1 含碳耐火材料中尖晶石生成机理研究

按照表 2-41 的试验组成混练物料，将一部分混练好的物料在 100t 压机下以

表 2-41 试验组成

原 料	质量分数/%			
	M	A	M-C	A-C
镁砂	100	—	90	—
α-Al$_2$O$_3$粉	—	100	—	90
鳞片石墨	—	—	10	10
PVA（外加）	4	4	—	—
固态树脂（外加）	—	—	4	4

40MPa 的压力压制成 ϕ50mm×10mm 的片状试样，另外一部分原料置于坩埚中。然后将坩埚密封，最后将坩埚置于刚玉-莫来石质匣钵中埋碳 1550℃烧成 3h，通过热力学计算来探究镁铝尖晶石生成的热力学条件，定性分析镁铝尖晶石生成的动力学条件，探究气相反应的发生，反应装置示意图如图 2-282 所示。

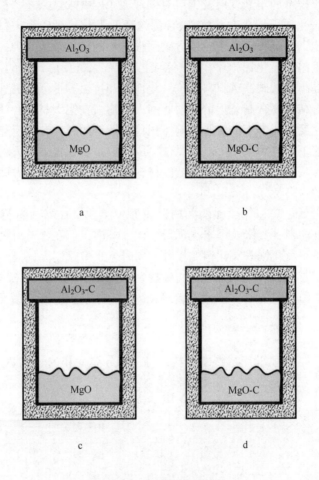

图 2-282　反应装置示意图

A　热力学计算

试验中试样的热处理均采用埋碳热处理，平衡气相中主要是 N_2 和 CO，只有少量的 CO_2 和微量 O_2。根据空气中 O_2 体积分数约为 21%，N_2 体积分数约为 79%，此时 CO 分压为 0.35atm（1atm=101325Pa），N_2 分压为 0.65atm。根据无机热力学数据[64]以及化学热力学数据手册[65]，按照式 2-70 和式 2-74 可计算出体系中各气相分压，如表 2-42 所示。

表 2-42 平衡状态下各气相的分压

温度/K	分压/atm				
	N_2	CO	O_2	Mg	Al_2O
1823	0.65	0.35	3.76×10^{-17}	7.3×10^{-3}	3.64×10^{-8}

$$C(s) + 1/2O_2(g) = CO(g) \tag{2-70}$$
$$\Delta_r G_1 = -114400 - 85.77T + RT\ln[(p_{CO}/p^\ominus)/(p_{O_2}/p^\ominus)^{0.5}]$$
$$MgO(s) + C(s) = Mg(g) + CO(g) \tag{2-71}$$
$$\Delta_r G_2 = 600020 - 279.49T + RT\ln[(p_{CO}/p^\ominus) \times (p_{Mg}/p^\ominus)]$$
$$MgO(s) = Mg(g) + 0.5O_2(g) \tag{2-72}$$
$$\Delta_r G_3 = 1428840 - 387.44T + RT\ln[(p_{Mg}/p^\ominus) \times (p_{O_2}/p^\ominus)^{0.5}]$$
$$2C(s) + Al_2O_3(s) = Al_2O(g) + 2CO(g) \tag{2-73}$$
$$\Delta_r G_4 = 1283400 - 544.15T + RT\ln[(p_{CO}/p^\ominus)^2(p_{Al_2O}/p^\ominus)]$$
$$Al_2O_3(s) = Al_2O(g) + O_2(g) \tag{2-74}$$
$$\Delta_r G_5 = 1512200 - 372.61T + RT\ln[(p_{O_2}/p^\ominus)(p_{Al_2O}/p^\ominus)]$$

本试验体系中可能生成 $MgAl_2O_4$ 的反应有:

$$MgO(s) + Al_2O_3(s) = MgO \cdot Al_2O_3(s) \tag{2-75}$$
$$\Delta_r G_6 = -23604 - 5.91T = -34.38kJ/mol$$
$$Mg(g) + Al_2O_3(s) + CO(g) = MgO \cdot Al_2O_3(s) + C(s) \tag{2-76}$$
$$\Delta_r G_7 = -623624 + 273.58T + RT\ln[(p_{CO}/p^\ominus)^{-1} \times (p_{Mg}/p^\ominus)^{-1}] = -34.41kJ/mol$$
$$Mg(g) + Al_2O(g) + 3CO(g) = MgO \cdot Al_2O_3(s) + 3C(s) \tag{2-77}$$
$$\Delta_r G_8 = -1907024 + 817.73T + RT\ln[(p_{Mg}/p^\ominus)^{-1} \times (p_{Al_2O}/p^\ominus)^{-1}$$
$$\times (p_{CO}/p^\ominus)^{-3})] = -34.39kJ/mol$$
$$MgO(s) + Al_2O(g) + 2CO(g) = MgO \cdot Al_2O_3(s) + 2C(s) \tag{2-78}$$
$$\Delta_r G_9 = -1307004 + 538.24T + RT\ln[(p_{Al_2O}/p^\ominus)^{-1} \times (p_{CO}/p^\ominus)^{-2}] = -34.36kJ/mol$$

根据以上热力学计算结果可知，反应式 2-75~式 2-78 的 ΔG 均小于 0，1823K (1550℃) 埋碳条件下，镁铝尖晶石的生成满足热力学条件。

B 含碳耐火材料中尖晶石气相生成过程研究

按照如图 2-283 的试验装置进行试验，试验后外观如图 2-283 所示。由图 2-283可看出，部分薄片表面生成肉眼可见的纤维状晶须，且当石墨存在的情况下，晶须生成量较多，晶须出现情况见表 2-43。

图 2-283   试样经 1550℃埋碳热处理 3 h 试验结果

表 2-43   试样经 1550℃埋碳热处理 3h 晶须生成情况

薄片位置	上	A	A	A-C	A-C
	下	M	M-C	M	M-C
晶须生成情况		无	少量	无	大量

试样没有接触而生成晶须，说明 MgO-C 或 Al₂O₃-C 材料会产生一定的气相，晶须通过气相与气相或者气相与固相反应成核生长。由图 2-283b、d 可以看出，晶须以团簇状发散生长，生长点随机分布在薄片表面，其中心部位生长点密集，边缘生长点稀疏，晶须长度达到几十毫米，说明晶须是由 Mg(g) 扩散到顶部薄片处，通过反应形核生长，同时可看出，随着反应的进行，薄片由白变黑，存在

一定的积碳过程，与反应式 2-76 和式 2-77 结果相符。由表 2-43 可知，由于 C 的存在，使得还原气氛下 Mg 气相或者 Al 气相分压较高，根据对 MgO-C 材料中氧化动力学分析[66]，当系统温度高于 1400℃ 时，反应式 2-71 为主要反应，MgO(s) 和 C(s) 反应释放出 Mg(g)，Mg(g) 扩散到 Al_2O_3(s) 一侧，与 Al_2O_3(s) 或者 Al_2O(g) 反应，晶须通过气相反应形核生长，Mg 蒸气的分压对晶须的形成和发育有极其重要的影响。

a 物相分析

将图 2-283b、d 薄片表面的晶须轻轻取下进行物相分析，结果如图 2-284 所示。由图 2-284 可知，主晶相为 $MgAl_2O_4$ 和 C，图谱中 C 可能为提取晶须时带入的杂质，同时可看出 XRD 图谱中主峰位置对应于 $MgAl_2O_4$ 的标准卡片（PDF# 75-1798），其峰值的相对大小和位置与标准卡片基本相同，有 10 个谱峰与尖晶石特征峰符合良好，从而确定新生成晶须为 $MgAl_2O_4$ 晶须。

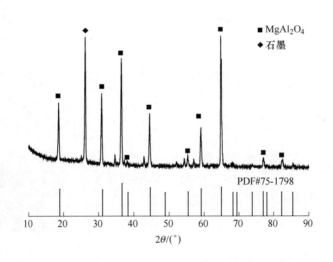

图 2-284 经 1550℃ 埋碳热处理 3h 制得晶须 XRD 图谱

对制备的晶须进行单晶（111）面的 X 射线衍射分析，如图 2-285 所示，通过计算：晶格常数 $a=b=c=0.80614$ nm，测试值较理论值（0.80660 nm）偏小，由 X' Per HighScore Plus 分析软件分析得 $\alpha=\beta=\gamma=90°$，属于立方晶系，空间点群为 Fd3M，化学式为 $MgAl_2O_4$，相对分子质量为 142，$Z=8$，计算其密度为 3.538g/cm³，因此尖晶石的单位晶胞为 $Mg_8Al_{16}O_{32}$，化学组成（质量分数）为：氧化镁 28.2%，氧化铝 71.8%。

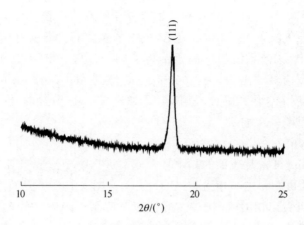

图 2-285   MgAl$_2$O$_4$ 晶须的单晶 X 射线衍射分析

b   显微结构

图 2-286 为经 1550℃ 热处理 3h 制得的 MgAl$_2$O$_4$ 晶须的 SEM 照片。由图 2-286a 可看出，尖晶石晶须形态各异，形成粗细不匀的产物，有薄片状、柱状等

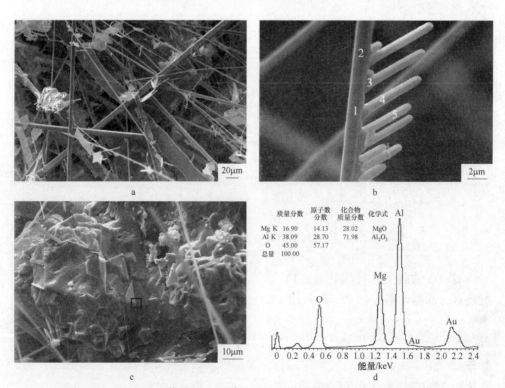

图 2-286   经 1550℃ 热处理 3h 所制 MgAl$_2$O$_4$ 晶须的 SEM 照片及 EDS 结果

形状，晶须直径为 5~20μm，晶须表面有少量小球状物质，且在微区有颗粒状物质生成。由图 2-286b 可看出，部分晶须呈枝蔓生长，且长短不一，中心为较粗主干晶须，周围为一些粗细不匀的枝晶须，晶须呈现一定透明状态，说明结构缺陷和晶界较少。表 2-44 为图 2-286b 各点 EDS 分析结果，由表 2-44 可以看出，主干晶须和枝蔓晶须均符合尖晶石的组成，且接近理论尖晶石的组成。对晶须表面颗粒进行分析，见图 2-286c，图 2-286d 为颗粒微区 EDS 分析结果，由图2-286c、d 可以看出，晶须表面颗粒发育结晶完善，MgO 和 Al_2O_3 质量比为 2.56，其组成符合尖晶石的组成，且接近理论尖晶石的组成，这是由于晶须是由气相反应形成，在高蒸气压条件下，晶须容易结晶，生长成为晶片或者颗粒。

表 2-44　能谱分析结果

项　目	表示点	MgO	Al_2O_3	Al_2O_3/MgO
图 2-286b	1	27.10	72.90	2.69
	2	27.68	72.32	2.61
	3	26.84	73.16	2.73
	4	27.20	72.80	2.68
	5	28.02	71.98	2.57

C　尖晶石晶须生成机理研究

图 2-287 为 $MgAl_2O_4$ 晶须顶端 SEM 照片，由图 2-287a 可以看出，晶须顶端尖锐，且粗细不均。由图 2-287b 可以看出，晶须沿轴向产生分叉，出现生长台阶现象，这种现象是由晶须生长依靠气相沉积机理而导致。晶须粗细不均，说明晶须在发育过程中主要是从气相中沉积成核，以位错孪晶等缺陷作为形核中心，以 V-S 机制成长，且成长条件不太稳定。V-S 机制生长的晶须结构上有很多缺陷，往往沿轴向上还有很多二次甚至三次分枝，晶须尺寸可控性差，一般为随机生长，受气压和气体流速影响较大。

$MgO(s)$ 和 $C(s)$ 发生反应（见式 2-71），生成 $Mg(g)$，$Mg(g)$ 以气相的方式扩散到 $Al_2O_3(s)$ 一侧，当 $Al_2O_3(s)$ 周围无 $C(s)$ 存在时，$Mg(g)$ 和 $Al_2O_3(s)$ 发生气固反应（见式 2-76），晶须依靠气相沉积形核，通过 V-S 机制发育长大，气固反应扩散过程分为外扩散、内扩散和界面化学反应，反应动力学阻力较大，随着反应的进行，内扩散阻力逐渐增大，反应层逐渐变厚，反应界面的面积逐渐减小，内扩散和化学反应阻力逐渐增大，因而晶须形核后生长发育程度较小，晶须生成量较少，晶须较短；当 $Al_2O_3(s)$ 周围有 $C(s)$ 存在时，$Al_2O_3(s)$ 和 C (s) 发生反应（见式 2-73）生成气相 $Al_2O(g)$，$Al_2O(g)$ 和 $Mg(g)$ 以及体系中的 $CO(g)$ 通过气–气反应（见式 2-77）沉积形核，由于气相分子之间碰撞接触相对容易，反应阻力较小，为化学反应速率控制过程，因此晶须沉积相对容易，晶须生成量较大。

图 2-287 $MgAl_2O_4$ 晶须顶端 SEM 照片

D   含碳耐火材料中尖晶石生成机理研究

含碳耐火材料中，当氧化铝和氧化镁直接接触时，发生固相反应（见式 2-75），生成镁铝尖晶石，由于石墨的存在，在一定程度上阻碍了氧化铝和氧化镁的接触，使固相扩散过程和反应程度受到削弱，基于上述试验结果以及热力学计算，含碳耐火材料处于非氧化气氛时，气相反应原位生成尖晶石过程如图 2-288 所示。氧化镁和石墨通过碳热反应（见式 2-71）生成 $Mg(g)$，一部分 $Mg(g)$ 扩散到 Al_2O_3 一侧，通过气-固反应（见式 2-76）生成镁铝尖晶石，另一部分 $Mg(g)$ 与反应（见式 2-73）生成的 $Al_2O(g)$ 发生气-气反应生成镁铝尖晶石。

综上，可以认为含碳耐火材料处于非氧化气氛时，氧化镁和石墨通过碳热反应生成 $Mg(g)$，一部分 $Mg(g)$ 扩散到 Al_2O_3 一侧，通过气-固反应生成镁铝尖晶石，另一部分 $Mg(g)$ 与反应生成的 $Al_2O(g)$ 发生气-气反应生成镁铝尖晶石。碳的存在促进了镁铝尖晶石的气相生成，如图 2-288 所示。

2.2.10.2   尖晶石的生成对含碳耐火材料结构与性能的影响

本节介绍了原料组成、原料粒度、热处理温度对尖晶石原位生成及对材料性能和结构的影响，试样的制备工艺流程图如图 2-289 所示。

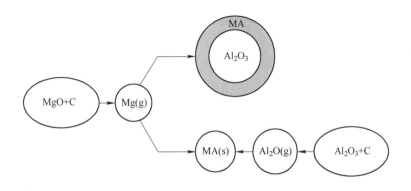

图 2-288　气相反应原位生成尖晶石示意图

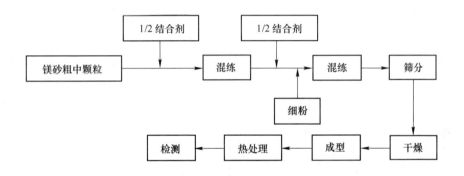

图 2-289　试样制备流程图

A　氧化铝含量对低碳镁碳材料的影响

氧化铝加入量分别为 1%、3%、5%、7%、9%，按照表 2-45 原料组成制备试样，分别在 200℃固化处理，950℃、1550℃热处理 3h。

a　物相分析

图 2-290 为试样 A7 经 950℃和 1550℃热处理后的 XRD 图谱。由图 2-290 可看出，试样经 950℃热处理后，主晶相为 MgO、Al_2O_3 和 C，只有微弱的 $MgAl_2O_4$ 相，这是由于温度较低，动力学条件差，只有少量的氧化铝微粉和镁砂发生反应生成尖晶石；试样经 1550℃热处理后，物相组成发生明显改变，Al_2O_3 相消失，主晶相为 MgO、$MgAl_2O_4$ 和 C，这是由于温度较高，氧化铝微粉全部参加反应，生成了较多的 $MgAl_2O_4$。

表 2-45　试样的组成

原料	电熔镁砂			氧化铝	石墨	酚醛树脂
编号	3~1mm	1~0mm	≤0.074mm	$d_{50}=2.5\mu m$	-199	5405
A0	40	30	26	0	4	4
A1	40	30	25	1	4	4
A3	40	30	23	3	4	4
A5	40	30	21	5	4	4
A7	40	30	19	7	4	4
A9	40	30	17	9	4	4

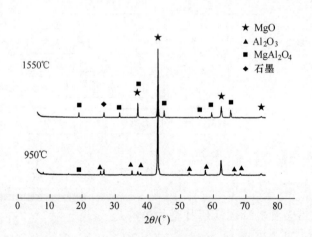

图 2-290　试样 A7 经不同温度热处理后 XRD 图谱

b　显微结构

图 2-291 为试样 A0 和 A7 经 950℃热处理后的 SEM 照片。由图 2-291 可以看出，镁砂在材料中起到骨架作用，石墨均匀分布在镁砂周围，试样经 950℃热处理后，A7 中有微量尖晶石在基质中形成，氧化铝微粉基本未参加反应。表 2-46 为图 2-291c 中点 1 的能谱分析结果，由表 2-46 可知，950℃热处理后，尖晶石原位生成动力学条件受到限制，反应程度较小。

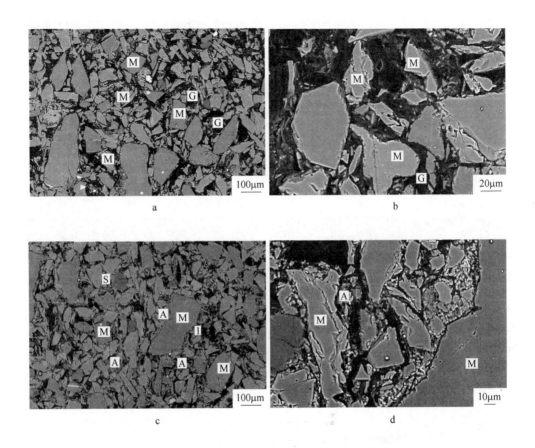

图 2-291 试样 A0 和 A7 经 950℃ 热处理后的 SEM 照片

a，b—A0；c，d—A7

M—MgO；S—Spinel；G—Graphite

表 2-46 能谱分析结果

图 2-291c	表示点	MgO	Al₂O₃
	1	5.33	94.67

图 2-292 为试样 A0 和 A7 经 1550℃ 热处理后的 SEM 照片。由图 2-292c、d 可以看出，经 1550℃ 热处理后，氧化铝全部参加反应，基质中有大量的尖晶石生成，连续分布在镁砂和石墨中间。表 2-47 为图 2-292c 中点 1～3 的能谱分析结果，由表 2-47 可知，试样经 1550℃ 热处理后，氧化铝微粉与镁砂反应程度较大，接近理论化学计量尖晶石比例。

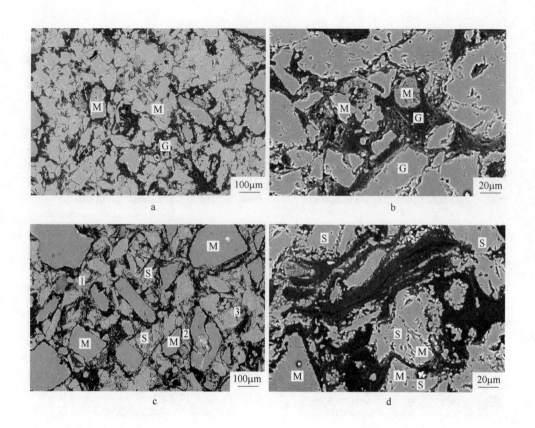

图 2-292   试样 A0 和 A7 经 1550℃热处理后的 SEM 图

a，b—A0；c，d—A7

M—MgO；S—尖晶石；G—石墨

表 2-47   能谱分析结果

	表示点	MgO	Al$_2$O$_3$
图 2-292c	1	27.22	72.45
	2	27.33	72.67
	3	23.95	75.65

c   氧化铝含量对低碳镁碳材料常温物理性能的影响

图 2-293a~d 分别表示了氧化铝含量对试样显气孔率、体积密度、耐压强度、常温抗折强度的影响。由图 2-293 可知，经 200℃固化处理和 950℃热处理后，显

气孔率随着氧化铝含量的增加变化不明显，体积密度和耐压强度随着氧化铝含量的增加而增大，常温抗折强度随氧化铝含量的增加先增大后减小，当氧化铝含量为5%时，常温抗折强度较空白试样提高了40%，由2.82MPa提高到3.97MPa；经1550℃热处理后，试样开口气孔率随氧化铝含量呈现先减小后增大的趋势，体积密度和耐压强度均随氧化铝含量的增加先增大后减小，当氧化铝加入量为7%时，耐压强度较空白试样提高了30%，由8.27MPa提高到10.85MPa，常温抗折强度随氧化铝含量增加略有增大，但是变化趋势不明显。

由于氧化铝微粉粒度较小，因而在低碳镁碳材料中加入适量的氧化铝微粉后可以起到填充空隙的作用，使试样基质更加致密。200℃固化处理后，材料中基质结合强度取决于树脂固化交联的程度，由于试样中结合剂加入量和挥发分相同，因此基质结合紧密，力学性能较好。经950℃热处理后，结合剂树脂受热分解，大分子发生断键，释放出小分子气体，最终残留下热解碳，碳化后所形成的炭呈各向同性的玻璃状结构，由于这种呈玻璃状结构的炭是由固相炭化而形成，所以气孔较多，从而使试样的显气孔率较200℃热处理后升高，体积密度减小，使得镁碳材料基质结合程度变差，试样强度整体都较固化后降低。

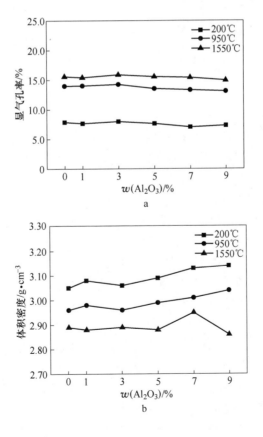

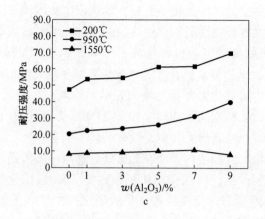

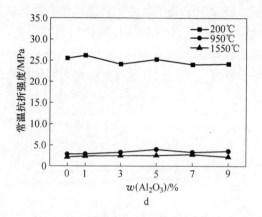

图 2-293　氧化铝含量对试样显气孔率(a)、体积密度(b)、
耐压强度(c)和常温抗折强度(d)的影响

　　添加适量（≤7%）氧化铝时，虽然树脂挥发使得试样的显气孔率增加，但是原位尖晶石形成产生的体积膨胀起到一定的弥补作用，同时可以增强镁碳材料基质的结合程度，改善组织结构，使材料的强度提高。进一步增大氧化铝的含量，由于尖晶石生成量的增加而造成材料体积膨胀较大，破坏了基质的结构，不利于材料致密度的提高，引起试样强度的下降。

　　图 2-294 表示了氧化铝含量对试样线变化率和体积变化率的影响。由图 2-294 可知，添加氧化铝微粉后，伴随着尖晶石原位生成反应，试样呈现为体积膨胀状态，氧化铝微粉添加量（质量分数）为 1%~3%时，线变化率急剧上升，氧化铝添加量高于 3%时，线变化率增幅较小；经 950℃和 1550℃热处理后，试样线变化率和体积变化率均随氧化铝微粉含量的增加而增加，经 1550℃热处理后，试样线变化率和体积变化率均比经 950℃热处理后大。

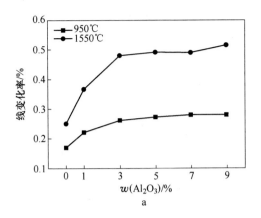

a

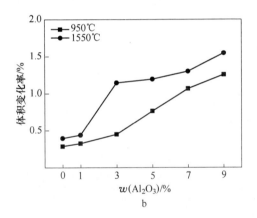

b

图 2-294　氧化铝含量对试样线变化率(a)和体积变化率(b)的影响

　　由于经 950℃热处理后，有少量的氧化铝参加反应形成尖晶石，产生微量的膨胀，而经 1550℃热处理后，试样中大部分氧化铝都与镁砂发生反应，原位生成的尖晶石量较多，因此产生的体积效应也更显著。因此，线变化率和体积变化率均随着氧化铝含量的增加而增大。

　　图 2-295 为经 950℃热处理后，氧化铝含量对试样弹性模量的影响，由图 2-295 可以看出，随着氧化铝微粉含量的增多，试样弹性模量先减小后增大，在氧化铝含量为 7%时达到最大。根据复相材料的弹性模量与各物相的关系[67]：

$$E = E_1 V_1 + E_2 V_2 \qquad (2\text{-}79)$$

式中，V_1、V_2 为两相的体积分数。

弹性模量与气孔的关系为：当气孔是球形且均匀分布时，

$$E = E_0(1 - TP)$$ （2-80）

当基体连续，气孔密闭时，

$$E = E_0(1 - 1.9P + 0.9P^2)$$ （2-81）

式中，T 为常数；P 为气孔率；E_0 为无气孔时的弹性模量。

由式 2-81 可知，耐火材料显气孔率增加，弹性模量降低；耐火材料显气孔率降低，弹性模量增加，与前述气孔率变化规律相符，同时和试样的力学性能结果也相符。

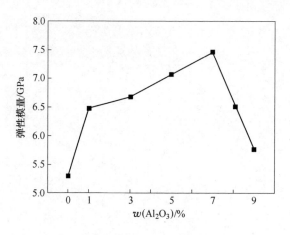

图 2-295 氧化铝微粉含量对试样弹性模量的影响

（经 950℃ 热处理）

d 氧化铝含量对低碳镁碳材料高温物理性能的影响

图 2-296 为试样经 950℃ 热处理后，氧化铝微粉含量对试样抗热震性能的影响。由图 2-296 可知，随着氧化铝含量的增加，试样残余强度保持率先增加后降低，抗热震性先得到改善然后变差。

由于 1100℃ 热震试验时，当添加适量氧化铝时，材料中有适量尖晶石形成，由于尖晶石的线膨胀系数较低，使得材料的抗热震性能提高，当氧化铝含量太大时，原位尖晶石生成量增多，造成较大的体积膨胀，破坏了基质的完整性和连续性，使裂纹得以扩展，降低了材料缓解热应力的能力，从而使材料抗热震性变差。

图 2-297 为试样经 950℃ 热处理后，氧化铝微粉含量对试样高温抗折强度的影响。由图 2-297 可以看出，随着氧化铝含量的增加，试样的高温抗折强度先增加后降低，这是由于在 1400℃ 高温抗折试验中，氧化铝微粉与镁砂原位生成尖晶

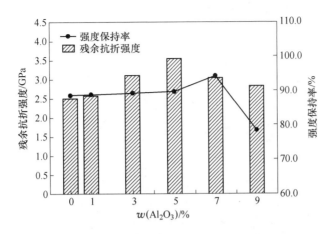

图 2-296　氧化铝微粉含量对试样抗热震性能的影响
（试样先经 950℃热处理）

石程度较大，尖晶石生成量随着氧化铝含量增加而增加，适量的尖晶石可以改善基质的结合程度，而过量的尖晶石造成的体积膨胀，可能会破坏基质的连续性，使得抗折强度降低。但是添加氧化铝微粉后，材料的高温抗折强度均高于常温抗折强度，这也是得益于尖晶石的原位生成反应。

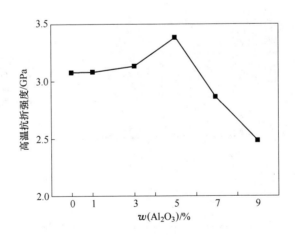

图 2-297　氧化铝微粉含量对试样高温抗折强度的影响
（试样先经 950℃热处理）

B 氧化铝粒度对低碳镁碳材料的影响

氧化铝粒度分别为≤20μm、≤45μm、≤88μm、≤200μm，按照表 2-48 原料组成制备试样，将试样分别在 200℃固化处理，950℃、1550℃热处理 3h。

表 2-48 试样的组成　　　　　　　　　　（质量分数,%）

原料	电熔镁砂			氧化铝				石墨
编号	3~1mm	≤1mm	≤0.074mm	≤20μm	≤45μm	≤88μm	≤200μm	≤0.15mm
A20	40	30	19	7	0	0	0	4
A45	40	30	19	0	7	0	0	4
A88	40	30	19	0	0	7	0	4
A200	40	23	26	0	0	0	7	4

a 物相分析

图 2-298 为 A88 试样经 950℃和 1550℃热处理后的 XRD 图谱。由图 2-298 可以看出，经 950℃热处理后的主晶相为 MgO、Al_2O_3 和 C；经 1550℃热处理后主晶相为 MgO、$MgAl_2O_4$ 和 C，这是由于 Al_2O_3 全部参加反应，与 MgO 原位生成 $MgAl_2O_4$。

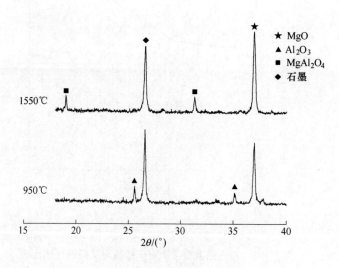

图 2-298 试样 A88 经不同温度热处理后 XRD 图谱

图 2-299 为 A20 和 A88 试样经 1550℃热处理后的 XRD 图谱。由图 2-299 可看出，试样经 1550℃热处理后，主晶相为 MgO、MA 和 C，随着氧化铝粒度的减小，MA 的衍射峰增强。这是由于氧化铝粒度较小，活性较高，生成的 MA 量相对较大。

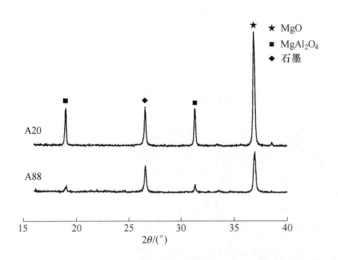

图 2-299 试样 A20 和 A88 经 1550℃热处理后 XRD 图谱

b 显微结构

图 2-300 为添加不同粒度氧化铝经 1550℃热处理后试样的 SEM 照片。由图 2-300a、b 可以看出，氧化铝粒度≤20μm 和≤45μm 时，Al_2O_3 全部参加反应，试样中尖晶石化程度较大，当粒度≤88μm 和≤200μm 时，出现"环状结构"：中间为未反应的 Al_2O_3，周围为原位反应形成的 MA，残留的 Al_2O_3 厚度为 14~43μm。

图 2-301 为试样 A88 经 1550℃热处理后的面扫描分析结果。由图 2-301 可以看出，氧化铝粒度较大时，尖晶石化程度不完全，位于中心的 Al_2O_3 被周围原位生成的 MA 包裹，阻碍了 Mg^{2+} 和 Al^{3+} 的互扩散过程，从而出现"环状结构"。这种现象也可能是 C 和 MgO 在高温下反应形成 Mg(g)，Mg(g) 弥散地分布在 Al_2O_3 周围，通过气相反应生成"环状"MA，也是添加合适粒度的 Al_2O_3 使得镁碳材料具有良好性能的重要因素。

c 氧化铝粒度对低碳镁碳材料常温物理性能的影响

图 2-302 示出了氧化铝粒度对试样显气孔率、体积密度、耐压强度和常温抗折强度的影响。由图 2-302a、b 可以看出，显气孔率随氧化铝粒度的增加略有增

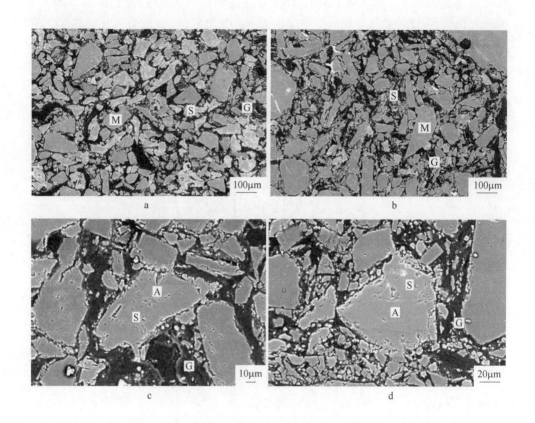

图 2-300   含不同粒度氧化铝的试样经 1550℃热处理后的 SEM 照片

a—粒度≤20μm；b—粒度≤45μm；c—粒度≤88μm；d—粒度≤200μm

M—MgO；S—尖晶石；G—石墨

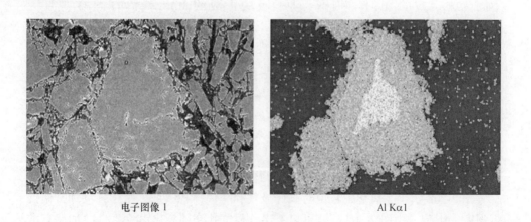

电子图像 1   Al Kα1

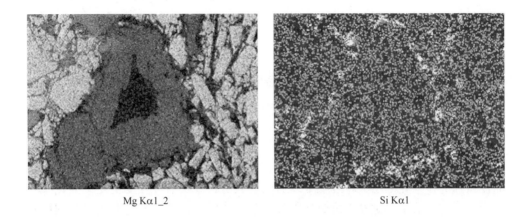

Mg Kα1_2　　　　　　　　　　Si Kα1

图 2-301　试样 A88 经 1550℃热处理后的面扫描分析结果

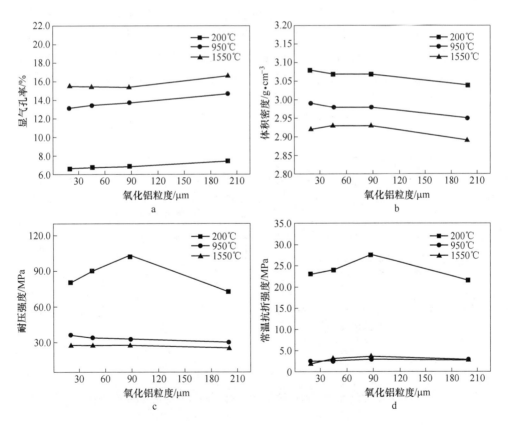

a

b

c

d

图 2-302　氧化铝粒度对试样显气孔率(a)、体积密度(b)、
耐压强度(c)和常温抗折强度(d)的影响

加，体积密度随氧化铝粒度增加稍有减小。由图 2-302c、d 可以看出，经 200℃
固化处理后，耐压强度和常温抗折强度均随氧化铝粒度增加先提高后降低，当氧
化铝粒度≤88μm 时达到最大，经 950℃ 和 1550℃ 热处理后，常温抗折强度随氧
化铝粒度增加先增大后变小，当添加的氧化铝粒度≤88μm 时，达到最大，经
1550℃ 热处理后，常温抗折强度由 2.12MPa 提高到 3.61MPa，耐压强度变化趋势
不明显，但均高于空白试样的耐压强度。

由于经 200℃ 固化处理后，试样基质中树脂固化交联程度紧密，使得材料的
性能较高；经 950℃ 和 1550℃ 热处理后，酚醛树脂分解，最终残留下热解碳，从
而使试样的显气孔率增大。经热处理后的镁碳材料基质结合程度变差，气孔率增
加，体积密度减小，试样强度整体都较固化后降低。合适粒度的氧化铝起到填充
空隙的作用，使试样基质相对致密，但粒度太大时，破坏了基质的结合程度，起
到了负面的作用。

氧化铝粒度对试样线变化率和体积变化率的影响见图 2-303。由图 2-303 可
以看出，试样经 950℃ 热处理后氧化铝粒度对试样线变化率和体积变化率的影响
较小，经 1550℃ 热处理后，随氧化铝粒度的增大，试样线变化率和体积变化率均
减小，试样整体呈现为膨胀状态。这是由于粒度较小的氧化铝活性较高，原位形
成尖晶石时反应速度快，反应程度大，尖晶石化程度大，因而线变化率和体积变
化率均较大。

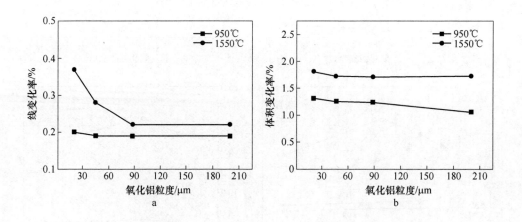

图 2-303　氧化铝粒度对试样线变化率(a)和体积变化率(b)的影响

d　氧化铝粒度对低碳镁碳材料高温物理性能的影响

氧化铝粒度对试样高温抗折强度的影响如图 2-304 所示。由图 2-304 可以看

出，随氧化铝粒度的增大，高温抗折强度先增大后减小，这是因为经950℃热处理后的试样在高温抗折强度测试过程中生成MA，由于时间较短，还有部分氧化铝未参加反应，试样的体积效应较小，因而高温抗折强度高于经1550℃热处理后的试样。粒度较小的氧化铝和MgO反应程度高，破坏了基质的结合程度，使得高温抗折强度较低，因此添加适当粒度的氧化铝形成适量的MA，使基质结合紧密，高温抗折强度较佳。

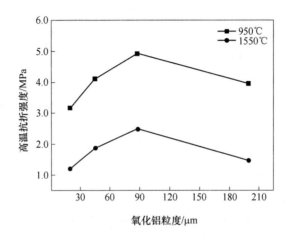

图 2-304　氧化铝粒度对试样高温抗折强度的影响

图2-305为试样经950℃热处理后，氧化铝粒度对试样抗热震性能的影响。由图2-305可以看出，随氧化铝粒度的增加，试样强度保持率先增大后减小，试样的抗热震性能先改善后变差。

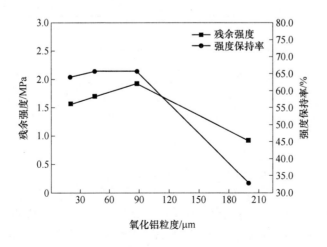

图 2-305　氧化铝粒度对试样抗热震性能的影响

C 热处理温度对低碳镁碳材料的影响

热处理温度分别为 1100℃、1250℃、1400℃、1500℃，按照表 2-49 原料组成制备试样，氧化铝粒度≤20μm 和≤88μm，热处理 3h。

表 2-49 试样的组成   （质量分数,%）

原料	电熔镁砂			氧化铝		石墨
编号	3~1mm	≤1mm	≤0.074mm	≤20μm	≤88μm	≤0.15mm
A20	40	30	19	7	0	4
A88	40	30	19	0	7	4

a 物相组成

图 2-306 为 A20 试样分别经 1100℃、1250℃、1400℃、1500℃ 热处理后的 XRD 图谱。由图 2-306 可以看出，尖晶石在 1100℃开始明显生成，随着煅烧温度的升高，MA 峰值增强，Al_2O_3 峰值减弱，1250℃以上时 Al_2O_3 相消失，主晶相为 MgO、MA 和石墨，这是由于试样 A20 中 Al_2O_3 粒度小，活性高，MA 生成反应程度完全，尖晶石反应完成温度较低。

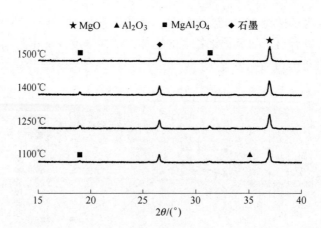

图 2-306 试样 A20 经不同温度热处理后 XRD 图谱

图 2-307 为 A88 试样分别经 1100℃、1250℃、1400℃、1500℃ 热处理后的 XRD 图谱。由图 2-307 可看出，与 A20 试样相似，尖晶石相在 1100℃明显生成，

随着煅烧温度的升高，MA 峰值逐渐增强，1250℃ 时仍有少量 Al_2O_3 存在，1400℃ 以上时 Al_2O_3 相彻底消失，主晶相为方镁石、MA 和石墨，这是由于试样 A88 中 Al_2O_3 粒度大，活性较低，1250℃ 时尖晶石的生成反应程度不完全，1400℃ 以上时，MA 的原位生成反应完成。

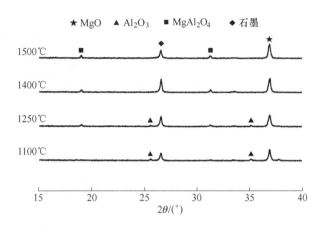

图 2-307　试样 A88 经不同温度热处理后 XRD 图谱

b　显微结构

图 2-308 为经 1100~1500℃ 热处理后试样 A20 的 SEM 照片。由图 2-308 可以看出，1100℃ 时，生成的镁铝尖晶石较少，基质结合不紧密，随着热处理温度的升高，镁铝尖晶石生成量增加；1250℃ 时，反应生成的镁铝尖晶石增多，尖晶石化行为基本完成；1400℃ 时，试样开始出现烧结现象，镁铝尖晶石结晶长大；1500℃ 时，有少量方镁石固溶于镁铝尖晶石中。表 2-50 为 A20 试样经不同温度热处理后的能谱分析结果，由表 2-50 可以看出，1100℃ 时尖晶石初步形成，1250℃ 时尖晶石组成已接近理论尖晶石组成，尖晶石生成反应基本完成，1400℃ 时尖晶石化行为完成，1500℃ 时出现少量的方镁石固溶于尖晶石的现象。

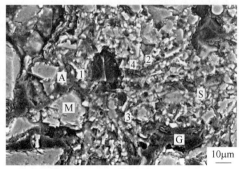

a

b

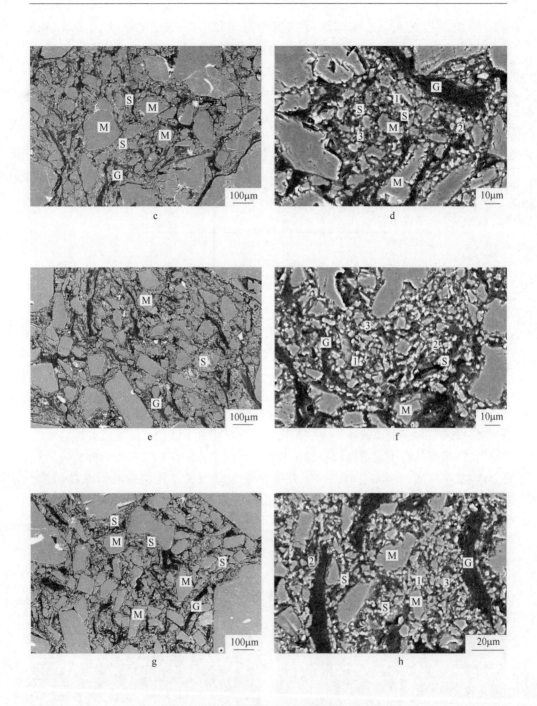

图 2-308　不同热处理温度后 A20 试样的 SEM 照片

a，b—1100℃；c，d—1250℃；e，f—1400℃；g，h—1500℃

M—MgO；S—尖晶石；G—石墨

表 2-50 能谱分析结果

项目	表示点	MgO	Al_2O_3
图 2-308b	1	7.89	92.11
	2	2.94	9.74
	3	9.47	90.53
	4	11.56	88.44
图 2-308d	1	29.99	70.01
	2	28.87	71.13
	3	28.53	71.47
图 2-308f	1	27.53	72.47
	2	28.27	71.73
	3	27.34	72.66
图 2-308h	1	30.19	69.81
	2	30.90	66.10

图 2-309 为试样 A20 经 1250℃ 热处理后的面扫描分析结果。由图 2-309 可知，由于氧化铝粒度较小，且被石墨所包裹，有少量的氧化铝产生了团聚现象，与镁砂接触的地方，氧化铝和镁砂反应形成尖晶石，在团聚体内部，由于 Mg^{2+} 与 Al^{3+} 互扩散过程受到限制，而未实现尖晶石化，同时石墨对 Mg^{2+} 与 Al^{3+} 的扩散作用起到阻碍作用。

图 2-310 为经 1100~1500℃ 热处理后试样 A88 的 SEM 照片。由图 2-310 可以看出，1100℃ 时，生成的镁铝尖晶石较少，试样中只有少量的刚玉参加反应，随着热处理温度的升高，镁铝尖晶石生成量逐渐增加；1250℃ 时，反应生成的镁铝尖晶石增多，试样中仍存在未参加反应的刚玉；1400℃ 时，刚玉全部参加反应，镁铝尖晶石结晶长大，尖晶石化行为基本完成；1500℃ 时，尖晶石生成反应完成，试样出现轻微的烧结现象，有少量方镁石固溶于镁铝尖晶石中。表 2-51 为 A88 试样经不同温度热处理后的能谱分析结果，由表 2-51 可以看出，1100℃ 时尖晶石初步形成，1250℃ 时尖晶石组成已接近理论尖晶石组成，尖晶石生成反应基

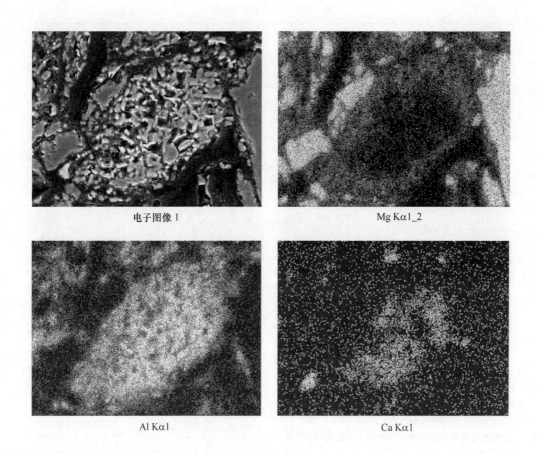

电子图像 1

Mg Kα1_2

Al Kα1

Ca Kα1

图 2-309 试样 A20 经 1250℃热处理后的面扫描分析结果

本完成, 1400℃时尖晶石化行为完成, 1500℃时出现少量的方镁石固溶于尖晶石的现象。

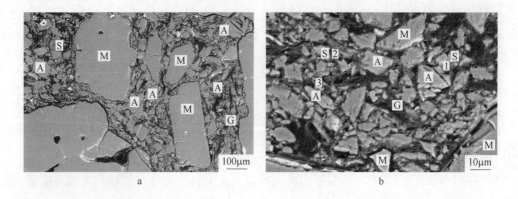

a   b

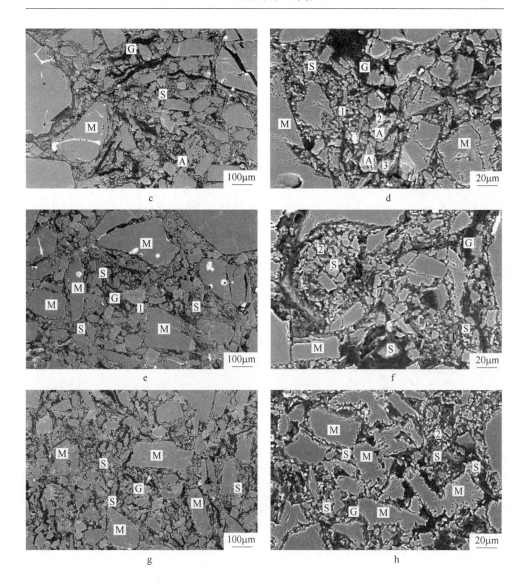

图 2-310 不同热处理温度后 A88 试样的 SEM 照片

a, b—1100℃；c, d—1250℃；e, f—1400℃；g, h—1500℃

M—MgO；S—尖晶石；G—石墨

c 热处理温度对低碳镁碳材料常温物理性能的影响

图 2-311 示出了热处理温度对试样显气孔率、体积密度、耐压强度和常温抗折强度的影响。由图 2-311a、b 可以看出，显气孔率随热处理温度的升高先增加后降低，其中试样 A20 显气孔率整体比试样 A88 的高，体积密度随热处理温度的升高先降低后增加，1400℃热处理后试样的体积密度最小。这是由于随着热处

表 2-51 能谱分析结果

项 目	表示点	MgO	Al$_2$O$_3$
图 2-310b	1	6.18	93.82
	2	8.56	91.44
	3	6.39	93.61
图 2-310d	1	23.62	76.38
	2	20.69	79.31
	3	21.44	77.56
图 2-310f	1	28.23	71.77
	2	28.62	71.38
图 2-310h	1	29.71	74.29
	2	28.90	68.10

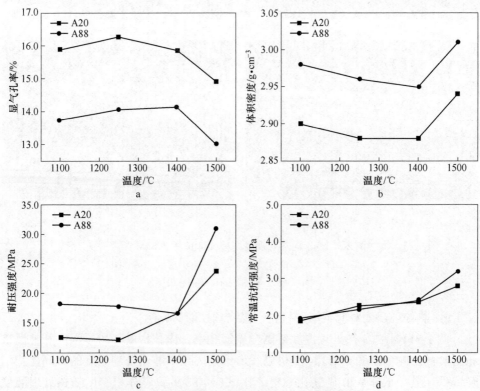

图 2-311 热处理温度对试样气孔率(a)、体积密度(b)、
耐压强度(c)和常温抗折强度(d)的影响

理温度的升高，低于 1400℃时，原位尖晶石生成反应伴随的体积膨胀作用加剧，使得试样显气孔率增加，并且由于试样 A20 中的氧化铝活性较高，原位尖晶石开始生成的温度较低，合成反应程度较大，因而试样 A20 显气孔率整体较试样 A88 的高。

由图 2-311c、d 可以看出，耐压强度和常温抗折强度均随热处理温度的升高呈现增大的趋势，1100~1400℃范围内，随着温度的升高，试样的强度增加幅度较小，1400℃以后，试样的强度增加幅度增加。低于 1400℃时，试样中主要以原位尖晶石的生成反应为主，随着热处理温度的升高，尖晶石的生成反应程度加大，到 1400℃时，试样中原位生成的 MA 的反应基本完成，1400℃以后生成的尖晶石一定程度上增加了试样的强度，此时试样的烧结收缩作用明显，试样的致密度增加，体积密度增加。

热处理温度对试样线变化率和体积变化率的影响见图 2-312。由图 2-312 可以看出，随着热处理温度的升高，试样的线变化率和体积变化率呈现先上升后下降的趋势。1100℃和 1500℃热处理后的线变化率最小，1400℃热处理后的线变化率最大。

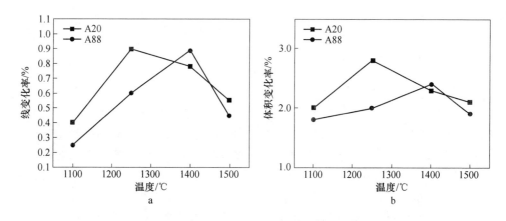

图 2-312　不同热处理温度后试样的线变化率(a)和体积变化率(b)

由于 1100℃热处理时生成的尖晶石较少，经 1100~1400℃热处理后，试样中主要以尖晶石的合成反应为主，随着热处理温度的升高，试样中尖晶石生成量增加，由于 MgO 和 Al_2O_3 高温原位反应形成尖晶石，产生体积膨胀，因此线变化率和体积变化率随热处理温度的升高而增加，经 1500℃烧后，此时试样发生烧结，试样的线变化率和体积变化率降低。

d　热处理温度对低碳镁碳材料高温物理性能的影响

热处理温度对试样高温抗折强度的影响如图 2-313 所示。由图 2-313 可以看出，随热处理温度的升高，高温抗折强度先增大后减小，A20 试样经 1250℃煅烧时，尖晶石生成反应过程完成，1400℃进行高温试验时，主要为烧结作用使得基质致密度提高，强度增加；A88 试样经 1250℃热处理后，实现部分尖晶石化，在1400℃高温试验时，仍存在尖晶石的生成反应，由于试验时间较短，原位反应程度适当，使得材料致密化，从而提高材料的高温抗折强度。

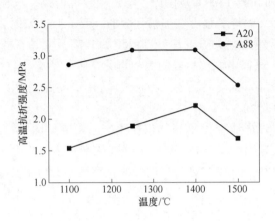

图 2-313　试样在 1400℃下的高温抗折强度

　　图 2-314 给出了热处理温度对试样抗热震性能的影响。由图 2-314 可以看出，随着热处理温度的增加，试样 A20 的抗热震性能变差，试样 A88 的抗热震性先得到改善然后变差。可能是由于 A20 试样经 1100℃热处理后，试样中存在未完全反应的 Al_2O_3，在热震试验过程中原位反应生成 MA 发生体积膨胀产生微裂纹，一方面微裂纹阻碍了裂纹的扩散，另外，微裂纹可以有效的缓解温度急剧变化时产生的热应力。A88 试样中 Al_2O_3 粒度较大，经 1250℃热处理后，试样中仍存在少量未反应的 Al_2O_3，同时由于热震试验时间较短，反应程度适宜，从而改善了材料的抗热震性能，因而相对 1100℃烧后试样抗热震性更好。由于氧化铝和镁砂细粉原位生成的 MA 粒度较小，MA 具有线膨胀系数低等优点，因而经 1100℃和1250℃热处理的试样的抗热震性能得到改善。

　　综上，尖晶石的原位生成对低碳镁碳材料的结构与性能有较大影响：（1）在低碳镁碳材料中引入氧化铝微粉，通过调节氧化铝微粉的添加量以及粒度来调控尖晶石原位生成反应，当引入适量氧化铝微粉时，尖晶石化程度适中，原位反应产生的体积膨胀使材料基质结合紧密，改善了材料组织结构，提高材料性能，添加量为 7%时，材料的综合性能最佳；氧化铝粒度较小时，尖晶石化完全，粒度适当时，尖晶石原位生成反应程度适中，本试验条件下，添加 Al_2O_3 粒度≤88μm 时，低碳镁碳材料性能最佳。（2）镁铝尖晶石在 1100℃生成明显，添

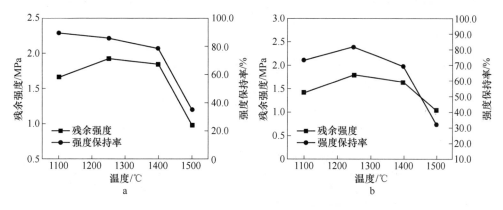

图 2-314 不同温度热处理后试样的抗热震性能

a—A20; b—A88

加粒度≤20μm 和≤88μm 的氧化铝，镁铝尖晶石开始生成温度相差不大，但是尖晶石化完成的温度前者比后者大约低100℃，高温热处理时，试样出现一定的烧结现象。

2.2.10.3 尖晶石的生成对镁碳、铝碳耐火材料界面结构与性能的影响

本节给出了尖晶石的生成对镁碳、铝碳耐火材料界面结构与性能的影响，按照示意图 2-315 和表 2-52、表 2-53 原料组成制备试样，将单一组成试样分别在950℃和1550℃热处理3h，将不同复合界面组成的试样在1550℃热处理10h，试样制备流程图如图 2-316 所示。

选取了四种材料，分别为 Al_2O_3-C、Al_2O_3-$MgAl_2O_4$-C、MgO-C、MgO-$MgAl_2O_4$-C，分别记为 A、B、C、D，单一材料两两组合制成复合界面试样，复合界面试样记为 A-B、A-C、A-D、B-C、B-D、C-D，见表 2-54，给出了尖晶石的原位生成对铝碳、镁碳耐火材料界面结构与性能的影响，同时揭示了界面处物质传输过程。

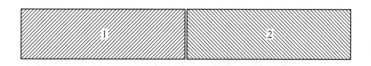

图 2-315 试验方案示意图

表 2-52　铝碳试样的配料组成

编号	白刚玉		Al$_2$O$_3$	MA	石墨		Si	
	0.5~0.2mm	180目	320目	$d_{50}=10\mu m$	325目	895	199	325目
A	40	17	10	10	0	10	10	3
B	45	0	0	0	32	10	10	3

表 2-53　镁碳试样的配料组成

编号	电熔镁砂			MA	Si	石　墨	
	0.5~0.2mm	180目	320目	325目	325目	895	199
C	50	17	15	0	3	10	5
D	50	0	0	32	3	10	5

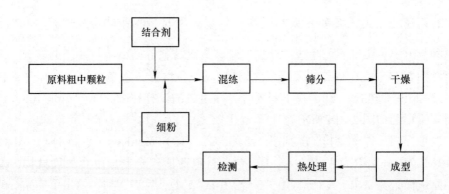

图 2-316　试样制备流程图

A　物相分析

图 2-317 为试样 A、B、C、D 分别经 950℃ 和 1550℃ 热处理的 XRD 图谱。由图 2-317a 可以看出，经 950℃ 热处理后，A、B、C、D 试样主要物相与原材料主要物相相同，未有新相生成，试样中未发生反应；由图 2-317b 可以看出，经 1550℃ 热处理后，A 和 B 试样内生成新相 SiC，C 和 D 试样内生成新相 M$_2$S，其中 A 和 B 试样中 SiC 是由式 2-82 或式 2-84 生成，Mg$_2$SiO$_4$（M$_2$S）由式 2-86 或式 2-87 生成。

表 2-54 试验方案

编 号	材料 1	材料 2
A-B	Al_2O_3-C	Al_2O_3-$MgAl_2O_4$-C
A-C	Al_2O_3-C	MgO-C
A-D	Al_2O_3-C	MgO-$MgAl_2O_4$-C
B-C	Al_2O_3-$MgAl_2O_4$-C	MgO-C
B-D	Al_2O_3-$MgAl_2O_4$-C	MgO-$MgAl_2O_4$-C
C-D	MgO-C	MgO-$MgAl_2O_4$-C

$$Si(s) + C(s) = SiC(s) \tag{2-82}$$
$$Si(s) + O_2(s) = SiO_2(s) \tag{2-83}$$
$$SiO_2(s) + 3C(s) = SiC(s) + 2CO(g) \tag{2-84}$$
$$SiC(s) + CO(g) = SiO(g) + 2C(s) \tag{2-85}$$
$$SiO(g) + 2MgO(s) + CO(g) = Mg_2SiO_4(s) + C(s) \tag{2-86}$$
$$SiO_2(s) + 2MgO(s) = Mg_2SiO_4(s) \tag{2-87}$$

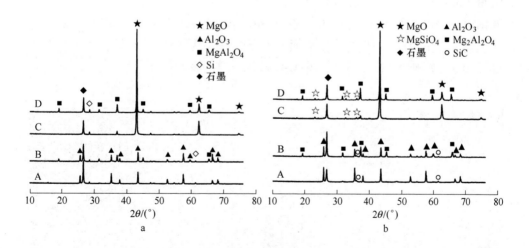

图 2-317 试样 A、B、C、D 经不同温度热处理后 XRD 图谱

a—950℃；b—1550℃

　　图 2-318 为 A-C 试样界面 Al₂O₃-C 侧和 MgO-C 侧的 XRD 图谱。由图 2-318 可以看出，经 1550℃热处理 10h，界面处 Al₂O₃-C 一侧主晶相为 Al_2O_3、C、SiC，增加了 $MgAl_2O_4$ 相，MgO-C 一侧主晶相为 MgO、C、M₂S，与未复合试样主晶相相同，未发生改变。

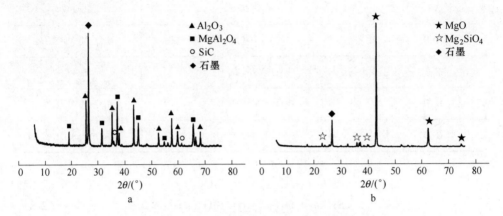

图 2-318　试样 A-C 界面两侧 XRD 图谱 （1550℃×10h）

a—Al₂O₃-C 侧；b—MgO-C 侧

B　显微结构

　　图 2-319 为试样 A-C 经 1550℃热处理 10h 界面处的 SEM 照片及面扫描结果。由图 2-319 可以看出，界面处材料结合松散，石墨和界面的存在阻碍了氧化镁和氧化铝的接触，在 Al₂O₃-C 材料一侧有 $MgAl_2O_4$ 生成，然而在 MgO-C 材料一侧并未发现 $MgAl_2O_4$，可能是由于界面的阻隔作用抑制了 Al^{3+} 的扩散，而 MgO 可通过与 C 反应形成气相，扩散至 Al₂O₃-C 材料一侧，形成尖晶石。

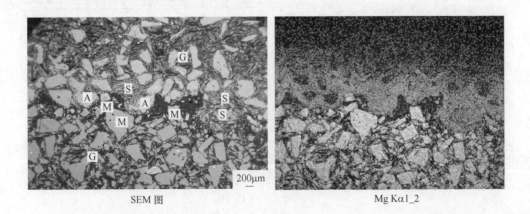

SEM 图　　　　　　　　　　　　　　　Mg Kα1_2

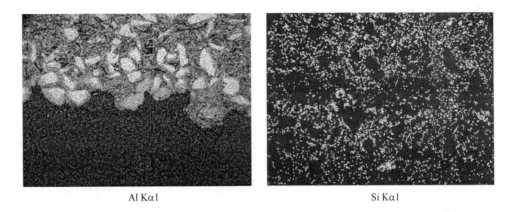

Al Kα1　　　　　　　　　　Si Kα1

图 2-319　试样 A-C 经 1550℃热处理后的 SEM 照片及面扫描结果
M—MgO；S—尖晶石；G—石墨

　　图 2-320 为试样 A-C 经 1550℃热处理后 Al_2O_3-C 侧的面扫描结果。由图2-320可以看出，基质中刚玉细粉已经完全尖晶石化，颗粒状刚玉部分尖晶石化，在颗粒内部 Al_2O_3 被周围原位生成的 MA 包裹，原位生成的尖晶石不致密，包含少量的孔洞。

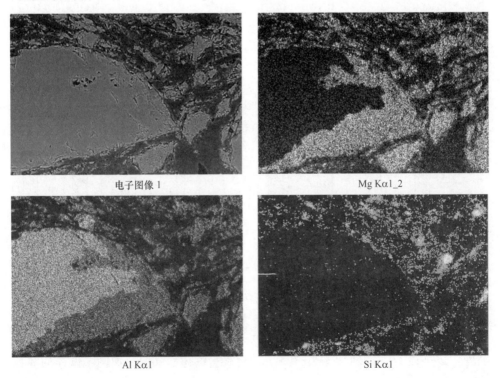

电子图像 1　　　　　　　　　　Mg Kα1_2

Al Kα1　　　　　　　　　　Si Kα1

图 2-320　试样 A-C 经 1550℃热处理后 Al_2O_3-C 侧的面扫描结果

C　不同界面对含碳耐火材料常温物理性能的影响

图 2-321 为试样 A、B、C、D 的显气孔率、体积密度、耐压强度和常温抗折强度图。由图 2-321 可以看出，经 950℃ 和 1550℃ 热处理后，试样 A、B、C、D 的开口气孔率和体积密度相差不大，经 1550℃ 热处理后，试样耐压强度和常温抗折强度均提高。这是因为经 950℃ 热处理后，试样内部无新相生成，经 1550℃ 热处理后，试样 A、B 生成新相 SiC，试样 C、D 生成新相 $Mg_2SiO_4(M_2S)$，生成的 M_2S 具有体积膨胀效应，填充了气孔，新物相的生成增强了基质的结合强度，使得试样 A、B、C、D 常温力学性能均得到改善。

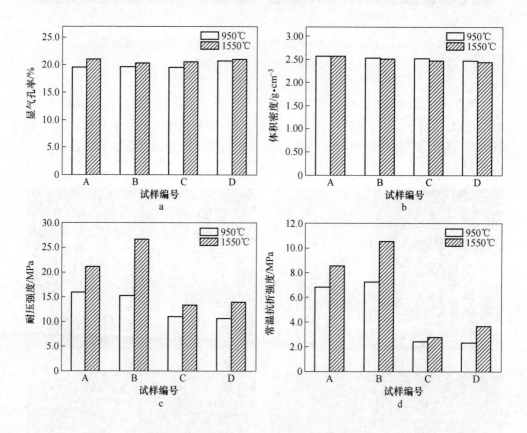

图 2-321　试样 A、B、C、D 的气孔率(a)、体积密度(b)、耐压强度(c) 和常温抗折强度(d)

图 2-322 为试样的线变化率图。由图 2-322 可以看出，试样 A、B 产生体积收缩，试样 C、D 产生微量的体积膨胀，且经 1550℃ 热处理后比经 950℃ 热处理体积效应更加明显。经 1550℃ 热处理后，试样 A、B 烧结程度大，使得试样收缩加剧，试样 C、D 内部生成新相 M_2S，产生少量的体积膨胀，加剧了试样的体积效应。

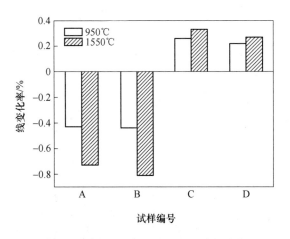

图 2-322 试样 A、B、C、D 的线变化率

图 2-323 为不同复合界面对试样常温抗折强度的影响。由图 2-323 可以看出，试样 A-C 和 B-C 的抗折强度优于试样 A-D、B-D 的抗折强度。经 1550℃热处理后，伴随着新相的产生以及界面两相之间线膨胀系数等参数的不匹配，使得基质与基质之间和基质与颗粒之间结合不紧密，造成在接触界面产生缺陷，因此经 1550℃热处理后，不同材质的材料组合之后，力学性能较 950℃热处理后变差。由于 A-B、C-D 试样是由同一种材料组成，两者界面处缺陷较少，界面处材料可以较好地拟合，故而力学性能比经 950℃热处理的变好。

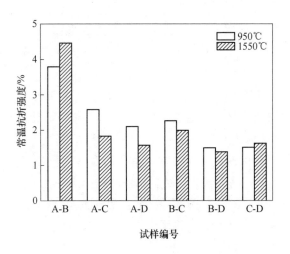

图 2-323 不同复合界面对试样常温抗折强度的影响

图 2-324 为不同复合界面试样经 950℃ 和 1550℃ 热处理后，试样线变化率的计算值与测试值的比较结果。由图 2-324a 可以看出，经 950℃ 热处理后，线变化率计算值与测试值相差不大，这是由于试样经 950℃ 热处理，未发生原位尖晶石的生成反应；由图 2-324b 可看出，经 1550℃ 热处理后，试样 A-B 和 C-D 线变化率的测量值与计算值相差不大，而试样 A-C、A-D、B-C、B-D 线变化率的计算值与测量值相差悬殊，试样从计算值的收缩状态变为测试值的膨胀状态，这是由于两种材料经过复合，经 1550℃ 热处理后，界面处原位反应生成尖晶石，产生膨胀，弱化了界面的结合。

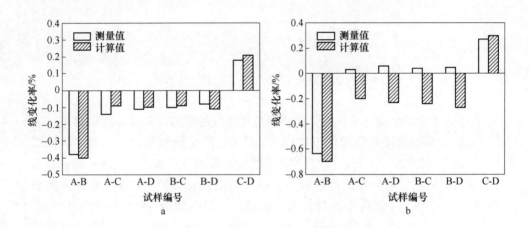

图 2-324　不同界面试样线变化率的计算值和测试值

a—950℃；b—1550℃

D　不同界面对含碳耐火材料高温物理性能的影响

图 2-325 为试样 A、B、C、D 的高温抗折强度。由图 2-325 可看出，经 1550℃ 热处理后试样高温抗折强度低于经 950℃ 热处理后的试样强度，这是由于经 950℃ 热处理后，试样内部无新相生成，经高温性能测试时，试样内部可能通过气相反应原位形成 SiC 晶须，形成编织结构，起到增强增韧作用，同时 SiC 晶须可以有效地抵抗材料内部的热应力，使得材料的高温抗折强度提高，而经 1550℃ 热处理后，试样中 SiC 发育较好，晶须长大后其数量减少，晶须本身强度也下降，形成粒状 SiC，晶须状 SiC 对制品强度的提高更为明显。

图 2-326 为试样 A、B、C、D 经 950℃ 热处理后抗热震性能。由图 2-326 可以看出，试样 A、B 抗热震性能明显优于试样 C、D 抗热震性能，这是由于 MgO-C 材料中镁砂线膨胀系数较大，且试样 C、D 石墨含量低于试样 A、B 的，因而试样 A、B 抗热震性能优于试样 C、D 的；同时由于试样 B、D 分别添加 MA，因

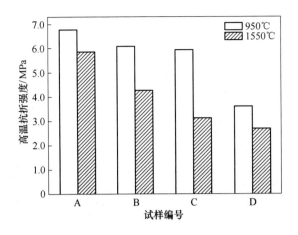

图 2-325　试样 A、B、C、D 高温抗折强度

而试样 B、D 抗热震性能分别优于试样 A、B 的。

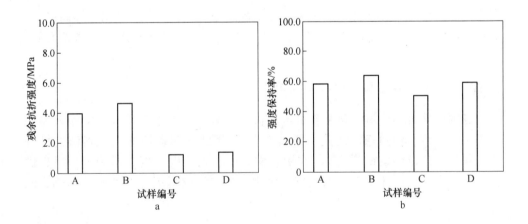

图 2-326　试样 A、B、C、D 的残余抗折强度(a)和强度保持率(b)

图 2-327 为试样经 950℃热处理后, 不同复合界面试样抗热震性能。由图 2-327可知, 试样 A-C 抗热震性能最差, 这是由于试样 A 和 C 复合后, 两者分别为 Al_2O_3-C 和 MgO-C, 线膨胀系数相差较大, 复合界面不能有效地缓冲热应力。试样 A-D、B-C、B-D 由于添加了 MA 细粉, 由于 MA 具有线膨胀系数小等特点, 可以更好地缓冲热应力, 同时可以降低界面两侧的线膨胀系数梯度, 因而抗热震性能较试样 A-C 的要好。

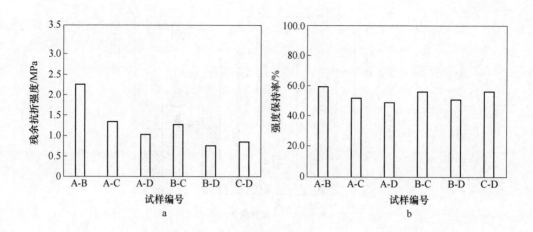

图 2-327　不同界面对试样残余抗折强度(a)和强度保持率(b)的影响

因此，在 Al_2O_3-C 和 MgO-C 复合界面处，Al_2O_3-C 材料一侧有尖晶石新相生成，MgO-C 材料一侧无尖晶石生成。石墨与界面的存在阻碍了固相反应的发生，促进了尖晶石的气相原位生成。界面处尖晶石的原位生成反应弱化了界面结合，劣化了界面的性能，复合界面对试样 A-D 影响最大，试样 A-C 次之，对试样 B-C 影响最小。

2.2.11　碳纤维在铝碳耐火材料中的应用

日本大光筑炉材料公司和新日本钢铁公司生产的不定形长水口中加入人造石墨和碳纤维，使热稳定性大大提高[68]。金属纤维和碳纤维在含碳耐火材料中也得到了广泛的尝试[69~72]。在铝碳材料中引入可以产生高增韧相，提高材料的抗热震性，为此本节介绍了碳纤维引入后对铝碳耐火材料性能的影响，见表 2-55。

表 2-55　碳纤维添加量（外加）

试样编号	K	A	B	C	D
质量分数/%	0	0.2	0.4	0.6	0.8

注：表中为碳纤维掺入量，铝碳材料基础方案省略。

2.2.11.1　碳纤维分散工艺与分散性评价

碳纤维的分散工艺是需要首先解决的问题。只有保证碳纤维分散良好才能发挥预期的增韧作用，并且使制品性能稳定。纤维的加入主要有两种方式：干混和湿磨。湿磨工艺对于铝碳质耐火材料的生产工艺显然是不合适的，它一方面引入大量的水或其他液态介质，使生产工艺变得复杂；另一方面球磨会使大量碳纤维碎裂。针对铝碳质耐火材料所用的各种原料的特点，确定了碳纤维随细粉料干混和在酚醛树脂中分散（湿混）两种分散方法。

A 干混

碳纤维的引入明显改变了细粉料的流动性，如果酚醛树脂的黏度不合适，将会导致细粉料团聚，这样即使碳纤维在细粉料中分散得很好也不能保证在制品中的均匀分布。在碳纤维随细粉料干混工艺中有两个影响碳纤维最终分散效果的控制因素：酚醛树脂的黏度和碳纤维在细粉料中的分散状况。

溶剂（酒精）的引入量对酚醛树脂黏度的影响如表 2-56 所示。随着少量酒精的加入，酚醛树脂的黏度急剧下降，当酒精加入量达到 25% 后，黏度变化趋缓。由于黏度受温度因素影响较大，并且不同种类、不同批次树脂的黏度也有所不同，因此无法确定统一的合适的溶剂加入量。此处所用的热塑性树脂加入 30% 左右的酒精、黏度在 300mPa·s 左右较为合适。

表 2-56 酒精掺入量对酚醛树脂黏度的影响（18℃）

酒精掺入量/%	0	5	10	15	20	25	30	35	40	45	50	55	60
树脂黏度/mPa·s	31750	9500	3850	1850	1020	512.5	385	260	187.5	152.5	120	97.5	75

干混工艺的高速搅拌时间对碳纤维在细粉料中的分散有较大影响。高速搅拌时间以 4~6min 为佳，时间过短碳纤维不能完全散开，高速搅拌时间超过 8min，会出现碳纤维结核、成团或者断裂，混料时间延长这种情况更加严重。对于干混工艺中碳纤维在细粉中的分散性，做了如下的评价[73]。

取混后细粉料 10 份称重，每份约 100g，然后在 900℃ 电阻炉中使碳纤维充分氧化 40min。计算变异系数 Ψ 和碳纤维分散系数 β。

$$\Psi(X) = S(X)/\overline{X} \tag{2-88}$$

$$\beta = e^{-\psi(X)} \tag{2-89}$$

$$S(X) = \sqrt{\left[\sum_{i=1}^{n} (X_i - \overline{X})^2\right]/(n-1)} \tag{2-90}$$

式中　$\overline{X}$——碳纤维质量分数的平均值；

X_i——某一取样中碳纤维的质量分数；

n——取样份数。

图 2-328 所示为变异系数和碳纤维分散系数随碳纤维掺入量的变化。由图可知碳纤维在细粉料中的分散系数随碳纤维掺入量的增加而降低，掺入量在0.2%～0.6%区间内，碳纤维分散系数降低较为缓慢，但当碳纤维含量增至 0.8%时，碳纤维分散系数突降至 0.63，变异系数达 46%。

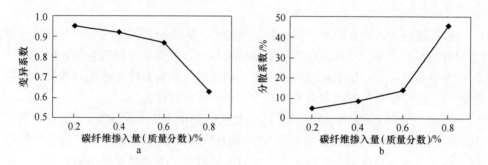

图 2-328   碳纤维掺入量对变异系数(a)和碳纤维分散系数(b)的影响

图 2-329 为干混法制得的铝碳材料的形貌及其碳纤维的分布状况。图 2-329a 和 b 显示了铝碳质耐火材料所具有的碳结合的显微结构特征，细粉均匀地分布在树脂碳和鳞片状石墨周围，散开分布的粗颗粒骨料被树脂碳隔开。从图 2-329c 中可以观察到碳纤维的纵切面，图 2-329d～f 所呈现的均为碳纤维的横切面，碳纤维多存在于细粉料和树脂碳的交界部位，并且随着掺入量的增大，碳纤维趋于在同一位置聚集。

碳纤维随细粉料干混掺入主要存在以下两种混料缺陷：

（1）当碳纤维掺入量大于 0.6%，混料过程中出现少量碳纤维结团，在最后出料时形成大的树脂包裹团，过筛除去。在显微照片中也可以观察到部分区域碳纤维团聚，多出现在细粉富集区域，如图 2-330a 所示。

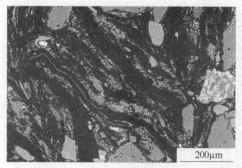
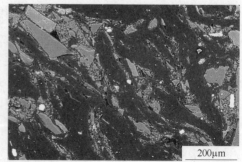

a   b

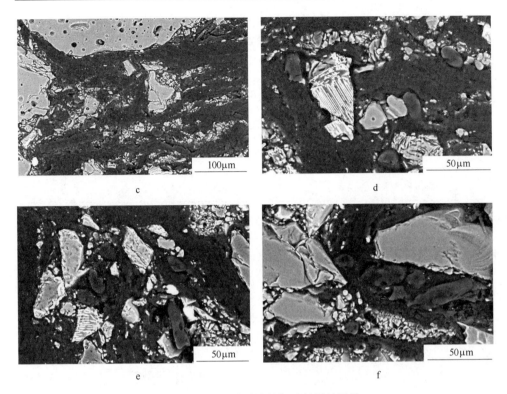

图 2-329 添加碳纤维的铝碳材料的形貌

a—K（0%）；b，d—B（0.4%）；c—A（0.2%）；e—C（0.6%）；f—D（0.8%）

（2）碳纤维在高速搅拌过程中损伤断裂，如图 2-330b 所示。

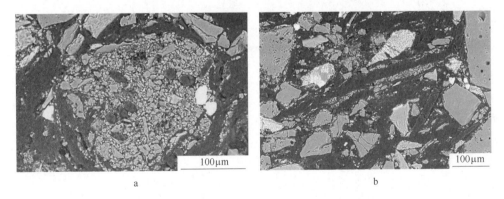

图 2-330 干混工艺中出现的碳纤维结团和断裂

B 湿混

为了克服碳纤维干混加入中易出现的结团和损伤断裂，尝试碳纤维在树脂中分散。由于酚醛树脂具有较高的黏度，当受外力作用流动时存在正比于黏度和速度梯度的切应力，有利于撕开纤维束，碳纤维在树脂中分散良好。当碳纤维掺入量达到 0.6%时，混料过筛基本不存在由于碳纤维结团造成的树脂包裹团。但是，碳纤维破坏了树脂碳结构而显著降低了铝碳材料的常温抗折强度，见表 2-57。

表 2-57　铝碳材料的常温抗折强度（湿混工艺）

碳纤维掺入量（质量分数）/%	0	0.2	0.6
常温抗折强度/MPa	8.7	5.3	3.7

较低的常温抗折强度不能满足实际的使用要求，并且碳纤维在树脂中直接分散给实际生产带来诸多新困难，因此宜采用干混工艺。

2.2.11.2　常温性能

图 2-331～图 2-335 为显气孔率、体积密度、耐压强度、常温抗折强度和弹性模量随碳纤维掺入量的变化。

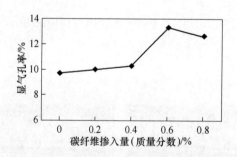

图 2-331　碳纤维掺入量对显气孔率的影响

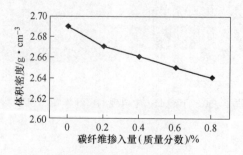

图 2-332　碳纤维掺入量对体积密度的影响

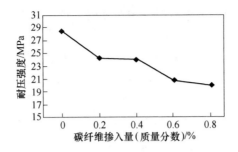

图 2-333 碳纤维掺入量对耐压强度的影响

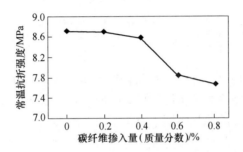

图 2-334 碳纤维掺入量对常温抗折强度的影响

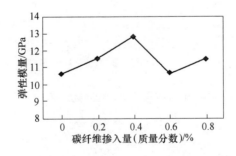

图 2-335 碳纤维掺入量对弹性模量的影响

从图 2-331 中显气孔率和图 2-332 中体积密度变化趋势可以看到，碳纤维对铝碳制品的体积密度影响并不大，随着碳纤维加入量的增大，体积密度呈缓慢下降趋势。气孔率波动较大，碳纤维掺入量由 0.2% 增至 0.4% 气孔率稍有升高，当达到 0.6% 时，气孔率增至 13.3%，碳纤维含量增至 0.8% 时，气孔率又稍有下降。

　　碳纤维的引入对提高铝碳材料的耐压强度（图 2-333）和常温抗折强度（图 2-334）没有益处，总体上呈下降趋势。碳纤维掺入量由 0.2% 增至 0.4%，常温抗折强度稍有下降，当达到 0.6% 时，常温抗折强度突降至 7.83MPa，较之不加碳纤维的空白试样 K 下降了 10%。碳纤维含量增至 0.8% 时（体积含量约为 1.27%），常温抗折强度降至 7.6MPa。常温耐压强度的变化在碳纤维掺入量少时下降较快，随着碳纤维的增多下降趋缓，从空白试样 K 的 28.4MPa 降至试样 D 的 20MPa。

　　从图 2-335 中可以看到，碳纤维对弹性模量的影响没有表现出明显的规律性。碳纤维含量为 0.4% 时弹性模量上升了 20%，碳纤维含量为 0.6% 的试样 C 弹性模量基本和空白样持平，约为 10.6GPa。碳纤维含量最多的试样 D 弹性模量升至 11.5 GPa。

2.2.11.3　高温性能和抗热震性

　　图 2-336～图 2-340 所示是高温抗折强度、震后残余强度、热震前后强度、震后强度保持率和线膨胀系数随碳纤维掺入量的变化。由图可知碳纤维对铝碳质耐火材料的高温性能的影响明显不同于对常温性能的影响。掺加了碳纤维的试样的

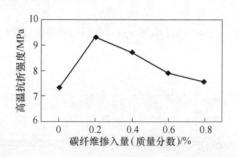

图 2-336　碳纤维掺入量对高温抗折强度的影响

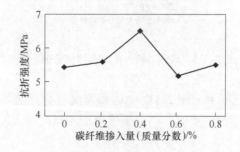

图 2-337　碳纤维掺入量对震后残余强度的影响

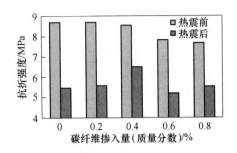

图 2-338 热震前后抗折强度对比

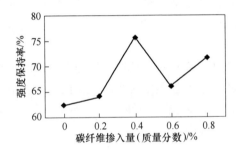

图 2-339 碳纤维掺入量对强度保持率的影响

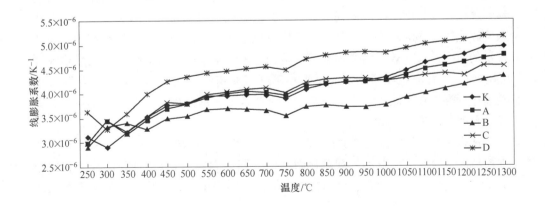

图 2-340 碳纤维掺入量对线膨胀系数的影响

高温抗折强度均高于不掺加的空白样，其中掺加了 0.2% 的试样 A 的高温抗折强度最高为 9.3MPa，升高了约 32%，随着碳纤维量的增多高温抗折强度缓慢下降，试样 D 的高温抗折强度为 7.5MPa，比空白样升高了 0.3MPa。

采用传统的水冷实验法，结合震后残余强度和残余强度保持率来评价铝碳质耐火材料的抗热震性。从碳纤维对震后残余强度和残余强度保持率的影响趋势可以看出，碳纤维的引入对抗热震性有较显著的提高作用，添加最少量碳纤维的试样 A 的残余强度和强度保持率略有提高，掺加了 0.4% 的试样 B 表现最为突出，其震后残余强度为 6.5MPa，比空白试样 K 提高了约 10%。碳纤维进一步增多至 0.6% 和 0.8% 时，抗热震性存在一定程度上下降随之又有所提升的过程。

碳纤维对线膨胀系数的影响也非常明显，在 1050℃ 以上的高温区，试样 A、试样 C 的线膨胀系数均小于空白样，而在 550～1050℃ 温度区间内高于空白试样。值得注意的是，试样 B 的线膨胀系数在 400℃ 以上的整个温度区间内均小于空白试样，掺入最多量碳纤维的试样 D 的线膨胀系数在 400℃ 以上的整个温度区间内均高于空白试样。

以上所示的碳纤维对铝碳质耐火材料的各种常温性能、高温性能的影响都不是孤立存在的，它们之间存在着必然的联系，并且最终是由其显微结构决定的。

碳纤维对铝碳质耐火材料抗热震性影响的本源在于其改变了制品的显微结构，主要表现在以下三个方面：

(1) 改变了制品内部的气孔率和气孔分布。

(2) 增大了结构不均匀性，导致了更多数量微裂纹的出现。

(3) 形成了新的残余热应力场。

气孔率的高低和气孔分布是含碳耐火材料最重要的显微结构特征之一，主要形成于树脂的碳化阶段。碳纤维在酚醛树脂中会影响碳化产生气体的排放和气孔封闭过程。少量碳纤维随细粉料混入时，只有很少的碳纤维进入到树脂中，对树脂的碳化过程影响较小，对气孔率的影响也不明显，但随着碳纤维在细粉料中掺入量的增多，这一效果将变得显著。从图 2-331 可以看出当碳纤维掺入量增大到 0.6% 时，气孔率明显增大。为了考察碳纤维对树脂碳化过程的影响，将碳纤维按前述湿混法在树脂中分散，制得碳纤维掺入量分别为 0.2% 和 0.6% 的试样，其显气孔率和体积密度如表 2-58 所示。

从表 2-58 可以看出，同样的碳纤维掺入量，随树脂混入时气孔率远高于随细粉料混入时制得的样品。观察显微结构（图 2-341）可以发现在碳纤维和树脂碳结合面出现了气孔沉积，这可能是碳化过程中微小气泡在第二相处汇合长大所致，影响了正常排除，使显气孔率增大。

表 2-58　铝碳材料的显气孔率和体积密度（湿混）

碳纤维掺入量	体积密度/$g \cdot cm^{-3}$	显气孔率/%
0.2%（质量分数）/0.32%（体积分数）	2.59	14.1
0.6%（质量分数）/0.96%（体积分数）	2.60	14.91

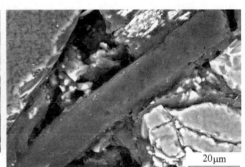

图 2-341　碳纤维和树脂碳界面处沉积的气孔

气孔率高低是影响弹性模量的一个因素，一般来说气孔率升高将使弹性模量有所下降，但从数据可以看到，在碳纤维含量较小的区域，伴随气孔率升高的是弹性模量的稍稍升高，气孔率增至试样 C 的 13.3%时弹性模量才开始下降，由此可以看出气孔率并不是影响含碳纤维的铝碳材料弹性模量的主导因素。

气孔分布对铝碳材料热震稳定性的影响具有不可忽略的作用。图 2-342 为空白试样 K 和添加 0.4%碳纤维试样 B 的气孔分布图。

从图 2-342 可以看出，碳纤维的加入使 100nm 以下的微气孔相对量稍有增加，对 100nm～10μm 的中间气孔的相对量则有较大影响，空白试样 K 在这一区间内的气孔相对量约为 60%，试样 B 约为 68%。可见碳纤维的存在确实影响了酚醛树脂在碳化时的气孔形成过程，使得气孔更趋向于孔径小于 10μm 的中间气孔和微气孔，显然这更有利于缓冲热应力而提高制品的抗热震性。

碳纤维的引入增加了树脂碳的结构不均匀性，在微观上表现为由于碳纤维和树脂碳线膨胀系数和弹性模量失配而产生的微裂纹。微裂纹和气孔是铝碳质耐火材料的易破坏部位。常温下机械应力作用时，气孔不仅减小了负荷面积，而且在

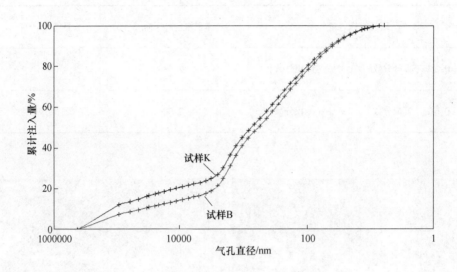

图 2-342   试样 K 和试样 B 的气孔分布图

气孔临近区域应力集中，减弱材料的负荷能力。微裂纹也往往成为裂纹失稳扩展的起点。因此，碳纤维增加了铝碳材料的结构缺陷，而这些缺陷常温下不能起到增韧的作用，这也是碳纤维使常温强度下降的原因。

　　如前所述鳞片石墨在铝碳质耐火材料中本身就有近似于纤维增韧的作用，提高了断裂能，降低了弹性模量，从而提高了 R_{st}（$R_{st} = \sqrt{\dfrac{\gamma_{WOF}}{E\alpha^2}}$）。鳞片状石墨的含量在 25%，而碳纤维只有不到 1%，如果是同一增韧机理，那么碳纤维对热稳定性的提高作用是微不足道的，碳纤维的存在一定在其他方面改变了铝碳质耐火材料的显微结构，从而改变了热应力对微裂纹的作用方式，下面从残余应力场的角度来分析碳纤维对铝碳质耐材高温性能影响的机理。碳纤维和相邻组分线膨胀系数的相对大小、制备工艺过程中的降温落差大小和降温速度等将会严重影响结构内部的微应变。碳纤维的线膨胀系数低于树脂碳的线膨胀系数，在热处理的降温结束时存在如下残余应力场：树脂碳中产生径向压应力和切向张应力。常温下承受应力时裂纹将沿着与径向压应力平行而与切向张应力垂直的方向扩展，并首先达到纤维与树脂碳的结合面，在碳纤维断裂之前裂纹被钉扎，应力进一步增加时，裂纹穿过纤维继续扩展或者沿界面绕行偏转。这一过程发生的前提条件是碳纤维和树脂碳具有较高的界面结合强度，但是通过对树脂碳和碳纤维的结合面观察发现，两者的结合并不紧密，主要原因是采用的碳纤维没有经过任何表面处理，活性表面积小，表面与基体不能紧密黏结，这在试样的断口分析（图2-343）中也得到了证实。从断口形貌可以看到碳纤维在缓慢加载过程中，与基体（树脂碳）发生剥离，而不是当两者结合紧密时可能出现的碳纤维断裂或者拔出。

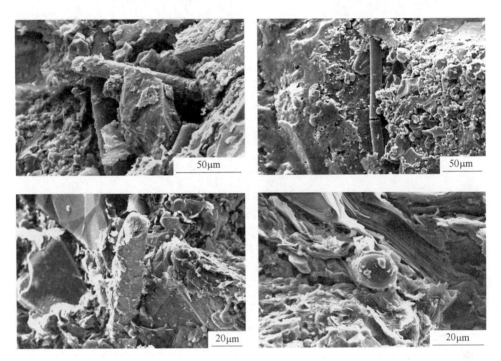

图 2-343　添加碳纤维的铝碳材料的断口形貌

在高温情况下，碳纤维和树脂碳的热膨胀失配产生的应力场刚好与制品热处理冷却阶段产生的残余应力场相反，在两者的抵消过程中将出现微裂纹的愈合，消耗掉一部分能量，当新的应力场建立时，树脂碳中产生径向张应力和切向压应力，裂纹将沿与切向压应力的方向平行而与径向张应力垂直的方向扩展，大大偏离原来方向，也远离了树脂碳和碳纤维的弱结合界面，增韧效果优于常温状态。上述分析和碳纤维对制品的高温力学性能的提高作用是吻合的，同时这种残余应力场效应和微裂纹的愈合能量吸收机制也是抗热震性提高的一个原因。图 2-344 是在较高放大倍数下观察到的树脂碳内的裂纹状态。

较低的线膨胀系数有利于抗热震性的提高，高的线膨胀系数在较小的温度梯度下就可能产生很大的热应力。在 1050℃以上，$\alpha_D > \alpha_k > \alpha_A > \alpha_C > \alpha_B$，试样 B 的热膨胀最小且变化平缓，最有利于抗热震性的提高。

耐火材料抗热震性的理论预测虽然有较大的局限性，但仍然对抗热震性的评

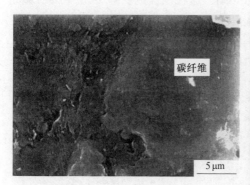

图 2-344　碳纤维周围树脂碳中的微裂纹形态

价具有指导意义。下面分别计算了碳纤维系列的抗热震因子 R' 和 R''''，比较这两个抗热震因子和震后残余强度保持率变化趋势。为了能够在较窄的数值范围内比较三者的关系，对上述三个数据做如下处理，然后在同一坐标系内做图（图 2-345）。

$$SR = \frac{\text{震后残余强度保持率}}{500} \qquad R'''' \propto R_1 = E/\sigma^2 \qquad R' \propto R_2 = \frac{\sigma}{E\alpha} \qquad (2\text{-}91)$$

式中　E——常温下的弹性模量；

　　　σ——常温下的抗折强度；

　　　α——1300℃下的线膨胀系数。

　　注：由于不同试样间只存在少量碳纤维的差别，因此在 R' 和 R'''' 的计算中忽略了泊松比的影响。

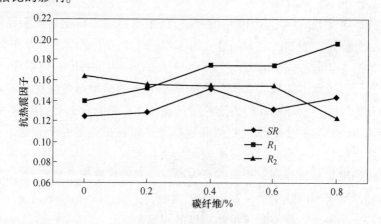

图 2-345　抗热震因子和震后强度保持率间的对比关系

从图 2-345 中可以看到，在碳纤维含量较少时，抗热震因子 R'''' 随碳纤维含量的增多而升高，随后出现的是一个下降又有所回升的过程。从整个变化区间来看，R_1 和震后残余强度保持率间有较好的吻合。而抗热震因子 R' 和震后残余强度保持率间则具有相反的变化趋势。由此可知，碳纤维的加入所导致的弹性模量升高和强度下降效应提高了抗热震因子 R''''，有利于抗热震性的提高。

2.2.12 超细粉体在铝碳耐火材料中的应用

铝碳质耐火材料的热震破坏源于温度变化时在制品内部的结构缺陷处的热应力集中，这些结构缺陷主要是存在于树脂碳中的微裂纹和气孔等。此外，鳞片石墨本身较差的润湿性、树脂碳和鳞片石墨间的结合强度的高低直接决定了材料断裂功的高低，从而影响抗热震性。因此，改性树脂碳有望取得提高树脂碳和鳞片石墨间的结合强度、调整树脂碳内的气孔分布和提高树脂碳的强度等多重效果，从而有效提高铝碳材料的抗热震性。

超细粉如碳化硼很早以前已经在石墨材料的高温黏结剂中得到了广泛的应用，实践也证明超细碳化硼对于提高树脂碳和石墨间的化学键合、改善树脂碳的微观结构有积极的作用。白碳黑（纳米 SiO_2）大量用做橡胶材料的补强剂，它可以用来提高树脂碳的强度[74~76]。基于以上考虑，本节介绍了超细碳化硼和白碳黑对铝碳材料性能和结构的影响，如表 2-59 所示。

表 2-59 白碳黑、碳化硼系列组成表（外加）

成分（质量分数）/% \ 编号	K	P1	P2	PS	S2	S1
超细碳化硼	0	1.4	0.7	0.35	0	0
白碳黑	0	0	0	0.35	0.35	0.7

2.2.12.1 碳化硼和白碳黑分散工艺

超细碳化硼和白碳黑的粒度都很小，前者的中位径在 $3.5\mu m$，后者是溶胶-凝胶法制备的，平均粒径只有 $20nm$。如果和干粉料一起混入，极易出现粉体团聚，并且不能达到改性酚醛树脂的目的。采取如下分散工艺。

（1）白碳黑单独使用：

白碳黑+酒精 $\xrightarrow{\text{搅拌}}$ 超声分散（1min）→加入树脂 $\xrightarrow{\text{搅拌}}$ 超声分散（3min）

（2）超细碳化硼单独使用：

树脂+酒精 $\xrightarrow{搅拌}$ 加入碳化硼→超声分散（3min）

（3）白碳黑和超细碳化硼复合使用：

白碳黑+酒精 $\xrightarrow{搅拌}$ 超声分散（1min）→加入树脂 $\xrightarrow{搅拌}$ 超声分散（3min）

$\xrightarrow{搅拌}$ 加入碳化硼→超声分散（3min）

　　碳化硼和白碳黑的引入明显改变了酚醛树脂的黏度，必须在合理超细粉引入量和溶剂引入量间取得平衡。为此，测定了树脂黏度随超细碳化硼和白碳黑加入量的变化趋势（表2-60）。

表 2-60　超细碳化硼和白碳黑掺入量对酚醛树脂黏度的影响（18℃，加酒精50%）

掺入量 /%	B_4C	0	1.4	0.7	0.35	0.35	0	0
	SiO_2	0	0	0	0	0.35	0.35	0.7
黏度/MPa·s		120	85	75	62.5	220	347.5	12900

　　从表2-60可以看出，超细碳化硼的加入降低了酚醛树脂的黏度，变化较缓慢。白碳黑有增加树脂黏度的作用，并且变化剧烈。为了保证混料工艺其他步骤的顺利进行，必须根据超细碳化硼和白碳黑的加入量调整酒精的含量，把树脂的黏度调整到合理的范围内。

2.2.12.2　常温性能

　　图2-346和图2-347是超细粉体对材料显气孔率和体积密度的影响，可以看出超细碳化硼在高温下的挥发逸出现象导致显气孔率和体积密度的变化明显，碳化硼的掺入量越多，气孔率就越高。碳化硼和白碳黑复合使用在一定程度上抑制

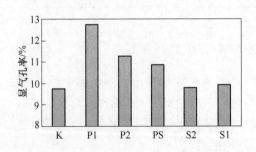

图 2-346　超细粉体对显气孔率的影响

了碳化硼的逸出，但相对于不加碳化硼而单独使用白碳黑的 S1、S2 样来说仍具有相对较高的气孔率。体积密度与显气孔率的趋势则相反，显气孔率越高，体积密度则越低。

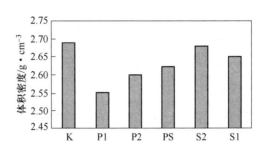

图 2-347　超细粉体对体积密度的影响

碳化硼和白碳黑都显著提高了材料的常温抗折强度（图 2-348）和耐压强度（图 2-349），其中以加入 1.4% 碳化硼和 0.7% 白碳黑的 P1 和 S1 样提升幅度最大，分别为 18% 和 17%。就加入相同量 0.7% 的碳化硼的 P2 和白碳黑的 S1 样来看，S1 的常温抗折强度要高于 P2，这说明气孔率在这组材料中对常温抗折强度的影响并不明显，而是超细碳化硼、白碳黑提高了树脂碳和鳞片石墨的界面结合强度。图 2-350 为超细粉体对材料弹性模量的影响，可以看出在这一系列中弹性模量的变化与其他很多脆性材料那样随气孔率和气孔分布变化明显，加入碳化硼后材料的弹性模量有下降趋势，而白碳黑提高了材料的弹性模量。

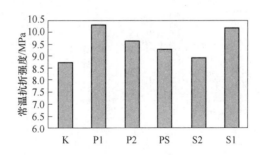

图 2-348　超细粉体对常温抗折强度的影响

2.2.12.3　高温性能和抗热震性

图 2-351 是超细粉体对材料高温抗折强度的影响，由图 2-351 可以看出，超

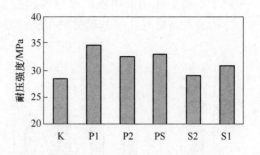

图 2-349　超细粉体对耐压强度的影响

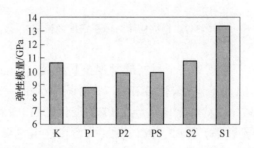

图 2-350　超细粉体对弹性模量的影响

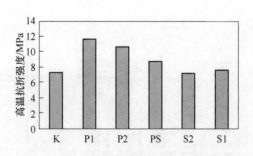

图 2-351　超细粉体对高温抗折强度的影响

细碳化硼可以显著提高铝碳材料的高温强度，而白碳黑的作用却不甚明显。当两者复合使用总含量为 0.7% 时，对高温强度的提升作用略小于 0.7% 的超细碳化硼，而优于同等含量的白碳黑。

图 2-352～图 2-354 是超细粉体对材料抗热震的影响，从震后残余强度和残余

强度保持率来看，单独使用超细碳化硼的 P1、P2 样震后强度不但没有下降，反而有明显的上升，P1 上升了 12%，P2 上升了 10%。单独使用白碳黑的试样强度保持率比空白样稍有提高，但由于具备较高的常温强度，因此其震后残余强度也高于空白样。添加剂复合使用时，震后强度略有下降，强度保持率达 93%。从整体来看，碳化硼对抗热震性提高作用明显，复合使用超细碳化硼和白碳黑可使碳化硼在较低掺入量时维持其有利作用。

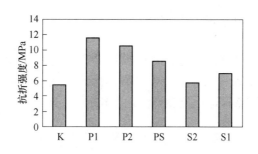

图 2-352　超细粉体对震后残余强度的影响

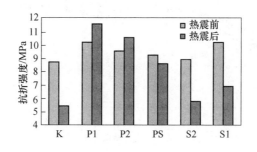

图 2-353　添加超细粉体材料热震前后强度对比

从实际使用角度来看，高的震后残余强度保持率并不能保证安全的使用，因为初始强度高的材料一般伴随着较低的震后残余强度保持率，而较高的震后残余强度更能成为材料设计的标准。

超细粉体对线膨胀系数的影响较为复杂，如图 2-355 所示。在低温阶段（1050℃以前），添加了 0.35% 白碳黑的 S2 样的线膨胀系数最高，掺入 1.4% 碳化硼的 P1 样的线膨胀系数最低。在高温阶段（1050~1300℃），整个系列变化复杂，使用复合超细粉体的 PS 的线膨胀系数急剧下降。含 0.7% 白碳黑的 S1 样的

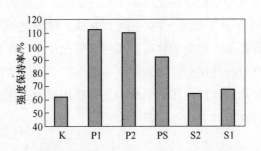

图 2-354　超细粉体对残余强度保持率的影响

线膨胀系数从 1000℃就开始下降，并在高温区维持在整个系列的最低点。很明显看到空白样 K 的线膨胀系数在整个温度区间内都呈上升趋势，并在 1100℃后维持在整个系列的最高点，这对抗热震性是不利的。

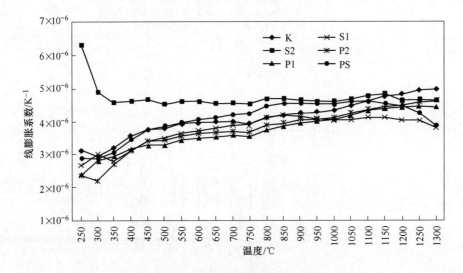

图 2-355　超细粉体对线膨胀系数的影响

2.2.12.4　断口形貌分析

图 2-356 为不同试样的断口形貌。在空白 K 样的断面上大量分布着鳞片状石墨，这说明在断裂过程中鳞片石墨和树脂碳的结合较弱，断裂面更多出现在这一弱结合部位。添加了白碳黑的 S1 样（图 2-356b）中可以看到鳞片石墨的数量减少，断裂面部分转移至树脂碳和刚玉颗粒的结合处。而在掺入了超细碳化硼 P2 样的断口照片上几乎看不到鳞片石墨，更多是刚玉颗粒的表面和刚玉颗粒剥离后

留下的凹坑。从以上分析可知超细碳化硼对鳞片石墨和树脂碳间结合的增强作用最为明显，白碳黑在一定程度上提高了制品的结合强度。

图 2-356　铝碳材料断口形貌

a—K；b—S1（0.7%白碳黑）；c—P2（0.7%超细碳化硼）

2.2.12.5　超细粉体作用机理

A　超细碳化硼在热处理过程中的变化

在热处理过程中，B_4C 将主要处于 CO、H_2O 等的氧化气氛中，为此首先测定了超细碳化硼在氧化气氛中的差热曲线，如图 2-357 所示。

从图 2-357 可以看出超细碳化硼的氧化开始温度在 480℃ 左右，而酚醛树脂在这一温度范围（500℃ 左右）放出的 CO 和 H_2O 的量也达到高峰[76]（图 2-358），因此在这一温度范围内将发生如下反应：

$$B_4C + 6CO(g) \Longrightarrow 2B_2O_3(l) + 7C(s)$$
$$B_4C(s) + 4CO(g) \Longrightarrow 2B_2O_2(g) + 5C(s)$$
$$B_4C + 4CO(g) \Longrightarrow 4BO(g) + 5C(s)$$
$$B_2O_2(g) + CO(g) \Longrightarrow B_2O_3(l) + C(s)$$
$$2BO(g) + CO(g) \Longrightarrow B_2O_3(l) + C(l)$$
$$B_4C(s) + 6H_2O(g) \Longrightarrow 2B_2O_3(l) + C(s) + 6H_2(g) \tag{2-92}$$

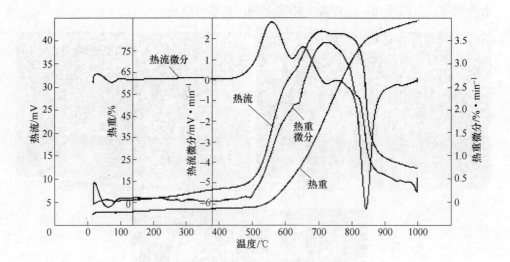

图 2-357　超细碳化硼差热曲线

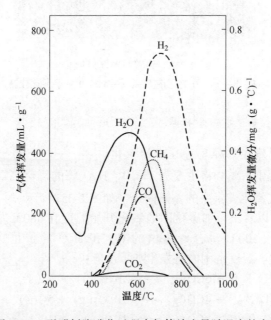

图 2-358　酚醛树脂碳化过程中气体放出量随温度的变化

通过反应将 CO 等小分子转化为 C 而留在树脂中。

　　然而通过对 P1 和 PS 样的 X 衍射分析并没有发现 B_4C 或者 B_2O_3 的存在，主要原因是 B_2O_3 和铝碳材料中其他氧化物成分形成玻璃相，而玻璃相通常不具备尖锐的衍射锋，并且 B_2O_3 在 1000℃ 后挥发加剧，部分 B_2O_3 逸出造成 X 衍射检测困难。

　　在较高放大倍数的显微照片中观察到了直径在 $3 \sim 5\mu m$ 的气孔（图 2-359），这些气孔是碳化硼氧化后留下的。

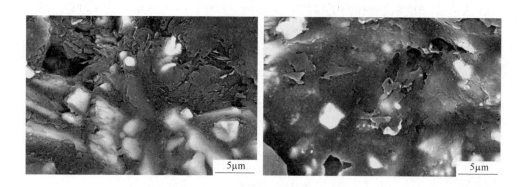

图 2-359　碳化硼氧化留下的气孔

B　超细碳化硼对抗热震性提高作用的机理分析

图 2-360 是材料 K 和 PS 的气孔分布，通过对比可以发现碳化硼对中间尺寸

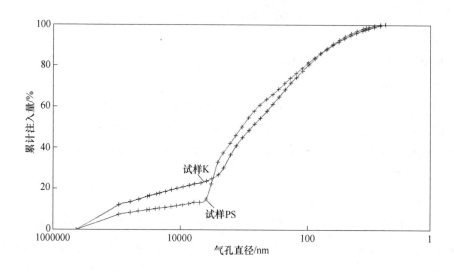

图 2-360　试样 K 和 PS 气孔分布图

气孔（0.1~10μm）影响较剧烈，表现在试样 P 的气孔分布累计曲线在这一区间内有一个快速下降的趋势，和空白试样 K 有一个交点，并最终仍使得试样 PS 10μm 以下气孔的相对量多于空白试样，这是超细碳化硼提高铝碳制品抗热震性的有利因素之一。

碳化硼对树脂碳有催化石墨化作用，在一定程度上促进了树脂碳的结构调整，提高了树脂次生碳的有序化程度，增强了与鳞片石墨间的物理、化学相容性，这从另一个角度也提高了材料的断裂功。另外，B_2O_3 的熔点为 450℃，在高温时熔融为黏性较大的液体，并对鳞片石墨有良好的润湿性能，在两者界面处产生较强的化学键合力，其作用机理见图 2-361[77]。

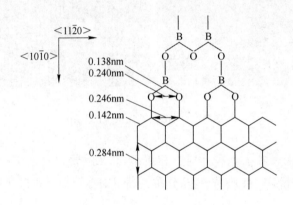

图 2-361　［BO_3］和鳞片石墨表面的化学键合力

从以上超细碳化硼在热处理过程中所发生的变化可以推断超细碳化硼提高抗热震性的主要机理为：

（1）细微 B_2O_3 的挥发逸出留下细密均匀的气孔，有利于抗热震性的提高。

（2）高温下在材料中形成了黏附性很强的玻璃相，缓冲了热应力。

（3）B_2O_3 和鳞片石墨之间化学键合力的存在提高了材料破坏时的拔出功，从而提高了铝碳材料的断裂功，提高了抗热震性。

C　白碳黑对抗热震性提高作用的机理分析

由于材料制备时高温下保温时间很长，B_2O_3 的逸出将会给材料的性能和结构带来不利影响和不确定性，因此可复合引入白碳黑和超细碳化硼。白碳黑表面具有硅烷醇结构（图 2-362），可以和树脂发生分子间氢键作用，提高树脂的黏度。另外，白碳黑是纳米级颗粒，具有极高的比表面积和反应活性，在较低的温度下，可与 B_2O_3 相互作用生成硼酸盐玻璃相。由于硼酸盐玻璃相中［BO_3］和［SiO_4］间电子的相互作用（图 2-363），一方面抑制了 B_2O_3 的挥发，另一方面降低了树脂碳的脆性。

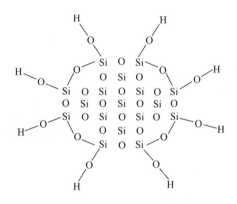

图 2-362　白碳黑的表面结构

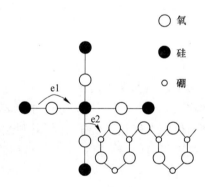

图 2-363　［B_2O_3］和［SiO_4］间电子的相互作用

当白碳黑单独使用时，它可以起到离子增强的作用，提高树脂碳的强度，既可以改善制品的常温和高温力学性能，提高常温和高温抗折强度，又可以降低铝碳材料承受热冲击时在树脂碳内产生裂纹的概率，提高制品的抗热震性。

2.2.13　尖晶石碳材料

尖晶石材料抗侵蚀性高，在连铸特殊钢种如高氧钢、高锰钢时广泛使用尖晶石碳质塞棒。但随着冶金技术的发展，对其性能要求也进一步提高：浇铸时间长，适用钢水种类多变，对钢水增碳少等。为此，本节以尖晶石碳为对象，论述了不同组成对尖晶石碳材料结构和性能的影响，包括碳源对材料抗热震性的影响，添加剂对材料抗热震性和力学性能的影响，氧化铝和镁砂对基质强度的影响等。

2.2.13.1 尖晶石碳材料中的不同碳源对材料性能和结构的影响

目前整体塞棒的棒头碳含量一般不大于 15%，实际生产时在 10% ~ 15%，为了增加棒头的抗冲刷性，应进一步降低石墨的含量，但随之而来的是抗热震性的降低。本节以石墨总量为 8% 尖晶石碳材料为基础，介绍了石墨的种类或粒径，树脂催化剂以及沥青等对尖晶石碳材料性能和结构的影响，基本组成见表 2-61。

表 2-61　试验配方基本组成　　　　　　　　（质量分数,%）

原　料	铝镁尖晶石	石墨	Al-Si	酚醛树脂
配　比	88	8	3.7	+7

A　超细石墨对材料性能和结构的影响

保持石墨总量不变，分析不同超细石墨加入量对材料性能和结构的影响。图 2-364 为试样 C1（超细石墨 1%，199 石墨 7%）和 C7（超细石墨 7%，199 石墨 1%）在电镜下的断口形貌图。低倍镜下观察发现，加入不同含量超细石墨的试样，试样均较致密，没有明显的大气孔。试样 C1 沿骨料断裂较多，而 C7 的断裂基本上沿基质断裂。高倍镜下观察发现，试样中有纤维物质存在，这些物质主要是铝的碳化物或者氮化物和硅的碳化物[78]。C1 中的纤维物质较 C7 中的生长较好，纤维更长，相互交织，而 C7 中的纤维发育较短，主要是石墨的粒度影响试样中孔洞的分布状态和与添加剂 Al-Si 的反应，从而为纤维的生长提供不同的环境和动力。

加入超细石墨后试样热震前后的常温抗折强度和强度保持率如图 2-365 所示。加入 1%（质量分数）超细鳞片石墨后试样热震前的抗折强度有所提高，其他试样的常温抗折强度变化不大，热震后试样的残余抗折强度均提高约 1MPa，随着超细石墨含量的增加强度保持率先增大后减小，即在超细鳞片石墨含量为 3% 时试样的强度保持率最高，达 40.2%，继续增加超细石墨，强度保持率稍有下降，但均高于对比样。

图 2-364 C1 与 C7 的断口形貌

a—C1, 20×；b—C7, 20×；c—C1, 3000×；d—C7, 3000×

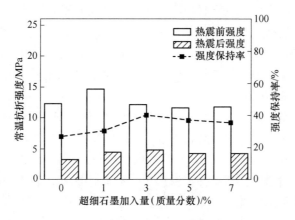

图 2-365 超细石墨对试样热震前后的抗折强度和强度保持率的影响

　　含碳材料的抗热震性与石墨含量有直接关系，石墨含量大于10%时，抗热震性较好，石墨在基质中能达到连续分布[79]，石墨的连续分布最有利于热应力的释放。工业用铝碳棒头材料SG100含12%粗鳞片石墨，其显微结构如图2-366所示；同时与试样C7的显微结构进行了对比。从图2-366中可看出，SG100材料中鳞片石墨在基质中分布连续，不易被细粉隔开，而在试样C7中，因石墨颗粒粒径小、含量低而易被细粉隔开呈不连续状态。因此，当石墨含量为8%时，在一定粒径范围内改变石墨的粒度和配比对石墨的分布状态影响不大，从而对材料的抗热震性的提高作用有限。

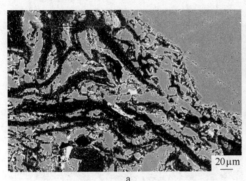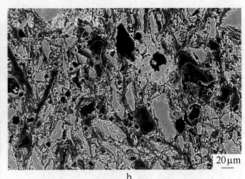

图 2-366　不同石墨含量的试样中石墨的分布形态

a—12%石墨 SG100；b—8%石墨 C7

B　膨胀石墨对材料性能和结构的影响

　　保持石墨总量不变，在材料中引入了1%~7%的膨胀石墨。图2-367为引入膨胀石墨试样的显微结构图，观察发现，E1（膨胀石墨1%，199石墨7%）和E7（膨胀石墨7%，199石墨1%）试样中的纤维生长情况相似，纤维较长，不仅在添加剂留下的孔洞中生长较多，还在尖晶石颗粒表面生长有互相交织的纤维，而E0（199石墨8%）中的纤维较细较短。

　　热处理后试样的显气孔率和体积密度如图2-368所示。试样的显气孔率随着膨胀石墨含量增加先降低之后又有所增大，体积密度变化较小。

　　图2-369为加入膨胀石墨后试样热震前后的抗折强度变化及强度保持率。随着膨胀石墨含量的增加，试样的常温抗折强度变化明显，在1%时常温抗折强度最大。继续增加膨胀石墨，常温抗折强度迅速下降，热震试验后试样的残余抗折强度随着膨胀石墨的增加稍有提高，两者的改变导致试样的强度保持率先降低后升高。

图 2-367　E0、E1 和 E7 的断口形貌图

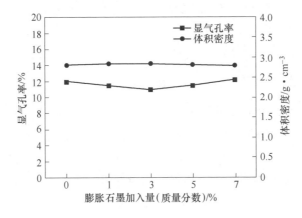

图 2-368　引入膨胀石墨试样的显气孔率和体积密度

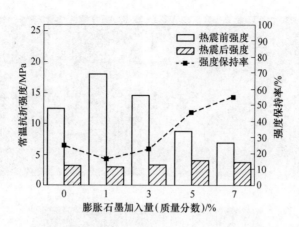

图 2-369   引入膨胀石墨试样热震前后的抗折强度和强度保持率

膨胀石墨具有分散剂的作用[80]，少量膨胀石墨能使结合剂分散更均匀，更具有连续性，膨胀石墨自身还存在大量微孔[81]，为各种纤维的生长提供环境。纤维的生成一般认为对材料的强度有益。当膨胀石墨含量较高时，膨胀石墨的疏松多孔和高可压缩性需更多的结合剂润湿，导致结合剂在基质中分布不连续。添加剂的反应程度和结合剂的分散状态改变是试样常温抗折强度改变的主要原因，也正是膨胀石墨本身的性质使试样在热震时因对热应力的吸收和缓冲能力有所提高，从而在加入 5% 和 7% 的膨胀石墨时，试样的残余强度较高，强度保持率提高。

图 2-370 为试样在 1400℃ 高温下的抗折强度。从图 2-370 中可见试样在高温时的抗折强度变化趋势和试样的常温抗折强度相似，在膨胀石墨加入量为 1% 时，试样的高温抗折强度较高，随着膨胀石墨的继续增加，试样的高温抗折强度逐渐下降。加入 1% 的膨胀石墨试样具有较高的常温和高温强度。

2.2.13.2   氧化铝对材料结构与性能的影响

尖晶石原料均为氧化铝含量为 76% 的富铝尖晶石，在尖晶石中含有约 3% 的 α-Al_2O_3。越接近理论组成的尖晶石固溶能力越大，其能在高温下固溶氧化铝和镁砂，影响材料性能。为提高尖晶石-碳材料的高温性能，在材料中加入 4% ~ 16% 的 α-Al_2O_3 细粉或镁砂细粉，以替代同等量的尖晶石。

图 2-371 为加入 16% 氧化铝的试样 A16 的 XRD 衍射图谱。试样经过 1550℃ 热处理后只有尖晶石和石墨两相，未发现刚玉相的存在，表明尖晶石碳材料中引入氧化铝粉后，在材料服役过程中能够发生固溶反应，产生一定的陶瓷结合，能

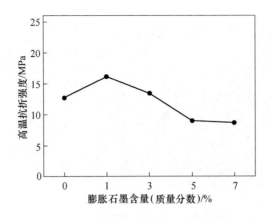

图 2-370　引入膨胀石墨试样的高温抗折强度

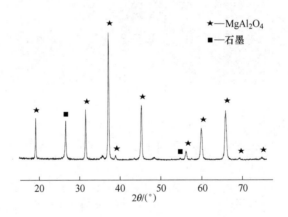

图 2-371　1550℃热处理后 A16 的 XRD 图谱

够在一定程度上减缓尖晶石碳材料脱碳层的冲刷。

　　图 2-372 为加入 12%氧化铝的试样 A12 在 950℃和 1550℃热处理后的显微结构。经 EDS 能谱扫描发现，在 950℃热处理时，尖晶石中的 Al_2O_3 含量为 74.9%，经 1550℃热处理后，尖晶石中的 Al_2O_3 含量已经达到 83.2%。同时从电镜图片中可以发现，经 1550℃热处理后试样中细粉颗粒已互相粘连界限不分明，大颗粒的边角有变平滑的趋势，说明氧化铝粉已经明显地固溶于尖晶石中。

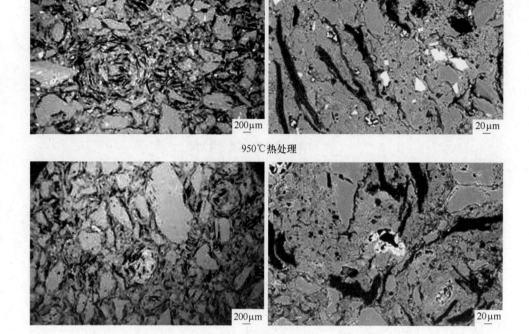

950℃热处理

1550℃热处理

图 2-372　A12 在不同热处理温度下的显微结构

图 2-373 为试样在不同温度热处理后氧化铝含量与显气孔率、体积密度的关系，1550℃热处理后试样的显气孔率更大，且 A8 和 A12 的变化率较大，各试样的体积密度也有所增加。显气孔率增大是由于氧化铝固溶于尖晶石时产生的体积膨胀，另外酚醛树脂进一步碳化也是一个体积收缩的过程；体积密度增大的原因是引入的氧化铝粉的密度大于尖晶石的密度。

经 1550℃热处理后，试样的线变化率和质量变化率如图 2-374 所示，随着氧化铝含量的增加，试样由线收缩转为线膨胀（见图 2-374a），而试样的质量变化率稍有降低（见图 2-374b）。前者主要是因为试样中发生了二次尖晶石化反应产生体积膨胀。

图 2-375 为经 1550℃热处理后的试样在热震前后的常温抗折强度和强度保持率。从图 2-375a 可知，随着氧化铝含量的增加，试样的常温抗折强度先有所增加，当氧化铝加入量为 16% 时，试样的常温抗折强度又降低至与空白试样（0%）

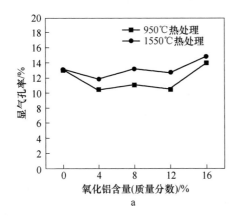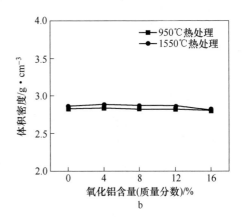

图 2-373　氧化铝含量与显气孔率(a)和体积密度(b)的关系

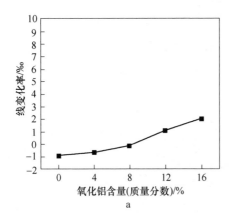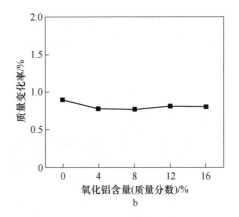

图 2-374　试样的线变化率(a)和质量变化率(b)

接近。试样经水冷热震后的强度保持率呈下降的趋势，但变化不大。经 1550℃ 热处理后，试样的常温抗折强度变化趋势与 950℃ 热处理时相同，但在氧化铝含量为 16% 时试样的常温抗折强度已经低于空白试样约 2MPa，热震后试样的残余抗折强度有所提高，强度保持率也有所提高。尖晶石、方镁石和氧化铝（刚玉）的性能如表 2-62 所示[82]。因氧化铝的线膨胀系数和热导率均高于尖晶石，在 950℃ 热处理时，二次尖晶石化还未发生，此时氧化铝的加入对试样的抗热震性不利；当试样经过 1550℃ 热处理后，尖晶石与氧化铝一起发生二次尖晶石化行为而提高了颗粒间的结合力，降低了试样的线膨胀系数，导致试样的抗热震性有所提高（见图 2-375b）。

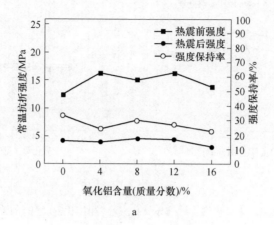

a

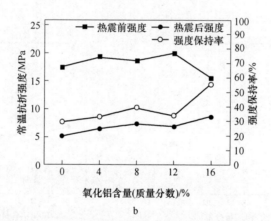

b

图 2-375　试样热震前后的强度和强度保持率

a—950℃热处理；b—1550℃热处理

表 2-62　尖晶石、方镁石和刚玉的性能

项　　目	尖晶石	方镁石	刚玉
体积密度/g·cm^{-3}	3.58	3.58	3.99
热导率（800℃）/W·(m·K)$^{-1}$	5.9	7.1	6.3
线膨胀系数/K^{-1}	7.6×10^{-6}	13.5×10^{-6}	8.8×10^{-6}

试样经不同温度热处理后的高温抗折强度如图 2-376 所示，可见不同热处理温度下，氧化铝加入量为 4% 时的高温抗折强度均为最高。由于氧化铝固溶与尖晶石中产生体积膨胀效应，随着氧化铝含量增加试样的高温强度呈下降趋势。这说明适量的氧化铝的固溶反应增强了尖晶石碳材料的结合相，对材料的高温强度有利，引入过量的氧化铝产生过大的体积膨胀会降低材料的高温强度。

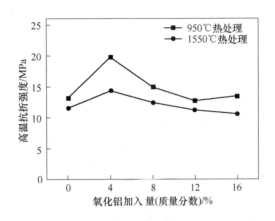

图 2-376　试样的高温抗折强度

2.2.13.3　镁砂对材料性能和结构的影响

图 2-377 为试样镁砂含量为 4%~16% 时，经 1550℃ 热处理后尖晶石碳材料的 XRD 图谱。由图谱可知，在镁砂加入量小于 8% 时，经 1550℃ 热处理后只检测到尖晶石和石墨两相，说明镁砂细粉也能够完全固溶于尖晶石中。当镁砂加入量超过 8% 时，不但有尖晶石和石墨相，还有镁砂和镁橄榄石相存在，此时镁砂过量。

镁砂含量为 12% 时试样 M12 的电镜图片如图 2-378 所示。可以发现经过 1550℃ 热处理后试样 M12 的结构有变疏松的趋势，颗粒间的界限反而比 950℃ 热处理时更明显。EDS 能谱扫描发现 950℃ 热处理后的尖晶石中氧化铝含量为 74.74%，而 1550℃ 热处理后尖晶石中的氧化铝含量为 71.84%。因为温度和保温时间的限制，尖晶石对镁砂的固溶能力有限，而对氧化铝的固溶能力较大。

图 2-379 给出了试样在不同热处理温度下的显气孔率和体积密度。随着镁砂含量的增加，试样经 1550℃ 热处理后的显气孔率有较大幅度的增加，而体积密度稍有下降。富铝尖晶石在温度较低时就能与镁砂发生二次尖晶石化固溶反应，同时镁砂的密度低于氧化铝，同等质量的镁砂在试样中的体积含量较大，可提高和尖

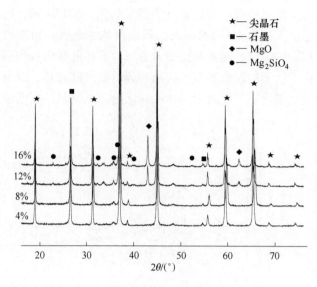

图 2-377　1550℃热处理后试样的 XRD 图谱

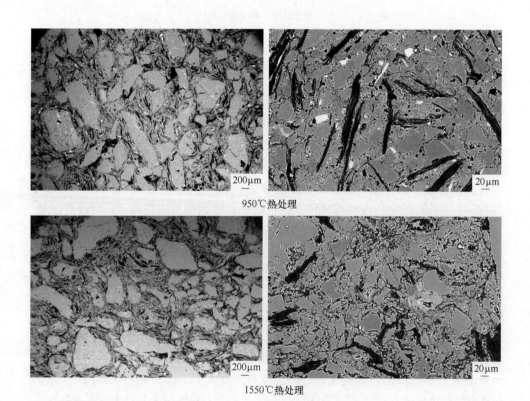

图 2-378　试样 M12 不同热处理温度下试样的电镜图片

晶石的接触概率，有利于二次尖晶石化。二次尖晶石化伴随着体积膨胀，高温下膨胀的镁砂固溶于尖晶石后，原有的位置将留下缝隙，当形成的缝隙体积大于尖晶石膨胀的体积，试样表现为显气孔率增大，体积密度降低。

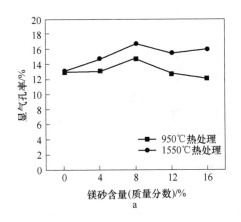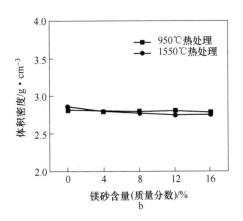

图 2-379　镁砂含量与材料显气孔率(a)和体积密度(b)的关系

　　经 950℃热处理后的试样再经 1550℃热处理，其线变化率和质量变化率如图 2-380 所示。随着镁砂含量的增加，试样由线收缩转为线膨胀，当镁砂加入量大于 8%时，试样的线变化率改变不大，与加入氧化铝的试样比较，加入镁砂时试样的线变化率明显高于添加氧化铝的试样，这是由镁砂的线膨胀系数高导致的。试样的质量变化率见图 2-380b，试样的显气孔增多后，有利于添加剂发生固–固反应和气–固反应，使试样的质量增加。

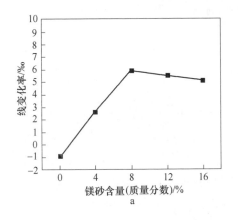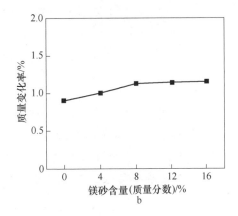

图 2-380　试样的线变化率(a)和质量变化率(b)

图 2-381 分别给出了试样热震前后的常温抗折强度和强度保持率。试样经950℃热处理后的常温抗折强度有先增后降的趋势。热震后试样的残余强度变化不大，强度保持率稍有降低。经 1550℃热处理后，试样 M4 的常温抗折强度有所提高，随着镁砂加入量的增加，试样的常温抗折强度反而开始降低，试样热震后的残余强度稍有提高，强度保持率也有所提高（见图 2-381b）。

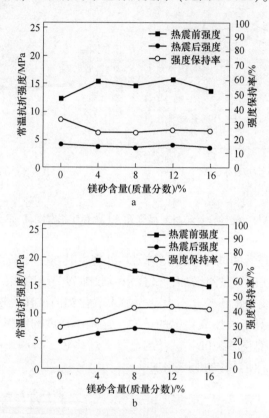

图 2-381　试样热震前后的强度和强度保持率
a—950℃热处理；b—1550℃热处理

试样的高温抗折强度如图 2-382 所示，不同温度热处理的试样高温抗折强度的变化趋势不同。950℃热处理的试样，高温强度随着镁砂加入量的增加呈增大的趋势，1550℃热处理的试样，除镁砂加入量 4%试样的高温强度有所提高，其他试样的高温强度均低于对比试样，且有降低的趋势。

2.2.13.4　添加剂对材料性能和结构的影响

添加剂在含碳耐火材料中的使用非常普遍，对材料的常规物理性能和高温力

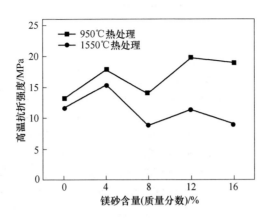

图 2-382　含镁砂试样的高温抗折强度

学性能影响较大。本节介绍了 B_4C、SiC、铝硅合金和硅粉对尖晶石碳材料结构和性能的影响，以期更全面认识添加剂对尖晶石碳材料的影响，添加剂种类及加入量如表 2-63 所示。

表 **2-63**　添加剂的加入量　　　　　　　　（质量分数，%）

试样编号	MA-0	MA-S	MA-SC	MA-B	MA-AS	MA-ASB
硅粉		3				
SiC			3			
B_4C				0.7		0.7
Al-Si					3	3

A　950℃热处理

试样的物相分析结果如图 2-383 所示：（1）所有的试样中均有尖晶石、石墨和少量刚玉相；（2）在试样 MA-B 和 MA-ASB 中没有检测到碳化硼的衍射峰；（3）在试样 MA-AS 和 MA-ASB 中没有发现金属铝单质的衍射峰；（4）在试样 MA-ASB、MA-AS 和 MA-S 中可以明显地看到硅单质的衍射峰；（5）在试样MA-SC 中发现有明显的 SiC 相存在。

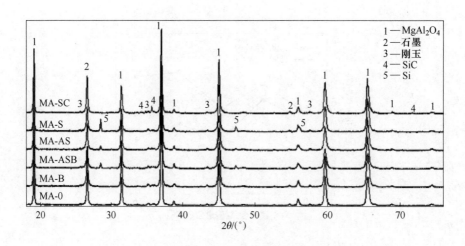

图 2-383　含添加剂尖晶石碳材料的衍射图谱

在扫描电镜下对试样的断口形貌观察发现（如图 2-384 所示），试样 MA-ASB 和 MA-AS 中均有 AlN 纤维物质生成，在铝硅合金留下的孔洞周围，对其成分分析发现氧化铝的含量均较高。试样 MA-ASB 中纤维物质分布多，生长较好，相互

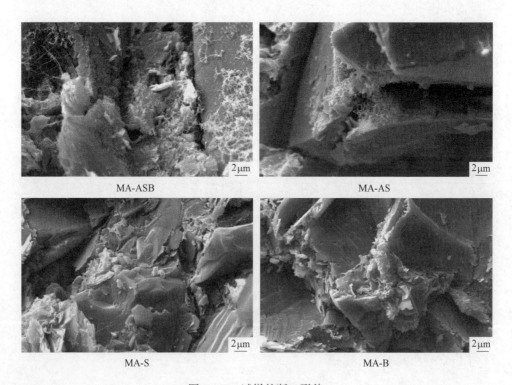

图 2-384　试样的断口形貌

交织，试样 MA-AS 的纤维较细较短。B₄C 的存在对 AlN 纤维的形成可能有促进作用，试样 MA-SC、MA-S 和 MA-0 在电镜下未观察到新物质生成（试样 MA-S 和 MA-0 的电镜图片未给出）。在 950℃氮气气氛下处理时，铝硅合金中因硅单质的存在，铝的熔点从原来的 660℃降到 564℃，更易于与氮气反应而生成 AlN 纤维，硅被氧化成二氧化硅的温度虽然开始于 900℃，在 1100℃才开始和碳反应生成 β-SiC，但由于环境中的氧分压几乎为零，以及热处理温度较低，试样中单独添加的硅粉能稳定存在。

图 2-385 为不同生坯和熟坯试样（950℃热处理）的显气孔率。生坯试样的显气孔率高时，经过热处理后，熟坯试样的显气孔率也会增高，但试样间的显气孔率差距会减小。生坯的显气孔率与造粒料的挥发分有直接关系，另外原料不同，结合剂酚醛树脂对原料的润湿性也不同，因其影响因素较多，并不能将显气孔率的高低归结为是添加剂的不同。

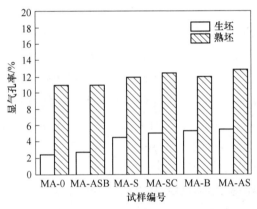

图 2-385　含不同添加剂尖晶石碳材料生坯和熟坯试样的显气孔率

图 2-386 为不同生坯和熟坯试样的体积密度。可以看出，试样热处理后的体积密度稍有下降，这是由酚醛树脂的碳化造成的。添加剂的加入对试样的体积密度影响不大。

图 2-387 为试样热处理后的常温抗折强度。从图可以看出，不同的添加剂对试样的强度影响差别较大。加入硅粉的试样 MA-S，因硅粉的反应温度较高，其基本以单质硅的形式存在于试样中，对试样的强度几乎没有影响；SiC 本身的性质较为稳定，试样在氮气气氛下和埋碳保护下进行热处理，SiC 既不会转为其他物质也不会被氧化，故加入 SiC 的试样 MA-SC 的强度也和试样 MA-0 差别不大。铝硅合金和碳化硼对试样强度的影响较大。加入铝硅合金的试样 MA-AS 的强度明显高于试样 MA-0，这是由于试样中生成了陶瓷相 AlN、Al₄C₃ 和 β-SiC 等物

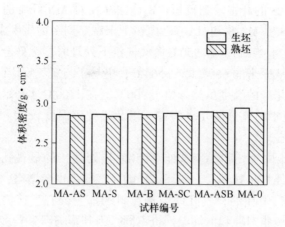

图 2-386   含不同添加剂尖晶石碳材料生坯和熟坯试样的体积密度

质，其在试样中起到了增强效应而使材料强度提高。B_4C 对试样常温强度的提高作用最明显，0.7% 的碳化硼能使试样的常温强度升高接近原来的两倍，B_4C 对结合剂具有改性作用，在 650℃ 以上时，B_4C 与树脂碳化时产生的 CO 反应生成 B_2O_3，玻璃相 B_2O_3 高温下具有很好的流动性，可堵塞气孔，使材料更致密，B_2O_3 与石墨之间也可产生一定的化学键合力[83]，冷却之后的 B_2O_3 和大颗粒骨料之间还有很强的黏结作用，使试样 MA-B 的强度明显升高。B_4C 与铝硅合金一起加入时，并没有起到协同作用，试样 MA-ASB 的常温强度反而低于试样 MA-B 的常温强度，但依然稍高于试样 MA-AS 的常温强度，这是试样中的 B_2O_3 因 Al 单质的存在低于 950℃ 时有少量转为偏硼酸铝 $Al_4B_2O_9$[84]，减少了玻璃相的存在和分布。

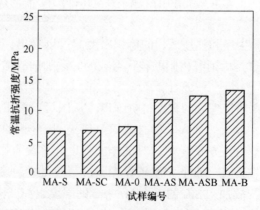

图 2-387   含不同添加剂尖晶石碳材料试样热处理后的常温抗折强度

在1400℃埋碳保护下保温30min后测得的试样的高温抗折强度如图2-388所示。B_4C对试样的高温抗折强度影响不大，这主要是B_4C能被氧化成氧化硼，氧化硼在高温下以液态的形式存在。SiC的性质稳定，在1400℃时的形态没有改变，故对试样MA-SC的高温强度也影响不大。硅粉在1100℃以上开始与无定形碳反应原位生成β-SiC，在1200℃以上与N_2反应生成α-Si_3N_4，一方面使材料更致密，另一方面原位生成的SiC起到骨架的作用，使MA-S的高温强度提高[85]。铝硅合金的加入，降低了Al_4C_3、AlN、α-Si_3N_4和β-SiC的生成温度，使试样在热处理时生成Al_4C_3、AlN、α-Si_3N_4和β-SiC等纤维物质。当温度高于1100℃时，原本存在的Al_4C_3向AlN和Al_2O_3转变，剩余的硅粉继续生成β-SiC、α-Si_3N_4，在1400℃时还能生成β-SiAlON[78]，这些陶瓷相均能起到桥接增韧作用，使试样MA-AS的高温抗折强度高于MA-S。在含有B_4C时，B_4C大部分已经在950℃热处理时转为B_2O_3，当温度继续升高，B_2O_3流动性增加，能促进铝硅合金向陶瓷相转变，同时自身与Al_2O_3反应生成四硼酸十八铝（$9Al_2O_3 \cdot 2B_2O_3$）而使试样MA-ASB更致密，强度更高[86]。

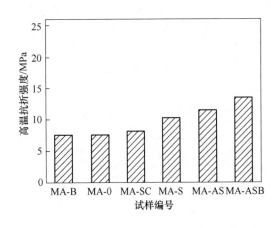

图2-388 含不同添加剂尖晶石碳材料试样的高温抗折强度

试样从常温到1000℃的线膨胀率如图2-389所示。在1000℃内，试样均显示为膨胀，线膨胀率的升高近似为线性。在1000℃时，加入B_4C的试样线膨胀率最大，为0.694%，其次为试样MA-ASB和MA-AS，试样MA-0与MA-S的线膨胀率较接近，线膨胀率最低的是试样MA-SC，仅为0.482%。

试样在水冷热震后的强度保持率如图2-390所示。经950℃热处理后，试样MA-B、MA-ASB和MA-AS的强度保持率均低于试样MA-0，试样MA-SC和MA-S的强度保持率明显高于试样MA-0。试样MA-B常温抗折强度高但残余抗折强度

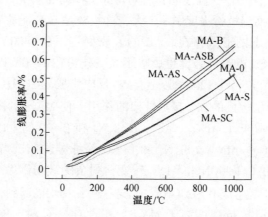

图 2-389　含不同添加剂尖晶石碳材料试样的线膨胀率

低，很可能是固态无定形 B_2O_3 的密度为 1.80g/cm^3，液态 B_2O_3 的密度为 2.46g/cm$^{3[86]}$，其填充在试样的孔隙中，在急冷过程中由液态转为固态时体积的急剧膨胀破坏了试样的结构。铝硅合金在氮气气氛下易生成陶瓷相 AlN 和 Al_4C_3，陶瓷相的存在使材料的脆性增加，热震试验时试样中的裂纹更易扩展，导致试样 MA-ASB 和 MA-AS 的强度保持率下降。而 SiC 的线膨胀系数低，导热性好，金属硅粉同样具有高的热导率和低的线膨胀系数，两者均能吸收和缓冲热应力而降低试样的损毁，提高试样 MA-SC 和 MA-S 的强度保持率。

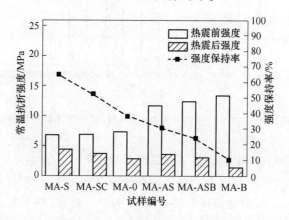

图 2-390　含不同添加剂尖晶石碳材料试样热震前后的强度比较

试样在 1200℃下氧化 1h 后，将其沿中间切开，其断面如图 2-391 所示。未加入添加剂的试样 MA-0 氧化后结构疏松，易切割；加入添加剂的试样氧化后结构均致密，较难切割。利用 AutoCAD 计算试样未氧化面积和原始面积并计算未氧化面积率。图 2-392 给出了试样的质量烧失率和未氧化面积率。单独加入 0.7% 的 B_4C 试样未氧化面积率与试样 MA-0 较接近，说明 B_4C 在 950℃ 热处理时大部分已经被氧化，单独加入 0.7% B_4C 在热处理后对试样的抗氧化性提高作用不明显；复合添加铝硅合金和 B_4C 的试样 MA-ASB 未氧化面积率最高，其对试样抗氧化性能的提高最明显；单独加入硅粉的试样 MA-S 的抗氧化性能仅次于复合添加铝硅合金和 B_4C 的试样 MA-ASB。

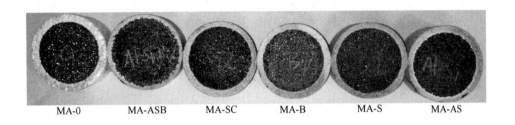

图 2-391　含不同添加剂尖晶石碳材料试样氧化后截面

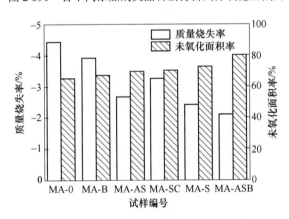

图 2-392　含不同添加剂尖晶石碳材料试样的质量烧失率和未氧化面积率

B　1550℃ 热处理

图 2-393 给出了试样经 1550℃ 热处理后的显气孔率。1550℃ 埋碳热处理后，试样 MA-0 和 MA-B 的显气孔率增加较多，加入碳化硅的试样 MA-SC 显气孔率也增加，但幅度较小。铝硅合金和硅粉因在高温下生成碳化物、氮化物和少量氧化物填充孔隙，均可降低试样显气孔率，铝硅合金和碳化硼搭配使用，因提高了添加剂的转化率，而使试样的显气孔率降低明显。

图 2-394 给出了试样经 1550℃ 热处理后的体积密度。除试样 MA-0 和 MA-B

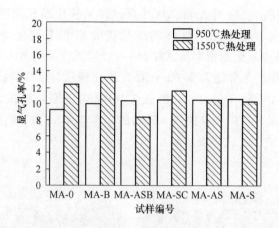

图 2-393 含不同添加剂尖晶石碳材料试样的显气孔率

的体积密度有所下降，其他试样的体积密度均有所提高，这与硅粉、铝硅合金转为其他密度较高的氮化物、碳化物或氧化物降低气孔率等密切相关。

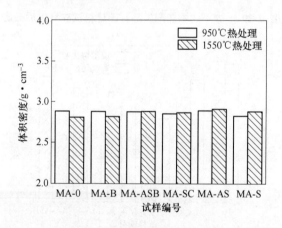

图 2-394 含不同添加剂尖晶石碳材料试样的体积密度

试样经 1550℃ 热处理后的常温抗折强度如图 2-395 所示。试样 MA-SC 的常温抗折强度与试样 MA-0 接近，其他试样的常温抗折强度均高于试样 MA-0，加入铝硅合金或硅粉的试样常温抗折强度显著提高，其中加入硅粉的试样 MA-S 的强度最高。B_4C 被 CO 氧化成氧化硼后在 1035℃ 以上可与 Al_2O_3 反应生成 $9Al_2O_3 \cdot 2B_2O_3$，$9Al_2O_3 \cdot 2B_2O_3$ 拉伸强度高，还可堵塞孔隙，导致试样的强度提高。铝硅合金和硅粉中的硅在高温下均可反应形成 $\alpha\text{-}Si_3N_4$、Si_2N_2O 和 $\beta\text{-}SiC$ 等陶瓷相而提高试样的强度。

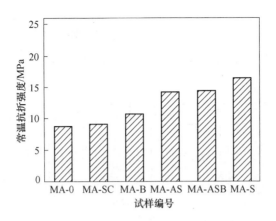

图 2-395　含不同添加剂尖晶石碳材料试样的常温抗折强度

图 2-396 为试样的高温抗折强度，其变化趋势与常温抗折强度的基本一致，但各试样的高温抗折强度均低于常温抗折强度，主要原因是结合剂碳化后形成的碳骨架经过反复高温处理后与骨料的结合力减弱导致。

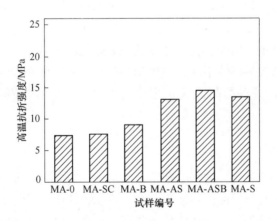

图 2-396　含不同添加剂尖晶石碳材料试样的高温抗折强度

试样热震前后的强度和强度保持率如图 2-397 所示。加入铝硅合金和硅粉的试样的残余强度均有所提高，各试样热震后的强度保持率均在 45% 左右，热震损毁程度比较接近，添加剂对试样抗热震性的影响相差不大。

综上，尖晶石碳材料是连铸用关键耐火材料，降低碳含量是改善服役效果的

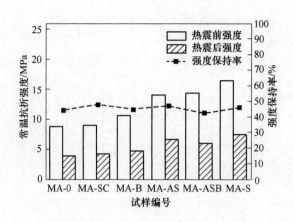

图 2-397　含不同添加剂尖晶石碳材料热震前后的强度和强度保持率

有效途径，但其抗氧化性和抗热震性需重点关注。碳源、添加剂、氧化铝和镁砂等对尖晶石碳材料结构和性能有重要影响：（1）石墨总量为 8% 时，石墨粒度组成对材料抗热震性和常温、高温力学性能有较大影响，加入 3% 的超细鳞片石墨或 1% 的膨胀鳞片石墨时材料的综合性能较佳。（2）高温时尖晶石的二次尖晶石化会影响服役性能，加入 4% 的氧化铝或 4% 的镁砂均可提高材料的高温强度，且综合性能较佳。（3）防氧化添加剂不仅能够具有防氧化作用，而且对材料的力学、热学等性能有重要影响，尤其是在碳含量降低到 8% 时效果更加明显，B_4C、铝硅合金对材料的抗热震性不利，硅粉和 SiC 能显著提高材料的抗热震性；铝硅合金和硅粉可提高材料的高温抗折强度，B_4C 和 SiC 对材料的高温强度影响较小。

2.2.14　防氧化涂层

含碳耐火材料的氧化，破坏了碳结合的结构，造成材料表面气孔率增加，结构疏松，严重影响其耐侵蚀性和使用寿命。目前含碳耐火材料防氧化处理有三种方法：浸渍氧化抑制剂、添加防氧化剂和表面涂层。浸渍氧化抑制剂、添加防氧化剂的表面抗氧化能力较弱，进而影响材料整体的抗氧化效果。而涂层法在材料表面形成了氧的隔离层，能达到较好的抗氧化效果，且涂层法制备简单，使用方便、成本低廉，因而被广泛采用。

2.2.14.1　含碳耐火材料防氧化涂层的作用原理

在耐火制品使用温度条件下，通过涂层高温形成的少量液相封闭制品表面气孔,阻隔氧气向耐火材料内部扩散,达到抑制碳质材料氧化的目的。常用的制备方法是料浆涂覆法,首先将涂层的各组分原料配制成悬浮性较好的料浆,再在含碳耐火材料基体表面上喷涂或刷涂,料浆附着在基体表面上形成一层料浆薄层,阴干后,料浆中的粉料通过黏结剂的黏结作用在基体表面形成一层粉料涂层。因而,在原始状态下,涂层是多孔性的不致密层,所以在常温大气条件下,大气中的氧化性成分能通过这层多孔性的涂层进行扩散。由此可见,在料浆涂覆的常温原始状态下,抗氧化涂层起不到隔离氧化性气氛的作用。当对涂层进行加热时,随着加热温度的升高,涂层渐渐脱水烘干,进而开始烧结,涂层中的气孔尺寸不断减小,孔隙率逐渐降低,透气性下降,涂层厚度减薄。在温度达到涂层软化温度时,涂层开始软化熔融,涂层孔隙率急剧下降,密度增大;随着温度的进一步升高,涂层熔融为液态,形成不透气的致密的液态玻璃相黏附层[87~90]。由此可见,料浆涂覆法制备的抗氧化涂层在含碳耐火材料基体的加热过程中经历了两种状态,即在短的加热升温时间里,涂层粉料烧结,涂层处于逐渐致密化的状态;而在较长的加热升温和保温时间里,涂层粉料熔化而呈熔融状态,在含碳耐火材料基体表面形成致密的、不透气的液态玻璃相黏附层隔离氧化性气氛,达到防止含碳耐火材料高温氧化的目的。

2.2.14.2 含碳耐火材料防氧化涂层的性能要求及成分设计

在涂料成分设计时,应该综合考虑以下因素:(1)透气率低,阻隔氧气向内部扩散;(2)挥发性小,高温下涂层作用时间持久;(3)与基体结合牢固;(4)涂层与基体线膨胀匹配,温度波动时不开裂、剥落;(5)高温下与基体不发生化学反应。

防氧化涂料的成分设计包括高温防氧化成分设计和涂料结合剂以及助剂成分设计。根据抗氧化涂层的抗氧化原理分析可见,涂层的致密不透气性是抗氧化作用的关键,同时,要求涂层与砖体结合牢固、涂层不开裂、不脱落,并在含碳耐火材料烘烤时的氧化温度范围内保持高黏度不流失的熔融状态,阻隔氧化气氛向耐火材料表面的扩散,防止含碳耐火材料的氧化。由含碳耐火材料的高温氧化特性研究结果可知[91~93],含碳耐火材料在空气中加热时,当温度达到500℃时开始氧化,但此时氧化速度极慢;随着温度的升高,氧化速度加快,质量损失增加,含碳耐火材料组织疏松、强度下降。含碳耐火材料的氧化问题主要发生在设备自然条件下的烘烤过程,据实际观察发现,铝碳砖每次烘烤时有5~10mm厚的砖衬被氧化,镁碳砖衬也同样出现严重的氧化现象。由现场烘烤温度数据可知,一般冶金炉窑热工设备烘烤的最高温度为1200℃左右。由此可见,含碳耐火材料的抗氧化涂层应在700℃时就开始以高黏度状态黏附在含碳耐火材料的基体表面而不流失,形成致密的涂层隔离氧化性气氛,并保持这一状况持续到含碳耐火材料在实际生产中的正常烘烤最高温度，约为1200℃。因此一般要求防养护涂层设计成釉温度范围为 700~1300℃，即在700~900℃时形成均质釉面层，以防止空气中的氧气向碳质制品内部扩散；在1300℃左右保持不流淌。

釉料的配制多采用钾、钠长石、钙或钡的偏硅酸盐、硼酸盐、氟化物、石灰石、氧化铅、碳酸锂、高岭土、石英、高铝钒土等矿物资源组成以及加入 $MoSi_2$、SiC、Si 等调制性能。Al_2O_3 和 SiO_2 是釉料中形成网络结构的主要成分，此外还需要碱金属、碱土金属氧化物或氧化硼来充当助熔剂以降低成釉温度和釉料黏度。成分的比例应根据所需的成釉温度范围来设计，釉料基本组成一般依据实用釉的化学组成、生釉-成熟温度图（图 2-398、图 2-399）来设计配方[94]。选择各种原材料是通过高温化学反应或高温物理变化形成致密的熔融玻璃相后起到抗氧化作用的。对于 SiO_2 与 B_2O_3：SiO_2 膜在1200℃以上时才具有一定的黏结性和流动性，因此，在1200℃以下 SiO_2 膜不能有效弥合裂缝；B_2O_3 在1000℃以下能明显防护碳的氧化，但硼化物在高于1000℃时的抗氧化时间有限，这是由于 B_2O_3 在温度高于1000℃时具有较高的蒸气压，高温下挥发较快的缘故。$MoSi_2$ 在1800℃的高温下稳定，能够在空气中1650℃下经受2000h 以上的氧化，并具有优良的自愈合性，是1600℃抗氧化涂料的理想原料。不过，实验证明，在高温氧气气氛下，$MoSi_2$ 涂层的保护作用不是由于其化学惰性，而是由于 $MoSi_2$ 涂层有在高温下与氧反应形成致密、连续、稳定的 SiO_2 玻璃质的能力。$MoSi_2$ 表层氧化形成 SiO_2 层的反应机理可用下式表示：

$$2MoSi_2 + 7O_2 = 2MoO_3 + 4SiO_2 \qquad (2\text{-}93)$$

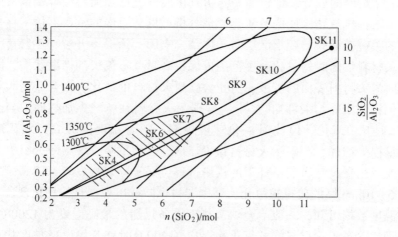

图 2-398 实用釉组成分布图

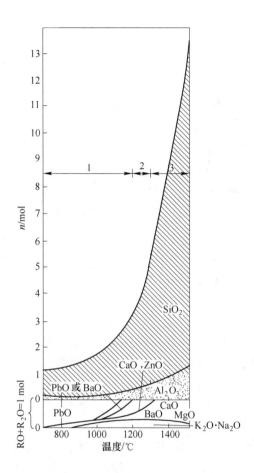

图 2-399　釉组成与成熟温度的关系图

　　氧化生成的 MoO_3 高温下易挥发，而 SiO_2 则形成隔离层，起到阻挡氧的扩散作用，使 $MoSi_2$ 涂层表现出极好的抗氧化性能。对于碳化物：如 SiC 和 B_4C 具有与含碳耐火材料良好的化学相容性与机械相容性，同时，在高温条件下，B_4C 氧化形成 B_2O_3 （熔点为 723℃），并在更高的温度下不分解，能在抗氧化涂层中起到密封填充作用与微裂纹的自愈合作用；同时，B_2O_3 也能调节涂层中 SiC 表层氧化形成的 SiO_2 的黏性和流动性，使涂料具有良好的高温抗氧化作用。涂料中 Si/B 原子比例对涂层的抗氧化性能具有重要影响，当 Si/B 原子比例较高时，涂层表面复合氧化物 B_2O_3-SiO_2 中 SiO_2 的含量较高，与 B_2O_3 相比，SiO_2 膜的挥发性和氧渗透率低，因此有利于高温抗氧化。

根据含碳耐火材料防氧化温度要求，防氧化涂层应在低温成釉，且釉化温度范围较宽。釉料基本上是硅酸盐玻璃，无固定熔点，在一定温度范围内熔化，因而熔融温度有上下限之分。熔融温度的下限，即釉的软化变形点，习惯上称之为釉的始熔温度。熔融温度的上限，是指完全熔融时的温度，又称为流动温度。熔融温度范围是由始熔温度至流动温度之间的温度范围。釉的成熟温度是生产中烧釉温度，可理解为在某温度下釉料充分熔化，并均匀分布于坯体表面，冷却后呈现一定光泽的玻璃层时的温度。釉的成熟温度在熔融温度范围后半段选取。影响熔融温度的因素有化学组成、细度、混合均匀度和烧成时间。化学组成是釉料综合设计的基础，细度越细则熔融温度越低，混合的均匀度有利于低共熔点硅酸盐的形成，烧成时间越长釉料的均匀性越好，但烧成时间太长会引起可挥发成分的大量挥发而改变釉料的性质。利用硼砂和氧化锌作助剂[95]，研制的超低温釉配方中 B_2O_3：SiO_2 为 1.367：1（质量比），ZnO 含量为 11.74%，510～600℃ $Na_2B_4O_7$ 开始软化，同时 ZnO、钾长石、滑石、方解石、碳酸钡等矿物开始和软化的 $Na_2B_4O_7$ 反应逐渐熔化，形成了以硼酸钠为主的硼酸盐低共熔体；600～715℃，难熔石英开始熔化，剩余矿物先后完全熔化；到780℃时，釉料完全处于熔融状态。

熔制熔块的目的主要是降低某些釉用原料的毒性和可溶性，同时也可使釉料的熔融温度降低。熔块的熔制视产量大小及生产条件在坩埚炉、池炉或回转炉中进行。熔制熔块时应注意以下几点问题：

（1）原料的颗粒度及水分应控制在一定范围内，以保证混料均匀及高温下反应完全。一般天然原料过 40～60 目筛。

（2）熔制温度要恰当。温度过高时挥发严重，影响熔块的化学组成。含色剂熔块会影响熔块色泽；温度过低，原料熔制不透，则配釉时易水解。

（3）控制熔制气氛。如含铅熔块，若熔制时出现还原气氛，则会生成金属铅。

釉料的熔融制度对釉料的高温性能有较大的影响。图 2-400 为不同熔融制度熔融熟釉的高温性能，0 号为生釉，1 号为压块经 500℃烧制 2h 后破碎粉磨的釉粉，3 号为经 1300℃熔融 0.5h 后破碎粉磨的釉粉，4 号为经 1300℃熔融 3h 后破碎粉磨的釉粉。由此可见，较高温度较长时间的熔融后，釉料的熔融温度范围变宽，这对含碳材料的防氧化十分有利，可在较宽的温度段起到防氧化的作用。但是经过高温长时间熔融后氧化硼高温挥发较多（表 2-64），会导致釉料高温黏度增大，影响釉料在含碳材料基体高温下的熔融铺展性。

在成釉温度下，釉料的黏度和表面张力决定着釉料的铺展性，最终影响涂料的防氧化效果。釉的黏度过小，则流动性过大，容易造成流釉、堆釉及干釉缺

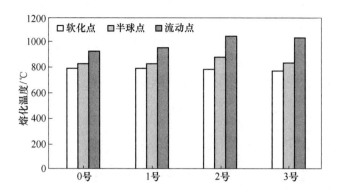

图 2-400   不同熔融制度下釉料的熔化温度

表 2-64   **不同熔融制度釉料的化学成分**   （质量分数,%）

项目	SiO_2	Al_2O_3	B_2O_3	K_2O	Na_2O	其他
0 号	43	10	25	6	14.5	1.5
1 号	43.5	10.5	23.5	6	15	1.5
2 号	47	12.5	17	6.5	15.5	1.5
3 号	48	14	13.5	7	16	1.5

陷；釉的黏度过大，则流动性差，易引起桔釉、针眼、釉面不光滑，光泽不好等缺陷。流动性适当的釉料，不仅能填补坯体表面的一些凹坑，而且还有利于釉与坯之间的相互作用，生成中间层。釉熔体的黏度主要取决于其化学组成和烧成温度。SiO_2 含量增多会使釉料在高于 800℃ 的高温下的黏度增大，流动性变差[96]；而刚玉微粉的加入，使釉料在高于 1000℃ 的高温下形成铝氧四面体和硅氧四面体统一的网络结构，使涂层致密而完整。涂料中加入 SiC，会有如下氧化反应发生：

$$SiC + 2O_2 \rule{1.5cm}{0.4pt} SiO_2 + CO_2 \tag{2-94}$$

该氧化反应从 800℃ 开始发生，此时釉料中已经有熔融相，如果黏度比较大时，生成的 CO_2 不易排出，会导致气泡在釉液中聚集、变大，产生气孔，导致涂层不致密。

　　釉的表面张力过大，阻碍气体的排除和熔体的均化，在高温下对坯的润湿性不好，容易造成缩釉缺陷；表面张力过小，则易造成"流釉"（当釉的黏度也很小时，情况更严重），并使釉面小气孔破裂时所形成的针孔难以弥合，形成缺陷。釉熔体表面张力的大小，取决于它的化学组成、烧成温度和烧成气氛。

　　考虑到涂料能在高温状态下长时间发挥作用，要求涂层高温状态下的挥发性小，相应地要求涂料的骨料具有较高的耐火性能；考虑到一般氧化物耐火原料在高温状态下将与碳素材料发生碳热反应，因而，在涂料的原料选择中应选择部分非氧化物材料或难还原的原料，不过，由于涂层较薄，对于选择非氧化物原料，还应考虑到原料氧化速度对涂层抗氧化性能的影响。图 2-401 是金属 Si、SiC、Al_2O_3 对防氧化涂层成釉性能的影响[97,98]，金属 Si、SiC 的加入可拓宽釉料熔融温度范围，使涂层在更宽的温度范围起到防氧化的作用。其中 SiC 对拓宽熔融温度范围作用最大，Si 次之，Al_2O_3 只会等量提升熔融温度。添加 Si 粉的釉料在高温段铺展平滑，釉面光亮，且不易流釉；但在低温段涂层烧结，稍有鼓突；添加 SiC 粉的釉料，釉面粗糙；添加 Al_2O_3 的釉料，低温烧结性能不好，高温段铺展平整。

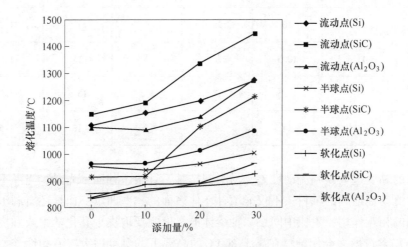

图 2-401　不同添加物釉料的熔化温度

　　根据涂层使用过程不脱落、不开裂的技术要求，必须考虑涂料在高温下与含碳耐火材料基体之间的适应性问题。高温下涂层的主体是釉层，影响釉与基体适应性的因素主要有四个方面：

　　（1）线膨胀系数对釉与基体适应性的影响。因釉和坯是紧密联系着的，对釉的要求是釉熔体在冷却后能与基体很好地结合，既不开裂也不剥落，为此要求基体和釉的线膨胀系数相适应。一般要求釉的线膨胀系数略小于基体。

（2）中间层对釉与基体适应性的影响。中间层可促使坯釉间的热应力均匀。发育良好的中间层可填满坯体表面的隙缝，减弱坯釉间的应力，增大制品的机械强度。

（3）釉的弹性、抗张强度对坯釉适应性的影响。具有较高弹性（即弹性模量较小）的釉能补偿坯、釉接触层中形变差所产生的应力和机械作用所产生的应变，即使坯、釉线膨胀系数相差较大，釉层也不一定开裂、剥落。釉的抗张强度高，抗釉裂的能力就强，坯釉适应性就好。化学组成与线膨胀系数、弹性模量、抗张强度三者间的关系较复杂，难以同时满足这三方面的要求，应在考虑线膨胀系数的前提下使釉的抗张强度较高，弹性较好为佳。

（4）釉层厚度对坯釉适应性的影响。薄釉层在煅烧时组分的改变比厚釉层大，釉的线膨胀系数降低得也多，而且中间层相对厚度增加，有利于提高釉中的压力，有利于提高坯釉适应性。厚釉层，坯、釉中间层厚度相对降低，因而不足以缓和两者之间因线膨胀系数差异而出现的有害应力，不利于坯釉适应性。釉层厚度对于釉面外观质量有直接影响。釉层过厚会加重中间层的负担，易造成釉面开裂及其他缺陷。釉层过薄则易发生干釉现象，一般釉层通常小于1mm。

陶瓷釉料的线膨胀系数均明显高于碳复合材料的线膨胀系数。如不经过特殊配制，陶瓷涂层在使用时由于与含碳耐火材料线膨胀系数不匹配而形成很多微裂纹，对含碳材料的氧化进行理论性分析认为：涂层在使用时产生微小裂纹（如10nm），也会为氧的迅速扩散提供途径。当温度骤变时，裂纹还会扩展，极易导致涂层剥离、脱落。目前有两种方法来解决涂层与坯体线膨胀匹配的问题，其一是采用多层涂敷、梯度过渡的方法；其二是采用涂层裂纹自愈合的方法。多层涂敷法常采用与含碳耐火材料线膨胀系数相近的 SiC、Si 涂层作底层[99]。图 2-402为采用梯度多层涂敷的方法，底釉涂覆低温釉料+30%Si 粉，面釉涂覆低温釉料，

a b

图 2-402　热处理后样品的照片

a—800℃热处理照片；b—1250℃热处理照片

铝碳材料可以在 800~1250℃温度范围达到很好的防氧化效果。

涂层裂纹自愈合法是设计涂层在相对较低的温度条件下便能形成一定量的液相，但其液相量不会随着温度的升高而急剧增多。利用 B_2O_3、SiO_2 和 $MoSi_2$ 在不同温度段软化流动的特性[100]，配置了含碳耐火材料自愈合涂层，该涂层在 1200℃×2h 的氧化实验条件下防氧化效率达 72.56%。

涂料的结合剂一般分为无机结合剂、有机结合剂和有机无机复合结合剂，见表 2-65。其中无机结合剂常采用硅酸乙酯水解液、水玻璃、硅溶胶、酸性磷酸盐等。水玻璃会给涂料引入 SiO_2、Na_2O，磷酸二氢铝会给涂料引入 Al_2O_3。这几种成分都会影响涂料的半球温度。这两种黏结剂都与铝碳耐火材料基体结合较好，配置的涂料易于刷涂，在常温下均能获得良好的涂层，两者的区别在于对涂料半球温度的影响不同。硅酸乙酯本身没有结合性，必须经过水解处理方可使用。硅酸乙酯的水解在仅有水的条件下进行得很慢，一旦受酸或碱的催化作用，其水解速度大大加快。一般使用盐酸作催化剂，而不用碱作催化剂，因为碱作催化剂会使水解溶液很快发生凝胶作用而使溶液失去稳定性，从而失去结合能力。用酸催化时，水解反应程度必须进行控制，以制成稳定的硅酸乙酯水解液。否则，连续的反应结果会形成体型聚有机硅而失去稳定性，变成为不溶的凝胶体，从而失去作业性。硅酸乙酯水解液的稳定性与溶液的 pH 值相关，pH 值在 1.5~2.5 之间出现凝胶的时间较长，水解液最稳定。水玻璃是防氧化涂料常用的结合剂，其优点在于与基体结合力强，高温成釉温度低；但存在易泛碱、保质期短易分层失效的缺点。酸性磷酸盐存在易与基体中的氧化镁、氧化铝反应引起体积不稳定，因此对于镁质或铝制含碳耐火材料不宜用磷酸盐作结合剂。硅溶胶在常温可形成连

表 2-65　釉料与结合剂的相容性

釉　料	结合剂	溶液效果	刷涂效果	130℃烘 2h
生釉	硅溶胶	凝胶	类似浆糊	龟裂
500℃处理	硅溶胶	凝胶	类似浆糊	龟裂
1300℃熔融	硅溶胶	沉降	刷涂效果好	结合牢固，未开裂
生釉	水	泥浆，不沉降	与铝碳粘接不好	掉皮
生釉	水+三聚	泥浆，较稠	涂层厚	鼓起，裂开
生釉	糊精	溶胶	均匀，粘接好	结合牢固，未开裂
生釉	铝酸盐水泥	泥浆	涂层厚，太黏	龟裂

续致密涂膜，能提高涂层低温抗氧化性，且硅溶胶作结合剂的涂料施涂后干燥速度快，不开裂，现代防氧化涂料多采用硅溶胶作结合剂。

无机结合剂对含碳耐火材料基体润湿能力差，常温刷涂结合力较弱，需配入一定量的有机结合剂使用。有机结合剂常使用糊精、水溶性树脂、聚乙烯醇等，在施涂干燥后能形成有一定强度的涂膜。糊精具有黏度小、相容性好的特点，常用在浸渍或流涂工艺中作结合剂，但其防水、防霉能力差。水溶性树脂和聚乙烯醇粘接力强，但黏度较高，添加量一般不超过3%。釉料表面的电荷性质也会影响结合剂的选用，生釉会与硅溶胶发生凝胶，生釉与糊精调配效果较好。

2.2.15 金属复合基 Al_2O_3-C 滑板材料

新的冶金技术的发展，对滑板材料提出了越来越高的要求。目前还在广泛使用的 Al_2O_3-C 和 Al_2O_3-ZrO_2-C 滑板在浇铸钙处理钢和高氧钢时，损毁加剧，寿命明显降低，而且在浇铸洁净钢时，有增碳作用。金属复合基铝碳滑板材料是一种以特殊树脂做结合剂、金属铝与铝碳复合结合的材料，能满足浇铸高洁净钢、特种钢的需要，提高滑板的使用次数。使用特殊金属铝，在材料中形成金属结合，期望提高材料的中温强度、高温强度、抗氧化性，从而达到延长滑板使用寿命的目的，为此介绍了金属 Al 对 Al_2O_3-C 滑板材料的影响[101]，如表2-66所示。

表2-66 金属结合相对 Al_2O_3-C 滑板性能的影响

组成（质量分数）/%	B1	B2	B3	B4	B5	B6	B7	B8
氧化铝	92	95	95	92	89	86	89	89
石墨	5	2	2	2	2	2	2	2
金属铝纤维	0	0	3	6	9	12	0	6
金属铝屑	0	0	0	0	0	0	9	0
金属铝粉	3	3	0	0	0	0	0	3
树脂结合剂	0	+5	+5	+5	+5	+5	+5	+5
酚醛树脂	+5	0	0	0	0	0	0	0

2.2.15.1 显微结构

图2-403为添加金属铝纤维的试样 B3 在 800℃烧后断口扫描电镜整体形貌

图。由图 2-403 可见，在 800℃，铝纤维表层只有部分反应，表面生成一层反应产物层，但其大致形态与常温相比变化不大。图 2-403 ~ 图 2-406 分别为试样 B3 在 1000℃、1200℃ 和 1400℃ 烧后铝纤维的形貌。由图可见，金属铝纤维直到 1400℃ 还没有完全反应，只是表层反应了一部分。由此可见，金属铝纤维在高温下能够保持金属的属性。

图 2-407、图 2-408 为添加金属铝纤维的试样 B3 在 1200℃ 和 1400℃ 烧后铝纤维周围形成的纤维状 Al_4C_3。在 1200℃ 时，Al_4C_3 的生成量很少，且形状短小。1400℃ 生成的 Al_4C_3 密密麻麻，呈细小纤维状。图 2-409 为添加金属铝粉的试样在 1000℃ 烧后试样中生成的板状和纤维状化合物。图 2-410 为在 1400℃ 烧后的试样 B2 生成的 Al_4C_3 或 AlN 纤维，由图可见，试样 B2 在 1000℃ 就开始生成大量的纤维状化合物，会增强试样的强度，在 1400℃ 时生成的大量的 Al_4C_3 或 AlN 纤维，比相同温度下烧后的试样 B3 纤维量增多，发育更完善。

图 2-403　800℃ 烧后铝纤维形貌

图 2-404　1000℃ 烧后铝纤维形貌

图 2-405　1200℃烧后铝纤维形貌

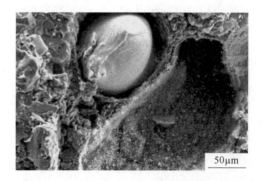

图 2-406　1400℃烧后铝纤维形貌

图 2-407　1200℃时试样 B3 中生成的 Al_4C_3

图 2-408   1400℃时试样 B3 中生成的 Al_4C_3

图 2-409   1000℃时试样 B2 中生成的板状和纤维状化合物

图 2-410   1400℃时试样 B2 中生成的大量 Al_4C_3 或 AlN 纤维

由上可以看出，由于金属铝纤维的比表面积很小，高温下不易发生反应，一旦反应，反应的生成物又会阻碍它的进一步反应，所以添加金属铝纤维的试样 B3 中的铝纤维直到 1400℃ 仍然存在，这使得高温下试样中的铝能保持金属的属性，但金属铝纤维会部分熔化在试样中形成空隙。由于金属铝纤维不易反应，它在 1200℃ 时才生成 Al_4C_3 纤维，而且短小，而添加金属铝粉的试样在 1000℃ 就生成了大量的片状或纤维状化合物，这可能是由于铝粉在相同的温度下易发生反应的原因。

2.2.15.2 常温性能

试样的常温性能见表 2-67。

表 2-67 试样的常温性能

试样编号	B1	B2	B3	B4	B5	B6	B7	B8
显气孔率/%	8	6	7	7	6	8	5	7
体积密度/g·cm⁻³	3.24	3.33	3.33	3.31	3.31	3.23	3.28	3.26
耐压强度/MPa	98	146	152	149	128	126	136	119
抗折强度/MPa	25	40	39	32	32	27	28	24

由表 2-67 可见，B 试样的显气孔率在 5%~8% 之间，体积密度在 3.24~3.33g/cm³ 之间。

图 2-411 和图 2-412 为普通不烧铝碳滑板材料试样 B1 与有机硅改性酚醛树脂

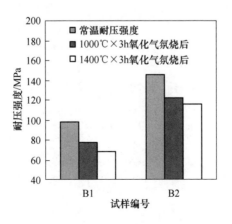

图 2-411 B1、B2 耐压强度

与酚醛树脂 1∶1 混合作结合剂的试样 B2 的耐压强度和抗折强度图，可以看出，
B2 试样的耐压强度和抗折强度都高于 B1。

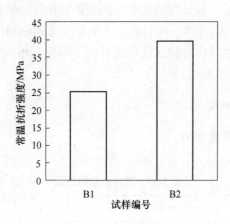

图 2-412　B1、B2 常温抗折强度

　　图 2-413 和图 2-414 为加入 3%金属铝粉的试样 B2 与加入 3%金属铝纤维的
试样 B3 的耐压强度和抗折强度，可见 B3 的常温耐压强度和常温抗折强度与 B2
相差不大，而在 1000℃和 1400℃氧化气氛下烧后，B2 的耐压强度高于 B3，且
B2 在 1400℃氧化气氛下烧后和 1000℃氧化气氛下烧后耐压强度相对于其常温耐
压强度变化不大。

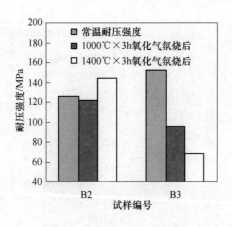

图 2-413　B2、B3 耐压强度

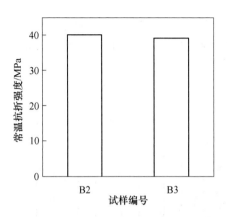

图 2-414　B2、B3 常温抗折强度

图 2-415 为铝纤维加入量不同时对试样耐压强度的影响，由图可见，试样的常温耐压强度是随着铝纤维含量的增加呈现下降的趋势，而在 1000℃和 1400℃氧化气氛下烧后耐压强度是随着铝纤维含量的增加呈上升趋势。图 2-416 为铝纤维加入量不同时试样的常温抗折强度，由图可见，铝纤维加入 3%时常温抗折强度最大，其他几个强度相差不大。

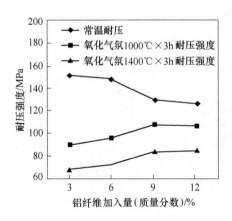

图 2-415　铝纤维加入量对试样耐压强度的影响

图 2-417 为金属加入量相同、形态不同时对试样耐压强度的影响。由氧化前

后试样的耐压强度变化来看，以金属铝纤维和金属铝粉复合添加的 B8 试样性能最佳，强度变化幅度最小，由图 2-417 可见，B7 常温耐压强度最高，而氧化气氛下 1000℃烧后耐压强度下降很大，B5、B8 在氧化气氛下 1000℃和 1400℃烧后耐压强度下降都不大，但 B8 在氧化气氛下 1000℃和 1400℃烧后强度高于其他两者。

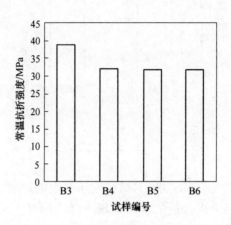

图 2-416 铝纤维加入量对试样常温抗折强度的影响

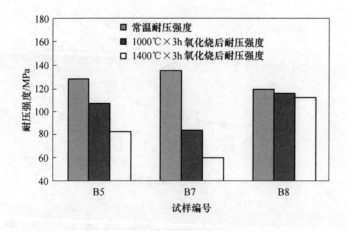

图 2-417 外加物金属铝的不同形态对试样耐压强度的影响

2.2.15.3 高温性能

图 2-418 为结合剂为酚醛树脂的普通不烧铝碳滑板试样 B1 和用有机硅改性酚醛树脂与酚醛树脂 1∶1 混合作结合剂的试样 B2 在不同温度下的抗折强度曲线，由图可见，试样 B2 在各个温度下的高温抗折强度均大于结合剂为酚醛树脂的普通不烧铝碳滑板试样 B1。

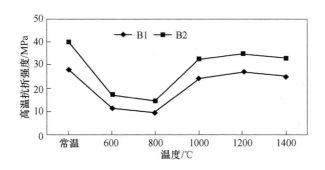

图 2-418　结合剂不同时高温抗折强度与温度的关系

图 2-419 为添加金属铝粉的试样 B2 与添加等量金属铝纤维的试样 B3 在不同温度下的抗折强度曲线，可见，加金属铝粉的试样 B2 与加金属铝纤维的试样 B3 在 800℃之前，强度相差不大；在 800~1000℃，B3 的强度变化很小，1000℃以后，强度有下降趋势，而 B2 从 800℃到 1000℃，强度大幅度上升，1000℃以后，强度上升幅度不大。

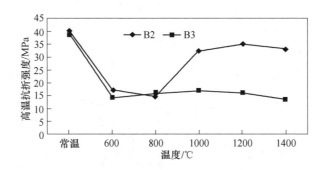

图 2-419　等量铝纤维和铝粉作外加剂时高温抗折强度与温度的关系

　　图 2-420 为金属铝纤维加入量不同的试样在不同温度下的抗折强度曲线，由图可见，在 1000℃以前，试样的高温抗折强度随着铝纤维含量的增加呈下降趋势，B3 在 600℃时抗折强度达到最低，而 B4、B5、B6 在 800℃时抗折强度达到最低。1200℃和 1400℃时，试样的高温抗折强度都是随着铝纤维含量的增加有增加趋势；1200℃时，铝纤维加入量为 6%时强度达到最高值，继续增加铝纤维，强度下降；1400℃时，铝纤维加入 9%时强度最高，继续增加，强度下降。

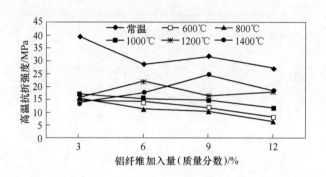

图 2-420　不同温度时铝纤维加入量与高温抗折强度的关系

　　图 2-421 为金属加入量相同而形态不同的三种试样 B5、B7 和 B8 在不同温度下的抗折强度曲线，由图可以看出，在 600℃以下时，试样的高温抗折强度随温度的升高而降低，600~800℃时强度变化不大，600℃后 B8 强度开始上升，而 B5、B7 到 800℃强度降到最低，800℃以后，试样的强度都开始上升，B8 的上升幅度最大。

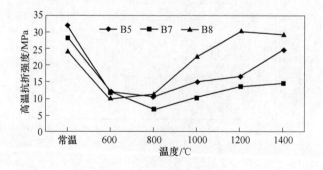

图 2-421　金属铝形态不同时高温抗折强度与温度的关系

由于金属铝的熔点为 660℃，在 600℃ 之前金属铝纤维和铝粉保持原有的形态不变，800℃ 金属铝刚刚开始熔融，金属铝几乎没反应，所以加入等量的金属铝纤维的 B3 与铝粉的试样 B2 在 800℃ 以前高温抗折强度相差不大，而在 1000℃ 以后，金属铝纤维和铝粉都开始熔融和氧化，发生很多复杂的反应。由于金属铝粉的粒度很小，比表面积大，很容易与氧或碳等发生反应。例如在 1000℃ 时，试样 B2 中的铝粉反应生成不易于确定组成的铝硅氧化合物，生成的这些化合物呈纤维状或板片状。这些化合物相互交织，增强了试样内部的组织结构，从而试样 B2 的强度开始大幅度上升。而铝纤维不太容易反应，且铝纤维部分熔融，熔融的金属铝反应生成的氧化铝粒度很小，附着在金属铝纤维外部的壳壁上，如图 2-422 所示，而且铝纤维表面也附着有一层化合物，这层化合物阻碍金属铝的进一步反应，相对于铝粉来说，铝纤维本身的比表面积就较小，不易发生反应；在高温下，金属铝熔融，气相的铝通过气孔向整个试样渗透，生成的化合物不足以填补铝蒸发留下的空隙，削弱试样的结构，所以试样的强度未能提高。图 2-423 为金属铝纤维部分熔融后留下的孔洞。在 1400℃，试样 B2 中生成了纤维状的 Al_4C_3 和 AlN。由电镜显示的含量可见，氮的含量很高，说明 Al_4C_3 和 AlN 已经部分氧化或分解了。表层生成了晶状氧化铝，见图 2-424。B2 试样中由 1000℃ 时的板状或纤维状化合物到 1400℃ 时的 Al_4C_3 和 AlN，都起到纤维增强的作用，所以从 1000~1400℃ 试样 B2 保持较高的抗折强度。而试样 B3 中的铝纤维在 1400℃ 时熔化更多，留下更大的孔洞，图 2-425 为 B3 断口的低倍电镜图。从图中可以看到有许多孔洞存在，虽然 B3 试样中也开始有纤维状的 Al_4C_3 和 AlN 生成，但生成的纤维很小，发育不完全。纤维增强的作用不太明显，所以 1400℃ 时的强度比 1000℃ 时的还要低。

图 2-422　铝纤维表层生成的白色片状产物

图 2-423　铝纤维熔化后留下的空隙

图 2-424　试样表层生成的晶状 Al_2O_3

图 2-425　1400℃B3 试样的低倍断口照片

金属铝的熔点是660℃，所以在达到它的熔点之前，金属铝纤维对材料的增强作用只能表现在纤维增强，在达到熔点以后，金属铝纤维熔化并发生反应还是很少，由于金属的线膨胀系数大于物料的，金属和物料的线膨胀系数不匹配，会削弱试样的组织结构，所以在1000℃以前，试样的抗折强度会随着金属铝含量的增加而减小；而在1000℃以后，金属铝熔化，可作为助烧剂，使过程变为液相烧结，发挥毛细管力的作用，将颗粒拉紧，材料就更加致密，而且这时候发生许多复杂的反应，生成有利于提高试样性能的物相，所以随着金属铝纤维含量的增加，试样的高温抗折强度也随之增加，但增加到一定量以后，高温抗折强度又减小了。

添加等量铝纤维和铝屑的B5、B7试样在600℃之前由于铝纤维和铝屑还没熔化，其中的铝纤维和铝屑起到钢筋混凝土中钢筋的作用，所以强度要比加3%铝粉和6%铝纤维的B8试样强度高。由于铝屑的粒度远远大于铝纤维的粒度，分析B3的电镜照片可以知道，800℃以后，铝纤维开始熔化留下孔洞，铝屑也会熔化留下更大的孔洞。所以添加铝屑的试样B7强度最低，其次是B5，B8最高。1000℃以后，含有3%铝粉的试样B8开始生成Al_4C_3纤维，纤维的增强作用使得B8的强度大幅度提高。而B5和B7中的铝纤维和铝屑也开始生成少量的Al_4C_3纤维，弥补了由于其熔融氧化形成孔洞而造成的强度损失，所以强度提高。由上可以看出，如果铝纤维加入量过多会对试样的高温性能起到弱化作用，但铝纤维和铝粉的复合加入确实能对试样高温性能产生积极影响。

2.2.15.4 小结

（1）添加金属铝粉、结合剂为有机硅改性酚醛树脂与酚醛树脂1:1混合树脂不烧Al_2O_3-C滑板材料试样性能优于普通不烧Al_2O_3-C滑板材料试样；添加铝纤维的试样强度低于添加铝粉试样；金属铝粉和金属铝纤维复合加入的试样，其强度和抗氧化性最好。

（2）金属复合基不烧铝碳材料比普通不烧铝碳材料有更好的抗氧化性，金属铝粉和金属铝纤维复合加入的试样有较强的抗氧化性。

2.2.16 相组成对氧化锆材料性能的影响

2.2.16.1 CaO稳定氧化锆体系相组成设计[102]

A CaO含量对氧化锆体系试样性能和结构的影响

相组成对定径水口用氧化锆材料性能有重要影响，通过改变CaO含量调整了稳定化率，如表2-68所示。

表 2-68　CaO 稳定氧化锆体系中 CaO 添加比例

编　号	A0	A1	A2	A3	A4	A5	A6	A7
CaO 质量分数/%	0	0.5	1.0	1.5	2.0	3.5	5.0	7.0

图 2-426 和图 2-427 是 CaO 加入量不同时体系中相含量的变化，从图中可以看出，没有出现 CaO 的衍射峰，这说明 CaO 已完全固溶到 CaO 稳定氧化锆体系中，且 CaO 对氧化锆体系的稳定化作用明显。基质（A0）相组成为 69% 单斜相和 31% 稳定相，即稳定化率为 31%。随着 CaO 加入量的增加，体系中稳定相的比例增加，且增加趋势明显。这说明加入的 CaO 与体系中单斜相 ZrO_2 发生了固溶反应，产生了晶格畸变，抑制了四方相向单斜相的晶型转变，使稳定相得以保存到室温状态，体系稳定度增加；当 CaO 加入量增至一定比例时（3.5%），从图 2-427 可以看出，体系已完全由稳定相（立方相+四方相）组成，继续增加 CaO 对体系稳定度基本没有影响，体系达到完全稳定状态。

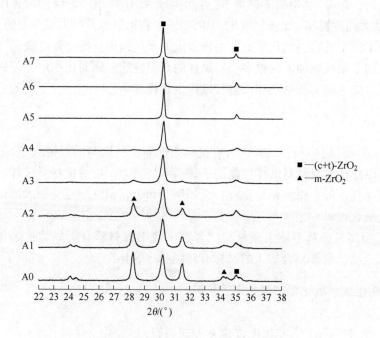

图 2-426　不同试样的 X 射线衍射谱图

图 2-428 是 CaO 加入量对试样体积密度和显气孔率的影响。在 CaO 稳定 ZrO_2 体系中，试样的体积密度均在 5.10g/cm³ 以下，未添加 CaO 时，试样的体积

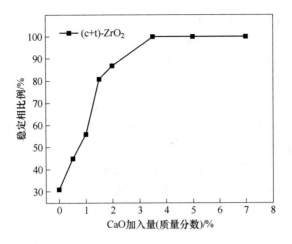

图 2-427 CaO 加入量与体系稳定相比例的关系

密度最高，为 $5.09g/cm^3$，显气孔率为 10.4%。随着体系中 CaO 含量的增加，体系的显气孔率呈上升趋势，这主要是因为 CaO 的加入与基质中的单斜 ZrO_2 发生了固溶反应，形成了置换型固溶体，为了保持体系的电中性，晶格中会产生氧离子空位，随着 CaO 加入量的增加，体系中氧离子空位浓度增加，晶格松弛，同时 Ca^{2+} 取代 Zr^{4+} 导致 ZrO_2 晶胞质量下降，从而造成体系的致密度下降；当 CaO 添加量增加至一定比例（5.0%）时，体系致密度基本不再变化，这是因为当 CaO 含量达到一定程度时，体系由完全稳定的立方相组成，加入的 CaO 趋向于填充到萤石型结构的立方氧化锆中，形成填隙型固溶体，体系的致密度变化不大。

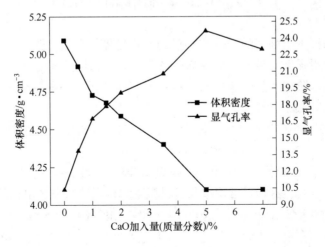

图 2-428 CaO 加入量不同时试样的体积密度及显气孔率

图 2-429 是 CaO 加入量对试样力学性能的影响，可以看出随着 CaO 加入量的增加，试样常温抗折强度先显著增加，又逐渐降低，在试样基质配比保持不变的情况下，CaO 加入量为 1.5% 时，试样抗折强度最高，达 73.2MPa，这说明对于 CaO 稳定氧化锆体系而言，随着 CaO 的加入，高温烧结时体系中四方相的比例增加，在烧结冷却阶段，亚稳的四方相受到致密陶瓷烧结基体的束缚，四方相颗粒处于压应力状态，当受到外加应力时，材料内的预加压应力改善了材料的断裂韧性，材料的抗折强度提高；但 CaO 加入到一定程度时，体系完全由立方稳定相组成，体系中增韧作用消失，立方相较大的线膨胀系数使材料局部产生较大应力，形成宏观裂纹积聚区域，影响了材料的力学性能。

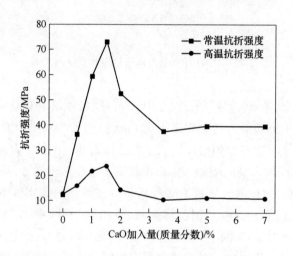

图 2-429　CaO 加入量不同时试样的抗折强度

试样的高温抗折强度随 CaO 添加量的变化趋势与常温抗折强度一致，但同一试样的高温抗折强度明显低于常温抗折强度，这可能与材料在经受高温时的应力状态有关，高温阶段产生的亚稳四方相受到基体的压应力得到一定程度的释放，高温抗折强度降低。

采取 1100℃ 强风冷却的方法进行抗热震试验，用抗折强度保持率来表征试样抗热震性能的优劣。测试结果如表 2-69 所示。

从上面数据可以看出，A0 和 A1 两组试样经 1100℃ 风冷一次后，抗折强度没有降低反而升高，这种反常现象与材料微观结构和体系中稳定相的比例有很大关系。从 X 射线衍射结果来看，A0 试样中单斜相的比例为 69%，由于单斜 ZrO_2 线膨胀系数较小，根据热应力公式：$\sigma = E\alpha\Delta T$ [103]，在相同的温差条件下，线膨胀系数较小的材料产生的热应力较小。另外由于线膨胀系数的差异，两相材料在烧成降温阶段，相界面会形成显微裂纹或应力，当产生的显微裂纹长度小于临界裂纹长度时，不会导致材料断裂，反而会使材料的表观断裂能提高；热震实验对于存在于两相界面的应力来说，相当于一次退火过程，从而使热应力得以部分松弛[104]，因此出现材料经受热冲击后抗折强度提高的现象；随着 CaO 含量的增加，体系中立方稳定相的比例增加，线膨胀系数较高的立方相对材料的影响作用增强，材料经受热冲击时会产生明显的体积变化，从而引起材料内部的裂纹急剧增多且主裂纹扩展速度加快，当达到临界裂纹长度时，材料产生瞬时断裂，如表 2-69 中试样 A4 所示，当体系中稳定度为 87% 时，材料在受到急冷温差时产生的热应力超过了临界应力，材料发生瞬时断裂。

表 2-69 CaO 加入量对试样抗热震性能的影响

试样编号	热震前抗折强度/MPa	热震后抗折强度/MPa	抗折强度保持率/%
A0	12.1	20.5	169.42
A1	36.3	46.7	128.65
A2	59.3	36.0	60.71
A3	73.2	29.0	39.62
A4	52.5	炸裂	—
A5	37.4	炸裂	—
A6	39.6	炸裂	—
A7	39.6	炸裂	—

几种典型试样的热膨胀曲线如图 2-430 所示。从图 2-430 可以看出，随温度升高，试样的热膨胀率基本呈增长趋势。对于未添加 CaO 的试样 A0 而言，当温度升至 1050~1100℃时，试样的热膨胀曲线明显变缓，这说明试样在此温度范围内发生了相变，单斜相向四方相的转变引起试样的体积收缩，线膨胀率表现为下降的趋势；当温度高于 1300℃时，继续升高温度会使试样的线膨胀率缓慢上升，这主要是因为相变过后，体系中稳定相比例的增加引起了试样的线膨胀率增加。

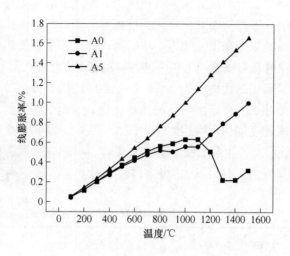

图 2-430　几种典型试样的热膨胀曲线

对于试样 A1，800℃之前，线膨胀率与温度呈线性关系，当温度位于 800～900℃之间时，体系的热膨胀曲线斜率变缓，说明相变开始；当温度升至 1000～1100℃，材料的热膨胀曲线几乎成直线，热膨胀量小，说明这一温度段内发生了 $m-ZrO_2$ 向 $t-ZrO_2$ 的转变，体积收缩，但随温度升高，材料又出现体积膨胀，材料的体积收缩和膨胀量几乎相互抵消；相变过后，材料线膨胀率变大，这与材料的相组成有很大关系，试样 A1 中有 45% 的稳定相存在，立方相和四方相的线膨胀系数较大，因此相变后试样的线膨胀系数大于相变前试样的线膨胀系数。

图 2-431 是 CaO 加入量对试样微观结构的影响。未添加 CaO 时，试样烧结较均匀，晶粒尺寸为 50～60μm，晶界明显，气孔聚集于晶界处呈孤立状存在，晶粒之间为直接结合状态，没有出现其他杂质形成的低熔点硅酸盐相，体系致密度较高；加入 0.5% 的 CaO（A1）后，体系微观结构有明显变化，气孔率上升，且有少量贯通气孔存在；当体系稳定度达到 100%（A5）时，烧结程度增加，颗粒相互黏结在一起，晶界模糊，气孔数量多且有大的空洞，较小的气孔相互连通为大的气孔，体系微观结构中主要是稳定相，没有出现浅色条纹状的单斜相，这样的微观结构对材料的力学性能极为不利，尽管大量气孔的存在会容纳一部分热震时产生的应力，缓解材料的热冲击力，但由于体系处于全稳定状态，随温度变化材料的膨胀特性明显，导致材料在抗热震测试中出现了炸裂的情况。因此，单纯靠材料内气孔来改善材料的抗热震性是片面的，特别是对于具有特殊热膨胀行为的 ZrO_2 材料来说尤为重要。

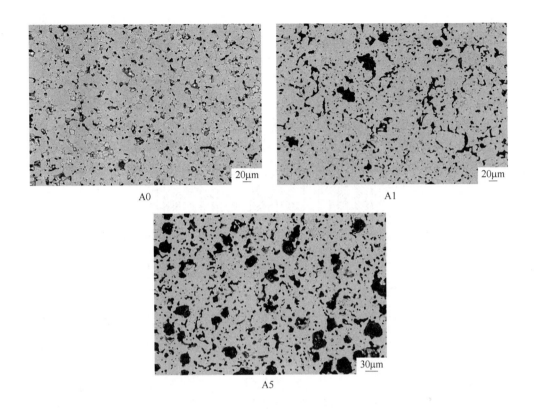

图 2-431　不同稳定度试样的微观结构

A0—未添加 CaO；A1—CaO 添加量为 0.5%；A5—CaO 添加量为 3.5%

B　烧成温度对 CaO 稳定氧化锆体系试样性能的影响

烧成温度对 CaO 稳定氧化锆体系试样性能和结构影响较大，对比了 1650℃、1700℃、1800℃三个烧成温度，体积密度和显气孔率的试验结果如图 2-432 所示。不同烧成温度下试样 A1 的体积密度和显气孔率相差不大，只是 1700℃热处理后体积密度偏低，气孔率稍高。

烧成温度对试样 A1 的力学性能影响显著，如图 2-433 所示，温度较低时（1650℃），试样烧结不充分，内部结构不均匀，造成试样表面应力集中，烧成后试样表面有较多纵裂纹，抗折断裂时主要是沿裂纹处断裂，力学性能较差。随着烧成温度的提高，晶体内质点的迁移速率加快，在一定程度上促进了烧结过程的进行，试样的力学性能提高。

烧成温度对抗热震性的影响如图 2-433 所示，试样的抗热震性与力学性能受温度的影响程度不同，当烧成温度为 1700℃时，试样的抗折强度保持率最低，说

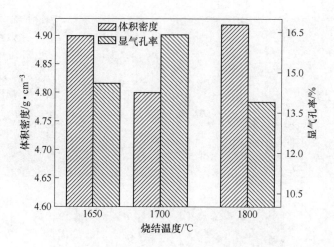

图 2-432　不同烧成温度下试样 A1 的体积密度和显气孔率

明试样在此温度下的抗热震性相对较差，这主要是因为试样在此温度下保温时间不足，造成试样内部应力分布不均，在受到急冷温差时材料各个部位膨胀收缩程度不一致，导致风冷热震后试样的抗折强度保持率较低。

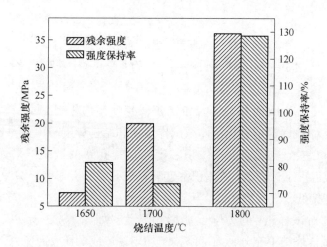

图 2-433　不同烧成温度下试样 A1 的抗折强度及抗热震性能

综合来看，要保证试样 A1 既具有较高的体积密度又有较好的力学性能和热学性能，选择合适的烧成温度至关重要，从以上对试样 A1 不同温度下性能的分析可以看出，烧成温度为 1800℃较为合适。

2.2.16.2 MgO 稳定氧化锆体系相组成设计[102]

相组成对定径水口用氧化锆材料性能有重要影响，通过改变 MgO 含量改变了稳定化率，如表 2-70 所示。

表 2-70 MgO 稳定氧化锆体系中 MgO 添加比例

编 号	M0	M1	M2	M3	M4	M5	M6	M7	M8
MgO 质量分数 /%	0	0.3	0.5	1.0	1.5	2.5	3.0	5.0	10.0

A MgO 加入量对试样性能的影响

图 2-434 和图 2-435 是 MgO 加入量不同时体系中相含量的变化。从图 2-435 可以看出，MgO 加入量（质量分数）在 0~0.5% 之间时，体系稳定度增加不明显，当 MgO 加入量为 0.5%~3.0% 时，体系稳定度有明显增加；当 MgO 加入量大于 3.0% 时，体系稳定度维持在 80% 左右，MgO 的加入未能使 MgO 稳定氧化锆体系达到完全稳定状态。

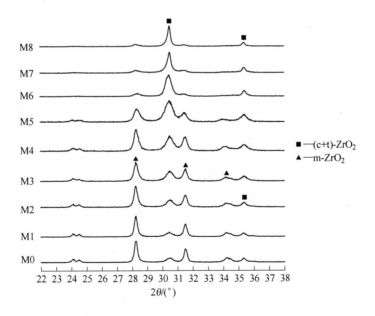

图 2-434 不同试样的 X 射线衍射谱图
（2θ 范围为 22°~38°）

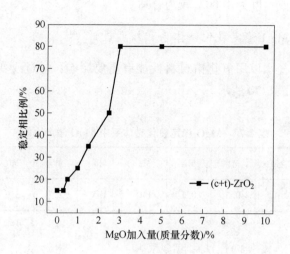

图 2-435　MgO 加入量对体系稳定相比例的影响

　　从 ZrO_2-MgO 二元相图上看，MgO 只能有限固溶到 ZrO_2 中，加入量过大（10.0%）时，体系在高温下处于立方稳定相和 MgO 共存区域内，试样 M8 X 射线衍射谱图中出现氧化镁的衍射峰（图 2-436）可以验证这一结论，图 2-437 中暗黑色凸出于晶粒表面的是未固溶到 ZrO_2 体系中的 MgO 晶粒。

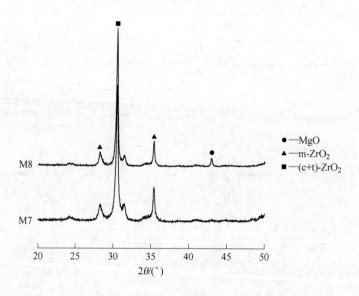

图 2-436　试样 M7 与 M8 的 X 射线衍射谱图

（2θ 为 $20° \sim 50°$）

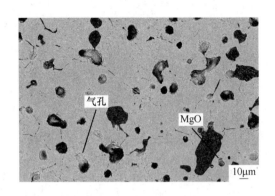

图 2-437　试样 M8 的微观形貌

图 2-438 是 MgO 加入量对试样体积密度和显气孔率的影响，可以看出 MgO 稳定氧化锆体系的致密度均在 4.95g/cm³ 以上，未添加 MgO 时，体系具有较高的体积密度，为 5.42g/cm³，显气孔率仅为 5.7%，可以满足陶瓷型定径水口高致密度的要求。MgO 稳定氧化锆体系可以获得体积密度较高的材料，主要是因为 Mg^{2+} 半径（0.078nm）与 Zr^{4+} 半径（0.084nm）相差不大且电负性相当，MgO 稳定氧化锆体系中掺杂适量 MgO 可以促进体系表面能和化学势下降[105]，从而制备出致密度较高的材料。随着 MgO 外加量的增加，体系的致密度先急剧下降后又略微上升，这与体系中稳定相的比例及 MgO 在体系中的固溶作用有关，MgO 的加入与体系中的单斜 ZrO_2 发生了固溶反应，为了保持体系的电中性，体系中

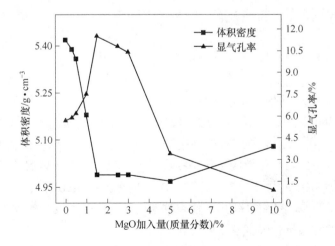

图 2-438　MgO 加入量不同时试样的体积密度和显气孔率

将产生氧离子空位，加入量越多，有越多单斜 ZrO_2 向稳定相转化，体系中氧空位浓度越高，晶格松弛程度增加，同时 Mg^{2+} 取代 Zr^{4+} 导致 ZrO_2 晶胞质量有所下降，从而导致材料的体积密度降低。当 MgO 加入量达到 5.0% 后，继续添加 MgO，体系的体积密度有略微增加的趋势，这是因为当体系中 MgO 含量增加到一定程度后，体系的稳定度几乎保持不变，体系处于立方相和 MgO 两相区域内，未固溶到 ZrO_2 晶格中的 MgO 晶粒弥散于氧化锆晶粒间，在高温烧结时阻碍了 Zr^{4+} 扩散和晶界迁移，起到填补材料中空隙的作用，在一定程度上提高了材料的致密度。

图 2-439 是 MgO 加入量对试样力学性能的影响，可以看出 MgO 的加入有利于试样抗折强度的提高。当 MgO 加入量为 2.5% 时，试样抗折强度最高，达 114.6MPa，此时体系的稳定化率为 50%。

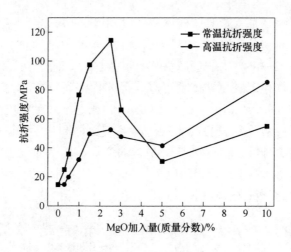

图 2-439　不同 MgO 加入量试样的抗折强度

继续增加 MgO 的加入量，试样的力学性能波动较大，先急剧下降又略微增长，这是因为随着 MgO 比例的增加，试样强度随其烧成程度提高而迅速增加；当 MgO 含量达到一定值时，试样中主要为四方相和立方相，在烧成冷却阶段，立方稳定相较高的热膨胀效应导致材料表面产生较大应力，影响了材料的力学性能，而当外加 MgO 的量超过一定值时，体系中有游离 MgO 存在，MgO 在晶界处的聚集增强了第二相的钉扎作用，使裂纹偏转，在一定程度上提高了材料的力学性能，材料的常温抗折强度有略微升高的趋势。

MgO 添加比例较低时，材料的高温力学性能低于常温力学性能，这是因为高温下亚稳四方相受到的压应力得到一定程度的释放，材料的高温强度降低；MgO

含量（质量分数）超过一定范围后（>5.0%），材料在降温冷却阶段内发生马氏体相变的趋势增强，相变产生的体积膨胀使材料表面产生压应力层，在一定程度上提高了材料的高温断裂强度。

表 2-71 是 MgO 含量对材料抗热震性的影响，在 MgO 含量小于 4% 时，尤其是 1% 和 2% 时，抗热震效果最佳。随着 MgO 加入量的增加，体系中可发生相变的 ZrO_2 的体积分数增加，材料的力学强度和抗热震性能提高；但当 MgO 的加入量继续增加时，体系中可相变的 ZrO_2 体积分数过高，产生的微裂纹数量过多，材料经受热冲击时形成的微裂纹会产生融合现象，这样不但起不到增韧的效果，反而导致极限裂纹尺寸增加，材料的强度急剧下降（M4），当材料内部产生的热应力超过了基体的固有强度时，材料发生瞬时断裂（M5）；但当体系稳定度达到一定值（80%）时，体系中有游离 MgO 存在，在一定程度上改善了材料的热学性能。

表 2-71　MgO 含量对材料抗热震性的影响

试样编号	热震前抗折强度/MPa	热震后抗折强度/MPa	抗折强度保持率/%
M0	15.0	12.5	83.33
M1	25.2	25.2	100.00
M2	36.1	35.0	96.95
M3	76.8	60.7	79.04
M4	97.7	24.9	25.49
M5	114.6	炸裂	—
M6	66.6	炸裂	—
M7	30.8	炸裂	—
M8	55.2	21.8	39.49

MgO 稳定氧化锆体系中典型试样的热膨胀曲线如图 2-440 所示。从图 2-440 可以看出，1000℃ 之前，试样 M0 和 M2 的线膨胀率随温度升高呈典型的线性增长趋势，两条曲线基本上处于平行状态，这说明 1000℃ 之前两者的线膨胀系数相差不大。

当温度升至 1050℃ 时，两个试样的热膨胀曲线均开始向下，线膨胀量变小，

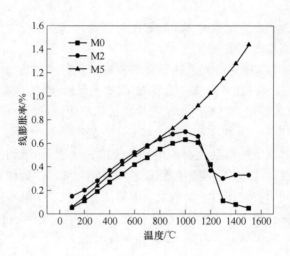

图 2-440　几种典型试样的热膨胀曲线

这说明 m-ZrO$_2$ 向 t-ZrO$_2$ 的转变开始进行，体积发生收缩，不同的是，试样 M0
发生相变的体积变化明显大于试样 M2，这个结果进一步说明，虽然试样 M0 具
有极高的致密度（5.42g/cm^3），但由于稳定相的比例较低，相变增韧作用较弱，
试样的力学性能较差，常温抗折强度仅为 15MPa，而试样 M2 在相同试验条件下
的抗折强度为 36.1MPa；较特殊的是试样 M5，随温度升高，线膨胀率基本呈线
性增长，材料的体积变化较大，材料内部应力集中程度增加，导致该试样在风冷
抗热震测试中出现了瞬时断裂的情况。

　　图 2-441 是 MgO 加入量对试样微观结构的影响，可以看出基质中未添加 MgO
时，试样较致密，体系稳定度较低，晶界线明显（M0），气孔少但富集于晶界
处，造成晶界处应力集中，影响材料的力学性能；加入 0.5% 的 MgO 后，材料气
孔率有所上升，但上升幅度不大，材料仍然保持较高的致密度，微观结构没有发
生明显变化；但当 MgO 添加量达到一定程度时（M8），微观结构显示，材料的
气孔率较高，但多为圆球状孤立气孔，且均匀分布于晶界处，均匀分布的气孔可
以容纳一部分热应力，对材料的抗热震性有利，但过高的气孔率对材料的致密化
不利，试样的体积密度仅为 5.03g/cm^3。

　　从这一方面看，要想保证 MgO 稳定氧化锆材料既有较高的致密度，又有优
良的抗热震性能，材料中 MgO 的添加量要控制适当。

　　B　热处理条件对 MgO 稳定氧化锆体系试样性能的影响

　　合适的热处理工艺能够松弛材料裂纹尖端附近的集中应力，减弱应力场强度
因子，增加脆断阻力，在一定程度上提高材料的性能。安胜利[106]等人通过对

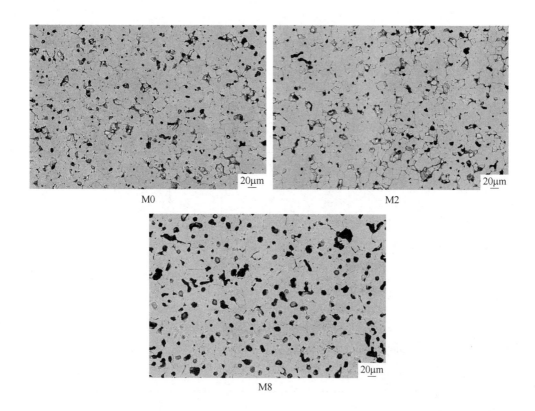

图 2-441   不同稳定度试样的微观结构

M0—未添加 MgO；M2—MgO 添加量为 0.5%；M8—MgO 添加量为 10.0%

MgO-PSZ 材料进行热处理发现氧化锆的四方相到单斜相的相变分为两个步骤，通过特殊的热处理可以改变 MgO-PSZ 中的相结构和比例，从而提高 MgO-PSZ 材料的抗热震性能。本节介绍了热处理后试样 M2 性能的变化，热处理条件如表 2-72 所示。

表 2-72   试样 M2 热处理条件

编 号	热 处 理 条 件			
	1400℃		1100℃	
	1h	2h	1h	2h
0	—	—	—	—

续表 2-72

编号	热处理条件			
	1400℃		1100℃	
	1h	2h	1h	2h
1	▲	—	—	—
2	—	▲	—	—
3	—	▲	▲	—
4	—	—	▲	—
5	—	—	—	▲

注：▲为热处理；—为不热处理。

　　图 2-442 是不同热处理条件下试样 M2 的抗折强度，未进行热处理时，试样具有较好的力学性能，常温抗折强度为 36.1MPa，对试样 M2 进行热处理后，试样的力学性能有不同程度减弱，这可能与所进行的热处理工艺有关。

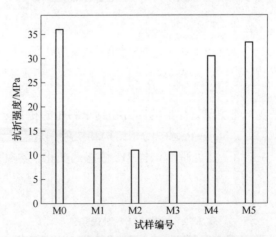

图 2-442　不同热处理条件下试样 M2 的抗折强度

　　图 2-443 是试样 M2 热处理前和 1400℃保温 2h 热处理后试样断口微观形貌。从图 2-443 中可以看出，未经热处理的试样微观结构特征为立方氧化锆固溶体的晶界处及晶粒表面不均匀地分布着细棱形编织状的四方氧化锆析出体，此种结构的材料在烧成降温过程中，四方相受到致密烧结基体的束缚，四方相颗粒表面产生残余压应力，在受到外界拉应力作用时，预加压应力可以抵消一部分材料受到

的拉应力，从而使材料具有较高的机械强度；对材料进行保温热处理时，材料内原有的细棱形四方相将沿长度方向长大，当四方相晶粒尺寸超过临界尺寸后，在冷却过程中，四方相将逐渐向含高度分散的富 MgO 的单斜相转变，如图 2-443 中试样 M2 断口形貌所示，对材料进行 1400℃低共析热处理后，材料内部基本观察不到四方相的存在，而是转变成单斜相分布于晶界处，四方相对材料的增韧作用基本消失，从而使材料机械强度急剧下降；而对材料进行 1100℃热处理时，四方相向单斜相转变的程度较小，体系中会产生一定的相变增韧效应，因此材料强度损失较小。

图 2-443　热处理前后试样断口形貌

从以上现象可以得出，热处理工艺对材料微观结构及应力分布状态有较大影响，只有合适的热处理工艺才能获得较好的显微结构和优良的性能。

2.2.17　金属添加剂对刚玉质材料结构和性能的影响

过渡塑性相工艺的思想和金属陶瓷的发展为解决陶瓷或耐火材料的脆性这一难题提供了新的思路。20 世纪 90 年代初期由美国得力克谢尔（Drexel）大学的 M. W. Barsoum 提出的被称为 TPPP（Transient Plastic Phase Process）过渡塑性工艺[107]，即相对于坚硬的无机材料颗粒金属颗粒应属于"软"颗粒，由于金属在应力作用下晶格会发生滑移，因此金属具有塑性。当金属加入到无机材料中后，借助过渡塑性相的塑性特性，其成型便具有"塑性成型"的特征，在相同的成型压力下塑性成型的砖坯的组织结构将更加紧密，具有更高的密度和强度。热处理过程中，若金属进一步与陶瓷颗粒反应，生成新的非金属增强相，可改善材料的常温性能和高温性能，这便是过渡塑性相工艺。即"软"的过渡塑性相基质 + 反应相 →硬基质 + 增强相，具体情况见图 2-444。

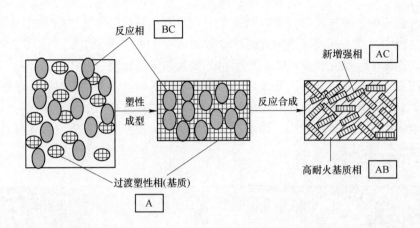

图 2-444   过渡塑性相工艺示意图

洪彦若、孙加林等[108]给出了金属在金属塑性相复合刚玉-氮化硅或氧化镁耐火材料中的作用和过渡塑性相工艺制备耐火材料的本质，首次将金属复合在耐火材料中，并取得了良好的使用效果。金属作为一组元复合于无机材料中，它的作用不只是在适当的气氛下形成相应的化合物，而是使陶瓷材料兼具有某些金属的特性，因而使陶瓷材料脆性得以改善。因此，无机材料中塑性金属相的存在必然给材料带来一系列优越性能：

（1）砖坯在成型时，使刚性成型转变为塑性成型，在相同的压力下，可制得具有更高密度的砖坯。

（2）由于金属熔点较低，在烧成过程中金属熔融成液相，通过收缩将骨料拉在一起，起到助烧剂的作用，可使烧成制品的气孔率下降，体积密度上升。

（3）提高烧成砖的韧性，提高承受热应力冲击的能力，使砖具有更高的抗热震性。解决了长期以来一直存在于耐火材料中的一对矛盾：为提高抗热震性必须保留相当高的气孔率，必然降低材料的强度和抗侵蚀的能力，即以牺牲强度和抗侵蚀性能换取抗热震性的矛盾。金属塑性相的存在，使此矛盾自然解决。

（4）由于金属始终存在于材料中，一旦材料的表面被侵蚀掉或出现新断口后，这个防腐层能自动生成，使材料具有"自修复"的能力，具有智能材料的性能。

为此本节展示了氧化气氛下金属添加剂对刚玉质材料结构和性能的影响[109]，组成如表 2-73 所示。在空气气氛中经过 1500℃保温 3h 热处理后，添加复合添加剂的试样的断面都分为两层：外层颜色暗红，结构较致密；内层颜色深灰，结构较疏松。随着金属铝添加量的增加，外层越来越薄，深灰色的内层越来越厚。而不添加金属添加剂的空白试样 A0 整个断面颜色均匀，都为暗红色（见图 2-445）。

表 2-73   添加不同数量金属铝粉系列组成   （质量分数,%）

试样编号	A0	A1	A2	A3	A4	A5
板状刚玉粉	50	44	41	38	35	32
金属 Al 粉	0	3	6	9	12	15
金属 Si 粉	0	3	3	3	3	3
α-Al$_2$O$_3$ 微粉	35	35	35	35	35	35
Cr$_2$O$_3$	15	15	15	15	15	15

A0   A1   A3   A5

图 2-445   试样 1500℃烧后的断面形貌

图 2-446 是金属添加剂对刚玉材料烧成线变化率的影响。从图 2-446 可以看出，在各个烧成温度，所有试样都是膨胀的。随着金属铝添加剂加入量的增加，膨胀量增大，但是增幅较小，1300℃、1100℃、900℃烧成后的线变化率一般都在 1% 以下。只有 1500℃烧成后，金属铝含量在 6% 以下时，线变化率由空白试样的 0.04% 增至 1.6%，金属铝含量在 6%～12%，线变化率缓慢下降，12% 后又缓慢上升。金属添加量相同时，随着温度升高，线变化率呈增大趋势。

图 2-447 和图 2-448 是金属添加剂对刚玉材料显气孔率和体积密度的影响，可以看出在不同的温度热处理后，与未加金属的试样相比，添加金属的试样显气孔率都稍有增大，体积密度稍有降低，并且随着金属添加量的增加，试样显气孔率呈增大趋势，体积密度有降低趋势。同一金属加入量条件下，随着温度升高，显气孔率增加、体积密度降低。

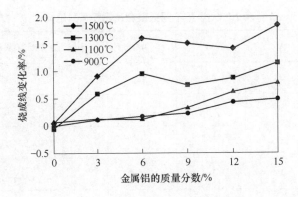

图 2-446　金属铝粉加入量对刚玉质材料烧成线变化率的影响

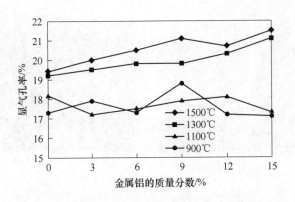

图 2-447　金属铝粉加入量对刚玉质材料显气孔率的影响

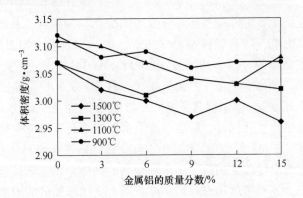

图 2-448　金属铝粉加入量对刚玉质材料体积密度的影响

图 2-449 是金属铝粉加入量对刚玉质材料常温抗折强度的影响。在不同烧成温度下，试样的常温抗折强度表现出的规律不是很一致。与未加金属的试样 A0 相比，加入金属的试样 900℃ 烧成时其常温抗折强度有所提高，而在 1100～1500℃ 中高温烧成时，加入金属后试样的常温抗折强度降低，只有在 1500℃ 烧成的试样其常温抗折强度在金属铝粉含量为 9% 时达到最大值 27.7MPa。在各烧成温度下，随着金属铝粉加入量的增加常温抗折强度总体都呈增大趋势。从图 2-449 中还可以看出，当金属铝含量小于 12% 的情况下，随着烧成温度的提高，试样的抗折强度随之提高。但铝含量增加到 15% 时，1500℃ 烧成试样的抗折强度已降到 18.5MPa，比 1300℃ 时的抗折强度还低了 7.7MPa。

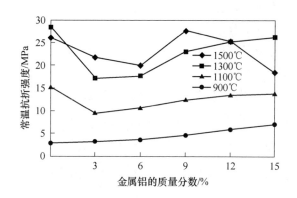

图 2-449　金属铝粉加入量对刚玉质材料常温抗折强度的影响

图 2-450 是金属铝含量为 9% 的试样 A3 常温抗折强度与热处理温度的关系。从图 2-450 可以看出，500℃ 以前试样的抗折强度缓慢下降，500～900℃ 抗折强度缓慢上升，900℃ 以后抗折强度快速增加。这是因为制成的试样经干燥后，由于

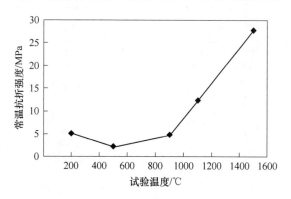

图 2-450　A3 试样的常温抗折强度与热处理温度的关系

结合剂纸浆的作用,使干坯具有一定的抗折强度,温度升到 300℃ 以后纸浆开始分解和燃烧,600℃ 纸浆基本分解完毕,此时材料还没有开始烧结,因此此时试样的抗折强度最低,900℃ 以后材料迅速烧结,试样的强度也就快速增加。

图 2-451 给出了试样在 1500℃ 保温 3h 空气气氛中烧成后,1400℃ 测试下的高温强度。从图 2-451 中可以看出,随着金属添加剂的增加,高温抗折强度有所增加,但都低于未加金属的空白试样。

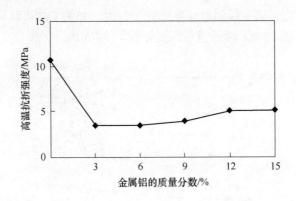

图 2-451　金属铝粉加入量对刚玉质材料高温抗折强度的影响

在氧化气氛下 1500℃×3h 烧成后的试样经 1100℃×30min 强风冷 3 次后观察,各个试样表面完好,均未出现裂纹。热震前后试样的抗折强度对比结果示于图 2-452,热震后试样的强度保持率示于图 2-453。

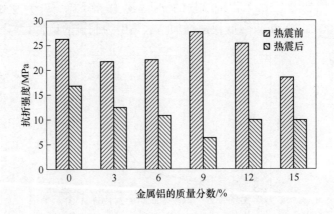

图 2-452　热震前后强度的对比

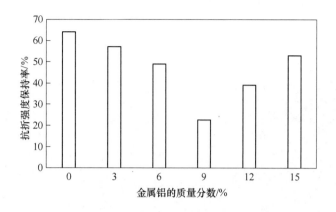

图 2-453　添加剂对残余强度保持率的影响

从图 2-452 和图 2-453 中可以看出，试样的残余抗折强度和抗折强度保持率都是随着金属铝添加量的增加先减少后增加，金属铝粉加入量为 9% 时试样的残余抗折强度及抗折强度保持率最低，此时试样的残余抗折强度仅为 6.3MPa，残余抗折强度保持率为 22.7%，与热震前的强度的变化规律正好相反。同时空白试样 A0 的残余抗折强度及抗折强度保持率大于其他引入金属添加剂的试样。

对 1500℃ 烧成后的 A0、A3 和 A5 试样进行扫描电镜观察及电子能谱分析。图 2-454 是 A0 试样热处理后的显微结构照片，图中浅灰色颗粒为板状刚玉颗粒，分布比较均匀；基质中生成铝铬固溶体（$(Al,Cr)_2O_3$）将颗粒紧密结合在一起（见图 2-454b），结构比较致密，气孔相互贯通形成网络状。

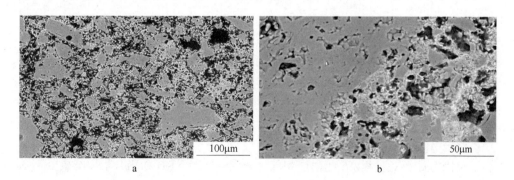

图 2-454　A0 试样的显微结构

a—200×；b—500×

　　图 2-455 示出了添加金属的试样 A3 的显微结构照片。与试样 A0 相比，试样 A3 在结构上分为两部分：外层边缘部位和内层中心部位，外层为氧化层，中心部位是还原层，由于内外层气氛不同，材料的微观结构和相组成存在着差别。

图 2-455　试样 A3 的显微结构照片
a—边缘部位基质；b—中心部位基质

　　图 2-455a 是试样 A3 边缘部位基质的显微结构图。从图 2-455 可以看出试样 A3 边缘部位与试样 A0 结构基本一样，坯体烧结良好，只是基质中分布着一些圆形封闭气孔，孔的周围是一层致密的刚玉环，可能是金属铝在高温下熔融后经氧化反应留下的。对图中各种形貌的物质进行 EDAX 元素分析发现，深灰色的刚玉颗粒与灰白色的铝铬固溶体紧密结合在一起，形成网络状结构，在刚玉和铝铬固溶体之间有 5%~10% 的液相存在，液相成分（质量分数）为：Na_2O（6.55%），Al_2O_3（44.51%），SiO_2（42.58%），K_2O（1.36%），CaO（0.92%），Cr_2O_3（4.08%）。

　　图 2-455b 是试样 A3 中心部位基质的显微结构图，结构较疏松，烧结较差，基质中也有金属铝反应后留下的孔洞，但没有发现铝铬固溶体的存在，而是均匀分布着一些白色颗粒，经 EDAX 分析，白色小颗粒是金属 Cr 和金属间化合物 Cr_5Si_3。在孔洞处金属形状呈圆形较多，在刚玉基质交界处金属形状已塑性变形。

　　试样 A0 的 XRD 物相分析见图 2-456。由图 2-456 可知，试样中只含有刚玉和铝铬固溶体。对试样 A5 的内层和外层分别进行了 XRD 物相分析，结果分别示于图 2-457 和图 2-458，试样 A5 边缘部位物相组成主要是刚玉和铝铬固溶体，生成的莫来石含量较少，XRD 检测不到；试样 A5 中心部位物相组成是刚玉和 Cr_5Si_3，没有铝铬固溶体相存在，由于生成金属铬含量极少，XRD 没有检测到。

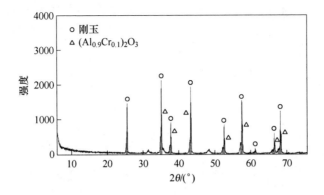

图 2-456 烧成后试样 A0 的 XRD 图谱

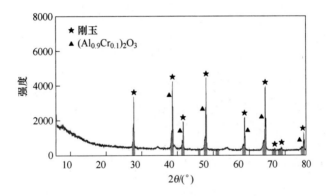

图 2-457 试样 A5 边缘部位的 XRD 图谱

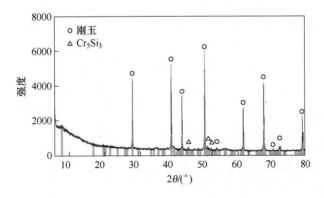

图 2-458 试样 A5 中心部位的 XRD 图谱

下面从热力学的角度来分析在1773K（1500℃）时金属添加剂对刚玉材料结构和性能的影响。首先分析 Al-O 系在1773K（1500℃）时，凝聚相和气相之间的稳定关系。在1773K（1500℃）时，该系统中的凝聚相是 Al(l) 和 $Al_2O_3(s)$，气相组分是 Al(g)、$Al_2O(g)$、AlO(g)、$Al_2O_2(g)$、$AlO_2(g)$，它们之间在高温下反应如下：

$$2Al\,(l) + 3/2O_2(g) \Longrightarrow Al_2O_3(s) \tag{2-95}$$

$$\Delta G^\ominus = -1682900 + 323.24T = -1109795.48J/mol$$

$$\lg P_{O_2} = -21.7946 \qquad 平衡分压\ P_{O_2} = 1.6047 \times 10^{-22}atm = 1.626 \times 10^{-20}\ kPa$$

$$Al(l) + 1/2O_2(g) \Longrightarrow AlO(g) \tag{2-96}$$

$$\Delta G^\ominus = -43973.84J/mol$$

$$\lg P_{AlO} = 1/2\lg P_{O_2} + 1.295$$

$$2Al\,(l) + 1/2O_2(g) \Longrightarrow Al_2O(g) \tag{2-97}$$

$$\Delta G^\ominus = -170700 - 49.37T = -258233.01J/mol$$

$$\lg P_{Al_2O} = 1/2\lg P_{O_2} + 7.607$$

$$2Al\,(l) + O_2(g) \Longrightarrow Al_2O_2(g) \tag{2-98}$$

$$\Delta G^\ominus = -427270 + 25.89T = -381367.03J/mol$$

$$\lg P_{Al_2O_2} = \lg P_{O_2} + 11.234$$

$$Al(l) + O_2(g) \Longrightarrow AlO_2(g) \tag{2-99}$$

$$\Delta G^\ominus = -29121 - 2.718T = -33940.014J/mol$$

$$\lg P_{AlO_2} = \lg P_{O_2} + 1.01$$

当1500℃（1773K）时，上述反应的吉布斯自由能均为负值，可见上述反应均可发生。从上面一系列反应式以及据此求出的与 $\lg P_{O_2}$ 的关系式可以看出，随

着氧分压 P_{O_2} 的增大，P_{Al_2O}、P_{AlO}、$P_{Al_2O_2}$、P_{AlO_2} 随之都增大，当 $P_{O_2} = 1.626 \times 10^{-20} kPa$ 达到这个值以上时，$Al_2O_3(s)$ 凝聚出来，在这个 P_{O_2} 值以下 Al（l）稳定存在，将以上关系做图可得到图 2-459。

在 1773K（1500℃）时，试样的边缘部位处于高的氧分压下，反应以式 2-95～式 2-99 为主进行，气态亚氧化物 Al_2O（g）等的生成是金属 Al 向外扩散的原因。由于金属铝在高温下熔融氧化反应后留下圆形气孔，发现在圆形孔洞周围有氧化铝晶须存在，这证实了气态铝存在并参与反应。反应并不直接氧化生成 α-Al_2O_3，而是根据氧分压的不同，首先生成某些中间过渡氧化物，随着温度的升高和时间的延长，中间过渡氧化物将会逐渐转化为非晶态 Al_2O_3，并最终成为 α-Al_2O_3。

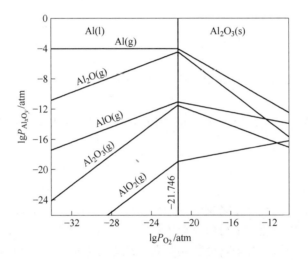

图 2-459 1773K Al-O 系统气体分压

气态 Al_2O 扩散出来后与 Cr_2O_3 按以下反应式生成铝铬固溶体。

$$Al_2O(g) + Cr_2O_3 + O_2(g) \Longrightarrow (Al,Cr)_2O_6(s) \tag{2-100}$$

这就是形成表面铝铬固溶体致密层的机理。

$$Si(l) + O_2(g) \Longrightarrow SiO_2(s) \tag{2-101}$$

$$\Delta G^{\ominus} = -904760 + 197.64T = -554344.28 J/mol$$

$$\lg P_{O_2} = -16.32 \qquad P_{O_2} = 4.786 \times 10^{-17} atm = 4.850 \times 10^{-15} kPa$$

　　同时，金属硅也与氧反应生成 SiO_2，部分 SiO_2 进一步与 Al_2O_3 反应生成莫来石，在生成莫来石的过程中产生体积膨胀，另外生成的玻璃相也部分填充于气孔和刚玉、铝铬固溶体之间，通过膨胀、烧结和填充的综合作用，封闭了材料的表面，使材料的边缘致密，阻止了氧气的进入，使材料内部氧分压降低，于是材料中心部位的反应就以反应式 2-103 为主，因此，金属铝把 Cr_2O_3 中的铬置换出来，这一反应在硅熔化 1673K 温度之前也可以发生，生成的金属铬与硅也易于生成金属间化合物 Cr_5Si_3，如果加入的金属铝多，则生成的金属铬也多。

$$2Cr(s) + 3/2O_2(g) = Cr_2O_3(s) \qquad (2\text{-}102)$$

$$\Delta G^{\ominus} = -1129680 + 259.99T$$

由式 2-95~式 2-102 得到下式：

$$2Al(l) + Cr_2O_3(g) = Al_2O_3(s) + 2Cr(s) \qquad (2\text{-}103)$$

$$\Delta G^{\ominus}_{1773} = -553220 + 63.25T = -441077.75J/mol < 0$$

$$\Delta G^{\ominus}_{1673} = -447402.75J/mol < 0$$

　　材料内部金属铝与氧化铬发生还原反应析出金属铬的反应体积膨胀，导致材料线变化增加，从而使整个材料呈现体积密度降低、显气孔率增加的趋势。材料内外结构的较大差异，整个材料物相分布不均匀，造成抗热震性能下降，是金属优越的韧性并未发挥出来的主要原因。

　　图 2-460 是试样 A0 侵蚀后的显微结构，可以看出试样侵蚀后的形貌从上至下可分为渣层、反应层、渗透层和未变层。图 2-460 中上部的乳白色区域为渣层，其厚度约为 1.5mm。从图 2-461 渣层的 SEM 显微结构照片中分析发现，主晶相以尖晶石为主，由 EDAX 分析出尖晶石的成分（质量分数）为：MgO（21.44%），Al_2O_3（45.64%），Cr_2O_3（10.99%），MnO（3.04%），Fe_2O_3（18.88%）。晶间为玻璃相，玻璃相的成分为：MgO（3.83%），Al_2O_3（40.37%），SiO_2（7.85%），CaO（25.14%），Cr_2O_3（3.05%），Fe_2O_3（29.77%），占渣层的 5%~10%。图 2-462 是反应层显微结构图，该层厚约 0.8mm，从图中看出反应层中气孔较少、结构较致密，这是由试样与渣中成分反应生成的低熔点玻璃相填充于气孔中造成的。因此该层以玻璃相为主，主晶相是条状的 CA6，基质中有少量的钙铝黄长石（C_2AS）和钠长石（$Na_2O \cdot Al_2O_3 \cdot$

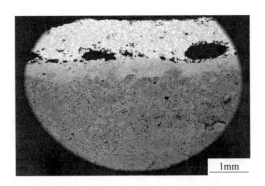

图 2-460 试样 A0 侵蚀后的显微结构

6SiO$_2$）等低熔物相。图 2-463 是试样 A0 渗透层的显微结构，其厚度约为 2mm，基质主要由铝铬固溶体和少量的 CA6 组成，颗粒基本未受到侵蚀，仍是板状刚玉颗粒。

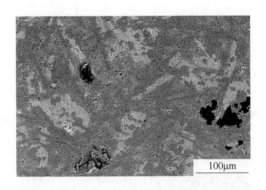

图 2-461 试样 A0 渣层显微结构

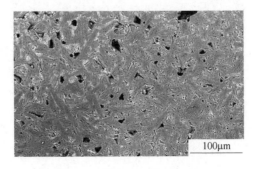

图 2-462 试样 A0 反应层显微结构

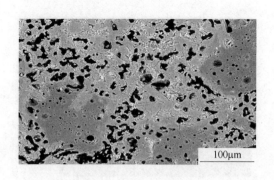

图 2-463　试样 A0 渗透层显微结构

图 2-464 是试样 A3 渣蚀后的显微结构照片，同样从上至下分为渣层（见图 2-465）、反应层（见图 2-466）、渗透层（见图 2-467）和未变层。渣层厚度与试样 A0 基本一样约 1.5mm，主要以粗条状的 CA_6 相为主，并有尖晶石和少量的 C_2AS 相；反应层与渗透层没有明显的区分，反应层气孔较多，结构疏松，主要是尖晶石，也有钙铝黄长石（C_2AS）和钙长石（CAS_2）等低熔点相，这主要是刚玉和铝铬固溶体与渣中的钙硅反应生成的，但反应层中仍然残余有刚玉和铝铬固溶体；试样 A3 的渗透层比较厚，在 5mm 处，由 EDAX 分析发现，玻璃相渗透至刚玉和铝铬固溶体之间，玻璃相成分（质量分数）为：CaO（2.17%），Al_2O_3（73.13%）、SiO_2（12.56%）、Cr_2O_3（12.14%），因此，渗透层中除了有刚玉和铝铬固溶体外，还有少量的玻璃相，达至 6mm 处才几乎没有渣的成分存在。

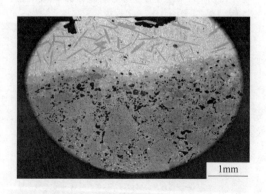

图 2-464　试样 A3 侵蚀后的显微结构

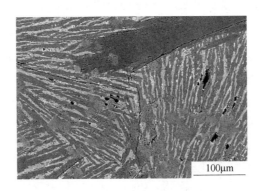

图 2-465 试样 A3 渣层显微结构

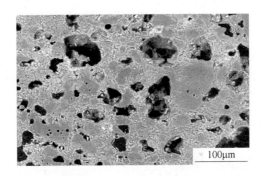

图 2-466 试样 A3 反应层显微结构

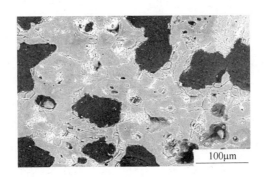

图 2-467 试样 A3 渗透层显微结构

2.2.18　高温模拟透气元件用刚玉-尖晶石质材料热震

本节介绍了不同热震试验条件对纯铝酸钙水泥结合的刚玉-尖晶石质材料热震稳定性的影响[110]，由于铬刚玉质透气元件在使用过程中很少发生热震断裂的情况，故以铬刚玉质试样在相同试验条件下的结果作参照，材料性能如表 2-74 所示。模拟钢包透气元件使用条件，分别采用温度梯度（通过炉门砖上的预留孔，将长条试样一端伸入高温炉炉膛内，另一端与炉门砖外表面平齐，然后将高温炉升温到 1650℃ 后保温 4h，停炉自然冷却）、1100℃ 风冷、1300℃ 风冷及 1000~1600℃ 温度循环（将 1000℃ 温度状态下的试样，通过炉门砖上的预留孔直接放入 1600℃ 的高温炉中，保温 30min，（1）停炉自然冷却（记为 1000~1600℃）；（2）取出，放入 1000℃ 炉膛内，停炉自然冷却（记为 1000~1600~1000℃））四种热震试验方法，并分析刚玉-尖晶石质钢包透气元件的主要热震损毁机理及使用中受到热震损毁的决定性环节。

表 2-74　试样的常规物理性能

项　目	刚玉-尖晶石质	铬刚玉质 CS[②]	铬刚玉质 C[②]
体积密度/g·cm^{-3}	3.17	3.11	3.19
显气孔率/%	15.4	17.4	16.7
抗折强度/MPa	39.1	24.9	22
耐压强度/MPa	191.5	58.2	59
烧后线变化率/%	0.32	-0.09	0.21
高温抗折强度 （1400℃×0.5h）/MPa	>22.3[①]	7.84	15.4

① 试样未被压断；

② CS 和 C 分别为加有硅灰和无硅灰加入的铬刚玉质试样。

图 2-468 为不同热震条件对刚玉-尖晶石质试样热稳定性的影响。对比四种热震，温度梯度前后试样的抗折强度差别不大，1100℃-风冷、1300℃-风冷、1000~1600℃ 温度循环热震后抗折强度和强度保持率依次降低，其中，1300℃-风冷和 1100℃-风冷的过程重复三次，1000~1600℃ 温度循环热震只进行一次，可见 1000~1600℃ 温度循环对试样造成的热震破坏最为显著，因此可以认为，试验条件的不同直接影响热震试验结果，透气元件工作面从烘包温度（1000℃ 左右）

接钢瞬间受到钢水高温（1600℃左右）的热震冲击以及接钢—精炼—浇铸—维护的循环操作过程中钢包温度的周期性变化所引起的热震破坏是刚玉-尖晶石质钢包透气元件热震损毁的决定性原因。

图 2-469 是 1000~1600℃ 与 1000~1600~1000℃ 温度循环两种热震条件下材料的强度保持率，可以看出两种热震下材料的抗折强度保持率差别不大，因此，可以进一步确定钢包透气元件热震破坏的决定性环节为转炉或电炉出钢时温度在1600℃以上的钢液对透气元件工作面造成的热冲击损伤。

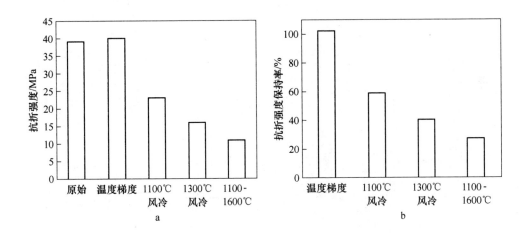

图 2-468 不同热震条件对刚玉-尖晶石质试样热震稳定性的影响

a—热震前后试样的抗折强度；b—热震后试样的强度保持率

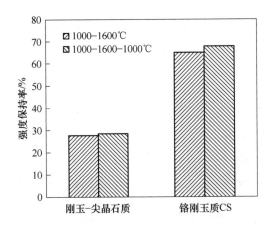

图 2-469 两种热震条件对刚玉-尖晶石试样强度的影响

图 2-470 为刚玉-尖晶石质和铬刚玉质试样受 1300℃ 风冷和 1000~1600℃ 温度循环热震的结果，可以看出刚玉-尖晶石质试样、铬刚玉质试样 C 与 CS 对 1300℃ 风冷和 1000~1600℃ 温度循环两种热震破坏的抵抗能力不同，铬刚玉质试样 CS 受 1000~1600℃ 温度循环热震后的抗折强度及强度保持率较 1300℃ 风冷的大，而前两者经 1000~1600℃ 温度循环热震后的抗折强度和强度保持率较 1300℃ 风冷的小，且都明显小于铬刚玉质试样 CS，由此可以判断：在 1000~1600℃ 温度循环条件下，铬刚玉质试样 CS 表现出更好的热震稳定性。图 2-471 为刚玉-尖晶石质与铬刚玉质试样 CS 的热震稳定性参数 R''' 的对比，铬刚玉质试样 CS 的 R''' 比

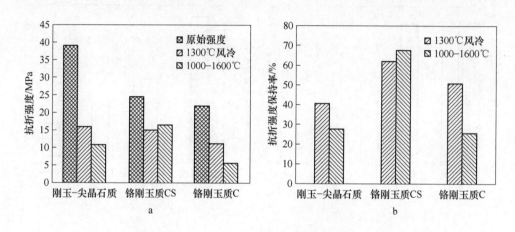

图 2-470   刚玉-尖晶石质和铬刚玉质试样热震稳定性比较

a—热震前后试样的抗折强度；b—热震后试样的强度保持率

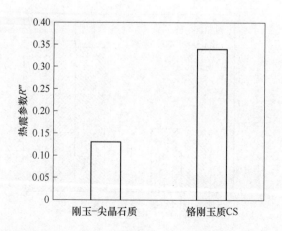

图 2-471   刚玉-尖晶石质和铬刚玉质试样的热震参数

刚玉-尖晶石质的大，与1000~1600℃温度循环热震后的强度保持率相呼应。因此，可用热震稳定性参数 R'''' 来评价在1000~1600℃温度循环热冲击条件下不同材质抗热震性的优劣。

耐火材料是一种高度不均匀的材料，它是由基质结合的粗细颗粒的复合体，本身存在许多结构缺陷（如微裂纹），当受到热震冲击时，在温差产生的热应力的作用下，耐火材料结构薄弱处会产生一定程度的应力集中，如果材料内部没有足够的应力缓冲或耗能机制，裂纹会沿着缺陷或薄弱处进行动态扩展，从而造成材料的热震损毁[111]。

钢包透气元件的使用环境要求其必须能够承受剧烈的热冲击，刚玉-尖晶石材质因其原始强度高，脆性大，试样内没有足够的应力缓冲或消耗机制，裂纹会沿着缺陷或结构薄弱处进行急剧动态扩展，因此在实际使用过程中经常出现透气元件断裂而导致底吹失败。另外，不同热震试验方法对刚玉-尖晶石质试样热震破坏程度相差较大：温度梯度的破坏作用不明显，这是因为在此试验条件下，试样经受的是一个缓慢传热的过程，温度梯度在试样内产生的热应力较小，从而不会对试样造成明显的破坏作用；其他三种热震条件下，试样在温差作用下产生的热应力较大，在没有足够的应力缓冲或耗能机制下，热应力得不到缓解而对试样造成较为明显的破坏作用，而且温差越大，产生的热应力越大，对试样的破坏就越显著，因此，1300℃风冷试样热震后的抗折强度和强度保持率较1100℃风冷的小。同时，试样所处的温度状态越高，其热膨胀越大，从而导致热震时试样内产生的热应力就越大，试样受到的热震破坏更为显著，1000~1600℃温度循环热震中试样所处的温度区域更高，在更高温差下其内部会产生更大的热应力，对热震的破坏作用更为敏感，从而使得1000~1600℃温度循环一次后，刚玉-尖晶石质试样的热震破坏最为显著，因此，刚玉-尖晶石质钢包透气元件热震损毁的决定性原因是转炉或电炉出钢时温度在1600℃以上的钢液对透气元件工作面造成的热冲击损伤。

另外，由于试样的性能与其物相组成有着密切的关系，刚玉-尖晶石质和铬刚玉质试样CS热震稳定性的差异，可从它们的物相不同及由此引起的结构差异来分析解释。采用纯铝酸钙水泥作结合剂的刚玉质体系，属于 $CaO-Al_2O_3$ 体系，氧化钙在高温下与浇注料中的氧化铝组分反应形成 CA_6；在有 SiO_2 存在时，透气元件材质属 $CaO-Al_2O_3-SiO_2$ 体系。高温下，物相间反应生成 CAS_2 或 C_2AS 等低熔点化合物。烧后三种试样的衍射分析结果（见表2-75）表明：铬刚玉质试样CS的主要物相组成为刚玉、铝铬固溶体、氧化锆（少量）、玻璃相；刚玉-尖晶石质试样的主要物相组成为刚玉、尖晶石、六铝酸钙（CA_6）。铬刚玉和刚玉-尖晶石质试样物相都有 CA_6 相产生（见图2-472），由于氧化铬在刚玉相中的固溶，前者的 CA_6 生成量较后者少，而 CA_6 的生成为一膨胀效应，因此铬刚玉试样

C 烧后线膨胀较小。铬刚玉质试样 CS 内无 CA_6 相，而是产生了 CAS_2 或 C_2AS 等低熔物相和铝铬固溶体（见图 2-472c），同时，氧化铬的固溶量增大，形成更多的铝铬固溶体。刚玉-尖晶石和铬刚玉 C 试样的热震结果相差不是特别大，而铬刚玉质试样 CS 的热震稳定性大大提高，考虑到只有铬刚玉试样 CS 有低熔物相生成，可以推断，铝铬固溶体对试样热震稳定性的影响不显著，CA_6 与低熔物相的生成对试样的热震稳定性有较大影响。

表 2-75　不同试样基质的相组成　　　　　（质量分数,%）

试　样	刚玉	尖晶石	$(Al_{1.98}Cr_{0.02})O_3$	CA_6	$M-ZrO_2$
刚玉-尖晶石质	20~30	40	—	20~30	
铬刚玉质 CS	15~20	—	80~85	—	3
铬刚玉质 C	30~40	—	40~50	5~10	

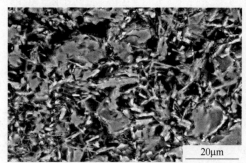

（条絮状物相为反应生成的CA_6相）

a

（颗粒间为CA_6和铝铬固溶体的共同体）

b

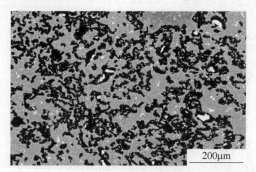

（灰色体为低熔物相和铝铬固溶体）

c

图 2-472　不同试样的显微结构

a—刚玉-尖晶石质；b—铬刚玉 C；c—铬刚玉 CS

CA$_6$相的生成对材料热震稳定性有两种影响：（1）试样中的CA$_6$呈六方板片状结构，通过偏转、桥接和拔出效应能抑制试样内的裂纹扩展、提高试样的断裂功，从而有助于材料热震稳定性的提高；（2）在烧成时，试样内若生成CA$_6$的反应不完全，试样再经受高温循环热震时该膨胀反应会继续进行，从而在试样内产生裂纹和应力。对刚玉-尖晶石质试样，因其原始强度高，脆性大，积存的弹性应变能大，而试样内没有足够的应力缓冲或耗能机制，生成CA$_6$所产生的应力得不到缓解，裂纹容易沿着缺陷或薄弱处扩展，如图2-473a所示的热震后沿晶断裂的形式。

低熔物对铬刚玉质试样CS热震稳定性的有较大影响，1000~1600℃温度循环热震中，该低熔物会呈不同程度的熔融软化状态，主要特征是铝铬固溶体及玻璃相呈孤岛状填充于铬刚玉晶体之间（见图2-473b），试样在热震时产生的热应力能够在这些熔融态玻璃相处得到缓冲释放，同时作为结合相的铝铬固溶体使试样的线膨胀系数降低，对热震稳定性有利。而且铬刚玉质试样的原始强度较低，裂纹在试样内的动态扩展变弱，因此在1000~1600℃温度循环时表现出较好的热震稳定性。而在1300℃风冷热震试验中，铬刚玉质试样CS内的低熔物相在高温环境下为熔融状态，再经瞬间强冷时，该低熔物凝结，使得试样的结构在该热震过程中发生了极大的变化，同时低熔物的凝结或析晶收缩会在试样内产生较大的热应力及裂纹，因此，铬刚玉质试样CS受1300℃风冷热震的破坏较1000~1600℃温度循环更为严重。

图 2-473　不同试样的断口形貌
a—刚玉-尖晶石质；b—铬刚玉质（CS）

2.2.19　刚玉-尖晶石质材料热震稳定性影响因素

目前，刚玉-尖晶石质钢包透气元件以其优异的抗冲刷、抗侵蚀性能被普遍使用，但其热震稳定性较差，这在一定程度上限制了其使用寿命的进一步提高。刚玉-尖晶石质材料热震稳定性影响因素较多，本节介绍了尖晶石类型、结合剂、添加剂、烧成温度等对材料热震稳定性的影响[110]。热震稳定性评价采用1100℃风冷、1300℃风冷和1000~1600℃温度循环三种热震方法，重点采用1000~1600℃温度循环的热震方法，表2-76为刚玉-尖晶石试验方案基础组成。

表 2-76　刚玉-尖晶石质试样基础组成

板状刚玉质量分数/%				镁铝尖晶石质量分数（Al_2O_3 76%）/%		水泥结合剂质量分数/%	α-Al_2O_3微粉质量分数/%
6~3mm	3~1mm	1~0.5mm	325目	1~0.5mm	325目		
55			15	10	12	3	5

2.2.19.1　烧成温度的影响

试样的物相组成及显微结构决定了其使用性能，而烧成温度直接影响着试样的物相组成及显微结构，从而在某种程度上决定了材料热震稳定性的优劣。烧成温度的设计依据生产实践以及发生的物理化学变化，如表2-77所示。

表 2-77　烧成温度的方案设计

编　号	T1	T2	T3	T4	T5
烧成温度/℃	1450	1550	1600	1650	1700

不同温度烧成的刚玉-尖晶石试样的常规物理性能见表2-78，提高烧成温度，试样的体积密度增大，显气孔率降低；试样烧后线变化和常温抗折强度变化不明显，但常温耐压强度有增加的趋势。

表 2-78　不同温度烧成的刚玉-尖晶石试样的常规性能

试样编号	体积密度/g·cm^{-3}	显气孔率/%	常温抗折强度/MPa	常温耐压强度/MPa	烧后线变化率/%
T1	3.14	15.9	41.3	175.9	0.28
T2	3.17	15.4	39.1	191.5	0.32

续表 2-78

试样编号	体积密度 /g·cm⁻³	显气孔率 /%	常温抗折强度 /MPa	常温耐压强度 /MPa	烧后线变化率 /%
T3	3.16	15.3	40.0	238.0	0.31
T4	3.17	14.4	42.9	241.2	0.26
T5	3.19	13.8	43.5	257.9	0.25

图 2-474 是烧成温度对试样热震稳定性的影响，刚玉-尖晶石质试样经 1100℃风冷、1300℃风冷和1000~1600℃温度循环三种热震后，抗折强度和强度保持率随烧成温度的变化规律基本一致，即随着烧成温度的升高，试样热震后的抗折强度和强度保持率先增大，到1650℃烧成的试样的抗折强度保持率稍有降低，继续提高烧成温度，1700℃烧成的试样热震后的抗折强度及保持率急剧降低，1600℃烧后的试样的抗折强度保持率最高。图 2-475 为不同温度烧成后试样的两种热震稳定性参数变化规律。对比图 2-475 和图 2-474b 试样的抗折强度保持率可以看出，R''' 的变化趋势与试样热震后抗折强度保持率随烧成温度的变化趋势一致，表明刚玉-尖晶石质钢包透气元件的主要热震损毁过程为热冲击损伤，即主要为裂纹的扩展导致破坏。

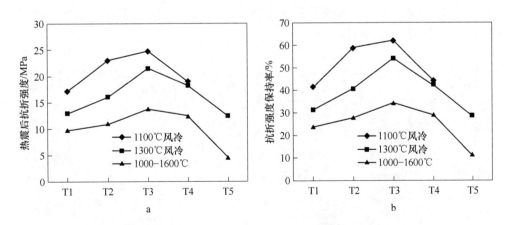

图 2-474 烧成温度对试样热震后抗折强度及保持率的影响

a—热震后抗折强度；b—热震后抗折强度保持率

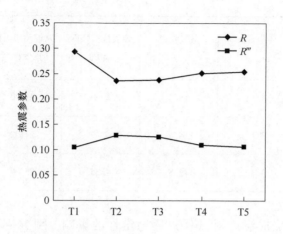

图 2-475　热震参数与烧成温度的关系

　　纯铝酸钙水泥结合的刚玉-尖晶石质试样烧后的主要物相组成有刚玉、尖晶石和六铝酸钙（CA_6），所以烧成温度对该类材料热震稳定性的影响应与试样中这几种物相的变化以及由此引起的结构变化有关。

　　图 2-476 为 1450℃ 烧成试样的 SEM 照片，可以看出 1450℃ 烧成的试样中，CA_6 呈小的六方片状晶形散乱分布，基质间结合强度低，结构疏松，因此试样的显气孔率高，体积密度小，常温抗折和耐压强度低。从试样 T1 热震后的断口形貌可以看出，断面呈凸凹状，各晶体都呈现较为完整的立体形貌，以沿晶粒断裂为主，这种沿晶粒扩展的裂纹聚集连接会形成大裂纹，导致试样热震破坏，抗折强度保持率低，热震稳定性差。

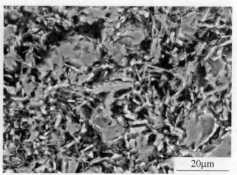

a　　　　　　　　　　　　　　　b

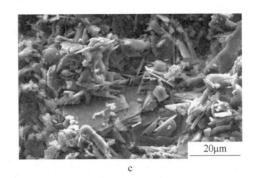

图 2-476　1450℃烧成试样 T1 的显微结构照片

a—CA6 晶体形貌（2000×断口）；b—基质形貌（1000×）；c—热震后的断口形貌

图 2-477 为 1600℃烧成试样 T3 的 SEM 照片，试样中 CA_6 晶形明显发育变大、变厚，呈厚板片状晶形，穿插于刚玉相或尖晶石相之间，增强各晶粒间的结合，改善了试样的显微结构，形成了更为明显的网状交织结构，有利于材料热震稳定性的提高。

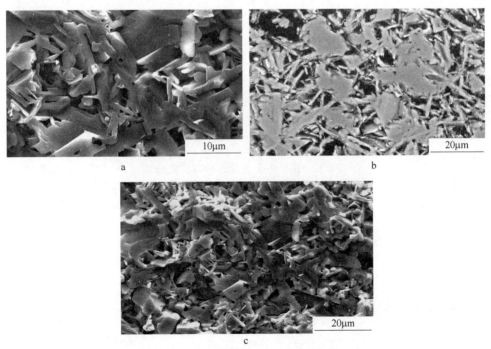

图 2-477　1600℃烧成试样 T3 的显微结构照片

a—CA_6 晶体形貌（2000×）；b—基质形貌（1000×）；c—热震后的断口形貌

通过计算尖晶石晶格常数来表示尖晶石物相结构中 Al_2O_3 的含量，可分析 Al_2O_3 在尖晶石中的固溶情况。尖晶石（立方结构）物相的晶格常数通过 XRD 图谱中 111、220 和 440 平面的峰值，按下述方程式计算：

$$A = d\sqrt{h^2 + k^2 + l^2} \qquad\qquad (2\text{-}104)$$

式中　A——晶格常数，nm；

　　　d——晶面间距，nm；

h，k，l——晶面指数。

尖晶石晶格常数越小，表明固溶的 Al_2O_3 越多[112]。由表 2-79 基质中尖晶石晶格常数的计算结果可知，随着烧成温度的提高，基质尖晶石中的 Al_2O_3 的含量增大，说明 Al_2O_3 在尖晶石中固溶度增加，这与 EDS 组成分析结果（表 2-80）一致。

表 2-79　基质中尖晶石的晶格常数

试样编号	111		220		440		平均值
	d	A	d	A	d	A	A
T1	4.65480	8.062114	2.8513	8.063476	1.42205	8.04433	8.05664
T2	4.64290	8.041503	2.84126	8.035083	1.41891	8.02657	8.034385
T3	4.64172	8.022139	2.83782	8.025355	1.41774	8.01995	8.022481
T4	4.63830	8.033536	2.83086	8.005672	1.4161	8.01067	8.016626
T5	4.63745	8.032063	2.83085	8.005644	1.41527	8.00598	8.014562

表 2-80　基质中尖晶石的 EDS 组成分析　　　　（质量分数，%）

试　样　编　号	Al_2O_3	MgO
T1	77	23
T2	80	20
T3	80.3	19.7
T4	82	18
T5	83	17

Al$_2$O$_3$ 在尖晶石中适当程度的固溶对试样的热震稳定性有改善作用。图 2-478 为固溶 Al$_2$O$_3$ 的尖晶石晶粒形貌，可以看出尖晶石晶粒表面有凸起结构，这是由于高温烧成过程中 Al$_2$O$_3$ 在尖晶石中发生固溶，在自由冷却过程中，Al$_2$O$_3$ 又以刚玉形式偏析出来，分布于尖晶石晶界。一方面，该凸起结构能够起到对裂纹的钉扎或偏转作用，阻止裂纹的扩展或改变裂纹扩展的方向，同时，固溶 Al$_2$O$_3$ 以刚玉形式析出的反应在某种程度上起直接结合效应并能够强化结合组织，提高试样的断裂能；另一方面，由于固溶 Al$_2$O$_3$ 的尖晶石线膨胀系数减小，与刚玉相形成较为适宜的线膨胀系数失配，产生微裂纹耗能机制，同时基质间结合强度的增强，试样的断裂功增大，使试样的热震稳定性提高，如从图 2-477c 试样 T3 热震后的断口形貌看出，整个断面趋于平滑，以穿晶粒断裂为主。

10μm

图 2-478 Al$_2$O$_3$ 在尖晶石（MA）中的固溶显微结构

图 2-479 为 1700℃ 烧成试样的 SEM 照片，随着烧成温度升高，试样结构更致密。对于热震稳定性来说，因为试样烧成温度过高，氧化铝在尖晶石中固溶程度提高，刚玉相与尖晶石相之间的线膨胀系数差趋于减小，而过小的线膨胀系数差使尖晶石与刚玉之间的结合强度更大，不利于两相之间微裂纹耗能机制的形成，导致试样常温强度提高，结构过于致密，使得释放热应力的相界面减少；另外，过烧也使试样中 CA$_6$ 含量降低，从而使网状结构明显弱化，试样缓冲热应力的能力下降，对试样的热震稳定性不利。1700℃ 烧成试样热震后的断口形貌呈穿晶粒断裂形式，但其热震后的抗折强度却急剧降低，表明由于刚玉与尖晶石两相之间的结合强度过大，不能形成微裂纹耗能机制，在热震试验过程中裂纹会在热应力的作用下穿晶粒扩展，从而使颗粒在热震试验过程中产生断裂，热震后的强度降低。

在 1450℃、1550℃、1600℃、1650℃ 及 1700℃ 五个温度烧成的试样中，1600℃ 下烧成试样的热震稳定性最好。这是因为 1600℃ 烧成试样中存在作为应力缓冲机制的网状交织结构，对热应力的缓冲能力更强，同时 Al$_2$O$_3$ 在尖晶石中的

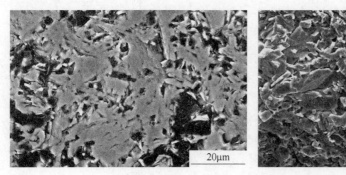
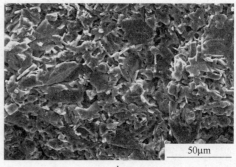

图 2-479　1700℃烧成试样的显微结构

a—基质形貌（1000×）；b—热震后的断口形貌（500×）

适当固溶，冷却时在尖晶石晶粒表面析出而形成凸起结构，对裂纹的扩展有钉扎或偏转作用，且增强基质间的结合强度，试样的断裂功增大，有利于热震稳定性的提高。

2.2.19.2　尖晶石类型的影响

对刚玉−尖晶石质制品，预合成尖晶石的添加量及颗粒级配对制品的使用性能有极大的影响。本小节介绍了预合成尖晶石对试样热震稳定性能的影响，分为两部分：（1）尖晶石加入总量不变，调整尖晶石颗粒与细粉的比例；（2）尖晶石颗粒与细粉以单独添加或共同添加的方式加入改变其加入总量，见表 2-81 和表 2-82。

表 2-81　不同尖晶石颗粒与细粉的比例

试 样 编 号	颗粒/%	细粉/%
S1	15	7
S2	10	12
S3	7	15
S4	5	17

表 2-82 不同尖晶石加入量

试 样 编 号	颗粒/%	细粉/%
SA1	0	5
SA2	10	0
SA3	5	5
SA4	7	9
SA5	10	12
SA6	10	18

图 2-480 为尖晶石含量及颗粒/细粉比例对刚玉-尖晶石质试样的体积密度、烧后线变化率、常温抗折耐压强度的影响。由图可以看出，尖晶石加入总量为 22% 不变，随着尖晶石颗粒加入的相对量依次增加，试样的体积密度、烧后线变化率、常温抗折强度依次增大，颗粒占绝大部分的试样 S1 的体积密度、常温抗折强度最大。

随着尖晶石加入总量的变化，如试样 SA3、SA4、SA5、SA6，体积密度、抗折强度、烧后线变化率变化不大。尖晶石加入总量（质量分数）不大于 10% 试样的抗折强度明显大于尖晶石加入总量大于 10% 的试样，且加入 10% 全颗粒尖晶石试样的体积密度、抗折强度、烧后线变化率相对较大，而加入 5% 全细粉尖晶石的体积密度、抗折强度、烧后线变化率则相对较小。

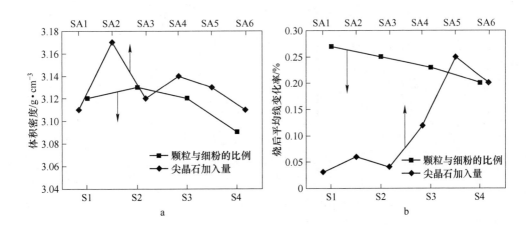

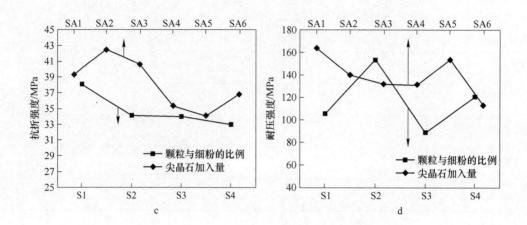

图 2-480　尖晶石含量及颗粒/细粉比例对试样常规性能的影响
a—体积密度；b—烧后平均线变化率；c—常温抗折强度；d—常温耐压强度

　　图 2-481 为尖晶石颗粒与细粉比例对试样热震强度及保持率的影响。由图可以看出，尖晶石加入量为 22% 时，试样 S2、S3 热震后的抗折强度和强度保持率较高，热震稳定性较好，其次是 S4，颗粒最多的 S1 热震稳定性最差。

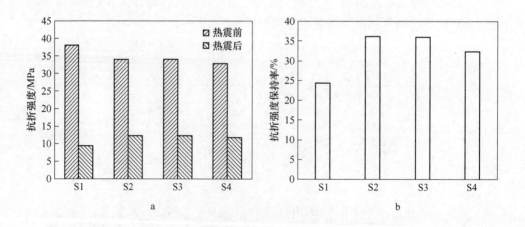

图 2-481　尖晶石颗粒与细粉比例对试样热震后抗折强度及保持率的影响
a—热震前后的抗折强度；b—热震后抗折强度保持率

图 2-482 为尖晶石加入量对试样热震强度及保持率的影响。由图可以看出，当尖晶石加入总量小于 10% 时，调整颗粒与细粉的比例及加入量，如试样 SA1、SA2、SA3，热震后的抗折强度和强度保持率相差不大，尖晶石的加入量提高到 16% 和 22%，热震后的抗折强度和强度保持率增大，但尖晶石加入量继续增加时，热震后的抗折强度和强度保持率又有所降低。

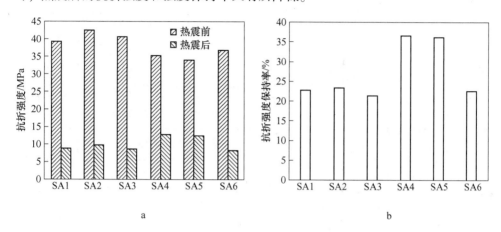

a

b

图 2-482　尖晶石比例对试样热震后强度及保持率的影响
a—热震前后的抗折强度；b—热震后抗折强度保持率

对比图 2-483 中试样抗热冲击损伤参数 R''' 和图 2-481、图 2-482 中试样热震后抗折强度保持率可以看出，计算得出的试样抗热冲击损伤参数 R''' 与其热震后的抗折强度保持率随试验变量的变化趋势相一致。

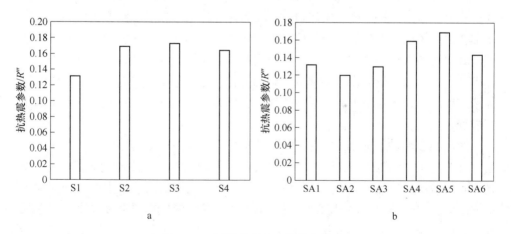

a

b

图 2-483　试样抗热冲击损伤参数 R'''
a—尖晶石颗粒与细粉的比例；b—尖晶石加入量

2.2.19.3　结合剂的影响

刚玉-尖晶石质钢包透气元件采用纯铝酸钙水泥为结合剂，它属于 CaO-Al_2O_3 体系，氧化钙在高温下与浇注料中的氧化铝组分反应形成 CA_6，会对试样的物相及结构产生影响，从而影响其各项性能，因此，本小节介绍了水泥加入量以及用 ρ-Al_2O_3 代替水泥作结合剂对试样热震稳定性的影响，组成如表 2-83 所示。

表 2-83　结合剂对刚玉-尖晶石材料性能的影响

试 样 编 号	结合剂加入量（质量分数）/%	
	水泥	ρ-Al_2O_3
SC1	1	—
SC2	2	—
SC3	3	—
SC4	4	—
ρ-Al_2O_3	—	5

图 2-484 为结合剂对刚玉-尖晶石质试样的体积密度、显气孔率、烧后平均线变化率、常温抗折强度、常温耐压强度和弹性模量的影响。随着水泥加入量的增加，试样体积密度降低、显气孔率增大和烧后平均线变化率增加；常温抗折强度随着水泥加入量的增加先增大，到一定量后继续增大水泥加入量，抗折强度变化不大；水泥加入量增多时会降低材料的弹性模量。用 ρ-Al_2O_3 作结合剂的试样体积密度小、显气孔率大、烧后平均线变化率为负，其常温抗折强度、耐压强度都较低。

图 2-485 为结合剂对试样热震后抗折强度及强度保持率的影响，与水泥加入量（质量分数）为 2% 的试样相比，加入 1% 的试样热震后的抗折强度和强度保持率有所减小；当加入量增加为 3% 时，试样 SC3 热震后的抗折强度和强度保持率又增大，但继续增大水泥的加入量为 4% 时热震后的抗折强度和强度保持率反而又急剧降低。以 ρ-Al_2O_3 作结合剂的试样的热震后的抗折强度与试样 SC3 相当，但其残余抗折强度保持率相对较大。

结合剂水泥的加入量与 CA_6 的生成量有着直接的关系。水泥加入量少时，试

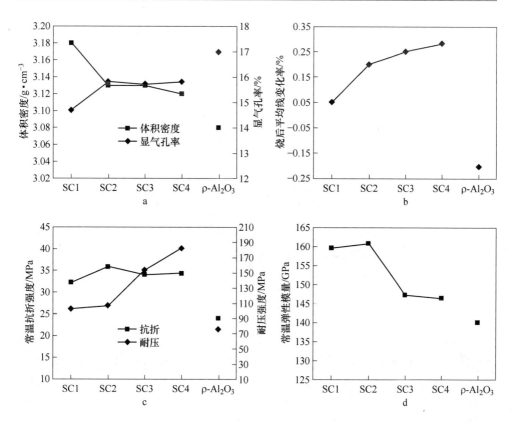

图 2-484　结合剂对试样常规性能的影响

a—体积密度、显气孔率；b—烧后平均线变化率；c—常温抗折、耐压强度；d—常温弹性模量

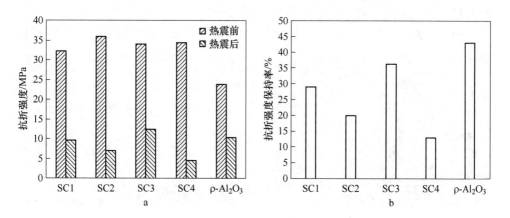

图 2-485　结合剂对试样热震后抗折强度及保持率的影响

a—热震前后的抗折强度；b—热震后抗折强度保持率

样内 CA_6 生成的膨胀较小，试样的显气孔率低，体积密度大，但是由于 CA_6 生成量少，结合相少，各物相间的结合强度低，抗折和耐压强度低，试样内的网络交织结构不明显，如图 2-486 所示，试样在热震过程中对热应力的缓冲能力极弱，因此，试样 SC1 热震后强度保持率低。

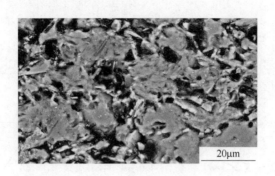

图 2-486　试样 SC1 的显微结构

　　增加水泥的加入量，试样中虽然生成 CA_6 的膨胀反应增多，但形成的板片状 CA_6 穿插于刚玉或尖晶石相内（如图 2-487a 所示），其在试样内会形成明显的网状交织结构（如图 2-487b 所示），改善了试样的显微结构，该网络交织结构能够缓冲热应力，改善试样的热震稳定性，因此，试样 SC3 热震后的抗折强度和强度保持率高。但是水泥加入量过多时，试样内生成 CA_6 的膨胀反应多，试样的膨胀量过大，CA_6 形成的网络交织结构对热震稳定性的改善作用被大大削弱，过量的膨胀导致热震时在试样内会产生较大的热应力，抵消了网络结构的作用而影响其热震稳定性，因此，热震后的抗折强度和强度保持率急剧降低，热震稳定性变差。所以对刚玉-尖晶石试样来说，水泥的适量加入能够获得最佳的热震稳定性。

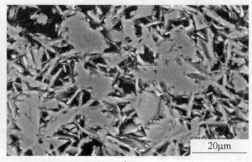

a　　　　　　　　　　　　　　　　b

图 2-487　试样 SC3 热震后的显微结构
a—断口；b—光片

2. 2. 19. 4 硅灰的影响

在 $CaO\text{-}Al_2O_3\text{-}SiO_2$ 体系内，纯铝酸钙水泥结合的刚玉–尖晶石材料中加入硅灰后，高温下试样内物相间反应会生成低熔物玻璃相，它对材料的热震稳定性有重要影响，本节介绍了不同数量的硅灰对刚玉–尖晶石性能的影响，硅灰的添加量如表 2-84 所示。

表 2-84　硅灰对刚玉–尖晶石材料性能的影响

试 样 编 号	硅灰加入量（质量分数）/%
SS0	0
SS1	0. 5
SS2	1
SS3	2

图 2-488 为硅灰对试样体积密度、显气孔率、烧后线变化率、常温抗折强度、常温耐压强度的影响，与空白样 SS0 相比，在刚玉–尖晶石质试样中加入少量的硅灰后，试样 SS1 的体积密度、烧后线变化率、常温抗折强度、常温耐压强度都略有降低，且随着硅灰加入量的增多，试样 SS1、SS2、SS3 的体积密度、常温抗折强度、常温耐压强度依次增加，显气孔率、烧后线变化率依次减小。硅灰加入量为 1% 的试样 SS2，高温烧后已发生收缩。

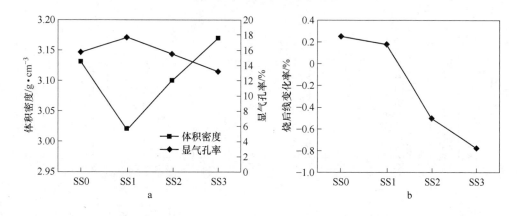

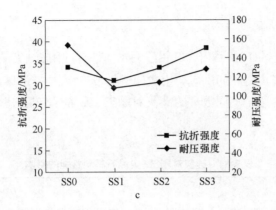

图 2-488　添加硅灰对试样常规性能的影响

a—体积密度、显气孔率；b—烧后平均线变化率；c—常温抗折、耐压强度

图 2-489 分别为添加硅灰对试样热震后抗折强度及保持率的影响，加入硅灰后，试样热震后抗折强度及保持率增大，且随着硅灰加入量的增多而增大。图 2-490 为添加硅灰对不同热震条件下刚玉-尖晶石质试样热震稳定性的影响，试验条件的不同直接影响热震试验结果，与空白样 SS0 相比，加入硅灰后试样受 1000-1600℃热震后抗折强度和强度保持率增大，并且，随着硅灰加入量的增加，试样的强度保持率也逐渐增大，而 1100℃风冷和 1300℃风冷热震后抗折强度和强度保持率随着硅灰加入量的增多而降低，特别是经 1300℃风冷后强度急剧降低。由此可以判断，含有低熔物相的钢包透气元件材质对风冷和 1000-1600℃热震的抵抗能力不同，用风冷的热震试验方法来评价其热震稳定性是不合适的。

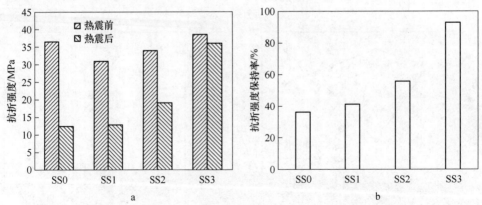

图 2-489　加硅灰对试样热震后抗折强度及保持率的影响

a—试样热震前后抗折强度；b—试样热震后的抗折强度保持率

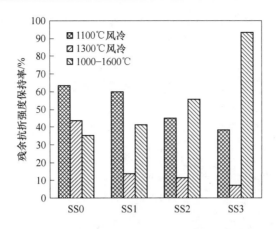

图 2-499 不同热震条件下加入硅灰试样的热震稳定性

2.2.19.5 复合加入硅灰和氧化铬微粉的影响

刚玉-尖晶石质试样加入硅灰后的热震稳定性大大提高，但是由于加入硅灰后材料的高温强度、抗渣性及耐侵蚀性会大大降低，因此应考虑在材料中引入能够提高低熔物相黏度的组分，使得在提高材料热震稳定性的同时又能保证材料具有足够的高温强度、抗渣性及耐侵蚀性。氧化铬能增加玻璃相的黏度，对材料的抗渣性及耐侵蚀性有利，而且氧化铬还能够与刚玉相形成铝铬固溶体而强化基质，提高试样的结合程度，从而保证了材料具有足够的强度。本节介绍了复合加入硅灰和氧化铬微粉对刚玉-尖晶石材料性能的影响，复合方式及加入量如表2-85 所示。

表 2-85　硅灰和氧化铬微粉的复合方式及加入量

试样编号	硅灰加入量（质量分数）／%	铬绿加入量（质量分数）／%
SG0	2	0
SG1	2	1
SG2	2	2
SG3	2	3
SG4	2	6
SG5	2	9
SG6	2	12

图 2-491 为氧化铬微粉加入量对试样的体积密度、显气孔率、烧后线变化率及常温抗折强度、常温耐压强度的影响。由图可以看出，在加有硅灰的基础上再添加氧化铬微粉后，随着氧化铬微粉加入量的增多，试样的体积密度和抗折、耐压强度降低，烧后平均线变化率增大，烧成收缩减少。

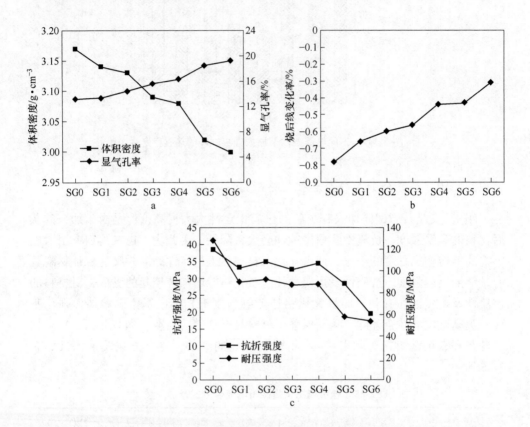

图 2-491　添加氧化铬对试样常规性能的影响

a—体积密度、显气孔率；b—烧后平均线变化率；c—常温抗折、耐压强度

图 2-492 为氧化铬对试样热震后抗折强度及保持率的影响。从图 2-492 中可以看出，加入氧化铬微粉后，试样 1000~1600℃ 热震后抗折强度和强度保持率较空白样低，并且随着氧化铬加入量的增多而逐渐下降。

2.2.19.6　TiO_2 添加剂的影响

对钢包透气元件来说，具有良好的抑制钢水及钢渣的渗透性能是提高其使用寿命的途径之一，由于添加 TiO_2 能够提高材料的抗渗透性[113]，因此，本节介绍了添加 1%TiO_2 对刚玉-尖晶石质材料性能尤其是热震稳定性的影响。

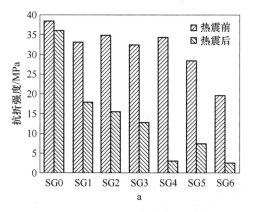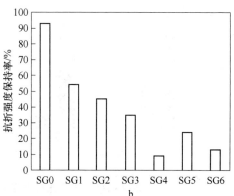

图 2-492 氧化铬对试样热震后抗折强度及保持率的影响

a—试样热震前后的抗折强度；b—试样热震后抗折强度保持率

表 2-86 为未添加 TiO_2 试样 T3 和添加 1% TiO_2 试样 ST 的常规性能。与空白样 T3 相比，添加 TiO_2 后试样 ST 的体积密度增大，显气孔率降低，烧后线变化率为负，常温抗折强度增大，弹性模量大。

表 2-86 添加 TiO_2 试样的常规性能

试样编号	体积密度/g·cm^{-3}	显气孔率/%	常温抗折强度/MPa	常温耐压强度/MPa	烧后线变化率/%	高温抗折强度（1400℃×0.5h）/MPa	弹性模量/GPa
T3	3.16	15.3	40	238	0.31	>23.3	134
ST	3.18	13.9	49.7	175.9	-0.21	>30.1	178

注：T3 和 ST 分别为未添加 TiO_2 和添加 1% TiO_2 的刚玉-尖晶石质试样。

图 2-493 为 TiO_2 对试样热震前后的抗折强度和强度保持率的影响。添加 TiO_2 试样热震后抗折强度和强度保持率较未添加 TiO_2 的空白样 T3 有所降低，且受 1000~1600℃温度循环的热震破坏作用更大。

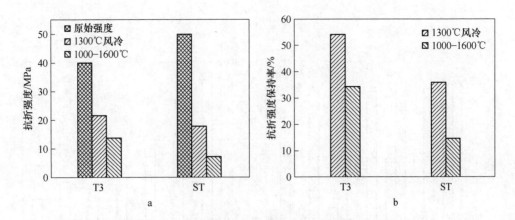

图 2-493　TiO_2 对试样热震后抗折强度及保持率的影响

a—试样热震前后的抗折强度；b—试样热震后抗折强度保持率

2.3　功能设计基础

2.3.1　流场模拟基础

2.3.1.1　物理模拟理论

物理模拟是在不同规模上再现某个现象，分析其物理特性和线性尺度的影响，可对所研究的过程进行直接试验。物理模拟多在按相似准则构成的实验室设备或中间实验设备上进行，即所谓相似模型。

物理模拟是以模型和原型之间的物理相似或几何相似为基础的一种模拟方法。把模拟系统转换为实际系统，就必须保持两个系统能满足一定的相似性，包括：

（1）几何相似：模型与原型之间的对应角相等、对应长度成比例。

（2）运动相似：两系统的运动状态（或流线）相似，即各对应点的速度方向相同，大小成比例。

（3）动力相似：模型和原型中系统所受到的力相似，即当两系统相应时间、相应位置所受到的力成一定比例时，它们相似。

（4）热相似：就是原型和模型的温度梯度相对应。

钢液在重力作用下从钢包经保护套管流入中间包，构成一个典型的有限空间射流。在这种情况下，一般可视为黏性不可压缩稳态流动，同时可以忽略化学反应的影响。因此在进行流动模拟研究时，系统主要满足几何相似、运动相似和动力相似。几何相似中重要的一点是边界条件相似。

从理论上分析，在自然对流和强制对流共存的体系中，当 $Gr/Re^2 > 0.1$ 时，自然对流将不能忽略，所以流体运动时受到了惯性力、重力、黏性力和表面张力的共同作用，包含这些力的主要相似准数有雷诺准数、弗劳德准数和韦伯准数。

（1）雷诺准数（Reynolds）。计算公式如下：

$$Re = \frac{\rho v l}{\eta} = \frac{\rho l^3 (v^2/l)}{\eta (v/l) l^2} = \frac{质量 \times 加速度}{剪切力 \times 面积} = \frac{惯性力}{黏性力} \qquad (2\text{-}105)$$

式中，v 为流动速度；l 为特征长度；ρ 为密度；η 为黏度系数。

Re（系统的惯性力和黏性力的比，表征系统的黏滞流动）的大小表示流动特性。$Re < 2300$ 时相当于层流，黏性力占统治地位；$Re > 4100$ 时相当于紊流，惯性力占统治地位。

（2）弗劳德准数（Froude）。计算公式如下：

$$Fr = \frac{v^2}{g\lambda} = \frac{\rho\lambda^3 (v^2/\lambda)}{\rho g\lambda^3} = \frac{惯性力}{重力} \qquad (2\text{-}106)$$

式中，g 为重力加速度。

Fr 即系统的惯性力和重力或浮力的比，它表征由重力引起的流动。

（3）韦伯准数（Weber）。计算公式如下：

$$We = \frac{\rho v^2 \lambda}{\sigma} = \frac{\rho\lambda^3 (v^2/\lambda)}{\sigma\lambda} = \frac{惯性力}{表面张力} \qquad (2\text{-}107)$$

式中，σ 为表面张应力。

这三个准数考虑了惯性力、重力、黏性力及表面张力的作用。在实际生产过程中，完全保持模型和实物系统中的各个作用力相等是不可能的，因此在进行钢液流动的物理模拟时，应视不同实际情况，以及研究的主要目的，选择起主要作用的准数相等进行模拟。

对于中间包或浸入式水口来说，由于钢液在重力作用下从钢包水口注入中间包或者由中间包注入到结晶器时，具有一定动能，因而产生有限空间内的紊流射流，在注流区域产生复杂的紊流流动，这时控制中间包内运动状态的主要因素是惯性力、黏性力和重力，只要保证原型与模型的 Re 数和 Fr 数同时相等，即满足下列等式就可以保证模型和原型之间的物理相似。

$$\frac{(Re)_m}{(Re)_r} = 1 \qquad (2\text{-}108)$$

$$\frac{(Fr)_m}{(Fr)_r} = 1 \qquad (2\text{-}109)$$

式中，下标 m 表示模型，r 表示原型。

在进行物理模拟试验研究时，要完全满足相似原理是难以做到的，通常需要一些简化进行假设：钢液按均相介质处理。由于水的运动黏度与钢液的运动黏度相当，20℃的水和1600℃的钢液的物理性能见表2-87，在对钢包、中间包、结晶器内流场进行物理模拟研究时，常用水来模拟钢液，也还有采用其他流体低温合金、液体金属等进行模拟。

表 2-87　水和钢液的物理性能

物　质	密度/kg·m^{-3}	表面张力/N·m^{-1}	运动黏度/m^2·s^{-1}
20℃水	998	0.073	1.0×10^{-6}
1600℃钢液	7000	1.600	0.9×10^{-6}

对于钢包底吹体系来说，引起体系内流动的动力主要是气泡浮力而不是湍流的黏性力，因此在保证几何相似的前提下，保证模型与原型的修正弗劳德准数相等，就能基本上保证模型与原型的动力相似。根据这一原则，可由修正弗劳德准数确定水模型实验中吹气量的范围。修正弗劳德准数可以定义为

$$Fr' = \frac{\rho_g \mu^2}{\rho_1 g H} \tag{2-110}$$

式中，μ 为特征速度；H 为熔池深度；ρ_1、ρ_g 为液体和气体的密度。特征速度 μ 可由下式给出：

$$\mu = \frac{4Q}{\pi d^2} \tag{2-111}$$

式中，Q 为气体体积流量；d 为透气元件有效直径。将式 2-111 代入式 2-110，可得

$$Fr' = \frac{1.621 \rho_g Q^2}{\rho_1 d^4 g H} \tag{2-112}$$

由 $(Fr')_m = (Fr')_p$ 可得

$$Q_m = \left[\frac{\rho_{g,p}}{\rho_{g,m}} \times \frac{\rho_{1,m}}{\rho_{1,p}} \times \left(\frac{d_m}{d_p} \right)^4 \times \frac{H_m}{H_p} \right]^{\frac{1}{2}} Q_p = 0.0269 Q_p \tag{2-113}$$

式中，下标 m 代表模型，p 代表原型。

2.3.1.2　物理模拟中流动显示、测量技术

流动显示的任务是使流体传输的过程可视化，通过各种流动显示与测量试

验，了解复杂的流动现象，探索其物理机制和运动规律，发现新的流动现象。

依据中间包、浸入式水口内钢液流动行为的评价指标，涉及的试验技术主要有：流动显示、停留时间分布（RTD）测量、夹杂物轨迹测量、表面波动测量和冲击压力测量等。

A 流动显示

传统的流场显示技术只是单纯地对流场的定性显示，主要有示踪剂法；流速测量的仪器主要为热线风速仪。现代的流场显示技术往往与流速测量技术相结合，并用计算机来对图像、速度数据进行处理，主要的试验技术有粒子图像测速技术和多普勒激光测速法。

（1）示踪剂法。示踪剂粒子一般在入流的上游加入。对加入示踪剂的一般要求是跟随性好，示踪粒子要能和流体同步流动，为此，示踪剂的密度和流体应尽量接近，或者粒子的粒度非常细小。此外要有强的发光性能，便于观察和摄影。在结晶器水模型中，常用的示踪剂有聚苯乙烯、塑料粒子和铝粉等，苯、二甲苯、茜红、高锰酸钾、亚甲基蓝等染料也可作为示踪剂。

需要特别指出的是，除示踪剂外，光源的选择也是流动显示成功的重要因素。对结晶器内流场一般应选择片光源作为照明手段，为提高片光源的照明亮度，可选择氙灯及激光片光源等。

（2）热线风速仪。通过流体流动带走热线探头的热量，探头温度的改变引起电阻的变化，从而计算出流速的大小。其灵敏度与响应频率都很高。主要在精密度要求较高的速度测量中使用。其缺点是需要做方波试验，调节麻烦；频带较窄，不宜在高频流中使用。

（3）PIV 粒子图像测速技术。在流动显示的基础上发展起来的粒子图像测速（Particle Image Velocimetry，PIV）技术，能够提供直观、瞬时、全场的流动信息，可同时无接触测量流场中一个截面上的二维速度分布，且具有较高的测量精度。过去的流动显示技术主要以定性为主，随着电子技术、图像处理方法和信号分析理论的迅猛发展，定量流动显示技术也得到了飞速发展。

图像测速技术应用于流体速度的测量，具有如下的优点：其一，因为接收的至少是二维信息，所以能进行多点同时测量，迅速得到二维或三维速度场的分布；其二，图像测速技术是非接触测量，不干扰流场；其三，将图像测速方法与其他图像方法相结合，还可以得到更多的流场信息，如与利用热敏液晶粒子测量流体温度场的方法相结合，就可以同时得到流体的速度场和温度场。

（4）激光多普勒测速仪（LDV）。激光多普勒测速是用激光作为光源，基于多普勒效应，通过测量频率来测量流动速度的。LDV 的优点有：

1）无接触测量。激光束的交点就是被测量点，测量对流场没有干扰。

2）空间分辨率高。由于激光束很细，故激光测速可以测量直径 $10\mu m$ 深度

$100\mu m$ 小部位的流速，因而非常适用于边界层、薄层流动等场合的流速测量。

3）动态响应快。速度信号以光速传播，惯性极小，因而是研究紊流、测量瞬时速度脉动的较为理想的仪器。

4）测量精度高。激光测速与流体的其他特性（如温度、压力、密度、黏度）基本无关，只要仪器本身制造精度好，测量精度可以达到很高。它还可以有很大的测速范围，从极低速度 $0.007cm/s$ 起一直测到每秒数千米的高速。

5）方向灵敏性好。如果激光测速仪上装有光束移位机构，当它旋转时（测点位置不变）就可测量任意方向上的速度分量。

B　停留时间的测量技术

停留时间分布（RTD）是表征流体在某容器内的流动特性的方法，"刺激—响应"实验是测量停留分布的主要途径，其方法是在中间包注流处输入一个刺激信号，一般使用示踪剂来实现，然后在中间包出口处测量出口浓度随时间的变化，即所谓的响应，从响应曲线得到流体在中间包内的停留时间分布。

通常采用的示踪剂为染料、酸、盐，模拟过程为把示踪剂注入流水中，在出口处测量示踪剂的浓度，其中出口处的浓度是随时间变化的函数，此函数即为停留时间分布曲线。对于中间包来说，曲线可用于分析流体特征，如混合范围的确定，活塞区和全混区体积及中间包中的死区体积。

测定中间包内的响应曲线时，试验是通过流量计来控制流量的，首先经长水口将水注入中间包模型内，直到注满，然后打开阀门，调整流量计的流量和水口流量使中间包液面达到实验所需流量和工作液面高度达到要求，经一段时间稳定后开始实验。在钢包的长水口处迅速向中间包内加入饱和溶液，同时数据采集系统启动，通过安放在中间包水口处的电导电极测得水口流出液体的电导率随时间的变化，得到中间包流体流动的停留时间分布曲线。从而可以对中间包内流体的流动状况进行定量描述，最终评价中间包内控流组合方案的优劣。

C　表面波动的测量技术

表面波动是表征液体流动状态的一种方法，主要用浪高仪来测量。浪高仪又称测波仪，它是用来测量水池中波浪的仪器。浪高仪有接触式和非接触式两大类。按其工作原理来分，有电阻式、电容式、超声波式、激光式、测速式和测压式等。最简单的一种是机械式的浮子浪高仪。利用浪高仪测出的波形，可用光电示波器或磁带机记录下来，也可把波浪信号直接输入计算机中进行实时处理。

D　冲击压力的测量技术

冲击压力指流体对壁面的冲击力，动态压力的测量一般用压力传感器。多数压力传感器采用弹性元件（弹性膜片，薄壁圆筒等）来感受压力，把压力转换成电信号的方式很多，可以按照需要和可能来加以选择。这种电信号经放大器放大后输入显示器（示波器）或记录系统（光线示波器、磁带记录仪、记忆示波器等），将波形显示或记录下来，以便进行分析处理，或者通过 A/D 转换把信号转换成数字量输入到计算机进行处理，直接得到所需要的结果。

E 夹杂物轨迹的测量技术

冶金熔体中的夹杂物，形状非常复杂，既有球形的也有非球形的。非球形的颗粒更是形状不一，有椭球状、块状、片状、棒状以及珊瑚状。传统的关于颗粒阻力和阻力系数的理论，是基于理想的球形颗粒建立的，对于非球形颗粒包括冶金熔体中的夹杂物，并不成立，需要修正。形状修正系数 C_s，是指非球形颗粒的实际阻力对等体积的球形颗粒（理想颗粒）阻力的修正因子，它是确定颗粒实际阻力和阻力系数、进而研究颗粒运动和传递的基础。可以利用颗粒自由沉降水模型实验，测量不规则颗粒的形状修正系数。实验体系可以选择 NaCl 水溶液-聚苯乙烯颗粒体系，模拟金属液-夹杂物体系。根据模拟法则，模型与原型需要满足几何相似和运动学相似。由于颗粒体积远小于其沉浸的介质，处于一个近似的无界场中，几何相似自然满足。

颗粒的运动学相似需要遵守颗粒雷诺数相等，它取决于颗粒的具体半径和运动速度，不失一般性，假设夹杂物半径 $R = 30\mu m$，运动速度 U_r 分别取 1 倍和 10 倍斯托克速度，可算出对应的颗粒雷诺数 $Re_p = 0.06 \sim 0.6$，如果颗粒取大一些，这个值更大。但可以看到，钢液中夹杂物的颗粒雷诺数通常小于 1。那么模型颗粒的雷诺数最好也小于 1，要做到这一点非常困难。

2.3.1.3 流场数值模拟理论

数值模拟根据计算流体动力学（Computational Fluid Dynamics，CFD），利用连续性方程、动量方程和能量方程等微分方程，进行一定的假设，给出足够的初始条件和边界条件，应用计算机和特定的软件，对微分方程进行时间和空间离散，并做一定数量的迭代计算来逼近一个近似解。

数学方程的离散方法包含两个部分：空间离散和方程离散。空间离散就是通过建立网格，把连续的空间替换成有限个点，而在这些点处的数值是可以通过计算得到的。数值解的准确性直接依赖于网格的设计，即离散化空间越趋近于连续，数字化近似越准确。

网格建立好，就可以进行方程的离散化。在离散化过程中，微分方程或积分方程被转化为线性或非线性代数方程。所选的离散化形式以及流动体系的特性对于代数方程的解法影响很大。

目前，处理微分方程的空间离散或者时间离散主要有三种方法：

（1）有限差分法。以泰勒展开式为基础，直接应用导数。它可能是最简单的一种离散方法，特别适用于形状相同的网格，但要求网格非常规则。

（2）有限微元法。把计算区域划分为微元。在每个微元内，定义一定数目的点，这些点可以分布在微元的直（或曲）边上，也可以在微元内部。在这些节点处，将会得到未知方程的数字化值。在处理不规则网格方面，这种方法更有优势，而不规则网格在处理不规则区域方面以及提供网格精化方面更加灵活。

（3）有限体积法。通过这种方法，守恒法则的积分形式直接在物理空间上得以离散化。虽然它可以被视为把有限差分法应用于任意坐标下守恒法则的微分方程，但由于有限体积法在网格力一面更具灵活性，使其应用范围十分广泛。

从 20 世纪 60 年代起，英国就开始利用计算流体力学知识对冶金过程进行仿真软件的开发，为当代 CFD 软件的发展奠定了重要基础。CFD 软件主要可以分成三类。第一类是针对具体问题的专用程序，其优点是程序比较精练，针对性强。缺点在于专业性强，通用性差，使用有所限制。第二类是针对某一类型问题编制的程序，如研究二维抛物线问题的 GENMIX，二维椭圆型问题的 2/E/FIX 程序等。通用性有所改善，使用也比较方便，但使用时需结合具体问题，汇编成仿真程序。第三类是计算流体力学的软件包（即 CFD 通用程序），它备有相当完善的前处理和后处理系统，可用于分析涉及流体力学的各类问题，包括一维、二维、三维、定常、非定常、均相、多相、湍流、层流、牛顿流体、非牛顿流体、辐射和化学反应等，同时可以处理各种不同的、简单或复杂的几何形体。

数值模拟具有成本低、速度快、资料完备等优点，在冶金过程模拟中得到广泛的应用。目前，比较著名的 CFD 通用程序有 FLUENT、CFX、STAR-CD 等。

2.3.2　透气元件功能设计

2.3.2.1　狭缝式透气元件气道结构对钢包流场影响

透气元件气道结构对钢包流场有重要影响，以 210t 钢包为原型，模型与原型的几何相似比为 1∶3，原型与模型的主要参数见表 2-88。试验选用水为介质，以狭缝型透气元件为基础，模拟底吹过程中钢包内钢液的流场。根据实际生产中的工艺参数，实际喷吹流量为 $36\sim60m^3/h$，经转换后可得模拟试验中所需的底吹流量，如表 2-89 所示。

表 2-88　原型与模型的主要参数

参　数	钢包底面直径/mm	钢包上口直径/mm	熔池深度/mm
原型	3200	3772	4250
模型	1066	1257	1416

表 2-89　模型中底吹流量

参　数	实　际	模　拟
底吹流量/m³·h⁻¹	36~60	0.7~1.3

　　钢包模型采用有机玻璃制作，底吹气源由氩气瓶提供，气瓶供气时采用玻璃转子流量计控制底吹气体流量大小，试验装置示意图如图 2-494 所示。

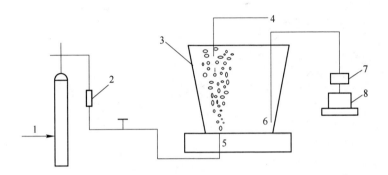

图 2-494　试验装置示意图

1—气源；2—流量计；3—钢包模型；4—电导液；5—透气元件；
6—探头；7—电导率仪；8—计算机系统

A　狭缝宽度对混匀时间的影响

　　采用透气元件狭缝条数为 30（内圈 6 条，外圈 24 条），改变透气元件的狭缝宽度，试验分析其对钢包流场混匀时间的影响，见表 2-90。

表 2-90　试验方案

编　号	0.06-30	0.07-30	0.08-30
缝宽/mm	0.06	0.07	0.08

　　不同狭缝宽度下的混匀时间分布如图 2-495 所示。可以看出混匀时间与底吹流量及狭缝宽度有关。狭缝宽度一定时，混匀时间在一定范围内随底吹流量的增大而减小，且底吹流量与混匀时间之间存在明显拐点，底吹流量超过拐点之后，混匀时间不再随流量的增大而减小，甚至出现流量增大、混匀时间增大的情况。造成这种现象的原因在于，钢包底吹过程中，吹入的气体是搅拌功的来源，底吹流量对混匀时间的影响与吹入钢包内的气泡的能量利用率有关。当底吹流量较小时，透气元件出口为弥散型气泡，气泡所做的功主要用于带动钢包内液体的运

动，但气泡并未形成有效环流，钢包内的液体只在透气元件周围有明显的搅动，部分示踪剂甚至未能随气流上升，随着底吹流量的增加，气泡的搅拌能增加，环流速度增大，混流周期缩短，气液两相流影响的范围明显增大，混匀时间缩短。但当供气量超过一定值后，从透气元件出来的气泡呈喷射状，形成连泡气柱，气泡与钢液的接触面积减小，气泡柱在上升过程中易形成贯穿流，直接冲出液面，相当一部分能量消耗于液面的隆起和翻滚，随气-液界面的能量交换而损失，致使底吹流量增大，混匀时间反而增大。

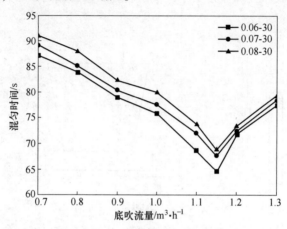

图 2-495　不同缝宽下混匀时间分布

但在相同的底吹流量下，混匀时间随狭缝宽度的减小而减小，这一现象并不随底吹流量的变化而发生变化。图 2-496 是通过 PIV 试验测定的不同缝宽透气元件在吹气量为 1m³/h 时的气泡形态，不同直径气泡的体积分数如图 2-497 所示。可以看出，狭缝宽度越小，上升过程中位于流股中央的大气泡越多，气泡在上升过程中所受的浮力就越大，对于钢包吹氩系统，气泡在上升过程中所做的功是引起熔池搅拌混合的最主要部分，因此缝宽越小，大气泡体积分数越大，越有利于混匀效率的提高。上述分析说明，狭缝宽度对透气元件搅拌功能有一定影响，在对透气元件狭缝结构设计时，应注重狭缝宽度的影响。

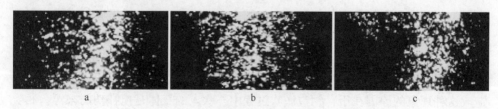

图 2-496　不同缝宽透气元件形成的气泡

a—0.06mm；b—0.07mm；c—0.08mm

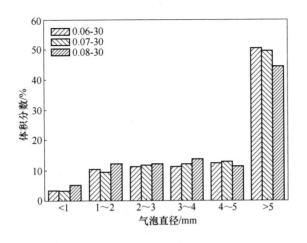

图 2-497 不同缝宽下气泡体积分数

B 狭缝数目对混匀时间的影响

狭缝的分布包括内圈或外圈的数目也会影响流场，采用透气元件狭缝宽度为 0.08mm，（1）固定外圈狭缝数为 24，改变内圈狭缝数；（2）固定内圈狭缝数为 12，改变外圈狭缝数，具体方案如表 2-91 所示，试验分析其对钢包流场混匀时间的影响。

表 2-91 试验方案

编 号	0.08-30	0.08-36	0.08-24
内圈/条	6	12	12
外圈/条	24	24	12

图 2-498 和图 2-499 分别为内圈狭缝数减少和外圈狭缝数减少对混匀时间的影响。从图可以看出，减少内外圈狭缝数均不利于混匀时间的减小，但比较两图可以看出，内圈狭缝数的减少对混匀时间的影响大于外圈狭缝数的减少。

为解释这一现象，通过 PIV 试验对上升过程中气泡的径向速度分布进行了测定，如图 2-500 所示。从相关文献得知，气泡在气液两相区内的上升速度沿径向的变化遵守高斯分配定律，因此可以通过对曲线下面积积分来表征气泡的平均速度，如表 2-92 所示。通过积分可知，狭缝数减少，气泡的平均速度减小，但内圈狭缝数减少，气泡平均速度减小的程度增大，气泡平均速度减小，导致气泡群的浮力减小，气泡上升过程中的浮力功减小，不利于钢液的混匀。在透气元件的

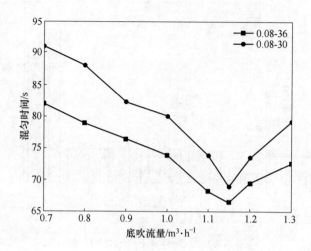

图 2-498 内圈缝数对混匀时间的影响

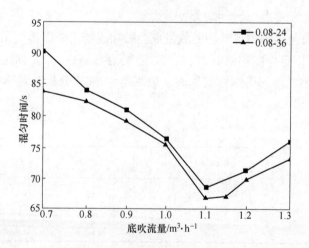

图 2-499 外圈缝数对混匀时间的影响

结构中，内圈狭缝数的影响程度大于外圈狭缝数的影响程度。

此外，通过对图 2-503 不同直径气泡体积分数中底吹流量为 $1.0m^3/h$ 时上升过程中不同直径气泡所占的体积分数分析可知，相对于外圈狭缝数减少，内圈狭缝数减少后，直径大于 5mm 的气泡所占体积分数减少较多，大气泡减少，气泡群在上升过程中的速度减小，不利于混匀时间的减小，这与图 2-498 内圈缝数对混匀时间的影响及图 2-499 所示结果相符。

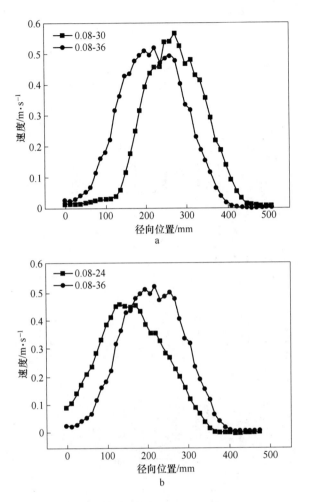

图 2-500　气泡径向速度分布

a—内圈缝数减少；b—外圈缝数减少

表 2-92　速度曲线下面积

编 号	0.08-30	0.08-36	0.08-24
速度曲线下面积	98.95	108.404	99.98

C　狭缝分布对混匀时间的影响

固定透气元件狭缝厚度为 0.08mm，狭缝条数为 24，改变狭缝在内外圈的分布，试验分析其对钢包流场混匀时间的影响。具体方案见表 2-93。

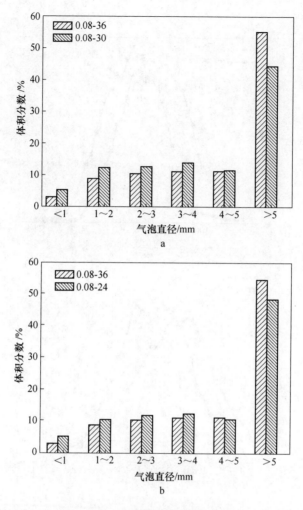

图 2-501　不同直径气泡体积百分比

a—内圈缝数减少；b—外圈缝数减少

表 2-93　试验方案

编　号	0.08-24w	0.08-24
内圈/条	0	12
外圈/条	24	12

狭缝宽度和狭缝数相同时，狭缝分布对混匀时间的影响见图 2-502。从图中可以看出，在底吹流量小于 1.1m³/h 时，狭缝只在外圈分布时混匀时间较短，底

吹流量超过 1.1m³/h 后，狭缝在内外圈均匀分布时混合效果较好，两条曲线的最短混匀时间差别很小。对图 2-503 中气泡径向速度分布曲线进行积分可知，在底吹流量为 1.0m³/h 时，狭缝只在外圈分布时，上升过程中气泡的平均速度较大，有利于钢液的混匀，这与图 2-502 中的测定结果相符。

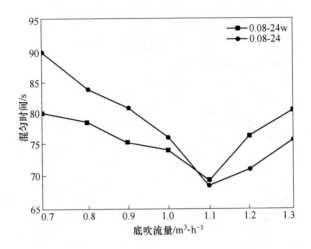

图 2-502　狭缝分布对混匀时间的影响

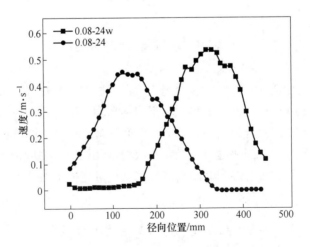

图 2-503　径向速度分布

图 2-504 为底吹流量为 1.0m³/h 时，上升过程中不同直径气泡的体积分数。

从图中可以看出狭缝只在外圈分布时，大气泡所占体积分数较大，气泡上升速度较快，有利于钢液的混匀，这与图 2-502 中有关混匀时间的测定相符。造成这种现象的原因可能是相同条数的狭缝只在外围分布时，狭缝较密集，在中小底吹流量下，气泡在透气元件顶面形成，狭缝越密集，气泡碰撞融合形成大气泡的机会就越大，气泡在浮力作用下上升时所做的功就越大，从而越有利于混匀时间的提高；当流量增大到超过最佳混匀时间所需的底吹流量后，透气元件顶面形成连续喷出的气泡柱，狭缝只在外围分布时气泡易形成大的气泡带，使气液两相流所涉及的范围减少，导致混匀时间增大。

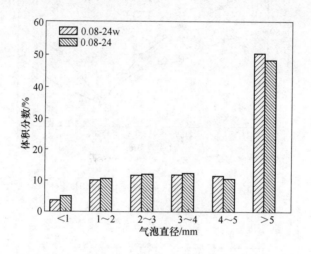

图 2-504　不同直径气泡体积分数

因此，狭缝型透气元件底吹时对钢包流场的影响主要受气泡大小和气泡上升速度的影响，上升过程中的气泡越大，气泡的平均速度越大，越有利于混匀时间的减小。减小内外圈狭缝数均不利于混匀时间的减小，且内圈狭缝数变化对混匀时间的影响程度大于外圈狭缝数的变化；狭缝数相同时，底吹流量小于 $1.1m^3/h$ 时，狭缝只在外圈分布时混匀时间较短，底吹流量超过 $1.1m^3/h$ 后，狭缝在内外圈均匀分布时混合效果较好。

2.3.2.2　不同气道结构透气元件对钢包流场的影响

为进一步研究不同气道结构透气元件对钢包流场的影响，比较了狭缝型透气元件、弥散型透气元件和弥散狭缝组合型透气元件（图 2-505）对钢包流场混匀时间、气泡速度和气泡体积的影响，不同气道结构透气元件对混匀时间的影响见图 2-506。

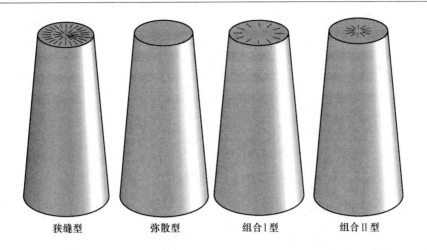

狭缝型　　　　弥散型　　　　组合Ⅰ型　　　　组合Ⅱ型

图 2-505　透气元件模型

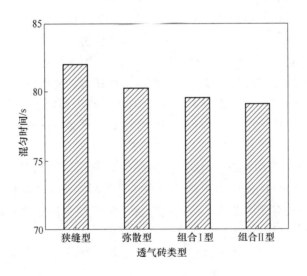

图 2-506　气道结构对混匀时间的影响

从图 2-506 中可以看出，在相同的底吹流量下，不同气道结构透气元件所能达到的混匀时间大小为组合Ⅱ型<组合Ⅰ型<弥散型<狭缝型。由前面的试验可知，狭缝型透气元件在底吹流量为 1.15m³/h 下达到最短的混匀时间，在底吹流量为 0.7m³/h 时，气体透过狭缝进入钢包并不能形成有效的气泡幕，气液两相流带动钢水循环的能力较弱，因此不能达到较好的混匀效果；采用弥散型透气元件作为底吹气体的通道时，气体通过砖体内的孔洞进入流场，形成的气泡细密且数量较多，气液两相流波及的范围较大，故有利于混匀时间的减小；组合型透气元

件兼具狭缝型和弥散型透气元件的特点，混匀时间较短，这是由于在组合条件下，通过透气元件的气体一部分由狭缝型孔道逸出，一部分由弥散型孔道逸出，从狭缝型孔道逸出的气体形成的气泡较大，上升速度较快，可以带动由弥散型孔道逸出的小气泡的上升速度，从而提高气液两相流对流场的影响，当透气元件的内芯为狭缝结构时，狭缝分布较密集，逸出的气泡碰撞融合形成大气泡的机会增大，从而有利于混匀时间的减小，这与前面的试验结果相一致。

因此，底吹流量为 $0.7\mathrm{m}^3/\mathrm{h}$ 时，不同气道结构的透气元件的混匀时间大小为组合Ⅱ型<组合Ⅰ型<弥散型<狭缝型，结构的改变有利于功能的改善。

2.3.3　浸入式水口功能设计基础

2.3.3.1　简介

随着冶金技术的发展，改善结晶器内钢液的流场已经成为提高钢坯质量和钢产量的必要环节。连铸结晶器内钢水的流动状况包括液面的波动、注流对窄面的冲击、涡心深度等，这些参数极大地影响着铸坯质量和浇铸过程的安全。结晶器内钢液的流场主要取决于浸入式水口的参数和其他诸如拉速等连铸工艺参数。合理的浸入式水口结构是改善结晶器内的钢液流动状态、降低注流的冲击深度、分散注流带入的热流、在结晶器内形成均匀的坯壳以及促进夹杂物上浮的重要手段。因此，研究及优化浸入式水口功能设计，对改善铸坯质量、保证连铸顺行有重要意义。

目前，广泛使用的 SEN 有单孔直筒型、双侧孔型和鸭嘴型三种，见图 2-507。单孔直筒型水口一般仅用于断面小的方坯，板坯浇注普遍使用双侧孔 SEN，矩形坯或大方坯也有采用多孔水口进行浇注，薄板坯浇注往往采用鸭嘴型水口，也有采用多孔水口进行浇注。各种类型截面的铸坯，在浇注时，由于水口结构不同，钢液在结晶器内流动状态和冲击深度也会各不相同。

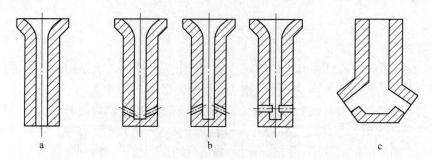

图 2-507　浸入式水口基本类型

a—单孔直筒型；b—双侧孔；c—鸭嘴型

结晶器内基本的物理现象是钢液的流动及初生坯壳的生成,各种冶金过程都是在流动的钢液中进行的。图 2-508 描述了发生在钢连铸过程中结晶器内的基本现象。从图中可以看出,钢液从浸入式水口流出,冲击到结晶器窄面后,分成上下两个流股,向上的流股在自由表面附近形成回流区,此回流对弯月面的波动产生直接影响;向下的流股达到最大穿透深度后,向上回流形成了与上部循环方向相反、范围更大的回流区,其强度随着向下距离的延伸而减弱。

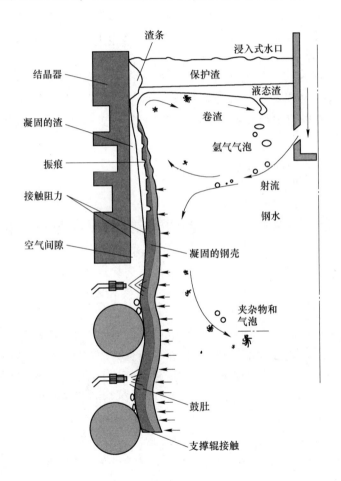

图 2-508 发生在钢连铸结晶器内的基本现象

改善浸入式入水口系统的流线,将会提高铸件的内部和表面质量。流场对凝固过程的作用表现在:

(1)结晶器内钢液的流动,对钢液中夹杂物的上浮和液面保护渣的卷入存在着较大的影响。合理的流场分布有助于钢中夹杂物的上浮,防止卷渣现象的发生。

（2）结晶器内钢液的流动，对初生坯壳的形成及坯壳内钢液的温度分布存在着较大的影响。平整光滑的界面有助于在四周各个方向形成均匀的坯壳，而且减少对已形成坯壳的热冲击力，同时也使得保护渣填充到坯壳和模型壁间的润滑间隙，这对于润滑和热量传输是重要的。由于保护渣禁止带入到熔融的钢中，因此流场必须补偿自由表面上热量的散失并保证熔化保护渣；另外，在结晶器的出口区域，在被称为大涡的下方，应尽可能保证在铸型方向上统一速度分布，这样有助于热量向坯壳传输，坯壳才能向各个方向均匀生长，同时稳定生长还会减少或分散坯壳中的非金属夹杂物。

（3）两相区内钢液的流动对凝固过程的溶质再分配存在着较大的影响。两相区是一个固液共存区域，选分结晶现象的存在导致了固、液相间溶质的再分配，溶质浓度在随着固相分数的变化而变化的同时，也随着流动速度的改变而发生变化。

2.3.3.2　结晶器内钢液流场的考察指标

考察结晶器内钢液流场的指标有：

（1）液面波动。液面波动大，容易造成卷渣和钢液的裸露氧化；液面太平静，则弯月面处钢水更新慢，易使渣和钢凝壳，不利于保护渣的熔化，润滑不良，铸坯与结晶器的摩擦阻力增大，造成粘连而易拉漏。当结晶器液面波动处于 $\pm 3 \sim \pm 5mm$ 时，铸坯质量最好。结晶器表面最大速度在 $0.1 \sim 0.3m/s$ 范围内铸坯表面缺陷最少。

（2）流股冲击深度。即流股与窄面的碰撞点距弯液面的距离。冲击深度越浅，树状枝晶再次熔化后所形成的形核核心有足够的发展时间，从而使铸坯晶粒细化，产品致密；冲击深度越深，夹杂物越不容易上浮，同时使已凝固的坯壳减薄甚至造成二次熔化，发生拉漏现象。因此，在结晶器液面波动处于最优范围时，流股冲击深度越浅越好。

（3）涡心位置。一般而言，涡流中心距液面近一些好，这有助于在结晶器下部尽早地形成塞流；但涡流中心距液面太近，会导致液面波动剧烈，易造成保护渣的卷入。

（4）钢液对结晶器窄面的冲击压力。冲击压力大表明钢液对初生坯壳的冲刷剧烈；冲击压力过小，容易引起铸坯角部过冷，出现卷渣和润滑不良。

2.3.3.3　结晶器内流场的影响因素

结晶器内流场的影响因素有：浸入式水口的结构参数（如水口内径、出口倾角、结构形状等）和连铸工艺参数（水口的浸入深度、拉速等）。

水口出口面积比（水口两侧孔面积与中孔面积之比）增大，在同一流量下，水口出口处流速减小，冲击动能减小，冲击深度上移，对凝固坯壳冲击减弱，漏钢机会减小；但冲击点的上移会加大上回流区的流动，更容易影响到液面波动。因此选择合适的水口出口面积比，平衡两者之间的关系就显得尤为重要。

水口出孔倾角对结晶器内的钢液流动形式影响较大。浸入式水口的出口倾角有：向上的倾角、水平倾角、向下的倾角。当出口倾角向下，由小到大时，向下流股冲击深度增加，向上流股减弱，液面平静，保护渣覆盖良好，但夹杂物上浮困难。当出孔倾角向上增大时，结晶器上部的钢液循环流变得更强，这有利于结晶器内夹杂物的上浮，但同时钢流对液面搅动加强，易造成卷渣和钢液的二次氧化。

水口的浸入深度大，注流冲击深度大，不利于夹杂物的上浮，但此时对液面的影响小，则不易发生表面卷渣；水口浸入深度小，有助于夹杂物的上浮，但结晶器液面的波动加剧，卷渣机会增加。因此，水口的浸入深度对流场的影响也很大，尤其对液面波动的影响很大。

高拉速是实现连铸高效率的一个重要手段。然而拉坯速度大时，单位时间内注入结晶器内的钢液量大，结晶器内的钢液流速和弯月面湍动加剧，造成凝固坯壳不稳定，流股冲击深度加大，夹杂物难以上浮，同时还易造成卷渣和钢液面裸露，产生新的夹杂物，从而降低钢水的洁净度。更为严重的是，会将液面上的熔融保护渣卷入到钢水中，形成铸坯中的大颗粒夹杂物，甚至引起漏钢和质量事故。另外，随着拉速的提高，结晶器内原有的热平衡被打破，结晶器内温度升高，热流对凝固坯壳的冲刷加剧，结晶器的坯壳减薄，易造成铸坯鼓肚和漏钢，即影响着板坯的表面质量与拉制是否成功。

2.3.3.4 浸入式水口结构对超宽板坯结晶器流场的影响

随着铸坯断面尺寸增加，钢水流量增大，结晶器内流场和温度场的不均匀性增强，因而超宽板坯较常规板坯更易发生问题，如某厂在拉超宽板坯时结晶器内流场较差，容易造成拉漏或表面结冷钢。因此通过调整浸入式水口结构参数进行超宽板坯结晶器流场的研究对于提高超宽板坯的质量和可浇注性具有重要的理论和实际意义。图2-509为结晶器模型结构图。

采用两侧开口的浸入式水口，水口出口倾角（θ）通过改变底部凹槽边的倾角来控制，分别制作了三个倾角为0°、15°、30°的底部构件；通过改变水口出口高度（H）来改变水口出口面积比（水口两侧孔面积与中孔面积之比），如图2-510所示。

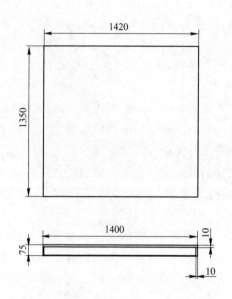

图 2-509　结晶器模型结构图（单位：mm）　　　图 2-510　水口底部结构

测试不同水口结构和不同工艺操作参数对超宽板坯连铸结晶器内的流场的影响，主要包括对不同水口出口面积比（1.2、1.5、1.8 和 2.1）、对不同出水口出口倾角（0°、15°和 30°）、对同一水口不同浸入深度（液面至水口头部的距离，180mm、200mm、220mm）和对同一水口采用不同的拉速（0.57r/min、0.71r/min、0.85r/min）下进行流场模拟。

A　拉速

水口出口面积比为 1.8，水口出口倾角为 0°，水口浸入深度为 180mm，拉坯速度分别在 0.57m/min、0.71m/min 和 0.85m/min 的条件下模拟结晶器流场分布，测量了结晶器中心宽面的流动矢量分布以及液面波动情况。

变换拉速时的流场矢量图如图 2-511 所示，在低拉速时，由于向上流股能量较小，上回流区由一些散乱的小旋涡构成；在高拉速时，向上流股有充足的能量在上回流区形成一个较大的主旋涡。

不同拉速时，测得的液面波动如图 2-512 所示，随着拉速的提高液面波动的最大位置向水口附近移动，这是因为随拉速的变大，流体有更多的能量以使向上流股到达水口。在此拉速操作范围内，波高差均处在文献资料推荐的范围内，发生卷渣的概率很小。所以取出口面积比为 1.8、出口倾角为 0°的水口结构，在浸入深度最浅、拉坯速度最大的情况下，液面波动满足要求，在弯月面换热方面得到改善。

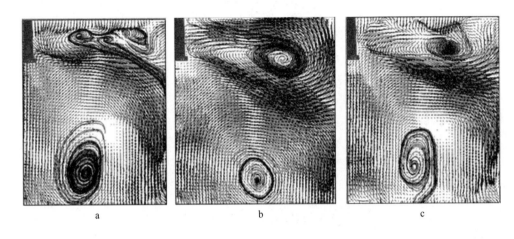

图 2-511　不同拉速时结晶器内流场结构

a—0.57m/min ； b—0.71m/min； c—0.85m/min

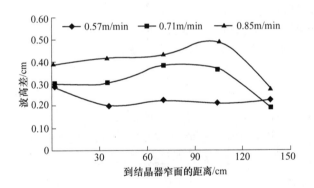

图 2-512　液面波动随拉速变化图

　　不同拉速时，结晶器内钢流上下涡心分布位置如图 2-513 所示，当拉速为
0.57m/min 时，上回流区在结晶器窄面与水口外壁中间位置有两个小旋涡。当拉
速提高到 0.71m/min 时，上回流区的两旋涡分离向两边移动，当拉速达到
0.85m/min 时，上回流区形成一个较大的主旋涡。随拉速提高，上涡心下移，下
涡心上移。

　　综合以上分析，拉速对上回流结构影响显著。拉速较小时，上回流由一些散
乱的小旋涡构成；拉速较大时，上回流由一个较大的主旋涡构成。随拉速提高，
液面波动明显加剧，且随拉速提高，最大波动位置由结晶器窄面移向水口。

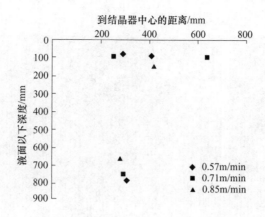

图 2-513 不同拉速对涡心位置的影响

B 浸入深度

水口出口面积比为 1.8, 出口倾角为 0°, 取实际操作的最大拉速 0.85m/min, 浸入深度分别在 180mm、200mm、220mm 条件下, 做结晶器流场模拟, 测量结晶器中心宽面的流动矢量分布以及液面波动情况。

不同浸入深度条件下得到的流场矢量图如图 2-514 所示。由图可见, 随着浸入深度的增加, 射流上部回流空间变大, 液面湍动减弱, 这有利于降低保护渣卷入的可能性, 阻止产生新的夹杂物; 但随着浸入深度的增加, 下部回流涡心位置也随之下移, 这将减少结晶器中夹杂物上浮的机会, 使铸坯内部缺陷增多, 同时高温区的下移也会影响凝固壳的生长速度, 使结晶器下沿的铸坯初生坯壳减薄, 增大漏钢的概率。因此浸入深度不能太大, 应在液面波动合适的情况下, 尽可能小一些。

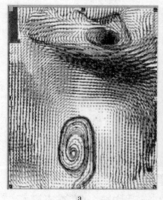
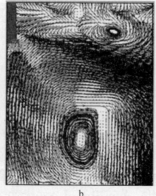
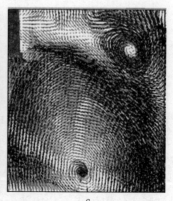

图 2-514 不同浸入深度时结晶器内流场结构

a—180mm; b—200mm; c—220mm

不同浸入深度对结晶器内液面波动影响见图 2-515，可以看出液面波高随浸入深度的加深而逐步减小。这是因为随浸入深度的增加，上回流空间增大，射流对液面波动的影响越来越小。当浸入深度为 180mm 时，在离水口外壁 1/4 处波动较大。当水口浸入深度为 200mm 和 220mm 时，最大波动位于结晶器窄面附近，水口附近波动最小。从图 2-514 可知，此时只在结晶器窄面附近有一个明显的旋涡，又由于上回流在流动过程中能量的耗散，到达水口附近时能量已经很小，所以波动很弱。由图 2-515 可知，液面波动都处在有关文献推荐的适宜范围内，此时液面发生卷渣的概率很小，又能达到保护渣熔化的要求。

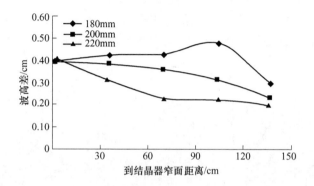

图 2-515　浸入深度对液面波动的影响

不同浸入深度时，结晶器内钢流上下涡心分布位置如图 2-516 所示，由图可见随浸入深度变大，上下涡心均有下降趋势；且随浸入深度的增加，这种趋势有所减缓，这是由于静水压变大的缘故。当浸入深度为 180mm 和 200mm 时，上涡

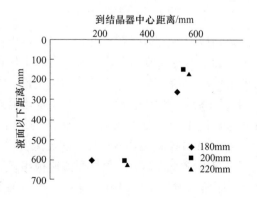

图 2-516　不同浸入深度对涡心位置的影响

心离液面的距离相差不大，当浸入深度为 220mm 时，上涡心较 180mm 时有所下降，且偏向结晶器窄壁。

随浸入深度的增加，上回流空间增大，射流对液面波动的影响越来越小，上下涡心位置也随之降低。综合分析认为，水口在该浸入深度范围内操作时可以获得较合理的流场。

C 出口角度

水口出口面积比固定为 1.8，浸入深度为 200mm，拉坯速度为 1.0m/min 的条件下，分别用水口出口倾角为 0°、15°、30°的水口做结晶器流场模拟，测量结晶器中心宽面的流动矢量分布以及液面波动情况。

不同水口出口倾角时的流场矢量图如图 2-517 所示。图中白线标出了流场主流冲击方向和到达结晶器窄边的位置，图中所标角度是射流与水平线的夹角（即射流角）。

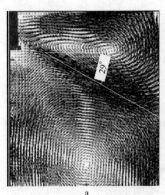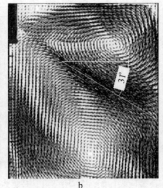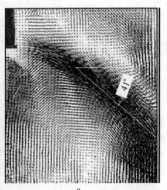

图 2-517   不同水口出口倾角时结晶器内流场结构

a—0°；b—15°；c—30°

可以看出，水口出口角度对射流角度影响很大。当水口出口倾角为 0°时，射流角较小，上回流靠近液面，弯月面流体流速较大，有利于保护渣的熔化，且射流较分散，流向窄边的流股较均匀，有利于坯壳的均匀生长；当水口出口倾角为 15°时，射流角增大，上回流旋涡伸展充分以至于弯月面处钢液流速较小，热量供应不足，有可能导致保护渣不能及时熔融填充到钢坯与结晶器之间的空隙中，影响拉坯的顺利进行；当水口出口倾角为 30°时，射流大部分流向结晶器下方，上回流很弱，射流上部没有形成大的涡旋，弯月面流速很小。

图 2-518 是水口出口倾角与射流角和冲出点位置之间的关系曲线，可以看出当水口出口倾角变大时，射流角度增大，速度向上的分量减小，同时射流在窄面的冲击点下移，即流体的冲击深度增大，使得上回流区域增大，液面裸露和液面

的波动变小，卷渣状况得到改善；但是随着冲击点的下移，冲击深度显著增加，这样会使钢液中夹杂物易被凝固中的液体俘获而成为夹杂缺陷。

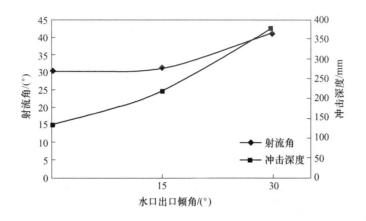

图 2-518 水口出口倾角对射流角和冲击深度的影响

图 2-519 为射流角与水口出口倾角的偏离图。从图中可见，随水口出口倾角变大，射流角与水口出口倾角的偏离越来越小，即射流角越来越接近水口出口倾角。不同水口出口倾角时，各波高传感器的最大波高差如图 2-520 所示。可以看出，液面波动随水口出口倾角的增大而减弱，这也证实了以上对流场的分析：随水口出口倾角变大，上回流减弱，所以液面波动也随之减小。当水口出口倾角为 0°和 15°时，液面波动处在合适范围内；而当水口出口倾角为 30°时，液面波动偏小。

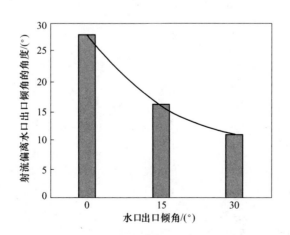

图 2-519 射流角与水口出口倾角的偏离

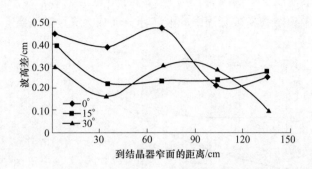

图 2-520　水口出口倾角对液面波动的影响

变换水口出口倾角时，结晶器流场的上下回流涡心位置如图 2-521 所示。由图可知，当水口出口倾角为 0°时，上涡心偏上，对液面波动影响较大；而当水口出口倾角为 15°和 30°时，上涡心偏靠右下，对液面波动影响相对较小。三种出口倾角下，下涡心的深度相差无几，只是在水平位置上，出口倾角为 0°时，涡心位置离结晶器窄面更远一些，对坯壳生长有利。综合分析认为水口出口倾角为 0°时液面更活跃，坯壳生长更均匀，对超宽板坯连铸比较合适。

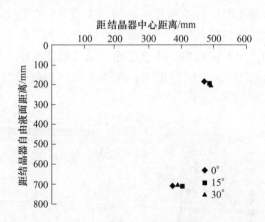

图 2-521　不同水口出口倾角对涡心位置的影响

D　出口面积比

水口出口倾角固定为 30°，浸入深度为 200mm，拉坯速度为 1.0m/min 的条件下，水口出口面积比分别为 1.2、1.5、1.8、2.1 时模拟结晶器流场，测量结晶器中心宽面的速度分布，以及液面波动情况。

水口出口面积比对结晶器内流场的影响见图 2-522。图中带箭头的细长白线表示射流主流（速度最大）的位置和方向，较宽的白色箭头表示射流碰撞结晶器分流后向下主流的位置和方向，具体数值见图 2-523。可以看出冲击点位置和射流角随水口出口面积比的变化趋势相同，水口出口面积比由 1.2 增大到 1.5 时冲击点位置明显变深，射流角增大（射流与水平线的夹角），随后随水口出口面积比增大变化很小。另外随着水口出口面积比的变大，射流向下的主流离结晶器壁越来越远。这是因为在流量一定的情况下，水口出口面积变大导致水口出口流速减小，射流流速水平分量减小，所以射流角增大，水平射出的距离缩短；由于惯性作用，当出口面积增大到一定值时，射流角基本不再变化。

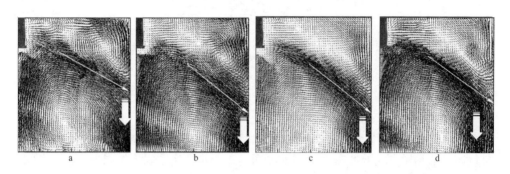

图 2-522　不同水口出口面积比时结晶器内流场结构

a—1.2；b—1.5；c—1.8；d—2.1

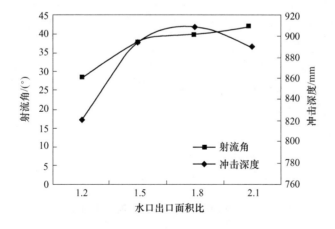

图 2-523　水口出口面积比对射流角和冲击点深度的影响

由图 2-523 可知，实际的射流角度与水口出口角度是有差别的，实际射流角度往往偏大，这是流体动量与重力共同作用的结果。当水口出口面积比为 1.2 时，射流角与水口出口角度比较接近；水口出口面积比变大时，射流角比水口出口倾角更向下倾。为进一步定量分析结晶器内流场，分析了不同水口出口面积比时离结晶器窄面 100mm 处竖线上流体速度分布，见图 2-524。

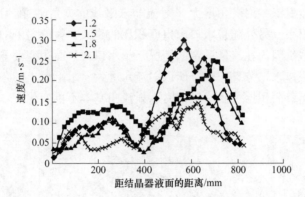

图 2-524   水口出口面积比对竖线上速度分布的影响

从图 2-254 中可以看出，随着水口出口面积比的变大，最大速度依次减小，即射流对结晶器窄面的冲击强度逐渐减弱，进一步证实了以上结果及分析。图 2-525 为液面各传感器测点波高差的平均值。可以看出，波高差随水口出口面积比的增大而减小。由前面流场分析可知，随水口出口面积比变大，射流角增大，上回流减弱，液面波动减小。

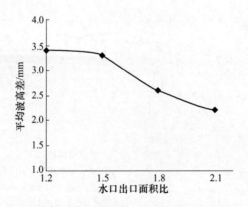

图 2-525   液面波动随水口出口面积比的变化

为进一步分析液面波动的分布情况，给出了各传感器处测得的液面波高差，见图 2-526。

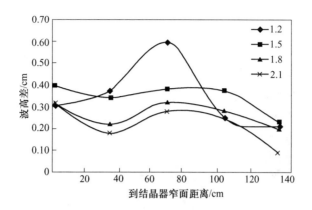

图 2-526　水口出口面积比对液面波动的影响

从图 2-526 可知，最大液面波动位于结晶器窄边与水口的中间，最小液面波动位于水口外壁附近。这是由于能量的耗散使得上回流流股在到达水口时能量已经很小。当出口面积比为 1.2 时，最大波高差较大，这会增加卷渣的概率；而水口出口面积比为 2.1 时，液面波动小，超宽板坯液面热量不足容易导致保护渣黏度增大，液态保护渣不能顺畅流入弯月面，也就不能在坯壳与结晶器之间形成厚度均匀的渣膜，而钢水在结晶器内凝固收缩过程中所产生的气隙是钢中的热量向结晶器传送过程的最大热阻，渣膜的存在能够减小该热阻。因此渣膜薄的地方，坯壳也较薄，是各种应力的集中点，易形成表面纵裂。因此，选取水口出口面积比为 1.5 或 1.8 较合适。

水口出口面积比对结晶器流场上、下回流涡心位置的影响见图 2-527。可以看出：当水口出口面积比为 1.2 时，上涡心离结晶器窄壁最近，此时由于水口出口面积最小，射流流速相对较高，结晶器窄壁处钢坯热量交换偏大（热量交换频率随流速增大而升高），不利于坯壳凝固成型；当水口出口面积比为 1.5 时，上涡心离结晶器窄面偏远，但下涡心相对偏低，这不利于夹杂物上浮；当水口出口面积比为 1.8 时，上、下涡心与液面距离相对较短，上涡心距液面近有利于活跃弯月面并熔融保护渣，下涡心距液面近有利于夹杂物的上浮；在水口出口面积比为 2.1 时，上涡心位置与水口出口面积比为 1.8 时相近，而此时上回流流速较水口出口面积比为 1.8 时低，且下涡心距液面远。

综合以上分析，水口出口面积比对射流在结晶器窄面的冲击强弱影响显著，随出口面积比变大，对窄面的冲击逐渐减弱；液面波动随水口出口面积比变大而减弱。水口出口面积比为 1.8 时，形成的流场有利于拉坯的进行及钢坯洁净度的提高。

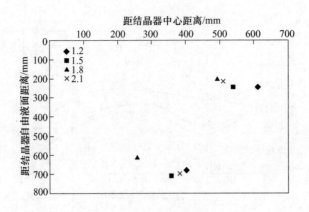

图 2-527　不同水口出口面积比对涡心位置的影响

E　小结

水口出口面积比对射流在结晶器窄面的冲击强弱影响显著，随出口面积比变大，对窄面的冲击逐渐减弱；液面波动随水口出口面积比变大而减弱。

水口出口倾角对上回流强弱影响显著，随水口出口倾角变大，上回流主涡旋强度逐渐减弱，当出口倾角为 30°时，上回流大的主涡旋消失；液面波动随水口倾角变大而显著减弱。

随浸入深度的增加，上回流空间增大，射流对液面波动的影响越来越小，上下涡心位置也随之降低。所选择的水口结构应适用于目前浸入深度。

拉速对上回流结构影响显著。拉速较小时，上回流由一些散乱的小旋涡构成；拉速较大时，上回流由一个较大的主旋涡构成。随拉速提高，液面波动明显加剧，且随拉速提高，最大波动位置由结晶器窄面移向水口。

通过模拟实验，结果认为水口出口面积比为 1.8，出口倾角为 0°时，结晶器液面较活跃，既能为渣层提供充足的热流，保证形成厚度均匀的渣膜，又不发生液面卷渣引入新的杂质；下涡心位置较高，有利于夹杂物上浮及凝固壳的生长。该种结构水口在现有操作工艺参数下，液面波高均在生产优质铸坯允许的波动范围内。

2.3.3.5　浸入式水口结构对方坯结晶器流场的影响

对于小断面的方坯浸入式水口大多采用单孔直通型水口，对于大断面、低拉速方坯结晶器除采用直通型水口外，也可采用多孔（两孔、四孔、五孔）水口浇注。使用直通型水口时，钢液不容易沿侧壁回流到自由液面，不易造成卷渣、钢液裸露、二次氧化等问题，但是钢液的冲击深度比较大，不利于夹杂物的上浮去除，影响钢坯质量[114]。

A 拉速

方坯断面尺寸为 350mm×320mm，结晶器高度为 800mm，采用直通孔浸入式水口，水口内径为 36mm，拉速对液面波动的影响见图 2-528，拉速对冲击深度的影响见图 2-529。可以看出，在相同浸入深度时，拉速从 0.7m/min 增大到 0.9m/min 时，平均波高明显增大。这是因为增加拉速，出钢口的钢水流量增加，流股速度增加，增加了上回流区对液面的扰动，使液面波动加剧，卷渣的可能性增加。随着拉速的增加，冲击深度逐渐增大。因为拉速增加，结晶器内流体速度必然增加，使流股冲击点下移，冲击深度的增加加大了流股的穿透深度，不利于夹杂物和气泡的上浮去除，并且会造成结晶器高温区下移，铸坯易出现中心纵裂，甚至发生漏钢事故。因此低拉速有利于铸坯质量的提高，但提高拉速可促使钢水流动活跃，减少流动死区，有利于保护渣的熔化，所以实际生产中拉速不宜过低或过高。

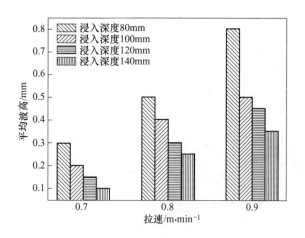

图 2-528 拉速对液面波动的影响

B 浸入深度

浸入式水口的浸入深度对结晶器的流场、液面波动、坯壳的生长、气泡和夹杂物的上浮去除都有影响。图 2-530 是浸入深度对波动的影响，图 2-531 是浸入深度对冲击深度的影响。从图中可以看出，随浸入深度的增大，液面波动逐渐减弱，结晶器内流股冲击深度增加。分析认为，随浸入深度的增加，流股冲击点下移，上、下回流涡心整体下移，上回流对结晶器液面扰动强度减弱，液面波动减小。

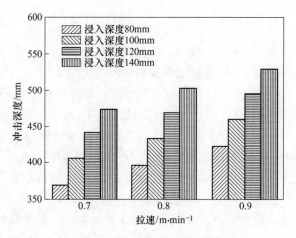

图 2-529　拉速对冲击深度的影响

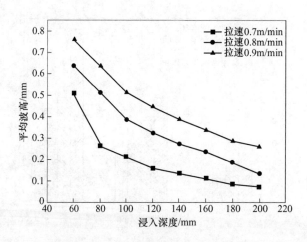

图 2-530　浸入深度对平均波高的影响

增大浸入深度有利于液面稳定，防止保护渣的卷入，但降低了钢水中气泡和夹杂物上浮的机会，可能导致铸坯缺陷增多。且浸入深度过大，对铸坯的过分冲刷会影响铸坯坯壳的均匀生长，严重时甚至会发生漏钢事故。因此，水口的浸入深度应控制在适宜的范围内，针对每一具体的操作，都存在一个与拉速、水口结构及方坯断面尺寸相适应的浸入深度范围。

C　水口内径

浸入式水口内径首先要考虑的是其通钢的能力，即内径的大小应该能满足最

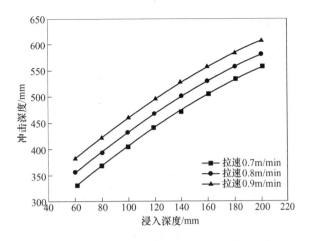

图 2-531　浸入深度对冲击深度的影响

大拉坯速度时的通钢量，在这一前提下再考虑其他的要求。为了防止浇注过程中的水口堵塞，一般要求内径要大一些，但增大内径将会加重滑动水口以下钢水的偏流。

图 2-532 是水口内径对结晶器液面波高的影响，从图中可以看出，随着内径的增大，结晶器液面平均波高略微减小，这是因为，水口内径增大后，在同样的拉速下，水口内流股速度减小，导致结晶器上回流对液面的扰动减弱，使液面波动减小。图 2-533 是水口内径对流股冲击深度的影响，从图中可以看出，随着内径的增大，冲击深度有所减小。同样的道理，水口出口钢液速度降低，冲击点上移，因此冲击深度略微减小。

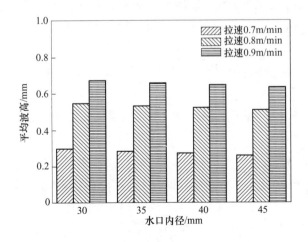

图 2-532　水口内径对液面波动的影响

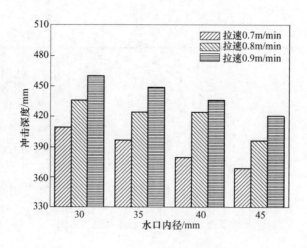

图 2-533　水口内径对冲击深度的影响

2.3.3.6　浸入式水口结构对薄板坯结晶器流场的影响

薄板坯连铸连轧是目前国际上最先进的钢铁制造短流程工艺，实践证明该工艺在节约能源、提高生产效率和成材率、降低生产成本和投资等方面具有明显的优势。鸭嘴型 SEN 为薄板坯连铸的三大关键辅助技术之一，其性能好坏直接决定着连铸过程是否顺畅进行以及铸坯质量的优劣。合理的水口结构尺寸对于薄板坯连铸具有非常重要的意义[115]。国内某 CSP 厂生产的钢板上经常出现纵裂、夹杂等缺陷。针对上述情况，对 SEN 结构进行了优化，改善了结晶器内的流场，为 SEN 的设计和钢厂连铸提供指导，提高浇铸的可靠性和安全性。

结合实验室条件，选择模型与原型的几何相似比为 1∶1。结晶器为漏斗型，出口尺寸为 1600mm×90mm，模型高度为 1370mm。图 2-534 给出了结晶器断面示意图。

SEN 为两侧出口，导流岛为三角型，水口宽度为 245mm，如图 2-535 所示。

A　拉速

图 2-536 为浸入深度为 250mm 时，不同拉速下流场速度分布图。

从图 2-536 可以看出，不同拉速时结晶器内流场特征基本相同，为一主流，流股到达结晶器窄面后，形成向上和向下两个回流，在主流的右部形成一个涡旋，左部为两个涡旋，说明拉速对流场结构影响不大。随着拉速的增加，流场内

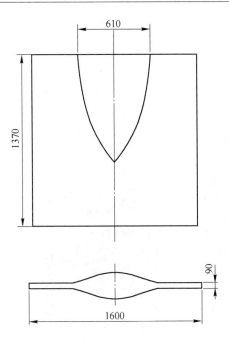

图 2-534 结晶器断面示意图（单位：mm）

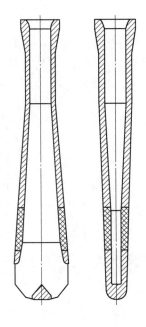

图 2-535 浸入式水口结构

速度增加。并且从图 2-536 还可以看出，随着拉速的增加，流股对结晶器窄面的冲击强度增加，导致结晶器弯月面附近热流增加，紊流波动剧烈，板坯宽面容易产生纵裂。

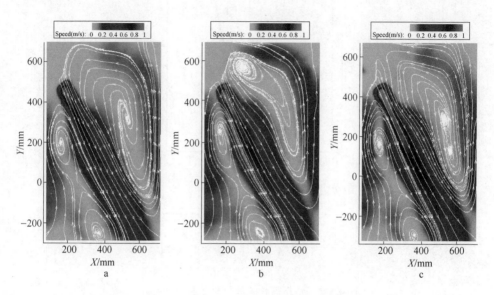

图 2-536   不同拉速下结晶器内流场

a—4.5m/min；b—5.0m/min；c—5.5m/min

图 2-537 为浸入深度 250mm 不同拉速时，结晶器内流场平均涡心位置，图 2-538 为涡心位置分布。随着拉速的增加，涡心位移变化增大，到达一定的拉速后，变化就不再明显。

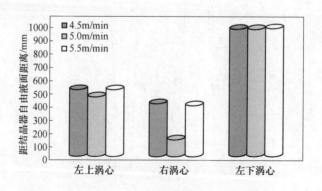

图 2-537   不同拉速时结晶器内流场平均涡心位置图

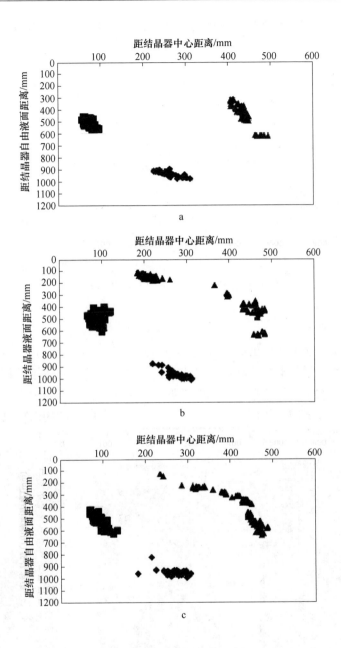

图 2-538 不同拉速时结晶器内涡心位置变化

a—4.0m/min；b—4.5m/min；c—5.5m/min

图 2-539 为不同拉速下结晶器内液面波动情况。由图 2-539 可以看出随着拉速增加表面波动增大，液面湍动增强，增大保护渣卷入的概率，所以增加拉速

时，应适当增加浸入式水口浸入深度，减缓表面的波动；但不能过深，以防发生漏钢事故。

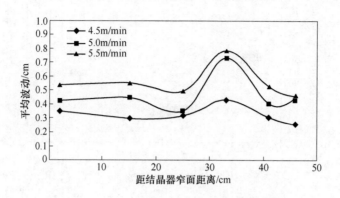

图 2-539　不同拉速下结晶器液面波动情况

B　浸入深度

图 2-540 为拉速为 5.0m/min 时，不同浸入深度下结晶器内流场速度分布图。不同浸入深度，结晶器内流场特征基本相同，为一主流，到达结晶器窄面后，形成向上和向下两个回流，在主流的右部形成一个涡旋，左部为两个涡旋。浸入深度增加，结晶器内向上的回流区域增大，这也意味着向下的冲击深度增大，减少夹杂物上浮的机会，同时使高温区下移，影响凝固坯壳的生成速度。

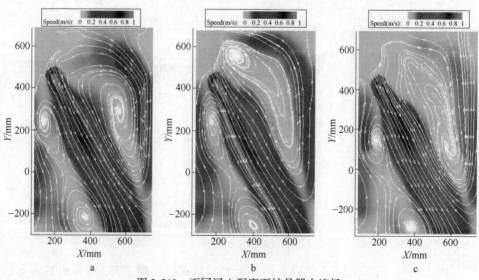

图 2-540　不同浸入深度下结晶器内流场

a—230mm；b—250mm；c—270mm

图 2-541 为拉速 5.0m/min 时，不同浸入深度下平均涡心位置，图 2-542 为不同浸入深度下涡心位置分布情况。从以上图中可以看出，随着浸入深度的增加其平均涡心位置均有下移的趋势，右侧涡心位置变化更加稳定，偏离范围减小。

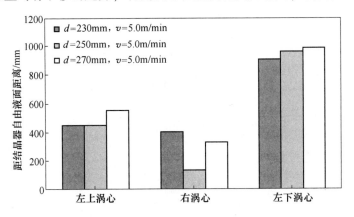

图 2-541　不同浸入深度下平均涡心位置

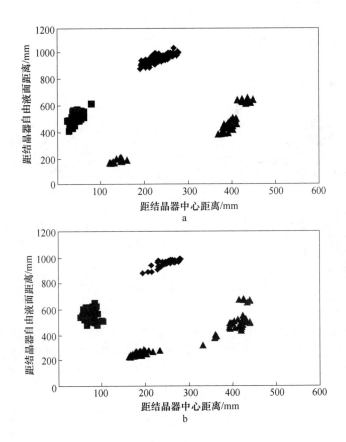

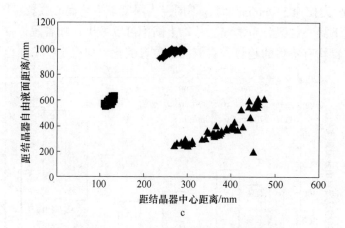

图 2-542　不同浸入深度下涡心位置变化

a—230mm；b—250mm；c—270mm

　　图 2-543 为不同浸入深度下液面波动情况，可以看出随着浸入深度的增大，自由液面波动减弱，这是由于浸入深度增加，向上的回流区域增大造成的。距结晶器窄面 34cm 左右时液面波动最大；随着浸入深度的增加，表面波动降低，浸入深度为 27cm 时整个液面波动大小基本一致。

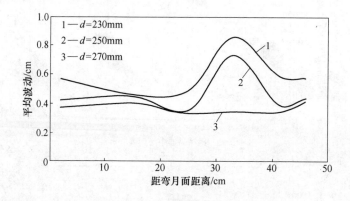

图 2-543　浸入深度对液面波动的影响

　　综合速度分布和涡心位置分析可知，随着浸入深度的增加，液面湍动减弱，这有利于降低保护渣卷入的可能性，阻止产生新的夹杂物；但随着浸入深度的增加，下部回流涡心位置也随之下移，这将减少结晶器中夹杂物上浮的机会，使铸坯内部缺陷增多，同时高温区的下移也会影响凝固壳的生长速度，使结晶器下沿的铸坯初生坯壳减薄，增大漏钢的概率。因此浸入深度不能太大，应在液面波动合适的情况下，尽可能小一些。

C 水口宽度

图 2-544 中水口宽度和拉速对平均波动的影响是不同水口宽度和不同拉速时结晶器表面的平均波动。水口宽度为 235mm 和 245mm 时，在绝大多数拉速和位置下，均表现出较大的平均波动。当出口宽度为 280mm 时，在拉速为 3.8m/min 和 4.2m/min 时平均波动较小，而在拉速为 4.6m/min 和 5.0m/min 时平均波动较大，说明此宽度的水口不适于高速度浇注。总体来说出口宽度为 260mm 和 280mm 时，平均波动相对较小。以上说明 SEN 宽度过大，反而会加剧表面的波动。

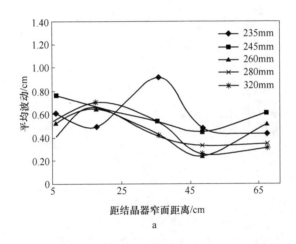

a

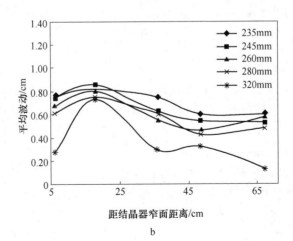

b

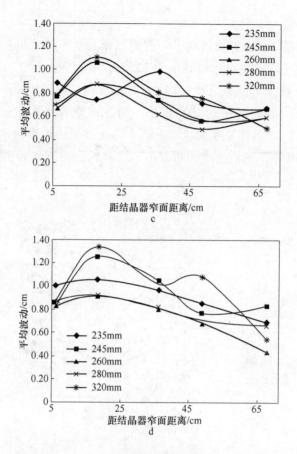

图 2-544　水口宽度和拉速对平均波动的影响

a—3.8m/min；b—4.2m/min；c—4.6m/min；d—5.0m/min

图 2-545～图 2-548 是不同拉速条件下、水口宽度为 235～280mm 时的流场矢量图。可以看出在不同的出口宽度下，流场特征基本一致，呈现一主流两回流的形态。主流基本呈直线，出口处速度最大，随后速度递减。随着 SEN 出口宽度的加大，出口处速度面没有变宽的趋势，说明出口宽度增大没有明显影响射流的速度和流股的冲击深度。

图 2-549 为距结晶器中心 400mm 处（Y 方向），流场内速度分布。从图可以看出，拉速为 3.8m/min 时，水口宽度 235mm 的最大速度相比较小；拉速为 4.2m/min 时，出口宽度 260mm 和 280mm 时最大速度较小；拉速为 4.6m/min 和 5.0m/min 时，水口宽度对速度的分布影响较小。从图上看，SEN 水口宽度的变大，并没有对射流速度分布，尤其是高拉速下的速度分布造成明显的影响。

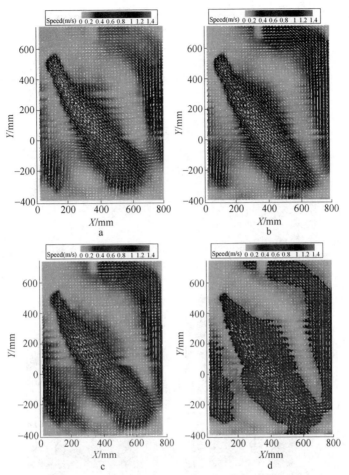

图 2-545 不同拉速条件下水口宽度为 235mm 时的流场

a—3.8m/min；b—4.2m/min；c—4.6m/min；d—5.0m/min

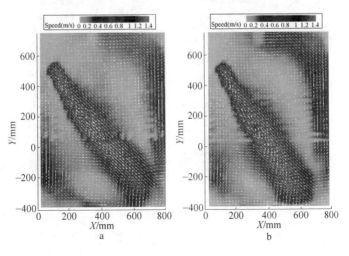

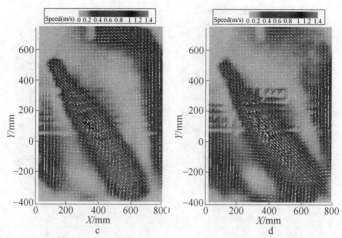

图 2-546   不同拉速条件下水口宽度为 245mm 时的流场

a—3.8m/min；b—4.2m/min；c—4.6m/min；d—5.0m/min

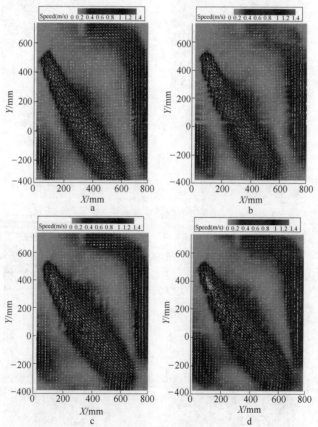

图 2-547   不同拉速条件下水口宽度为 260mm 时的流场

a—3.8m/min；b—4.2m/min；c—4.6m/min；d—5.0m/min

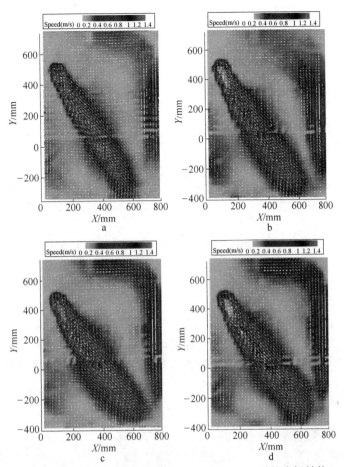

图 2-548　不同拉速条件下出口宽度为 280mm 时的流场结构

a—3.8m/min；b—4.2m/min；c—4.6m/min；d—5.0m/min

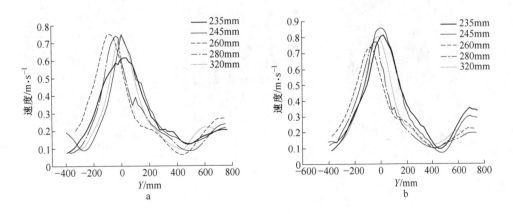

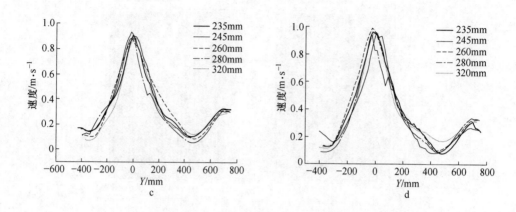

图 2-549 不同拉速条件下不同水口宽度时的速度分布

a—3.8m/min；b—4.2m/min；c—4.6m/min；d—5.0m/min

D 出口角度

图 2-550 为不同出口角度时结晶器内流场情况。随着浸入式水口出口角度的增加（由30°增加到50°），水口和结晶器内整个的流场速度变化不大，但流股在窄面处的冲击点随之上移，向上的回流区变小，导致两个下回旋区位置的上移，使结晶器内高温区上移，对结晶器窄面冲击点上移，会造成结晶器窄面处热流过

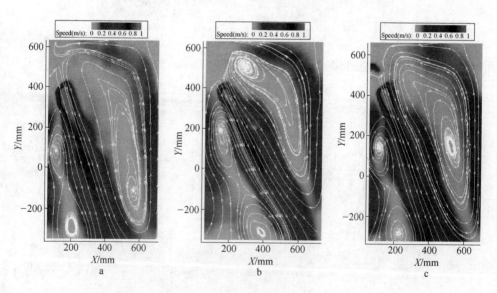

图 2-550 不同出口角度时流场结构

a—30°；b—40°；c—50°

大，形成铸坯缺陷。由于冲击点位置的上移使得流股上侧的空间变小，上回旋范围变小。上侧回旋区的范围太小，使液面波动加剧，易形成卷渣和翻钢。另外，主流股的方向与水口角度方向稍有差异，即由于流体惯性力的作用，主流股沿水口倾角稍向下偏转，即使选用向上的水口倾角，在离开水口一定距离后，主流股的倾角也是向下。但角度为30°时，流股冲击深度过深，夹杂物难以上浮，同时造成高温区下移，容易造成漏钢事故。

图 2-551 是随着浸入式水口出口角度的改变后结晶器流场中涡心位置的变化情况，可以看出，出口角度对涡心位置变化影响较大。出口角度增加，涡心位置变化范围增大，说明流场变得越来越不稳定。

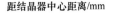

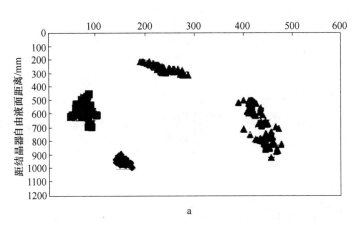

a

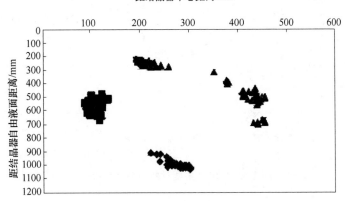

b

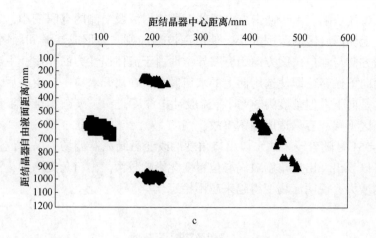

图 2-551   出口角度对涡心位置的影响

a—30°；b—40°；c—50°

图 2-552 为不同出口角度对液面波动的影响。随着出口角度的增加或减少，靠近结晶器窄面处和靠近水口处波动加剧，容易使液面裸露，发生卷渣。但对结晶器中部液面波动的影响并不大。综上所述，出口角度为 40°时，流场效果较好，因而水口倾角应以适中为宜。

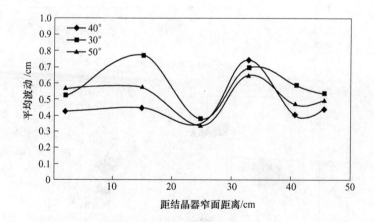

图 2-552   出口角度对液面波动的影响

E   水口壁厚

图 2-553 为不同水口壁厚对结晶器流场速度分布的影响。

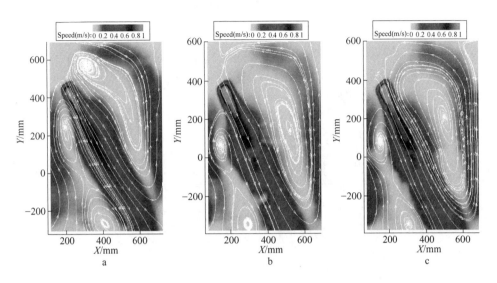

图 2-553　不同水口壁厚对流场速度分布的影响

a—20mm；b—10mm；c—5mm

　　水口壁厚减薄后，流场基本特征还是一主流，三个涡旋，随着壁厚的减少，平均涡心位置降低。图 2-554 为不同水口壁厚流场涡心位置变化情况。从图中可以看出随着壁厚的减少，平均涡心位置降低，但涡心位置的变化范围减小，有利于保持液面和流场的稳定。

　　从图 2-555 可以看出，不同壁厚的水口在最大波动处，波动强度差别有所减低，但水口减薄后，弯月面附近波动有所增加。

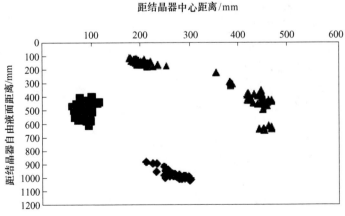

a

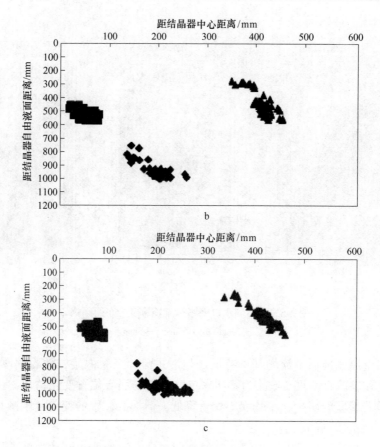

图 2-554　不同水口壁厚对涡心位置的影响

a—20mm；b—10mm；c—5mm

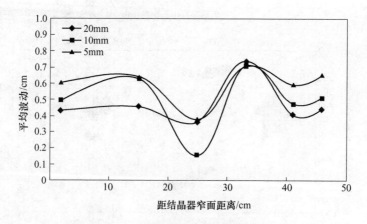

图 2-555　不同水口壁厚对液面波动的影响

综上，水口壁厚过厚或过薄效果都不好，水口过厚，水口与结晶器距离过近，容易发生粘连，同时表面波动大，流场不稳定；水口过薄，涡心位置过低，不利于夹杂物上浮，弯月面附近波动较大，容易发生卷渣。

F　水口安装位置

实际生产中，水口安装时不可能完全对正，因此对水口安装不对正的情况进行了分析。主要分为以下五种情况：水口向右侧倾斜4°，水口分别向左右各偏移2cm，水口前后各偏移2cm。试验条件为浸入深度250mm，拉速5.0m/min。

图2-556为不同水口安装位置对结晶器内流场速度分布的影响。从流场特征

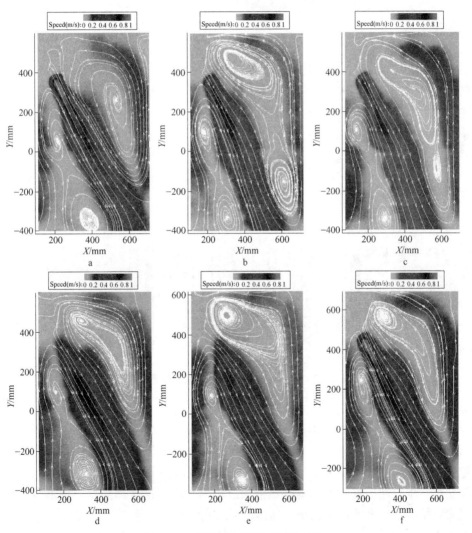

图2-556　不同水口位置时流场结构

a—右侧倾斜；b—水口右移；c—水口左移；d—水口前移；e—水口后移；f—正常水口

来看，水口向右侧倾斜后，对右侧的冲击点上移，造成结晶器内钢液温度分布不均匀；水口左右偏移后，水口射流对结晶器两窄面的冲击力不同，对靠近水口一侧窄面的冲刷更严重，使凝固坯壳受热不均，易造成拉漏事故；水口前后偏移后，因偏移中心位置，激光照射位置为水口后部或前部，因此，测得水口出口流速较小；水口向右偏移后，右侧涡旋区域增大，有时会同时出现两个涡旋，水口前后偏移后，流股对结晶器窄面的冲刷减弱，向上的回流变小，液面波动降低。但流股对结晶器宽面的冲刷加剧，造成结晶器内前后温度场不均，不利于钢液形成凝固坯壳，易引起漏钢。

　　图 2-557 为水口位置改变后，平均涡心位置的变化，图 2-292 为涡心位置分布情况。从图 2-557 和图 2-558 可以看出，水口向右侧倾斜后，结晶器右侧涡心位置变化降低；水口向右侧移动 2cm 后，右侧涡心位置上移，水口向左侧偏移 2cm 后，右侧涡心位置变化比正常工况下小，水口左右偏移后，与偏移方向相反的一侧波动比水口偏向一侧波动剧烈，所以水口左右偏移后易造成结晶器一侧发生卷渣；水口前后偏移后，右侧涡心均上移，左侧上涡心下移，左侧下涡心变化不大，且流场涡心变化范围变小。

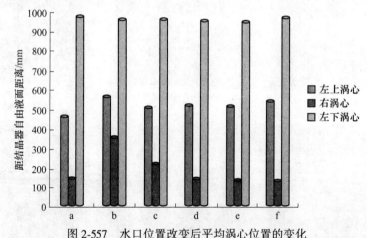

图 2-557　水口位置改变后平均涡心位置的变化

a—正确位置；b—水口倾斜；c—水口右移；d—水口左移；e—水口前移；f—水口后移

　　图 2-559~图 2-561 为不同水口位置时，结晶器内液面波动情况。从图可以看出，水口向右侧倾斜后，结晶器液面左半部液面波动有所增加；水口向右侧偏移后，左侧波动变化不是很明显，最大波动有所降低；水口向左侧偏移后，左侧波动变小；水口前后偏移后，结晶器液面波动均减小。这是因为水口前后偏移后，流股对结晶器窄面的冲击变小，从而向上的回流变小，导致液面波动降低。综合流场和涡心分析，水口前后偏移，会造成结晶器前后温度场不均，易引起鼓肚和漏钢。

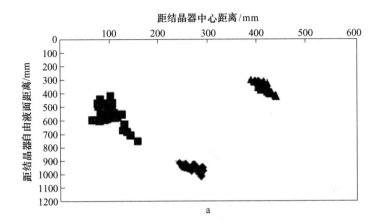

a

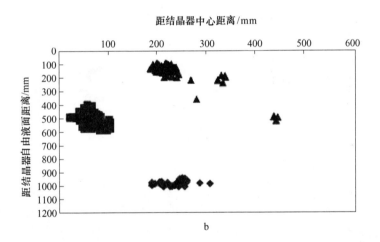

b

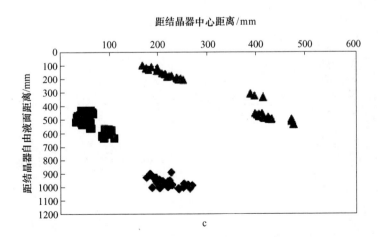

c

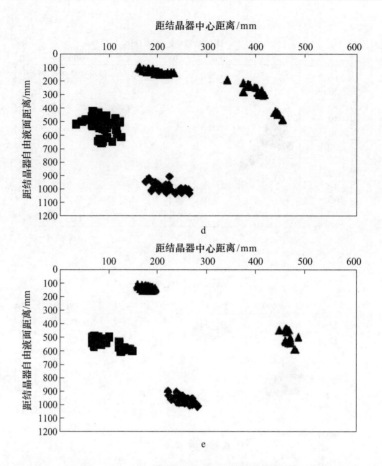

图 2-558　水口位置改变涡心位置变化情况

a—水口倾斜；b—水口右移；c—水口左移；d—水口前移；e—水口后移

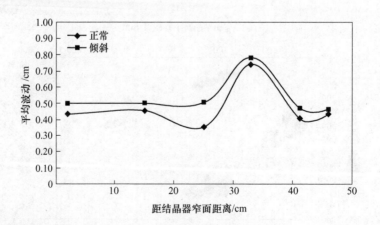

图 2-559　水口倾斜后液面波动情况

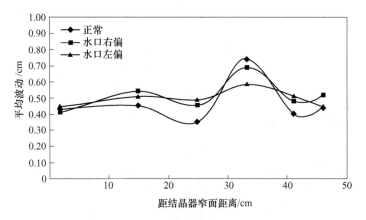

图 2-560　水口左右偏移后液面波动情况

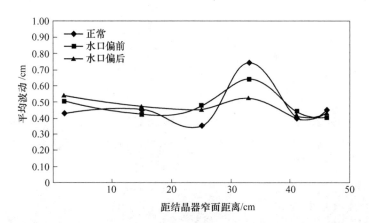

图 2-561　水口前后偏移后液面波动情况

G　导流岛形状

改变水口出口结构，研究导流岛形状对结晶器内流场和表面波动的影响，试验条件为浸入深度 250mm，拉速 5.0m/min。将导流岛变为圆弧状，如图 2-562 所示，并将出口角度变为 68°、54.5° 和 40°，相应的导流岛宽度分别为 120mm、100mm 和 80mm，分别记为 A 型、B 型和 C 型。

图 2-563 为水口浸入深度 250mm，拉速 5.0m/min，不同圆弧导流岛时流场内速度分布图。

从图 2-563 可以看出，导流岛为圆弧时，水口出口速度增加，流场特征为一主流，三个涡旋，右侧涡心位置相比三角导流岛时上移。从 A 型到 C 型，结晶器内向上的回流区逐渐增加，向下的冲击深度增加。向上的回流区小，对窄面的冲击大，夹杂物容易上浮，靠近铸坯表面夹杂物少，但液面卷渣严重，造成铸

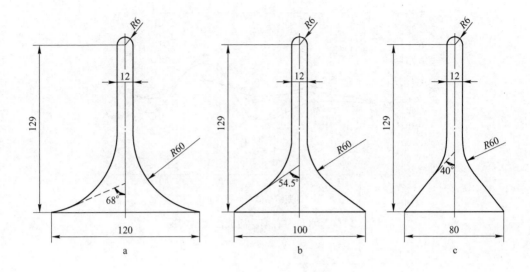

图 2-562 不同导流岛结构尺寸图（单位：mm）

a—A 型；b—B 型；c—C 型

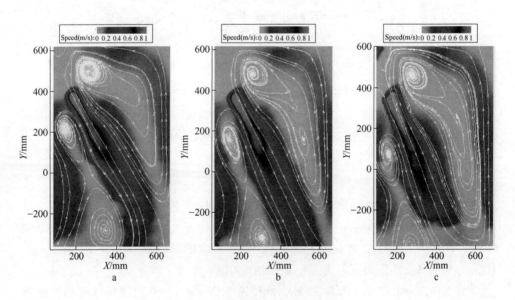

图 2-563 不同圆弧导流岛流场结构

a—A 型；b—B 型；c—C 型

坯内部缺陷；向下的回流区大，对窄面的冲击小，不易发生卷渣现象，但夹杂物上浮困难，因此合适的水口结构要综合考虑各方面因素。

图 2-564 为不同圆弧导流岛涡心位置分布。从图可以看出，出口导流岛改为圆弧后，右侧涡心位移变化加剧，平均涡心位置上移。涡心位移变化大，促使结

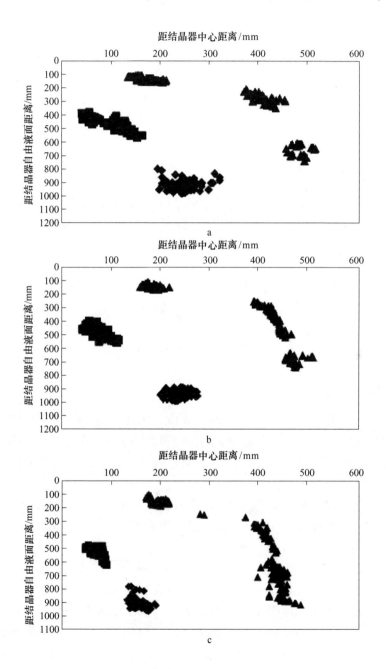

图 2-564 不同圆弧导流岛对涡心位置的影响

a—A 型；b—B 型；c—C 型

晶器内温度均匀分布，有利于夹杂物上浮。

图 2-565 为圆弧导流岛对表面波动的影响，可以看出改变导流岛形状后，A 型和 B 型水口在结晶器窄面处比原水口波动大，B 型水口在靠近水口时波动增大，其他位置均小于原水口，C 型水口波动则比原水口波动小，波动平稳，有利于保护渣融化，且钢液面不容易裸露。结合流场和涡心分析，C 型水口与上述几种水口相比结构更为合理。

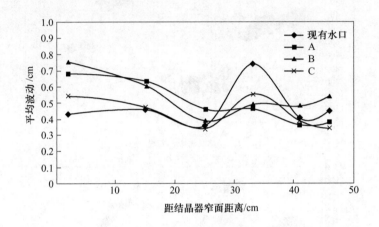

图 2-565　圆弧导流岛对表面波动的影响

H　结晶器尺寸

考虑到现场生产时，结晶器有两种宽度。因此对两种结晶器厚度 50mm 和 60mm 的流场进行了研究。试验条件为浸入深度 250mm，拉速 5.0m/min。

图 2-566 为不同结晶器厚度时，流场速度分布图。图 2-567 为涡心位置分布图。

结晶器厚度增加后，流场内速度变小，左侧的上涡心回流区域变小，其余特征变化不大。从图 2-567 可以看出，结晶器厚度增加，涡心位置变化范围变小，液面波动可能降低。

图 2-568 为不同结晶器厚度时，结晶器自由液面波动情况，可以看出结晶器厚度增加后，液面波动较为平稳，保护渣不容易裸露。这是因为结晶器厚度增加，意味着钢液流出水口侧孔后的动能降低，对结晶器窄面的冲击力也就减小，水口射流股撞击结晶器窄面后所形成的上升流速度减小，对自由液面的冲击减小，从而导致液面波动减小。同时，结晶器厚度增加，减缓了结晶器内流体的运动，即结晶器内流体的扰动趋势减小，说明厚度大的结晶器适合高拉速操作。

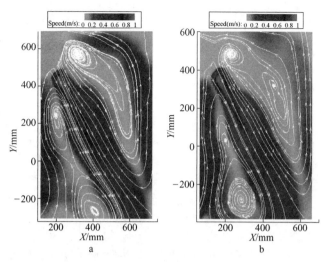

图 2-566　不同结晶器厚度时流场速度分布图

a—50mm；b—60mm

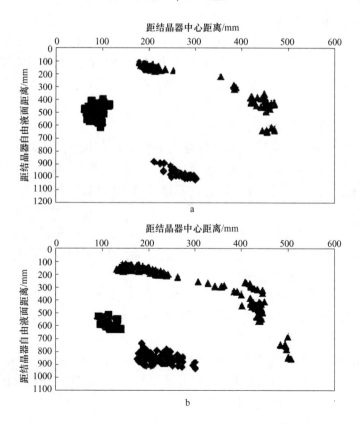

图 2-567　结晶器厚度对涡心位置的影响

a—50mm；b—60mm

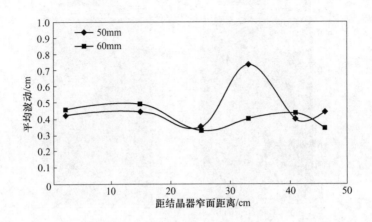

图 2-568　结晶器宽度对平均波动的影响

I　小结

水口出口结构、连铸参数等对薄板坯结晶器内的流场均有一定的影响，为获得实用效果好的浸入式水口，必须综合考虑实际条件对水口结构进行优化设计。

(1) 水口浸入深度和拉速对流场基本特征没有大的影响，结晶器流场特征基本上为一主流，三涡旋形式。浸入深度和拉速对涡心位置和液面波动影响较大，浸入深度增加，涡心位置下降，液面波动降低；随着拉速增加，涡心位置下降，液面波动加剧。现有水口在距结晶器窄面 34cm 位置，结晶器液面上下波动最大，易造成此处出现铸坯缺陷，如纵裂等。

(2) 水口偏移后，流场基本特征变化不大，为一主流，三涡旋，但涡心位置有所下降，液面波动降低。水口向右侧倾斜后，流股对结晶器右侧冲击点上移。水口偏移后，结晶器内温度场分布不均匀，对表面波动影响较大，易造成钢坯缺陷。

(3) 水口减薄后流场特征变化不大，为一主流，三涡旋，右侧涡心变化范围有所减小；但靠近结晶器窄面处和水口处波动增加，最大波动值和最小波动值差距加大，容易导致钢液卷渣。

(4) 水口导流岛角度改变后，流场特征变化不大，为一主流，三涡旋。随着导流岛角度的增加，液面波动降低，但靠近结晶器窄面处波动增大，所以现有水口合适出口角度为 40°。

(5) 导流岛形状改变对流场基本特征影响不大，为一主流，三涡旋，但右侧涡心变化范围增大，导致靠近结晶器窄面处波动有所增大。通过对比 C 型水口结构液面波动稳定，流场效果优于现有水口。

(6) 结晶器厚度增加后流场特征为一主流，三涡旋，但左侧上涡心下移，液面波动降低。因此，厚度大的结晶器适宜高拉速操作，厚度小的结晶器拉速不宜过大。

2.3.3.7 浸入式水口结构对大板坯流场的影响

大板坯可生产大型断面尺寸的钢材，以满足桥梁、隧道等基础建设行业的快速发展。大板坯的结晶器断面较厚，甚至达到 500mm 以上，其流场结构容易出现问题，为此对大板坯的流场特征进行了研究。结晶器尺寸为 900mm×210mm；水口入口直径为 80mm，水口出口倾角为 0°；浸入深度为 200mm；拉速为 2.4m/s。

A 水口出口和入口面积比

不同水口出口和入口面积比（A）的结晶器内流场如图 2-569 所示，流场结构类似，有两股射流，并形成了四个旋涡区。当 $A=1.5$ 时，水口出口处流速明显较大。图 2-570 是结晶器液面不同位置的流速，可以看出随水口出口面积变大，液面流速降低。最大流速均处在 $0.1 \sim 0.3$m/s 之间。图 2-571 是结晶器窄面的壁面剪切力，可以看出随水口出口面积比变大，冲击点降低，特征剪切力增大。

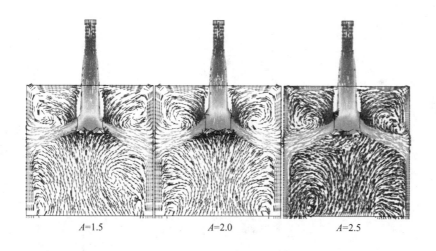

$A=1.5$ $A=2.0$ $A=2.5$

图 2-569　不同水口出口和入口面积比的结晶器内流场

B 不同出口倾角

研究了水口出口倾角对结晶器流场的影响，对小断面结晶器，水口出口倾角对流场结构影响较小，如图 2-572 所示。图 2-573 是液面流速图，可以看出水口出口倾角小时，液面流速较高。图 2-574 是壁面剪切力分析图，可以看出水口出口倾角大时，冲击点降低，上流股剪切力减小，下流股剪切力增大。即水口出口倾角增大时，射流碰撞结晶器窄壁后，分向下流股的较多。

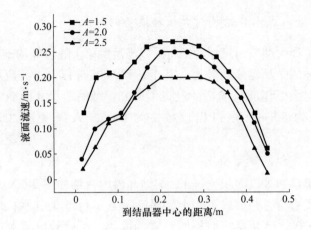

图 2-570　不同水口出口面积比时液面流速

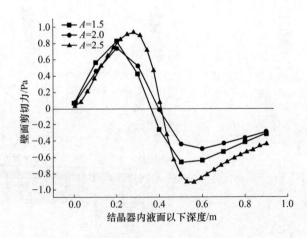

图 2-571　不同水口出口面积比时壁面剪切力

C　不同浸入深度

浸入式水口不同浸入深度（*SD*）时结晶器内流场如图 2-575 所示，随浸入深度增加，射流整体下移，上回流空间变大，对液面的扰动减弱。液面流速对比如图 2-576 所示，随浸入深度增加，液面流速降低。壁面剪切力对比如图 2-577 所示，浸入深度对特征剪切力影响较小。

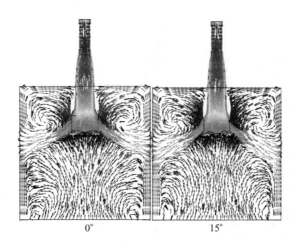

图 2-572　不同水口出口倾角时流场

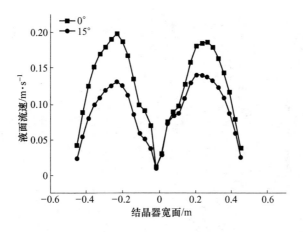

图 2-573　不同水口出口倾角时液面流速

D　不同拉速时结晶器内钢液流动行为分析

不同拉速时结晶器内流场如图 2-578 所示，不同拉速时，结晶器内流场分布基本相同。液面流速对比如图 2-579 所示，高拉速时，液面流速显著增大，在该工况下，液面流速太大。壁面剪切力对比如图 2-580 所示，拉速对特征剪切力值影响非常大，对特征剪切力的位置没有影响，即对冲击点及上下回流位置影响不大，而对上下回流的强度影响非常大。

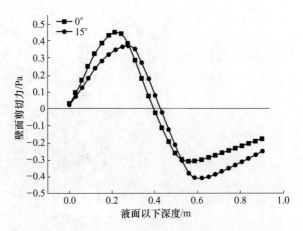

图 2-574　不同水口出口倾角时壁面剪切力

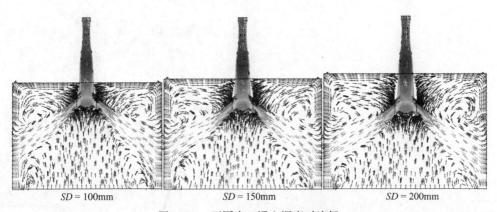

$SD = 100$mm　　　　　$SD = 150$mm　　　　　$SD = 200$mm

图 2-575　不同水口浸入深度时流场

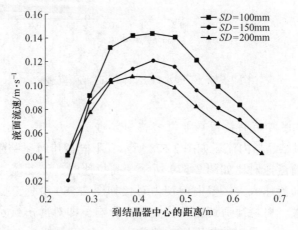

图 2-576　不同水口浸入深度时液面流速

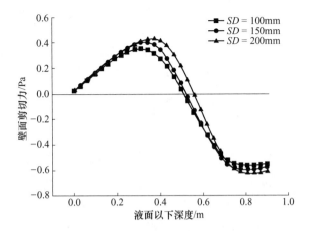

图 2-577　不同水口浸入深度时壁面剪切力

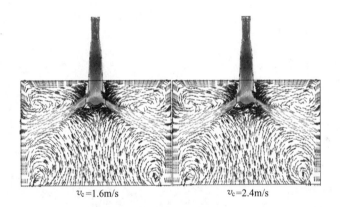

图 2-578　不同拉速时流场

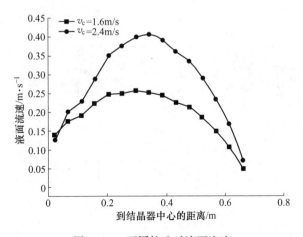

图 2-579　不同拉速时液面流速

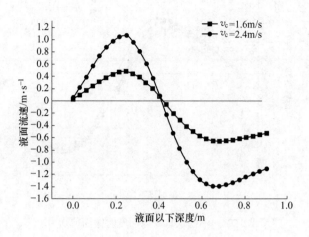

图 2-580　不同拉速时壁面剪切力

E　不同结晶器断面

不同断面结晶器内流场如图 2-581 所示，由图可见对大断面结晶器，射流到达结晶器窄面时，流股分散较宽，冲击点低。液面流速对比如图 2-582 所示，宽断面结晶器的液面流速较高，这是因为对宽断面结晶器，流股在未到结晶器窄面时就开始分流，所以在结晶器壁面损耗的能量较少，上回流较强而导致液面流速较高。壁面剪切力对比如图 2-583 所示，大断面结晶器冲击点低，下流股剪切力大。

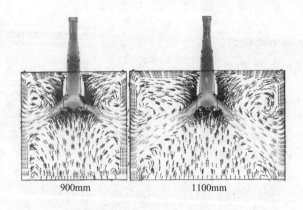

图 2-581　不同断面结晶器内流场

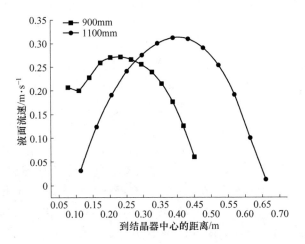

图 2-582　不同结晶器断面时液面流速

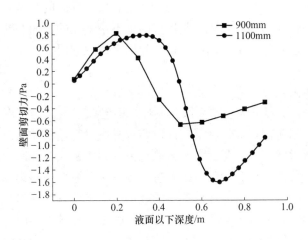

图 2-583　不同结晶器断面时壁面剪切力

2.3.4　中间包流场结构优化

在连续铸钢技术发展的初期，中间包只是作为钢液的储存和分配器来使用。随着连铸技术的发展，钢液质量对连铸工艺的重要意义渐渐为人们所认识。为了保证连铸顺行，同时保证多炉连浇，钢液必须有足够的纯净度，钢液成分范围要尽可能精确地控制，钢液温度和过热度要在足够长的时间保持稳定。因此作为钢的冶炼过程中的最后一个耐火材料容器，中间包的作用受到了更多的注意。

"中间包冶金"的概念是在20世纪80年代初期被提出的，多伦多大学教授麦克莱恩（A. McLean）是首倡者。近20年来，国内外关于中间包冶金的学术研究，开始只有不多的几篇论文，后逐渐成为热门论题，并且研究成果已转化为生产中实际应用的技术措施，如中间包结构设计、流动控制技术、抑制二次氧化、耐火材料和覆盖渣控制、更换钢包操作时温度和成分控制、吹氩清洗、过滤、加热钢液、热中间包重复应用等。这说明冶金界已经接受了中间包冶金的概念，并且成为实际操作中的工艺技术。通过对中间包设置控流装置改善钢液的流动状态，可以提高钢液的停留时间、促进夹杂物的上浮、均匀钢水成分及温度，从而提高铸坯质量。中间包控流装置主要有挡墙、坝、堰、过滤器和湍流抑制器，合理的中间包控流装置可以促进钢液中夹杂物的上浮去除，延长钢液在包内的平均停留时间，提高铸坯的质量。

中间包冶金有独特的理论和研究方法。作为一种连续操作的反应器，它与转炉、电炉及钢包等间歇操作反应器的概念是不同的。在中间包冶金技术中，反应工程学的原理得到更多更深入的运用。中间包内的流体流动并非是均相流体的理想流动，而是钢和渣两相的复杂的流动，而且有数量巨大的弥散相颗粒的碰撞和运动。中间包内钢液的温度场既不是等温的也不是绝热的，而在非等温条件下传热和流动相互促进互为因果。因此对中间包冶金过程的研究，也进一步丰富了冶金反应工程学的内容。

中间包一般由包体、包盖、水口和控流装置组成。中间包容量一般取钢包容量的20%~40%，小容量钢包取大值，大容量钢包取小值。为了保证多炉连浇时的铸坯质量，中间包储存的钢液量应满足钢包更换时结晶器的持续浇铸。钢液在中间包内的停留时间和中间包容量及铸速有关，为使钢液在中间包内有必要的停留时间，应根据铸速来核算中间包的容量。停留时间缩短，对排除非金属夹杂物不利。中间包的结构、形状应保持最小的散热面积和良好的保温性能。一般常用的中间包有矩形、T形等，其目的主要是使钢水注入时尽量不产生涡流，同时使砌包、清渣、吊挂等操作方便。多流连铸机通常采用长条形中间包，矩形中间包仅适用于单流连铸机。

2.3.4.1　中间包结构优化方法

为优化中间包内钢液流场分布，对中间包结构设计与优化目前有以下几种方法：

（1）增大中间包容量。中间包容量影响到中间包液面高度和钢水在包内的停留时间。大容量中间包可以保证更换钢包时中间包内钢水处于相对稳定状态，防止卷渣。北美20世纪80年代后投产的中间包容量均为45t以上，其中最大为

70t。日本中间包容量均在 60t 以上，最大的中间包容量达 84t。

（2）H 型中间包。日本钢厂通过实验证实了 H 型中间包控制钢水流动具有良好的冶金效果。使用 H 型中间包可以使中间包内钢水流动平稳，而且使钢水静置时间延长。更重要的是可以避免在更换钢包时的钢水液面波动和卷渣问题。

（3）中间包气幕挡墙。中间包气幕挡墙是随着中间包冶金技术的发展并借鉴钢包吹氩搅拌技术而发明的一种新技术。通过中间包底部布置的成列的吹氩孔向中间包内吹氩，吹入的氩气泡在中间包内产生一道"气幕"，被称为中间包气幕挡墙。利用微小气泡去除非金属夹杂物，同时避免了采用中间包挡墙（坝），带来额外的夹杂。该技术要求向中间包内吹氩的透气元件具有耐高温和良好的抗钢水冲刷能力。

（4）离心流动中间包。日本川崎钢铁公司开发了电磁驱动离心流动中间包。原理是利用电磁场力旋转圆筒状中间包内的钢水，利用转动钢水所产生的离心力促进夹杂物分离。应用后，铸坯的气孔消除，条状裂纹减少 50% 以上，全氧质量分数降低至 1/3 左右，夹杂物总量减少 1/2，冷轧和热轧卷板的表面缺陷指数降低到常规中间包的 60%。

（5）设置中间包控流装置。控流装置有：

1）挡墙、坝。在中间包中安置堰和坝，可以有效改变钢水流向，延长钢水停留时间，有利于夹杂物上浮。其中堰为上挡墙，坝为下挡墙。在中间包中，坝和堰通常一起使用。

2）过滤器。过滤器为带有微孔结构材料的隔墙，它横跨整个中间包宽度，从钢水液面上方一直延伸到中间包底部，钢水从微孔流过。但过滤器因微孔容易堵塞，成本较高。

3）中间包底部透气元件。透气元件被设置在中间包底部，位于钢包注流区和中间包水口之间，底吹气体一般为氩气。当通过透气元件吹氩气时，气泡吸附夹杂物并与夹杂物一起上浮，从而提高钢水洁净度。

4）中间包湍流控制器。湍流控制器能抑制钢水流对中间包包底冲击，一般位于钢包注流下方。钢水从钢包长水口高速流出，进入湍流控制器，再从其上口反向流出。改善了中间包的流动特性，延长停留时间，有利于钢水中夹杂物上浮分离。

2.3.4.2 中间包流场的评价方法

根据中间包的冶金作用，中间包钢液流场从以下几方面来评价：

（1）中间包内短路流常引起拉漏现象，短路流常用钢液从钢包水口出口到中包水口出口的最短时间来评价，即过程方法中的最小停留时间。

（2）钢液流动应能促进夹杂物的上浮，因此钢液在中间包内的流动应尽可能指向液面，这可以钢液的流向和流动轨迹来观察判断。

（3）从大包到中间包以及经过中间包内部结构和形状到流出这一过程，会造成流体分子或流体微团的路径长短不一，它们的流速分布也不相同，因此在中间包的停留时间也就各不相同。钢液在中间包的停留时间分布对于冶金效果影响重大，因此中间包内流体的平均停留时间分布是中间包冶金的重要手段。

（4）中间包尺寸较大、长度较长，钢液是否能均匀混合关系温度场的分布。中间包内的流动为非理想流动，流动特性分析模型是将其流动划分为活塞流体积区、全混流体积和死区体积。中间包内停留时间大于 2 倍平均停留时间的流体的体积为死区体积，除死区体积剩下的部分称为活跃区。

（5）中间包冶金的一个重要作用是在钢水进入结晶器凝固前进一步使夹杂上浮、被液渣捕获去除，因此夹杂上浮去除是中间包结构设计中的一项重要评价指标。

通过实验记录的数据可以计算三个区域的体积分率。其计算公式采用修正混合模型，计算模型如下：

1）理论平均停留时间 t_a：

$$t_a = \frac{V}{Q}$$

式中，V 为中间包流体体积；Q 为中间包流量。

2）滞止时间 t_d：

$$t_d = \frac{t_{min} + t_{peak}}{2}$$

式中，t_{min} 为初始浓度出现时间；t_{peak} 为最大浓度出现时间。

3）平均停留时间 $\bar{t}$：

$$\bar{t} = \frac{\int_0^\infty tC(t)\,dt}{\int_0^\infty C(t)\,dt}$$

4）二倍理论停留时间 $\bar{t}_a$：

$$\bar{t}_a = \frac{\int_0^{2t_a} tC(t)\,dt}{\int_0^{2t_a} C(t)\,dt}$$

5）活塞区体积 V_p：

$$V_{\mathrm{p}} = \frac{t_{\mathrm{d}}}{t_{\mathrm{a}}}$$

6）死区体积 V_{d}：

$$V_{\mathrm{d}} = 1 - \frac{\bar{t}_{\mathrm{a}}}{t}$$

7）混合区体积 V_{m}：

$$V_{\mathrm{m}} = 1 - V_{\mathrm{p}} - V_{\mathrm{d}}$$

为了有效地去除钢液中的夹杂物，并且得到中间包内的均匀钢水温度分布，必须设置控流装置得到合理的钢液流动形式。对中间包内的控流装置应遵循以下优化设计原则：（1）增加活塞区的体积分率和降低死区的体积分率；（2）延长水口的响应时间，即最小停留时间；（3）增加钢液的平均停留时间等。

2.3.4.3 坝堰控流技术

中间包内采用堰和坝作为控流装置是最普遍的应用技术之一，是最简便而有效地净化钢液的方法。在中间包中安装堰和坝，可以有效改变钢液流向，延长钢水在中间包内的停留时间，促进夹杂物上浮从而达到去除夹杂的目的。中间包采用典型的堰和坝来控制钢水的流动，如图 2-584 所示。

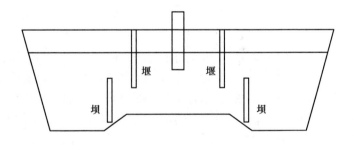

图 2-584 采用堰和坝的中间包

堰，又称挡渣堰或上挡墙。横跨整个中间包宽度，从钢液面上部延伸到距中间包底部一定距离，钢水可从其下方流过。其在中间包的作用是：

（1）控制钢包注流冲击区的大小，控制钢包注流对中间包钢水的搅拌强度，促进夹杂物碰撞和粘连成大颗粒，以便使小颗粒夹杂物聚合成大颗粒上浮去除。

（2）可以将随钢包注流进入中间包的炉渣挡在钢包注流冲击区内，防止从钢包卷入到中间包的渣子流入到中间包水口侧，减少钢水因钢包卷渣造成的二次污染。

　　（3）可以将大包注流冲击引起的中间包钢水表面波动限制在堰的上游，稳定堰的下游中间包钢水液面，有利于减少因表面卷渣、二次氧化和机械冲刷所产生的夹杂量。

　　当中间包只有堰的时候，中间包钢液的流动特性对堰的高度和位置很敏感，将堰向钢包注流方向移动，活塞流体积下降；增加堰的高度，活塞流体积下降。堰的高度和位置的交互作用对中间包流体流动的影响也很关键。离中间包水口近的高堰，造成流体的短路流，增加死区体积[116]。

　　坝，又称导流坝或下挡墙。横跨整个中间包宽度，从中间包底部向上延伸至距钢液面之下一定距离，钢水从其上流过。它具有以下作用：

　　（1）可以防止中间包短路流的形成，延长钢水在中间包内的流动距离，增加钢水在中间包的停留时间。

　　（2）可以降低钢水的水平流动速度。

　　（3）使流过坝的钢水产生指向钢液面的流动，缩短夹杂物的上浮距离，有利于顶渣捕获夹杂物和夹杂物的去除。

　　在中间包中堰和坝常常是一起使用，以获得理想的中间包钢水的流动和冶金效果。堰坝的位置和尺寸是影响结果的重要因素，一般通过数学物理模拟的方法来确定。沿流动方向先堰后坝流动特性较好，将堰固定不动，坝向中间包水口方向移动，可以获得有利的流动特性。

　　坝堰的主要作用是在钢液流动路径上设置障碍，消除沿中间包底部直接流向出口的"击穿流"，改变钢液流动方向，减少中包钢流死区，增强中包内钢流回流。钢液在较宽中间包内的最短停留时间和坝高成对应关系[117]，但对坝高的要求有一定的范围（$0.25H \sim 0.75H$，H 为中间包的熔池深度），如果坝高超出此范围，最短停留时间将会缩短。中间包内钢液回流增强能均化钢液温度分布，增加钢流最短停留时间，使钢液上扬，增加夹杂物被液面渣层捕获的机会，从而实现中间包冶金的效果。通过计算流体动力学的方法计算模拟了中间包内钢液流动，采用拉格朗日颗粒轨迹模型跟踪夹杂物的走向和分布（图 2-585），表明坝堰组合对 $50\mu m$ 以下夹杂颗粒去除率提高较多，夹杂物去除率随夹杂颗粒当量直径的变大而提高（图 2-586）[118]。

2.3.4.4　导流隔墙和过滤器

　　导流隔墙是一个在中间包将上下游完全隔开的挡墙，并在上面设置若干个不同尺寸的倾角的导流孔。钢液根据需要的方向流过导流孔，其通过导流隔墙后的流速和方向由孔的大小和倾角决定。图 2-587 给出一种形式的导流墙结构。导流墙的作用是，当钢水通过导流隔墙时，将中间包钢水的湍流流动限制在一定的范围内，可产生指向钢液表面的流动，以促进夹杂物和顶渣接触的机会，有利于去除夹杂。导流隔墙在中间包中可以起到堰坝组合相同的或优于堰坝组合的作用。

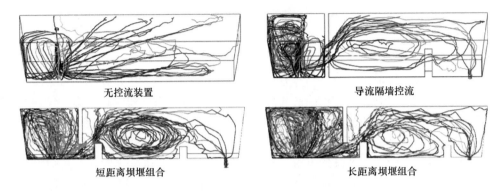

图 2-585 中间包内 Al_2O_3 夹杂运动轨迹

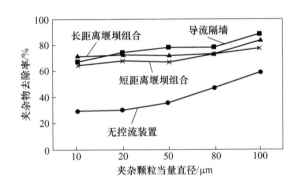

图 2-586 夹杂物去除率与当量直径的关系

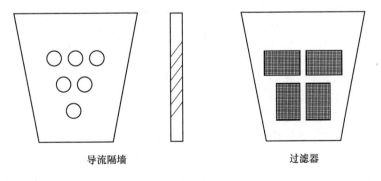

图 2-587 导流隔墙和过滤器示意图

应用导流隔墙将注流区与出流区分隔开，可抑制注流湍动对出流液面波动的影响。其中导流孔直径、倾角以及与之相配合使用的挡坝的位置和高度对出流区钢液流动形式有着不同的影响，导流装置参数对钢液流动按以下主次顺序影响[119]：

导流孔直径 > 导流孔倾角 > 挡坝位置 > 挡坝高度

使用非对称的导流隔墙对 Durgapur 钢厂的六流方坯中间包进行了水模拟实验和工业试验，水模拟是在 1/2 的中间包模型中进行，结果表明当中间包无控流装置时，内侧的水口最小停留时间只有 4s，而外侧水口高达 120s，在中间包的两侧有很大的死区。内侧水口的短路流和湍流会引起这两流的拉漏，而外侧水口钢水的过长停留时间和大的死区体积，会造成大的温降。采用非对称的导流隔墙后，完全消除了短路流现象，有指向液面的流动，死区体积显著降低，钢包注流的流动被限制在冲击区内，各流的停留时间分布较均匀。工业试验表明：在六流方坯中间包采用不对称、能承受连续 7h 浇铸的导流隔墙后，与不设控流装置的中间包的冶金效果相比，内外侧水口的钢流温度差降低了 7℃，拉漏现象的发生率降低 40% 以上，并且无阻塞水口现象[120]。

在 USS/Kobe 钢铁公司的六流中间包进行了不同控流装置的实验[121]：（1）上挡渣堰+下导流坝；（2）上挡渣堰+导流隔墙；（3）导流隔墙。

（1）停留时间的对比：使用单个的导流隔墙与使用堰坝组合相比，钢液的停留时间提高了 45%，与使用堰与导流隔墙组合相比，钢液的停留时间提高了 22.4%。

（2）Al_2O_3 夹杂的去除：基于对渣的分析结果，使用单个的导流隔墙比使用堰坝组合渣中多吸收了 65% 的 Al_2O_3 夹杂，使用单个的导流隔墙比使用堰与导流隔墙组合渣中多吸收了 36% 的 Al_2O_3 夹杂。

由以上分析可得，导流隔墙是一种有效的中间包控流装置，能从整体上改善钢液的洁净度。

过滤器为带有微孔结构的隔墙，它横跨整个中间包宽度，从钢液面上方一直延伸到中间包底部，钢水从微孔流过。其具有的作用有，在中间包钢水中，直径大于 $50\mu m$ 的大颗粒夹杂物可以采取简便的净化措施将它们与钢水分离，从而使它们上浮排除，但直径小于 $50\mu m$ 的夹杂物因其上浮速度很小而难以去除。过滤器就是用来捕捉这些小颗粒夹杂物，以净化钢水。但过滤器因微孔容易堵塞，钢水通过过滤器的流量小和成本高，在应用上受到限制。

导流隔墙可以和直通孔过滤器相结合使用，过滤器安装在导流孔内，钢液从过滤器孔流过，于是过滤器兼有吸附夹杂和控流的作用。对单流板坯中间包采用过滤器和坝两种控流装置进行了结构优化的水模试验和工业应用研究。水模拟研究发现，在中间包中只采用过滤器时，钢水会在流过过滤器后直接流到中间包水口[122]，在中间包上部产生大的死区，不利于非金属夹杂上浮。在过滤器的下游设置一个坝，可以使流过过滤器的钢液向液面流动，减少死区体积。通过试验可以优化过滤器和坝的位置。工业应用中采用了刚玉-石英、刚玉、氧化钙三种材质的过滤器，过滤器去除夹杂的效果为 14%~63%，其中氧化钙材质的过滤效果最好。

2.3.4.5 湍流控制器

湍流控制器是一种小的容器形结构的装置，位于钢包注流下方。钢水从钢包长水口高速流出，进入到湍流控制器中，受到湍流控制器的限制，再从湍流控制器的上口反向流出。

钢液从钢包水口注入中间包时存在很大的湍动动能，不仅对中包耐材有很大的冲刷蚀损，还会引起注流区钢液翻滚。在中间包注流区安装湍流控制器可有效防止开浇时钢水从空气中吸氧和吸氮（表2-94），稳定注流区液面、避免卷渣，也能改变中间包内钢液流动模式，提高夹杂物去除率（表2-95）[123~125]。

表 2-94 钢液和铸坯中的 T[O] 和 T[N] 质量分数变化

湍流控制器	RH 精炼后钢液		浇注 20t 钢时的中间罐钢液		头坯		正常坯	
	T[O]	T[N]	T[O]	T[N]	T[O]	T[N]	T[O]	T[N]
无	41×10^{-6}	16×10^{-6}	44×10^{-6}	26×10^{-6}	39×10^{-6}	42×10^{-6}	25×10^{-6}	24×10^{-6}
有	51×10^{-6}	15×10^{-6}	51×10^{-6}	17×10^{-6}	25×10^{-6}	22×10^{-6}	19×10^{-6}	21×10^{-6}

表 2-95 铸坯中非金属夹杂指数、个数、面积比及粒度分布

湍流控制器	颗粒总数/个	夹杂物指数/mg·kg^{-1}	平均面积比/%	粒度分布/μm				
				10	20	30	40	50
无	760	0.508	0.0588	655	98	5	1	1
有	386	0.399	0.0158	351	33	2	0	0

20 世纪 90 年代中期，欧美等先进钢厂在中间包内的钢包注流区开始采用一种新型的控流装置——湍流控制器，限制钢包长水口的高速注流对中间包钢水流动的不利影响，改善中间包钢水的流动特性，减轻钢包开浇或更换时由于钢包注流冲击造成的钢水飞溅，减少中间包内衬因钢流冲刷造成的侵蚀。之后人们开始运用数值模拟和水力学模拟的方法研究各种形状的湍流控制器对钢液流动模式及夹杂物上浮去除的影响。通过研究湍流控制器有无顶缘对钢液流动的影响，认为方形带顶缘的湍流控制器能较好地改善中间包内钢水流动[126]。湍流控制器高度也对夹杂去除率有影响[127]，湍流控制器高度约为钢液深度 1/2 时，粒径大于80μm 夹杂物去除率近 100%（图 2-588）。首钢技术研究院的唐德池等人设计了

多种形状的湍流控制器（图 2-589），通过水模拟试验得出方形有檐湍流抑制器方案注流区无渣眼。

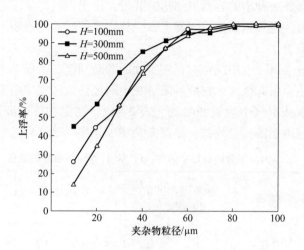

图 2-588   湍流控制器高度对夹杂物去除率的影响

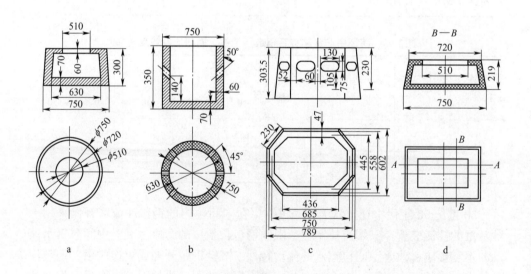

图 2-589   湍流控制器的结构（单位：mm）

总之，连铸中间包湍流控制器有如下作用：

(1) 对钢包注流的冲击起限制和缓冲的作用。

(2) 改善中间包钢水的流动特性，延长钢水在中间包内的最小停留时间

（可延长 4 倍），有利于钢水中的夹杂物上浮分离，提高去除夹杂物的能力。

（3）钢包开浇和更换时，减轻钢包注流冲击中间包造成的钢水飞溅，减少中间包衬的侵蚀，减少中间包钢液面涡流造成的卷渣。

（4）增加中间包钢水流动的活塞流体积，降低死区体积，与无湍流抑制器相比活塞流体积分数提高 28%~30%。

（5）减少外来夹杂物，提高中间包使用寿命。

（6）减轻长水口注流卷吸空气。

（7）可以有效控制铸坯中氮氧含量，提高铸坯质量，特别是头坯质量。

中间包只采用湍流控制器，不能消除短路流现象，应该和挡墙配合使用。

2.3.4.6 气幕挡墙

中间包气幕挡墙技术是 20 世纪末借鉴钢包吹氩搅拌技术发展起来的一项去除钢液中非金属夹杂物的新技术。所谓气幕挡墙，就是在中间包内沿长度方向在底部安装条形透气元件，从透气元件底部吹入一定流量的氩气，起到改变钢水流动形态，促进夹杂物上浮去除的功能。其原理是利用与钢液流动方向垂直的条形弥散型透气元件置于中间包底某一最佳位置，吹入氩气，氩气透过透气元件上浮形成一道微气泡气幕屏障，因此形象地称为"气幕挡墙"。

A 中间包吹氩方式

气幕挡墙中间包吹气元件的形式、结构及安装方式由简单到复杂。中间包吹氩的方式主要有三种，第一种是在中间包底部安放条形透气元件，德国 Neue Maxhutte Stahlwerke GmbH 公司在 20 世纪 90 年代初期，在包底安装一种镁质条形透气元件（图 2-590）。我国现在用来研究气幕挡墙的吹气方式也主要以埋设透气元件为主。第二种是在耐火材料里埋入透气管，埋设透气管的方式有种：一是在震捣的耐火混凝土中引入合成纤维，透气管埋设在永久层内；二是采用多孔喷料，透气管安置在永久层和工作层之间。20 世纪 90 年代初期，比利时 CMR 钢厂通过在中间包内埋设透气管，把带有孔洞的气体分配器埋入中间包的耐火里衬的侧壁和底部，如图 2-590 所示。

第三种是采用喷枪，用喷枪喷吹气体，吹气位置、吹气量、覆盖剂均对夹杂去除效果有影响。1990 年新日铁研制了一种旋转喷嘴，发明了一种旋转搅拌法，更有利于捕捉、去除夹杂物，尤其是小型夹杂物去除效果更佳，还能防止黏附中间包水口。虽然旋转喷嘴法具有良好的促进夹杂物分离的效果，但是在处理高温钢水的过程中，旋转机构的稳定性和持久性还存在一些问题，尚未达到广泛应用的程度。气幕挡墙位于中间包底部，在绕钢过程中与钢水接触。对耐火材料的要求有以下几方面：

（1）气幕挡墙为整体成型，上部为透气带，下部为致密带。透气带必须透

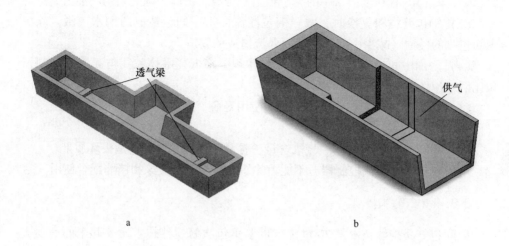

图 2-590　中间包内两种常见吹气方式

a—条形透气元件；b—透气管

气均匀，透气孔小。

（2）上部透气带应有一定的强度，避免在绕钢过程中受钢水静压力而产生裂纹。

（3）透气带在浇钢过程中不与钢水反应，避免浇钢过程中气孔堵塞。

B　中间气幕挡墙的作用

从 20 世纪 80 年代，人们就开始了中间包吹气技术的研究。如中间包塞棒、水口吹氩实现保护气氛浇注，防止钢液氧化，改变钢水在水口内的流动状态，阻碍钢水中夹杂物向水口内壁富集，防止水口堵塞。中间包底部吹氩，又叫中间包气幕挡墙技术，主要是在中间包底部某个位置通过多孔砖或多孔吹氩管吹入微小气泡，在中间包内形成气泡幕，类似于在包底设置了坝，改变钢液的流动方向，延长钢液在中间包内的停留时间，同时气泡上升的过程中捕获小颗粒夹杂物，有利于夹杂物的上浮。进入 21 世纪后，中间包气幕挡墙对高纯净钢生产的作用已经引起了广大冶金工作者的重视。近年来，国内外冶金工作者采用数学物理模拟相结合的方法，展开了对于中间包内气泡幕对钢液、夹杂物传输行为的理论研究，并进行了工业实验研究。

气幕挡墙的作用与钢包透气元件不同，中间包吹氩的主要作用不是为增强搅拌，而是通过惰性气泡清洗钢液，从而达到去除夹杂甚至脱气的目的。合理的布局以及合适的吹气大小可以使中间包冶金取得显著的效果，还可以改善中间包流场。通过水模拟实验得出中间包底吹气可以改善中间包流场，减少死区体积比，

增加平均停留时间,当气流形成气幕后可产生以下作用:

(1) 改变中间包流场,阻碍大颗粒夹杂物由中间包的注流区向塞棒区移动。

(2) 氩气泡在上浮过程中带动夹杂物上浮,并起到真空作用,进行脱气。

(3) 增加钢中夹杂物相互接触和碰撞的机会,促使夹杂物长大、上浮,从而使夹杂物被中间包渣吸收。

(4) 可改变中间包塞棒区的流场,减小塞棒区上部钢液向下的流速,从而减少夹杂物被卷入结晶器的概率。

中间包吹氩形成的微小气泡可以捕获钢液中微小尺寸夹杂物,对常规挡墙不能很好去除的小尺寸氧化物以及硫化物有很好的去除率,由于气泡表面张力的存在,在气泡上浮过程中可以将微小夹杂物吸附在气泡表面,当气泡到达顶部渣层时由于压强的变化而释放出来,进而被渣层吸收。中间包气幕挡墙对 $50\mu m$ 以下夹杂去除率有较大幅度提高 (见表 2-96)[128~132]。

表 2-96　气幕挡墙对夹杂物去除率的影响　　　　　　　　　(%)

夹杂物尺寸/μm	10	20	30	40	50	60	70	80	90	100	平均
无气幕挡墙	5	5.2	8.7	12.9	30.4	51.5	66.7	83	96.5	99.9	46.0
有气幕挡墙	46	51.2	58.1	63	69.9	72	77.4	88.1	99	99.9	72.5

吹氩形成的气幕挡墙可以显著改善中间包内钢液的流动轨迹,相当于在中间包内加装了一个堰,由于气幕对流股的抬升作用,将中间包底部的钢流强制转向流向液体表面,然后沿着液体表面流向中间包窄墙,再折向中间包水口方向,在气幕两侧分别形成两个回旋区,可以使得中间包角部区域流体运动活跃,死区体积分率降低,并且由于气幕对钢水的抬升,使得在气幕两侧形成两个方向相反的漩涡区,因此中间包内流体运动的路线更加曲折,并且全程流动靠近液体表面,可以为夹杂物上浮创造最佳的动力学条件[133]。

吹气量的大小会对中间包的流场产生影响。当吹气量较大时,在透气元件截面上气流上升速度较大,从而使钢液也以较大的速度向上流动,在气幕两侧靠近液面处形成很大的漩涡区,容易把上浮到渣-熔体界面的夹杂物卷入钢液中,甚至有时还会冲开表面保护渣使钢液二次氧化。当吹气量减小时漩涡区会向包底移动。但气量不宜过小,因为少量的气泡在中间包内难以形成气幕挡墙,气泡对钢液流动的影响较小,不能有效地改善钢液的流动。对于不同的中间包有一个最佳的吹气量,要以不吹开保护渣又能形成合适的气幕挡墙为宜[134]。对两流板坯连铸中间包底吹气,不出现卷渣的临界吹气量为 $0.1 m^3/h$,此时中间包液面最大流速可达 $0.45 m/s$[135]。

　　吹气的位置也会对中间包冶金效果产生重要影响，当吹气位置距离钢水注入口较近时，有利于增强注入区钢水的混合及夹杂物的碰撞长大，但浇注区存在的死区相对增大；当吹气位置距离注入口太远时，虽停留时间大大延长，但浇注区形成较强的回流，不利于渣与钢水的分离，极易造成卷渣，气体随钢水由出口流出的危险将增大[136]。

　　中间包中吹出的氩气可以达到搅拌钢液的作用，当钢液从注流区进入浇注区时，由于气体的抬升作用，中间包气幕两侧形成的两个漩涡使钢液得到了充分碰撞和混合，钢液的温度也得到了很大程度上的均匀，同时钢液在中间包中的停留时间的延长，也使钢液得到了充分的热交换，但是因为整个中间包耐火材料的保温效果，使得整体中间包的温度变化不大。本溪钢铁公司炼钢厂的生产试验表明，采用气幕挡墙吹入的氩气对中间包内钢水温度基本没有影响。利用热态水模实验研究了非稳态时气泡对钢液流动及温度的影响。气泡的吹入可以改善钢液的温度分层现象，在气幕的两侧形成两个温度区域，随着气流量的增加，温度分层现象降低。

　　采用气幕挡墙的中间包内，由于包内充满惰性气体，能够起到对钢液密封保护的作用，避免了开始浇注时与空气接触而吸氮和吸氧，起到了类似开浇前中间包氩气吹扫的效果。中间包上方较低的氧氮氢分压，不但可以防止钢液的增氢和增氮，还对钢液中总氧的降低有着极大的促进作用，对冶炼高品质钢种有着很大的应用前景。在开浇过程中，钢中氢含量峰值显著降低，浇注过程中，钢的氢含量也明显低于中间包不吹氩的钢中含量[137]。日本住友金属鹿岛厂中间包用多孔砖吹氩，微孔直径 $200\mu m$，实验证实吹氩对管线材 API-X60 的抗 HIC（氧诱导裂纹）指标有显著改进。

参 考 文 献

[1] Headrick W L. Towards a "greener" future with advanced refractories [J]. American Ceramic Society Bulletin, 2013, 92 (7)：28-31.

[2] Semler C E. Refractories—The world most important but least known products [J]. American Ceramic Society Bulletin, 2014, 93 (2)：34-39.

[3] 李红霞. 中国钢铁工业用耐火材料的发展趋势 [C] //中国耐火材料行业协会、中国金属学会. 2005 年国际耐火材料技术、市场研讨会论文集. 中国耐火材料行业协会、中国金属学会，2005：7.

[4] 李红霞，刘国齐，杨彬，等. 连铸用功能耐火材料的发展 [J]. 耐火材料，2001 (1)：45-49.

[5] 毕研虎. 一种免烘烤型长水口：中国，201120186903. 5 [P]. 2012-02-01.

［6］ 刘辉敏, 郭献军, 李建伟, 等. 一种免预热复合结构长水口内衬材料: 中国, 201310416346. 5 ［P］. 2014-01-01.

［7］ 李书成, 李伟峰, 王英杰, 等. 长寿命铝碳质长水口及其生产工艺: 中国, 201210040773. 3 ［P］. 2012-07-04.

［8］ 刘大为, 任永曾, 李轼保, 等. 非预热铝碳质长水口: 中国, 02100631. 8 ［P］. 2003-06-18.

［9］ 杨彬, 李红霞, 杨金松, 等. 免预热复合结构长水口: 中国, 200410060354. 1 ［P］. 2006-07-05.

［10］ 刘辉敏, 李红霞, 孙加林, 等. 复合结构长水口热应力有限元分析 ［J］. 硅酸盐学报, 2009, 37 (12): 2000-2006.

［11］ 涂闪. 复合长水口抗热冲击性的模拟和预测 ［D］. 洛阳: 洛阳耐火材料研究院, 2016.

［12］ 刘辉敏. 连铸用功能耐火材料热应力有限元分析 ［D］. 北京: 北京科技大学, 2010.

［13］ 王维邦. 耐火材料工艺学 ［M］. 北京: 冶金工业出版社, 2005: 31-32.

［14］ 张慧, 译. 铝碳-锆碳复合浸入式水口的生产与使用 ［J］. 国外耐火材料, 1995, 29 (5): 271-273.

［15］ 滑石直幸, 等. 碳和氧化物的复合耐火材料 ［J］. 国外耐火材料, 1986, 11 (4): 11.

［16］ 杨彬, 李红霞, 刘国齐. 电熔氧化锆原料显微结构和抗侵蚀性研究 ［C］//洛阳耐火材料研究院建院 40 周年文集, 2003: 90-95.

［17］ 吉野成雄. 日本における连铸用耐火物の现状 ［J］. 品川技报, 1988, 31: 31-74.

［18］ 横山洋一. Fused Zirconium-Lime with Different ZrO_2/CaO Ratio ［J］. 耐火物, 1992, 44 (1): 21-26.

［19］ 王守权. 浸入式水口渣线用高耐蚀性材质的开发 ［J］. 国外耐火材料, 1998 (8): 27-30.

［20］ DaisukeYoshitsugu, Katsumi Morikawa, et al. Properties of high zirconia-graphite material for submerged entry nozzles ［J］. Journal of the Technical Association of Refractories, Japan, 2007 (3): 180-184

［21］ 秦福平. ZrO_2 粒度对 ZrO_2-C 质耐火材料耐蚀性的影响 ［J］. 国外耐火材料, 2002 (1): 51-54.

［22］ 陈肇友. 化学热力学与耐火材料 ［M］. 北京: 冶金工业出版社, 2005: 518-523.

［23］ 张薇, 译. 浸入式水口在钢连铸中的侵蚀 ［J］. 国外耐火材料, 1999, 24 (2): 13-19.

［24］ 张薇. 浸入式水口在钢连铸中的侵蚀 ［J］. 国外耐火材料, 1999 (2): 13-19.

［25］ 曹冉, 李红霞. 非均匀成核法石墨表面改性的研究 ［J］. 耐火材料, 2006, 40 (3): 161-164.

［26］ 王凤森. 浸入式水口用高性能氧化锆-石墨材料 ［J］. 国外耐火材料, 1998 (9): 19-23.

［27］ 张文杰, 李楠. 碳复合耐火材料 ［M］. 北京: 科学出版社, 1990.

［28］ 李红霞, 杨彬, 杨金松, 等. 薄板坯连铸用 SEN 的开发和渣线材料抗侵蚀性能浅谈 ［J］. 连铸, 2003 (2): 29-31.

［29］ Taffin C, Poirier J. The behavior of metal additives in MgO-C and alumina-carbon refractories

[J]. Interceram, 1994, 43 (5): 354, 357-358.

[30] Taffin C, Poirier J. The behavior of metal additives in MgO-C and alumina-carbon refractories [J]. Interceram, 1994, 43 (5): 458-460.

[31] Zhang S, Marriott N J, Lee W E. Thermochemistry and microstructure of MgO-C refractories containing various antioxidants [J]. Journal of European Ceramic Society, 2001 (21): 1037-1047.

[32] 田守信. 添加物对 Al_2O_3-C 制品性能的影响及侵蚀机理 [D]. 洛阳: 洛阳耐火材料研究院, 1987.

[33] 刘国齐, 王金相, 杨彬, 等. 热处理气氛对添加铝粉的铝碳材料性能和结构的影响 [J]. 耐火材料, 2005 (1): 26-30.

[34] Luo Ming, Li Yawei, Sang Shaobai. In situ formation of carbon nanotubes and ceramic whiskers in Al_2O_3-C refractories with addition of Ni-catalyzed phenolic resin [J]. Mater. Sci. Eng., A, 2012, 558: 533-542.

[35] Tamura Shinichi, Ochiai Tsunemi, Takanaga Shigeyuki, et al. Development of MgO-C Nano-Tech Refractories of 0% Graphite Content (Nano-Tech Refractories-12) [C]. UNITECR, 2013.

[36] Mousom Bag, Sukumar Adak, Ritwik Sarkar. Study on low carbon containing MgO-C refractory: Use of nano carbon [J]. Ceram Int, 2012, 38 (3): 2339-2346.

[37] Semler C E. Review of advances in refractories [J]. International Ceramic Review, 2011, 2: 77-81.

[38] Sugita K. The past and future of refractories technology [J]. International Ceramic Review, 2012, 1: 8-12.

[39] 吴小贤. 含纳米碳新型低碳铝碳耐火材料研究 [D]. 北京: 北京科技大学, 2013.

[40] 吴翠玲, 翁文桂, 陈国华. 膨胀石墨的多层次结构 [J]. 华侨大学学报 (自然科学版), 2003 (2): 147-150.

[41] 黄琨, 黄渝鸿, 郭静, 等. 聚合物/膨胀石墨纳米复合材料制备及其应用研究进展 [J]. 材料导报, 2008 (S2): 147-150.

[42] 岳俊杰, 金朝晖, 金星龙, 等. 膨胀石墨在废水处理中的应用研究进展 [J]. 化工环保, 2010 (3): 219-221.

[43] 张倩, 高欣宝, 韩其文. 膨胀石墨在聚合物基纳米复合材料中的应用 [J]. 塑料工业, 2008 (S1): 192-194.

[44] 郭文雄. 膨胀石墨与纳米分离技术 [J]. 高科技纤维与应用, 2008 (5): 11-15.

[45] Sun Guilei, Wang Qiquan. Methods of preparing graphite nano-powders [J]. 材料导报, 2009 (23): 34-38.

[46] 崔汶静, 陈建, 谢纯, 等. 膨胀石墨制备石墨烯的可行性研究 [J]. 前沿科学, 2011 (3): 40-47.

[47] Francke M, Hermann H, Wenzel R, et al. Nanostructures by high energy ball-milling under argon and hydrogen atmosphere [J]. Carbon, 2005, 43: 1204-1212.

[48] 齐效文, 张瑞军, 杨育林. 高能球磨时间对碳质中间相结构及其高温摩擦磨损特性的影

响 [J]. 摩擦学学报, 2007 (2): 142-146.

[49] Huang J Y. HRTEM and EELS studies of defects structure and amorphous-like graphite induced by ball-milling [J]. Acta Materialia, 1999, 47 (6): 1801-1808.

[50] Li J L, Wang L J, Bai G Z, et al. Carbon tubes produced during high-energy ball milling process [J]. Scripta Materialia, 2006, 54 (1): 93-97.

[51] 陈小华, 成奋强, 王健雄, 等. 机械球磨下石墨结构的畸变 [J]. 无机材料学报, 2002, 17 (3): 579-584.

[52] Touzik A, Hentsche M, Wenzel R, et al. Effect of mechanical grinding in argon and hydrogen atmosphere on microstructure of graphite [J]. Journal of Alloys and Compounds, 2006, 426 (1-2): 272-276.

[53] 罗桂莲, 陈召怡, 魏彤, 等. 以天然石墨为原料制备纳米石墨片在有机溶剂中的分散液 [J]. 炭素, 2008, 136 (4): 34-37.

[54] Li J L, Peng Q S, Bai G Z, et al. Carbon scrolls produced by high energy ball milling of graphite [J]. Carbon, 2005, 43 (13): 2830-2833.

[55] Yue X, Li L, Zhang R, et al. Effect of expansion temperature of expandable graphite on microstructure evolution of expanded graphite during high-energy ball-milling [J]. Materials Characterization, 2009, 60 (12): 1541-1544.

[56] 周军. 自蔓延制备 Al_4SiC_4 及添加 Al_4SiC_4 对 Al_2O_3-C 材料性能的影响 [D]. 天津: 天津大学, 2008.

[57] 王建国. 氧化铝粉对塞棒用铝碳材料性能的研究 [D]. 武汉: 武汉科技大学, 2018.

[58] Tripathi H S, Ghosh A. Spinelisation and properties of Al_2O_3-$MgAl_2O_4$-C refractory: Effect of MgO and Al_2O_3 reactants [J]. Ceramics International, 2010, 36 (4): 1189-1192.

[59] Lee J, Duh J. High-temperature MgO-C-Al refractories-metal reactions in high-aluminum-content alloy steels [J]. Journal of Materials Research, 2003, 18 (8): 1950-1959.

[60] Zhu T B, Li Y W, Sang S B, et al. Formation of hollow MgO-rich spinel whiskers in low carbon MgO-C refractories with Al additives [J]. Journal of the European Creamic Society, 2014, 34 (16): 4425-4432.

[61] 吕李华, 刘洋, 李蕊, 等. 添加硼化镁对铝碳耐火材料显微结构及性能的影响 [C] // 第十三届全国耐火材料青年学术报告会暨 2012 年六省市金属 (冶金) 学会耐火材料学术交流会论文集. 郑州: 2012: 145-150.

[62] 连进. 添加 MgB_2 对镁碳耐火材料抗氧化性能的影响 [D]. 西安: 西安建筑科技大学, 2011.

[63] Mazzoni A D, Sainz M A. Formation and sintering of spinels ($MgAl_2O_4$) in reducing atmospheres [J]. Materials Chemistry and Physics, 2002, 78 (1): 30-37.

[64] 陈肇友. 化学热力学与耐火材料 [M]. 北京: 冶金工业出版社, 2005.

[65] 梁英教, 车荫昌. 无机物热力学手册 [M]. 沈阳: 东北大学出版社, 1993.

[66] Faghihi-Sani M, Yamaguchi A. Oxidation kinetics of MgO-C refractory bricks [J]. Ceramics International, 2002, 28 (8): 835-839.

［67］ 刘洋，肖国庆，刘民生，等. 碳含量及类型对镁碳耐火材料弹性模量的影响 ［J］. 兵器材料科学与工程，2013，36（1）：110-114.

［68］ 魏同，桂明玺. 连铸用耐火材料的现状及其今后发展趋向 ［J］. 国外耐火材料，1999，24（11）：3-13.

［69］ Li Lin. Microstructure and properties of carbon fiber-reinforced MgO-C composite material ［C］//Refractory '96, Proceedings of the international symposium on refractories, Haikou China, November 12-15, 1996, 3：166-172.

［70］ Nan Yonghan. The role of metal fiber in Al_2O_3-C refractories for steel making ［C］//44th International Colloquium on Refractories. Aachen Germany, September 26-27, 2001, 58-60.

［71］ Helge Jansen, Heinrich Grosse Daldrup, Hartmut Bunse. Steel fiber reinforced MgO-C bricks ［C］. Unitecr '2001, Cancun Mexico, Nov. 4-8, 2001.

［72］ Okamoto K, Nakamura T, Kondo M. Development of alumina/graphite immersion nozzle for continuous casting ［J］. Iron Steel Eng., 1982, 59（12）：47-52.

［73］ 杨元霞，毛起昭，沈大荣，等. 碳纤维水泥基复合材料中碳纤维分散性的研究 ［J］. 建筑材料学报，2001，4（1）：84-88.

［74］ 王继刚，郭全贵，刘朗，等. 石墨高温粘接部件的抗热震性能研究 ［J］. 新型碳材料，2002，17（1）：13-17.

［75］ 王继刚，郭全贵，刘朗，等. 不同添加剂对石墨材料高温粘结性能的影响 ［J］. 无机材料学报，2002，17（3）：585-589.

［76］ 王继刚，郭全贵，刘朗，等. B_4C 改性酚醛树脂对石墨材料高温粘接性能的影响 ［J］. 耐火材料，2001，35（2）：72-75.

［77］ Mckee D W, Spiro C L, Lamby E J. The effect of boron additives on the oxidation behavior of carbons ［J］. Carbon, 1984, 22（6）：507-511.

［78］ 岳卫东，聂洪波，钟香崇. 金属 Al-Si 复合不烧铝碳滑板材料的热机械性能及显微结构 ［J］. 耐火材料，2006（3）：177-180.

［79］ 孙荣海，刘百宽. 碳质耐火材料 ［J］. 国外耐火材料，2005（6）：5-19.

［80］ 王建筑，赵俊学，张厚兴. 碳源对 Al_2O_3-C 材料性能、显微结构的影响 ［J］. 硅酸盐通报，2013（5）：844-846.

［81］ 朱天彬，李亚伟，桑绍柏. 膨胀石墨对镁碳耐火材料显微结构和性能的影响 ［J］. 硅酸盐通报，2015（9）：2436-2441.

［82］ 刘新彧，Marion Schnabel，Andreas Buhr，等. 合成尖晶石和原位尖晶石的机制与实践 ［C］//2011 年耐火原料学术交流会论文集，2011：72-82.

［83］ 牛济泰. 航空航天材料的焊接与胶接 ［M］. 北京：国防工业出版社，2012.

［84］ 陈若愚，王国平，刘小华. 硼酸铝晶须的制备和表征 ［J］. 化工矿物与加工，2002（8）：10-12.

［85］ 赵飞，朱伯铨，李享成，等. 金属 Al、Si 粉对 Al_2O_3-C 砖高温力学性能和显微结构的影响 ［C］//第十三届全国耐火材料青年学术报告会暨 2012 年六省市金属（冶金）学会耐火材料学术交流会论文集，2012：121-125.

[86] 刘丹阳，徐宁. 浅谈氧化硼在硅酸盐玻璃中的研究 [J]. 华东科技：学术版，2013
（9）：472.

[87] 张玲，窦淑菊，王壮. 铝镁碳砖中的玻璃防氧化剂 [J]. 鞍山钢铁学院学报，2000
（4）：254-256.

[88] 欧阳德刚，周明石，张奇光. 高温金属抗氧化无机涂层的作用机理与设计原则 [J]. 钢
铁研究，1999：52-54.

[89] 张文丽，陈加庚. 铝炭制品防氧化涂料的作用机理 [J]. 耐火材料，1997（3）：
131-133.

[90] 欧阳德刚. 含碳耐火材料抗氧化涂料的现状与发展趋势 [J]. 工业加热，2005（4）：
51-54.

[91] 武玉华，李汝修. 铝碳制品裸体烧成防氧化涂料的研制 [J]. 国外耐火材料，1998
（11）：3-6.

[92] 全荣. 高温下含碳砖的反应 [J]. 国外耐火材料，1999（7）：53-58.

[93] 韦远，刘玉成，董履仁，等. 镁碳砖在氧化气氛中的脱碳动力学研究 [J]. 钢铁，1989
（3）：45-50.

[94] 马铁成. 陶瓷工艺学 [M]. 北京：中国轻工业出版社，2011.

[95] 安科云. 超低温釉制备与烧成机理的研究 [D]. 长沙：中南大学，2010.

[96] 李燕红. 低熔点防氧化涂料的研制和应用 [J]. 中国陶瓷工业，2009（3）：8-11.

[97] 李燕红，杨彬，王新福. 添加物对铝碳耐火材料防氧化涂料抗氧化性能的影响 [J]. 耐
火材料，2009（5）：350-353.

[98] Ma T F, Li H X, Liu G Q, et al. Influence of additive on high temperature performance of
glaze [J]. Adv. Mater. Res., 2011（314-316）：231-235.

[99] 崔素芬. 石墨制品防氧化用自凝性涂层 [J]. 国外耐火材料，1998（4）：35-38.

[100] 欧阳德刚，胡铁山，王海青，等. 含碳耐火材料防氧化涂料的实验研究 [J]. 武钢技
术，2006（3）：24-27.

[101] 郭红莲. 金属复合基 Al_2O_3-C 滑板材料的研究 [D]. 洛阳：洛阳耐火材料研究
院，2004.

[102] 刘春红. 陶瓷型氧化锆定径水口的研制 [D]. 洛阳：洛阳耐火材料研究院，2011.

[103] 董艳玲，王为民. 陶瓷材料抗热震性的研究进展 [J]. 现代技术陶瓷，2004，25（1）：
38-39.

[104] 龚江宏. 陶瓷材料断裂力学 [M]. 北京：清华大学出版社，2001：154-160.

[105] 陈黎亮，贾成厂. 各种添加剂对 ZrO_2 性能的影响 [J]. 粉末冶金技术，2008，26（2）：
138-139.

[106] 安胜利. 氧化镁部分稳定氧化锆的相变与抗热震性能研究 [J]. 包头钢铁学院学报，
2003，22（4）：306-309.

[107] Barsoum M W, Houng B, Transient plastic phase processing of titanium-boroncarbon compos-
ites [J]. J. Am. Ceram. Soc., 1993, 76（6）：1445-1451.

[108] 洪彦若，孙加林，王玺堂. 非氧化物复合耐火材料 [J]. 北京：冶金工业出版

社，2003.

[109] 滕国强. 金属添加剂对透气砖用刚玉质材料结构和性能的影响 [D]. 洛阳：洛阳耐火材料研究院，2002.

[110] 李代兵. 刚玉-尖晶石质钢包透气砖热震稳定性的研究 [D]. 洛阳：洛阳耐火材料研究院，2008.

[111] 王杰曾，金宗哲，王华，等. 耐火材料抗热震疲劳行为评价的研究 [J]. 硅酸盐学报，2000，28（1）：91-94

[112] 江欣. 透气塞的损毁与对策 [J]. 耐火与石灰，2002，27（1）：28-33.

[113] 王会先，禄向阳，窦景一，等. 基质对刚玉透气砖抗渣性能的影响 [J]. 耐火材料，2000，34（5）：268-271.

[114] 史明. 大方坯结晶器流场的数理模拟 [D]. 沈阳：东北大学，2013.

[115] 杨文刚，李红霞，刘国齐，等. 高效连铸用薄板坯浸入式水口结构设计 [J]. 耐火材料，2015，49（5）：332-334.

[116] Chiang L K. Water modeling of IPSCO slab caster tundish [C]. Steelmaking Conference Proceedings，1992：437-450.

[117] Koria C，Singh S. Physical modeling of the effects of the flow modifier on the dynamics of molten steel flowing in a tundish [J]. Isij Int.，1994，34：784-793.

[118] 马天飞，刘国齐，李红霞，等. 控流装置对中间包夹杂物运动行为的影响 [J]. 山东冶金，2010，32：53-54.

[119] 钱凡，杨文刚，马天飞，等. 六流小方坯中间包流场优化水模研究 [J]. 河南冶金，2012（5）：7-10.

[120] Sahay S K，De T K，Basu D S，et al. Strand performance improvement through use of asymmetric baffles in Tundish of six strand billet caster at DSP [J]. Iron Steelmak.，2001.

[121] Steak S P，Suzwki Y，Bullock R A. Improving steel cleanliness through tundish baffle technology [J]. I&SM. 1991：17-18.

[122] Liu X，Zhou Y，Shang B，et al. Flow behavior and filtration of steel melt in continuous casting tundish [J]. Isij Int.，1992，19：221-225.

[123] 任子平，姜茂发，钟良才，等. 板坯连铸中间罐湍流控制器试验与应用 [J]. 炼钢，2004（6）：29-31.

[124] 许茂清，皇祝平，夏翁伟，等. 湍流控制器在沙钢板坯连铸机中间包的应用 [J]. 江苏冶金，2006（6）：26-28.

[125] 张富强，姜振生，吕志生，等. 板坯连铸中间包湍流控制器的应用研究 [C] //2003中国钢铁年会，2003.

[126] 钟良才. 湍流控制器及大板坯连铸中间包结构优化 [D]. 沈阳：东北大学，2004.

[127] 陈国军，雷洪，耿佃桥，等. 湍流控制器对异型中间包夹杂物去除的影响 [J]. 炼钢，2010，26：51-54.

[128] Yamanaka H. Effect of argon bubbling of in tundish on removal of non-metal inclusion in Slab [J]. Tetsu to Hagane，1983，69（2）：213.

［129］ 崔衡，包燕平，刘建华. 中间包气幕挡墙水模与工业试验研究［J］. 炼钢，2010，26：
        45-48.

［130］ 黄奥，汪厚植，顾华志，等. 气幕挡墙中包夹杂物去除及其机制影响数模研究［C］//
        发展中国家连铸国际会议，2008.

［131］ 高爱民，林磊，艾立群. 中间包气幕挡墙去除夹杂物的数值模拟［J］. 钢铁钒钛，2007
        （3）：19-23.

［132］ 包燕平，徐保美，曲英. 中间罐吹气搅拌对钢液流动的影响［J］. 连铸，1995（5）：
        10-13.

［133］ 梁新腾，张捷宇，刘旭峰，等. 板坯连铸中间包底吹气数值模拟研究［J］. 内蒙古科技
        大学学报，2008，27：59-61.

［134］ 张美杰，汪厚植，顾华志，等. 气幕挡墙对中间包内钢液流场影响的数值模拟［J］. 钢
        铁研究学报，2006，18：17-21.

［135］ 唐德池，李永林，田志红，等. 底吹气量对中间包钢液流动影响的数值物理模拟［J］.
        上海金属，2012，34：49-52.

［136］ 陶立群，姜茂发，王德永，等. 连铸中间包底吹氩物理模拟和工业实践［J］. 钢铁，
        2006（5）：32-35.

［137］ Marique C，Dony A，Nyssen P. The bubbling of inter gas in the tundish［C］//Steelmak.
        Conf，Improve the steel cleanliness，1990：461-466.

3 透气元件

透气元件广泛应用于钢铁和有色冶炼行业，是一种关键功能性耐火材料，其使用效果很大程度影响高品质钢材和有色制品质量。通过透气元件内部的气道，向冶金设备或容器喷吹 N_2、Ar 或 H_2 等气体，搅拌高温熔体，达到均化金属熔液成分和温度、去除夹杂物和有害气体以及提高合金收得率的目的。

透气元件在钢铁冶炼行业中在转炉、电炉和精炼钢包均有应用，承担着类似的净化和均化钢液的功能，但主材质和结构形式不同[1]。转炉和电炉透气元件的主材质与炉衬材料一致，均为镁碳质，结构形式为直通管式。而钢包透气元件主材质为性能优异的刚玉-尖晶石质，结构形式更为多元化，分为狭缝、弥散、直通微孔型以及复合型。基于第 2 章中关于透气元件热应力分析和梯度结构设计理念，研制的芯板型复合结构透气元件将在本章做详细阐述。

透气元件的结构形式决定其透气性能，进而影响它的冶金效果和使用寿命。无论哪种结构类型，生产和使用关键均在于底吹气体通道（气孔、管道、狭缝）的形成和维护。由此可见，除材质优劣外，透气元件的使用效果还与气道制作工艺和使用操作工艺息息相关。

3.1 转炉冶炼用透气元件

3.1.1 概述

氧气转炉顶底复合吹炼是 20 世纪 70 年代末世界炼钢领域中发展起来的一项新技术、新工艺，而转炉炉底供气装置是转炉顶底复合吹炼的关键技术，如图 3-1 所示，使转炉吹炼过程平稳，喷溅少，熔池成分、温度均匀，终点钢水氧含量、渣中氧化铁含量低，降低合金消耗，能有效地改善钢水的洁净度和稳定钢水成分[2,3]。

目前，我国的大型复吹转炉为了适应底吹与高炉龄、超高炉龄同步需要，底部一般布置 8 ~ 16 个底吹供气元件，底吹搅拌强度（标准状态）为 0.04 ~ 0.08 $m^3/(min \cdot t)$，透气元件寿命为 4500 ~ 5500 炉，吹炼终点钢中碳氧积为 0.0022 ~ 0.0026。而日本、韩国大型转炉（住友金属、新日铁、NKK、浦项）的

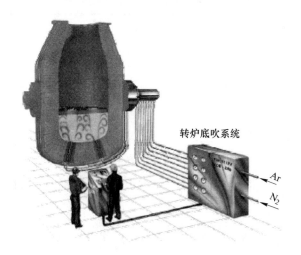

图 3-1 转炉底吹系统

底吹供气强度为 $0.1 \sim 0.13 m^3/(min \cdot t)$，透气元件寿命为 5000~6000 炉，吹炼终点碳氧积为 0.0016，可见中国复吹转炉的综合指标与国外先进钢厂相比还有差距[4]。中国复吹转炉以往很长一段时间不恰当地追求超长炉役，使底吹供气量过小，复吹效果不明显。

  转炉冶炼用透气元件多采用内置单管的高级镁碳质透气元件，单管内径一般为 $\phi 1.5 \sim 4mm$，壁厚 1mm。此种透气元件内的通道也可不等径，中间直径比四周大，以消除在工作面上形成的气带形状不稳定的现象，从而减少管道堵塞现象，提高吹炼效果和砖的寿命。

3.1.2 冶金功能与效果

  复吹底吹气源的种类很多，有 O_2、N_2、Ar、CO_2、CO、混合气（$N_2 + Ar$、$CO_2 + N_2$）、天然气等。具体使用哪种气源应根据钢厂具体条件选择，首先考虑其冶金行为、冷却效应、价格、生产难易程度，不同厂家采用的吹气方式如表 3-1 所示[5]。

  N_2 是复吹必备且耗量最大的气源，由于 N_2 易制取，故价格低廉。N_2 在吹炼前期和中期使用有极少量增氮，因此，一般供应强度不超过 $0.03 m^3/(min \cdot t)$。在生产普通钢时与用 Ar 作底吹气源比较，可降低成本，钢的化学成分和质量能满足规定要求。在生产低氮钢时，吹炼末期会使钢水增氮，所以吹炼末期切换吹 Ar，需增加设备和工序。

表 3-1 国内外转炉底吹透气元件采用的底吹工艺

厂 家	复吹工艺	底吹气体	底吹流量 /m³·(min·t)⁻¹	喷吹元件 形式	优 缺 点
住友	STB	CO_2、O_2	0.03~0.15	双管	转炉回收气体中回收 CO_2,循环使用 CO_2 是吸热反应,$CO_2 + C = 2CO$,CO_2 回收设备费用高
英钢铁公司	BAP	空气、N_2	0.03~0.1	双管	
新日铁	LD-OB	O_2、冷却气体丙烷	0.15~0.8	双管	
比利时	LD-HC	O_2、冷却气体天然气	0.08~0.4	双管	
川崎制铁	K-BOP	O_2、冷却气体 C_3H_8	0.2~0.5	双管	
MEFFOS	LD-BD	O_2、冷却气体 C_3H_8	0.2~0.5	双管	
新日铁	LD-OB	Ar、N_2、O_2 丙烷	0.2~0.3	套管	稳定流速,控制范围窄
川崎	K-BOP	Ar、N_2、O_2、CO_2 丙烷	0.2~0.3	套管	
住友	STB	Ar、N_2、CO_2、O_2	0.2~0.3	套管	
新日铁	LD-CB	Ar、N_2、CO_2	≤0.1	束管	流量控制范围宽,耐火材料损失小
日钢管	NK-CB	Ar、N_2、CO_2	≤0.1	束管	
神户	LD-OTB	Ar、N_2、CO_2	≤0.1	环状管	
北京首钢	2×30t 转炉	N_2	0.025~0.03	环缝小集管	流量控制范围宽,耐火材料损失小
鞍钢	2×150t 转炉	N_2、Ar	0.03~0.05	环缝小集管	
马钢二炼	1×10t 转炉	O_2	3.2~3.5	环缝小集管	
首钢试验厂	2×6t 转炉	N_2、CO_2	0.03~0.05	环缝	调节范围大,喷嘴损失小,保护同心度困难,影响稳定性
马钢三炼	1×50t 转炉	N_2	0.03~0.04	环缝	
太钢二炼	2×50t 转炉	N_2、Ar	0.01~0.03	环缝	
新抚	1×6t 转炉	N_2、Ar	0.03	环缝	
上钢一厂	2×15t 转炉	CO_2	0.03~0.05	环缝	
上钢五厂	1×20t 转炉	N_2	0.03	环缝	
济南钢厂	1×15t 转炉	N_2	0.03	环缝	
包钢	1×50t 转炉	N_2	0.03	环缝	
武钢	2×50t 转炉	N_2、Ar	0.03~0.06	砖缝,或多孔定向式	比弥散供气稳定,耐腐蚀性好

　　Ar 作底吹气源多半用于终吹前后搅拌，对钢水的净化最有利，不会污染钢水，用途广泛，适应性强。但制取困难，费用高，增加炼钢成本，因此，应根据所炼钢种、冶炼时期的不同，切换使用 N_2-Ar。

　　CO_2 吹入熔池中产生 CO_2+C→2CO 反应，是分解吸热反应，熔池的搅拌能力和冷却作用很大，有利于钢中 [N] 的去除，也净化了钢质，搅拌效果与吹 Ar 相同，具有氧化 Si、Mn 的能力。但是 CO_2 是氧化性气体，对底吹喷嘴与炉底处的耐火材料蚀损严重。

　　CO 的物理冷却性能好，比热容、导热系数比 Ar 好，优于 CO_2，冷却能力比 Ar 约大 20%，能产生蘑菇头结瘤，有利于保护底吹喷嘴和炉底衬砖。CO 在熔池中基本不发生反应。但必须保证吹入 CO 与 CO_2 的比例，CO_2 含量不能超过 CO 含量的 10%。缺点是有毒，有爆炸的危险，为防止爆炸需建立良好的通风站和检测 CO 的浓度装置，且需要配置停吹时自动通 N_2 清扫管路，炉内没有钢水不能吹 CO 的连锁装置。

　　用 O_2 搅拌熔池时，氧与碳发生反应（O_2+2C→2CO），产生体积为氧气两倍的 CO，搅拌力大，能使钢水终点 [N] 量明显降低（一般在 10×10^{-4}%），适用于低碳钢和深冲钢的冶炼，可始终保持供气元件的通畅性。缺点是元件损耗速度快，即使采用丙烷作喷嘴的冷却介质，喷嘴寿命也低。

　　顶吹时气体对流场影响明显，水模拟结果表明熔池中液体在四孔顶枪的顶吹气流的冲击下形成了四个明显的凹坑，从凹坑中流出的速度较高的液体推动熔池表面层的液体向四周流动，然后在壁面附近转折向下，壁面附近存在漩涡区，搅拌微弱。与之相比，顶底复吹熔池内液体的流动大致相同，但壁面附近的低速循环区有所缩小，且循环速度显著加快。同时，底吹气流形成的气泡带动钢液上升，使循环速度加快，强化了熔池搅拌。此外，凹坑下面的中心区域由不同方向的流股碰撞混合形成了强烈的漩涡区，钢液呈螺旋向上流动的态势。水模型实验中，流股对熔池搅拌作用的效果用混匀时间来表示。熔池的混匀实际上是由液体的循环流动及介质的扩散共同完成的[6]。

　　底吹供气强度对熔池搅拌混匀时间的影响见图 3-2。可见，当底吹供气强度较小时，底吹对熔池的搅拌作用不足，混匀所需时间延长；随着底吹供气强度增加，搅拌作用加强，混匀时间缩短；但底吹供气强度增加到一定程度，搅拌混匀时间又会延长。从图 3-2 中还可看出，对炉役中后期，过强的供气强度会使混匀时间剧增，这主要是因为中后期炉体被侵蚀，内腔由前期的"球缺+圆台+圆柱"变成为中后期的"球缺+圆柱"或"圆柱"形状。底吹供气强度过大，有部分气体很快穿过熔池经炉口排出，对熔池没有起到应有的搅拌作用的效果[6]。图 3-3 是混匀时间与底吹供气强度的对比，也可以看出随着底吹供气强度的增加，混匀时间呈下降的趋势。

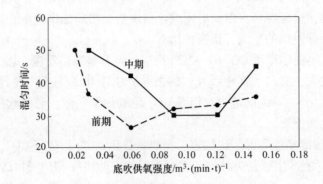

图 3-2 混匀时间与底吹供气强度的关系

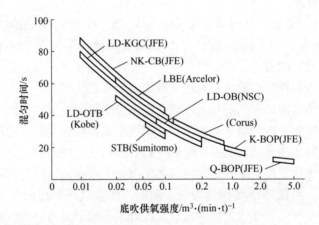

图 3-3 不同炼钢厂混匀时间与底吹供气强度的对比

底吹气体的供气强度对搅拌的影响可以用熔池的均匀混合时间（τ）来计算[7]。

$$\tau = 800\varepsilon^{-0.4} \tag{3-1}$$

$$\varepsilon = 0.0285QT/[W\lg(1 + Z/H)] \tag{3-2}$$

式中，ε 为搅拌能量；Q 为底吹气体量，W/t；T 为钢水温度，K；W 为钢水质量，t；Z 为钢水深度，cm；H 为相当于 1×10^5Pa 时的钢水深度，$H=148$cm。

复吹条件下的混匀时间 τ 随顶吹气流的穿透深度和底气比 $[Q_B \times 100/(Q_T +$

Q_B)]（Q_B、Q_T分别为底吹和顶吹流量）的增大而减小。底气流量增大，对熔池的搅拌能增大，混匀时间随之减小。因此适量增大底吹供气强度有利于提高复吹转炉的冶金效果。但供气强度过高，也会对透气元件的寿命造成一定的影响。底吹透气元件结构和供气流量需要根据转炉搅拌要求设计，达到搅拌效果的设计才是合理的。目前国内转炉底吹搅拌强度为 $0.04 \sim 0.08 m^3/(min \cdot t)$，而住友金属和歌山钢铁厂 245t 转炉底吹搅拌强度达到 $0.365 m^3/(min \cdot t)$。底吹搅拌效果差，使得成本加大（脱氧剂与合金消耗、精炼时间等），非金属夹杂物增加，难以适应铁水磷含量提高的形势发展。

转炉冶炼终点 $w[C]w[O]$ 乘积是判断底吹效果好坏的重要的一项指标，良好的底吹效果可以促进钢中残氧与碳的反应，降低钢中氧含量，从而降低 $w[C]w[O]$ 乘积。以国内某钢厂为例，2000 炉之内碳氧积在 0.0025% 以下，随着炉龄增加，碳氧积总体呈上升趋势，5000 炉以上碳氧积为 0.003% 以上，如图 3-4 所示。

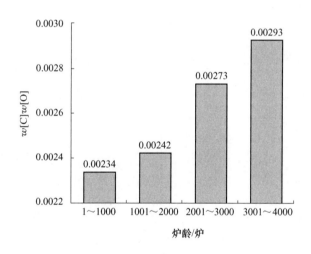

图 3-4 碳氧积随炉龄变化趋势

3.1.3 材质与结构

转炉底部透气元件用于从转炉底部供入 Ar 或 N_2，复吹时产生高温和强烈的搅拌作用，使用要求安全可靠，因此采用具有耐高温、耐侵蚀、耐磨损和抗热震性好的优质镁碳砖，主要理化指标：$MgO \geq 76\%$，$Al_2O_3 \leq 0.4\%$，$SiO_2 \leq 0.6\%$，C $10\% \sim 15\%$，体积密度 $\geq 2.9 g/cm^3$，常温耐压强度（110℃，24h）$\geq 30MPa$，高温抗折强度（1500℃，3h）$\geq 11MPa$，显气孔率 $\leq 3\%$。

3.1.3.1　结构形式

转炉底吹供气元件结构和形式设计参数的合理选择，是复吹技术成功与否的决定性因素。按结构划分，转炉底吹用供气元件大致可分为喷嘴型供气元件和砖型供气元件两种[5]。

A　喷嘴型供气元件

受转炉顶吹用氧枪喷嘴的启发，先后开发出一系列喷嘴型供气元件：单管式—双层套管—环缝式（又分单环缝式和双环缝式）。最早使用的是单管式供气元件（结构示意图见图3-5）。单从搅拌角度看，搅拌气体通过单管吹入金属熔池，搅拌效果较好。但是由于气体的冷却作用，使炉底耐火材料与钢水接触，发生局部冷却凝成伞形物，常导致管口黏结和钢水凝固堵塞。随后在单管式基础上开发了双层套管。

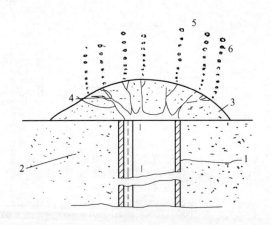

图 3-5　单管式喷嘴断面图

1—喷嘴；2—耐火材料；3—伞形物；
4—气体通道；5—钢水；6—气泡

双层套管喷嘴结构见图3-6。内管吹氧气，内外管间的环缝吹保护气体。双层套管喷嘴能够有效地避免类似单管喷嘴的堵塞问题。但也存在自身缺点：由于内管出来的气泡大，产生很大反冲击力，严重损坏喷嘴周围的耐火材料，且气量调节幅度有限，难以按冶炼要求进行大幅度调节，特别是在冶炼高碳钢时，对含碳量在 $0.04\% \sim 0.4\%$ 的钢种，要求供气元件有 $0.05 \sim 0.1 m^3/(min \cdot t)$ 的气量调节，双层套管喷嘴难以达到。为消除此结构缺陷，冶金工作者又开发了环缝管式喷嘴。

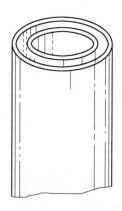

图 3-6　双层套管喷嘴示意图

环缝管式喷嘴分单环缝管式喷嘴和双环缝管式喷嘴，单环缝管式喷嘴结构见图 3-7。环缝宽度一般为 0.5~5.0mm，最好控制宽度小于 2mm。喷嘴流量控制在最大流量与最小流量之比为 3~5 较适合，能在大范围内稳定地控制吹入气体的流量。与双层套管的内管不同，这种喷嘴内管的内腔用耐火材料填满，只通过环缝吹入气体，使气泡变小，以减少气泡的反冲力。因此，喷嘴周围耐火材料损失减小。

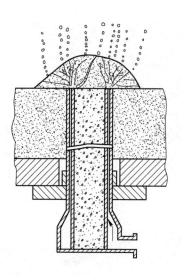

图 3-7　单环缝喷嘴结构

双环缝式喷嘴结构见图3-8。这种喷嘴可通过两个环缝吹入不同的气体。如内环缝吹入氧气，外环缝吹入惰性气体或冷却气体。在低流速操作时，吹入气体的压力稳定。内环缝吹入 O_2 与熔池中的 C 进行反应，生成 CO，即 $O_2+2C\rightarrow 2CO$。从反应式可看出：气体体积显著增大，即搅拌力显著增大。此结构气体流量调节范围大（10倍气量），搅拌效果好，喷嘴蚀损量较小，故在生产中广泛采用。只要保持双层套管的同心度，喷嘴的耐火材料寿命便长，但实际操作时保持双层套管的同心度是很困难的。由于环缝不均，气流难于稳定，因此随后便开发了砖型供气元件。

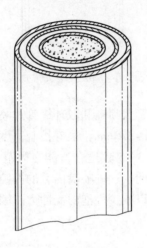

图 3-8 双环缝喷嘴结构

B 砖型供气元件

砖型供气元件的发展路线是弥散型—砖缝组合型—直通多孔型供气元件。由于弥散型耐冲刷性和抗侵蚀性均差，寿命低不耐用，砖缝组合型易开裂的缺点，目前转炉透气元件以直通孔型为主，如图3-9所示。直通孔型砖内设置 10~150支细不锈钢管或耐热钢管，单管直径为 0.5~3mm。不锈钢管管头组合在一起，插在砖下方的高压箱内，设有一个集中供气装置。气体通过不锈钢管通道进入钢水中。

这种结构具有以下优点：

（1）气体在金属管内流动，阻力小；

（2）金属管焊接在金属气室上，气密性好；

（3）金属管对周围的耐火材料有增强作用，使供气元件不易剥落和开裂；

（4）金属管内流动的气体对耐火材料起冷却保护作用；

（5）耐火材料对直接与钢液接触的金属起保护作用；

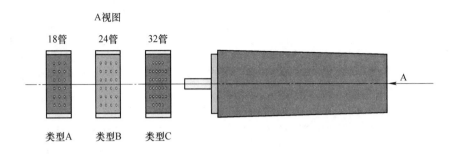

图 3-9 直通孔型供气元件

（6）气量调节范围大，可达 10 倍以上；

（7）安全性好，即使在断气的极端条件下，钢水也不会一灌到底，而是在气室上部凝固。

这种直通孔定向多微管型透气元件的设计思想是选择合适的不锈钢管径和管数，在气源所提供的压力范围内，满足工艺要求的最大和最小搅拌强度，同时不发生钢水倒灌现象。

目前转炉底吹透气元件使用最为典型的代表有细金属管直通孔型透气塞供气元件和两层金属中间密封的双环缝供气元件。这两种供气元件特点见表 3-2[5]。

表 3-2 细金属管与双环缝供气元件结构形式对比

特 点	细金属管式供气元件	双环缝供气元件
初始分散细流特性	好	较好
对炉底砖衬的作用	细管内通气，完全避免对耐材冲刷；同时对耐材起冷却和加固作用	多双环缝通气，对炉底砖衬的作用与前者相当

特　点	细金属管式供气元件	双环缝供气元件
供气元件制作	结构较为复杂，生产工序多，成本较高	结构简单，制作成本较低
使用压力及流量调节范围	因细管直径较小，使用压力较高；流量调节范围有限	因当量直径较大，使用压力不如前者高；流量调节范围大
自过滤装置	不具有	具有，可避免管路中杂质堵塞
供气元件安装	安装困难，实际砌筑时，较难符合工艺设计要求	采用外装式，安装方便，较易符合工艺设计要求

3.1.3.2　结构形式对钢水搅拌的影响

图 3-10 是含不同直径毛细管的供气元件流量与气源压力的关系[4]，可以看出在气源测试压力内（0.3~1.2MPa），含不同直径毛细管的供气元件流量均随气源压力增大而增大，且呈线性增长。毛细管越短，内径越大，供气元件流量随气源压力增加的增速越快。由图 3-11 可知，在测量的底吹供气流量范围内，底吹不对称供气的熔池混匀时间均低于底吹均匀供气的混匀时间[4]。

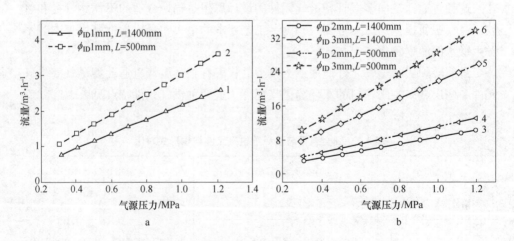

图 3-10　含不同直径毛细管的供气元件流量与气源压力的关系

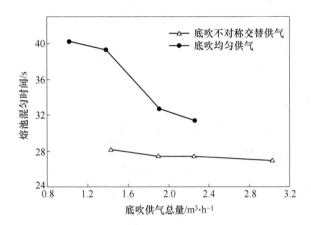

图 3-11 炼钢复吹供气强度与混匀时间的关系

3.1.4 生产工艺

以目前使用较广泛的镁碳质定向多微管供气元件的生产工艺为例，严格控制配料、混合造粒、成型、焊接等环节的质量，特别是要控制等静压成型过程，因为需要对不锈钢管气道进行定位，保证气道垂直和钢管间距均匀，以及控制焊接的质量，以保证气室的整体密封性和气道的畅通。

3.1.4.1 原料

选用大结晶电熔镁砂和鳞片状石墨为主要原料，铝粉、硅粉等为复合添加剂，热固、沥青改性树脂和沥青粉为结合剂[8]。

A 电熔镁砂

电熔镁砂的纯度、结晶大小对制品性能有较大的影响。随镁砂纯度降低，高温强度明显下降。这是因为在高温作用下，形成的硅酸盐相增加，晶粒间直接结合程度降低，产生的液相增多。因此，为了提高制品对钢流、气流的抗冲刷能力，应选用MgO≥97%，结晶发育良好，晶粒在 400~1500μm 之间的高纯、大结晶电熔镁砂。

B 石墨

天然鳞片石墨是镁炭质供气元件的重要组成部分。石墨的加入提高了耐火材料的抗热冲击和高温抗侵蚀性能，但石墨本身易氧化而导致结构疏松，大幅度降低高温强度且抗冲刷性差。由于鳞片状石墨的各向异性，在生产时要考虑石墨的宏观定向问题，以期达到最好的使用效果。

石墨纯度对 MgO-C 试样性能有一定的影响，如表3-3 所示。石墨纯度从95%提高到99%，氧化失重率差别比较小，但对高温强度的影响较显著，主要是因为石墨中灰分的主成分是 SiO_2，Al_2O_3，FeO，灰分中的氧化物会使 MgO-C 砖中的石墨在高温下发生氧化反应，降低其抗氧化性，同时灰分可以形成硅酸盐相，降低材质的高温性能，因此石墨纯度以 C>98% 为宜。

表 3-3　石墨纯度对 MgO-C 试样性能的影响

石墨纯度/%	氧化失重率（1400℃，2h）/%	高温抗折强度（1400℃，0.5h）/MPa
95	11.96	14.3
98	10.74	18.2
99	10.73	21.9

石墨粒度也是影响 MgO-C 材料性能的因素之一，如表 3-4 所示。随着石墨粒度增加，常温下显气孔率下降、体积密度增加，高温抗折强度呈上升趋势。但是随石墨粒度继续增加，成型难度加大。石墨是鳞片结构，粒度的增加主要体现在鳞片的尺寸，而厚度方向增加极微，所以石墨粒度太大，使 MgO-C 泥料混练困难，成型性能变差。大鳞片石墨在混练时，难于被镁砂粉和金属粉包裹，使材料抗氧化性能下降。同时，砖体中鳞片石墨层间直接接触的机遇相对较多，彼此结合力小，体现在常温和高温强度下降。

表 3-4　石墨粒度对 MgO-C 试样性能的影响

粒度/mm	纯度/%	常温耐压强度/MPa	氧化失重率/%	脱碳层厚度/mm	高温抗折强度/MPa
<0.074	98	32.7	10.1	6.5	19.5
<0.147	98	44.3	9.9	6.2	23.0
<0.147	99	31.9	10.8	7.3	21.9
>0.147	99	27.8	10.4	7.0	18.8
>0.178	99	24.8	10.7	7.2	18.4
>0.295	99	26.6	12.0	7.4	18.7

石墨的加入量除影响 MgO-C 砖强度和抗侵蚀性外，还直接影响其抗热震性。石墨含量低，抗热震性差，使用中易引起剥落。而大量加入石墨必将影响试样常温和高温结合强度。

C　添加剂

为了改善供气元件的抗氧化性能和提高其高温力学性能，常引入一些金属添加物。表 3-5 为铝粉、硅粉+铝粉对 MgO-C 材料性能的影响。在铝、硅粉加入总量一定的条件下，铝、硅粉有一个较佳比例才能获得较高的高温强度，同时具有较好的抗氧化性。铝、硅粉加入总量较高时，高温强度提高，抗氧化性能较好。但铝、硅粉加入总量过多时，在高温下，抗炉渣侵蚀性差，所以铝、硅粉加入总量应控制在适宜量。铝粉、硅粉在使用过程中与碳反应形成碳化物，碳化物与砖体中 CO 反应形成金属氧化物并析出碳。从化学反应式可以看出：第二步反应析出的碳远多于第一步反应中消耗的碳。金属氧化物进一步与 MgO 反应形成 MA 和 M$_2$S 高温相，体积膨胀堵塞气孔提高了基体抗氧化性，也提高了高温强度。铝粉、硅粉同时加入，可以降低金属加入物与碳实际反应温度，促使形成的碳化物与 CO 反应析出碳，进一步抑制碳的氧化。

表 3-5　不同金属加入物对 MgO-C 试样性能的影响

加入物	氧化失重率 （1400℃，2h）/%	1200℃埋碳烧后 耐压强度/MPa	高温抗折强度 （1400℃，0.5h）/MPa
Al	13.2	23.3	19.7
Al+Si	9.5	26.0	19.8

$$4Al + 3C \Longrightarrow Al_4C_3 \tag{3-3}$$

$$Al_4C_3 + 6CO \Longrightarrow 2Al_2O_3 + 9C \tag{3-4}$$

$$Al_2O_3(s) + MgO \Longrightarrow MgO \cdot Al_2O_3(s) \tag{3-5}$$

$$Si + C \Longrightarrow SiC \tag{3-6}$$

$$Si + 2CO \Longrightarrow SiO_2 + 2C \tag{3-7}$$

$$SiO_2 + 2MgO \Longrightarrow 2MgO \cdot SiO_2 \tag{3-8}$$

表 3-6 为不同 B_4C 加入量对 MgO-C 试样性能的影响。在加入铝、硅粉的基础上加 B_4C，它在高温下反应生成的产物形成的 $MgO \cdot B_2O_3$ 液相覆盖于试样表面，封闭气孔，阻止碳的氧化，只有 B_4C 加入量达 1% 时，抗氧化性才明显提高，但氧化生成的 B_2O_3 对镁砂颗粒侵蚀相当严重，实际生产中对此须做慎重考虑，尽量不采用 B_4C。

$$B_4C + 6CO = 2B_2O_3 + 7C \tag{3-9}$$

$$MgO + B_2O_3 = MgO \cdot B_2O_3 \tag{3-10}$$

表 3-6　不同 B_4C 加入量对 MgO-C 试样性能的影响

B_4C 加入量/%	无	0.5	1.0	1.5
氧化失重率/%	12.0	9.6	7.3	4.8
氧化脱碳层厚度/mm	7.2	6.7	4.0	3.5
高温抗折强度/MPa	18.2	18.6	19.4	18.1

D　结合剂

加入高温沥青粉，虽然常温强度较低，但高温强度和抗氧化性均提高。高温沥青残碳比较高，热处理后能形成紧密镶嵌结合结构，这种碳结合结构，在高温下容易石墨化，因此高温结合强度较好，抗氧化性好。但高温沥青粉加入量应适宜，否则气孔率偏高，体积密度下降大。

3.1.4.2　工艺过程

A　配料及混练

首先将细粉预混均匀，混练设备用湿碾机。混练顺序如下：骨料+结合剂混 2~3min—加稀释剂混 3~4min—加混合细粉混 20min 出料。泥料要求混练均匀，无白料，无泥团。

B　成型

由于透气元件内埋有不锈钢通气管和气室，为防止它们在高压成型过程中变形，采用各方向压力均衡的等静压成型方法。所用的圆柱形橡胶模套尺寸按预先测试的泥料压缩比例制定。为保证加压过程中通气管在砖中的位置和间距不变，需在模套内放入一个定位装置，把各通气管的位置固定后再加泥料，采用振动预成型和等静压二次成型方法。等静压的成型压力为 200MPa，加压时间为 40min，卸压时间为30min[9]。

C 热处理及表面加工

成型后的圆柱毛坯在隧道干燥器内进行热处理，热处理的升温速度要缓慢，最高温度约为200℃，保温时间为30h。经过热处理的毛坯放在平台上按图纸尺寸加一定的加工余量画线后切磨加工。加工完后用高压风清理通气管和气室，保证每根通气管道畅通[9]。

D 焊接

薄壁不锈钢管的一端与气室底部的气室板用氩弧焊接技术连接，要求连接处的通气口内径不变且焊缝处不漏气，加压通气时也不脱落。

E 检测气密性

为验证供气系统是否泄漏，以及是否适应高压、大流量的供气要求，需对供气系统进行打压试验，检测气密性。

3.1.5 应用

3.1.5.1 安装

根据转炉容量以及炉底砖砖型匹配等，转炉透气元件安装一般采用人字型砌筑、环型砌筑及十字砌筑形式等，不同的砌筑，使供气元件承受的机械应力大小有很大差异，供气元件如果设计、砌筑不当会造成很大的机械应力集中；高温下的炉底线变化易使应力集中点出现微裂纹，从而导致供气元件的损毁加速。环形砌筑较为普遍，几种环形砌筑方式见图3-12。

以国内某钢厂为例，复吹工艺参数为：转炉的公称容量为120t，有效容积为124m³，出钢量为140t，冶炼周期为32~37min，熔池深度为1376mm，底吹气源供气压力不小于1.4MPa，单块透气元件供气流量为15~40m³/h，设计供气强度为0.02~0.08m³/(min·t)，底吹气源为N_2/Ar切换供气模式。为了使底吹透气效果均匀可靠，减轻单块底吹砖的供气负荷，采用8~16块底吹砖。

采用环形砌筑的方式，转炉炉底稳定性能好，但炉底砖成套成本较高；采用十字砌筑的方式，转炉炉底稳定性稍差，但炉底砖成套成本大幅降低。十字砌筑法炉底同环形砌筑法炉底相比，存在先天性构造缺陷。环形砌筑炉底，炉底砖型极多，但翻身部位整圈为锁砖，炉底稳定性能好。十字砌筑炉底虽然砖型仅有两种，但0°、90°、180°、270°四个十字轴线上的锁砖的加工要求十分高，加工精度不够，炉底易产生松动，稳定性欠佳。存在的问题集中如下：炉底稳定性不好，摇炉吹炼中存在明显的炉底砖整体滑动现象；炉底透气元件由于炉底稳定性不好，加上冶炼摇炉使得炉底砖相互膨胀产生较大的热应力，从透气元件及压边

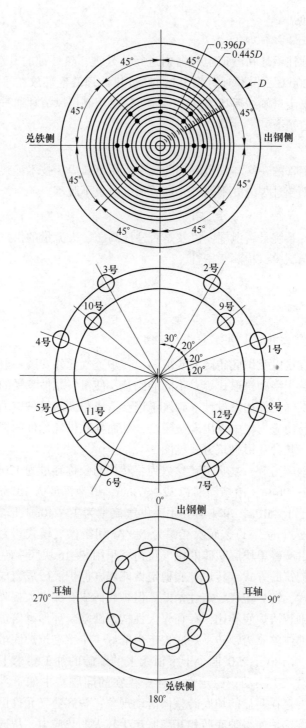

图 3-12   国内不同钢厂转炉炉底底吹砖分布

砖部位等最薄弱的环节开始释放，从而在透气元件与周围镁碳砖之间产生缝隙，形成了钢水穿透的通道，存在渗钢现象。武汉钢铁集团通过多次试验对比，研究了多点布控锁砖的转炉炉底结构及其砌筑方法，取得了非常好的效果。在原转炉炉底工作层的十字轴线（0°、90°、180°、270°）的四个布控区位的基础上，增设了（45°、135°、225°、315°）四处锁砖区域布控区位，形成了米字型八点布控锁砖构造（见图 3-13 和图 3-14），使得整个炉底砖衬由原有的间隔 90°锁砖布控增强到了间隔 45°锁砖布控，当然还可以圆周 360°方向按照角度均分布设更多的锁砖布控区位，这样整个炉底由单一的轴线布控改进为圆周多点布控，同时严格制定了锁砖加工精度控制的施工工艺制度，使整个转炉炉底受热膨胀力度均匀，热应力释放更加均匀，炉底的稳定性得以大幅度的增强[10]。

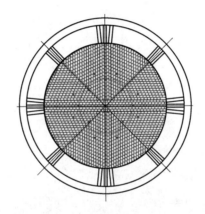

图 3-13 十字砌筑法

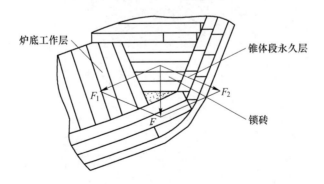

图 3-14 多点布控锁砖技术区位力学分析图

3.1.5.2 在线使用

溅渣护炉技术应用于转炉炉衬维护之后逐渐发展起来的"炉渣-金属蘑菇头"技术是目前对复吹转炉底部透气元件维护的最为有效的手段。图 3-15 为炉渣蘑菇头外貌[11]。从炉渣-金属蘑菇头的剖析来看，它是由金属蘑菇头的气囊带、放射气孔带、迷宫式弥散气孔带三层组成。"炉渣-金属蘑菇头"具有以下特点和作用：

（1）炉渣-金属蘑菇头可以显著减轻"气泡反击""水锤冲刷"和对透气元件的蚀损，避免形成凹坑。

（2）炉渣-金属蘑菇头具有较高的熔点和抗氧化能力，在吹炼过程中不易熔损，并具有良好的透气性，不易堵塞。

（3）能满足吹炼过程中灵活调整底部供气的技术要求。

（4）通过蘑菇头流出的气体分散、细流，对熔池搅拌均匀，如图 3-16 所示[11]。武钢在 90t 转炉上应用了"炉渣-金属蘑菇头"的透气元件保护技术措施，通过控制炉渣-金属蘑菇头的生长结构、高度和足够的通气面积，供气元件的寿命已经能够与炉衬寿命同步，复吹率实现 100%，最高炉龄达到 2 万炉以上。

图 3-15 炉渣蘑菇头外貌

开炉初期采用黏渣涂敷炉底，快速形成"炉渣-金属蘑菇头"保护底吹供气元件；防止复吹转炉炉渣过黏，溅渣时渣中 $w(MgO)$ 努力控制在 8% 左右，溅渣时，确保底部供气流量大于 $1000m^3/h$；转炉在溅渣、吹枪及吹炼后，尽快倾斜转炉，并将转炉内渣倒出，避免黏渣滞留炉底。

为了防止炉底上涨导致供气元件堵塞，可以在渣黏度较低时，采用低枪位操作，用稀渣冲刷炉底；当渣变稠后，采用适当枪位使渣覆盖炉壁；渣稍干后，压

图 3-16　炉渣蘑菇头对溶池搅拌效果

枪操作，利用气流把渣吹开。在溅完渣后，还应立即倒渣，防止炉底黏渣过厚。要保证供气元件的透气性能，满足冶炼搅拌的需要，还必须调节供气元件的压力、流量，使底吹气体顺利通过上部渣层。因此，在溅渣时应增大底吹压力及流量。经常观测炉底高度，转炉炉底上涨幅度控制在 200mm 以内，保证底部供气元件基本可见。连续 10 炉看不见底部供气元件，则进行洗炉底操作。洗炉底操作采取勤、轻处理原则。设置吹堵设施，增设压缩空气或氧气管路，当发现底部供气出现堵塞时，立即将该块透气元件供气切换成压缩空气或氧气，倒炉时观察炉底情况，一旦发现底部供气元件附近有亮点即可。采用气闭式（有气关、无气开）气动快速切断阀，以确保在断电事故状态下底吹供气系统不堵塞。利用顶枪供氧氧步计算，控制氮、氩切换时间，切换时自动延时 5s，保证气体切换的绝对可靠，以及最佳的吹氩量[12]。

3.1.5.3　在线热更换技术

底吹透气元件的热更换是指在转炉热状态下对透气芯砖进行整体更换，以提高复吹效果和全炉役保持复吹工艺[13]。底吹透气元件由于工作条件恶劣，往往蚀损速度大于炉底耐火材料，如不进行更换，底吹只能停止，将对炉役后期的冶金动力学条件产生不利影响。通过使用炉底透气元件的在线热快换技术，如图 3-17 所示，使冶炼节奏加快。

由一专门设备将炉底与炉身的接缝打掉，取下旧炉底；用专门机械由炉子下方将新炉底置入，在外部将其紧固；新炉底与周边炉墙之间留有 30mm 左右间隙，炉底固定好后由上方炉口插入管道，用镁质不定形材料填充新炉底与炉墙之间的缝隙；炉底更换需 10h 左右。

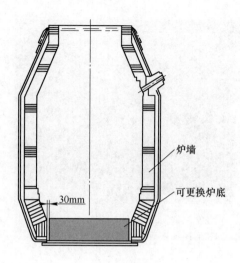

图 3-17　可更换炉底

3.1.5.4　侵蚀机理

A　物理冲刷损毁

物理蚀损机理主要表现为气泡反击、水锤冲刷、凹坑熔损等几种形式。吹入熔池的气流以气泡方式进入熔池，当气泡脱离供气元件瞬间，冲击供气元件周围耐火材料后座的现象称为"气泡反击"。底吹气流量越大，反击频率越高，能量越大，对耐材侵蚀越严重。水锤冲刷指气泡脱离供气元件时引起钢水流动，冲刷供气元件周围耐火材料的现象。气流量越大，水锤现象引起的钢水冲刷侵蚀越严重。由于气体与钢水的冲刷，在供气元件周围形成凹坑。凹坑越深，对流传热越差，加剧侵蚀作用。

B　热应力破坏

高压复吹工艺的主要特征是底吹气体流量大幅度可调，底部供气强度较大，特别是接近终点前采用高压、大流量气体搅拌。该工艺带来的影响是：应力高度集中，供气元件工作面的耐火材料，尤其是出气口四周的耐火材料与高温钢水（1600~1700℃）直接接触，受到极高温钢水及不断流出的冷气流的影响，产生了比低压、小流量条件下更大的温度梯度。根据对供气强度为 $0.2m^3/(min \cdot t)$ 供气条件下镁碳质供气元件温度场研究的情况可知，温度梯度仅在出气口四周很小范围内（约 6mm×20mm）内变化较大，而其他地方温度梯度变化较小，这就是说应力高度集中在出气口四周很小范围内；由于气体流量大幅度变化以及出钢过程造成的温度急剧变化，出气口四周受到的急冷急热作用增大，热应力增大，热应力增大是容易产生裂纹的重要因素[14]。为满足高压复吹工艺的要求，克服热应力增大带来的影响，提高材质的抗热震性能是十分必要的。

镁碳材质内部和外部的氧化还原反应如下：

$$MgO(s) + C(s) \Longrightarrow Mg(g) + CO(g) \tag{3-11}$$

$$2C(s) + O_2(g) \Longrightarrow 2CO \tag{3-12}$$

炼钢温度下，氧化镁和碳之间的内部反应导致镁碳材质透气元件本身的损毁，但吹气气流对透气元件及其周围的耐火材料产生冷却作用，镁碳材质温度降低，减缓了上述反应所带来的损毁。对于碳氧外部反应来说，即使是惰性气体，其氧含量也不容忽视，在供气强度增大的情况下，气流中氧含量也随之增大，加剧镁碳材质和不锈钢通气管的氧化。

C　熔池冶金反应的影响

转炉复吹炼钢前期和中期熔池中硅、锰、碳等元素的氧化，或是吹炼后期氧化物 SiO_2、MnO_2、FeO 对 MgO-C 质供气元件都有侵蚀作用，尤其在吹炼后期，钢液及渣中的 FeO 含量增大，FeO 很容易与 C 发生反应，加速 MgO-C 材料中的石墨氧化。并且 FeO 沿方镁石晶界侵入，与氧化镁作用生成（Mg,Fe）O 固溶体，FeO 开始熔化温度为 1380℃，FeO 的侵入会显著降低液相的形成温度[14]。

对离工作面不同位置上的 MgO-C 耐火材料微观结构（见图 3-18）和相分析结果表明：工作面不挂渣，石墨（尤其是出气口四周的石墨）受损，金属铝消失，但裸露的氧化镁颗粒仍保留下来；距工作面 6mm 处，金属铝仍消失，仅留

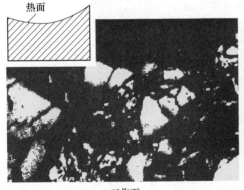

工作面
a

距工作面6mm
b

图 3-18　使用后显微结构

下空间，但石墨基本完好，表明此处温度已大大降低；距工作面 10mm 左右，组织较为致密，X 射线衍射分析证实有 MA 尖晶石生成；在靠近不锈钢管的耐火材料基质中出现圆形"亮相"。电子探针分析证实"亮相"为金属铝。金属铝的存在表明这部分耐火材料的温度大大降低，说明大气流经过气道时，对不锈钢管和四周耐火材料起到急剧降温作用。

另外转炉底吹供气系统堵塞也是影响复吹透气元件寿命的重要因素，生产实践中多次出现开炉后短时间内因控制系统不可靠导致透气元件堵塞的现象。

目前国内转炉底吹存在底吹强度低（国内转炉低于 $0.1m^3/(min \cdot t)$）、底吹枪易堵塞、炉役中后期底吹效果差的问题，使成本加大（脱氧剂与合金消耗大），精炼时间长，非金属夹杂物增加，吹炼终点钢水氧含量高，难以适应铁水磷含量提高的形势发展。

3.1.6　发展趋势

转炉朝着大型、自动、高效、环保、长寿的现代化方向发展，一些先进工艺技术（溅渣护炉，复吹，动态控制，滑板挡渣，干法除尘，留渣+双渣工艺等）也在普及应用。与通常复吹转炉底吹均匀供气相比，底吹不对称供气两个支路供气的流量比在 2.5:1~4:1，在熔池中形成偏心回流，可以缩短熔池混匀时间，提高复吹效率，转炉炼钢和铁水脱磷预处理的熔池混匀时间分别缩短 19.2% 和 63%，底吹透气元件的机械磨损可减少 50%[4]。

由于在使用过程中 MgO-C 耐火材料向不锈钢通气管渗碳，会导致通气管的熔点降低，使用寿命缩短。采用在不锈钢管表面涂防护层 $\alpha\text{-}Al_2O_3$ 微粉和铝螯形化合物的处理方法，能防止不锈钢管与其周围 MgO-C 砖内的 C 反应，使不锈钢管的渗碳层厚度降低，进而能提高其使用寿命[15]。

3.2　电炉冶炼用透气元件

3.2.1　概述

电弧炉是靠石墨电极和金属之间产生的强烈电弧供热产生高温，使金属、炉料熔化，并可适当控制炉内温度及氧化还原的气体，达到冶炼的目的，通常可用来冶炼优质钢、合金钢、军工用钢和一些特殊材料等。

电炉炼钢过程中的一个突出缺点是熔池搅拌弱、冶炼时间长，电弧产生的热量直接加热熔池上部的钢液，而底部和电弧区以外的钢液主要是通过热量的对流扩散来加热。但是由于熔池搅拌弱，不仅冶炼时间长，电耗高，而且钢液的成分和温度很不均匀。电炉底吹的原理是使用透气元件从电炉底部吹入惰性气体，如图 3-19 和图 3-20 所示，搅拌炉内钢液，产生良好的冶金效果（见图 3-21）[16]，

图 3-19 电弧炉及炉底透气元件

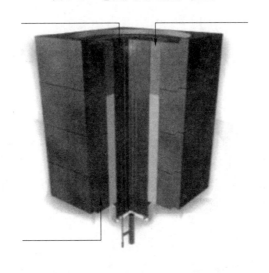

图 3-20 电炉用透气元件及其配套组装

具体如下：

（1）可加速炉渣与钢水之间的反应。底部搅动可改善钢水收得率，提高钢水残锰量。另外，对加入定量的石灰，脱硫率将有提高；获得了较低的磷、硫、碳含量。

（2）可均匀钢水温度及成分。对偏心底出钢电炉，钢水存在温差至 50℃，底部搅动可以消除这一缺点，使之有可能更早地、更可靠地进行温度测量和冶炼取样，因此可节约电能和缩短冶炼时间，降低出钢温度。

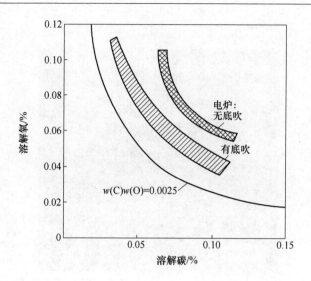

图 3-21　电弧炉有无底吹透气元件的冶金效果比较

（3）可提高电弧到废钢或钢水的传热量。

（4）生产不锈钢有较高的铬回收率，用氧搅动时含氮量较低，可更有效地放渣。

3.2.2　常用类型

电炉底吹系统，分为直接搅拌系统和间接搅拌系统两种类型。直接搅拌系统供气元件指的是透气元件与钢水直接接触，与转炉相似，采用 MgO-C 质高压成型或等静压成型的透气元件。间接搅拌系统供气元件透气元件不与钢水直接接触，而是被表面透气捣打料覆盖，两种系统中所用的透气元件如图 3-22 和图3-23所示，特点对比见表 3-7。

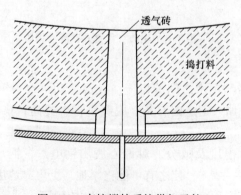

图 3-22　直接搅拌系统供气元件

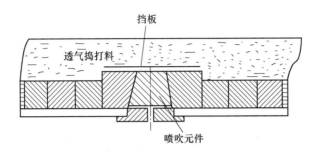

图 3-23　间接搅拌系统供气元件

表 3-7　直接和间接搅拌系统透气元件比较

性　能	直接搅拌系统	间接搅拌系统
使用寿命/炉	300~500	4000~5000（1 年）
流量(0.1MPa)/m³·h⁻¹	3~5	5~7
特　点	寿命低，要求透气砖流量小	寿命高，要求透气砖流量大

3.2.3　材质

UHP 电炉用 MgO-C 质透气元件和透气捣打料的理化指标见表 3-8。

表 3-8　UHP 电炉用 MgO-C 质透气元件和透气捣打料的理化指标

理化指标	透气元件			透气捣打料	
	要求	国内	国外	国内	国外
MgO 含量/%	≥80	81	83.5	75.5	77
C 含量/%	≥14	14	14		
Fe_2O_3 含量/%	≤1.0	0.89	0.1	3.5	5
SiO_2 含量/%	≤0.5	0.36	0.4	20	1.6
CaO 含量/%	≤1.1	1.09	1.9		17

续表 3-8

理化指标	透气元件			透气捣打料	
	要求	国内	国外	国内	国外
体积密度/g·cm⁻³	≥2.90	2.93	2.93		
显气孔率/%	≤4	3.4	5		
常温耐压强度/MPa	≥50	56	40		
高温抗折强度/MPa	≥12	12.6	—		

3.2.4　结构

　　电弧炉底吹透气砖外部结构如图 3-24 所示，由砖体、气室、气管、报警管等几个部分构成[17]。根据内部气道形式，又可分为三种类型：细管多孔式、套管式和弥散多孔式。最早也曾使用单管喷吹透气元件，上升气泡具有强烈的聚台倾向，造成钢水混合不均。细管多孔式管子一般是 10~30 个，管直径为 0.6~1.5mm，这种结构形式的透气元件能抑制钢水逆流的产生，能在大范围内改变气体流量，适应钢水大幅度搅拌。当电弧炉底部使用细管多孔式透气元件时，由于钢水和外部导通，再通过吹气细管，会产生感应电流，从而产生短路，给电弧炉操作带来故障，为防止这种感应电流的产生，采用上部细管和下部细管断开的方式。具体方法是把需要的细管切成需要的上下部细管的长度，将下部吹气细管基端部采用焊接、拧入或铆接等方法固定在配气室上。为使上部吹气细管和下部吹气细管连通，将直径与喷气细管的内径同径的金属丝稍长一点切断，插入喷气管内，在切开下部喷气细管和上部吹气细管的位置上留有规定的间隙，使上部吹气

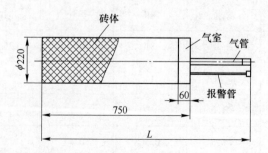

图 3-24　电弧炉底吹透气砖外部结构示意图（单位：mm）

细管的前端与喷嘴工作面的外形线对齐。然后将其外围用耐火材料 MgO-C、MgO、MgO-Cr$_2$O$_3$ 或高铝质等耐火材料挂衬，做成喷嘴的形状后，再拨去插入吹气细管内的金属丝，使吹气通路贯通。由于在切开的喷气细管之间有非导电部分，所以不发生感应电流。

双层套管式由内径不同的两根管子套在一起组成，内管直径一般为 6 ~ 30mm。从内部通路吹 O$_2$，从内外管的环缝中吹碳氢化合物冷却，可大流量吹气，提高冶炼速度。多孔弥散式适合小吹气量。

3.2.5 生产工艺

3.2.5.1 原料

原料同 3.1.4.1 节。

3.2.5.2 成型方式

为防止静压成型时造成毛细管错位，采用两次等静压成型工艺：预成型五层带有毛细孔外径半圆孔的镁碳砖夹片，终成型时毛细管不受剪切力而垂直气室且透气元件密度提高[18]。

3.2.5.3 流量设计

根据资料介绍[18]，同一压力下，热态时流量为冷态的 50% 左右，通过一维稳态摩擦加热管流微分方程组：

$$\frac{d\rho}{d} + \frac{dv'}{v} = 0 \tag{3-13}$$

$$\frac{d\rho}{P} - \frac{d\rho}{\rho} - \frac{dT}{T} = 0 \tag{3-14}$$

$$\frac{dP}{P} + \frac{KMa^2}{2} \times 4f \times \frac{dx}{D} + \frac{KMa^2}{2} \times \frac{dv^2}{v^2} = 0 \tag{3-15}$$

$$dQ = v\rho \frac{\pi \times D^2}{4}\left[c_p dT + Tdc_p + d\left(\frac{v^2}{2}\right)\right] \tag{3-16}$$

$$\frac{dMa}{Ma} = \frac{dv}{v} - \frac{dT}{2T} \tag{3-17}$$

式中，ρ 为气体密度，kg/m^3；v 为气体流速，m/s；P 为气体压力，Pa；Ma 为马赫数；dQ 为气体与壁的对流换热系数；f 为气体与管壁摩擦系数；D 为管内径，m；dx 为微厚段长度，m；c_p 为气体比热容，$J/(kg \cdot K)$。

气体与管壁的摩擦系数 f：

$$\frac{1}{\sqrt{4f}} = -2\lg\left(\frac{e}{3.17D} + \frac{2.51}{Re\sqrt{4f}}\right) \tag{3-18}$$

式中，e 为管壁的绝对粗糙度，取 0.000001524。

将微分方程组离散后迭代求解，根据气体入口条件（P_0、T_0）求出细管的气体流量及出口条件（P、T、v），再根据冷态及热态测试后选定透气管径及支数：内径 1.1mm，19 支。其冷态流量参数见表 3-9。

表 3-9　电炉用透气元件不同使用压力下流量　　　　　（m^3/h）

压力/MPa	0.1	0.2	0.3	0.4	0.5
1 号砖	11.60	15.20	16.60	17.50	19.40
2 号砖	10.70	14.40	15.30	16.80	21.00
3 号砖	11.80	14.50	19.70	22.90	26.70

3.2.6　应用

3.2.6.1　安装

国内三块透气元件在炉底呈 120°平均分布，如图 3-25 所示，每块透气元件都位于两支电极之间或稍偏离在电极极心圆的外侧面，这里是改善传热和避免电极升降干扰的最佳位置。为了更换方便，透气元件与套砖之间用散装料填充捣实，如图 3-26 所示。由于炉底是由散装料 MgO 质捣打料捣打而成，因此第一炉烧结炉底不供气。

3.2.6.2　使用

冶炼时精确地控制底吹的气体的流量与压力，这非常重要。为对电弧炉内的搅动效果做出大致的预测，基于电弧炉的特点和透气元件的位置，L'Air Liquide

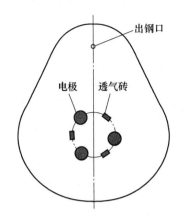

图 3-25　安装位置

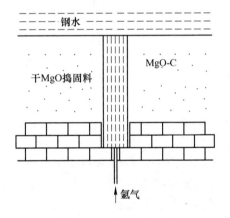

图 3-26　炉底通气示意图

提出一个数学模型。根据数学模型运算，选择混合时间作为搅动效果的判据。混合时间定义为，两点间的瞬时浓度差降到平均浓度的 5% 以下所需要的时间。该模型预测出，在精炼期间，当每个透气元件的喷气流量为 $3m^3/h$ 时，混合时间是 $4min$，假定仅用电弧搅动时的混合时间约为 $8min$，那么透气元件流量应该能使混合强度增加 1 倍。在每炉精炼期内，使用两种不同的气流流量，从第一炉的开始冶炼到熔化期结束（$40min$ 内），各透气元件的喷气流量是 $5m^3/h$，这是最佳流量，它可避免透气元件的堵塞和提高熔炼效果。精炼期间，当渣层薄时，为限制熔池表面的上涨，将每支透气元件的气流量降到 $3m^3/h$。当炉子倒空时，有时炉渣会覆盖住透气元件，为避免进一现象的出现，每块透气元件氩气流量为 10m³/h，时间为 1min。

电炉底吹氩气大小受电炉砌筑和捣打状态以及底吹透气元件状态影响，不同的电炉钢厂底吹气体流量也各不相同，因此难以准确地确定底吹气体流量，一般以液面翻动，不吹破渣面为准。底吹气体流量应兼顾电炉生产各反应阶段，与炉壁氧枪控制进行匹配。

国内某钢厂 50t 电炉在一个冶炼周期内的底吹氩搅拌制度，如图 3-27 所示[19]。

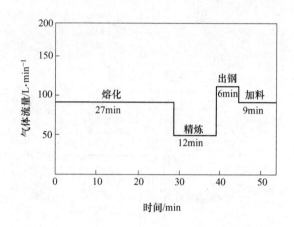

图 3-27　50t 电炉在一个冶炼周期内的底吹氩搅拌制度

国内某钢厂 90t 电炉冶炼前期，熔清之前使用小流量氮气；熔清后加大流量，有利于快速成渣，加快脱磷反应；到氧化期，切换为氩气，并适当降低流量，避免溶池反应过于剧烈；在氧化末期，适当增加底吹流量，以均衡熔池，稳定碳氧平衡，降低终渣全铁含量，提高金属收得率。90t 电炉底吹透气元件寿命能够达到 550 炉以上，全炉役平均冶炼周期缩短 6.68min，石灰消耗平均为 49.1kg/t，比无底吹的 53kg/t 下降了 3.9kg/t；金属料消耗为 1142.79kg/t，比无底吹 1150.33kg/t 降低了 7.54 kg/t。另外，90t 电弧炉采用底吹工艺操作后，电炉冶炼更加安全顺行，大大减少了炉内喷溅情况的发生。

3.2.6.3　损毁机理

电炉用透气元件损毁机理主要有：

（1）急剧的热冲击引起的热应力裂纹和剥落。电炉运行是加热、冷却、再加热、再冷却的循环过程，特别是加入废钢时，透气元件要经受急剧的温度变化，在砖中造成较大热应力，势必导致透气元件产生微裂纹。裂纹的存在使透气元件在高温钢液的冲刷下发生扩展甚至会造成局部剥落[17]。

（2）熔渣的侵蚀。

（3）钢液搅拌引起的对工作面的冲刷与侵蚀。钢液对砖的侵蚀速度要比炉渣的侵蚀小，但钢液中含氧，尤其是冶炼低碳钢时，钢中氧含量较高。在高温下氧与镁碳质本体中的碳发生反应，使透气元件表面形成脱碳层，当受到反冲钢液的冲刷时，会导致脱碳层的剥落。

3.3 钢包精炼用透气元件

3.3.1 概述

钢包底吹氩已成为多种炉外精炼技术的必备手段，如 LF、VD、VOD、CAS-OB 等，而钢包精炼用透气元件是底吹氩工艺的关键性耐火制品。透气元件被设置在钢包底部，其末端置于钢包底壳上，四周被包底耐火砖和缓冲缝用不定形耐火材料包围。氩气由透气元件吹入钢包内，氩气搅拌钢液，均化钢液的温度和成分，并通过气泡泵原理，去除钢液中的气体和非金属夹杂物。因其冶金效果和使用寿命优于顶吹氩枪，透气元件在精炼钢包中使用非常广泛，而顶吹氩枪逐渐被淘汰殆尽。不仅在精炼钢包中 100% 安装透气元件，而且在非精炼钢包中，其应用也越来越多。

钢包透气元件的使用效果对炼钢企业和钢包耐材整体承包商而言，均是至关重要的。钢包中透气元件和渣线往往是小修包龄寿命的提升瓶颈。如果透气元件寿命不稳定或吹通率低，将导致钢包提前下线，整包耐材提前被废弃，人工修砌成本激增，吨钢成本急剧上升，对大包承包商造成损失。对炼钢企业而言，钢包提前下线严重影响钢包周转，多次修砌导致烘烤成本上涨，燃料消耗明显增大。因此，发展长寿命、高吹通率透气元件是炼钢企业和钢包耐材整体承包商、透气元件生产厂家共同的目标。

钢包透气元件是一种由高纯耐火原料通过机压或浇注成型后，经过一定温度热处理的功能性耐火制品，成型过程中预制了大量的气体通道，如定向微孔、直通狭缝、非定向气孔等，要求具有良好的热震稳定性、抗冲刷性、耐侵蚀性、抗渗透性，吹通率高，操作安全可靠等特点。钢包透气元件按不同方式可分为多种类型。按照透气通道的结构类型可分为弥散型、狭缝型、芯板型、陶瓷棒型等；按安装方式可分为内装整体式、外装分体式；按主材质可分为铬刚玉质、刚玉尖晶石质、刚玉莫来石质、塞隆结合刚玉质等；按烧成温度可分为低温热处理砖（≤800℃）、高温烧成砖（≥1400℃）。

3.3.2　钢包透气元件材质、结构与性能

3.3.2.1　钢包透气元件材质更替与结构演变

自20世纪60年代始，透气元件得以工业应用以来，其材质不断更替，产品多次更新换代。20世纪七八十年代普遍采用高铝质和镁质。自镁碳砖问世后，钢包内衬的寿命大幅攀升，促使透气元件的材质往高端方向演变，越来越多地采用人工合成高纯原料，其服役寿命也显著增加。20世纪90年代时刚玉质和铬刚玉质逐渐替代高铝质和镁质，2000年后刚玉尖晶石质和铬刚玉尖晶石质渐渐成为主流材质。同时，伴随着高效减水剂和微粉的广泛应用，加水量从7%~8%降至4%左右，低水泥浇注料的各项高温使用性能均获得不同程度的跃升，常温强度和热态强度越来越高，抗钢液钢渣侵蚀性不断改善，抵抗高温钢液和高压氩气流的强力冲刷性能更加优越。

从总的进化路线来看，纯铝酸钙水泥含量不断下降，含硅刚玉体系逐渐被无硅体系取代，同时引入抗钢液浸润性能优异的氧化锆、氧化铬、尖晶石等高档人工合成耐火原料，高纯铬刚玉尖晶石质浇注料赋予透气元件更优异的高温使用性能。

透气元件技术进化路线是材质与结构类型交替螺旋式上升，所以此处结合材质和结构类型来回顾透气元件的发展历程。弥散型透气元件最早被发明出来。弥散型元件内部有大量的非定向气孔，由液压机压制而成，受成型方式的制约，高度一般不超过270mm[20]。因高铝质或镁质弥散透气元件的抗冲刷性能较差，且高度受限，渐渐不能满足使用寿命需求。20世纪80年代，直通孔型透气元件问世，透气通道由许多连续的直通微孔构成，浇注成型，其使用寿命比弥散型更长。进入20世纪90年代，随着耐火制品不定型化的发展，低水泥铬刚玉浇注料逐渐显现出更为优异的性能，直通孔型透气元件在底吹氩钢包应用中逐渐消失，被铬刚玉浇注料制备的狭缝型透气元件取代，同期，与狭缝型透气元件有类似气道的拼缝型芯板透气元件也得到推广，主要材质是刚玉莫来石质。狭缝型热态强度高，使用寿命长，而芯板型吹通率高，使用维护劳动强度低。

进入20世纪，透气元件技术进步的三个显著特征是：

（1）材料制备和成型技术的进步，推动了单一型透气元件的飞速发展，狭缝型配方体系和生产工艺越发成熟，以 Al_2O_3-MgO-CaO-(Cr_2O_3) 系为主，生产效率高，使用寿命长，普适性好，应用规模最大；Al_2O_3-SiO_2-Cr_2O_3-ZrO_2 体系弥散型透气元件相对于早期的高铝质和镁质，抗渗透性能和抗氧气清吹性能不可同日而语，在日本和韩国普遍被采用，寿命与狭缝型相当，但吹通率更高，氧气清洗的频率和劳动强度更低；芯板型在原来刚玉莫来石的基础上，引入了氧化锆，

抗钢渣侵蚀性能得到提升，服役寿命有所延长，可实现吹通率和使用寿命的同步提升，在欧洲和中东地区受到欢迎。

（2）单一结构往复合结构方向发展。出现了狭缝+弥散型，芯板+弥散型，狭缝+直通微孔型等多种复合结构透气元件。在某些有特殊冶金要求的工况下，如高品质特种钢，复合结构透气元件的使用性能优于单一结构。

（3）吹通率不断提高，使用和维护劳动强度降低。从每炉连铸后均需氧气清洗透气元件表面，到间歇式轻度烧氧，甚至免烧氧。

表3-10列举了几种不同结构类型透气元件的优劣、适用工况和钢种[20~25]，典型材质的理化指标如表3-11所示。狭缝型透气元件最显著的优势在于高的热力学性能，耐冲刷磨损，寿命较长。新一代弥散型透气元件的突出特点是氧气清吹时，劳动强度最低，且去除细小非金属夹杂物效果最佳。芯板型复合结构透气元件可实现吹通率100%，适用于钢包周转较慢、热震条件苛刻的钢厂，尤其是不锈钢等高品质特殊钢。陶瓷棒型复合结构透气元件因为陶瓷棒对浇注本体的强化增韧作用，可避免透气元件整层横向断裂，陶瓷棒之于浇注本体，正类似于钢筋之于混凝土，加之陶瓷棒中微孔抗钢液浸润和渗透性强，可实现免烧氧或轻烧氧。然而，除直通孔型透气元件退出了钢包应用领域外，其他任何一种结构类型都是利弊共存的，可以预见在一定时期内，均有各自适用的工况，不会被另外一种完全替代。

表 3-10　不同结构类型透气元件的优缺点和适用性

透气元件结构类型	优　点	缺　点	适用工况和钢种
狭缝型	（1）流量调节范围宽。 （2）抗钢液钢渣侵蚀性好。 （3）高温强度高，抗氧气清吹性强，耐冲刷磨损，使用寿命较长	（1）在钢包不连续周转时，易出现横向断裂渗钢现象，吹通率低。 （2）氧气清吹透气芯时，劳动强度大	转炉炼钢，普碳钢
直通孔型	材料致密，强度高，使用寿命比高铝和镁质弥散型长	（1）流量较小，不适合大容积钢包底吹氩工艺。 （2）后期易堵塞，流量变小甚至不透气	—

透气元件结构类型	优　点	缺　点	适用工况和钢种
弥散型	（1）免烧氧、轻烧氧，使用维护时劳动强度低。 （2）去除细小非金属夹杂物效果更佳	（1）后期需烧氧清洗，比前期蚀损速度明显加快。 （2）使用寿命对烧氧清洗频率和强度很敏感	转炉炼钢，电炉炼钢，现场无烧氧工位或轻烧氧、间歇烧氧的钢厂
芯板型复合结构	（1）吹通率高，烧氧时间仅为狭缝型的一半，使用维护时劳动强度低。 （2）抗氧气清吹能力比弥散型强	抗氧气清吹的能力较狭缝型稍弱	转炉炼钢，电炉炼钢，对吹通率要求很高的高品质钢，不锈钢、特钢等
陶瓷棒型复合结构	（1）陶瓷棒抗钢液浸润和渗透性佳，可实现免烧氧和轻烧氧。 （2）陶瓷棒提高了砖体整体强度，耐冲刷磨损，使用寿命较长；避免透气元件整层横向断裂	生产工艺比较复杂，制造成本较高	普碳钢，特钢

表 3-11　不同结构类型透气元件中关键部件理化指标

项　目		指　标					
		狭缝型透气元件	芯板型透气元件	弥散型透气元件		座　砖	
		T-80	T-85	X-85	M-85	Z-80	Z-85
Al_2O_3/%	≥	80	85	85	85	80	85
（$Al_2O_3+Cr_2O_3+MgO$）/%	≥	—	92	—	—	—	92
显气孔率/%	≤	20	18	18	30	16	16

续表 3-11

项　　目	指　　标					
	狭缝型 透气元件		芯板型 透气元件	弥散型 透气元件	座　砖	
	T-80	T-85	X-85	M-85	Z-80	Z-85
常温耐压强度/MPa　　≥	—	80	60	40	40	50
0.2MPa 荷重软化开始温度/℃　≥	1650	1680	1680	1680	1620	1680
通气量（标准状态， 压差 0.1~1.0MPa)/m³·h⁻¹	6~50					

注：出厂的每块透气元件都应进行通气量检验。

3.3.2.2 狭缝型透气元件物相组成

狭缝型透气元件目前仍是钢包透气元件的主要类型，占钢包透气元件的 70% 以上，是生产工艺最为成熟、使用范围最广的一种类型。狭缝型透气元件一般由刚玉-尖晶石浇注料振动浇注成型。刚玉-尖晶石低水泥浇注料是以刚玉为主原料，添加适量的预合成尖晶石细颗粒和微粉（10%~30%），以及少量的纯铝酸钙水泥（2%~6%）配制而成。这类浇注料在透气元件、水口座砖和其他炼钢用预制件中得到广泛应用。在透气元件等承受剧烈冲刷磨损外部作用的部位，需要具有较高的热态强度，所以不能选择用镁砂和氧化铝生成 MA 的技术路线，因浇注料中原位反应生成 MA，固然改善了刚玉浇注料的抗渣性，但往往需要添加微量的 SiO_2，用以抵消尖晶石生成反应伴随的较大的体积膨胀，即使 1% 以内的 SiO_2 都会引起高温强度和荷重软化点骤降，Kriechbaum[26] 的研究结果显示，在铝镁质浇注料中添加 0.2% 的 SiO_2，高温抗折强度由 16MPa 降低到 2MPa。

Al_2O_3-MgO-CaO 三元相图如图 3-28 所示。高熔点矿物相有 Al_2O_3（2050℃）、MgO（2800℃），$MgO·Al_2O_3$（2135℃）、CA_6（1903℃）和 CA_2（1775℃）。MA-CA-MgO 和 MA-CA-CA_2 相区的转熔温度点分别在 1372℃ 和 1567℃[27]，这点也印证了透气元件应用经验：低温热处理透气元件在钢包周转缓慢、不具备在线烧结条件时是不宜使用的。MgO 在尖晶石的固溶点温度超过 1650℃。CaO 在尖晶石的固溶点温度也超过 1650℃。MA 尖晶石的相区很广，说明尖晶石具有良好的抗渣性。因此在 Al$_2$O$_3$-MgO-CaO 三元系统中，透气元件最佳基质系统为 Al$_2$O$_3$-CA$_6$-MA。

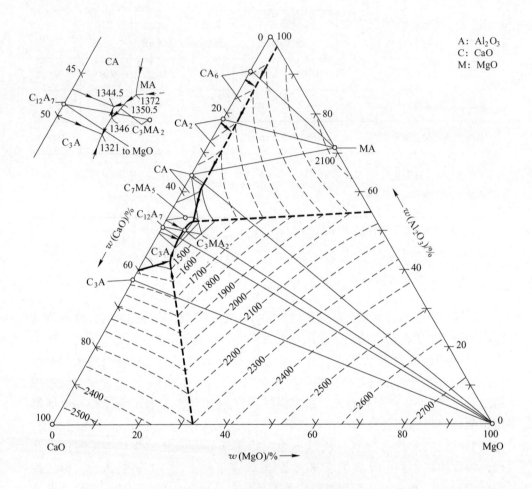

图 3-28　Al$_2$O$_3$-MgO-CaO 三元相图

就热力学角度而言，Al$_2$O$_3$-MgO-Fe$_2$O$_3$ 系统比 Al$_2$O$_3$-MgO-CaO-Fe$_2$O$_3$ 系统有明显优势。加入 50%Fe$_2$O$_3$ 时，无 CaO 系统的液相出现温度为 1672℃，而含 CaO 系统的液相出现温度为 1581℃。无 CaO 系统的液相出现温度更高，表明更高的耐火度。另外，无 CaO 系统在 1700℃ 出现的液相量更低，意味着材料更好的抗渣侵蚀性能，尤其是对于富铁渣的抵抗作用更强[27]。尽管无水泥浇注料比低水泥浇注料显示出更优异的抗渣性能，但因无水泥浇注料的中温和高温强度远低于低水泥浇注料，尚无规模应用的报道。

3.3.2.3 复合结构透气元件

在实际应用中,单一结构的透气元件往往暴露出难以克服的缺陷:狭缝型透气元件热震稳定性差,吹通率较低。弥散型致密度较低,抗钢液冲刷磨损能力差,抗氧气清洗能力较差,寿命较低。那么透气结构复合化可以使不同结构透气元件优势互补,扬长避短。常见的复合结构透气元件有以下三类:(1)芯板型透气元件,工作端为芯板,安全层为弥散材料;(2)陶瓷棒与狭缝复合的透气元件;(3)狭缝与弥散气孔复合的透气元件[28]。

洛阳耐火材料研究院开发的芯板型透气元件在 110t 特钢钢包上进行了对比试验,上部安装芯板复合结构透气元件,下部为常规狭缝型透气元件,精炼工艺为 100%LF+97%VD。试验结果如表 3-12 所示,芯板型透气元件的侵蚀速率为狭缝型透气元件的 72.4%。试验情况见图 3-29,从工作面进行观察,透气元件直径较小,说明残高较高。此外,芯板型透气元件优异的热震稳定性还应归功于芯板高热导率和薄片状结构。弥散型气孔对底吹气体的预热作用,也缓解了底吹气体对透气元件芯板的急冷冲击。

表 3-12 芯板型透气元件与狭缝型透气元件试验结果

项　　目	使用寿命/炉	残高/mm	侵蚀速率/mm·炉⁻¹
芯板复合结构透气元件	30	260	6.3
狭缝型透气元件	30	175	8.7

图 3-29 芯板型和狭缝型透气元件现场使用对比

陶瓷棒复合狭缝透气元件也具有独特的应用性能，一方面，如钢筋在钢筋混凝土中承担的增强作用一样，高强度陶瓷棒能强化整个透气元件，避免产生类似狭缝透气元件的横向断裂，所以该砖热震稳定性较好；另一方面，直通微孔的抗钢液浸润和渗透的能力优于狭缝，所以在免烧氧和轻烧氧工况下，陶瓷管易于开吹，开吹后搅动透气元件工作面周围的钢液，同时也将狭缝表面附着的钢液钢渣吹散，帮助狭缝吹通。

大量研究表明弥散型透气元件吹出的气泡直径更小；与狭缝型透气元件相比，同等流量下弥散型透气元件气泡数量更多。数量众多的较小直径的气泡能够吸附更多的细小尺寸的非金属夹杂，气泡携带非金属夹杂上浮，最终被渣层捕获。这种透气特性有利于软吹时去除钢液中非金属夹杂物。但弥散砖难以满足大容积钢包强吹时流量需要，且强吹时，透气元件冲刷磨损较快，使用寿命较低。相反，与弥散型透气元件相比，狭缝型透气元件在流量满足方面展现了更大的优势。但对钢水纯净度要求很高的特钢，其冶金功效较差[29]。

Bernd Trummer[30]采用水模拟对比了复合式透气元件（弥散+狭缝）与弥散型透气元件、狭缝型透气元件的透气性能，考察了三种透气元件在不同流量下的气泡尺寸和数量，以及压力与流量的相关性。研究认为，复合式透气元件兼有狭缝型透气元件和弥散型透气元件的优点，既能满足均化、合金化、脱硫时强吹的流量需求，又能在软吹时提供较小尺寸气泡以净化钢液。在低压下，狭缝被堵塞，主要通过弥散气孔透气，所以复合式透气元件在初始开吹性能上也具有优势。与其他两种砖型相比，混合式透气元件的综合透气性能较佳，服役寿命也更长。

3.3.2.4　热力学性能

大量实验室试验和工业应用均证实：在刚玉浇注料中单独添加铝镁尖晶石、氧化铬微粉中的一种，均能显著提高透气元件的热态强度[31,32]。其强化机理均在于固溶增强，从1300℃开始，氧化铝往尖晶石中固溶，氧化铬往刚玉、尖晶石和CA_6中同时固溶。但在铬刚玉浇注料的基础上添加尖晶石，情况却相反，常温抗折强度与高温抗折强度均下降，加入尖晶石引起的材料的体积膨胀相应减弱了颗粒与基质之间的直接结合程度，而且，尖晶石与氧化铬形成固溶体，这一固溶体与刚玉的直接结合强度不及铝铬固溶体牢固，从而造成材料强度的降低[33]。

尖晶石的化学组成（AM70、AM85、AM90）和加入量对刚玉-尖晶石浇注料性能和显微结构的影响较大[34]，尖晶石的固溶和脱溶行为与浇注料性能变化，尤其是热力学性能和高温体积稳定性，存在内在联系。加入不同组成的尖晶石，其固溶反应和脱溶反应使1600℃高温烧成浇注料形成了不同的显微结构，有利于提升浇注料的抗折强度。加入 AM70 尖晶石时，基质中物相以尖晶石-刚玉-CA_6

方式紧密结合；加入 AM85 和 AM90 尖晶石时，基质中物相以尖晶石-CA_6-刚玉方式结合在一起，而且 AM90 尖晶石比 AM85 脱溶程度更大，边缘 CA_6 发育更好。

3.3.2.5 抗渣性能

因为尖晶石具有优异的抗钢渣侵蚀性，历来受到研究者的青睐，国内外研究机构和透气元件生产企业就尖晶石的化学组成、粒度、种类、加入量对钢包透气元件用刚玉尖晶石、铬刚玉浇注料抗渣性能展开了大量研究[33~36]，获得了一些高质量的科研成果，对透气元件方案设计颇有指导意义。

熔渣对耐火材料的渗透深度取决于如下方程式：

$$L = \sqrt{\sigma rt\cos\theta/2\eta}$$

式中，L 为熔渣对耐火材料的渗透深度，mm；σ 为熔渣表面张力，mN/mm；r 为浇注体气孔半径，mm；t 为渣渗透时间，s；θ 为浇注体与渣之间的接触角；η 为熔渣黏度，mPa·s。因此，熔渣对耐火材料的渗透深度随着熔渣黏度的增加而下降。尖晶石与熔渣中的 FeO 和 MnO 发生反应，形成固溶体，使熔渣变得非常黏稠。因此浇注料基质中加入尖晶石后引起熔渣黏度增加，熔渣对耐火材料渗透深度可明显下降。

在基质中加入较多的尖晶石细粉，刚玉细粉相应减少。尖晶石与基质中氧化铝发生固溶反应，水泥与氧化铝发生反应，会进一步消耗基质中刚玉粉。如果基质中没有富余的刚玉相，渣中 CaO 渗透后无法形成致密 CA_6 层，抑制渣渗透的能力会减弱。

多孔尖晶石内部气孔孔径分布和化学组成影响刚玉尖晶石浇注料的抗渣性。小孔径和分布均匀的气孔有助于提高抗渣侵蚀和渗透能力。对于孔径分布不均匀的试样，熔渣的渗透也不均匀，熔渣首先沿着大气孔向里渗透，然后进入小孔。因富镁多孔尖晶石平均孔径较大（约 16μm），且其表面形成了一层复杂的 (Mg, Fe, Mn)O，故有较差的抗渗透能力和很高的抗侵蚀能力；而富铝多孔尖晶石平均孔径较小（约 5.4μm），且其表面形成了一层 $CaO-Al_2O_3$ 系和 MA 为主的物质与 $MgO·(Al, Fe)_2O_3$ 交替出现的反应层，因而有很高的抗渗透能力和较差的抗侵蚀能力。

刚玉尖晶石浇注料不同基质系统（铬刚玉、刚玉尖晶石）对刚玉质透气元件抗渣性的影响程度具有较大差异，抗渣机理亦明显不同。在基质中加入 Cr_2O_3，试样的渣侵蚀深度和渗透深度均有所下降，而且随着 Cr_2O_3 的加入量增加，渣渗透深度降低。Cr_2O_3 与刚玉细粉形成铝铬固溶体，与其他杂质则形成含铬的玻璃相，呈孤岛状充填于铬刚玉晶体之间。在高温下，这种高黏度的含铬玻璃相对阻止渣的渗透非常有利。由于 Cr_2O_3 进入渣及渣与基质的反应生成物里，增大了渣的黏度，形成的高黏度液相覆盖在反应层表面，阻止了渣向试样的继续渗透，降低了试样的侵蚀速度。液相中 Cr_2O_3 的含量越高，液相的黏度就越大，因而 Cr_2O_3 加入量较大的试样抗渣性能更好。

除了引入尖晶石和氧化铬可以改善透气元件用刚玉浇注料的抗渣性外，通过优化透气元件的生产工艺，亦可以提高它的抗渣性。适当提高养护温度，可改善显微结构，烧后试样的基质中形成的 CA_6 晶粒越细小，结构越致密，有利于改善浇注料的抗渣侵蚀性和渗透性，从而提高使用寿命。养护温度保持在大约 30℃ 最佳。

3.3.2.6　热震稳定性

透气元件在频繁的急冷急热工况下工作，热震稳定性历来是其研制时关注的重点。添加第二相（如刚玉浇注料中引入尖晶石），以及利用氧化锆相变，本质上都是在浇注料内预制适度尺寸和密度的微裂纹，预留适宜的膨胀空间，急热时微裂纹弥合，缓冲转炉或电炉出钢瞬间对透气元件工作层的急热冲击，阻止裂纹在砖体内的快速蔓延。因为在极端工况下，出钢时工作层所承受的热应力远超固有强度，所以欲提高刚玉尖晶石浇注料的热震稳定性，应重在"疏"，而非"堵"，引入耗能机制（微裂纹、钢纤维等），及时将能量传递和耗散。

作为最常用的两种类型，刚玉-尖晶石砖热震稳定性优于铬刚玉砖。刚玉尖晶石砖中，板状刚玉、尖晶石颗粒与基质界面均存在不同程度的微裂纹；基质中板状刚玉粉与尖晶石粉以 CA_6 网络连接，且尖晶石与氧化铝发生固溶反应增强结合强度，使试样在具有优异的抗热震性的同时，拥有很高的常温和高温强度。而铬刚玉尖晶石砖中，高温烧成时，氧化铬可固溶到刚玉、尖晶石、CA_6，三者形成一个整体结构，使得刚玉尖晶石两相之间的裂纹尺度和数量减小，故削弱了砖体热震稳定性。尽管如此，因刚玉尖晶石砖的体积稳定性不如铬刚玉砖，生产中不易控制，所以没有大规模推广[36]。

在刚玉质浇注料中加入的大量尖晶石细粉（质量分数为 22%）有助于形成相对疏松但较均匀的基质结构，从而提高浇注料的抗热震性。基质中氧化铝微粉和刚玉细粉优先与 CA_2 发生反应生成 CA_6 结合相，如果反应后没有富余的铝源（氧化铝微粉和刚玉细粉）往尖晶石中固溶，那么在尖晶石周围有利于形成一些弱结合面，从而在基质中预设了大量的耗能空间，裂纹的扩展路径将延长，提高热震稳定性[37]。

刚玉尖晶石材料晶粒发育细小，晶界多，且多相之间热膨胀和弹性模量失配，热震产生的微裂纹数量多，吸收了热弹性应变能，应力集中小，对裂纹扩展的阻碍作用大，有利于热震裂纹扩展驱动力的减小，并且热震后裂纹扩展产生偏转，裂纹扩展过程延长，增加扩展过程的表面能，并松弛裂纹尖端的应力，减慢裂纹扩展速度，因而提高了刚玉尖晶石材料抗热震裂纹扩展的能力。刚玉尖晶石质钢包透气元件材料的热震损毁机制为热震后产生微裂纹，其网络结构的破坏最终导致材料损毁。刚玉尖晶石质材料的细晶和网络穿插结构有助于提高抗热震断裂和抗热震损伤[38]。

不同化学计量比（AM70，AM85 和 AM90）的尖晶石对浇注料热震稳定性的影响程度不同，当尖晶石加入量较少时（$w(MgO) \leqslant 1.4\%$），AM90 尖晶石的加入有利于改善浇注料的抗热震性，强度保持率比 AM70 尖晶石最大提高 17.3%（MgO 含量相同时），而 AM70 和 AM85 尖晶石的加入不利于改善浇注料的抗热震性；继续增加尖晶石加入量（$w(MgO) > 1.4\%$），三种尖晶石对改善浇注料的抗热震性均不利，但含 AM85 尖晶石浇注料的抗热震性稍好[34]。

由于使用环境恶劣，对刚玉-尖晶石浇注料要求越来越苛刻，还可以采用外加改性的方式来改善浇注料的性能，如氧化锆、锆刚玉、纳米碳酸钙等[39~41]。

ZrO_2 属于多晶转化氧化物，单斜氧化锆（$m-ZrO_2$）与四方氧化锆（$t-ZrO_2$）之间的相变称为 ZrO_2 的马氏体相变，其中 t→m 相变伴随有 4% 的体积膨胀。加入约 3% 的氧化锆可以提高刚玉-尖晶石浇注料的热震稳定性，而材料原始强度并不降低。但过多的氧化锆（$\geqslant 6\%$）对刚玉-尖晶石浇注料的热震稳定性不利。含锆刚玉-尖晶石浇注料热震稳定性提高的机理主要为微裂纹增韧。ZrO_2 加入量过大后，ZrO_2 的马氏体相变形成的微裂纹过多，使材料容易形成连续的聚合式大裂纹。

将锆引入刚玉尖晶石浇注料，除在基质中添加 ZrO_2 外，还可以不同粒级骨料形式添加锆刚玉。锆刚玉的组成（Z25/Z40，含 ZrO_2 量为 28.46% 和 38.47%）、粒度（5~3mm、3~1mm 和 1~0.5mm）、加入量（3%、5%、8%）对刚玉-尖晶石浇注料各项性能产生不同程度的影响。试样的加热永久线变化率随锆刚玉粒度的增大而增大。随锆刚玉加入量的增多而增大，引入锆刚玉 Z40 的试样加热永久线变化率比引入锆刚玉 Z25 的大；烧后试样的常温抗折强度、高温抗折强度和弹性模量均以空白试样的为最大，均随锆刚玉粒度的减小而增大，随锆刚玉加入量的增多而减小；在刚玉尖晶石浇注料中适当加入锆刚玉而产生微裂纹，尽管降低了材料的强度和弹性模量，但对提高抗热震性有一定的积极作用。

添加纳米粉体，亦可改善刚玉-尖晶石质浇注料热震稳定性。高温下纳米碳酸钙分解出的 CaO 和试样中 Al_2O_3 的反应生成的六方板状六铝酸钙晶体弥散分布在浇注料基质中，使裂纹扩展时发生倾斜、偏转或终止，从而改善了材料的热震稳定性。

钢包透气元件使用时热震条件非常复杂，通用的试验室热震评价方法难以评估材料热震稳定性能的优劣。采用 1000~1600℃ 循环热震试验，可以更好地模拟钢包透气元件使用中受到的热震冲击。不同烧成温度（1450℃、1550℃、1600℃、1650℃、1700℃）下纯铝酸钙水泥结合的刚玉-尖晶石质透气元件的抗热震性显著不同。烧成温度为1450℃的试样基质间结合程度低，结构疏散，裂纹容易沿晶粒进行扩展，聚集形成大裂纹易于进行动态扩展，试样的抗热震性差；1550~1600℃烧后试样中CA_6晶形明显发育变大变厚呈板片状晶形，试样形成的网状交织结构有利于缓冲热应力，同时Al_2O_3在尖晶石（MA）中的固溶量增大，形成适当的相结合界面，对裂纹的扩展有钉扎或偏转作用，提高试样的断裂功，抗热震性提高。继续提高烧成温度，试样的结构过于致密，网状交织结构消失，对热应力的缓冲能力下降，从而使1700℃烧成试样的抗热震性急剧降低[42,43]。

3.3.3　透气元件冶金功能

现代冶金工业常用的VAD炉、VD炉、VOD炉、LF炉等炉外精炼工艺都采用向钢液吹氩技术，已成为炼钢工艺过程不可分割的组成部分。

3.3.3.1　钢液温度与成分均化

炼钢过程中的各种冶金反应的速率主要受物质的传递速率所限制。根据菲克定律，物质的传递速率与传质系数、传递物质的浓度梯度、扩散流的截面积成正比。各种炉外精炼技术都是为了创造更好的动力学条件来改善冶金反应速率。例如，应用真空或吹氩以提高气体在气相与钢液之间的浓度梯度，应用喷粉以增加反应界面积，应用各种方式的搅拌以增大传质系数和扩大反应界面积，从而解决了传统炼钢设备优越性不能充分发挥的问题。

　A　钢液搅拌

搅拌是加速冶金反应、促进钢水成分和温度均匀的最重要手段。用于冶金过程的搅拌方式主要有以下四类：机械搅拌，吹氩搅拌，利用重力或大气压搅拌和电磁搅拌。其中通过吹氩搅拌钢液，驱动钢液自下而上运动，均匀钢液的成分和温度是一种最经济有效的手段。同时氩气泡在上升过程中吸附钢液中溶解的气体和非金属夹杂物并将其带至钢液表面被渣层所吸收，从而起到净化钢液的作用。应用吹氩搅拌的炉外精炼方法有钢包吹氩、CAS、芬克尔法、LF、VAD、VOD、AOD等方法。

氩气可以用喷嘴吹入液体金属，也可以用透气元件吹入液体金属，但实践证明，用透气元件吹入，氩气作用发挥得较充分，氩气利用率较高。研究表明，当0.135t铝合金中含氢$6.5×10^3 cm^3/g$时，用透气元件吹氩脱氢到$2×10^3 cm^3/g$，所需时间仅为用一般吹氩喷嘴的一半。图3-30为用喷嘴和透气元件吹氩的氩气利用率对比[44]。

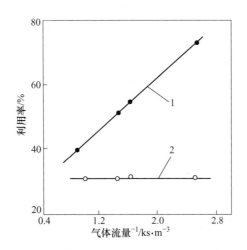

图 3-30 用喷嘴和透气元件吹氩的氩气利用率对比

1—透气元件；2—喷嘴

B 影响混匀时间的因素

混匀时间 τ 指在被搅拌的熔体中，从加入示踪剂到它在熔体中均匀分布所需的时间，是一个较常用的描述搅拌特征和质量的指标。影响混匀时间的因素如下[44]：

（1）透气元件安装位置。为了充分发挥吹氩搅拌的作用，透气元件应安装于钢包底部的合适位置。如图 3-31 所示，透气元件越靠近包底的边缘，混匀时间越短，越靠近包底中心，混匀时间越长。但从包衬寿命的角度来看，透气元件越靠近包底边缘，则包衬因冲刷而受的侵蚀越严重。综合考虑以上两方面因素，将透气元件置于包底半径中心的位置比较理想。但对用 VOD 炉吹炼不锈钢而言，为了使吹氩鼓起的新鲜钢液面对准氧枪，应将透气元件置于包底中心部位。

（2）比搅拌功率。对钢水的搅拌强度用单位时间内吹入 1t 钢液（或 1m³ 钢液）的气泡所做的功的和来表示，称比搅拌功率 $\dot{\varepsilon}$（W/t）。

$$\dot{\varepsilon} = 0.014 QT/G\lg\left(1 + \frac{H_0}{1.48}\right) \tag{3-19}$$

式中，T 为温度；H_0 为吹入深度，m。

由上式可以看出：在吹氩搅拌的条件下，可以增大吹氩量（Q），增大熔池深度（H_0）以及增多透气元件数目（提高 Q 的利用率）来提高其比搅拌功率。

Helle 用量纲分析法求得混匀时间 τ（s）与比搅拌功率之间的关系：

$$\tau = a \times \left(\frac{D}{H}\right)^b \times \left(\frac{H\sigma\rho}{\eta^2}\right)^c \times H\gamma^{-0.25}\dot{\varepsilon}^{-0.25} \qquad (3\text{-}20)$$

式中，a、b、c 为常数，分别等于 0.0189，1.616、0.3；D 为熔池直径，m；H 为熔池深度，m；σ 为表面张力，N/m；ρ 为 kg/m³；η 为黏度，kg/(m·s)；γ 为动黏度，m²/s。

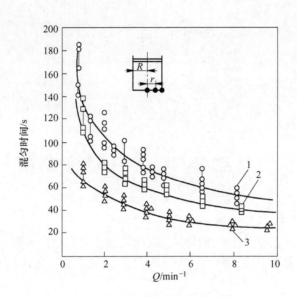

图 3-31 透气元件位置对混匀时间的影响

透气元件位置：1—中心（$r/R=0$）；2—半径中心（$r/R=1/2$）；3—边部（$r/R=1.0$）；

由以上各式可知，随着 $\dot{\varepsilon}$ 的增加，混匀时间 τ 缩短，加快了熔池中的传质过程。可以推论，所有以传质为限制性环节的冶金反应，都可以借助增加 $\dot{\varepsilon}$ 的措施而得到改善。

C 钢液洁净化

a 钢中气体的危害

钢中气体主要是氢气和氮气，溶解于钢中的氢气的析出会造成缩孔、白点、发裂、钢锭上涨、不同类型气泡等缺陷；溶解于钢中而未及时析出的氢气会降低钢的强度极限、断面收缩率、伸长率和冲击韧性。

钢中的氮可使钢材产生时效脆化，使钢的冲击韧性降低，且与磷一样能引起钢的冷脆；此外氮还与钢中钛、硼、钒、铝等元素形成氮化物夹杂使钢的性能降低。

b 吹氩量与脱气、脱氧量的关系[45]

吹氩量与去氢量之间的关系：

$$Q_{Ar} = 5 \times 10^3 K_H^2 \times p_{总}\left(\frac{1}{[\%H]_f} - \frac{1}{[\%H]_0}\right) \tag{3-21}$$

式中，Q_{Ar}为吹氩量，mol/L；$K_H = 0.0027$；$[\%H]_f$为钢液最终的含氢量；$[\%H]_0$为钢液原始含氢量。

吹氩量与去氮量之间的关系：

$$Q_{Ar} = 3.6 \times 10^2 K_N \times p_{总}\left(\frac{1}{[\%N]_f} - \frac{1}{[\%N]_0}\right) \tag{3-22}$$

式中，Q_{Ar}为吹氩量，mol/L；$K_N = 0.004$；$[\%N]_f$为钢液最终的含氢量；$[\%N]_0$为钢液原始含氢量。

实践表明，吹氩主要是去钢液中的氢气，去氮的效果不明显。

如果钢液未完全脱氧，钢液中有相当数量的溶解氧时，那么钢包吹氩还可以脱除部分钢中的溶解氧，起到脱氧和脱碳的作用。

吹氩量与脱氧量之间的关系为

$$Q_{Ar} = 72.1 \times 10^{-3} \times \frac{1}{[\%C]} \times W_m \times \lg\frac{[\%O]_0}{[\%O]_f} \tag{3-23}$$

式中，Q_{Ar}为吹氩量，mol/L；$[\%O]_f$为钢液最终的含氧量；$[\%O]_0$为钢液原始含氧量。

表3-13为$t = 1600℃$，0.1MPa条件下吹氩脱气及脱氧的临界吹氩量（脱氢、脱氮和脱氧所需的最小吹氩量）的理论计算值。

表3-13 脱气及脱氧的临界吹氩量

去除气体		原始含量/%	最终含量/%	平衡常数 K	临界吹氩量/m³·t⁻¹
[H]		7×10^{-4}	2×10^{-4}	27×10^{-4}	3.02
		6×10^{-4}	3×10^{-4}	27×10^{-4}	1.37
[N]		0.010	0.005	4×10^{-3}	1.624
		0.004	0.001	4×10^{-3}	13.53
[O]	C = 0.5%	0.010	0.001	447	0.0865
	C = 0.5%	0.010	0.005	447	0.108

表 3-13 可知，脱氮和脱氢所需的吹氩量很大，仅靠多孔砖难以满足需要。但是，如果真空与吹氩相结合，就可以收到十分显著的效果。因为吹氩量与系统总压力成正比。由于真空，系统总压力降低，吹氩量可以显著减少。如果真空度达到 1000Pa，则用大约 1/10 的氩气就可以达到 1×10^5Pa 下的去气效果。这意味着只要用 $0.1\sim0.3$m^3/t 的氩气就可以使氢含量从（$6\sim7$）$\times10^{-4}$% 降到（$2\sim3$）$\times10^{-4}$%。

真空吹氩脱气（VD）法正是基于这一原理得以开发应用。

c　吹氩对去夹杂的作用

图 3-32 可以看出 LF 精炼过程吹氩对降低钢液夹杂的作用。

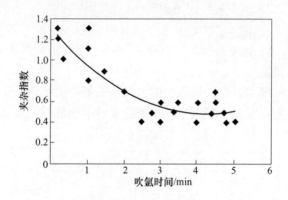

图 3-32　喂线后夹杂指数与软吹氩气的关系

研究认为吹氩去除钢中夹杂原理是源于气泡对夹杂的黏附（浮选）作用，气泡黏附夹杂的自由能 ΔW 可用下式表示：

$$\Delta W = \sigma_{液-气}(1 - \cos\theta) \tag{3-24}$$

式中，$\sigma_{液-气}$ 为钢液的表面张力；θ 为润湿角。

由此可知，钢液的表面张力越大，湿润角越大，则气泡对夹杂的黏附功越大。实践中 Al_2O_3、铝酸盐等夹杂去除较快的原因就在这里。

如图 3-33 所示，吹氩可加速 Al_2O_3 粒子的上浮速度。

d　搅拌对脱硫的影响——脱硫动力学

脱硫率计算公式如下[44]：

$$\eta_S = \frac{1 - \exp[-B(1 + 1/\lambda)]}{1 + 1/\lambda} \tag{3-25}$$

式中，λ 为炉渣成分；B 为搅拌能量。

由图 3-34 脱硫率与 λ 和 B 的关系可以清楚地鉴别出影响脱硫率的关键因素是炉渣性质和数量（图中右下角部分）还是搅拌能量（图中左上角部分）。如果

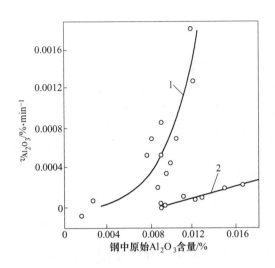

图 3-33　搅拌对钢中 Al_2O_3 粒子上浮速度的影响

1—吹氩；2—不吹氩

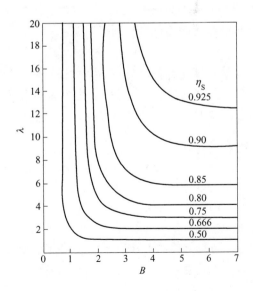

图 3-34　脱硫率与 λ 和 B 的关系

是前者，为了提高脱硫率，应从改进炉渣成分和增大渣量着手；如果是后者，则应从增大吹气量，加强搅拌着手。喷射冶金的实践证明恰当地选择炉渣成分 λ 和足够的搅拌能量 B 可使脱硫率达到 80%～90%。

D　吹氩工艺参数的选定

a　吹氩压力

理想的吹氩压力应该使氩气泡能遍布整个钢包，氩气泡在钢液内呈均匀分布。压力过大，不但使氩气泡在整个钢包内分布不均，甚至形成连泡气柱，与钢液接触面积减小，而且容易造成钢包液面翻滚激烈，钢液大量裸露与空气接触造成二次氧化和降温，钢渣相混，被击碎乳化的炉渣进入钢液深处，使夹杂物含量增加，所以最大压力以不冲破渣层露出液面为限。压力过小，搅拌能力弱，吹氩时间延长，甚至造成透气元件堵塞。因此压力过大过小都不好，合适的压力应能克服各种压力损失和钢液静压力，即

$$P_{Ar} > P_{管阻} + \frac{2\sigma}{r} + P_{渣} + P_{钢} \tag{3-26}$$

式中，P_{Ar} 为吹氩压力（表压）；$P_{管阻}$ 为管道压力损失；$\frac{2\sigma}{r}$ 为气泡形成克服表面能的压力损失；$P_{渣}$ 为渣层静压力，Pa；$P_{钢}$ 为包内钢液静压力，Pa。

吹氩压力主要决定于 $P_{钢}$，一般为 $(2～5)×10^5 Pa$[45]，还要注意开吹压力不宜过大，以防止造成很大的沸腾和飞溅。压力不大时，氩气透过砖形成的氩气泡小一些，会增加气池与钢液接触面积，有利于精炼。

b　吹氩时间

吹氩时间与钢包容量和钢种有关，时间不宜太长，否则温降过大，也不宜太短。吹氩时间不够，碳-氧反应未能充分进行，非金属夹杂物和气体不能有效排除，吹氩效果不显著。吹氩时间一般为 5～15min[45]，耗氩量为 0.2～0.4m³/t。

3.3.3.2　吹氩在不同精炼方法中的应用效果

A　真空吹氩脱气法（VD 法）

VD 法在真空状态下吹氩搅拌钢液，一方面增加了钢液与真空的接触界面积；另一方面从包底上浮的氩气泡吸收钢液内溶解的气体，加强了真空脱气效果，脱氢率可达到 42%～78%，同时上浮的氩气泡还能黏附非金属夹杂物，促使夹杂物从钢液内排除，使钢的纯净度提高，清除钢的白点和发纹缺陷。

B　CAS 法（密封吹氩微调合金成分）

CAS 法是在以往的钢包底吹氩均匀钢液成分和温度功能的基础上，在钢液面

上插入一个隔离罩,撇开炉渣,铁合金从隔离罩上面加入,不与炉渣接触,直接加入到钢液内,并在底吹氩搅拌下,微调合金成分,提高了合金收得率。这种方法有利于消除钢中的大型夹杂物,以较低的成本获得纯净的钢液。CAS法主要用于处理转炉钢液。CAS法的基本功能是均匀和调整钢液成分和温度,提高合金收得率、净化钢液、去除夹杂。

与常规吹氩搅拌处理钢液比较,处理 $7 \sim 8min$,钢中总氧量由 $100 \times 10^{-4}\%$ 可降到 $40 \times 10^{-4}\%$ 以下,处理后钢中非金属夹杂物明显减少,尤其 $40\mu m$ 以上的大型夹杂物可减少 50%;$20 \sim 40\mu m$ 的夹杂物可减少 $1/2 \sim 1/3$,大大改善钢的质量。通过吹氩,钢中的氧、氢和非金属夹杂物均有下降,如美国威林匹斯堡公司和联合碳化物公司 $200t$ 吹氩装置,氮含量可由 $43 \times 10^{-4}\%$ 降到 $32 \times 10^{-4}\%$;氧含量可在吹氩 $5min$ 以后由 $180 \times 10^{-4}\%$ 降到 $15 \times 10^{-4}\%$,脱氧效果相当于真空处理的水平。非金属夹杂物较不吹氩处理改善了 $60\% \sim 70\%$。吹氩处理滚球钢,氢含量下降 22%,并使为消除白点而进行的热处理时间减少一半。处理电工钢,可以完全消除硅含量不合格现象,冶炼时间缩短 $40min$,电耗降低 $57kW \cdot h/t$ 钢,电炉生产率提高 10%[45]。

C 钢包炉精炼

钢包炉通常具有真空、搅拌、加热等三种以上相互独立可控的精炼手段,常用的采用底吹氩工艺的钢包炉精炼法有 VAD 法和 LF(V) 法。

吹氩对改善钢包炉精炼效果的作用如下:

(1) 具有良好的脱气条件。一般都具有真空和底吹氩气搅拌条件,真空和钢液内上浮的氩气泡为脱气提供了良好的热力学条件;氩气泡上浮过程中对钢液的搅拌作用和不断地更新气-液相界面又为脱气创造了良好的动力学条件。

(2) 钢液的成分均匀稳定。由于搅拌贯穿整个精炼过程,所以成分均匀稳定。

VAD 精炼法具有真空脱气、真空下电弧加热、吹氩搅拌等多种冶金功能。VAD 法依靠安装在钢包底部的透气元件进行吹氩搅拌钢液。钢包入罐首先接通氩气,以 $1MPa$ 的高压气流将透气元件吹开,然后关闭旁路阀调整流量。整个精炼过程自始至终都要不停地进行吹氩搅拌。

经 VAD 精炼后的钢液脱氢率可达到 65%,平均 $[H] = 1.3 \times 10^{-4}\%$,脱氧率为 54%,钢液平均 $[O] = 24 \times 10^{-4}\%$,脱氧效率很好,$90\%$ 的钢液中总氧量 $30 \times 10^{-4}\%$ 以下。不进行特殊处理时一般脱硫率 η_S 在 40% 以上,如果加入造渣料脱硫时可炼含硫很低的钢种,$[S] < 10 \times 10^{-4}\%$。钢中气体含量可降低 50% 左右,非金属夹杂物减少 $50\% \sim 60\%$,且夹杂物颗粒细小、分散,轴承钢额定疲劳寿命提高 50% 以上,模具钢的综合力学性能指标得到改善[45]。

LF 精炼是炼钢工艺最常采用的精炼炉,其精炼效果如下:由于采用吹氩搅拌、合成渣及还原性气氛，不大于 $10×10^{-4}$% 的夹杂物几乎可全部去除。耐热钢、氮化钢等钢中的铝和钛控制在 0.05% 左右，吹氩搅拌可使钢液温度偏差控制在 ±5℃ 范围内。

D　不锈钢精炼

高铬钢水脱碳过程中有氧化膜生成，有时氧化膜很厚，会阻碍脱碳反应的进行，所以为了加速脱碳，还应采取排除氧化膜的措施[44]，其中包括：

（1）将透气元件装于钢桶底部中心部位，以便氧枪口对准氩气泡在钢水面沸腾的区域。由于氩气泡的沸腾作用，会使钢水面中心部位形成的氧化膜推向桶壁方向，由此排除氧化膜对吹氧的干扰。此外，在用 VOD 法冶炼不锈钢中，把吹氧透气元件装于桶底中心部位可加速脱碳。

（2）采用几个透气元件吹氩。岩岗、江岛等用两个以上的透气元件，以吹氩 10L/（min·t）以上的强搅拌条件并延长真空碳吹氧阶段的吹氩时间（60~120min）等措施，曾使 16%Cr-0~1Mo 和 18%Cr-1~2Mo 不锈钢的碳含量降低到 $3×10^{-4}$%~$9×10^{-4}$%。

3.3.4　透气元件生产工艺

3.3.4.1　原料

透气元件广泛使用的原料种类有：刚玉、尖晶石、氧化铝微粉、氧化铬微粉、纯铝酸钙水泥。以下详细说明了几种常用原料的制备方法、晶体结构、种类特性和质控要点。

A　刚玉

刚玉是以 α-Al_2O_3 为主晶相的天然矿物和人工晶体的统称，熔点为 2050℃，硬度大（莫氏硬度9）。线膨胀系数 $\alpha(200~1000℃) = 8.0×10^{-6}$/℃，其化学性能稳定，对酸和碱均具有良好的抵抗能力。刚玉作为一种高档耐火原料，常被选择为透气元件用低水泥浇注料的主要原料，使用最为广泛的是板状刚玉，其次是白刚玉，棕刚玉和致密刚玉在透气座砖中偶有使用。

依据制备工艺，板状刚玉也通常称为烧结刚玉。板状刚玉其优异的体积稳定性和抗热震稳定性归因于其特殊的结构：低开口气孔率和在快速烧结条件下再结晶时形成的具有封闭晶内气孔的大晶体。板状刚玉是一种高纯烧结刚玉原料，不添加任何烧结助剂，于1800℃的超高温条件下烧结而成。板状刚玉内主要的杂质是从拜耳氧化铝中带来的氧化钠以及破碎工艺中引入的金属铁屑。由于连续的烧结工艺，原料中氧化钠均匀地分布在整个产品范围之中。通过多级磁选有效地除去产品中的金属铁屑。基于板状刚玉的耐火材料相对于电熔刚玉有着非常明显的优势，具体体现在：优异的热力学性能，高体积稳定性，高化学稳定性，良好的抗热震性能[46]。

电熔刚玉根据原料中的杂质的不同类型可以分为棕刚玉、白刚玉、亚白刚玉、红宝石和黑刚玉。电熔刚玉是以拜耳氧化铝为原料熔融生成的。电熔刚玉熔融之后，熔融块冷却过程中，氧化钠会迁移到熔块的上部生成 β-Al_2O_3(Na_2O·$11Al_2O_3$)。由于熔块本身冷却速度的不同，电熔白刚玉块的内部和外部性能具有明显的差异。除了氧化钠含量不同外，晶体尺寸和开口气孔在不同区域也有所不同。电熔刚玉性能的影响最主要因素来自于杂质 Na_2O。虽然电熔刚玉中总的 Na_2O 含量与板状刚玉的含量相近，但是由于电熔刚玉间歇的生产工艺，Na_2O 没有像板状刚玉中的那样均匀的分布，Na_2O 含量在 0.07%~4.0% 之间波动。因此电熔刚玉在破碎熔块时严格要求捡选，大块料中通过除去顶部中央部分来降低 Na_2O 含量。在一些粒径小于 45μm 白刚玉细粉中，有时含有大量可溶性 Na_2O，严重影响浇注料的施工性，流动值衰减过快，降低可施工时间。

板状刚玉结构致密，体积密度高，结晶粗大，晶体典型尺寸为 50~400μm，在二维平面下晶体呈板片状，这些晶体可以在板状刚玉颗粒断裂面上肉眼可辨。相反，电熔白刚玉气孔较粗大。

烧结板状刚玉的基本物理性能包括体积密度、显气孔率和吸水率（表 3-14）[46]。

表 3-14　板状刚玉和电熔白刚玉的典型物理指标

项　目		T60/T64 典型值	白刚玉典型值
化学成分/%	$Al_2O_3$①	99.5	99.36
	Na_2O	0.36	0.35②
	SiO_2	0.02	0.10
	Fe_{mag}	0.003	n.d.
	Fe_2O_3	n.d.	0.1
物理性能	体积密度/g·cm^{-3}	3.55	3.51②
	显气孔率/%	3.0	8.8②
	吸水率/%	0.5	3.0②

①表示差分法；
②表示较高的批次之间的波动。

在反光的条件下，烧结良好的板状刚玉能够容易用肉眼观察到 α-Al_2O_3 晶体。通过肉眼对断裂面的观察，可根据晶体的形貌判定板状刚玉的烧结状况。板状刚玉烧结致密，用肉眼观察不到开口气孔，显微结构中显气孔率较低，典型值仅为 2.9%。而电熔刚玉的显气孔率较高，大于 8%。板状刚玉和白刚玉显微照片如图 3-35 所示[46]，板状刚玉中存在大量的直径小于 $10\mu m$ 的封闭气孔，气孔较均匀分布在整个微观结构中；电熔白刚玉中可见尺寸较大的气孔。

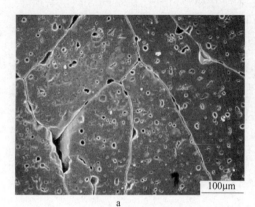

图 3-35　板状刚玉（a）和电熔白刚玉（b）的显微结构

因为刚玉是透气元件用刚玉尖晶石低水泥浇注料的主材质，占比高达 80% 以上，所以重视板状刚玉和白刚玉的质量控制，是保障透气元件质量稳定性的基本前提。两者主要的控制指标有 Na_2O 含量、显气孔率、体积密度和吸水率。前已述及，过高的 Na_2O 含量不利于浇注成型和削弱高温强度，而显气孔率、吸水率则影响成型加水量，进而会降低常温和高温强度，且弱化抗钢渣侵蚀性能。

以上列举了板状刚玉的诸多优异特性以及白刚玉的一些性能优缺点，但考虑到白刚玉的晶粒更为粗大，晶界更少，白刚玉的抗侵蚀性优于板状刚玉，且白刚玉与板状刚玉线膨胀系数失配可改善刚玉材料的热震稳定性，所以烧结板状刚玉复配电熔白刚玉已形成一种通用的技术路线。与板状刚玉相比，利用白刚玉的反应惰性，巧妙地制定相应的烧成制度，特意营造白刚玉颗粒与基质细粉的弱结合界面，形成耗能机制，亦可改善刚玉浇注料的热震稳定性。

B　尖晶石

镁铝尖晶石（$MgAl_2O_4$）是 MgO-Al_2O_3 二元系中唯一的中间化合物。其理论化学组成（质量分数）为：71.68% Al_2O_3，28.32% MgO。$MgAl_2O_4$ 晶体呈八面体结构，其中，Mg^{2+} 占据四面体位置，Al^{3+} 占据八面体位置。

Al—O、Mg—O 之间由较强的离子键结合，且其静电键强度相等，结构牢固，因此，镁铝尖晶石晶体结构饱和，其具有良好的热震稳定性能、耐化学侵蚀性能和耐磨性能，以及抗气氛变化性能强等优点，另外，$MgAl_2O_4$ 还具备高熔点（2135℃）、化学稳定性高、线膨胀系数低等特点，其被广泛应用于水泥回转窑、钢包、透明陶瓷、核燃料及固体燃料电池等。

尖晶石的合成有两种工艺：电熔法和烧结法。工业尖晶石以产品化学计量比 $Al_2O_3/MgO = 28.2/71.8$ 作为分界点分为两类。富镁尖晶石含有过量 MgO，而富铝尖晶石含有过量氧化铝。由于富镁尖晶石含有微量的游离 MgO，MgO 的水化会生成水镁石（$Mg(OH)_2$），它的体积改变会导致浇注料中产生裂纹，所以一般不用于浇注料。因富铝尖晶石具有优异的抗渣性能，炼钢用耐火材料大量使用富铝尖晶石。

C 氧化铝微粉

$\alpha\text{-}Al_2O_3$ 微粉是用工业氧化铝煅烧后制成的。根据煅烧氧化铝中的氧化钠含量和总的杂质含量，可以将其分为三大类。第一类是氧化钠含量 0.18% ~ 0.55%，氧化铝含量 99.0% ~ 99.5% 的煅烧氧化铝粉；第二类是指低钠煅烧氧化铝粉，氧化铝含量约为 99.7%，氧化钠含量不超过 0.1%；第三类是指高纯的煅烧氧化铝，通常氧化铝含量不小于 99.9%。煅烧氧化铝，包括用于耐火材料的氧化铝，都是通过煅烧拜耳法制备的。活性氧化铝微粉是指经过超细研磨的煅烧氧化铝，它的比表面积较高，在陶瓷压实和烧结过程中表现出较快的致密化和烧结速度。

透气元件中使用最多的是氧化钠含量较低的活性氧化铝微粉。相对于煅烧氧化铝微粉，活性氧化铝微粉均为单晶 $\alpha\text{-}Al_2O_3$ 氧化铝，几乎无团聚体的存在，$\alpha\text{-}Al_2O_3$ 原晶尺寸较小，比表面积较高，其填充减水效果更佳，成型所需加入量更低，在高温下表现出更高的反应活性或烧结活性，制品更致密，常温强度和热态强度更高。图 3-36 表示氧化铝微粉微观形貌。

纯铝酸钙结合浇注料体系中，活性氧化铝微粉的比表面积越大，纯铝酸钙水泥水化产物成核所需的能量障碍越小，水化速度越快，浇注料的可施工时间和凝结时间越短。活性氧化铝微粉的比表面积和杂质含量越高越有利于浇注料的烧结，但过高的比表面积和杂质含量可导致浇注料出现明显的收缩现象，影响耐火材料的体积稳定性。活性氧化铝微粉中的杂质（氧化钠等）在高温下可形成低熔点相，降低浇注料的高温强度。在制备透气元件时，选择活性氧化铝微粉的合适粒径和控制杂质含量是获得理想成型性能和高温力学性能的关键点。

3.3.4.2 生产工艺

透气元件的生产主要包括浇注成型透气芯和座砖生产，浇注成型狭缝型透气

活性氧化铝微粉

煅烧氧化铝微粉

图 3-36　氧化铝微粉微观形貌

芯和透气座砖的生产工艺非常成熟。透气芯的工艺流程是振动浇注成型和高温烧成（或低温热处理）、钢件组装、流量测试。座砖生产相对简单，振动浇注成型后，只需要养护、干燥即可，不需要经过高温处理。

振动浇注料的施工性能，如流动性、防泌水性能、可施工时间等，制约了浇注料强度的形成和发展。需要适时调整分散剂中促凝和缓凝成分的比例，保持恒温恒湿的成型和养护环境，尽可能减小季节变化引起产品质量波动。

烧成温度直接影响低水泥结合浇注成型透气元件的常温力学性能和热态强度、使用效果。确定低水泥结合浇注成型透气元件的烧成制度需要考虑诸多因素的影响，最主要的有以下三个方面：

（1）选用高温烧成技术路线（1400~1600℃）抑或是低温热处理（300~600℃），采用低温热处理首先要考虑使用现场是否满足提供在线烧结条件等。

（2）烧结活性越高的原料如更细的细粉粒度、更细的原晶粒度等，需要的烧成温度相对较低。另外相对于电熔料来说烧结料的烧结活性更高。

（3）总的来说，高温烧成透气元件的技术成熟度高于低温热处理透气元件，高温制品的体积稳定性、服役效果、钢厂普适性优于低温热处理制品，但是，由于石化能源日益枯竭，环保政策高压，发展低温热处理制品势在必行。

在 1450℃、1550℃、1600℃、1650℃、1700℃等多种烧成温度中，1600℃烧后试样的抗热震性最好（见图 3-37）。试样中片状或板柱状六铝酸钙（CA_6）晶相形成的网状交织结构能够缓冲热应力，同时 Al_2O_3 在尖晶石（MA）中适当程度的固溶，增强结合强度，提高断裂功，有利于材料抗热震性的提高[43]。

a

b

图 3-37　不同烧成温度下试样中 CA_6 晶体形貌

a—1450℃烧成试样中 CA_6 晶体形貌；b—1600℃烧成试样中 CA_6 晶体形貌

低温热处理透气元件在线烧结，前提是钢包连续红包周转，生产节奏快，烘烤温度高（接近 1100℃），透气芯表层在出钢以及精炼时完成快速烧结，要求原料的反应活性高，加入适量的氧化铬微粉，以及相对于高温烧成体系更多的氧化铝微粉，大量使用烧结原料，均可促进烧结。工作层形成致密的反应烧结层，使得在高温下渣不易向砖内部渗透，提高材料的抗侵蚀性。而在远离工作面的材料内部由于温度较低，烧结程度较低，结构较疏松，这样的结构反而有利于热震性的改善，使材料不易产生热剥落。

3.3.5　透气元件现场使用与维护

3.3.5.1　内装整体式透气元件安装与维护

A　砌筑

在透气座砖四周留设 50~60mm 的缓冲缝，如果钢包包底砌筑材料为镁碳砖，则采用刚玉质自流浇注料填充，如果砌筑材料为镁钙砖，则采用镁钙质干式料捣打填充密实。包底砖热膨胀对透气元件座砖产生巨大挤压力，设置缓冲缝的目的是有效缓冲高温状态下透气元件所受的压力。缓冲缝浇注料的材质配方、施工加水量、振动密实性对透气座砖的保护和使用效果均有很大影响。

B　烘烤与保温

砌好的钢包常温养护 24h 后再投入烘烤，烘烤时升温速度不能太快，尤其是烘烤初期（<400℃）不能太快，以免造成座砖或包衬浇注料内部水蒸气压力高而爆裂，形成隐性裂纹，在反复急冷急热的使用过程中，裂纹扩展导致座砖开裂。

钢包周转慢时，钢包全程加盖保温已被证明是一种行之有效的方法，首钢、河北钢铁集团的部分钢厂实施钢包加盖保温后，座砖的纵裂和横断现象显著减少，寿命也有所提高。

C　使用注意事项

尽量加快钢包周转，保证在线钢包高温红包状态，避免冷包接钢。

以较大的压力（一般为 0.6~1.2MPa）开吹后应根据情况调整流量，弱吹强吹相结合的方式更合理，并注意缓慢调整不同阶段氩气的压力流量，避免钢水因负压倒吸堵塞透气元件狭缝。

浇铸结束后及时翻包倒渣，尽量翻渣彻底，减少罐内残存的钢渣。

翻包倒渣后应立即将透气元件进气管接通气源反吹，吹出透气元件狭缝中的残钢或残渣，保证气道畅通，是提高吹通率的关键措施。在反吹清理时，从包口观察透气元件工作面是否变黑，变黑后无须烧氧清洗。使用前期尽量不烧氧清扫。使用后期如果没有观察到上述现象，说明透气元件气道已被渗钢堵塞，应用氧气或高压煤气对透气元件工作面进行清扫，吹氧管管口与透气元件工作面保持 3~5cm 距离。建议在氧气清吹透气芯时采用反吹气体流量监测装置，当反吹气体流量达到某一设定值，立即停止氧气清吹，避免透气芯过度损毁。

3.3.5.2　外装分体式透气元件安装与维护

A　透气元件的安装

将座砖吊装至座砖内孔的中心线与包底开孔的中心线重合，装好座砖后依次砌筑包底。最后，在座砖周围用自流浇注料或捣打料打实，待整个钢包砌筑完毕后，再安装透气元件。

安装透气元件时，先将座砖内孔清理光滑，透气元件外部均匀涂抹透气元件专用火泥，再从底部将透气元件以旋转方式装入座砖中。铬刚玉质接缝火泥，多呈干粉状，少数为胶泥状。干粉需要加入12%~16%的水拌合均匀后涂抹到透气芯外围钢壳上。使用时根据稠度进行适量调节加水量。安装时透气元件芯高度方向的偏差可以通过一定厚度的钢垫片进行调整，砖芯固定好后立刻拧紧钢包底部的透气元件紧固机构，接好进气管。

B 透气元件芯的更换

砖芯更换时，先将表面残钢残渣等清除，然后打开紧固装置，用拉拔机构将砖芯拉出，注意防止损坏座砖。在取出透气元件之后，须将座砖内孔中的残余火泥清除干净，以保证新的透气元件顺利安装。砖芯更换后，对座砖表面进行烧氧清扫，去除残钢残渣，以利于修补料与座砖的结合。

外装分体式透气元件的其他现场维护操作与内装整体式基本相同。

3.3.5.3 损毁机理

探究透气元件的损毁机制，对于开发新型长寿命高吹通率透气元件有重要意义。图3-38示出了钢包透气元件使用过程中外部作用，透气元件的损毁是多重因素作用的结果，既有高温钢水的冲刷磨损、侵蚀渗透作用，又有常温高压氩气流造成的热应力作用，以及循环使用的急冷急热造成的热剥落[21]。吹氧清洗是造成透气元件损毁的另一个重要的原因。钢包浇铸完毕和翻包倒渣后要对透气元件进行吹氧清洗，清理工作面的残钢和残渣，保证气道畅通。氧气清洗的温度极高，可达到2000℃，对透气元件造成极大的破坏作用。

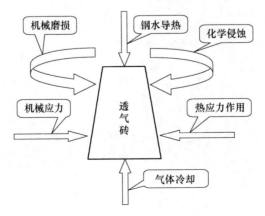

图3-38 钢包透气元件使用过程中外部作用示意图

图 3-39 示出了狭缝型透气元件正常蚀损过程[29]。在不同的冶炼工艺环节间断式吹氩，其蚀损的机理和深度不同，在钢包吊运和连铸时，无法吹氩，钢液在静压下浸润并渗透进入狭缝内部，特别是连铸时，因温度下降，钢液渗入狭缝后趋于冷凝，同时钢液钢渣渗入非狭缝部位的气孔中，必须采用氧气清洗掉渗透层，使透气元件开吹。渗入的深度决定了透气元件氧气洗涤的程度，所以一定程度上，也决定了透气元件蚀损速度。

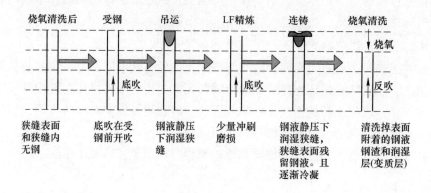

图 3-39　狭缝型透气元件正常蚀损过程

与弥散型透气元件相比，狭缝型透气元件致密度更高，抗冲刷性能和抗氧气清洗性能更佳。其异常蚀损主要表现在如图 3-40 所示的横向断裂渗钢，堵塞了气体通道。依据残砖，可以还原整个损毁过程：（1）裂纹产生阶段。受钢、LF 底

透气元件横向断裂

断裂面夹钢

图 3-40　透气元件热震断裂损毁

吹以及烧氧清洗等环节砖体工作端频繁受到急冷急热冲击，一方面，极大的温度梯度使得致密的透气元件砖体会产生垂直于气道的横向裂纹（微米级）；另一方面，在狭缝的尖端，热应力过度集中，狭缝之间通过微裂纹桥接。（2）裂纹扩展阶段。在吊运或浇铸阶段，钢液在静压下渗入狭缝，在受钢或精炼时，必然加大压力"破壳"，一般采用旁通（1.2~1.7MPa），前堵后顶，横向和纵向裂纹均迅速扩展，钢液经由变宽的狭缝渗入断裂层（1~3mm），形成一个整层的钢饼，阻断了气流通道。

3.3.6 常见事故与预防措施

3.3.6.1 钢液渗漏

钢液渗漏是透气系统最为严重的使用事故。钢包底部透气系统由透气元件砖芯、套砖、透气座砖、紧固机构、缓冲缝浇注料或捣打料、接缝火泥等几个部分构成，是实现底吹氩精炼工艺的关键功能元件。因透气系统位于钢包底部，一旦出现钢液渗漏，在数分钟内即可造成严重影响，如发现不及时或不具备倒包条件，将危害现场人员和生产设备安全，并扰乱钢厂生产顺行秩序。对导致钢液渗漏的原因进行分析和归类，常见原因有以下几类：

（1）透气元件芯过度使用。如果透气元件内部没有清晰易辨识的报警标识，且钢厂疏于管理，透气元件可能出现过度使用。当砖芯高度低于100mm后，高温可以很快传导到钢包底板或底板上的紧固机构，使其机械强度降低或变形，同时，砖芯与整体座砖或分体座砖的摩擦系数大大降低，无法承载几十吨乃至数百吨钢液的重压，最终导致砖芯脱落，钢液倾泄而出。

（2）透气元件钢壳内火泥渗钢。钢壳内火泥涂抹是否饱满、高温下膨胀性以及粘接强度都是影响透气元件服役安全性的重要因素。透气元件钢壳和钢壳内火泥均是透气系统中的薄弱环节，且容易被忽视，如果其中之一侵蚀过快，都会加剧另一部分蚀损。

（3）座砖"十"字纵裂。座砖"十"字纵裂后，不能有效紧箍透气芯，钢壳位置出现缝隙，钢液渗入缝隙，熔化了钢壳，钢液从包底渗出。导致座砖纵裂的原因有多种：

1）座砖自身的热震稳定性能较差，当频繁遭受急冷急热时砖体开裂。

2）座砖在安装时受到周围缓冲缝浇注料水分的渗透，与钢包衬一起烘烤时，烘烤初期升温过快、烘烤时间不充分或烘烤温度不高等因素，会造成座砖内部水蒸气压力过大，形成隐性裂纹，在反复急冷急热过程中，裂纹扩展导致座砖纵裂；钢包在立式烘烤条件下，热量难以完全传递到包底，钢包内上下温差较大，且在南方春季阴雨潮湿工况下使用，烘烤初期更应小火慢烘，中后期充分烘烤。

3）包底透气座砖四周缓冲缝浇注料的材质、施工加水量、振动密实性对透气座砖的保护和使用效果均有很大影响，由此造成浇注料的高温膨胀性能不适宜，无法有效缓冲包底镁碳砖的膨胀应力，会对座砖挤压形成纵裂。

（4）缓冲缝自流浇注料处渗钢。缓冲缝自流浇注料的加水量、搅拌工艺控制、施工工艺控制等均是影响其使用效果的关键因素。如果加水过量（超过7%），脱水后易产生显著的线性收缩，与包底砖、透气元件之间产生纵向缝隙，形成钢液渗漏通道。当加水过量后，颗粒沉降，细粉上浮，表层严重泌水，强度显著降低，无法在高温下表现出应有的使用性能。

1）分体型透气元件组装火泥渗钢。火泥接缝料加水量过大，造成使用时经高温烧结产生较大的收缩，最终形成钢液泄漏通道。这也是国外分体砖倾向于使用桶装火泥的主要原因，目的是避免混料不充分或其他原因造成加水量过大。

2）紧固机构处渗钢。部分钢厂采用简易的门轴式紧固机构，一边固定焊接在钢包底部，一边为丝扣锁紧，当紧固件锁紧时，受力状态相当于杠杆（二点受力），尤其当底板发生局部变形时就无法使砖芯受力均匀，这样易使砖芯受到不均匀挤压，造成火泥缝出现厚薄不均的现象（刚安装的砖芯，火泥还未脱水烧结，处在塑性状态易受挤压而变形）。

（5）包壳结构不合理。随着透气元件芯寿命的不断提高，逐渐与小修包龄同步，越来越多的分体型透气元件钢包改造成整体型透气元件钢包，但包底仍保留紧固机构，整体透气元件坐在一个直径约300mm的大孔上，整体型透气元件的底部被人为施加了三个锚固爪向上的托力，局部受力的座砖容易产生纵裂。安装整体型透气元件的钢包底壳上应预留直径不大于40mm的小孔引导透气元件尾管，整个砖体重量均匀地分布在包壳上，安全系数较高。

漏钢有时并非单一因素所致，当两个或数个薄弱环节叠加在一起时，钢液渗漏的概率大大增加，从材料、设计和管理等几方面同时入手，多管齐下，可以有效预防钢液渗漏事故的发生。以下罗列数项被证实为行之有效或近期有应用前景的预防措施和装置。

（1）设置警示标识或报警装置。从图3-41可以看出，芯板型透气元件具有辨识度较高的警示标识，正常使用时，可见方形芯板，线性狭缝非常清晰，当芯板消耗殆尽时，透气元件中心位置呈黑色圆形，给判包提供依据，不依赖于工人的操作经验，有效避免误判。

（2）透气元件钢壳内火泥质量控制以及无火泥设计。透气元件生产过程中应保障钢壳内火泥的粘接强度，并限制气孔率和孔径尺寸，确保火泥厚度均匀一致。组装工艺由手工炮制逐步往机械化和自动化程度提高的方向发展。免烧砖型的无火泥设计，也是透气元件安全化的发展趋势之一。

（3）透气元件砖体防漏结构设计。以前透气元件的底盖板与座砖底部平齐，

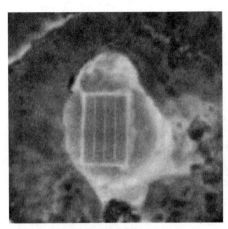 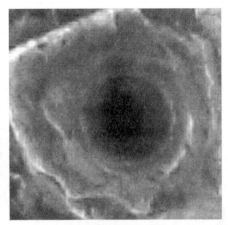

芯板透气狭缝清晰可见　　　　　　　　芯板型透气元件警示标识

图 3-41　芯板型透气元件

砖芯易于脱漏，目前有效的改进措施是透气元件的底盖板以下有 30~50mm 的座砖保护层，该层起到支撑作用，当砖芯往下退时，该保护层可以延缓漏钢进程，为现场处置漏钢事故争取宝贵的时间。同时这种设计还有预警作用，当操作时发现座砖底部有细微裂纹，可采取相应措施预防漏钢事故发生。此外，座砖侧面设计为台阶状，能有效延缓钢液在座砖与缓冲缝耐火材料交界面的渗漏途径，使钢液尽快冷凝。

透气元件尾管由直通管改为螺旋弯管，或者一根约 20mm 直径尾管改为数根直径约 4~6mm 的细管，可加速钢液冷凝，避免钢液从尾管渗出。

（4）紧固机构。实用专利 ZL200920223385.2 详细地介绍了一种防漏钢紧固机构[47]，其核心构件在于单向阀和锁紧体，其中单向阀由高导热不锈钢阀体、梅花形截面的气流（或高温钢液）驻留式阀芯、碳化钨基硬质合金阀珠构成，在阀芯的下方依次设置了一级气流密封体、二级高温钢液密封体和三级高温钢液密封体，有效阻滞高温钢液的渗漏。

（5）加强管理。在现场安全意识最为薄弱的节假日和夜班，管理人员应勤于督导和检查，并强化现场操作人员的安全意识和事故防范意识，制定相应应急预案，及时发现钢液渗漏事故苗头并予以遏制，防止事态扩大。

3.3.6.2　包底窜气

透气元件砖芯和座砖在两层铝镁碳质包底砖结合处易产生横向断裂（图 3-42）。在受热时，该高度位置以上和以下均受到铝镁碳砖的巨大的横向推力，

图 3-42 透气芯和透气座砖在两层包底砖交界面断裂

而该高度位置的砖体不受包底砖膨胀产生的压应力，反而在热态下受到极大的张应力，容易首先在此发生断裂。底吹氩气途经砖芯和座砖的横向断裂面、两层包底砖缝隙，从水口座附近拱出，吹散引流砂，导致无法正常开浇，造成严重的生产事故。

针对包底窜气现象，行之有效的预防措施有：（1）去掉平砌层，加高立砌层。（2）严格执行钢包烘烤制度，加快钢包周转，钢包周转过程中全程加盖保温。（3）在座砖中部预设加强筋，强化座砖整体强度。

3.3.6.3 包底返气

包底返气指底吹氩气从透气元件底部冒出，不进入钢液中。图 3-43 为 LF 吹氩系统示意图。原因是距离透气元件工作面 20~50mm 高度存在横向断裂面，钢

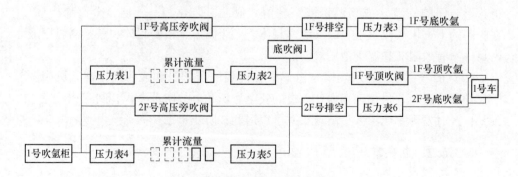

图 3-43 LF 吹氩系统示意图

液渗入断裂面后冷凝，完全堵塞气体通道。在精炼时，往往打开旁通（压力高达1.2~1.7MPa）强吹，如果无法吹开断裂面，高压会反向冲击透气元件底盖板，致使底盖板膨胀变形，直至焊缝开裂，气体从透气元件底部返出。预防措施在于提高透气元件热震稳定性，防止出现灾难性的整层横向断裂。解决包底返气问题的主要方法是提高透气元件热震稳定性和保障钢件部分的焊接质量。

3.4 透气元件发展趋势

钢铁市场逐渐细分，对于亟待提高钢包包龄且透气元件寿命为包龄瓶颈的部分钢铁企业，研制和开发长寿命、高吹通率、免维护的透气元件依然是重点发展方向，而对于透气元件寿命能够满足冶炼要求，但仍期望提高钢材品质、降低夹杂物含量的另一部分钢铁企业，透气元件技术发展将更加关注冶金功效。就具体产品门类而言，复合结构透气元件、低温热处理狭缝型透气元件、免维护透气元件的应用前景更为可观。基于物理模拟和计算机模拟的透气元件结构优化仍需要做大量系统的工作。透气元件制造商非常有必要与使用者紧密联系起来，开展透气元件对冶金功效影响的深入研究，共同推动钢铁冶金行业的发展。

今日之钢铁行业和耐材行业与十年前大不相同，市场空间和政策环境与十年前也迥然不同。其显著不同的几个特征是：（1）高品位特殊钢占比日益增大，对透气元件的冶金功效要求越来越高，单一结构透气元件不能普遍适用所有工况；（2）目前国家对工业污染的治理力度空前，且将长期延续下去，高能耗、高排放的粗放式生产模式已不再适应发展趋势；（3）人力资源紧俏，就钢铁企业或钢包耐材承包商而言，高强度的透气元件烧氧操作面临招工荒，就透气元件生产企业而言，人力成本高企，生产自动化程度低的企业将逐渐丧失市场竞争力。因此，为适应时代发展的需求，从技术进化总的趋势来看，长寿化、高吹通率透气元件将朝着透气结构复合化、冶金功效精细化、低温处理节能化、生产装备智能化、安全警示智能化的方向发展。

参 考 文 献

[1] 韩斌，刘玉泉，刘广利，等. 供气元件在炼钢工艺中的应用 [J]. 耐火材料，2003，37（6）：358-360.

[2] 陈家祥. 钢铁冶金学（炼钢部分）[M]. 北京：冶金工业出版社，1990.

[3] 王雅贞，李承祚，等. 转炉炼钢问答 [M]. 北京：冶金工业出版社，2003.

[4] 杨文远，李林，彭小艳，等. 提高复吹转炉透气砖寿命和冶金效果的新技术 [J]. 中国冶金，2017，27（12）：14-21.

[5] 蔡廷书. 复吹元件、气源的技术进步及优缺点 [J]. 炼钢, 1995 (4): 55-62.

[6] 陈登福, 温良英, 董凌燕, 等. 重钢复吹转炉熔池内的搅拌和冲刷作用的模拟研究 [J]. 特殊钢, 2005, 2 (26): 6-8.

[7] 张大勇, 张彩军. 转炉复吹与炉龄同步技术的优化与实践 [J]. 河南冶金, 2007 (3): 40-42.

[8] 李庆辉, 王会先, 张悦明. 适用于 N_2/CO_2 气源 MgO-C 供气元件的研究 [J]. 耐火材料, 1996 (1): 26-29.

[9] 柴剑玲, 段百泉. 镁炭质供气元件的生产和使用 [J]. 耐火材料, 2000 (1): 60-61.

[10] 杨引文. 转炉十字砌筑法炉底稳定性及防漏钢的研究与应用 [J]. 工业炉, 2015, 37 (6): 70-74.

[11] 刘浏. 中国转炉炼钢技术的进步 [J]. 钢铁, 2005 (2): 1-5.

[12] 谭明祥, 林东, 彭飞, 等. 复吹转炉底吹透气性维护技术研究 [J]. 钢铁, 2005, 40 (12): 25-28.

[13] 刘效森. 120t 转炉底吹透气砖快速在线更换技术 [J]. 山东冶金, 2016, 38 (1): 65-66.

[14] 朱德智. 转炉复吹用高压供气元件的损毁机理 [J]. 钢铁研究学报, 1995 (5): 7-12.

[15] 戴文斌, 蔡建阳, 宫长伟, 等. 底吹供气元件中心通气管表面涂层的研究 [J]. 耐火材料, 2004 (4): 261-264.

[16] 周艺. 法国 Vallourec 公司电炉底吹惰性气体节约废钢和电能 [J]. 冶金能源, 1992 (1): 59-61.

[17] 于力, 刘开琪. 透气砖在超高功率电炉上的应用 [J]. 耐火材料, 2000, 34 (1): 41-42.

[18] 王经民, 戴志国. 超高功率电炉透气砖研制及应用 [J]. 江苏冶金, 1998 (3): 6-9.

[19] 李传奇, 李文忠, 于大平. 底吹透气技术在 50t UHP 电炉中的应用 [J]. 莱钢科技, 2014 (12): 13-14.

[20] 陈勇, 王锋刚, 贺中央. 透气砖的发展和应用 [C]//2005 年全国钢铁工业用优质耐火材料生产与使用经验交流会. 武汉, 2005: 27~33.

[21] 常雅楠, 张玲, 邵子铭. 钢包用透气砖的研究与发展方向 [J]. 辽宁科技大学学报, 2016, 39 (3): 191-197.

[22] Koster V, Luckhoff J, Wethkamp H, et al. Third generation of gas purging ceramics for steel ladles [J]. Metall. Plant Technol. Int. (Germany), 1995, 18 (1): 46-49.

[23] Matsushita Taishi, Mukai Kusuhiro. Direct observation of molten steel penetration into porous refractories [J]. Journal of the Technical Association of Refractorie, Japan, 2003, 23 (1): 15-19.

[24] Patrick Tassot. Innovative concepts forsteel ladle porous plugs [J]. Millennium Steel, 2006 (2): 111-115.

[25] Tatsuya Ouchi. Wear and countermeasures of porous plug for ladle [J]. Journal of the Technical Association of Refractories, Japan, 2001, 21 (4): 270-275.

[26] Kriechbaum G W, Gnauck V, Routschka G. The influence of SiO_2 and spinel on the hot prop-

erties of high alumina low cement castables [J]. STAHL UND EISEN, 1994: 150.

[27] 龙斌. 新型 Al_2O_3-MgO-CaO 透气砖耐火材料的微观结构与性能研究 [D]. 北京: 北京科技大学, 2016.

[28] 陈卢, 张晖, 禄向阳, 等. 新型复合结构钢包透气元件的设计与应用 [C]//第十一届中国钢铁年会论文集. 北京: 冶金工业出版社, 2017.

[29] Chen Lu, Yu Tongshu, Zhang Hui. Research progress and developing trend of purging plug for refining ladle [C]//The 7th International Symposium on Refractories. Proceedings of ISR 2016. Xi'an, China, 2016.

[30] Bernd Trummer, Wolfgang Fellner, Andreas Viertauer, et al. A water modelling comparison of hybrid plug, slot plug and porous plug designs [C]//Proceedings of UNITECR 2015. Vienna, Austria, 2015.

[31] Vance M W, Kriechbaum G W, Henrichsen R. Influence of spinel additives on high-alumina/spinel castables [J]. American Ceramic Society Bulletin, 1994, 73 (11): 70-74.

[32] Ko Y C, Chan C F. Effect of spinel content on hot strength of alumina-spinel castables in the temperature range 1000-1500℃ [J]. Journal of the European Ceramic Society, 1999, 19 (15): 2633-2639.

[33] 华远才, 刘玉泉, 王洪顺. 尖晶石加入量对铬刚玉浇注料性能的影响 [J]. 耐火材料, 2001, 35 (5): 261-263.

[34] 范鹏骁. 尖晶石组成对刚玉-尖晶石浇注料性能的影响 [D]. 洛阳: 洛阳耐火材料研究院, 2015.

[35] 王会先, 禄向阳, 窦景一, 等. 基质对刚玉透气砖抗渣性的影响 [J]. 耐火材料, 2000, 34 (5): 268-271.

[36] 李远兵, 李楠, 彭兵, 等. 钢包用刚玉-尖晶石透气砖的研制与应用 [J]. 耐火材料, 2002, 36 (2): 95-96.

[37] 李志刚, 张振燕, 张海燕, 等. 透气元件用刚玉质浇注料抗热震性及抗渣性的研究 [C]//2013 耐火材料综合学术会议、第十二届全国不定形耐火材料学术会议、2013 耐火原料学术交流会论文集. 2013: 204-207.

[38] 张晖, 孙加林. 铝镁质钢包透气砖热震损毁研究 [J]. 耐火材料, 2009, 43 (6): 409-411.

[39] 贺智勇, 洪彦若, 李林, 等. 氧化锆对刚玉-尖晶石浇注料热震稳定性的影响 [J]. 耐火材料, 2004, 38 (2): 73-75.

[40] 王俊涛, 陈松林, 袁林, 等. ZrO_2 对刚玉-尖晶石浇注料抗热震性能的影响 [J]. 硅酸盐学报, 2011, 39 (8): 1317-1321.

[41] 贾全利, 叶方保, 钟香崇. ZrO_2 加入量对刚玉-尖晶石浇注料性能的影响 [J]. 耐火材料, 2009, 43 (1): 27-30.

[42] 李代兵. 刚玉-尖晶石质钢包透气砖热震稳定性的研究 [D]. 洛阳: 洛阳耐火材料研究院, 2008.

[43] 李代兵, 张晖, 张立明. 烧成温度对刚玉-尖晶石质钢包透气砖抗热震性的影响 [J]. 河

南冶金，2008，16（2）：6-9.

[44] 张鉴. 炉外精炼的理论与实践［M］. 北京：冶金工业出版社，1993.

[45] 冯聚和，艾立群，刘建华. 铁水预处理与钢水炉外精炼［M］. 北京：冶金工业出版社，2006.

[46] 刘新彧，Gunter Büchel，Andreas Buhr. 高性能耐火材料用板状刚玉概述［C］//2009 年耐火原料学术交流会论文集. 2009：115-124.

[47] 魏昌晟. 外装分体式透气砖防渗漏锁紧机构：中国，ZL200920223385. 2［P］. 2010-08-11.

4 滑 板

4.1 滑动水口概述

滑动水口（Sliding Nozzle，简称 SN）是炼钢流程中控制钢液流动的装置，安装在钢包和（或）中间包底部、转炉和电炉出钢口[1,2]。钢包滑动水口是连铸机浇铸过程中调节从钢包到连铸中间包的钢水流量；滑动水口用在中间包底部，控制钢水从中间包到达结晶器流量。滑动水口一般由驱动装置、机械部分和耐火材料部分（即上下滑板、下水口）组成（见图4-1和图4-2）。滑动水口的工作原理是通过滑动机构使上下滑板砖滑动，从而带动流钢孔的开闭来调节钢水流量大小。

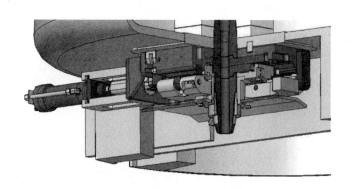

图 4-1　钢包滑动水口系统

近年来滑板的应用扩大到转炉，采用转炉滑板挡渣机构，通过液压驱动装置带动滑板的开合，配合红外下渣检测整个出钢过程。当出钢接近尾声且红外检测到下渣时，迅速闭合滑板，实现转炉无渣或少渣出钢，可提高金属收得率，降低炼钢成本。转炉冶炼结束出钢时，当转炉倾动至 20°~35°时关闭闸阀，把前期渣全部挡在转炉内，转炉倾动至 75°~85°时钢渣已经过出钢口区域全部上浮后，发出打开闸阀指令，开始出钢；当转炉出钢结束，红外下渣检测仪检测到钢渣后向

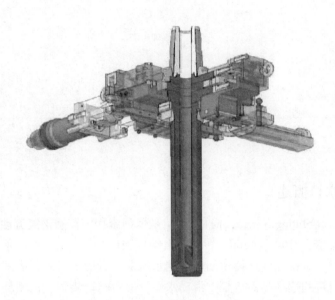

图 4-2   中间包滑动水口系统

闸阀机构发出关闭闸阀指令，闸阀关闭。

　　滑板是滑动水口系统的主要部件之一。按照组成滑动水口系统的滑板块数划分，可分为两层式和三层式。钢包用滑板一般为两层式，操作时上滑板固定不动，通过下滑板进行截流和节流。中间包用滑板一般为三层式，操作时将上滑板与上水口固定，下滑板与下水口固定，通过中间滑板来进行截流和节流。转炉滑板法挡渣出钢装置，主要由闸阀机构硬件和自动下渣检测系统两大部分组成。闸阀机构硬件又分闸阀机械装置、液压站总成系统、旋转接头、液压缸及水冷、空冷系统、离线更换维护系统及耐火材料，耐火材料包括出钢口管砖总成，内、外水口砖和内、外滑板砖组成。

　　如何判断滑板是否可以多次使用。一般情况出于节约成本，降低耐火材料消耗，节省劳动力和加快钢包周转等考虑。滑板不止使用一次，而是使用多次。但是，由于滑板在使用的过程中损坏和被侵蚀，冲刷严重，搞不好就有可能漏钢造成大事故。一般每次使用过后，打开机构观察滑板和其他耐火材料情况再做决定。观察内容有：（1）错眼浇注后孔径是否小于封闭段的一半；（2）在上滑板和上水口之间和滑板之间是否钻钢，若有则不能再使用；（3）滑板是否有贯穿裂纹，若有则不能再使用；（4）水口直径（包括下水口）扩孔是否超过直径的1/3，若超过则不能再使用；（5）上水口的直径是否超过规定的数值，若超则不能再使用等。

　　滑动水口的设计早在 1884 年就由美国人 D. Lewist 提出构思并申请了专利，

后来也有不少类似的专利，但均因材质不过关而未能实现。直到 1964 年，西德本特勒钢铁公司在 22t 钢包上，采用滑动水口装置代替塞棒系统进行浇钢，首次获得成功，并迅速推广到许多国家。我国是在 1970～1971 年由洛阳耐火材料研究所与上海耐火材料厂合作研制用于钢包作业的、高铝质浸煮焦油沥青的滑动水口。前期试验在上钢一厂转炉车间进行，后在上钢五厂电炉车间试验，获得成功。当时使用高铝矾土原料制备不烧的上下水口和滑板砖。滑板的碳含量小于 2%。20 世纪 80 年代，在配料中引入石墨、以酚醛树脂作为结合剂的工艺特征是碳结合型滑动水口的标志，铝碳质为典型代表，大幅度提高滑板的耐热震性和抗侵蚀性[3]。

4.2 滑动水口对性能的要求和损毁机制

4.2.1 滑动水口对性能的要求

文献资料总结出各式各样的蚀损机制，归纳起来基本上为：钢水和炉渣的侵蚀和渗透，热震，空气氧化，摩擦和应力。抗热震剥落、化学侵蚀和机械摩擦是对滑板的基本性能要求。钢的含氧量和炉渣的氧化铁含量是含碳滑板氧化和侵蚀的主要因素，前者氧化滑板中的碳；后者侵蚀滑板的结构。浇铸高氧钢对滑板的蚀损作用是很突出的，当在滑板中添加适量金属 Al，其抗蚀损程度便会改善。依据滑板的蚀损特征可见，无论何种滑板，也不管处理何种钢水，作为控流原件必须具备如下性能：（1）对钢水和炉渣要有很强的抗侵蚀性和冲刷性；（2）抗热震性；（3）高耐磨性和高温强度；（4）与钢水接触具有低润湿性；（5）高抗氧化性。滑板的几种损毁方式为：钢水冲刷侵蚀造成铸孔扩径，热震形成的裂纹，滑动面的侵蚀和磨蚀等，参见图 4-3。

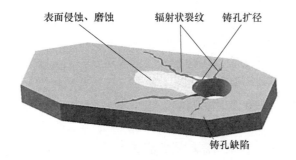

图 4-3 滑板的损毁方式

如何鉴定这些性能并建立适应的指标，确非易事。借用常规的耐火材料检验方法显然是不够的，于是，许多研究者从物理化学基本概念出发来创新鉴定方法和模拟试验。从许多牌号滑板的检验指标看，化学性质指标基本上与常规耐火材料相似。化学组成是划分滑板类别的判据，如镁质、镁铝质、铝碳质、铝锆碳质等类型，通过化学分析进行判断。但对于多组元配料的制品而言，化学组成并不能预示制品的配料组成和使用效果，不能借其评价制品的质量水平和所用原料品种和配料比例。例如，Al_2O_3-ZrO_2-C质滑板中ZrO_2指标可能预示锆刚玉的成分，也可能指斜锆石，若再存在SiO_2，它可能是锆莫来石、莫来石，也可能是硅微粉。还有些添加剂如Al、Si、SiC、B_4C等物质，很难在分析成分上反映出来。

4.2.2 滑动水口的损毁机制

4.2.2.1 热震

滑板的热机械损毁主要来自浇钢初期滑板工作前温度低的情况下，突然接受约1600℃钢水冲击，造成工作面1400~1450℃的温差，因此在铸孔外部产生超过滑板强度的张应力，导致形成以铸孔为中心的辐射状的微裂纹。裂纹的出现有利于外来杂质的扩散、渗透，更加加速了化学侵蚀，反过来化学反应又促进裂纹的形成与扩展，如此循环使滑板铸孔损毁扩大。

4.2.2.2 氧化

滑板的氧化基本上表现为两种途径：（1）钢水氧化，特别指高氧钢。钢水中的［O］氧化碳素而形成气孔，铁渗入气孔并使滑板表面黏附钢液；（2）空气氧化碳素和钢水，生成低熔物如FeO，沿气孔继续侵蚀。众所周知，含碳材料在不同气氛下受热，只是表面形成氧化层或松弛。颜色由黑变褐灰或灰白，测量该层的厚度便可定量地显示氧化程度。

4.2.2.3 侵蚀

滑板的抗侵蚀性一方面取决于钢种和炉渣组成；另一方面取决于滑板的化学性质和显微结构。前者是固定因素不能改变，要求滑板的性质满足冶炼条件的需要，因此，要讨论的只能是耐火材料工艺问题。首先是选择耐侵蚀的原料和改善滑板的显微结构，最重要的提高基质的致密度及其与颗粒料的结合程度。由于滑板形状和尺寸的特殊性，最常用的回转渣蚀法和坩埚法就不太合适了，可采用指法浸渣。Doussal以截面25mm×25mm的长柱体浸入上浮炉渣的钢水中，对比观察了烧成高铝和铝碳滑板的抗侵蚀情况，结果显示，高铝试样的渣线区侵蚀严重。Murakami以同样的方法研究AlON结合滑板的抗渣性并与铝碳制品相比较，认为AlON结合滑板较好。他们所用的试验条件是：钢与渣比为15:1，温度控制在（1600±30）℃，浸入 60min。取出后切开断面检查。

在许多情况下是借助浸入法检测抗热震性的试样来评价抗侵蚀性。从某种意义上讲，依据物质化学性质可以预示滑板抗侵蚀性的优劣；但这没考虑结构因素，即材料理论密度与体积密度之间的差异。化学反应在很大程度上受反应物界面状态控制，因此，滑板的侵蚀行为确实是个多元的复杂问题，实在是难以用量化的检验方法予以确认。许多理化性能检测资料中只能以相对指数来表示抗渣性。

侵蚀滑板的介质主要是来自钢水（中的氧和某些合金元素）和炉渣，包含了化学反应和冲蚀两方面的作用。镁质滑板对钢水和炉渣的化学稳定性俱佳，但是其膨胀率高限制了应用范围。因此，讨论抗侵蚀性问题主要是以氧化铝基材料为主。

FeO 是侵蚀介质之首，主要来自炉渣。钢水接触大气，亦可生成些许氧化铁。其作用是氧化滑板砖中的 C 和 Al：

$$FeO + C \Longrightarrow Fe + CO$$

$$3FeO(l) + 2Al(g) \Longrightarrow Al_2O_3(s) + 3Fe(s)$$

FeO 与刚玉反应生成低熔点铁铝尖晶石或与莫来石反应生成低熔点硅酸盐。

原则上，滑板是不接触炉渣的。但通过使用后的滑板剖析，还是普遍发现有炉渣的侵蚀行为。对于铝锆碳制品而言，炉渣中除 Al_2O_3、Cr_2O_3 外，都是侵蚀介质，包括 FeO、CaO、MgO、MnO、NiO 等碱性介质。这些侵蚀介质与滑板的主物相反应形成液相，于冷凝过程析出各类晶体或玻璃相。通过显微结构分析确认相组合和析晶形貌，借其讨论化学反应过程是掌握滑板侵蚀机制的最直接、最有力的研究方法。

抗侵蚀试验工作可以两种方式进行：一是试验室模拟试样分析；二是现场用后残砖分析。前者在确定条件下试验，可以获得比较有规律的结果，便于举一反三地引用；后者最能反映实际情况，结果真实。

4.2.2.4 其他因素

另外，滑板的损毁与钢厂的冶炼条件和操作方式相关，具体包括浇铸方式、浇铸时间、浇钢温度、浇铸钢种、钢水节流程度、钢包的周转时间、铸孔的清理、滑板外部的受力条件、滑板内部的应力和温度分布等。实际使用过程中对滑板的不当操作是国内滑板寿命普遍偏低的原因之一。比如，铸口清理操作时过度烧氧，加剧铸口蚀损。

4.3　滑动水口的材质与结构

4.3.1　滑板的分类

根据工艺方法划分滑板类别可有多种方法。按基质的结合状态不同划分，有如下几种：

（1）高温烧成陶瓷结合型滑板。我国 20 世纪七八十年代末分别有高铝质和铬刚玉质滑板，这两种滑板早已被淘汰。20 世纪 90 年代有了氧化锆质和镁质碱性滑板。这里的氧化锆质材料的致密程度接近于陶瓷材料，所用原料主要是细颗粒和微米级原料。氧化锆质材料具有良好的抗侵蚀性和抗剥落性。利用 ZrO_2 的马氏体相变可以显著提高结构陶瓷的断裂韧性。已有研究表明：相变伴随的体积效应一方面容易导致材料的断裂，另一方面可以在材料内局部区域产生显微裂纹，提高材料抗热震损伤能力。氧化镁部分稳定的氧化锆质滑板，可以在苛刻的浇铸条件下使用，寿命最高可达 10 次。采用热压成型的氧化镁部分稳定氧化锆质滑板具有高温强度高、显气孔率低、气孔孔径小等特点，在中间包上使用具有好的抗钢水和熔渣的侵蚀性。但锆质材料成本高，并且因与 FeO 反应，所以不适宜浇铸高氧钢。综合锆质材料的优缺点，在滑板关键部位如铸孔的周围采用锆质环，与普通材料本体镶嵌而成的复合式滑板是锆质滑板的主流形式。

镁质滑板主要有方镁石质和方镁石-尖晶石质。由于方镁石的线膨胀系数较大，造成方镁石质滑动水口的抗热震性较差。为改善抗热震性，一般以烧结镁砂为颗粒，电熔镁砂为细粉。将合成尖晶石以颗粒形式加入方镁石质滑动水口中，开发了抗热震性相对较好的方镁石-尖晶石质滑动水口。有的镁质滑动水口还进行沥青浸渍，以进一步提高抗热震性和抗侵蚀性，降低气孔直径及滑动面缺陷尺寸，提高使用寿命。镁质滑板由于其抗热震性差，高温强度低，限制了其使用寿命。烧成镁质滑动水口在国内很少使用。

（2）碳结合型滑板。碳结合型滑板是氧化物与碳的复合材料。将石墨作为原料直接加入氧化物体系滑动水口中，解决了材料致密度高与抗热震性差之间的矛盾。由氧化物和碳复合生产的碳复合体系是滑动水口材质的飞跃，引入石墨等作为碳原料，以合成的有机高分子树脂为结合剂，并采用埋碳还原气氛烧成工艺，在滑动水口材质体系和技术的发展上具有重要意义。碳结合型铝碳滑板热导率大，线膨胀系数小，大幅度提高材料的抗热震性能；气孔微细以及碳的存在也使得材料的抗侵蚀性较强，从而使用寿命优于陶瓷结合的高铝质、刚玉质滑板。碳结合的铝碳滑板快速替代了高铝质和刚玉质滑板。

铝碳质滑板主要是以烧结刚玉、电熔刚玉和高铝矾土熟料为主要原料，在基质部分引入含碳材料（鳞片石墨、炭黑等），在还原气氛下烧成形成碳结合的耐火材料。为提高铝碳滑板性能，引入锆莫来石、锆刚玉原料，基于氧化锆加热过程晶型转变的体积效应，将含锆原料引入滑动水口中以提高其抗侵蚀性、抗热震性，因此有了铝锆碳滑板[4]。铝碳、铝锆碳滑板是最常见、数量最大的滑板类型。根据需求后来又开发了镁铝尖晶石碳滑板和镁碳滑板。

镁碳滑板是以镁砂和碳素材料制备的，该滑板抗侵蚀性优良适合于浇铸钙处理钢。但与铝碳材料相比，镁碳材料的抗热震性较差，可通过多项措施改善其性能：1）不同纯度镁砂复合使用；2）高纯超细石墨和合理颗粒级配；3）加入低线膨胀系数的镁铝尖晶石部分替代镁砂原料，部分牺牲其抗侵蚀性为代价。

（3）金属结合型滑板。如 Al 结合的滑板。烧结刚玉和 Al 粉作为主要原料使用，Al 粉加入量为 7%~9%。Al 粉并非仅仅起防氧化作用。滑板采用氮化中温烧成工艺、以金属铝和氮化铝等作为滑板的结合相，研制出金属铝-氮化铝结合的刚玉滑板，用于钙处理钢和高氧钢的浇铸，取得了很好的效果。该滑板是以刚玉为主要物相，部分金属铝熔融后形成液相充填于刚玉颗粒的间隙，形成对刚玉包裹的连续相；材料中的游离碳含量低，另外或含有少量的金属铝纤维。

同时加入 Al 粉和 Si 粉，可降低 Al 粉和 Si 粉的熔点，由于液相的存在，有利于高温时 Al 和 Si 向非氧化物转变，降低转变温度，使非氧化物发育得更好。有利于形成 Al 系非氧化物和 Si 系非氧化物交叉编织共存结构，发挥其协同效应，可显著提高材料的高温强度和抗热震性，增加滑动水口的使用寿命。由于有大量非氧化物的存在，可适当降低滑动水口的碳含量，从而改善其抗氧化性，也有利于增加高温强度。

（4）氮-氧化物结合型滑板。如 Si_3N_4、AlON、SiAlON 结合的滑板，属于非氧化物、碳结合的复合结合滑板类型。该非氧化物结合是通过原位反应形成的。原位反应工艺是在滑动水口配料时加入一定量的 Al、Si 等原料，经高温氮化烧成，使 Al、Si 转化为非氧化物，并起结合作用。由于生成大量的非氧化物，提高了氧化物-非氧化物复合体系滑动水口的抗氧化性、抗侵蚀性；通过气相传质生成的非氧化物分散较均匀，提高材料的结合程度，赋予其更高的强度；原位非氧化物呈针状、柱状，形成交叉的空间结构，改善材料的抗热震性。因此，氮化烧成滑动水口具有较好的综合高温性能，取得了较好的使用效果。

氧化物-非氧化物体系滑动水口与氧化物-碳复合体系性能的差别与其物相组成和显微结构不同有关，前者非氧化物主要为 Si_3N_4、Si_2N_2O、SiC、C，后者主要为 C 和 SiC。氮化烧成后形成 Si_3N_4、Si_2N_2O、SiC 复合物相，且生成量要明显高于同温度下埋碳烧成的非氧化物含量，而且发育良好，使材料内大气孔体积降低，微孔量增多，其增强增韧效果好。因此，氮化烧成滑动水口的强度和体积密度及抗热震性好于埋碳烧成的滑动水口。

按热处理制度滑板还可以分为烧成滑板和不烧滑板（约 200℃ 热处理）。按成型方式滑板可以分为复合滑板和整体滑板。其中复合工艺可以有多种，如镶嵌式复合，本体为铝碳质，滑动工作面和铸孔为陶瓷结合的氧化锆质，后者镶嵌在铝碳本体中。另一种复合方式为本体为高铝质，工作区（滑动面、铸口）为铝碳质，成型时分别装入两种泥料，一次成型，烧成时两种料的体积效应一致，这就要求高铝质本体在高温烧成过程不收缩。或本体为以高铝矾土熟料为主要原料制备的铝碳质，工作区为烧结刚玉为主要原料制备的铝碳质。

按材质划分滑板分为碱性滑板、铝碳滑板、锆质滑板等。其中，除碱性滑板和氧化锆质制品为特殊性质材料外，其他系统如以氧化铝为基的制品的许多主原料又可相互取代，重新组合，构成更多的品种。不同材质滑板的性能见表4-1。

表4-1 不同材质滑板的理化指标

项 目		铝碳质	铝锆碳质	镁碳质	尖晶石碳质	氧化锆质
体积密度/g·cm^{-3}		2.85~3.00	3.06~3.18	2.94~3.09	2.90~3.15	4.98~5.35
显气孔率/%		7.5~9.0	6.0~9.0	4~9	6~10	2~11
常温耐压强度/MPa		130~200	150~230	130~180	160~190	250~560
高温抗折强度(1480℃)/MPa		11~14	13~16	30~45	30~36	9~14
线膨胀率(1500℃)/%		—	1.0~1.1	1.94	1.26	1.03
化学成分/%	Al_2O_3	70~75	70~75	8~15	23.7	—
	MgO	—	—	76~86	75.3	—
	ZrO_2	—	7~10	—	—	93~96
	F.C	12~15	5~10	3~5	3~4.5	0~2.0

由于炼钢冶炼技术的发展和钢铁结构的调整，钢铁公司对滑板砖使用寿命和安全性、稳定性的要求越来越高，特别是低碳钢、高钙钢、高锰钢等品种钢比例逐渐增加，精炼时间增加，对滑板砖的使用寿命和安全性提出了更高的要求。相应地对产品理化指标也提出了更高要求。滑板材料的发展有以下几个方面：（1）随着耐火技术的发展和钢铁企业多钢种冶炼的需要，滑板砖在转炉、钢包、中间包、电炉的应用逐渐推广，传统的铝锆碳、铝碳质滑板在部分使用环境和钢种适应性较差，刚玉-尖晶石-碳质滑板、镁-尖晶石碳碱性滑板和镶嵌锆质滑板由于其独特的适应性得到了广泛的应用。（2）滑板中碳含量偏高，会影响滑板的

抗氧化性和强度，导致滑板使用寿命下降，铝碳、铝锆碳滑板碳含量有降低的趋势。新修订的滑板标准多个牌号碳含量降低至3%。（3）调整产品结构，发展绿色滑板耐火材料向更长寿命、更节约、无污染方向发展。进一步加强不烧、轻烧、不浸渍、不碳化的简约工艺路径，在减少环境污染的同时降低生产成本。（4）将纳米技术应用在滑板中，采用纳米尺度的炭黑以及复合石墨化炭黑改性树脂，并在基质中引入不同形态的纳米尺度碳素原料，以改善和提高滑板的抗热震性、抗渣性以及导热性能，也为发展低碳滑板技术提供技术支持。

不同类型滑板的特点和技术演变见表4-2。

表 4-2　不同类型滑板的特点

材　质	结合方式	适用范围	使用次数	演　变
高铝质、刚玉质	陶瓷结合	普通钢	1	淘汰
铝碳	碳结合等	普通钢	2~3	降低碳含量，刚玉替代矾土料
铝锆碳	碳结合	普通钢、合金钢等	3~6	SiO_2 5%→2%，C 9%→3%，HMOR 15MPa→35MPa
尖晶石碳	碳结合	合金钢	2~3	—
镁碳	复合结合	钙处理钢、高氧钢	3~4	添加镁铝尖晶石，C 6%→3%
氧化锆质	陶瓷结合	钙处理钢	3~6（转炉滑板12次）	整体→镶嵌式复合

4.3.2　上下水口材质

上下水口材质以铝碳质为主，还有铝镁碳、刚玉尖晶石-碳等，与滑板材质类似。还有一类是不含碳的刚玉质、刚玉莫来石质、刚玉尖晶石质等，可以浇注方式成型。通常上水口使用次数高，8次到十几次；下水口使用次数低，通常与滑板同步。因此，上水口的材质性能要求更高。表4-3为某公司上水口的性能。

表 4-3　上水口的性能

材　质	TN-5D	TN-9C	TN-32B-2	TN-34A	TN-129	TN-LMT	TN95CA	TN90CMA
MgO 含量/%						28		5
Al_2O_3 含量/%	83	78	90	85	88	67	96.5	90
CaO 含量/%							1.5	1.5
C 含量/%	8	8	4.5	5	6.5	4.5		
体积密度/g·cm^{-3}	3.04	2.95	3.03	3.00	3.10	3.05	3.20	3.16
气孔率/%	9	5	7	6	7	4	12	12

4.3.3　滑板的显微结构

　　分别以某企业生产的铝锆碳滑板和镁尖晶石碳滑板为例，说明滑板的显微结构特征。

4.3.3.1　铝锆碳滑板的结构

　　大颗粒烧结刚玉粒度达 3~5mm，如图 4-4 所示，大的晶体内密布圆形封闭气孔。细粉有电熔刚玉和氧化铝微粉，由图 4-5 可见颗粒和基质的分布状态；其中电熔锆莫来石大颗粒尺寸亦可达 2mm，粗粒配料为其特点（图中灰白色为锆莫来石颗粒）。

图 4-4　板状刚玉大晶体的晶内气孔形貌图

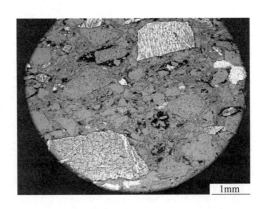

图 4-5 颗粒和基质的分布状态

电熔锆莫来石为全共晶结构，但有部分初晶 m- ZrO_2 呈粒状串珠式排列，如图 4-6 所示，也属于典型特征。基质含较多的氧化铝微粉，也可能添加了氧化硅微粉，因为有些区域的 SiO_2 含量达 10%。图 4-7 所示为基质结构，可确认的加入物有 Si、B_4C，无石墨。

图 4-6 含初晶 ZrO_2 的 (M+Z) 共晶

4.3.3.2 镁尖晶石碳滑板的结构

镁尖晶石碳滑板典型结构如图 4-8 所示，主原料为电熔镁砂，最大粒度为 2~3mm。方镁石晶体达 100~200μm。晶间有硅酸盐胶结。镁砂原料中含 SiO_2 约 2%，CaO 约 1%，为 96 级电熔料。另一主原料为烧结镁铝尖晶石，粒度小于 0.5mm，其组成为 MgO 32%，Al_2O_3 68%。

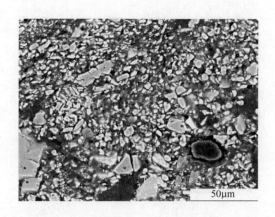

图 4-7　基质中的粉体形貌

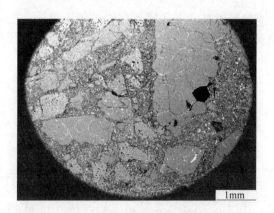

图 4-8　镁尖晶石碳滑板的低倍结构照片

　　基质中可鉴别的添加物有：Si 屑粒度尺寸小于 $10\mu m$；Al 粉粒度小于 $50\mu m$，少许变化；B_4C 粒度小于 $50\mu m$，少许变化。含少量炭，但不是鳞片状石墨。

4.3.4　滑板的形状尺寸和装置机构

　　依据滑板的热场分析数据进行滑板的形状、尺寸设计是影响使用效果的因素，包括：(1) 合理的形状和尺寸是减轻热应力破坏的有力措施；(2) 滑板的尺寸和形状适应于便利安装；(3) 从传统的圆滑形改成菱形，相对减小体积且宜于卡固；(4) 利用有限元法 FEM 分析应力分布。滑板形状基本上为两类：规则的圆边矩形和四角矩形，后者原先是 4 个角全等，经热场分析，后来又改变为 2 个角相等。日本品川公司对此做过多年设计、研究，在生产实践中证实因裂纹程度较传统形状滑板的减轻，而提高使用寿命 20%～40%。通过对滑板孔径周围区域的应变测量和借有限元法热应力分析，确定最好的形状因子比值。所谓形状因子是指流钢孔直径 D 与孔径中线切割滑板短轴的部分宽度 B 之比，即 D/B 称为形状因子。

决定滑板的使用效果的另一方面是系统的机构。除了滑板材质的多品种演变外，在控流系统装备和滑板形状的演变上，也堪称名目繁多。这方面的工作主要是以冶金机械专家为主体，向耐火材料行业提出要求。安装机械系统的设计和制造是研究工作的另一个方面。首先，就滑板的尺寸而论，是向小型化和多样化演变；机械系统向操作安全、方便方向发展，多功能机械系统要适用多种尺寸的滑板，操作方便。机械机构的改善是为了更换滑板快捷、方便、安全和有助于提高寿命。在滑板砖表面达到光洁度要求下，确保上、下面严密的决定因素便是面压强度。它取决于弹簧个数、弹簧系数和弹簧压缩量。

滑动水口机构的提供商众多，主要有国外的英国维苏威、瑞士 INTERSTOP、美国 FLocon、日本黑崎，国内的邯郸正泰、鞍山热能、马鞍山雨山、唐山创华等。

滑动水口机构的选型要考虑到钢包大小基础上的安全性、稳定性、可靠性、便捷性及成本，选型要注意以下方面：（1）滑板定位方式。滑板的定位方式一般有 3 类：一是维苏威滑动结构上的偏心轮或马蹄形定位，二是日本黑崎的四角加压定位，三是 INTERSTOP 定位块和磁性定位。应根据需要选择。（2）上水口定位方式。国产滑动机构耐材设计参照日本黑崎来设计，上水口没有完整的定位方式，是根据上水口与水口座砖配合锥度及火泥的用量来调整，容易出现无法准确定位的情况。（3）护板。滑动机构的护板作用是中间包钢水对机构的热辐射和喷溅。如果护板不能随滑件同时运动，容易造成护板变形、钢水涌钢等。需要注意规避。（4）摩擦力。滑动机构摩擦力主要有两类：维苏威及黑崎"滑条对滑条"的摩擦方式、INTERSTOP 公司"轮子对滑条"的滚动受力（"点与面"的受力方式）。前者的平稳性好，后者的摩擦力减小 70%。（5）弹簧方式。滑动机构的弹簧方式一般主要是黑崎的 501 机械螺旋弹簧、Flocon 的气体弹簧、维苏威的扭力或叠性弹簧、INTERSTOP 的螺旋的螺旋叠性弹簧。一般，选择第三种弹簧方式的倾向大。（6）配件。滑动机构的主要是轮子、轮轴、滑条、护板、弹簧等，最好与机构本体同步寿命最好，弹簧选进口高档的叠性弹簧最好。（7）维护性。机构整体采用精铸框架，在正常维修过程中由于滑块与框架是一个整体，维修时只需将框架及滑件整体吊走并实现在线快换。

4.4 滑板生产工艺

4.4.1 铝碳、铝锆碳滑板的生产工艺

滑板的制造工艺因材质不同而有所不同，铝碳、铝锆碳材质滑板具有突出的抗热震性和抗侵蚀性，多年来一直是所用滑板的主体材料，也是各滑板生产厂家的主导产品。铝碳、铝锆碳滑板通过专门的滑板生产线生产。产品类型可分为不烧和烧成两种滑板，以烧成滑板为主。除烧成外两者在生产工艺上基本相同。下面就以烧成铝碳、铝锆碳滑板为例来说明其生产工艺特征。

4.4.1.1 原料

这类滑板的主体原料为刚玉和碳素原料，主要添加的辅助原料有锆刚玉或锆莫来石、金属粉和非氧化物等用以提高和优化滑板抗热震性、抗侵蚀性、抗氧化性等使用性能。滑板的性能由原料的种类及配比，结合剂、添加剂的选择及制造工艺过程和参数，滑板的结构等因素决定。

A 刚玉原料

滑板的性能与所用何种品质刚玉等原料相关，滑板 Al_2O_3 含量高时，抗侵蚀性好，Al_2O_3 含量低时，抗热震性好，一般 Al_2O_3 含量在 85%~95%，SiO_2 在 2%~10%，但趋向于减少 SiO_2 含量。因此，刚玉原料是铝碳滑板最主要的原料，刚玉原料的选择要求品位要高，杂质含量要低，多选用电熔白刚玉、板状刚玉等。锆莫来石（ZM）或锆刚玉（ZA）为生产高档次铝锆碳滑板所引入的主要材料，ZA 或 ZM 具有比刚玉低的线膨胀率和高的抗侵蚀性，其作用是提高滑板的抗热震性和抗侵蚀性，以进一步提高滑板的使用寿命。

B 碳素原料

碳具有良好的高温性能，在铝碳滑板中起着提高抗渣蚀、抗热震性的作用和一定的高温润滑作用，抗侵蚀性和抗热震性提高程度与石墨加入量成正比。石墨的加入使不烧或烧成铝碳滑板主要性能有所提高，使用寿命高于高铝滑板。碳成分可由石墨、炭黑等引入。天然鳞片石墨抗氧化性好；炭黑等活性高，易和铝、硅等添加剂反应填充气孔以改善性能，所以采用两种碳复合加入更好些，一般碳含量为 3%~10%。

C 金属和非氧化物添加剂

它们的主要作用是防氧化，同时还可起到提高强度的作用。添加剂有金属和非氧化物，常采用的有硅粉、金属铝粉、碳化硅、碳化硼等。由于在烧成过程中发生反应，它们对滑板的性能和显微结构有重要影响，主要是金属添加物反应生

成的碳化物或氮化物形成一定的陶瓷结合，提高滑板的强度；另外金属添加物反应生成的碳化物或氮化物提高滑板的抗氧化性，添加物或其在滑板烧成时的反应生成物在使用时先于石墨氧化，起到延缓石墨氧化的作用。如同时加入 Al、Si，非氧化物的生成温度会降低，反应生成物填充空隙降低气孔率；反应生成物保护了碳结合和提供了一定程度的陶瓷结合，益于提高强度，且在一定范围内随金属加入量增加而增加；抑制石墨氧化，部分解决由于石墨氧化而引发的一系列破坏性作用——碳氧化后强度降低，不耐冲刷，气孔增加，钢液渗入，易于表面拉毛等。

D　结合剂

采用酚醛树脂为结合剂，酚醛树脂结合剂润湿性好，流动性好，是一种较合适的结合剂。多选择热固性酚醛树脂。除酚醛树脂外，也有选择改性树脂等，也有加入沥青作为复合结合剂的。

4.4.1.2　滑板生产工艺过程

滑板生产工艺包括如下几个方面：

（1）原料称量：将各种颗粒、粉料按一定比例准确称量，称量误差（质量分数）一般不得大于 0.5%。

（2）预混：其目的是让少量添加剂充分分散均匀。烧成铝碳滑板的烧结，主要是基质部分细粉和微粉的烧结，在混合过程中，若有助于烧结的微量添加剂不均匀，不但添加剂部分失效，而且因热应力不均使产品产生局部裂纹。

（3）混练：在强制混练机中混练。混料的一般顺序为：将颗粒和结合剂放入混练机中混合 5min 左右，放入预混细粉、添加剂等其他组分，混练 25min，总混练时间约为 30min。

（4）困料：将混好的泥料在一定温度下放置一段时间，增加泥料的塑性利于成型。

（5）成型：用大吨位液压机或摩擦压砖机作为成型设备成型；采用小孔成型后期再后期扩孔（钻床加工）、"二面加压"工艺，不仅可以提高滑板铸孔周围密度，又解决成型层裂。

（6）烧成：通常埋碳保护气氛下装窑烧成，烧成温度一般在 1350~1450℃。

（7）油浸：该工艺可起到增加材料碳含量和体积密度、减小气孔率、减小滑板间摩擦力、增强材料强度等作用。由于烧成铝碳滑板体积密度高、显气孔率较低，非真空敞开式煮沸法很难浸渍，通过高压真空浸渍，不仅能增碳，而且可改善砖的物理性能和使用性能；经烧成的砖装入专用铁笼，经预热窑预热，然后进行中温沥青真空油浸处理，浸渍温度约为 200℃。

（8）干馏处理：滑板浸渍沥青后，使用时沥青熔化流淌，粘住滑板和机构，挥发黄烟，污染环境，因此必须进行干馏炭化处理。干馏温度为 500~600℃，并保温。

（9）机加工：对滑板进行钻孔处理和滑动面磨光、磨平。

（10）打箍：将非工作面用铁皮箍紧，防止使用时开裂，增加滑板的抗热震性；打箍方式分冷打箍和热打箍两种；铁箍厚 3~5mm。

（11）涂面：从改善滑板表面平整度、光滑度出发，在滑板表面涂覆含石墨的润滑剂。

（12）检验：对滑板外观尺寸、缺棱深度、裂纹长度、滑动面平整度、凹坑等进行检查。

（13）包装：经检验合格的产品进行包装、分类、入库。

4.4.2　滑板的复合工艺

第一种复合方式，两种材料（泥料）分别在同一模具内加料，一次成型和烧成。早期滑板复合工艺以降低生产成本为目的，通常是高档材料与低档材料组合在一起，典型的复合方案是，在滑板的铸孔和滑动面部位采用铝锆碳材料，其他部位采用高铝矾土为主要原料的铝碳材料，采用两次加料一次成型的方式进行两种材料的复合，两种材料的性能见表4-4。重要的是控制两种材料界面在成型过程中、烧成过程中不应有应力，烧成线变化基本相同，否则易出现裂纹。对于铸孔和滑动面部位采用铝碳材料，其他部位为不含碳的高铝材料，要控制两种材料的烧成线变化基本相同是有难度的。因为通常铝碳材料烧成过程不收缩，不含碳的高铝材料通常是烧结收缩的，需要通过选择合适的高铝颗粒料和细粉料，达到烧成过程中体积稳定性。

表 4-4　复合滑板的性能

类　型	铝锆碳与铝碳的复合		锆质与铝碳的复合	
	工作区	本体（外侧）	工作区	本体（外侧）
Al_2O_3 含量/%	86	90		82
ZrO_2 含量/%	6.0		95.32	
SiO_2 含量/%	2.0	4.0		
T.C 含量/%	4.0	4.0		7
体积密度/g·cm⁻³	3.36	3.18	5.13	3.10

续表 4-4

类　型	铝锆碳与铝碳的复合		锆质与铝碳的复合	
	工作区	本体（外侧）	工作区	本体（外侧）
气孔率/%	5.0	9.0	1.0	5
抗折强度/MPa	36	30		28
高温抗折强度/MPa	26	10		18
线膨胀率(1500℃)/%	1.15	1.12		
侵蚀指数	75	90		

第二种复合方式，两种材料分别以两种工艺制作，然后两者镶嵌复合在一起，典型制品如图 4-9 所示，镶嵌氧化锆质的转炉挡渣滑板就是个典型的例子。本体为铝碳质，滑动面和铸孔为陶瓷结合的致密氧化锆质，后者镶嵌在铝碳本体中，用火泥黏结，再经磨面加工等处理，镶嵌式复合滑板工艺流程图如图 4-10 所示，典型性能见表 4-4。

图 4-9　锆质镶嵌复合滑板

用后滑板修复工艺采用镶嵌方法实施，具体方法如下[5]。仔细挑选铸孔扩孔小、滑动面拉毛轻微、裂纹细小和边角缺损较少的上、下滑板，根据滑板的实际损毁情况，选用不同外径的钻头进行钻孔处理，去掉损毁严重的部位，并采用专用打孔定位工装，用两种不同孔径的钻头在孔内靠近滑动面一端两步打孔，加工出宽 4~5mm、深 6~7mm 的台阶（见图 4-11）。采用与原滑板铸孔相同或相近的材质制造尺寸与加工备用的老滑板配套的镶嵌内芯，采用高强刚玉质火泥将两者装配在一起，经烘干、磨制（保证平整度），更换石棉垫（保证成品厚度），涂刷防氧化涂料（保证润滑性），制成修复后滑板。

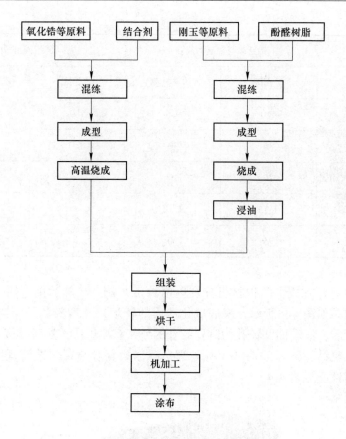

图 4-10 镶嵌式复合滑板工艺流程图

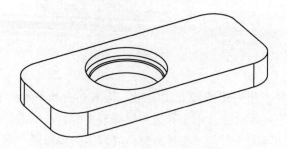

图 4-11 使用后的滑板的加工 (T 型孔)

4.5 滑板水口发展趋势

滑动水口材质体系的演变与其工艺技术的发展密不可分，工艺技术是实现材料结构和性能的重要手段。工艺技术的发展促进了材质体系的演变，同时材质体系的发展推动了工艺技术的变革。特别是烧成工艺的发展对材质体系的变革起决定作用。氧化物体系的滑动水口一般在大气气氛下烧成，氧化物-碳复合体系则在还原气氛下烧成，氧化物-非氧化物复合体系中非氧化物结合的滑动水口在氮气气氛下烧成，金属复合的滑动水口多在弱还原气氛下低温热处理。

滑动水口主要的材质体系经历了从氧化物体系到氧化物-碳复合体系再到氧化物-非氧化物复合体系的演变，其中原料向着丰富化、组成向着多元化、结构向着复杂化的方向进化，以期综合利用氧化物、碳及非氧化物的特性，从而赋予滑板水口更好的综合高温性能，满足苛刻的使用要求。

对于连铸功能耐火材料的使用，需要更优良、更稳定的性能，朝鲜耐火公司通过自动化装备，包括配料、混料、困料、成型、干燥、烧成、油浸、热处理、机加工及工序间运输和装卸，全线无人操作，减少人为失误，控制滑板体积密度、强度等性能波动范围，生产效率提高，钢包滑板使用次数增加到 10 次[6]。

参 考 文 献

[1] 高振昕. 滑板组成与显微结构 [M]. 北京：冶金工业出版社，2007.

[2] 李红霞. 耐火材料手册 [M]. 北京：冶金工业出版社，2007.

[3] 石凯，夏熠. 炼钢用滑动水口材质体系的演变 [J]. 耐火材料，2018，52 (3)：230-236.

[4] 易献勋. 铝锆碳质滑板材料组成、结构与性能研究 [D]. 武汉：武汉科技大学，2011.

[5] 王长春，陈花朵，牛智旺，等. 用后滑板的镶嵌修复和再利用 [J]. 耐火材料，2013，47 (2)：157，160.

[6] Jong-geol BAEK, Jong-min SUN, Chul-young PARK, et al. The Development of Innovative Manufacturing Process for Sliding Nozzle Plate [C]. 第七届国际耐火材料学术会议 (ISR2016)，西安.

5 长水口、塞棒和浸入式水口

5.1 概述

连铸用长水口、整体塞棒和浸入式水口（简称连铸三大件）是连铸工艺中非常重要的功能耐火材料。连铸三大件是将钢包、中间包和结晶器三位一体地连接起来，其主要作用是控流、导流钢液，保护钢液不被氧化，实现铸造工艺连续性，其应用示意图如图 5-1 所示。

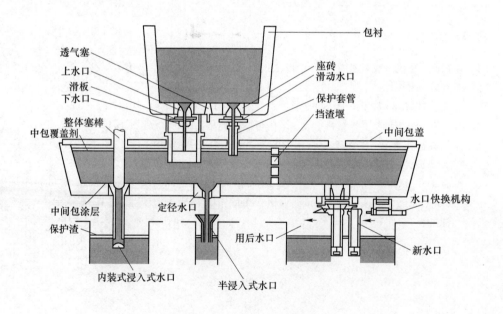

图 5-1 连铸三大件应用示意图

长水口又称保护套管，安装于钢包下方，与滑动水口装置的下水口相接，连接钢包和中间包，起着导流、防止钢液氧化和飞溅以及防止中间包渣卷入等多重作用。整体塞棒安装于中间包内，与浸入式水口或中间包上水口配合使用，控制钢液从中间包到结晶器流量，起到安全浇铸作用。浸入式水口是连铸过程中最关键的耐火功能部件，安装在中间包和结晶器之间，是钢液从中间包输送到结晶器的通道，与结晶器保护渣协同防止钢液氧化，使结晶器液面波动平稳，减少保护渣卷入，使钢液在结晶器内具有合理的流场和温度场，保证铸坯质量以及连铸工艺稳定性。

连铸三大件制品使用条件极为苛刻，开浇时经受高温钢液剧烈的热冲击，在浇铸过程中还要经受钢液高温冲刷和侵蚀以及熔渣的强侵蚀作用。因此，对连铸用功能耐火材料的要求是：为了保证在苛刻的使用条件下的安全可靠性和高的使用寿命，连铸三大件需要有高的抗热震性、抗剥落性和高抗侵蚀性以及为起到其功能作用应具有的相应结构特征。根据连铸三大件制品使用条件和需要满足的使用要求，长水口、整体塞棒和浸入式水口采用抗热震性优异的含碳耐火材料制备，在关键工作部位，如浸入式水口渣线、塞棒棒头等复合高抗侵蚀性和高抗冲刷性材料，以满足使用要求。连铸三大件示意图如图 5-2 所示。

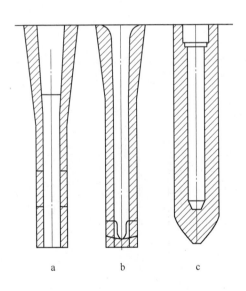

图 5-2　连铸三大件示意图

a—长水口；b—浸入式水口；c—整体塞棒

连铸三大件产品具有相似的材质、结构特点、使用条件以及性能要求等，从而在生产中采用几乎完全相同的制备工艺，具体制备工艺过程主要包括原料准备、坯料制备、成型、热处理、机加工、施涂防氧化涂层和检测等。由于连铸三大件生产工艺较为复杂，因此严格控制工艺稳定性对保证产品质量稳定性尤为重要。

5.2　材质及结构

5.2.1　长水口

　　长水口材质演变经历了四个阶段，首先是熔融石英质长水口，虽然其抗热震性优良，可以不烘烤使用，但抗侵蚀性差，尤其在浇铸含锰钢时寿命非常短，同时硅容易进入钢水中，形成非金属夹杂，影响钢坯质量，为此开发了烘烤型的铝碳质长水口，其缺点显而易见，需要较长时间预热，能耗高，连铸生产安排受到较大影响。在20世纪90年代初由洛耐院等单位联合开发了不烘烤型铝碳质长水口，其典型特征是加入了大量的熔融石英和鳞片状石墨，以铝硅碳质长水口称呼更为确切。但熔融石英和鳞片状石墨的加入不利于抗侵蚀性，限制了长水口寿命进一步提高的空间，在浇铸一些特殊钢时寿命较短并影响钢坯质量，因此在20世纪初出现了复合长水口，其典型特征是在长水口内孔复合无碳材料进行隔热，降低长水口使用时的最大热应力，提高抗热震性。目前熔融石英长水口用量很少，只是作为事故水口备用。

　　复合长水口一般由不同材料复合而成，按服役环境及功能的不同，可以分为碗部、支撑部、本体、内衬、渣线等，如图5-3所示。

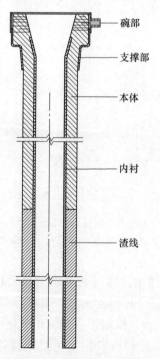

图 5-3　长水口功能分区示意图

（1）本体：为长水口的主体部分，起支撑作用，对于总体结构的稳定性和抗热震性有较大的影响作用，主要材料为铝碳材料，一般为了提高抗热震性还要加入适量的熔融石英和锆莫来石，加入少量 Si、SiC、B_4C 等提高抗氧化性等，如图 5-4 所示的一种本体材料，粒度为粗、细级配，颗粒为白刚玉、锆莫来石和熔融石英，锆莫来石含量为 5%，熔融石英含量为 10% 左右，临界粒度为 0.5mm，EDAX 面分析结果为：Al_2O_3 55%，SiO_2 39.4%，ZrO_2 5.6%。石墨含量较高，大约有 30%，粒度小于 0.5mm。微粉为氧化铝微粉，含量较高，至少 20%，还有一定量的 Si 和 SiC。

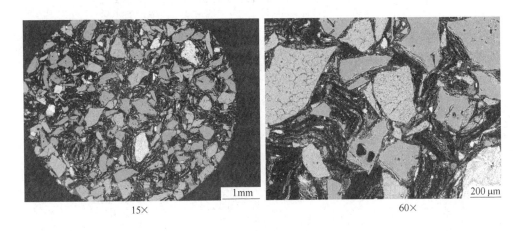

15× 60×

图 5-4 长水口渣线用典型铝碳材料不同倍数放大照片

（2）碗部：主要配合滑动下水口形成密封，防止空气由接缝处吸入使钢水增氮、增氧，影响钢水质量。碗部一般为与本体相同的铝碳材料，但有时为提高性能，会适当降低碳或者熔融石英的含量等。碗部密封技术的不同，对钢水成分的影响也是不同的。图 5-5 给出了不同密封条件下钢水增氮和增氧的情况，可以看出通过使用吹氩或者使用陶瓷纤维密封可以显著地改善钢水增氮和增氧的情况，同时使用这两种手段则密封效果更佳。碗部常用的密封形式如图 5-6 所示，半接触型的碗部呈两段式，其中一段与滑板下水口形成面配合，两者之间使用陶瓷纤维进行密封，达到隔绝空气的目的。接触型碗部底部形成一台阶，这样两个面分别与滑动下水口的侧面和底面形成面配合，其密封效果更佳，但对于现场操作有较高要求，安装过程中不能偏、不能有残钢等。

（3）支撑部：钢厂一般使用机械臂将长水口安装在钢包下面，由于长水口为铝碳材料，强度相对较低，为了使长水口不被金属件损坏，一般在长水口碗部外包裹一层不锈钢作为长水口的支撑部位。另外这一不锈钢壳还可形成气室，使长水口进行吹氩密封，达到进一步隔绝空气的目的。同时由于使用时长水口颈部

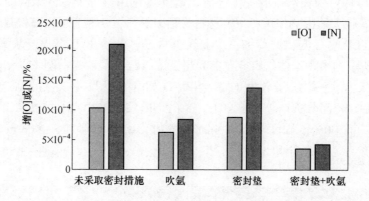

图 5-5　不同密封手段对钢水增氮和增氧的影响

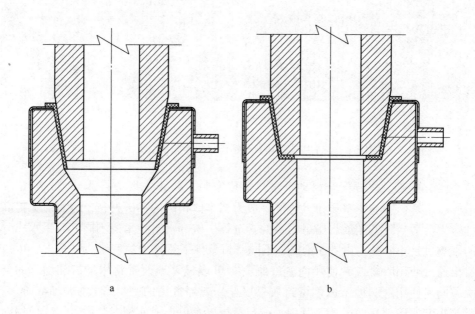

图 5-6　常用的碗部密封形式

a—半接触型；b—接触型

热应力最大，不锈钢壳的存在也能在一定程度上减少长水口的热震开裂。

　　不锈钢壳配合碗部，可形成不同的密封结构，典型结构如图 5-7 所示。图 5-7a 为环狭缝式吹氩结构：钢壳形成气室，氩气由气嘴进入气室，在长水口端部涌出形成气幕，降低空气的吸入。图 5-7b 为环槽式吹氩结构：在碗部内预制一环形凹槽，与气嘴直接联通，在长水口碗部和滑动下水口间形成气幕。图 5-7c 为透气环式吹氩结构：与环槽式吹氩结构类似，只是环槽换成了透气环，氩气通过透气环在长水口碗部和滑动下水口间形成气幕，这样气体分布更加均匀。图 5-7d 为环槽式+环狭缝式吹氩结构：这是环槽式和环狭缝式吹氩结构的复合形式，也是为了达到密封效果更佳的目的。

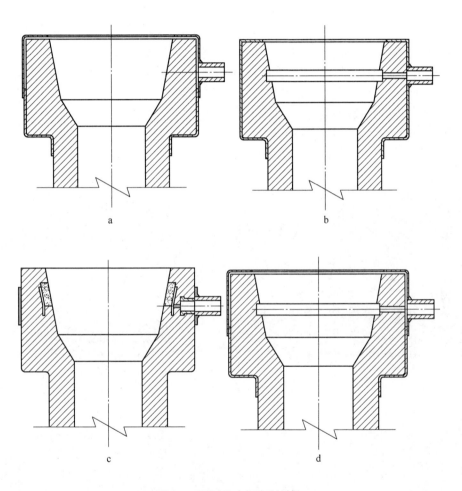

图 5-7　不同的吹氩密封结构

a—环狭缝式吹氩结构；b—环槽式吹氩结构；c—透气环式吹氩结构；d—环槽式+环狭缝式吹氩结构

（4）内衬：主要作用是隔热，提高长水口的抗热震性。内衬材料主要是使用低膨胀材料如漂珠、熔融石英、锆莫来石、氧化铝空心球等，并配合一定的刚玉用酚醛树脂等制备的一种材料，必须具备低线膨胀系数、低热导率、低弹性模量的性能。图 5-8 给出了一种长水口内衬的典型显微结构照片，其主要组成为熔融石英和漂珠，颗粒为熔融石英，临界粒度为 0.5mm；基质为漂珠。利用熔融石英的低膨胀性和漂珠的隔热性能，使内衬材料具有较低的热导率和热膨胀性，极大地改善了长水口的抗热震性。由于熔融石英具有非常低的线膨胀系数，可单独将熔融石英作为内衬的颗粒料，并加入适量的黏土改善成型性能，其结构如图5-9 所示。或者以熔融石英为颗粒，加入较多的氧化铝微粉作为基质，同时可引入少量的鳞片状石墨进一步降低线膨胀系数，但不宜过多，否则会使材料的热导率增加过快，不利于内衬材料隔热效果的发挥，其典型结构如图 5-10 所示。熔融石英和漂珠易发生侵蚀，为了改善这种状况，可以在材料中引入部分氧化铝空心球和刚玉的颗粒，其结构如图 5-11 所示，材料中颗粒以熔融石英为主，并加入了一定量的氧化铝空心球，熔融石英临界粒度为 0.5mm，基质以漂珠、棕刚玉为主。在保证抗热震的条件下，可将材料中的熔融石英去掉，引入较多的氧化铝空心球，如图 5-12 所示的结构，颗粒为氧化铝空心球和刚玉，基质是黏土，这样内衬材料的抗侵蚀性会进一步提高，长水口寿命可提高 2~4 炉。

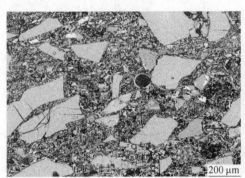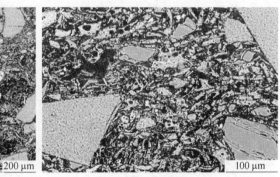

图 5-8　长水口内衬材料典型显微结构照片（一）

图 5-9　长水口内衬材料典型显微结构照片（二）

图 5-10　长水口内衬材料典型显微结构照片（三）

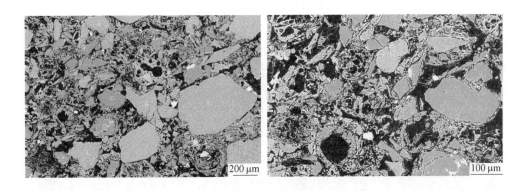

图 5-11　长水口内衬材料典型显微结构照片（四）

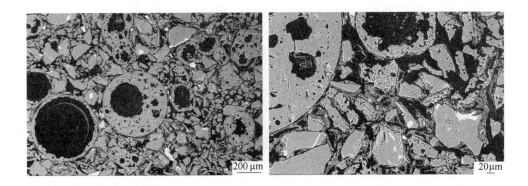

图 5-12　长水口内衬材料典型显微结构照片（五）

（5）渣线：由于长水口是浸入到中间包钢水内，而中间包表面又有一层覆盖剂，这样在长水口、钢水和覆盖剂界面处制品的该部位称之为渣线，此处受钢水、覆盖剂交替侵蚀，成为了长水口寿命的限制因素。在浇铸侵蚀性强的钢种或者中间包覆盖剂侵蚀性强时，渣线侵蚀速度较快，需要在长水口渣线复合抗侵蚀材料，如不同于本体的铝碳材料，具有较低碳和二氧化硅含量，如图 5-13 所示的材料中颗粒为板状刚玉和锆莫来石，刚玉临界粒度为 0.5~0.6m；锆莫来石临界粒度为 0.3~0.4mm，含量为 5%~8%；石墨粒度较大，粒度可达 1mm，有利于提高材料的抗热震性；基质中有板状刚玉颗粒、氧化铝微粉、镁铝尖晶石细粉和少量的 Si。为了进一步提高渣线材料的抗侵蚀性，应进一步降低材料中的二氧化硅含量，图 5-14 是另一种抗侵蚀性高的渣线用铝碳材料的显微结构，颗粒为白刚玉，粒度在 0.6~0.2mm，含量大概在 35%；石墨的鳞片不是较长，但也有较多的石墨，将 80 目和 -100 目混合用，含量在 20% 左右。基质主要是白刚玉细颗粒和氧化铝微粉，仅添加了少量的 Si，中间颗粒很少。

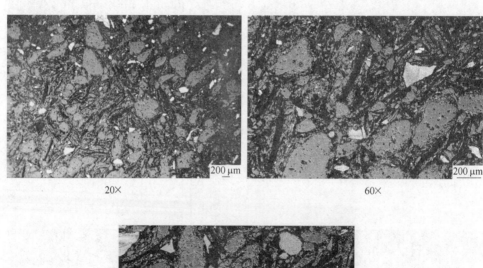

20×　　　　　　　　　　　　　　　　60×

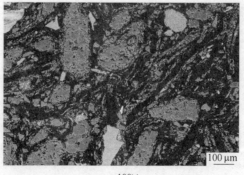

100×

图 5-13　长水口渣线用典型铝碳材料（一）不同倍数放大照片

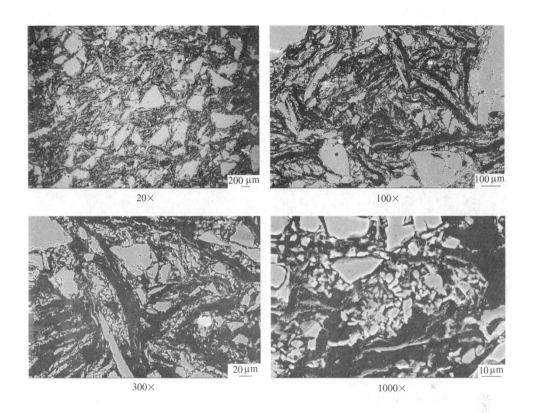

图 5-14 长水口渣线用典型铝碳材料（二）不同倍数放大照片

渣线有时会复合锆碳材料，适用于酸性较强的渣，但其成本较高，如图 5-15

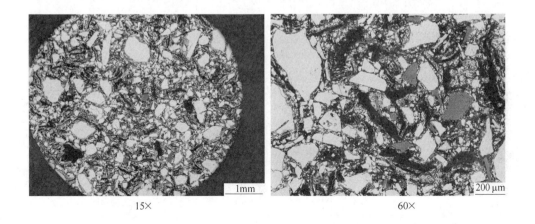

图 5-15 长水口渣线用典型锆碳材料不同倍数放大照片

所示，颗粒级配为连续级配，ZrO_2 临界粒度为 0.6mm；基质主要为氧化锆细粉，为降低成本，也引入了少量的刚玉细颗粒，同时还添加了少量的 Si、SiC 作为防氧化添加剂；石墨粒度在 0.5mm 以下。有时会将一定量的锆碳料加入到铝碳材料中，适当提高渣线材料的抗侵蚀性，而成本也不提高较多，其典型显微结构如图 5-16 所示。

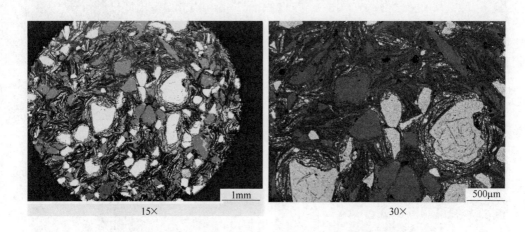

图 5-16　长水口渣线用典型的铝碳材料不同倍数放大照片

　　碱性覆盖剂时也会复合尖晶石碳或镁碳材料，比如图 5-17 所示的尖晶石碳材料的显微结构，颗粒和基质均为镁铝尖晶石，临界粒度为 0.4mm；石墨鳞片较大，粒度最大为 0.5mm，含量在 30% 左右。基质主要是尖晶石细粉和微粉。图 5-18 给出了一种典型镁碳材料的显微结构照片，可以看出颗粒以电熔镁砂为主，临界粒度为 0.5mm，并添加了 8% 左右的锆莫来石，临界粒度为 0.2mm；石墨添

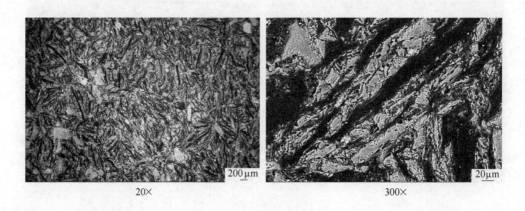

图 5-17　长水口渣线用典型尖晶石碳材料不同倍数放大照片

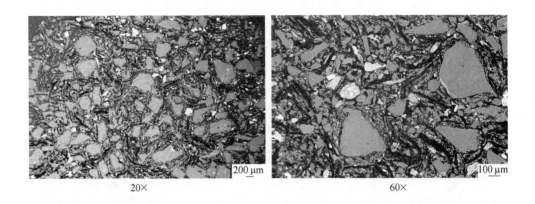

20× 60×

图 5-18 长水口渣线用典型镁碳材料不同倍数放大照片

加量较多，在 25% 以上，鳞片较大，粒度最大为 0.5mm；基质也是电熔镁砂，添加了一定量的 Si、SiC，并含有少量的玻璃相物质。

5.2.2 整体塞棒

整体塞棒是相对于分体塞棒来说的一次性成型的制品，一般由不同材料复合而成，按服役环境及功能的不同，可以分为连接部、本体、棒头、渣线等，如图 5-19 所示。

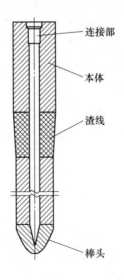

连接部

本体

渣线

棒头

图 5-19 整体塞棒功能分区示意图

（1）连接部：通过金属杆固定在中间包液压结构上，通过上下移动调整棒头与浸入式水口碗部间的距离，控制由中间包进入结晶器内的钢水流量，形成特定的拉速。整体塞棒的连接部结构主要有销连接结构（见图 5-20a）和螺纹连接结构两类。常见的螺纹连接结构又可分为预埋金属质或陶瓷质螺纹连接件结构（见图 5-20b）和采用石墨质 T 形螺纹连接件结构（见图 5-20c）两种类型。整体塞棒连接部结构的选择主要依据钢厂中间包选用的安装机构的连接结构形式。

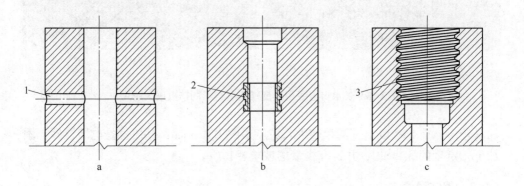

图 5-20　整体塞棒连接结构示意图
1—连接销孔；2—预埋螺母；3—T 形螺纹结构

（2）本体：该部位是制品的结构支撑部位，起支撑作用，对于总体结构的稳定性和抗热震性有较大的影响作用，主要材料为铝碳材料，其中氧化铝来源或组合不同，就形成了不同的显微结构，图 5-21 是以高铝矾土为主要氧化铝源的铝碳材料的显微结构图，颗粒以矾土为主，临界粒径为 1.25mm，品位一般，化学成分为：Al_2O_3 74.07%、SiO_2 20.81%、TiO_2 3.87%、Fe_2O_3 1.33%。添加了 20%左右的石墨，石墨粗细搭配使用，最长不大于 0.5mm。细粉以 180 目棕刚玉和氧化铝微粉为主，添加有 320 目的 Si 粉，可能也会添加有铝硅合金粉。当然在成本允许的情况下高铝矾土也可换成高铝刚玉、白刚玉、均质料或者它们之间的混合加入等。

（3）渣线：由于整体塞棒是浸入到中间包钢水内，而中间包表面又有一层覆盖剂，这样在塞棒、钢水和覆盖剂界面处塞棒的部位称之为渣线，此处塞棒侵蚀速度相对于本体要大得多。一般塞棒渣线与本体为同一材料，但为了提高整体塞棒渣线处的抗侵蚀性，与长水口类似可在渣线复合不同于本体的铝碳材料、锆碳材料、尖晶石碳或镁碳材料等，只不过碳含量可相对较低。如图 5-22 所示的一种塞棒渣线用材料，主要使用了电熔镁砂和电熔镁铝尖晶石，氧化铝和氧化镁的质量比大概是 1：0.9，其中颗粒为电熔尖晶石和电熔镁砂，临界粒度在

0.5mm；基质也是电熔尖晶石和电熔镁砂，并添加了一定量的 Si 粉以及少量的 B_4C。

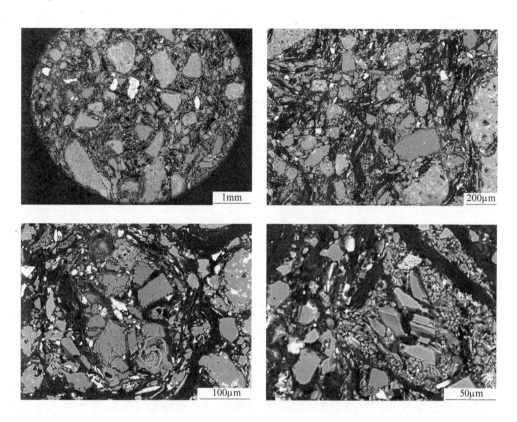

图 5-21 整体塞棒铝碳本体显微结构图

图 5-22 整体塞棒渣线用典型材料显微结构

（4）棒头：该部位是整体塞棒的关键部位，通过棒头与水口碗部配合控制钢水的流量，受钢水高速冲刷，其侵蚀速度在一定程度上决定了连铸时间的高低。依据钢水成分和浇钢条件可设计为铝碳、镁碳或尖晶石碳材质。在棒头材质的具体选择上，通常认为铝碳材质适用于 Al 镇静钢，镁碳材质适用于 Ca 处理钢，尖晶石碳材质适用于低碳钢和高 Mn 钢、高氧钢等，如表 5-1 所示。

表 5-1   适用于不同钢种的棒头材料理化指标

编号	化学组成（质量分数)/%							A. P. /%	B. D. /g·cm^{-3}	适用钢种
	SiO$_2$	Al$_2$O$_3$	ZrO$_2$	MgO	CaO	其他	LOI			
1	4.6	1.1	0.6	77	0.8	5.0	15.9	16.8	2.53	钙处理钢
2	0.8	82.8	0.2	0.3	0.1	0.1	13.7	17.2	2.82	铝镇静钢、硅镇静钢
3	0.2	0.5	95.5	2.8	0.3	0.3	1.5	10.0	4.83	所有钢种
4	2.5	5.8	—	82.5	0.7	—	3.8	6.5	2.73	钙处理钢、硅镇静钢
5	1.4	4.9	—	77	0.6	0.3	15.6	17.0	2.55	钙处理钢
6	1.5	60.5	—	17	0.2	0.5	17.8	16.5	2.53	高氧、高锰钢

图 5-23 是棒头用尖晶石-碳材料典型显微结构，颗粒为氧化铝含量为 78% 的尖晶石，临界粒度在 0.7mm，中间粒度的颗粒较少。石墨加入量在 12% 左右，粒度为 0.4mm 以下。基质中主要是尖晶石细粉和一定量的尖晶石微粉，并添加了少量的 SiC、Si。

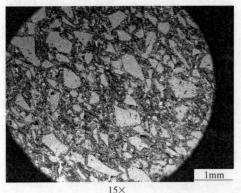
15×

200×

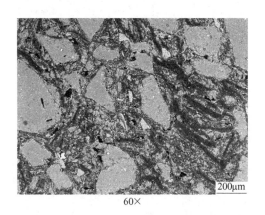

60×

图 5-23 棒头用典型尖晶石-碳材料不同倍数放大照片

图 5-24 为一种棒头用典型镁碳材料显微结构，颗粒为电熔镁砂，临界粒度为 1mm，0.5~1.0mm 的颗粒估计在 5%左右，中小颗粒比较多。鳞片石墨含量在 15%左右，最大粒度为 0.5mm。基质主要是镁砂，还有 3%左右的金属硅粉，硅粉的粒度在 240 目以下，还有少量的碳化硼。另外为了提高镁碳材料的抗热震性，可以在基质中使用部分或全部的镁铝尖晶石替代镁砂。图 5-25 为棒头用一典型铝碳材料显微结构，颗粒为白刚玉，临界粒度为 0.7mm。细粉较少，中等粒径的颗粒较多。基质主要是氧化铝细粉和微粉，还有少量的金属 Si 和 SiC，粒度在 0.1mm 以下。图 5-26 为棒头用另一典型铝碳材料显微结构，颗粒为白刚玉，临界粒度为 1mm。石墨粒度为 0.3mm，含量在 10%左右。基质中主要是镁铝尖晶石和氧化铝细粉，并添加了少量的 B_4C、金属 Si 和 SiC。

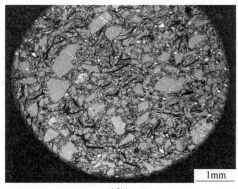

15×

60×

100μm

200×

图 5-24　棒头用典型镁碳材料不同倍数放大照片

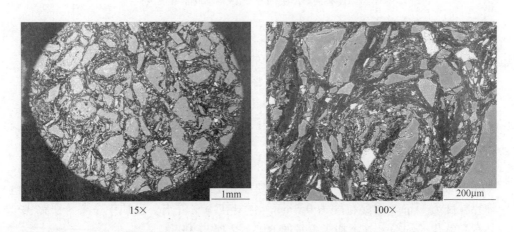

1mm

15×

200μm

100×

图 5-25　棒头用典型铝碳材料（一）不同倍数放大照片

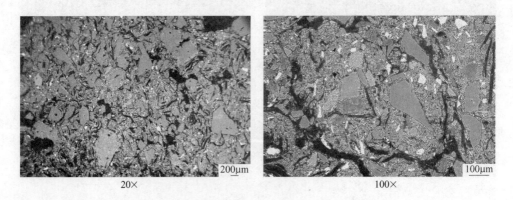

200μm

20×

100μm

100×

图 5-26　棒头用典型铝碳材料（二）不同倍数放大照片

依棒头是否有吹氩孔，整体塞棒可分为普通型和吹氩型两类。普通型整体塞棒棒头为盲头设计（见图 5-27a）；吹氩型整体塞棒在棒头顶部设计有弥散结构的透气塞和直径 3~5mm 的吹氩孔（见图 5-27b），氩气可以从整体塞棒连接杆中心通入由吹氩孔吹出。吹氩型整体塞棒通过在棒头顶部吹出氩气可起到促使钢水中夹杂物上浮，避免棒头结瘤和水口堵塞的作用。

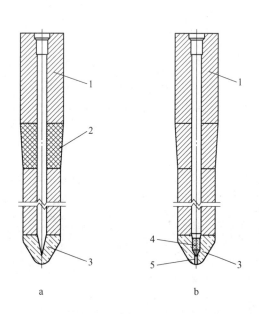

图 5-27 整体塞棒结构类型示意图
a—普通型；b—吹氩型
1—棒身；2—渣线；3—棒头；4—透气塞；5—吹氩孔

目前，常见的棒头形状主要有四种形式：圆锥形、半圆球形、两段圆弧类圆球形和三段圆弧类圆球形（见图 5-28）。棒头形状的决定因素主要考虑到钢水的流场需要和对整体塞棒的行程要求，目前应用较多的主要是圆锥形和两段圆弧类圆球形两种棒头形状。

整体塞棒与内装浸入式水口的配合如图 5-29a 所示，水口下部的通钢截面积为 S。棒头处于关闭位置（见图 5-29b）时，棒头与水口碗部接触配合构成环线接触封闭钢水；整体塞棒向上提升后，棒头与水口碗部分离，两者之间就形成了钢水流动通道（见图 5-29c）。图 5-29d 显示的是棒头与水口碗部间构成的钢水流动通道的截面形状，该截面是一个圆台面，当棒头被提升至一定位置，上述圆台面积的最小值（定义为最小通钢截面积，见图 5-29c）与水口通钢截面积 S 相等，即认为该位置为整体塞棒的临界有效提升高度位置，此后继续提升，整体塞棒就不再具备控流作用。

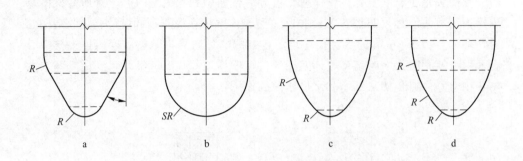

图 5-28　整体塞棒棒头形状示意图
a—圆锥形；b—半圆球形；c—两段圆弧类圆球形；d—三段圆弧类圆球形

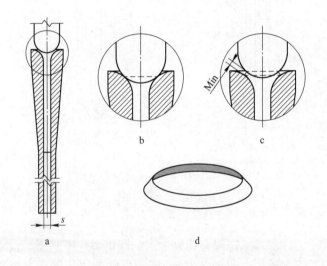

图 5-29　整体塞棒棒头与水口碗部配合示意图

钢水的流量与钢水通过截面积成正比例关系，对于圆锥形棒头来讲，接近呈线性；对于圆球形和类圆球形棒头来讲，呈非线性。设计棒头形状时，整体塞棒的提升行程应满足连铸工艺的需求，合理的有效提升高度对于控制钢水的流量、结晶器内部钢水的流场和连铸钢坯的质量具有十分重大的意义。提升行程较短，钢水流量调整敏感，棒头微小的升降即带来较大的钢水流量变化，导致浇钢作业液面波动较大，直接影响钢坯表面质量；提升行程较长，可能超出整体塞棒安装机构的调整范围，导致钢水流量不足。

如图 5-30 所示，圆锥形棒头与水口碗部配合，形成钢水流动通道，在封闭位置棒头圆锥母线与水口碗部圆弧相切于 A 点，伴随棒头的提升，钢水流动通道开启，最小通钢截面积始终沿着过 A 点的棒头圆锥母线的垂线逐步扩大。

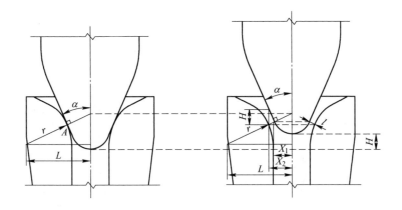

图 5-30　圆锥形棒头与水口碗部配合示意图

r—水口碗部弧度半径；L—水口碗部弧度圆心至中轴线距离；α—棒头圆锥半角；
H—整体塞棒临界有效提升高度；l—圆台母线；X_1—圆台上底面半径；X_2—圆台下底面半径

圆锥形棒头的设计规格仅由 α 的取值确定，那么根据几何关系可得出：

$$l = H\sin\alpha \tag{5-1}$$

$$X_1 = L - r\cos\alpha - l\cos\alpha = L - r\cos\alpha - H\sin\alpha\cos\alpha \tag{5-2}$$

$$X_2 = L - r\cos\alpha \tag{5-3}$$

$$S = \pi l(X_1 + X_2) = \pi H\sin\alpha(2L - 2r\cos\alpha - H\sin\alpha\cos\alpha) \tag{5-4}$$

式中，S 为最小通钢截面积=水口通钢截面积。

由上可得出：

$$H = \frac{(2L\sin\alpha - r\sin2\alpha) - \sqrt{(2L\sin\alpha - r\sin2\alpha)^2 - (2S\sin\alpha\sin2\alpha)/\pi}}{\sin\alpha\sin2\alpha} \tag{5-5}$$

根据 α 取值可以计算整体塞棒的临界有效提升高度 H，H 是否满足钢厂连铸的工艺参数需求，是棒头形状是否满足设计要求的重要依据。

如图 5-31 所示，两段圆弧类圆球形棒头与水口碗部配合，形成钢水流动通道，在封闭位置棒头圆弧与水口碗部圆弧相切于 A 点，伴随棒头的提升，钢水流动通道开启，最小通钢截面积始终处在两者的圆心连线上并逐步扩大。

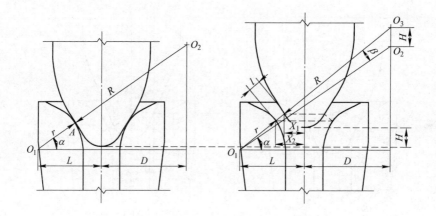

图 5-31 两段圆弧类圆球形棒头与水口碗部配合示意图

r—水口碗部弧度半径；L—水口碗部弧度圆心至中轴线距离；R—棒头圆弧半径；D—棒头圆弧圆心
至中轴线距离；α—封闭位置 O_1、O_2 连线与水平线夹角；β—有效提升高度 O_1、
O_3 连线与 O_1、O_2 连线夹角；H—整体塞棒临界有效提升高度；l—圆台母线；
X_1—圆台上底面半径；X_2—圆台下底面半径

两段圆弧类圆球形棒头的设计规格由 R、D 确定，那么根据几何关系可得出：

$$l = \frac{L + D}{\cos(A + \alpha)} - (R + r) \tag{5-6}$$

$$X_1 = R\cos(\alpha + \beta) - D \tag{5-7}$$

$$X_2 = L - r\cos(\alpha + \beta) \tag{5-8}$$

$$S = \pi l(X_1 + X_2) = \pi \left[\frac{L + D}{\cos(\alpha + \beta)} - (R + r) \right] \cdot \left[L - D + (R - r)\cos(\alpha + \beta) \right]$$

$$\tag{5-9}$$

式中，S 为最小通钢截面积＝水口通钢截面积。

由上可得出：

$$\cos(\alpha+\beta)=\frac{\dfrac{S}{2\pi}+Lr-DR-\sqrt{(Dr-RL)^2-\dfrac{S}{\pi}(DR-Lr)+\dfrac{S^2}{4\pi^2}}}{r^2-R^2} \tag{5-10}$$

$$\alpha+\beta=\arccos\frac{DR-Lr-\dfrac{S}{2\pi}+\sqrt{(Dr-RL)^2-\dfrac{S}{\pi}(DR-Lr)+\dfrac{S^2}{4\pi^2}}}{R^2-r^2} \tag{5-11}$$

那么：

$$H=(L+D)\tan(\alpha+\beta)-\sqrt{(R+r)^2-(L+D)^2} \tag{5-12}$$

联立即可得出整体塞棒的临界有效高度 H 与棒头形状设计规格 R、D 的关系式。笔者利用 Excel 建立公式，即可快速得到相关的设计数据，如图 5-32 所示。

D6 =((C4/2/3.1415926+C3*C2-F3*F2-((F3*C2-F2*C3)^2-C4/3.1415926*(F3*F2-C3*C2)+C4^2/4/3.1415926^2)^0.5)/(C2^2-F2^2))

	A	B	C	D	E	F
1	两端圆弧类圆球形棒头设计					
2	水口数据	r	50	棒头数据	R	130
3		L	70		D	95
4		S	804.248		α	0.4111
5						
6	计算数据	$\cos(\alpha+\beta)$		0.8893		
7		$\alpha+\beta$		0.4751		
8		H		12.9340		

图 5-32 利用 Excel 设计 R、D 与 H 的关系

根据 R、D 取值可以计算整体塞棒的临界有效提升高度 H，H 是否满足钢厂连铸的工艺参数需求，是棒头形状是否满足设计要求的重要依据。当 $D=0$ 时，所得计算数据即为半圆球形棒头设计数据。

5.2.3 浸入式水口

1965 年法国东方优质钢公司（SAFE）和联邦德国曼纳斯曼公司（Mannesmann）首次采用浸入式水口，它的出现如同结晶器振动装置的发明一样，为连铸技术的发展带来了划时代的进步。浸入式水口材质的发展与长水口类似，也是由

最初的熔融石英质发展到铝碳质材料，最后演变为复合浸入式水口，它一般由不同材料复合而成，按服役环境及功能的不同，可以分为碗部、本体、内衬、渣线、出钢口等，如图 5-33 所示。在快换水口中还有滑动部位和透气部位，性能要求不同，其材料与本体也有一定的差别。

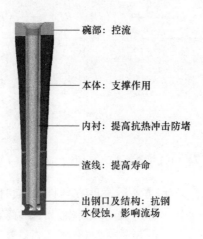

碗部：控流

本体：支撑作用

内衬：提高抗热冲击防堵

渣线：提高寿命

出钢口及结构：抗钢水侵蚀，影响流场

图 5-33 浸入式水口功能分区示意图

（1）碗部：与整体塞棒棒头配合控制钢水流量，材质一般与棒头材质相同，但可使用碳含量相对低的含碳材料，因为此处的抗热震性相对要求较低。另外，在浇铸普钢时，如果寿命要求较高，可在此处复合氧化锆制品，如 80 氧化锆、95 氧化锆水口等。图 5-34 是某一铝碳碗部显微结构图，颗粒为棕刚玉和锆莫来石，临界粒度为 0.6mm，颗粒含量在 30%~40%，锆莫来石含量不大于 5%。石墨较少，含量在 10% 左右，粒度在 0.5mm 以下。基质中细颗粒含量和微粉含量较多，并加入了一定量的 Si 和 SiC。图 5-35 是镁碳碗部不同倍数显微结构图，颗

1mm

15×

60× 200×

图 5-34 铝碳碗部不同倍数显微结构图

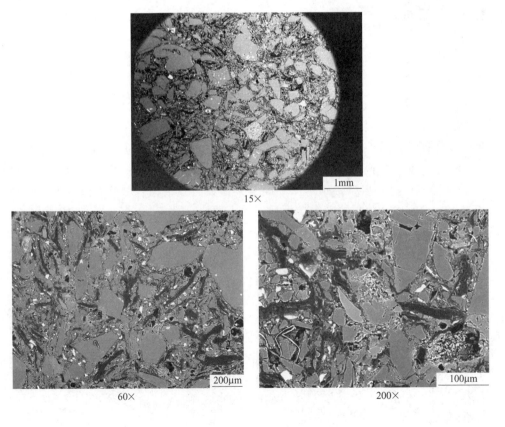

15×

60× 200×

图 5-35 镁碳碗部不同倍数显微结构图

粒主要是电熔镁砂，临界粒径为 1mm。大颗粒较多、细粉少。石墨添加量较少，含量在 10% 以下，细粒度石墨较多，石墨最长 0.4mm。基质主要是电熔镁砂、少量尖晶石，并添加有较多金属 Si，少量 SiC 和微量的 B_4C。图 5-36 是一种尖晶石碳材料碗部显微结构图，颗粒采用临界粒径 1.5mm 电熔尖晶石，以及临界粒径 0.5mm 烧结尖晶石；石墨添加量小于 10%，粒度小于 0.4mm；基质细粉是烧结尖晶石，并添加一定量的铝硅合金和碳化硼。

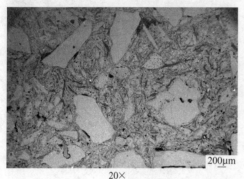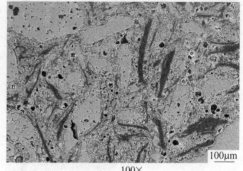

20×　　　　　　　　　　　　　　　　100×

图 5-36　尖晶石碳碗部不同倍数显微结构图

　　（2）本体：为浸入式水口的主体部分，起支撑作用，对于总体结构的稳定性和抗热震性有较大的影响作用。材质与长水口本体类似，主要为铝碳材料，一般为了提高抗热震性还要加入适量的熔融石英、锆莫来石、玻璃粉等，加入少量 Si、SiC、B_4C 等提高抗氧化性等。与长水口不同的是，石墨、熔融石英含量相对较低。图 5-37 是一典型铝碳本体不同放大倍数显微结构，颗粒为白刚玉、熔融石英和锆莫来石，临界粒度在 0.6mm。中小颗粒比较多，0.6mm 左右的大颗粒

15×　　　　　　　　　　　　　　　　60×

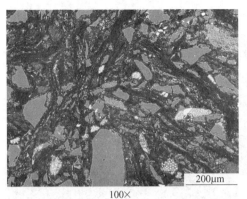

100×　　　　　　　　　　　　　　　　　400×

图 5-37　铝碳本体不同放大倍数显微结构（一）

比较少。使用了较多的鳞片状石墨，粒度在 0.2～0.4mm。细颗粒为熔融石英和白刚玉，微粉很少，并添加了少量的 Si 和 B_4C。图 5-38 是另一典型铝碳本体显微结构，颗粒由棕刚玉、锆莫来石组成，棕刚玉临界粒径为 0.6mm，锆莫来石临界粒径为 0.7mm。使用了较多的鳞片状石墨，粒度在 0.2～0.4mm。基质为棕刚玉、锆莫来石并添加了较多的氧化铝微粉，同时也有少量的 Si。

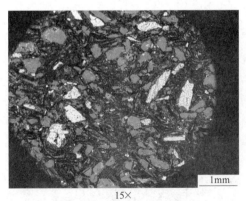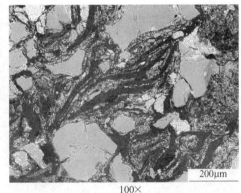

15×　　　　　　　　　　　　　　　　　100×

图 5-38　铝碳本体不同放大倍数显微结构（二）

（3）内衬：主要有三种作用，第一是隔热，提高浸入式水口抗热震性；第二是防止浸入式水口结瘤；第三是阻隔锆碳材料与钢水的接触，防止从浸入式水口内部侵蚀。材质为刚玉、镁铝尖晶石、刚玉-锆莫来石、铝碳、尖晶石碳等，材质不同，其功能也是不同的。

　　图 5-39 是一种尖晶石碳的显微结构照片，可以看出颗粒为尖晶石和锆莫来石，临界粒度为 0.6mm，锆莫来石含量在 3%~5% 之间。石墨粒度较小，最长不大于 0.3mm，含量在 10%~15%。基质主要是尖晶石的细颗粒和微粉，还含有 3%~5% 的 Si 和 1%~2% 的长石。该材料的主要作用是在浸入式水口内孔将锆碳材料和钢水隔开，同时提高内孔材料的抗钢水冲刷性，改善本体铝碳材料抗钢水冲刷性不佳的问题。

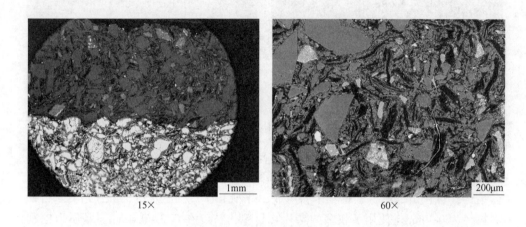

15×　　　　　　　　　　　　　　　　　60×

图 5-39　尖晶石碳显微结构

　　图 5-40 是一种锆莫来石-漂珠内衬显微结构照片，颗粒以电熔锆莫来石为主，含有少量白刚玉和微量的 ZrO_2，锆莫来石临界粒径为 0.7mm，白刚玉粒径为 0.3~0.1mm。基质以无定形物漂珠为主，漂珠 EDAX 分析组成为：Na_2O 0.57%、

15×　　　　　　　　　　　　　　　　　30×

图 5-40　锆莫来石-漂珠内衬显微结构图

MgO 2.0%、Al_2O_3 29.15%、SiO_2 66.76%、CaO 1.52%。从组成看,其主要作用是隔热,提高浸入式水口的抗震性。图 5-41 是一种内衬的显微结构照片,颗粒为锆莫来石、熔融石英和少量钾长石,锆莫来石临界粒度为 0.8mm,钾长石和熔融石英则在 0.1mm 以下,没有石墨,并添加少量 B_4C。该内衬的主要目的是利用所添加材料的低热膨胀性提高浸入式水口的抗热震性,同时高温下可形成液相,对于防止浸入式水口堵塞也是有一定帮助的。图 5-42 是一种刚玉-氧化铝空心球内衬,颗粒有亚白刚玉和氧化铝空心球,还有少量锆莫来石和熔融石英颗粒。由于压力较大,部分氧化铝空心球出现了破损。基质使用少量的黏土和氧化铝粉。

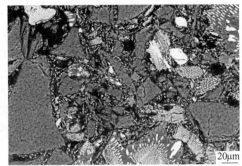

图 5-41　锆莫来石-熔融石英内衬显微结构图

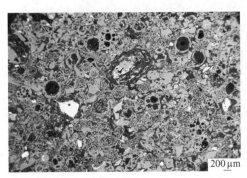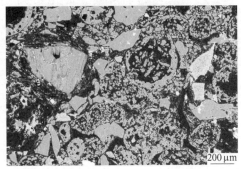

图 5-42　刚玉-氧化铝空心球内衬

图 5-43 是一种浸入式水口用尖晶石内衬,可用提高抗热震性、抗钢水侵蚀性以及减轻浸入式水口的堵塞等。内衬中颗粒为尖晶石,临界粒度为 0.5mm,含

量在 50%左右，不含石墨。基质也是由尖晶石细粉和微粉组成，基本不含防氧化添加剂。图 5-44 是一种刚玉-熔融石英内衬显微结构，其颗粒以棕刚玉、板状刚玉和熔融石英为主，临界粒度为 0.5mm；基质中细粉含量较多，微粉较少，细粉以棕刚玉、板状刚玉和熔融石英为主；其中还引入了少量的废料。

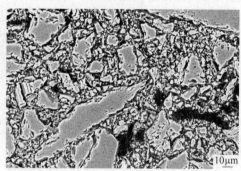

图 5-43　浸入式水口用尖晶石内衬

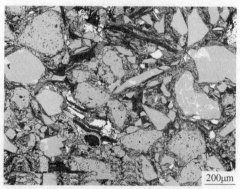

图 5-44　浸入式水口用刚玉-熔融石英内衬

（4）渣线：由于浸入式水口是插入到结晶器钢水内，而结晶器表面又有一层保护渣，这样在浸入式水口、钢水和保护渣界面处水口的部位称之为渣线，此处侵蚀速度相对于本体要大得多，一般复合抗侵蚀性较好的锆碳材料。根据浇铸条件如钢种、浇铸温度、保护渣种类等的不同，锆碳材料组成也会有所不同，如表 5-2 所示。

表 5-2 不同锆碳材料理化指标

编号	化学组成（质量分数）/%						A. P. /%	B. D. /g·cm⁻³	备 注
	SiO$_2$	Al$_2$O$_3$	ZrO$_2$	C	CaO	其他			
1	2.7	0.7	73.5	14.8	3.1	5.9	15.6	3.61	一般
2	0.7	0.7	76.5	16.7	3.2	2.0	16.0	3.72	高性能
3	5.7	—	72.3	18.0	3.0	0.6	19.5	3.45	抗板坯开裂
4	6.0	0.4	67.0	23.9	2.6	0.7	17.3	3.29	不烘烤
5	0.3	0.5	81.2	12.3	3.9	1.8	17.2	3.99	不锈钢、强蚀保护渣

图 5-45 是渣线用一个典型锆碳材料显微结构图，颗粒级配较为简单，为

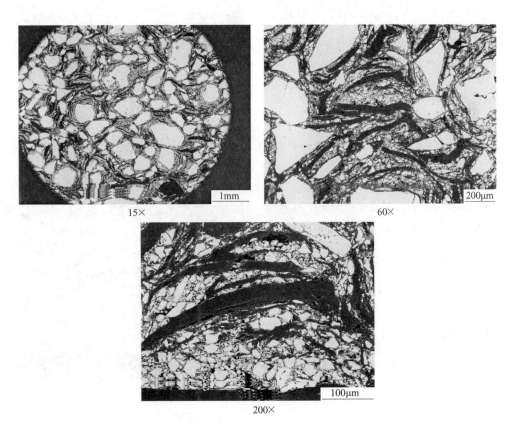

15×   60×

200×

图 5-45 渣线用典型锆碳材料不同倍数显微结构图（一）

0.2~0.6mm 的氧化锆颗粒和小于 40μm 的氧化锆微粉，颗粒含量在 40% 左右；并添加了 15% 左右的石墨，粒度在 0.4mm 以下；基质中没有添加防氧化的物质，主要是进一步提高锆碳材料的抗侵蚀性，不使用防氧化添加剂在当前的材料设计中比较典型。图 5-46 是渣线用另一个典型锆碳材料显微结构图，临界颗粒为 0.5mm，其粒度级配典型特征是两头小、中间大，0.2~0.044mm 颗粒比较多。石墨含量在 12% 左右，鳞片较大，小于 0.5mm。基质中除了 320 目的氧化锆外，还加入小于 0.1mm 的 SiC，加入量在 5% 左右，微粉比较少。图 5-47 也是一个较为普通的锆碳材料的显微结构照片，与前两者相比颗粒级配比较连续，使用了 40 目、100 目、200 目和 325 目的氧化锆原料，临界粒度为 0.5mm，同时也使用了少量的防氧化添加剂如 Si、SiC。

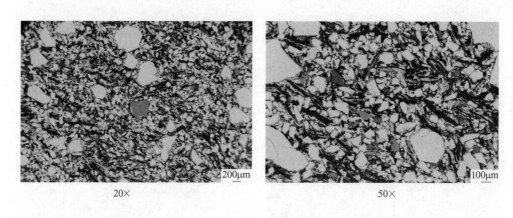

20×   50×

图 5-46 渣线用典型锆碳材料不同倍数显微结构图（二）

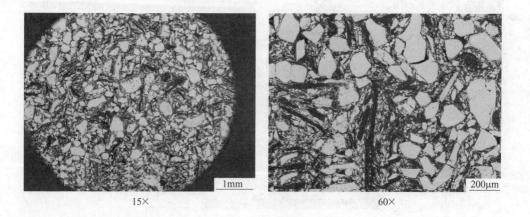

15×   60×

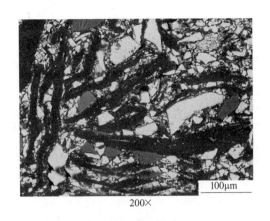

200×

图 5-47　渣线用典型锆碳材料不同倍数显微结构图（三）

（5）出钢口：此处位于浸入式水口出口部位，受钢水冲刷、侵蚀，抗侵蚀性要求高于本体材料，一般此处复合铝碳材料，但与本体材料不同的是，其碳含量或者二氧化硅含量相对较低，如图 5-48 所示的侧孔出钢口材料的显微结构照片，可以看出其显微结构与本体材料的显微结构有一定差别，颗粒为白刚玉和锆莫来石，临界粒度白刚玉为 0.6mm，锆莫来石为 0.8mm。0.5mm 左右的颗粒较多，中颗粒和小颗粒较少。鳞片状石墨较少，粒度小于 0.5mm。基质主要为白刚玉小颗粒和氧化铝微粉，还有少量的 Si。为了提高铝碳材料抗钢水侵蚀性，也可在基质中引入较多的氧化铝微粉，如图 5-49 所示，使其在浇铸条件下能够轻微烧结，提高高温强度。

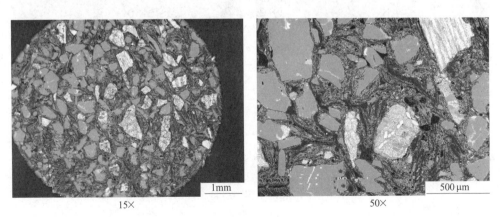

15×　　　　　　　　　　　　　　　　50×

图 5-48　出钢口铝碳典型显微结构照片（一）

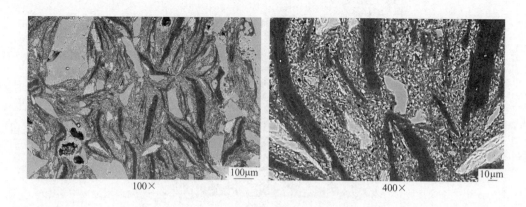

100×   100μm   400×   10μm

图 5-49　出钢口铝碳典型显微结构照片（二）

　　（6）滑动部位：在快换过程中要通过机构快速更换水口，期间不能漏钢，结合钢包滑板工艺特点，下水口通过滑动部位与上水口滑动部位配合实现快换。滑动部位要求平整，并且材料要求耐磨损、抗热震、抗氧化等，一般为铝碳材料，相对于本体材料要具有较低的碳含量、较低的粗颗粒含量等，图 5-50 给出了一种滑动部位用铝碳材料，颗粒以板状刚玉为主，棕刚玉其次，临界粒度为0.5mm，但粗颗粒的数量明显较少；石墨较少，而且粒度较小，不大于 0.2mm；基质中有板状刚玉细粉和微粉，并添加了少量的 Si。

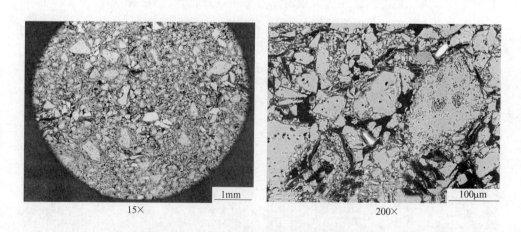

15×   1mm   200×   100μm

图 5-50　滑动部位用铝碳材料显微结构照片

　　（7）透气部位：在浇铸某些易堵塞钢种时，经常使用透气水口，防止氧化铝等在水口内部沉积堵塞水口。氩气要通过水口壁进入内腔，要求该部位水口材料透气性高，并且不能发生钢水侵入引起功能失效以及渗钢等事故。图 5-51 给出了一种透气部位用铝碳材料的显微结构，颗粒为棕刚玉和锆莫来石，锆莫来石含量为 5%左右，临界粒度为 0.5mm；棕刚玉临界粒度为 0.3mm，金属硅较少，有 3%左右，基质是细粉，没有微粉的添加。采用这种粒度级配的材料，其气孔结构与本体材料有明显差别，图 5-52 给出了该材料与普通本体材料的气孔分布曲线，可以看出透气材料的气孔表面积和中值直径均大于普通铝碳材料的，说明其大气孔所占比例较多，而标准铝碳材料小气孔所占比例较大。与标准铝碳材料相比，透气材料在 4900～1325nm 和 226～62nm 之间的气孔所占比例较大。

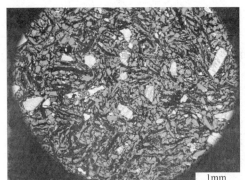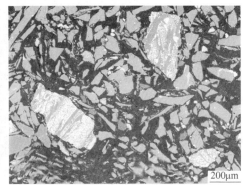

图 5-51　透气部位用铝碳材料的显微结构

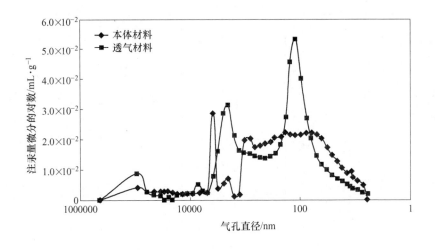

图 5-52　本体材料与透气材料气孔分布曲线

5.3　分类

连铸三大件制品按用途分长水口（含连续测温用保护套管、浇铸管）、浸入式水口、整体塞棒三类。按服役部位和功能不同，分为本体部位和复合部位，复合部位包括浸入式水口和长水口的渣线、整体塞棒的棒头、整体浸入式水口的碗部等。制品本体部位为铝碳质，按理化指标分为 C_{50}、C_{45}、C_{40}、R_{55}、R_{50}、R_{45}、R_{40}、S_{45}、S_{40} 共 9 个牌号，其中，C 代表长水口（含连续测温用保护套管、浇铸管），R 代表浸入式水口，S 代表塞棒。复合部位为锆碳质、镁碳质、铝碳质或尖晶石碳质，按理化指标分为 Z_{75}、Z_{70}、Z_{65}、Z_{55}、M_{65}、M_{60}、A_{70}、A_{65}、A_{60}、MA_{70}、MA_{65} 共 11 个牌号，其中，Z 代表锆碳质，M 代表镁碳质，A 代表铝碳质，MA 代表尖晶石碳质。标记示例：Al_2O_3 含量保证值为 50% 的长水口，标记为 C_{50}；本体 Al_2O_3 含量保证值为 45%、渣线部位复合 ZrO_2 含量保证值为 65% 的浸入式水口，标记为 R_{45}-Z_{65}。连铸三大件本体部位和复合部位的理化性能指标应符合表 5-3 和表 5-4 的规定。

表 5-3　连铸三大件制品本体部位理化性能指标

项　目		牌　　　　　号								
		C_{50}	C_{45}	C_{40}	R_{55}	R_{50}	R_{45}	R_{40}	S_{45}	S_{40}
Al_2O_3 含量/%	≥	50	45	40	55	50	45	40	45	40
固定碳/%	≥	20	20	25	16	18	20	22	20	25
体积密度 /g·cm⁻³	≥	2.20	2.18	2.16	2.36	2.32	2.28	2.18	2.36	2.20
显气孔率/%	≤	19.0	19.0	19.0	19.0	19.0	19.0	19.0	19.0	19.0
常温抗折强度 /MPa	≥	5.5	5.5	5.0	5.5	5.5	5.5	5.0	5.5	5.5

表 5-4　连铸三大件制品复合部位理化性能指标

项　目		牌　号										
		Z_{75}	Z_{70}	Z_{65}	Z_{55}	M_{65}	M_{60}	A_{70}	A_{65}	A_{60}	MA_{70}	MA_{65}
Al_2O_3 含量/%	≥	—	—	—	—	—	—	70	65	60	—	—
MgO 含量/%	≥					65	60					
(Al_2O_3+MgO) 含量/%	≥	—	—	—	—	—	—	—	—	—	70	65
ZrO_2 含量/%	≥	75	70	65	55	—	—	—	—	—	—	—
固定碳/%	≥	9	12	15	18	9	12	9	12	15	8	10
体积密度 /g·cm⁻³	≥	3.60	3.50	3.40	3.20	2.45	2.40	2.65	2.60	2.55	2.60	2.45
显气孔率 /%	≤	21.0	21.0	21.0	22.0	19.0	19.0	19.0	19.0	19.0	19.0	19.0
复合部位		可用于渣线部位				可用于棒头或碗部						

5.4　制备

5.4.1　主要原料

5.4.1.1　熔融石英

熔融石英是由高纯硅质原料经高温熔炼后制成无定形硅质玻璃材料，其主要特点是具有极低的线膨胀系数、低热导率及优异的抗侵蚀性。熔融石英理化指标如表 5-5 所示。

在铝碳基材料中，添加熔融石英可以降低材料线膨胀率、显著提高材料抗热震性，保证产品使用安全可靠性，但含熔融石英铝碳材料在使用过程中高温下晶型转变、结构疏松导致材料抗侵蚀性降低。特别是在浇铸含锰较高钢种时，熔融石英成分易与钢液中氧化锰反应生成低熔点物质，严重降低材料抗侵蚀性。熔融石英与刚玉基或矾土基材料制备无碳功能复合内衬材料，具有较低线膨胀系数、较低热导率，显著地提高了长水口、浸入式水口制品抗热冲击性能，取得较好的使用效果。

表 5-5　熔融石英理化指标

项目名称		高　级	普通级
化学组成/%	SiO_2	99.7	98.3
	TiO_2	0.02	—
	Al_2O_3	0.08	0.80
	Fe_2O_3	0.02	0.04
	CaO	0.02	0.02
	MgO	0.05	—
	Na_2O	0.05	0.09
	K_2O	0.02	0.42
结晶相最高含量/%		0.5	6.0
线膨胀系数/$℃^{-1}$		0.54×10^{-6}（$0 \sim 1000℃$）	0.55×10^{-6}（$0 \sim 1000℃$）
莫氏硬度		6.7	6.7

5.4.1.2　高铝矾土熟料

高铝矾土是由天然铝土矿经高温煅烧，氧化铝含量大于 50% 的 Al_2O_3-SiO_2 系耐火原料，通常可以分为四类。

特级：Al_2O_3 含量>85%；

1 级：Al_2O_3 含量为 80%~85%；

2 级：Al_2O_3 含量为 60%~80%；

3 级：Al_2O_3 含量为 50%~60%。

高铝矾土中 Al_2O_3 含量增加，莫来石和刚玉成分的数量也增加，玻璃相相应减少，材料耐火性能随之提高。连铸功能耐火材料中，主要是采用低杂质含量的特级矾土制备高铝矾土基含碳材料，在整体塞棒本体部位、浸入式水口本体部位以及长水口本体部位等得到一定的应用。特级矾土理化指标如表 5-6 所示。

表 5-6 特级矾土理化指标

项 目 名 称		GAL88	GAL85
Al_2O_3 含量/%	≥	87.5	85
Fe_2O_3 含量/%	≤	1.5	1.8
TiO_2 含量/%	≤	4.0	4.0
（CaO+MgO）含量/%	≤	0.4	0.4
R_2O 含量/%	≤	0.4	0.4
颗粒体积密度/$g \cdot cm^{-3}$	≥	3.15	3.10
吸水率/%	≤	4	4

5.4.1.3 电熔白刚玉

白刚玉是以工业氧化铝或煅烧氧化铝为原料，在电弧炉内经 2000℃ 以上高温熔化而成，具有化学稳定性高、耐高温、抗钢液和熔渣侵蚀性好等特点，其氧化铝含量一般大于 98.5%。白刚玉理化指标如表 5-7 所示。

表 5-7 电熔白刚玉

项 目 名 称		A 级	B 级	C 级
Al_2O_3 含量/%	≥	99.2	99.2	99.0
SiO_2 含量/%	≤	0.15	0.20	0.30
Fe_2O_3 含量/%	≤	0.10	0.15	—
R_2O 含量/%	≤	0.30	0.35	0.50
真密度(细粉)/$g \cdot cm^{-3}$	≥	3.92	3.92	3.90
颗粒体积密度/$g \cdot cm^{-3}$	≥	3.55	3.45	3.35

连铸功能耐火材料中，采用白刚玉制备刚玉基含碳材料，具有优异的抗熔钢及中包覆盖剂侵蚀性，在整体塞棒本体和渣线部位、浸入式水口本体和出钢部位、长水口本体部位和渣线部位等得到较好的应用。

5.4.1.4　电熔棕刚玉

棕刚玉是由优质高铝矾土、无烟煤、铁屑为原料，在电弧炉中经2000℃以上高温熔炼脱除 SiO_2 和 Fe_2O_3 等杂质后得到的棕色刚玉材料，其氧化铝含量一般为94.5%~97%，主要杂质为 TiO_2、Fe_2O_3 以及少量的 Na_2O、CaO 和 MgO 等。电熔棕刚玉矿物组成以 α-Al_2O_3 为主，含有少量六铝酸钙、钙斜长石、尖晶石、金红石等次晶相以及玻璃相、铁合金。棕刚玉理化指标如表5-8所示。

表 5-8　棕刚玉理化指标

项 目 名 称		A 级	B 级	C 级
Al_2O_3 含量/%	≥	95.0	94.5	94
Fe_2O_3 含量/%	≤	0.5	1.0	1.0
TiO_2 含量/%	≤	3.0	3.5	3.5
SiO_2 含量/%	≤	1.0	2.0	2.0
总碳含量/%	≤	0.10	0.10	0.10
颗粒体积密度/$g \cdot cm^{-3}$	≥	3.80	3.70	3.70

连铸功能耐火材料中，采用棕刚玉制备刚玉基含碳材料，具有优异的抗熔钢及中包覆盖剂侵蚀性，在整体塞棒本体和渣线部位、浸入式水口本体和出钢部位、长水口本体部位和渣线部位等得到较好的应用。

5.4.1.5　板状刚玉

板状刚玉以高纯超细氧化铝为原料，经 1900℃以上高温煅烧制得具有纯度高、晶体结构为板片状以及晶间和晶内存在较多微小闭气孔的烧结刚玉。与电熔刚玉相比，板状刚玉结构特性使其具有更加优异的抗热冲击性和抗剥落性。板状刚玉理化指标如表5-9所示。

表 5-9 板状刚玉理化指标

项 目 名 称		A 级	B 级
Al₂O₃ 含量/%	≥	99.2	99.2
SiO₂ 含量/%	≤	0.16	0.20
Fe₂O₃ 含量/%	≤	0.10	0.10
R₂O 含量/%	≤	0.30	0.40
真密度（细粉）/g·cm⁻³	≥	3.92	3.92
颗粒体积密度/g·cm⁻³	≥	3.50	3.45

在连铸用刚玉基含碳耐火材料中，引入板状刚玉可以提高材料抗热冲击性和抗剥落性。因此，烧结板状刚玉得到越来越多的应用。

5.4.1.6 α-Al₂O₃ 微粉

α-Al₂O₃ 微粉是以工业氧化铝为原料，经 1400℃ 以上高温煅烧、超细磨制备而成，具有纯度高、粒度细以及活性高等特点。α-Al₂O₃ 微粉理化指标如表 5-10 所示。

表 5-10 α-Al₂O₃ 微粉理化指标

项 目 名 称		A 级	B 级
Al₂O₃ 含量/%	≥	99.3	99.1
SiO₂ 含量/%	≤	0.15	0.20
Fe₂O₃ 含量/%	≤	0.08	0.10
R₂O 含量/%	≤	0.15	0.20
灼减/%	≤	0.20	0.20
真密度（细粉）/g·cm⁻³	≥	3.95	3.94
转化率/%	≥	95	95
粒度（D_{50}）/μm	≤	5.0	7.0
粒度（D_{90}）/μm	≤	15	25

铝碳材料中，引入适量 $\alpha\text{-}Al_2O_3$ 微粉可以优化材料粒度组成、改善材料在使用过程中的烧结性能，从而提高制品使用性能。

5.4.1.7 电熔锆莫来石

电熔锆莫来石是由氧化铝或铝矾土和锆英石为原料，经高温熔炼而成，在 $Al_2O_3\text{-}SiO_2$ 系中引入 ZrO_2 能改善莫来石组织结构，可以提高莫来石的抗侵蚀性、耐热震性以及降低线膨胀系数。电熔锆莫来石理化指标如表 5-11 所示。

表 5-11 电熔锆莫来石理化指标

项 目 名 称		AZM35	AZM20	AZM10
化学组成/%	Al_2O_3	47.56	62.35	80.45
	SiO_2	16.34	16.70	8.90
	ZrO_2	35.15	19.86	9.89
	Fe_2O_3	0.23	0.23	0.12
	TiO_2	0.18	0.16	0.13
	CaO	0.23	0.29	0.14
	MgO	0.18	0.10	0.06
	K_2O	0.08	0.04	0.08
	NaO_2	0.18	0.19	0.21
体积密度/g·cm^{-3}		>3.30	>3.20	>3.10
显气孔率/%		<2.50	<2.50	<2.50

含锆莫石的铝碳材料在使用过程中，锆莫来石会发生分解，其中斜锆石以短柱状分布在莫来石和刚玉的共析体周围，形成交错排列结构使材料抗钢液和熔渣的侵蚀性有所提高。因此，在铝碳材料中，引入适量的锆莫来石可以提高材料抗热震性以及抗侵蚀性。

5.4.1.8 钙部分稳定氧化锆

钙部分稳定氧化锆是由工业氧化锆按比例配入 3%~5% 的氧化钙稳定剂，经电弧炉熔融制得部分稳定氧化锆，其立方相氧化锆 70%左右、单斜相氧化锆约 30%。钙部分稳定氧化锆具有熔点高、体积稳定性好、抗钢液及抗熔渣侵蚀性好等优点。钙部分稳定氧化锆理化指标如表 5-12 所示。

表 5-12　钙部分稳定氧化锆理化指标

项 目 名 称	A 级	B 级
Zr(Hf)O_2/%	≥94.5	≥93.0
SiO_2/%	≤0.30	≤0.90
TiO_2/%	≤0.40	≤0.50
Al_2O_3/%	≤0.20	≤0.50
NaO_2/%	≤0.01	≤0.03
CaO/%	2.5~4.5	2.5~4.5
稳定度/%	70~90	70~90

钙部分稳定氧化锆是制作浸入式水口渣线部位氧化锆基含碳材料的首选原料。在选择钙部分稳定氧化锆作为氧化锆基含碳材料原料时，应选用稳定度为 70%左右的部分稳定氧化锆为佳，其抗热震性最好。钙部分稳定氧化锆材料中氧化钙在高温下易与材料中或熔渣中的 SiO_2、Al_2O_3 等发生脱熔反应，造成氧化锆基含碳材料抗侵蚀性降低。

5.4.1.9　电熔镁砂

电熔镁砂是由较纯净的天然镁石，在电弧炉内加热熔融制得主相为方镁石镁质原料，具有纯度高、晶体粗大、结构致密、高温体积和化学稳定性好以及抗水化性好等特点。电熔镁砂理化指标如表 5-13 所示。

表 5-13　电熔镁砂理化指标

项 目 名 称		FM98	FM97	FM96
MgO 含量/%	≥	98.0	97.0	96.0
SiO_2 含量/%	≤	0.6	1.5	2.2

续表 5-13

项 目 名 称		FM98	FM97	FM96
CaO 含量/%	≤	1.2	1.5	2.0
颗粒密度/g·cm^{-3}	≥	3.5	3.45	3.35

电熔镁砂虽然具有较好的抗水性，但其细粉即使干燥保存，较长时间仍然会水化结块。由电熔镁砂制得氧化镁基含碳耐火材料，具有优异抗钢液侵蚀性，在连铸功能耐火材料整体塞棒棒头部位及浸入式水口碗部取得很好的使用效果。在氧化镁基含碳耐火材料中，电熔镁砂 SiO_2 和 CaO 杂质成分对其使用性能有较大的影响。

5.4.1.10　电熔镁铝尖晶石

电熔镁铝尖晶石是由含铝含镁原料，在电弧炉中高温熔融后，经冷却破碎制得铝镁合成材料，其反应为：$Al_2O_3 + MgO \rightarrow MgAl_2O_4$。镁铝尖晶石理论组成为：MgO 28.3%、$Al_2O_3$ 71.7%，根据其组成可以分为富镁、富铝或标准镁铝尖晶石。电熔镁铝尖晶石的体积密度大、熔点高，在高温作用下抗钢液和熔渣侵蚀能力强。电熔镁铝尖晶石性能指标如表 5-14 所示。

表 5-14　电熔镁铝尖晶石性能指标

项 目 名 称	A 级	B 级	C 级
MgO 含量/%	22~25	21~24	21~27
Al_2O_3 含量/%	74~77	74~77	71~77
SiO_2 含量/%	≤0.25	≤0.30	≤0.40
NaO_2 含量/%	≤0.30	≤0.30	≤0.40
颗粒体积密度/g·cm^{-3}	≥3.25	≥3.25	≥3.25

在连铸功能耐火材料中，一般选用标准镁铝尖晶石制备尖晶石基含碳耐火材料。与氧化镁基含碳耐火材料相比，尖晶石基含碳耐火材料具有较低线膨胀系数、较高的抗热震性，在连铸功能耐火制品整体塞棒棒头部位、浸入式水口碗部部位取得较好的使用效果。

5.4.1.11 鳞片石墨

鳞片石墨是天然晶质石墨，属六方晶系，呈层状结构。石墨特点是具有良好的耐高温性且与熔渣润湿性差，还具有高的热导率和较低的线膨胀系数，其缺点是氧化气氛条件下高温易氧化以及各向异性。有关资料表明，石墨粒度大的比粒度小的更抗氧化。鳞片石墨理化指标如表 5-15 所示。

表 5-15 鳞片石墨理化指标

项目名称	牌 号			
	LG595	LG895	LG199	LG195
固定碳含量/%	≥95	≥95	≥99	≥95
挥发分含量/%	≤1.2	≤1.2	≤1.0	≤1.0
水分含量/%	≤0.5	≤0.5	≤0.5	≤0.5
粒度/目	50	80	100	100
密度/g·cm⁻³	2.10~2.25	2.10~2.25	2.10~2.25	2.10~2.25

鳞片石墨作为连铸含碳耐火材料重要组分，赋予连铸功能耐火制品良好的成型性能、优异的抗热震性以及抗熔渣侵蚀性，但高温下石墨易氧化及易溶解于钢液造成材料结构疏松，从而导致含碳材料抗侵蚀性降低。已有研究表明：当石墨含量低于 10% 时，石墨组分在含碳耐火材料中不足以形成连续的碳网结构，会导致连铸功能耐火材料抗热震性急剧降低。高石墨含量的连铸功能耐火制品在浇铸低碳钢或超低碳钢时，碳组成易溶解于钢液造成钢液增碳问题日益引起大家关注。高性能低碳含碳耐火材料开发及应用研究已经成为近年来研究的热门方向。

5.4.1.12 炭黑

炭黑是一种无定形碳，由含碳物质天然气、重油、燃料油等在空气不足的条件下经不完全燃烧或受热分解而得的产物，粒度很小、表面积非常大，抗氧化性比石墨差。炭黑理化指标如表 5-16 所示。

表 5-16   炭黑理化指标

项 目 名 称	炭 黑
固定碳含量/%	≥98
挥发分含量/%	≤1.5
灰分含量/%	≤0.5

炭黑粒度小、比表面积大，在低碳含碳耐火材料中引入少量炭黑，可以弥补低碳材料碳网结构不连续性，改善低碳材料抗热震性。

5.4.1.13   硅粉

金属硅又称结晶硅，是由石英和焦炭在电热炉内冶炼成的产品，主成分硅元素的含量在 98% 左右，含有少量杂质为铁、铝、钙等。硅粉理化指标如表 5-17 所示。

表 5-17   硅粉理化指标

项 目 名 称		S-98	S-97
Si 含量/%	≥	98	97
Fe 含量/%	≤	0.6	0.8
Al 含量/%	≤	0.5	0.6
Ca 含量/%	≤	0.3	0.35

硅粉作为含碳连铸功能耐火材料抗氧化添加剂，制品在 950℃ 高温热处理过程中，在材料内部 Si 与 C 可以反应生成 SiC 纤维，可以提高制品强度。

5.4.1.14   碳化硼

碳化硼是通过电炉中碳素材料和氧化硼碳热还原反应得到三方晶体，具有化学稳定性好、抗侵蚀性好、熔点高和线膨胀系数小等优异的性能。碳化硼理化指标如表 5-18 所示。

表 5-18 碳化硼理化指标

名　　称	AM-ART	AM-NORBIDE
总 B 量/%	77	76
总 C 量/%	22	21~23
B_2O_3 含量/%	0.5	1.0
总 Fe 量/%	—	0.50
(B+C)含量/%	99	97~99
结晶态	三方晶系	三方晶系
真密度/g·cm^{-3}	2.52	2.50
体积密度/g·cm^{-3}	1.20	1.11
莫氏硬度	9.5	>9.0

碳化硼作为含碳连铸功能耐火材料抗氧化添加剂，制品在 950℃ 高温热处理过程中，碳化硼可以与酚醛树脂分解气体 CO_2、CO 发生反应生成 C 和 B_2O_3，酚醛树脂残炭增加可以较大地提高含碳材料常温强度。含碳化硼抗氧化剂含碳耐火材料，在高温使用过程中碳化硼可以减缓石墨氧化，同时生成的 B_2O_3 可以与材料中耐火氧化物产生一定的烧结，提高制品抗冲刷性能。有研究表明，碳化硼的抗氧化作用明显高于碳化硅、硅粉。

5.4.1.15 碳化硅

碳化硅是用石英砂、石油焦或煤焦、木屑等原料通过电阻炉高温冶炼而成，具有化学性能稳定性好、热导率高、线膨胀系数小等优异的性能。碳化硅理化指标见表 5-19。

表 5-19 碳化硅理化指标

项 目 名 称		SC-90	SC-95	SC-975	SC-98
SiC 含量/%	≥	90.0	95.0	97.5	98.0
Fe_2O_3 含量/%	≤	1.50	1.20	0.5	0.4

项 目 名 称		SC-90	SC-95	SC-975	SC-98
游离碳含量/%	≤	1.20	0.50	0.4	0.4
游离硅含量/%	≤	—	—	0.5	0.5
SiO_2 含量/%	≤	—	—	0.5	0.5

5.4.1.16　酚醛树脂

用酚类化学物和醛类化合物在催化剂条件下缩聚、经中和、水洗而制成的树脂称为酚醛树脂。酚醛树脂按加热性状可以分为两类：（1）在酸性催化剂条件下，与少量甲醛反应得到的为线型热塑性树脂；（2）在碱性催化剂条件下，与大量甲醛反应得到的为体型热固性树脂。酚醛树脂按产品形态分为液态酚醛树脂和固态酚醛树脂，典型理化指标见表 5-20 和表 5-21。酚醛树脂可溶于甲醇、乙醇、乙二醇、糠醛等有机溶剂。

表 5-20　热固性酚醛树脂理化指标

项　　目		5408	5030	5311	5312
组成/%	固含量	≥65	≥58	75~82	75~79
	游离酚	9.5~11.8	9.0~12.5	11~14	11.6~13.5
	水　分	2.5~4.0	2.5~4.0	4.5~6.0	4.5~5.5
外　观		棕红色液体	棕红色液体	棕红色液体	棕红色液体
黏度(25℃)/cP[①]		450~750	170~230	3700~4300	4700~5300
残炭率/%		≥40	≥38	43~48	43~48

①1cP $= 10^{-3}$ Pa·s。

表 5-21　热塑性粉状酚醛树脂理化指标

项　目		4012	4014	4115
组成/%	水　分	≤2.0	≤1.5	≤1.5
	游离酚	2.0~4.0	1.0~2.5	1.0~2.5
外　观		黄白色粉末	黄白色粉末	黄白色粉末
流动度/mm		20~40	20~40	20~40
聚合速度（150℃）/s		45~85	40~60	40~60
细度（140目）/%		≥95	≥95	≥95
残炭率/%		≥40	≥40	≥40

热塑性酚醛树脂需要加入硬化剂并在加热的条件下才能使其硬化，所采用硬化剂有乌洛托品（六亚甲基四胺）或多聚甲醛等，最普遍采用的是乌洛托品。热固性酚醛树脂在加热过程中可以自行固化并硬化，固化温度为 160~250℃。但需要注意的是，热固性酚醛树脂在存放过程中，黏度会渐渐增大，最后因固化而不能使用，其存放期为 3~6 月。

酚醛树脂作连铸功能耐火材料结合剂，具有与耐火氧化物原料和石墨原料良好的润湿性和黏结性，使各种原料相结合从而形成具有很好流动性、可塑性的粒状坯料。

酚醛树脂具有碳化率高、黏结性好、成型坯体强度高、热处理后强度高以及有害挥发物少等优点，从而在含碳耐火材料中得到广泛应用。

酚醛树脂作为连铸功能耐火材料结合剂，在热处理过程中，加热 200℃ 左右制品强度逐渐增加并达到最大值；200~500℃ 酚醛树脂逐渐发生分解并释放出 CO_2、CO、CH_4、H_2 及 H_2O 等气体，强度有所降低；500~700℃ 酚醛树脂发生分解释放气体达到高峰并逐渐消失，形成紊乱的、玻璃态的三维碳网结构，使制品获得较高的强度；700~950℃ 酚醛树脂形成碳网结构得到加强；随热处理温度增加，酚醛树脂形成玻璃态的碳网结构趋于稳定。

5.4.1.17　乌洛托品

乌洛托品分子式为 $C_6H_{16}N_4$，也称作六亚甲基四胺、六次甲基四胺，可由甲醛与氨反应制得，白色的晶体，有限可溶于水，易溶于大多数有机溶剂。在含碳连铸功能耐火材料中，乌洛托品主要用作热塑性酚醛树脂的硬化剂，使树脂在加热过程产生硬化、获得强度，提高酚醛树脂的残炭率。乌洛托品理化指标见表5-22。

表 5-22　乌洛托品理化指标

项 目 名 称		数 值
化学组成/%	纯 度	≥99
	水 分	≤0.14
	灰 分	≤0.1
	其 他	≤0.2
熔点/℃		263
闪点/℃		250
相对密度（25℃）		1.27

乌洛托品的固化机理一般认为是在加热过程中乌洛托品分解并以次甲基桥将熔化树脂两个酚环连接起来，使树脂缩聚形成体型结构。乌洛托品与热塑性酚醛树脂之间的硬化反应式如下：

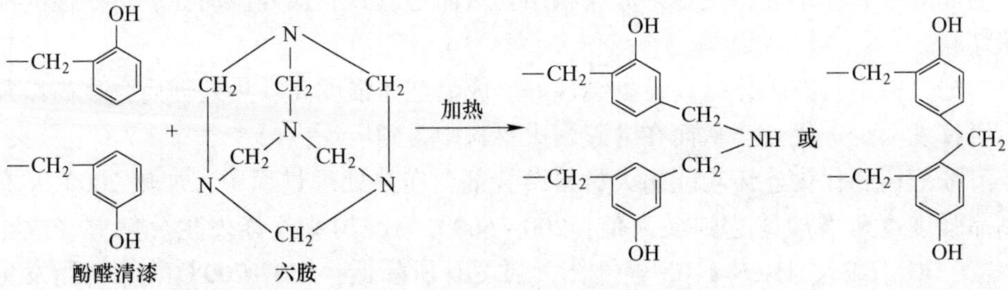

在含碳连铸功能耐火材料中，乌洛托品硬化剂的加入量为热塑性酚醛树脂含量的5%~15%。硬化剂乌洛托品加入量不够，会造成树脂硬化不完全，制品强度下降；乌洛托品加入量过高，则过量的乌洛托品在硬化过程中分解挥发，使制品气孔率增多，反而会降低制品的强度和使用性能。

5.4.1.18　糠醛

糠醛是将米糠、麦壳高粱杆、玉米芯等富含戊聚糖的原料在酸的作用下水解生成戊糖，再由戊糖脱水环化而成。糠醛为无色或浅黄色，有苦杏仁强烈的刺激性气味，在空气中易变成黄棕色，相对密度为 1.15，沸点为 167℃，能与水部分互溶，可溶于大多数有机溶剂。糠醛理化指标如表 5-23 所示。

表 5-23 糠醛理化指标

项 目 名 称		数 值
组成/%	糠醛	≥98.5
	水分	<0.5
相对密度		1.15
沸点/℃		167

在含碳连铸功能耐火材料中，糠醛主要用作酚醛树脂的溶剂，可以提高酚醛树脂残炭率。含碳连铸功能耐火材料采用粉状酚醛树脂结合剂及糠醛溶剂，可以制备均匀性高、造粒性能好的坯料，但是糠醛的强烈刺激性气味对生产设备自动化程度以及安全环保措施提出较高的要求。

5.4.1.19 工业酒精

酒精学名是乙醇，分子式为 C_2H_6O。工业酒精是由石油在催化剂和高温条件下裂化长链有机化合物制得的一种无色透明、易挥发、易燃烧的液体，沸点为 78.3℃。工业酒精乙醇含量大于 95%，含有少量甲醇。工业酒精理化指标如表 5-24 所示。

表 5-24 工业酒精理化指标

项 目 名 称		数 值
组成/%	乙 醇	>95
	水 分	<4.0
	甲 醇	<1.0
相对密度		0.793
沸点/℃		78.3
蒸气压（20℃）/kPa		5.73

酒精与酚醛树脂相溶性较好，在含碳连铸功能耐火材料中，酒精主要用作酚醛树脂的溶剂。与酚醛树脂糠醛溶剂相比，酒精沸点低、易挥发，酒精溶剂会导致含碳材料在混合造粒过程中坯料均匀性及稳定性降低。

5.4.2 主要工艺过程

连铸功能含碳耐火制品生产工艺经过几十年发展，已经较为成熟，但因生产厂家采用技术路线不同稍有区别，工艺流程如图 5-53 所示。

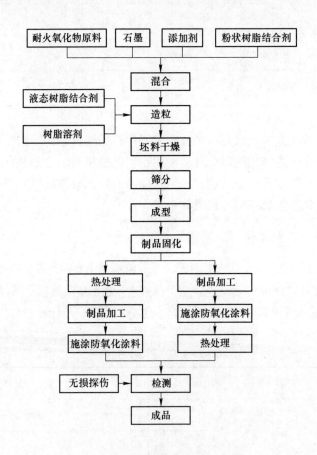

图 5-53 连铸功能含碳耐火制品生产流程

5.4.2.1 混合

原料混合是将连铸功能含碳耐火材料所用耐火氧化物原料、碳素原料石墨、粉状酚醛树脂结合剂及添加剂混合均匀。连铸功能耐火材料使用大量细粉或微粉原料、较多的粉状树脂结合剂以及量少但作用明显的添加剂，因此原料混合均匀显得尤为重要。原料混合均匀，是添加剂的作用发挥到最大程度、制品得到均匀的组织结构和均一性能以及保证产品质量稳定性的前提。

5.4.2.2 造粒

坯料造粒是将混合均匀的耐火氧化物原料、碳素原料石墨及添加剂在酚醛树脂结合剂作用下混练成具有较高流动性、均匀的、颗粒状的坯料。

鳞片石墨在自然状态下具有较大的层状堆积趋势以及在成型压力下具有垂直压力方向定向排列趋势，造粒其中一个重要的目的是为了解决制品成型过程中石墨定向排列易造成开裂的问题。另外，连铸功能含碳耐火材料采用细颗粒原料以及大量粉料，在成型加料过程中由于粉料与颗粒料流动性差异易造成原料偏析以及组织结构的不均性，造粒另一个重要的目的是为了解决不同原料在成型过程中偏析问题。坯料造粒对连铸功能含碳耐火材料生产过程尤为重要，是影响产品稳定性重要因素之一。

造粒是通过高速混练机完成的，目前采用的主要设备是带有一定倾斜角度的高速混练机。连铸功能含碳耐火材料各种原料在高速混练机里受到水平方向相反作用的剪切力与垂直方向剪切力，物料做离心及抛物运动过程中，在这种反复的运动中酚醛树脂结合剂将各种不同物料黏结成颗粒状的、流动性高的、均匀的坯料。

坯料造粒是较为复杂的过程，影响因素较多，其主要有：混料方式，采用酚醛结合剂及溶剂类型及加入量，高速混练机性能，混合过程中坯料温度、湿度以及混合时间等。因此，在实际连铸功能含碳耐火材料生产中必须严格控制造粒混合工艺过程稳定性。

坯料造粒是影响连铸功能含碳耐火产品稳定性的重要因素之一，评价坯料造粒好坏没有统一的标准。笔者认为，保证坯料均匀性是造粒过程的前提，形成高流动性颗粒状是造粒追求的目标。

5.4.2.3 坯料干燥

坯料干燥是将高速混合好的造粒料烘干到适合坯体成型的挥发分含量。由于在坯料造粒过程中加入工业酒精或其他溶剂，混合均匀造粒料中有机溶剂含量仍然较高，直接用于成型易产生裂纹。因此，必须对造粒料进行干燥处理，以达到成型坯料所需挥发分含量。

造粒料干燥主要通过烘箱、流化干燥床以及滚筒等干燥设备。烘箱干燥效率低，不适合规模生产。流化干燥效率高，但对造粒料性能破坏大。滚筒干燥效率高且对造粒料破坏小，成为目前连铸功能含碳耐火材料生产采用的主要设备。

在坯料滚筒干燥过程中，热风或加热介质温度低干燥速率慢，热风或加热介质温度高干燥速率快，但过高的干燥温度会造成酚醛树脂固化，降低坯料可塑性以及结合性能。根据酚醛树脂性能，干燥温度应控制在60~90℃之间。

坯料干燥残余挥发分多少为最佳没有统一的标准，应根据不同的坯料、成型压力以及成型坯体性能而确定，以保证坯料成型制品的性能达到最佳并应严格控制不同批次坯料挥发分一致性，从而确保同一产品性能稳定性。

5.4.2.4　筛分

造粒料筛分是将干燥后的造粒料中较大团块进行筛分、破碎后再进行使用。坯料在造粒过程中，由于各种因素的限制，不可避免地造成或多或少坯料形成远远超过坯料所采用颗粒临界粒度的大团块，而这部分团块不宜直接作为成型用料，因此筛分、破碎工艺是必要的。

筛分筛网网眼大小选择，应根据坯料中颗粒临界粒度大小来决定。如果采用临界粒度为0.6mm颗粒，建议采用筛孔为2mm筛网进行筛分，大于2mm的团块需进行破碎再利用。

5.4.2.5　坯料检测

坯料的性能对于压制后尺寸及制品的性能有重要影响。挥发分是决定坯料塑性的关键指标，它是指在一定的温度下材料的灼减，不同厂家测试的温度也有所不同，有120℃、180℃、210℃等。在一定压力下，挥发分越高，该坯料越容易被压实，如图5-54所示。在一定的挥发分条件下，压力越高，材料的密度也越高，强度越大，如图5-55~图5-57所示。但挥发分不是越高越好，当挥发分高到

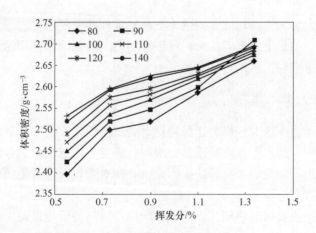

图5-54　铝碳材料在不同压力条件下生坯体积密度与挥发分关系图

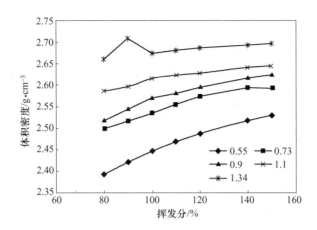

图 5-55 铝碳材料在不同挥发分条件下生坯体积密度与压力关系图

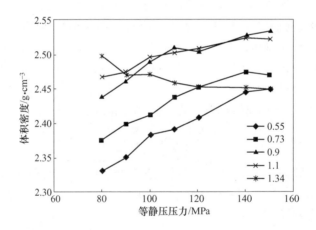

图 5-56 铝碳材料在不同挥发分条件下熟坯体积密度与压力关系图

一定程度后其致密度不再增加，反而会有轻微的下降。所以对于含碳耐火材料的生产来说，挥发分的控制尤为重要。

堆积密度也是坯料的一个性能，对于实际生产有较大影响。对于同一种材料来说，压制后材料的密度基本固定，坯料的堆积密度越高，那么在成型时胶套中所填的料越多，这样导致制品压制后尺寸越大，或者说材料的压缩比小。这个参数对于模套的设计尤为重要，坯料的堆积密度必须稳定，否则容易导致制品压制后尺寸小不合格或者加工量大，难以实现免加工工艺。

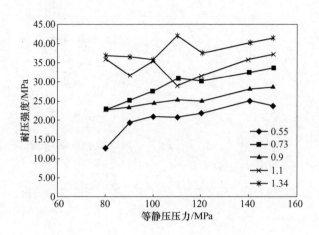

图 5-57　铝碳材料在不同挥发分条件下熟坯耐压强度与压力关系图

挥发分合适、筛分好的坯料应在环境温度为 20~25℃ 条件下密闭保存，以防止存放过程中挥发分过多的损失，从而造成对坯料成型性能的影响。笔者认为，连铸功能含碳耐火材料坯料也应该适当进行困料，使干燥后造粒料挥发分达到均匀一致，从而保证坯料成型性能。但困料时间的控制，应根据采用酚醛树脂的性能而决定。坯料困料过久会导致某些性质酚醛树脂如热固性酚醛树脂失效，影响造粒料成型性能，最终导致热处理后制品性能的降低。

5.4.2.6　成型

成型是采用等静压成型方法将干燥好含碳造粒坯料压制成尽可能接近尺寸要求的、较高体密的、高强度的连铸功能含碳耐火制品。因此，成型工艺技术是连铸功能含碳耐火制品生产过程中尤为关键的环节。

连铸功能含碳耐火制品形状要求以及性能要求，基本上全部需采用等静压成型方法。等静压成型原理：应用帕斯卡原理，对液体介质进行加压，液体介质通过橡皮胶套将压力均匀地传递给物料，物料在压力下发生移动、塑性变形以及致密化。由于等静压的特点是各个方向上压力相等，因此由等静压成型连铸功能含碳制品密度均一性高、组织结构均匀且各向同性好。

连铸功能含碳耐火制品在成型前需进行模具设计以及制作。模具设计包括：成型用胶套模以及钢模设计。胶套模应根据产品外形尺寸要求、坯料添装比以及坯料成型压力下横向压缩比和纵向压缩比等进行设计。设计合理的胶套可以做到成型制品机加工量小、甚至可以做到近终形成型。目前等静压成型用胶套主要有橡胶胶套和聚氨酯胶套，要求成型胶套有足够的硬度、厚度和强度，以保证胶套在常态下以及添料过程中不发生弯曲变形。与橡胶胶套相比，聚氨酯胶套制作成本高，但在使用寿命、可靠性以及近终形成型方面聚氨酯胶套具有很高的优势。钢模设计应根据产品内形尺寸要求进行设计，基本不用考虑放缩比，但必须考虑钢模脱模方式。钢模设计制作基本原则是：形状尽可能简单、易于脱模，一般采用 45 号钢，热处理后硬度达到 HRC58~62，光洁度 R_a 达到 1.6μm。

坯料添装过程是连铸功能含碳耐火制品成型过程中最为关键环节，添装过程直接影响着最终压制产品是否合格。坯料添装过程主要有以下几个要点：（1）在坯料添装之前，对胶套模和钢模认真的组装，确保胶套模和钢模同心、圆周方向等距，且应采取相应的措施以确保坯料添装、坯料密实过程中胶套模和钢模同心、圆周方向等距。只有如此这样才可以降低成型过程制品弯曲变形以及壁厚不均匀问题的出现。（2）连铸功能含碳耐火材料制品绝大多数产品为材料和功能复合型制品，同一制品不同部位采用不用原料以满足该部位使用性能要求，所以同一产品需要添加多种不同原料并要控制加料位置。因此，在坯料添装过程中，严格执行工艺技术文件要求，准确称量并加入相应的坯料。只有如此这样才可以压制出相应部位材料正确、位置尺寸合格的制品。（3）同一种坯料尽可能一次添装到成型模具相应位置，不要多次加入。因为造粒工艺并不能使坯料达到完全均匀、同一粒度、同一流动性的理想状态，所以坯料添装过程中多次加会使坯料由于流动性不同而造成偏析问题以及相应的界面效应，该问题会导致热处理后制品存在较大组织结构不均匀以及产生缺陷概率大大的增加。（4）为使坯料在胶套模内密实可以采用拍打法和震动法，但不论采用何种方法需保证力度均匀，且尽可能避免坯料偏析以及保证填料密度均匀、胶套模与钢模圆周方向等距。（5）添装好坯料后，应采用相应的胶塞或胶圈将胶套模密封并捆扎好，以防止在等静压成型过程中液体介质渗入胶套模内。一旦成型增压过程中液体介质渗入胶套内，成型制品完全报废；成型卸压过程中液体介质渗入胶套内，成型制品会造成局部污染。

连铸功能含碳耐火制品压制过程可用压力-压缩曲线表示，压制是按以下三个阶段进行：

（1）第一阶段，随压力增加，坯料中的颗粒开始移动，重新配置成较紧密的堆积，当压力增至某一数值后，进入第二阶段。该过程的特点是压缩明显、坯体致密度增加最为明显。

（2）第二阶段，随压力增加，坯料发生塑性变形，坯料的压缩随压力增加呈阶梯式增加。该阶段坯体的致密增加较为明显。

（3）第三阶段，随压力增加直至最高成型压力，坯体致密度呈缓慢增加阶段。该过程的特点是压缩、坯体致密度增加不明显，坯体发生微量弹性变形。

连铸功能含碳耐火制品影响压制的因素较多，坯料性质、颗粒组成以及坯料挥发分等对压制影响很大。适当增大坯料挥发分，可以在相对较低成型压力下制备高致密度含碳耐火制品。在实际生产中，应根据含碳耐火制品成型性能、最终烧后制品性能要求，确定相对应的挥发分含量以及成型压力，以获得综合性能较好的毛坯制品。目前，国内连铸功能含碳耐火企业普遍采用高压成型方法，成型压力 100~150MPa；而国外企业采用低压成型方法，成型压力 40~60MPa。笔者认为，在满足连铸功能耐火制品毛坯及烧后性能前提下，尽可能降低成型压力，降低成型压力可以提高生产效率、减轻等静压设备及模具损耗。等静压成型卸压一般采用二级卸压，避免卸压过快，防止毛坯内部气体急剧膨胀造成制品坯体开裂问题。

毛坯成型完成后，待等静压机卸压完毕，从缸体中吊出胶套组件，然后放置到脱模平台进行脱模。在此过程中，钢模取出较为关键，应安装操作规程、小心脱出钢模，对于难以脱模的钢模进行检查，确定是否变形报废。

5.4.2.7　制品固化

成型好毛坯制品应尽快进行固化，以减少制品在存放过程中塑性变形。固化是将成型后毛坯制品通过加热烘烤，使酚醛树脂结合剂硬化，从而使毛坯制品获得较高的强度，以满足后续加工或热处理需要。

成型固化是连铸功能含碳耐火制品生产中不可缺少的工艺过程。在混料过程中，不论采用的是热固性树脂还是热塑性树脂，只有在加热的条件下酚醛树脂才能形成交联网状结构、才能硬化，从而使毛坯制品获得较高的强度。

在固化时毛坯制品中结合剂酚醛树脂发生一系列复杂变化，主要包括：（1）室温至 100℃，酚醛树脂残余挥发分排出；（2）100~150℃，酚醛树脂软化及缩合水分排出；（3）150~260℃，酚醛树脂自身硬化或者酚醛树脂与固化剂乌洛托品之间发生硬化反应。由于等静压成型毛坯气孔率较低，因此应采用缓慢的升温速率进行毛坯固化并在合适温度进行保温，以防止固化过程造成制品开裂以及变形的问题。最高固化温度应在 200~260℃并适当时间保温以保证制品固化完全。

5.4.2.8　热处理

热处理是连铸功能含碳耐火制品生产过程中重要的环节之一。热处理的目的是：在热处理过程中酚醛树脂结合剂充分的碳化，并形成连续的、完整的、玻璃态的三维碳网结构，使制品获得较高的强度和良好的体积稳定性以及优异的抗热冲击性。

在热处理过程中，酚醛树脂结合剂发生一系列复杂变化，其主要过程如下：200~500℃酚醛树脂逐渐发生分解并释放出 CO_2、CO、CH_4、H_2 及 H_2O 等气体，强度有所降低；500~700℃酚醛树脂发生分解释放气体达到高峰并逐渐消失，形成紊乱的、玻璃态的三维碳网结构，使制品获得较高的强度；700~950℃酚醛树脂形成碳网结构得到加强；随热处理温度增加，酚醛树脂形成玻璃态的碳网结构趋于稳定。

在热处理过程中，耐火氧化物和碳素原料石墨基本上不发生变化，而抗氧化剂 Si 粉、B_4C 会发生一定的变化。与无添加剂相比，添加 Si 或 B_4C 的热处理后制品强度均有一定的增加。笔者认为，添加 Si 或 B_4C 造成热处理后制品强度增加主要原因为：添加 Si 或 B_4C 能够促使酚醛树脂残炭率的增加以及生成部分少量 SiC 晶须或 B_2O_3 起增强作用。

在热处理过程中酚醛树脂虽然发生一系列的变化，但对于热处理制度，笔者认为：只要控制合适的生坯性能，可以采用较快的升温速率热处理连铸功能含碳耐火材料，4~6h 可以烧至最高热处理温度，这样可以大大提高生产效率；在热处理过程中树脂加热到 800℃ 已经碳化，到 950℃ 碳化基本完成，因此最高热处理温度在 900~950℃ 比较合适，保温 2~5h。虽然有研究表明：提高连铸功能含碳耐火材料热处理温度，可以促使酚醛树脂碳网结构趋于稳定，从而降低材料线膨胀率、提高抗热震性，但提高热处理温度对生产过程造成较大的影响。

连铸功能含碳耐火制品热处理方式主要有：埋碳热处理、耐热钢匣钵密闭热处理、涂防氧化涂料敞开式热处理以及气氛保护热处理。由于埋碳热处理生产环境差，现在基本已被淘汰。气氛保护热处理主要采用电炉加气氛保护热处理，但该方法生产成本高且生产效率低。

耐热匣钵密闭方式热处理对设备性能要求低、生产可控性好、不受外部加热方式影响且生产效率高，因此国内大部分生产企业采用燃气梭式窑耐热匣钵密闭方式热处理。

涂防氧化涂料敞开式热处理对防氧化涂料性能以及设备性能要求较高，在国内仅有少量生产企业能够达到该生产技术要求。涂防氧化涂料敞开式烧制特别适合整体塞棒、长水口产品，可以使涂料在制品表面形成致密的、均质的、高结合强度的防氧化涂层，很好地保护制品在现场烘烤过程碳素组分不被氧化。与烧制后再施涂防氧化涂层制品相比，涂防氧化涂料敞开式烧制产品在性能以及制备工艺上具有一定的优越性。国内生产企业在涂防氧化涂料敞开式热处理工艺技术的研究方面，已达到国外同类技术水平。

5.4.2.9 制品加工

连铸功能含碳制品加工是将固化后或热处理后制品切割、车削、打磨、钻孔等机加工到图纸尺寸要求，以满足现场使用要求。由于等静压成型工艺限制，很难将制品压制到精确尺寸要求，因此连铸功能耐火制品机加工成为不可少的环节。

在成型过程中，根据坯料成型压缩比、设计合适胶套、控制不同批次坯料稳定性等对成型后制品加工尤为关键，尽可能做到非关键部位整体塞棒棒身、浸入水口本体等免加工达到尺寸要求，尽可能做到关键部位整体塞棒棒头、浸入式水口碗部等少加工达到尺寸要求。免加工或少加工可以提高生产效率。

5.4.2.10　施涂防氧化涂料

连铸功能含碳耐火材料施涂防氧化涂料目的是为了：防止连铸功能耐火材料在敞开式烧制过程中或现场条件下预热烘烤以及高温使用过程中碳素组分被氧化因而降低制品性能，防氧化涂料保证了制品使用安全可靠性以及高的使用寿命。由此可见防氧化涂料是连铸功能含碳耐火材料生成过程中重要环节之一。

防氧化涂料用原料要纯净、配料要准确。防氧化涂料的配制首先应将组成高温釉料的混合粉料配料磨成釉浆，然后加入一定的结合剂以及浆料流变助剂混合均匀。为防止沉淀可在涂料研磨时加入 3%~5% 的黏土，依据施涂工艺选择合适的结合剂。研磨时应先将瘠性的硬质原料磨至一定细度后，再加入软质黏土。

为保证防氧化涂料顺利施涂并使烧后釉面具有预期的性能，对涂料性能应有一定要求。

（1）浆料细度直接影响浆稠度和悬浮性，也影响釉浆与坯体的黏附能力，釉的熔化温度及热处理后制品的釉面质量，一般釉的细度以万孔筛余 0.1%~0.2% 较好。

（2）浆料比重直接影响施釉时间和釉层厚度。素坯浸釉时比重约为 1.5~1.7；机械喷釉的釉浆比重范围一般在 1.4~1.8 之间。

（3）浆料的流动性和悬浮性直接影响施釉工艺的顺利进行，及烧后制品的釉面质量，可通过控制细度、水分和添加适量电解质来控制。

防氧化涂层厚度大，开裂的可能性就大，成本也较高；但防氧化涂层太薄，涂层的防氧化效果较差。防氧化涂料在含碳制品上涂抹的厚度一般不超过 1mm。因此涂料中的固体粒度应小于 0.03mm，要求烘干后即能形成致密凝胶保护层。涂料的施涂可一次施涂，也可多层施涂。对于两层施涂的方式，每层厚度控制在 0.25~0.45mm，釉层总厚度控制在 0.6~1mm。采用多层涂层可提高涂层与含碳耐火材料基体的机械相容性，降低温度骤变时微裂纹的产生；内涂层的配制主要考虑涂层与含碳耐火材料基体的化学相容性和机械相容性。外涂层的配制主要考虑氧气的透过率要低，涂层的挥发性要小。

防氧化涂料使用方法主要有以下两种：一是含碳制品在气氛保护或埋碳保护条件下热处理后施涂防氧化涂料，含碳制品在使用预热过程中形成均质釉层防止制品使用过程中氧化；二是含碳制品在成型后施涂防氧化涂料，含碳制品在敞开式烧制过程中形成均质釉层防止制品在热处理及使用过程中氧化的问题。

连铸功能耐火制品对防氧化涂料性能提出较高要求：（1）防氧化涂料浆料具有较好施工性能，能够在连铸功能耐火制品表面形成均匀厚度的涂层；（2）防氧化涂料烘干后与连铸功能耐火制品具有一定的结合强度；（3）连铸功能耐火制品烧制后施涂防氧化涂料，涂料在现场预热烘烤或现场使用过程中能够形成均匀的、玻璃态的釉层，能够很好地防止使用过程中碳素组分被氧化；（4）敞开式烧制的连铸功能耐火制品，防氧化涂料在热处理过程中能够形成致密的、均质的、高结合强度的玻璃态釉层，且该涂层具有较高的防氧化温度以确保制品在预热或使用过程中炭素材料不被氧化。

目前防氧化涂料施工方式主要有以下四种：刷涂、喷涂、流涂和浸渍。刷涂对防氧化涂料性能要求低，但生产效率低且均匀性略差；喷涂对防氧化涂料浆料稳定要求高，但涂层均匀性难以控制；流涂和浸渍对防氧化涂料浆料稳定性、流动性、润湿性以及装备要求较高，涂层均匀性较高且易控制。国内大部分连铸功能含碳制品生产企业采用刷涂和喷涂，而国外企业已经实现流涂和浸渍，国内与国外企业在防氧化涂料施工技术方面还有一定的差距。

5.4.2.11　检测

在连铸三大件制品发货前应进行外观检查和无损探伤，尺寸允许偏差及外观要求首先要符合使用厂家图纸要求，如有不尽情况应符合表 5-25 的规定。外观检测还包括浸入式水口侧孔角度允许偏差应在±2.5°以内；螺纹式塞棒的内螺

表 5-25　连铸用三大件尺寸允许偏差及外观要求

项　目				单　位	指　标
尺寸允许偏差	配合部位			mm	±2
	非配合部位	长度方向		%	+5 −2
		外径方向	浸入式水口	mm	+6 −3
			长水口、整体塞棒		+10 −10
壁厚相对偏差	≤15mm				≤2.5
	>15mm				≤4.5
缺棱、缺角深度	非工作面			—	≤3.5
	工作面				不准有
裂　纹					不准有

注：工作面指与钢水接触面。

纹牙顶缺损长度累计不应超过螺纹的一周长；制品的表面防氧化涂层应喷涂均匀，外表面不应有本体裸露（砌入面除外）和杂物黏附；制品的铁件安装焊接应平整光滑，火泥应填充均匀，吹氩通道应不漏气，等等。外观及尺寸的检查按GB/T 10326 进行，侧孔角度检查使用万能角度测定仪，螺纹牙顶缺损检查使用工具卡尺。

每批制品还需检测抗折强度、体积密度、显气孔率、化学成分包括游离碳、氧化铝、氧化镁、氧化锆等，其中游离碳的测定按 GB/T 16555 进行；氧化铝、氧化镁、氧化锆的测定按 GB/T 16555 或 GB/T 21114 进行；体积密度、显气孔率的测定按 GB/T 2997 进行；常温抗折强度的测定方法按 GB/T 3001 进行。检测用试样可从制品上切取或与制品在相同工艺条件下制作的样块上切取。试样从制品上切取时应对照生产图纸按照 GB/T 7321 进行；如有复合层、防氧化涂层、隔热纤维时，应相应去除。体积密度、显气孔率、常温抗折强度检验用试样尺寸及偏差允许应符合表 5-26 规定。

表 5-26 试样尺寸及偏差　　　　　　　　　　　　（mm）

检验项目	试样尺寸	允许偏差
常温抗折强度	20×20×80	±1.0
体积密度和显气孔率	20×20×40	

注：对于特殊尺寸的连铸用功能耐火制品，试样尺寸及偏差供需双方协商。

三大件作为功能耐火制品，耐火材料的"精英"，应使用 X 射线探伤技术排除掉引发质量事故的裂纹、夹杂和偏析等隐患。无损探伤是采用无损探伤仪对连铸功能含碳成品中可能存在的裂纹、金属夹杂物和物料夹杂等缺陷进行检测的方法，将有问题的或可疑度较高的成品剔除，尽可能地保证出厂产品使用安全性和可靠性。连铸功能含碳制品使用过程安全性和可靠性对连铸工艺连续性以及稳定性至关重要，因此无损探伤成为连铸功能耐火制品生产工艺中关键环节。

基本检测流程如图 5-58 所示。在检测的过程中，工作盘可以 360°旋转，X射线管可以上下移动，从而可以对制品进行全方位检测。从质量管理角度方面

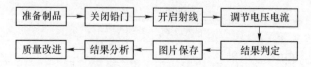

图 5-58　X 射线无损探伤检测流程

看，对制品进行 X 射线无损探伤遵从质量管理的 PDCA 管理模式，从而有效提高了质量管理和质量控制的效果。

缺陷的判定原理：当开启射线后，制品中有缺陷的部位其吸收射线的量较其他无缺陷的部位或多或少，通过调整电压，直至得到清晰图像为止，后因穿过制品的射线在图像增强器上所形成影像不同，从而加以定性判断。一般有两种类型，裂纹和缺陷。图 5-59 和图 5-60 是观察到的纵向裂纹和环状裂纹，其形成和很多因素有关系，比如模具、坯料性能、成型压力等，裂纹的存在对制品的使用性能是致命的，严重时可发生漏钢、停浇等质量事故。图 5-61~图 5-66 所示属于缺陷种类，裂纹本质上也属于缺陷，两者区别在于缺陷的形成一般都是封闭性的孔洞或者低密度区域或者高密度区域，其对制品的使用性能影响有限，而裂纹可直接导致制品在使用中出现事故。缺陷的形成主要是由于制品中夹杂了低密度物质、高密度物质或者是其他夹杂物挥发后留下的痕迹，如工人在作业过程中不注意带入其他夹杂物，诸如螺母、垫片等，此类情况可导致制品在使用的过程中由于局部低熔物溶解而穿孔漏钢。图 5-66 所示情况是制品所用坯料受到污染，夹杂了其他种类原料，此类情况对制品使用性能也有影响，如制品主体为大密度料，制品关键使用部位夹杂低密度料，则可导致制品此部位使用功能丧失，导致质量事故。通过上述分析，我们知道 X 射线检测的基本原理主要和待检产品的密度、材质等有关。而在耐火材料的制作过程中，往往会出现材质不均匀，密度不均匀的情况，而这些因素都会对其使用产生影响。因此，我们可以通过建立射线电压、制品特征、检测环境、影像特征等者的对应关系，评估相同材质相同规格制品的内部结构，为生产试验提供数据支持。

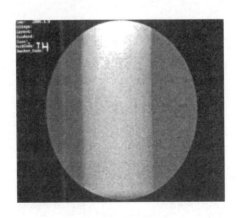

图 5-59　纵向裂纹

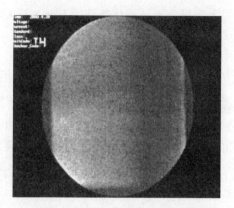

图 5-60　环状裂纹

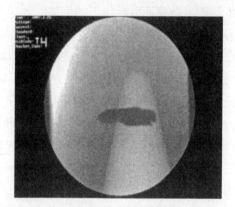

图 5-61　高密度杂质

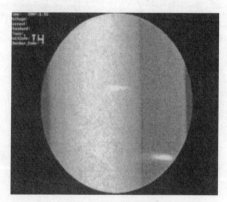

图 5-62　体积型缺陷

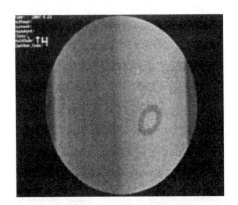

图 5-63　其他夹杂物

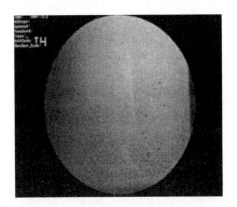

图 5-64　纵向缺陷

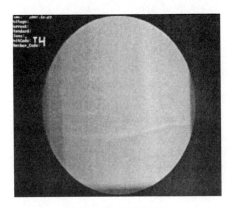

图 5-65　环状缺陷

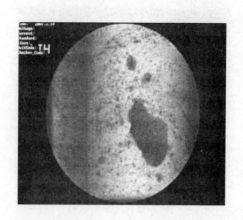

图 5-66　夹杂其他料

5.4.3　主要设备

5.4.3.1　预混合设备

预混合设备是将连铸功能含碳耐火材料所用耐火氧化物原料、碳素原料石墨、粉状酚醛树脂结合剂及添加剂混合均匀。采用主要设备为 V 型混合机或锥型混合机或者高速造粒机。V 型混合机如图 5-67 所示，主要技术性能如表 5-27 所示。锥型混合机如图 5-68 所示，技术性能如表 5-28 所示。

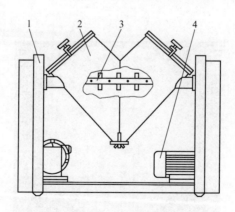

图 5-67　V 型混合机
1—支架；2—筒体；3—搅拌轴；4—电机

表 5-27 V 型混合机主要技术性能

技 术 性 能	规 格	
	VI-100	VI-200
装载系数	0.5	0.4
最大装载量/kg	130	250
电机功率/kW	1.5	3
筒体转速/r·min⁻¹	20	17
搅拌轴转速/r·min⁻¹	600	500

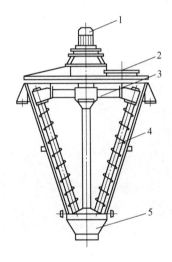

图 5-68 锥型混合机
1—电机；2—加料口；3—转臂拉杆；4—旋转轴；5—卸料口

表 5-28 锥型混合机技术性能

技术性能	规 格			
	SLH-1m³	SLH-2m³	SLH-4m³	SLH-6m³
装载系数	0.6	0.6	0.5	
电机功率/kW	4.0	5.5	11/1.5	15/1.5

技术性能	规　　格			
	SLH-1m^3	SLH-2m^3	SLH-4m^3	SLH-6m^3
混合时间/min	4~8	4~8	8~12	8~12
公转速/r · min^{-1}	5	5	2	2
自转速/r · min^{-1}	108	108	60	60

5.4.3.2　坯料造粒设备

坯料造粒设备是将连铸功能含碳材料用各种原料混练成具有较高流动性、均匀的、颗粒状的坯料。常用设备为高速混练机，示意图如图 5-69 所示，基本参数如表 5-29 所示。

图 5-69　高速混练机

表 5-29　高速混练机基本参数

项 目 名 称	高速混练机	
	HL250	HL500
混练质量/kg	≤300	≤300
倾斜角度/(°)	30	30

项 目 名 称	高速混练机	
	HL250	HL500
料盘直径 φ/mm	1000	1200
混合盘转速/r·min^{-1}	9.5~90	8~80
高速转子转速/r·min^{-1}	100~1000	80~800

5.4.3.3 干燥设备

干燥设备是将造粒的坯料干燥到适合坯体成型的挥发分含量,常用为滚筒干燥或流化床干燥。流化干燥床如图 5-70 所示,规格性能如表 5-30 所示。滚筒干燥机如图 5-71 所示,规格性能如表 5-31 所示。

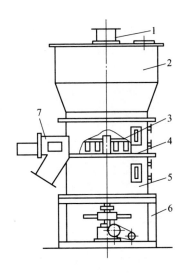

图 5-70 流化干燥床
1—进料装置;2—干燥室;3—搅拌装置;4—多孔算板;
5—热风室;6—机架;7—出料装置

表 5-30　流化干燥床规格性能

参　　数	A 流化床	B 流化床
干燥/kg·次$^{-1}$	200	400
干燥板面积/m^2	2.8	8
工作温度/℃	60~90	60~90

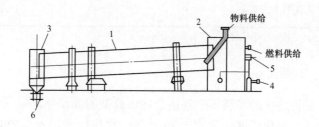

图 5-71　滚筒干燥机

1—干燥筒主体；2—燃烧室；3—卸料室；4—助燃系统；5—燃烧装置；6—出料口

表 5-31　滚筒干燥机主要技术参数

项　　目	GT-08	GT-10
干燥筒内径 ϕ/mm	800	1000
干燥筒长度/mm	8000	10000
干燥温度/℃	60~90	60~90
回转速率/r·min^{-1}	0~50	0~50
外形尺寸/mm×mm×mm	10600×1250×2100	12500×1500×2400

5.4.3.4　成型设备

连铸功能含碳制品成型用设备为湿袋法等静压成型机，等静压机图如图 5-72 所示，基本参数如表 5-32 所示。

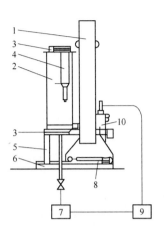

图 5-72 等静压成型设备

1—框架；2—缸体；3—密封盖；4—液压开盖机构；5—缸体支架；6—底座；7—液压系统；
8—移动机架用液压缸；9—电气装置；10—移动盖和框架用液压系统

表 5-32 等静压机技术性能

型　号	压力缸		额定工作压力/MPa	升压时间/min	安装功率/kW	外形尺寸/mm×mm×mm
	内径 φ/mm	有效高度/mm				
LDG200/1500-300	200	1500	200	≤3.5	18.5	4800×3540×2610
LDG320/2300-300	320	2300	180	≤15	17.4	4160×3970×3843
LDG500/2000-300	500	2000	300	≤20	30.8	7220×3250×4400
LDG630/2500-250	630	2500	250	≤20	62.7	7400×2100×5357
LDG800/2500-300	800	2500	300	≤40	60	10155×3132×6095

5.4.3.5　机加工设备

连铸功能含碳制品用机加工设备主要有车床、钻床以及铣床等。

5.4.3.6　热处理设备

连铸功能含碳制品热处理设备主要有燃气加热梭式窑和电加热窑炉，设备示意图分别如图 5-73 和图 5-74 所示。

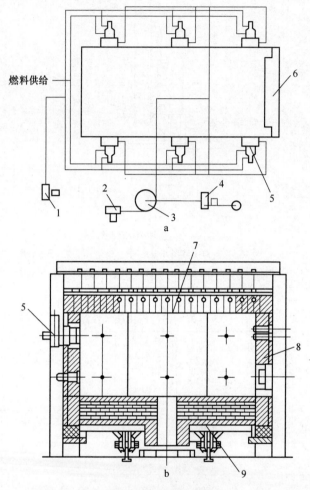

燃料供给

图 5-73　燃气加热梭式窑
a—梭式窑系统图；b—梭式窑结构图
1—调温风机；2—助燃风机；3—换热器；4—排烟风机；5—燃烧装置；
6—窑门；7—窑顶；8—窑墙；9—窑车

5.4.3.7　无损探伤设备

无损探伤是采用 X 射线对连铸功能含碳材料进行无损探伤，无损探伤仪如图 5-75 所示。工业射线检测中使用的 X 射线机主要由四部分组成：射线发生器（X 射线管）、控制系统、高压发生器、冷却系统。X 射线机的核心部分是 X 射线管，X 射线管结构图如图 5-76 所示。

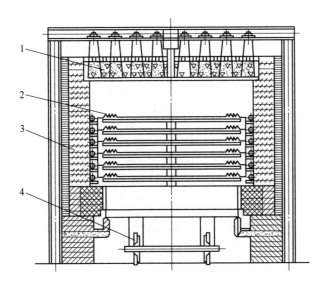

图 5-74 电加热窑炉

1—窑顶；2—电热元件；3—窑墙；4—窑车

图 5-75 无损探伤仪

射线穿透物体时其强度的衰减与吸收体的性质、厚度及射线光子的能量相

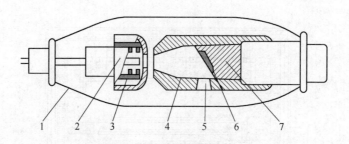

图 5-76　X 射线管结构示意图

1—玻璃管壳；2—聚焦杯；3—阴极阳丝；4—阳极罩；5—窗口；6—阳极靶；7—阳极体

关。对单色窄束射线，实验表明，在厚度非常小的均匀媒质中，射线穿过物体时的衰减程度和穿透体的厚度的变化规律呈如下关系。

如图 5-77 所示，射线衰减的基本规律为

$$I = I_0 e^{-uT} \tag{5-13}$$

式中，I 为透射射线强度；I_0 为入射射线强度；T 为吸收体厚度；u 为线衰减系数，单位常采用 cm^{-1}。

按照射线的衰减规律，当射线穿过物体时，物体将对射线产生吸收作用，如图 5-77 所示。由于不同的物质对射线的吸收能力不同，因此在底片上将形成不同黑度的图像，如图 5-78 所示，从而可从得到的图像对物体的状况做出判断。

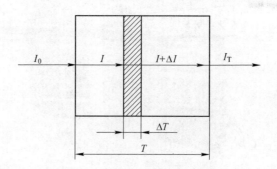

图 5-77　射线穿透物体时的衰减

射线照相检测缺陷的能力，取决于射线照片影像质量的三个因素：对比度、不清晰度、颗粒度，在日常的射线照相检验工作中并不直接测量射线照片影像的对比度、不清晰度、颗粒度，广泛采用射线照相灵敏度这个概念描述照片记录，

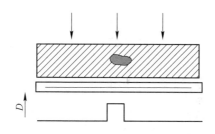

图 5-78　射线照相检测原理示意图

射线照相灵敏度分为绝对灵敏度和相对灵敏度。绝对灵敏度是指射线透照某工件时能发现最小缺陷的尺寸。GB 3323 标准中规定 B 级照相时，母材厚度 3mm 时，应能辨认出直径 0.1mm 的钢丝，这就是绝对灵敏度表示法。相对灵敏度 K 用透照方向上所能发现缺陷的最小厚度尺寸 ΔD 与该处的穿透厚度 d 的百分比表示，即 $K = \Delta D \times 100\%/d$。

　　一般连铸用功能耐火材料 X 射线检测方法没有采用胶片评定的方式，而是通过图像增强器把检测到的信号直接传输到显示屏上，通过分析图像性质得出结论。此方法的优点是无须通过胶片成像，因而在规模化的检测当中，能提高检测效率，同时节约检测成本。

5.5　连铸三大件应用

5.5.1　安装与烘烤

5.5.1.1　整体浸入式水口安装

喷涂料或者干式料干燥之后，或者中包温度低到允许工人进行操作时，可以将座砖上的金属盖板拿掉开始进行浸入式水口安装操作，主要包括：

　　（1）首先将座砖内表面清理干净，将事故铡刀板固定在打开位置，用压缩空气清理干净。

　　（2）在座砖内表面均匀涂抹火泥。

　　（3）在分离环内表面也均匀涂抹火泥，将浸入式水口从包装箱中取出，拿到中包下，去掉塑料包装袋（注意要把干燥剂从水口中取出）。

　　（4）通过中间包底孔将水口插入中间包，此时浸入式水口应伸出 200～300mm 以便于操作。

　　（5）将左右分离环套装在水口碗部外侧，随后将分离环和水口一同放入座砖中。

（6）将水口垂直对中，调整好伸出包底的长度。

（7）水口装好以后用中间包用的涂料或者火泥等料将座砖盖住（尽量干一些）。

（8）在水口外裹上陶瓷纤维，准备烘烤、使用。

5.5.1.2　整体塞棒安装

整体塞棒安装操作具体如下：

（1）从包装箱中取出塞棒，在塞棒顶部螺栓孔内放入石墨垫圈，用手将金属螺杆拧入塞棒内的金属预埋件内，用手带紧。将大垫圈放入金属螺杆，用螺母预拧紧。在金属螺杆上部拧上一带有钢环的螺母，用天车将塞棒吊到塞棒准备平台，然后将塞棒慢慢放入塞棒台架固定好，在此过程中必须保持塞棒垂直，同时防止与其他物品碰撞避免断裂。

（2）用天车通过塞棒专用吊具将塞棒头止于水口碗部正上方合适位置，随后将塞棒金属螺杆推入升降装置横臂的开口处，同时将上部螺母和垫圈放到横臂上方。

（3）在确保合理行程的前提下，将下部螺母拧到垫圈与横臂接触为止，并拧紧顶部螺母将金属螺杆在横臂上固定。随后拧紧端部的螺母，固定塞棒。

（4）最后检查塞棒是否垂直放置在水口上。用杠杆将塞棒打开再慢慢放在关闭位。如果塞棒不垂直，就有必要松开顶部螺母，重新将垫圈定位，再次拧紧，检查垂直度。如果调节机构不对中，应松开螺母后进行调节，切勿用力敲击横臂，以免塞棒产生内裂。

5.5.1.3　烘烤

由于苛刻的热震条件，整体塞棒和浸入式水口使用前必须按预定的制度包括升温曲线和保温温度等进行烘烤。整体塞棒的烘烤是随着中包一起进行的，在整个中间包烘烤过程中，塞棒必须始终处于打开位置。塞棒的烘烤温度范围建议在 $950 \sim 1200 \, ℃$。对于复合 MgO 质棒头的整体塞棒来说必须避免水蒸气的形成。

对于浸入式水口的烘烤，其要有足够的烘烤强度，保证在 $50 \sim 60min$ 内升温至 $1100 \sim 1200 \, ℃$，随后应降低火焰强度，进行保温，保温时间在 $60 \sim 90min$ 为宜。但如由于其他原因推迟开浇应使水口保温，避免水口氧化，同时降低预定的浇铸时间。

5.5.2　长水口损毁形式、对策

长水口服役过程中损毁主要形式如图 5-79 所示。长水口损毁形式及相应的

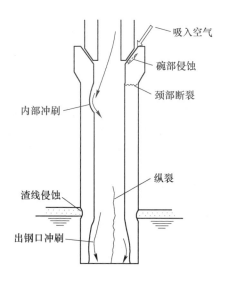

图 5-79 长水口主要损毁形式

对策具体如下：

（1）内部局部冲刷。主要原因是偏流、长水口安装倾斜、钢厂吹氧除钢等。解决方法是改善钢流状态和水口安装位置，提高材料的抗侵蚀性。

（2）碗部侵蚀、吸入空气。防氧化功能劣化，密封性差。解决方法是改善密封形式，长水口与上水口用外力紧固等。

（3）颈部断裂、纵裂等。长水口纵裂和颈部裂纹如图 5-80 所示。抗热震性

图 5-80 长水口纵裂和颈部裂纹

差、强度低，通过增加本体的熔融石英、石墨、锆莫来石含量提高抗热震性，使用碳化硼提高常温强度等。

（4）渣线过度侵蚀。材料抗侵蚀性不足，应依据覆盖剂种类、钢水成分等，在长水口渣线部位复合碳含量低或者不同于本体的镁碳材料、锆碳材料、尖晶石碳材料、含氧化锆的铝碳材料等。

（5）出钢口和内孔的冲刷。铝碳材料不耐钢水侵蚀，适量降低材料的碳含量或者氧化硅含量。长水口插入深度浅造成的吸氧也是出钢口处异常侵蚀的因素。

5.5.3 整体塞棒损毁形式、对策与应用

整体塞棒的损毁主要来源于两个方面，一是热震导致的断裂，二是渣线和棒头的侵蚀和冲刷，如图 5-81 和图 5-82 所示。热震断裂可能的位置有棒身、连接处、棒身与渣线结合处、棒头与棒身结合处、棒尖等，位置不同其原因也是不同的。

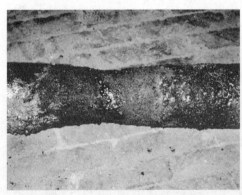

图 5-81   整体塞棒渣线正常侵蚀及异常侵蚀图

（1）整体塞棒材料的抗热震性不足，导致断裂、棒头掉块等，建议增加石墨、锆莫来石含量改善抗热震性。另外烘烤时间不足也会导致使用过程中的热震断裂，建议优化烘烤的工艺制度。

（2）不同材料间过渡较差，在使用时容易产生应力集中问题，导致断裂，建议增加过渡料，在不同材料间形成平稳过渡。

（3）等静压压制时应力分布不均匀易产生缺陷，使用时容易产生掉尖等问题，建议改善模具形状、使用仿形压制，降低橡胶模具硬度等。

（4）渣线处材料抗侵蚀性差，或者钢水、覆盖剂侵蚀性强导致塞棒被过度

图 5-82　整体塞棒掉头、掉尖图

侵蚀，影响浇铸的时间长短和安全性，建议渣线复合抗侵蚀材料，或者加粗塞棒渣线、使用侵蚀性弱的中间包覆盖剂。

（5）棒头的侵蚀主要与钢水种类、浇铸速度以及本身的材质有关，尤其是钢水成分中的 Ca、Mn、O 含量等影响较大，要依据钢水的不同选择合适的棒头材料，如果选择不当就会发生过度侵蚀，如图 5-83 所示，影响浇铸寿命。

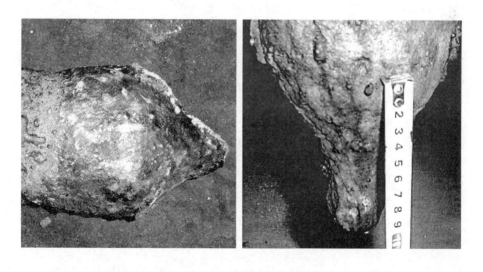

图 5-83　整体塞棒棒头侵蚀图

（6）连接部断裂。主要原因是安装过程控制不当、塞棒机构不合理以及钢质连接件与塞棒材料之间间隙过小等。解决办法是检查操作程序是否合适、指导安装工人按正确程序工作、控制连接件尺寸、使用石墨环等。

（7）外力。整体塞棒为脆性材料，在运输、安装过程中要轻拿轻放，否则容易产生裂纹损坏。另外在使用过程中塞棒周围覆盖剂结壳也容易导致其断裂，解决办法是在使用过程中如果发现结壳应将塞棒周围的中间包覆盖剂撩开，并且在每次换包时向塞棒周围添加新的覆盖剂；也可更换性能更好的覆盖剂，使其不易结壳；或者在塞棒周围使用不同的覆盖剂，防止其结壳。

5.5.3.1　易切削钢用整体塞棒

易切削钢是机械工业发展中应用日趋广泛的节能材料，是我国轿车用钢国产化急需解决的难以生产特钢品种之一。这种钢是世界三大难以连铸的钢种之一，钢中的锰、氧、硫含量高，高温下会与耐火材料中的某些成分发生反应，使耐火材料发生侵蚀，在连铸生产中易造成溢钢、中间包漏钢、浇铸时间短等问题，给连铸生产的安全和组织造成了较大障碍，为此对不同材料进行了研究和分析。

研究对象是三种整体塞棒现场用后的棒头材料，分别编号为 A 材料、B 材料和 C 材料，理化指标如表 5-33 所示。A 材料是普通的铝碳材料，碳含量（质量分数）为 14%，浇铸 1~2 炉后就会出现控流不稳的现象；B 材料为尖晶石-碳材料，氧化铝含量为 55.2%，氧化镁含量为 25.5%，碳含量为 13.5%，寿命优于 A 材料，可以连浇 3~4 炉，但距离目标还有一定的距离；C 材料是改进的尖晶石-碳材料，通过原位生成 AlN，使材料在内部形成陶瓷和碳的复相结合，平均可以连浇 4~6 炉，基本满足了现场的需要。

表 5-33　A、B 和 C 材料的理化指标

材料	化学组成（质量分数）/%				B. D. /g·cm^{-3}	A. P. /%	MOR /MPa	HMOR /MPa	浇铸炉数和时间	
	Al$_2$O$_3$	MgO	SiO$_2$	C					炉	min
A	78.5		4.2	14.0	2.68	13.5	9.5	7.1	2	85
B	55.2	25.5	0.4	13.5	2.64	14.2	8.7	7.0	3	126
C	55.7	24.3	0.3	13.8	2.69	12.1	13.5	10.5	5	211

浇铸钢种为易切削钢，其成分见表 5-34，拉速为 2.0~2.4m/min，钢坯断面为 150mm×150mm，浇铸温度为 1540~1560℃。取浇铸后的整体塞棒棒头进行 SEM 电镜和 EDAX 微区成分分析，并对侵蚀机理进行了讨论和分析。

表 5-34　浇铸钢种成分

成　分	C	Mn	P	S	Si	Pb
含量 （质量分数）/%	≤0.10	1.0~1.2	0.045~0.07	0.36~0.39	≤0.2	≤0.01

图 5-84 是 A 材料、B 材料和 C 材料用后的显微结构，A 材料用后的显微结构与 B、C 材料有明显差别。图 5-84a 中表面处的颗粒已经发生了反应，在其周边形成了一圈反应层，经能谱分析其主要成分为 Al、O、Fe 和 Mn。而图 5-84b 和 c 中的表面虽然有脱碳层存在，但尖晶石颗粒没有发生熔损反应，两者的主要差别是 B 材料的脱碳层中颗粒较多，而 C 材料的脱碳层中颗粒较少，这是造成两者抗侵蚀性有差别的主要原因。

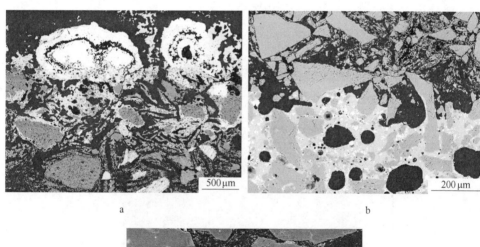

a　　　　　　　　　　　　　　　b

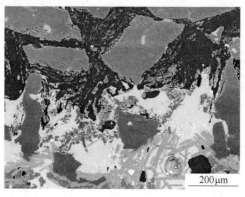

c

图 5-84　A 材料(a)、B 材料(b)和 C 材料(c)用后的显微结构

当含碳材料与钢液接触时，材料中的碳被钢液溶解并在表面形成一脱碳层，脱碳层的厚度及侵蚀的快慢与钢水的成分有关。易切削钢中的锰、氧含量高，使得钢水中的 MnO 和 FeO 容易与耐火材料发生反应。图 5-85a 是 Al_2O_3-FeO 相图，可见 Al_2O_3 与 FeO 在 1310℃即可有液相生成；图 5-85b 是 Al_2O_3-MnO 相图，Al_2O_3

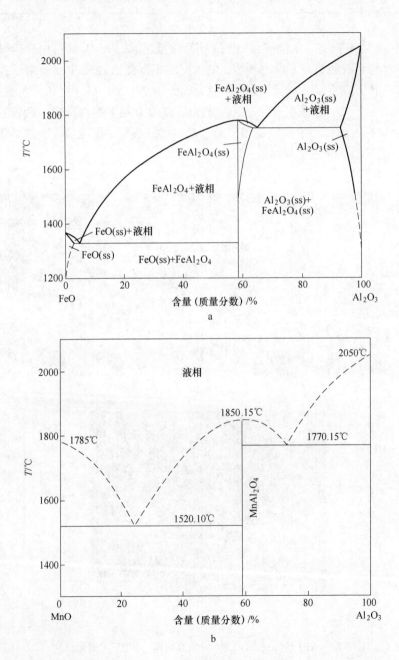

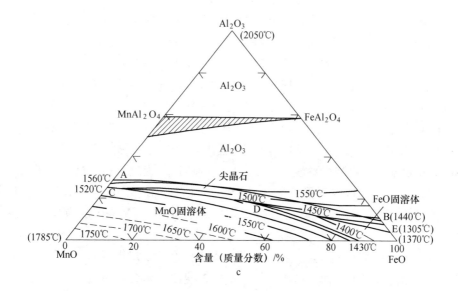

图 5-85 Al₂O₃-FeO 相图（a）、Al₂O₃-MnO 相图（b）和 Al₂O₃-MnO-FeO 相图（c）

与 MnO 生成液相的温度较高，在 1520℃才有液相生成；图 5-85c 是 Al_2O_3-MnO-FeO 相图，在富 FeO 区域，有低于浇铸温度的液相生成区域。从上面的三个相图可以看出在钢水的浇铸温度条件下，Al_2O_3 易与 FeO 或 MnO 形成液相，随钢液流走，造成铝碳材料在浇铸易切削钢时容易发生侵蚀。当材料中以镁铝尖晶石的形式引入 MgO 后，Al_2O_3、FeO 与 MgO 在 1400℃时也没有液相生成，尖晶石与 FeO 或 MnO 不易形成低熔点物质，使得尖晶石-碳的抗侵蚀性明显优于铝碳材料。另外易切削钢中的氧含量一般大于 0.01%，连铸用功能耐火材料为碳结合材料，处于工作状态时其内部气相组分以 CO 为主，氧分压非常低，在接触氧含量高的钢水时材料中的结合碳更容易被氧化，氧化后材料疏松，熔渣容易渗透到材料内部，将颗粒隔开并在钢液冲刷的作用下使材料发生侵蚀。材料 C 是在碳结合的基础上复合了陶瓷结合，结合碳氧化后材料还具有一定的结合强度，颗粒周围有陶瓷结合相，熔渣进入材料内部后颗粒不易被钢液冲刷发生侵蚀，使材料抗侵蚀性有了进一步的提高；其显微结构的表现就是由于基质结构的不同导致了脱碳层中尖晶石颗粒数量的不同，B 材料基质容易氧化疏松，脱碳层中的尖晶石颗粒较多，容易在钢液的作用下发生侵蚀；而 C 材料基质氧化后结构不疏松，脱碳层中尖晶石颗粒较少，抗侵蚀性较高。

通过上面的结果和分析，易切削钢对铝碳耐火材料和尖晶石-碳耐火材料侵蚀的过程有所不同，大致可归纳如下，包括：

（1）铝碳耐火材料。表面形成脱碳层后，钢水中的 MnO 和 FeO 易与脱碳层中的氧化铝形成低熔点物质，在钢液冲刷的作用下使材料发生侵蚀。

（2）尖晶石-碳材料。表面形成脱碳层后，钢水中的低熔点物质渗透到脱碳层中，使颗粒形成孤立的状态，在钢液冲刷的作用下使材料发生侵蚀。

因此，为了提高连铸用功能耐火材料的抗易切削钢侵蚀，通过对侵蚀机理的分析，可以从以下几个方面入手改善材料的实际应用效果：

（1）含碳材料中氧化物应不易与钢水中的 MnO 或 FeO 形成低熔点物质。

（2）含碳材料的碳含量尽可能低，这样无论是溶解脱碳还是氧化脱碳，脱碳层的孔隙率低，可减少熔渣进入脱碳层内的通道，提高材料的抗熔钢侵蚀性。

（3）在含碳材料内部形成复相结合，不仅有碳结合，还有陶瓷结合，使得结合碳在氧化后，含碳材料还保持一定的结合强度，不易在钢液作用下发生侵蚀。

（4）添加与熔钢润湿性差的非氧化物如 BN 等，以替代石墨。不仅含碳材料的抗热震性得以保证，而且抗氧化性、抗熔钢侵蚀性均会有一定的提高。

因此，连铸用铝碳材料中的氧化铝易与 FeO 或 MnO 形成低熔点物质，是造成其在浇铸易切削钢时容易发生侵蚀的主要原因。尖晶石-碳材料表面形成脱碳层后，钢水中的低熔点物质渗透到脱碳层中，使颗粒形成孤立的状态，在钢液冲刷的作用下材料会发生侵蚀。通过在尖晶石-碳材料内部形成复相结合，可进一步提高材料抗易切削钢的侵蚀。

5.5.3.2　HRB400 钢用整体塞棒

某特钢厂生产 HRB400 钢时侵蚀过快，后期有失控问题，不能达到生产要求。对用后塞棒进行了取样、分析，塞棒用后外观如图 5-86 所示，侵蚀后有凹

图 5-86　塞棒用后棒头形貌图

陷的位置，显示了强侵蚀、不均匀的现象，棒头冲刷过快尤其是局部蚀损严重是不能控流的主要原因。

对用后塞棒棒头进行了扫描电镜显微分析，其主要成分是刚玉、石墨，去除碳后总体成分为：Al_2O_3 77.73%，MgO 2.61%，SiO_2 19.66%。材料中添加了少量的 SiC 和尖晶石，另外在材料中发现了少量成分为表 5-35 所示的物质，形状如图 5-87 中带孔洞的物质，通过查阅氧化铝-氧化硅-氧化镁三元相图，其成分位于堇青石附近，再加上 Na、Ca，其熔点低于 1550℃，是一种不耐侵蚀、低熔点的物质，其加入可能是提高材料的抗热震性。另外由侵蚀后界面的显微结构图片可以看出（图 5-88），侵蚀位置有 0.5mm 左右的脱碳层，脱碳层中仅剩颗粒，细粉等基质全部溶解，渣的成分如表 5-36 所示，可以看出渣中含有 12.6%的 MnO，由于 HRB400 钢中含有 1.3%~1.6%的 Mn，所以认为主要来源于钢水。氧化锰容易和氧化铝形成低熔点相，加速材料的侵蚀。另外在脱碳层边缘发现了少量的氧化锆，其来源可能是水口的锆碗。

表 5-35　塞棒中类堇青石成分表　　　　　　　（质量分数，%）

成　分	Na$_2$O	MgO	Al$_2$O$_3$	SiO$_2$	CaO
含　量	2.79	13.09	39.84	43.07	1.21

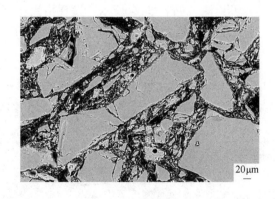

图 5-87　塞棒棒头显微结构图

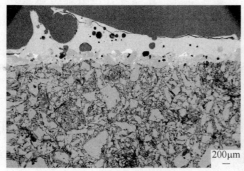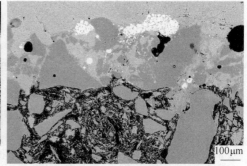

图 5-88　塞棒反应界面及放大显微结构图

表 5-36　塞棒表面渣成分表　　　　　　　（质量分数,%）

成分	K$_2$O	TiO$_2$	MgO	Al$_2$O$_3$	SiO$_2$	CaO	MnO	FeO
含量	0.82	1.13	12.64	7.78	46.22	16.87	12.60	1.94

　　综上所述，认为塞棒侵蚀过快原因有：（1）不耐侵蚀物质较多，如 SiC、类堇青石物质等；（2）基质侵蚀过快是制品失控的主要原因；（3）防氧化添加剂少，石墨含量高，材料易氧化形成脱碳层。

　　为此使用了石墨含量为 10% 的尖晶石碳复合整体塞棒，使用效果优于铝碳材料的整体塞棒。侵蚀后结构如图 5-89 所示，脱碳层厚 1.6mm，其厚度增加显示了尖晶石碳材料具有较高的抗侵蚀性。脱碳层中有少量的球形金属，富集在颗粒周围。对渣的成分进行了检测，如表 5-37 所示，发现由表层到脱碳层与原砖层的界面处，氧化铝逐渐增加，而氧化镁、氧化钙和氧化锰逐渐降低，氧化硅含量基本保持不变；在表层有许多黑色的由渣中析晶出的氧化铝。

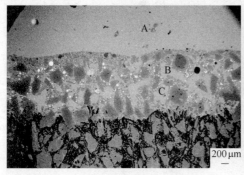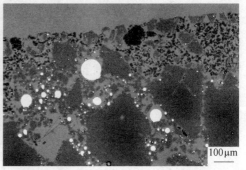

a　　　　　　　　　　　　　　　　b

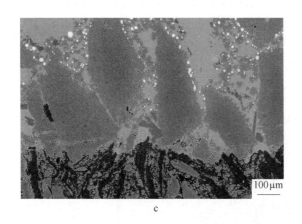

图 5-89　尖晶石碳材料用后显微结构图
a—总体结构；b—渗透层显微结构；c—原砖层与渗透层显微结构

表 5-37　塞棒表面不同部位渣成分　　　　（质量分数,%）

成分	K_2O	TiO_2	Na_2O	MgO	Al_2O_3	SiO_2	CaO	MnO	FeO	Cr_2O_3
A 处含量	0.26	0.62	0.20	10.34	15.83	44.70	14.37	10.71	2.56	0.67
B 处含量	—	0.62	0.22	9.42	17.46	44.41	13.67	11.42	2.47	—
C 处含量	0.16	2.02	0.09	8.61	18.91	44.57	12.14	12.88	2.02	0.37

5.5.4　浸入式水口损毁形式、对策与应用

5.5.4.1　渣线侵蚀

浸入式水口渣线受空气、保护渣和钢水交替作用，其侵蚀速率的大小是决定浸入式水口使用寿命的关键因素。渣线侵蚀问题造成的穿孔、断裂至少占到水口事故的 60%，是水口使用中的主要问题，对连铸质量造成较大影响，经济损失较大。

A　侵蚀机理

使用时浸入式水口渣线在结晶器中的蚀损程度是 ZrO_2-C 材料单独与保护渣或钢液作用时无法比拟的，耐火材料工作者对 ZrO_2-C 材料在连铸作业中特别是高效连铸过程中的侵蚀机理进行了研究，以期找到提高 ZrO_2-C 材料抗侵蚀性能的方法。结晶器在振动过程中，各渣层与水口渣线的接触部位发生了变化，如图 5-90 所示。

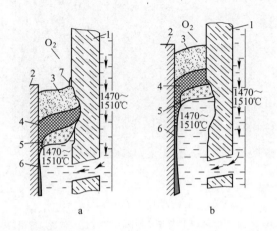

图 5-90 结晶器位于振幅下点（a）和振幅上点（b）时的渣线侵蚀层形成机理图[1]

（箭头表示液态钢液流动方向（1470~1510℃））

1—水口壁；2—结晶器；3—粉渣层；4—烧结层；5—液渣层；6—坯壳；7—渣瘤；O_2—空气中的氧

在浇注过程中间断性地向结晶器中加入保护渣，随着保护渣受热和熔化，不断地有 NaF、KF、AlF_3、SiF_4、CaF_2 及 BF_3 出现，这样浸入式水口的渣线部位成为侵蚀性因素综合作用的部位，而这些侵蚀性因素也在不断发生变化，如图 5-91 所示。下面将从化学热力学和动力学来分析 ZrO_2-C 材料蚀损机理。

含碳耐火材料在界面处的蚀损机理已被广泛研究[2~5]，包括两部分内容：

一是原砖层的脱碳，碳结合耐火材料中的碳源由结合剂热处理后的残碳和石墨组成，含碳耐火材料在钢水中的脱碳机理的研究较为深入，据报道，1520℃时碳在钢液中的饱和溶解度可达 5.1%，除了碳向钢液的溶解外，还能与钢液成分作用被氧化，脱碳主要取决的因素如式 5-14 与式 5-15 所示。

溶解脱碳： $\qquad$ $C(s) === [C]$ $\qquad$ (5-14)

反应脱碳： $\qquad$ $C(s) + [O] === CO(g)$ $\qquad$ (5-15)

当脱碳层未形成时，式 5-14 的速度大于式 5-15，钢水中的碳增加。当脱碳层形成后，式 5-14 的速度减小，式 5-15 的速度大于式 5-14。由上可以看出，脱碳速度主要取决于钢水中碳的浓度和钢水中氧化性氛围。由于结合碳和石墨碳的损失，裸露出氧化锆颗粒，最终形成具有一定厚度的富氧化锆层。

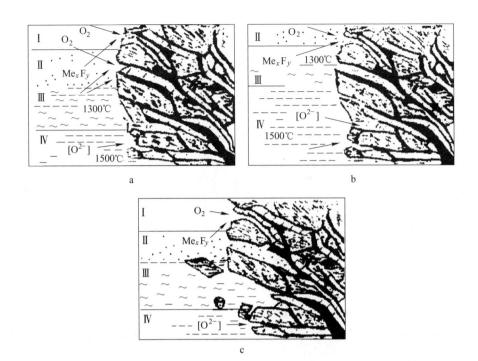

图 5-91 浇注过程中受腐蚀因素影响浸入式水口渣线的侵蚀过程

a—含碳组分的氧化阶段；b—氧化物组分界面冲蚀阶段；c—基质颗粒冲蚀阶段

Ⅰ—空气；Ⅱ—保护渣；Ⅲ—液态渣；Ⅳ—液态钢液图

二是熔渣侵蚀，冶金熔渣对氧化锆具有很好的润湿性，造成氧化锆稳定剂的脱溶，从而造成了氧化锆骨料的裂解被冲蚀到熔渣中[6,7]。ZrO_2-C 材料受钢液或保护渣作用后，其与钢液或保护渣的润湿性会发生改变，研究发现钢液和未使用 ZrO_2-C 材料之间的润湿角应比钢液与已经被结晶器保护渣润湿的 ZrO_2-C 材料之间的润湿角要大；保护渣和已经被钢液润湿的耐火材料之间的润湿应比保护渣和未使用 ZrO_2-C 材料之间的润湿要好。渣液与氧化锆的相互作用主要是渣液与 ZrO_2 颗粒中的杂质和稳定剂 CaO 的作用，在浇钢温度和气氛下，稳定剂 CaO 脱溶增加 ZrO_2 颗粒内部低熔点相，同时亚晶界和低熔点物富集区构成了 ZrO_2 颗粒的易与渣液反应的通道，使渣液能一直渗入到颗粒内部。渗入的渣液会导致稳定剂 CaO 更快的脱溶和 ZrO_2 颗粒的裂解，从而被渣液渗入，裂解的 ZrO_2 颗粒在钢液和渣液的反复作用下冲蚀到渣液中。另外钢液中存在反应 Fe+O→［FeO］，［FeO］能够溶于钢液、保护渣两相界面中，［FeO］+C→ Fe+CO（g），ZrO_2-C 材料中的石墨能够还原熔渣中的 FeO，在损毁面上有铁生成，上述的碳被氧化后

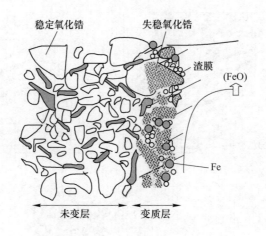

图 5-92   钢液、保护渣对 ZrO_2-C 材料的渗透侵蚀

形成空位，进一步促进了熔渣的渗入，如图 5-92 所示[8]。

    还有两种解释认为在 ZrO_2-C 材料与钢液、保护渣接触界面存在以下作用促进了氧化锆及石墨组分的蚀损。

    （1）ZrO_2-C 材料、钢液、保护渣三相接触处的润湿与 Marangoni 效应。

    K. Mukai 指出渣线材料保护渣、钢液两相界面处，由于液相界面处的表面张力不同存在梯度[9]，例如，在 x 方向，运动的改变归因于表面剪切应力，表达式如下：

$$\tau_s = \frac{d\sigma}{dx} = \frac{\partial\sigma}{\partial T} \times \frac{dT}{dx} + \frac{\partial\sigma}{\partial c} \times \frac{dc}{dx} + \frac{\partial\sigma}{\partial\psi} \times \frac{d\psi}{dx} \tag{5-16}$$

式中，σ 为表面张力；T 为温度；c 为液相表面活性组分的浓度；ψ 为两相界面的电位。

    渣液在耐火材料表面产生了 Marangoni 效应，当 ZrO_2-C 材料与钢液金属接触时，首先石墨溶解于金属并在界面形成氧化锆富化层。由于氧化锆容易被熔渣润湿，不沾金属，所以上面的熔渣在 ZrO_2-C 材料表面形成渣膜。渣膜因 Marangoni 效应而频繁运动，这样液渣膜内物质的传质系数显著高于只有扩散过程而无 Marangoni 效应作用时的传质系数，所以有效地促进了渣膜内物质的移动，氧化锆富化层溶解、消失。其结果，在界面的 ZrO_2-C 材料中形成石墨富化层。石墨难以被炉渣润湿，但由于容易被碳浓度低的金属润湿，所以液渣膜消失，取而代之，金属液附在界面上，与石墨富化层接触。石墨迅速在金属中溶解，在 ZrO_2-C 材料表面再次形成氧化锆富化层。通过重复这样的周期，ZrO_2-C 材料逐渐发生侵蚀。

（2）电化学反应侵蚀。由于熔融保护渣和钢液在高温下是离子导体，ZrO_2-C 材料中的石墨是良好的导体，而稳定的 ZrO_2 在高温下也是良好的导体。根据碳｜熔渣｜金属的腐蚀电池反应对渣线材料在熔渣-钢液交界处被局部侵蚀从电化学热力学进行了解释，即为电化学侵蚀机理[10]。现场得出渣线处的蚀损情况随着钢液中碳的含量增加而减轻，连铸时结晶器中钢液的碳含量低是渣线部位侵蚀严重的原因。钢液中碳含量达饱和时，渣线处的蚀损就大大减轻或消失。Hack 和 K. Mukai 用浓差电池来解释上述现象，电极浓差电池：

$$C(a_c = 1) \mid 熔渣 \mid Fe\text{-}C(熔体)(a'_c) \tag{5-17}$$

$$E = \frac{RT}{ZF} \ln \frac{1}{a'_c} \tag{5-18}$$

当钢液中碳含量低时，a'_c 就小，E 值就大，因而渣线侵蚀加剧。

（3）动力学机理。通过对不同现场用后的浸入式水口进行分析获知，有些渣线部位均有不同厚度的脱碳层，而有些无脱碳层，如图 5-93 所示，目前对脱碳层的形成机理缺乏相应的研究，因而也很难得出脱碳层的形成对材料抗侵蚀性能的影响。

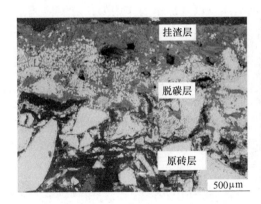 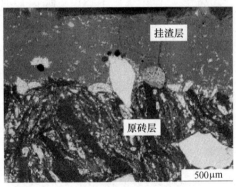

图 5-93　ZrO_2-C 材料在钢（铁）液/熔渣两相界面处的蚀损形貌

化学热力学只能预言在给定的条件下反应发生的可能性，为了更好地研究连铸三大件蚀损的反应历程以及反应速率，结合上述连铸三大件蚀损的热力学机理，可以建立其蚀损的化学动力学机理，其蚀损历程如下[11]：

$$原砖层 \xrightarrow{\text{溶解脱碳、反应脱碳}} 脱碳层 \xrightarrow{\text{冲刷、高温熔体侵蚀}} 蚀损层$$

进一步了解各历程的反应速率如下:

$$原砖层 \xrightarrow{k_1} 脱碳层 \xrightarrow{k_2} 蚀损层$$

其中, k_1 为脱碳速率; k_2 为蚀损速率。

可以看出, 原砖层的蚀损分两步完成, 前一步的生成物就是下一步的反应物, 如此依次进行, 这种反应就称之为连续反应, 为此将连铸三大件蚀损的化学动力学机理称之为连续反应蚀损机理。

$$z = a\left(1 - \frac{k_2}{k_2 - k_1}e^{-k_1 t} + \frac{k_1}{k_2 - k_1}e^{-k_2 t}\right) \tag{5-19}$$

式中, z 为蚀损层厚度; a 为原砖层厚度; t 为作用时间。

连续反应为化学动力学几种典型的反应之一, 具有系列特征: 1) $k_1 \gg k_2$, 有脱碳层形成, 则蚀损层的厚度最终主要取决于第二反应。2) $k_1 \ll k_2$, 中间产物脱碳层一旦生成立即转化为蚀损层, $z = a(1 - e^{-k_1 t})$, 而此反应的总速率 (即脱碳层的蚀损速率) 取决于第一步, 由上可以看出蚀损关键是 k_1 和 k_2。连续反应不论分几步进行, 一般是最慢的一步控制着全局, 称为速率控制步骤, 简称速控步, 并可以用它的速率近似作为整个反应速率, 从而有利于了解各种因素 (如钢液温度、碳浓度、氧浓度、熔渣物理化学性质以及冲刷的作用力) 对反应速率的影响, 进而给人们提供选择反应条件, 掌握控制反应进行的主动权, 使连铸三大件的蚀损得到一定程度的抑制。

B ZrO_2-C 材料蚀损的影响因素

渣蚀损程度除了与 ZrO_2-C 材料本身的性能有关外, 还与所处现场的使用环境有极大关系。如图 5-94 所示, 蚀损层有一定的宽度和深度, 宽度与钢渣界面的波动幅度有关, 深度受熔渣层厚度、保护渣的理化性能以及钢液成分的影响, 还受到钢液面波动剧烈程度的影响。

通过对比国内各主要厂家浸入式水口现场使用情况发现, 不同连铸现场的浸入式水口不仅是使用寿命不同, 其渣线部位的蚀损速率也不相同, 如表 5-38 所示。可以看出薄板坯连铸浸入式水口渣线处的蚀损速率比方坯连铸的大, 原因是薄板坯连铸用保护渣的黏度较低, 拉速较快, 保护渣消耗快, 钢液的流通量大, 且温度普遍较高, 结晶器内钢液面的波动也更加剧烈。同时也可以看出对于同一种连铸机而言, 连铸不同钢种时, 由于钢液的温度以及采用不同的连铸参数和结晶器保护渣, 渣线部位的蚀损速率也有一定的差别。

a   b

图 5-94 不同钢厂用后浸入式水口渣线部位蚀损情况

a—唐钢；b—马钢

表 5-38 SEN 在不同连铸情况下的蚀损情况

用户	钢种	浇铸温度/℃	保护渣理化指标			拉速/m·min^{-1}	提包间隔/min	蚀损速率/mm·h^{-1}
			碱度	$w_{[F]}$/%	$\eta_{1300℃}$/Pa·s			
南钢	12GM$_0$VG	1540~1560	0.82	4.12	1.39	0.9~1.2	75	2.4~3.3
	CCASM$_2$	1529~1549	0.79	3.76	0.83	2.0~2.6		1.6~2.1
	40CrV-1	1510~1530						
	GCr15	1475~1490	0.67	2.92	1.11	1.9~2.2		1.4~1.6
马钢	SPHC-1	1544~1574	0.94	6.77	0.23	4.4~4.6	75~90	4.8~6.4
珠钢	普板	1550 左右	0.99	4.64	0.43	2.8~7.0	90	6.0~7.0
	箱板	1550 左右	0.89	5.20	0.39			6 左右

a 保护渣

浸入式水口渣线部位蚀损的直接原因是钢、渣对渣线材料的交替侵蚀作用，所以与保护渣及钢液的性质着重要关系。连铸钢种的不同，要求保护渣有不同的理化性能，如图 5-95 所示[12]。

ZrO$_2$-C 材料随着保护渣黏度的降低（见图 5-96）、F 含量及综合碱度的增大

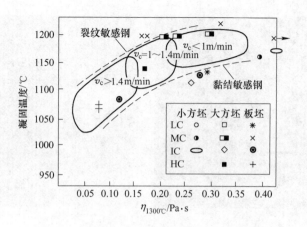

图 5-95 保护渣黏度、凝固温度与拉速的关系

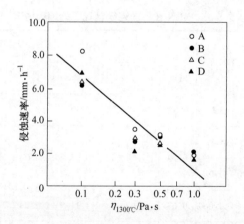

图 5-96 ZrO₂-C 材料蚀损与保护渣黏度的关系

（A、B、C、D 为不同组成的 ZrO₂-C 材料）

而蚀损更加严重[13]。保护渣组分和部分稳定 ZrO_2 之间化学反应对浸入式水口耐侵蚀性有一定的影响，通过 X 射线衍射分析与保护渣成分作用后的氧化锆材料的稳定化程度，发现部分稳定氧化锆失去稳定性的程度取决于反应温度和保护渣的组分，保护渣组分中的氧化物 Al_2O_3、SiO_2、B_2O_3 等与稳定剂 MgO 或 CaO 反应使得稳定剂从电熔氧化锆中脱溶，稳定化程度降低，失去稳定剂的氧化锆颗粒在使用条件下裂解最终造成氧化锆颗粒的蚀损[14]。CaF_2、Na_2O、B_2O_3 等保护渣助熔剂对耐火材料中氧化物向渣中溶解速度有一定的影响，随着这些熔剂在渣中

含量的增加，耐火材料中氧化物在其中的溶解速度提高，尤其以 CaF_2 为甚，这些熔剂的加入都能在一定程度上降低熔渣的黏度，从而改善熔渣吸收和溶解氧化物的动力学条件。同时，黏度的降低将促进熔渣对氧化锆颗粒的润湿及对脱碳后残留间隙的渗透，增大了 ZrO_2-C 材料中氧化锆颗粒与熔渣的接触面积，扩大了氧化锆与熔渣的作用区域。

b 钢液

连铸钢种对浸入式水口的蚀损也有很大关系，具体表现在连铸钢液温度以及钢液的成分对水口渣线蚀损的影响。含碳耐火材料在使用过程中脱碳是造成材料蚀损的首要和直接原因，ZrO_2-C 材料中的石墨组分与钢液接触时，反应脱碳和溶解脱碳同时进行。反应脱碳机制有两种解释：一是石墨可以与钢中的游离氧以及高温下的强氧化性物质如 FeO 以及浇铸镇静钢时的脱氧产物 MnO 作用[15]，另外一个是 ZrO_2-C 材料与钢液中碳以及钢液可以组成浓差电池，加速了材料的脱碳速率。同时钢液中酸性氧化物夹杂以低熔点相形式渗入 ZrO_2-C 材料中，使CaO 脱溶，造成氧化锆裂解[16]，加速渣线材料的蚀损。

结晶器内钢液温度对渣线材料的蚀损也有重要关系，除了影响 ZrO_2-C 材料本身的性能外，也影响保护渣及钢液对 ZrO_2-C 材料的侵蚀。温度是影响钢液及保护渣黏度等物理性质的主要因素，温度越高，钢液中溶碳的饱和量升高、钢液中氧分压增大，同时黏度越低，越容易润湿 ZrO_2-C 材料的石墨组分；熔渣的黏度越低，越容易润湿 ZrO_2-C 材料的氧化物组元并渗入脱碳层，以及改善熔渣吸收和溶解氧化锆的动力学条件，稳定剂也越容易脱溶。渣线处的温度主要受浇铸温度（中间包内的钢液温度）的影响，浇铸温度 T_c 是连铸工艺的基本参数之一，它包括两个部分，一是钢液的凝固度 T_1，二是超出凝固温度的数值，即钢液的过热度 a。$T_c = T_1 + a$，其中钢液液相线温度与钢种的化学成分有关，可通过公式：$T_1 = 1536 - [90w(C) + 6.2w(Si) + 1.7w(Mn) + 28w(P) + 40w(S) + 2.6w(Cu) + 2.9w(Ni) + 1.8w(Cr) + 5.1w(Al)]$ 计算[17]，可以看出，钢中杂质均能降低钢液的凝固温度，含量越多，温降越明显，以 C 尤为明显。钢液的过热度是根据浇铸的钢种、铸坯断面、浇注时间等因素综合考虑，见表 5-39[18]。

表 5-39　中间包钢液过热度参考值　　　　　　　　（℃）

浇注钢种	板坯大方坯	小方坯
高碳钢、高锰钢	+10	+15~20
合金结构钢	+5~15	+15~20

浇注钢种	板坯大方坯	小方坯
铝镇静钢、低合金钢	+15~20	+25~30
不锈钢	+15~20	+20~30
硅钢	+10	+15~20

c　结晶器的振动

结晶器钢液面是波动的，结晶器窄边中心线上各处熔渣层的厚度不一致也正是各处波动剧烈程度不一致的结果。水模拟试验钢液面的波动状况如图 5-97 所示，结晶器液面控制技术的应用也可记录现场的波动曲线。

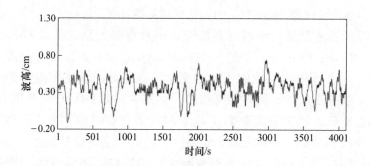

图 5-97　水模拟试验液面波动状况

钢液从水口侧孔以射流角度流出，形成的射流股在撞击结晶器的窄面后分为上升流和下降流两大流股。其中上升流沿窄面向上运动，在结晶器窄边中心线上的钢液面有一最大湍动能的点，影响着处于同一液面线上的渣线区域也有一定的湍动能，同时还由于结晶器振动效应，均造成钢液、熔渣和水口渣线交替接触。结晶器钢液面波谷点位置随拉速提高向水口侧移[19]，钢液的流速峰值和谷值对应位置也向靠近水口方向移动。结晶器参数、水口的出钢口形状设计、吹氩量、水口控流方式等因素均能对这种作用产生影响。ZrO_2-C 材料只与钢液作用时，与钢液接触部位形成脱碳层，该脱碳层可以有钢液或夹杂渗入，伴随着脱碳层的形成，溶解脱碳受到抑制，故脱碳层形成的速率有限；只与熔渣接触时，由于氧化锆颗粒被石墨所包围，石墨不被熔渣润湿，形成的侵蚀层也极其有限。只有浸入式水口与钢渣界面接触的部位不断与熔渣和钢液交替接触时才会导致材料严重蚀损，而这种交替作用的频率对渣线的蚀损速率有着重要影响。由于结晶器钢液面波动较为剧烈，渣线与熔渣及钢液交替接触的周期较小，在钢液与 ZrO_2-C 材料接触时，脱碳速率慢慢降低，熔渣与 ZrO_2-C 材料接触时，稳定剂脱溶裂解的速率也是慢慢降低，当结晶器钢液面波动越剧烈时，即交替作用的周期越短，ZrO_2-C 材料平均脱碳速率和稳定剂脱溶裂解速率均趋向最大，所以渣线部位蚀损也就更严重。现场由于连铸条件的不同，结晶器钢液面的波动情况也不太一样。有学者用液面波动指数 F 定量描述浸入式水口出口流股对结晶器液面的影响，F 的经验公式如下[20]：

$$F = \frac{\rho\left(\dfrac{WTv_0}{60}\right)v_{\mathrm{E}}(1 - \sin\theta)}{4D} \tag{5-20}$$

式中，ρ 为钢液密度，kg/m^3；v_0 为拉速，m/min；v_{E} 为钢液流股撞击结晶器窄边的速度，m/s；θ 为钢液流股撞击窄边的角度，（°）；D 为撞击点距弯月面的距离，m；W 为结晶器宽，m；T 为结晶器厚，m。

可以看出高拉速连铸，出钢口形成的上流股湍动能大，渣线区域的钢液面波动情况同样受到影响，钢液和熔渣与渣线材料交替接触的频率加快，蚀损更加严重。钢渣界面的波动，也会促使氧气进入钢渣界线处的 ZrO_2-C 材料间隙中并导致脱碳，由于熔渣层在波动方向上存在温度梯度，可能会促使与其接触的渣线部位的 ZrO_2-C 材料的温度也出现急剧变化，产生热应力，进一步加剧了氧化锆颗粒的裂解。

运用静磁场等连铸技术能够控制结晶器内钢液面的波动，但由于一定程度的钢液面波动对保护渣的传热、熔化、流动均有利，并且利于铸坯质量，所以渣线材料与钢液和熔渣的交替作用无法避免。

5.5.4.2 热震断裂、纵裂

在使用初期，浸入式水口要经受 1500℃ 以上高温钢水的热冲击，虽然经过预热，但其热震条件还是非常苛刻的，要求浸入式水口要具有足够的抗热震性，否则易发生热震断裂、纵裂等，导致浇铸异常中断事故，如图 5-98 所示。当发生纵裂时，有时并不会引起浸入式水口的断裂，但空气容易从裂缝中吸入，使钢水增氧、增氮，影响钢坯质量，另外也加速了含碳材料的氧化，容易在渣线处发生吸氧穿孔。发生这种问题时不仅与浸入式水口本身的材料、结构有关系，还与现场的使用环境有一定关系，包括：

（1）浸入式水口材料的抗热震性差，建议增加石墨、熔融石英等提高该性能。

图 5-98 浸入式水口使用过程中的热震开裂

（2）浸入式水口材料高温强度低，本体-渣线材料过渡不良，建议使用外加剂如 Si 等提高高温强度，在本体与渣线材料间使用过渡料等。

（3）浸入式水口在制作过程中有裂纹，尤其是不同材料界面处。建议优化生产过程，加强出厂前的检验。

（4）浸入式水口结构和材料配置不合理，使用时容易出现应力集中导致的开裂。建议使用应力分析软件对水口的结构和材料配置进行优化，尽量降低使用时的最大热应力，提高抗热震性。

（5）烘烤时间不够，烘烤温度低。建议规范烘烤制度，保证烘烤温度。

5.5.4.3 氧化

由于浸入式水口为不同含碳材料复合而成，在高温下使用，必须使用防氧化涂层防止其在使用时氧化。浸入式水口外部的氧化因素很多，大多与防氧化涂层的功能失效有关，主要有：

（1）涂层防氧化温度范围窄，使用时超过了或达不到防氧化温度范围，建议提高涂层的使用温度范围，如使用梯度涂层。

（2）由于搬运、碰撞等使防氧化涂层部分缺失，建议规范安装流程、增加保护措施。

（3）防氧化涂层防水性不足，使用时由于烘烤产生的水流淌使涂层部分缺失，建议在涂料中增加防水措施。

（4）烘烤温度超出涂层可承受范围，低温段烘烤时间长，建议规范烘烤制度。

5.5.4.4 内孔堵塞

浇铸过程中发生水口堵塞问题一直是困扰连铸环节的难题之一，它不仅降低连铸机的现场操作和生产效率，而且由于堵塞物的存在，影响流场，另外堵塞物也容易掉到钢水中，引起产品缺陷。在浇铸铝镇静钢、含 Ti 钢、稀土钢等钢种时这种问题尤为突出[21~25]。

在实际生产过程中可以根据塞棒的位置随时间的变化趋势来判定堵塞。在正常浇铸情况下，塞棒的位置随拉速的变化是一平滑曲线，拉速稳定塞棒的位置也基本恒定，结晶器钢水液位的波动围绕设定值起伏很小。浸入式水口出现堵塞后，通钢量不能达到正常拉速的需要，表现为结晶器内钢水供应不足，液位低于设定值，塞棒位置将一路"攀升"，不断增大开口度，以使结晶器钢水液位达到目标值。

A 堵塞机理

通常认为，结晶器水口结瘤机理与钢液中的铝及 Al_2O_3 有关，而且与钢液浇铸温度和浇铸时间等工艺因素也有很大关系。总结国内外关于水口结瘤机理有以下几点：

（1）高熔点脱氧产物造成的结瘤。多数研究和报道认为造成水口堵塞的原因是由 Al_2O_3 在水口内壁沉积产生，钢液中 Al_2O_3 夹杂物及脱氧产物 Al_2O_3 在涡流作用下被移至水口表面附近而沉积。通过研究 BOF→RH→CSP 工艺生产含钛 IF 钢浸入式水口结瘤机理表明[25]：钛元素的存在一方面使钢水中 Al_2O_3 夹杂物不易碰撞长大，另一方面减小了钢液、耐材和夹杂物之间的润湿角，容易造成水口结瘤；结瘤物初始沉积层主要为钢水与水口耐材反应生成的以 Al_2O_3 为主的复合氧化物；而结瘤物主体层主要来源于钢水中的夹杂物，为低变性的 $MgO \cdot Al_2O_3$ 尖晶石或 Al_2O_3，且含有钢滴；夹杂物沉积进而烧结成疏松的网状层，使钢水更易黏附从而加剧了水口结瘤速度。

附着物的形成过程有 3 个步骤：1）夹杂物颗粒开始与水口处的耐火材料接触；2）颗粒附着于耐火材料表面；3）颗粒彼此附着并形成网络。并对这三个过程的驱动力进行了讨论，得出以下几点结论：由于边界层的存在，当钢液流经水口时，最接近水口表面的颗粒其速度几乎为零。因为 Al_2O_3 夹杂物的高界面能使这些颗粒附着在水口表面，钢液中其他颗粒在与这些静止颗粒接触时，易于被吸附，致使总界面能减少。同时，因湍流作用使颗粒与颗粒之间的碰撞概率增加，加速了夹杂物的吸附。S. N. Singh 还指出了有利于吸附的条件[26]，即

$$\sigma_{pr}\Delta S_{pr} > \sigma_{pm}\Delta S_{pm} + \sigma_{mr}\Delta S_{mr}$$

式中，σ 为表面张力，N/m；ΔS 为表面积的变化值，m^2；下角 p 代表颗粒，r 代表耐火材料，m 代表钢液。由于钢液温度很高，因此在颗粒碰撞附着过程中，还

将发生高温烧结过程。

（2）钢液温度下降促成 Al_2O_3 析出造成水口结瘤。因温度下降引起 Al_2O_3 析出，$2[Al]+3[O]=Al_2O_3$。$lgK=63655/T-20.58$。当温度由 1550℃ 降至 1530℃ 时，溶解氧仅下降 0.25×10^{-6}，产生 $0.53\times10^{-6}Al_2O_3$，与钢中总的 Al_2O_3 夹杂相比，其量很少，不是构成堵塞水口的 Al_2O_3 主要来源。冶炼含钛不锈钢时，生成的含钛氧化物 TiO_x-Al_2O_3 沉积在水口上，形成较大的热流扩散梯度，水口边钢液温度下降，钢液在夹杂物边上凝结，加速水口结瘤。

虽然钢包和水口都经过预热，但与钢液相比，它们的温度仍然很低。此外，水口砖的上口与常受冷空气吹袭的下口之间有一温度梯度，钢液进入水口后温度急剧下降，致使 Al_2O_3 析出。因为析出的氧化物相为固态，致使水口直径变小，钢液流量下降，钢液在水口处停留时间延长，水口温度下降更快，随之沉积物出现，直到水口完全堵死为止[27]。

（3）耐火材料与钢液反应产生结瘤。日本研究者[28]将铝碳棒浸入到感应炉钢液中，并通过 SEM 和 EPMA（电子探针分析仪）对铝碳棒表面附着层成分进行了定量分析，采用热力学定律对铝碳（AG）质水口中的 Al_2O_3 转化为钢液中 Al_2O_3 的夹杂物进行了分析，得到水口结瘤与浸入式水口材质的关系：铝碳质水口容易与钢液反应形成脱碳层。文献的研究结果表明[29,30]，网状氧化铝层（脱碳层）是耐火材料中的 SiO_2 被碳还原成 SiO 气体溶于钢液中形成 Al_2O_3 而产生的，其反应式为：

耐火材料内部：

$$SiO_2(s) + C(s) = SiO(g) + CO(g) \tag{5-21}$$

耐火材料与钢液界面：

$$3SiO(s) + 2Al = Al_2O_3(s) + 3Si \tag{5-22}$$

$$3CO + 2Al = Al_2O_3 + 3C \tag{5-23}$$

由于氧化铝与钢液难以润湿，所以如果氧化铝颗粒间距小，则钢液必须通过界面张力的作用从氧化铝颗粒间排出。由此可认为，网状氧化铝的状态为内部不含铁的氧化铝集合体，与水口材质有很大关系，如采用铝碳质水口，钢液与水口内壁反应形成脱碳层，在一定温度下，钢液流经水口时，钢中的酸溶铝将还原铁、硅和锰的氧化物而形成 Al_2O_3，结瘤物的形貌如图 5-99 所示。

（4）二次氧化造成的水口结瘤。氧通过耐火材料孔隙进入水口内壁，钢液裸露以及在浇铸过程中未对注流进行保护等情况下致使二次氧化，形成 Al_2O_3 沉积在水口上造成结瘤。Rob Dekkers 等[31]利用 SEM 对大量的水口堵塞物和钢中

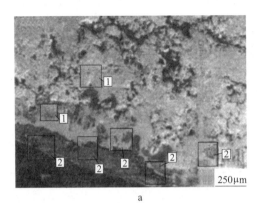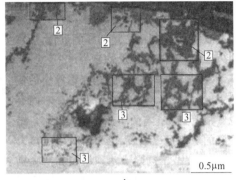

图 5-99 浸入式水口结瘤物的扫描电镜照片

a—水口外侧；b—水口内侧

1—处于初始附着层，由 ZrO_2、Al_2O_3 和金属组成；2—处于中间沉积层，

$MgO \cdot Al_2O_3$ 和 $CaO \cdot TiO_2$ 交织在一起；3—处于金属附着层，主要为金属相

夹杂物粒子的成分、尺寸进行了对比研究，研究结果表明结晶器浸入式水口堵塞是钢液二次氧化造成的。日本研究者[27]研究了经水口耐火材料壁渗入的空气量对水口结瘤的影响，认为采用防氧化材料覆盖的耐火材料可大大降低空气渗入量，从而可减少水口沉积物。

通常浸入式水口结瘤的机理比较复杂，涉及上述多方面原因最终导致了水口的堵塞，例如郑宏光推断出钛稳定化不锈钢连铸浸入式水口的结瘤机理为[32]：（1）开始浇铸时，初始钢液流过浸入式水口内表面，由于浸入式水口温度较低，少量钢液迅速凝固在其内表面。（2）当钢液流过浸入式水口时，钢中的 TiN、$CaO \cdot TiO_2$-$MgO \cdot Al_2O_3$ 夹杂物部分沉淀附着在水口壁上，形成树枝状结构夹杂物与金属并存的结瘤物。（3）如果浸入式水口密封不好，钢液中易氧化元素钛、铝等与从可更换式水口连接处渗入的空气发生反应，生成物沉淀附着在水口内壁上，会促使结瘤物的形成。

B 防堵措施

目前，钢铁厂通常用钙处理铝镇静钢和铝硅镇静钢，使得钢液中的高熔点夹杂物转变成低熔点复合夹杂物，这可在一定程度上缓解结瘤的危害。除此之外，普遍采用的防堵措施可归为以下几种：

（1）材料。从材料角度出发，通过改变浸入式水口与钢液接触的内壁材料性质，避免 Al_2O_3 造成的堵塞[33,34]；根据这种认识，如在生产中已成功采用的 ZrO_2-CaO-C 质、无碳的尖晶石、刚玉、Al_2O_3-SiO_2 材质，其机理因所开发的防堵内衬材质不同而有所不同：ZrO_2-CaO-C 材质是通过 CaO 和沉积 Al_2O_3 反应生成低熔点物，一方面可被钢流带走，另一方面可使水口内壁光滑，减少附着；无碳材料消除了耐火材料表面生成 Al_2O_3 的反应和由于脱碳造成的水口内表面粗糙程度的增加，同时还有隔热减少钢液温降的附带作用，从而起到防堵效果。

　　杨彬等人[35]发明了一种合成 $CaZrO_3$ 的方法，将其用作不吹氩防 Al_2O_3 堵塞浸入式水口内衬材料，具有良好的防 Al_2O_3 沉积效果和抗钢液侵蚀性能。李红霞等人[36]采用烧结法合成了致密的复合 CaO-SiO_2 系化合物的 $CaZrO_3$ 质材料，通过提高 CaO-SiO_2 系化合物的复合量，不仅改善了复合材料的致密化程度，而且提高了与 Al_2O_3 的反应能力，该材料与 BN、ZrB_2 等非氧化物防堵材质相比较为经济，更适合工业化应用。J. K. S. Svensson 通过在水口内壁复合一层 $CaTiO_3$ 涂层[37]，$CaTiO_3$ 在 1550~1600℃ 与 Al_2O_3 反应，可明显降低结瘤，同时钢液更加容易通过该涂层而不附着。

　　（2）结构。粗糙水口内壁面引起的涡流易将夹杂物颗粒带至水口壁面，当水口内壁表面粗糙度超过 0.3mm 时，钢水边界层的黏滞部分失效，黏滞层的保护作用消失，钢中的 Al_2O_3 等夹杂物易于富集，为防止夹杂物的黏附，水口内壁面应尽可能地光滑。

　　钢液的流动分离行为将夹杂物颗粒带至水口壁面，引起夹杂物的黏附，使水口入口处圆整，通过消除分流可减少水口入口处的堵塞。Sambasivam 提出采用一种抛物线式底部水口[38]，可以获得更好的钢液流动行为和水口出口射流，水口下部的停滞流减少，剪应力增大，从而达到减轻水口堵塞的目的。通过改变水口内径，减少钢水与水口的接触面积，也可以减少堵塞。从水口结构角度出发，通过优化设计浸入式水口的钢液通道结构，调整钢液的流动状态，防止 Al_2O_3 堵塞，近来，在实际应用中采用特殊结构水口，如图 5-100 所示，即通过改变水口

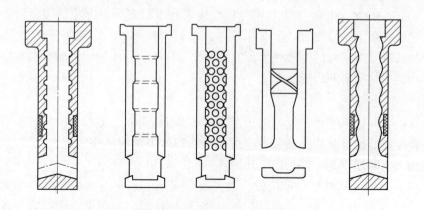

图 5-100　防堵结构水口

内钢液的流动状态，使出口孔内侧产生涡流以及激烈的搅动作用，可有效防止 Al_2O_3 附着堵塞[39]。

（3）物理场作用。通过向水口内腔吹入氩气可以防止浸入式水口在连铸过程中的 Al_2O_3 结瘤，如图 5-101 所示，但易在铸坯中产生针孔；Jingkun Yu 等人[40]认为水口内壁因钢液流经产生的摩擦而带有电荷，会对钢液进行吸附，并使得钢液流动状态不稳定，另外由于水口内壁与钢液固液两相间产生的电势差引起的电润湿也促进了钢液润湿，这些都是导致氧化铝夹杂附着水口的原因。通过对浸入式水口通电处理，使得水口内壁多余的静电荷被中和，改变了因水口内壁带电后与钢液间的界面相互作用，从而改善水口堵塞。

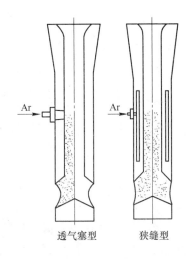

图 5-101 吹氩型浸入式水口

（4）水口保温。浸入式水口内壁温度较低，最初与水口内壁接触的钢水温度会急剧下降，这给 Al_2O_3 等夹杂物的黏附提供了条件。防止水口内壁温度过低，不但可避免 Al_2O_3 黏附造成的水口内孔狭窄和堵塞，而且还可以防止浸入式水口热震断裂。对于铝碳质浸入式水口而言，其导热性好，因此可以在水口外表面周围粘厚 20mm 及渣线部位上加厚至 25mm 的纤维隔热材料进行保温，这样可以有效地消除温降的影响，抑制钢液中的 Al_2O_3 浓度达到饱和而析出附着。新日铁采用外贴保温材料提高水口的预热温度，以避免由于钢液冷凝导致的堵塞。李红霞等人[41]发明了一种轻质浸入式水口，该浸入式水口为梯度复合结构，其中内衬为防堵材料，外衬为低碳含量的轻质多孔材料，组织结构如图 5-102 所示，具有保温防堵的功能，性能如表 5-40 所示。

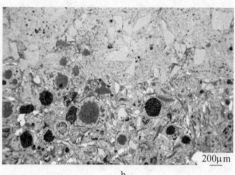

图 5-102　保温水口组织结构

a—本体断口；b—本体与无碳内衬界面

表 5-40　保温水口与常规水口本体性能对比

本体部位性能指标	本项目	原技术
石墨含量（质量分数）/%	10	>25
体积密度/$g \cdot cm^{-3}$	2.03	约 2.5
熟坯抗折强度/MPa	6.5	约 7.0
热导率(800℃)/$W \cdot (m \cdot K)^{-1}$	4.5	约 25
线变化率(1000℃)/%	0.1	<0.5
显气孔率/%	31	约 15

5.5.4.5　防堵浸入式水口开发与应用

A　浇铸轴承钢时不同材料抗氧化铝堵塞

在现场连铸条件下，比较了四种不同防堵内衬的浸入式水口，水口本体为 Al_2O_3-C，渣线为 ZrO_2-C 质，内衬复合层分别是 ZrO_2-CaO-C、尖晶石、刚玉和改进的复合尖晶石材质。连铸钢种为 GCr15，中间包钢水温度为 1480℃，拉坯速度为 0.7~1.0m/min。

图 5-103~图 5-106 给出了几种不同材质内衬防堵水口用后纵剖面。图 5-103 为 ZrO_2-CaO-C 材质内衬的水口用后剖面，此水口 4 炉后完全堵塞，端头沉积严重，孔内沉积物也较多；图 5-104 为尖晶石内衬水口 2 炉后剖面，水口端头和内孔堵塞明显；图 5-105 为刚玉质内衬水口 4 炉连浇后的剖面，端头沉积严重，内孔表面粗糙有明显沉积；图 5-106 为改进型尖晶石内衬水口连浇 6 炉后的剖面，端头略有沉积，孔内基本无堵塞，也比较光滑，且无任何扩径，显示了很好的防堵效果。

图 5-103　ZrO_2-CaO-C 内衬水口用后剖面照片

图 5-104　尖晶石内衬水口用后剖面照片

图 5-105　刚玉质内衬水口用后剖面照片

图 5-106　改进型尖晶石内衬水口用后剖面照片

对用后水口表面沉积进行了扫描电镜分析，材质不同，与钢液的作用不尽相同，防堵的效果也不同。

（1）Al_2O_3-C 材质。所试验水口皆为复合结构，水口端头外侧为 Al_2O_3-C 材质，几乎所有试验水口端头都有沉积物，严重者甚至达 2~3cm 之厚。而改进型的尖晶石内衬水口端头沉积物虽然相对要少得多，但也有，表明 Al_2O_3-C 材质无防堵作用。图 5-107 给出了 Al_2O_3-C 材质表面附着物的电镜照片，由图中可以看出，Al_2O_3-C 材质接触钢液侧形成一脱碳层，并且钢液中含 CaO 夹杂物与 Al_2O_3 反应，在表面形成一层较致密的反应层，夹杂物在此反应层上沉积的顺序为首先是 CA_6，而后是絮状的 Al_2O_3。同时，由各试验水口剖面照片也可以看出，越接近水口出口，附着越严重。对水口出口端面的 Al_2O_3-C 材质部位来说，造成严重沉积的原因有两点：一是在出口处钢液会形成涡流，钢液中的夹杂物容易被移到耐火材料表面附近，所形成的附着也较少受钢流的冲刷而带走；另一点是脱碳后的 Al_2O_3 易于和钢液中的含 CaO 的夹杂物反应生成 CaO-Al_2O_3 系化合物，如此钢液中的 CA_6 首先在此反应层上附着，使沉积加快。端头的附着也会影响到水口内孔的沉积。因此，在考虑水口内孔防堵的同时，也要同时考虑水口出口端头的防堵，特别是对某些特钢连铸，钢水温度较低，钢液中有一定量的含 CaO 夹杂物时。

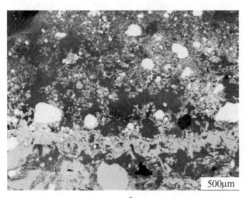 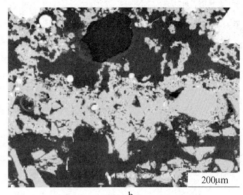

| a | b |

图 5-107　Al_2O_3-C 材质表面堵塞物形貌

a—Al_2O_3-C 表面沉积；b—Al_2O_3-C 表面脱碳层和反应层

（2）ZrO_2-CaO-C 材质。由图 5-103 的用后水口剖面可以看出，无碳复合内衬仅有附着，侵蚀并不明显，ZrO_2-CaO-C 内衬不仅堵塞严重，而且侵蚀反应也很严重。图 5-108 给出了以 ZrO_2-CaO-C 为内衬的用后显微结构照片，图 5-108a 中的中上部为脱碳反应了的 ZrO_2-CaO-C 复合层，有大量 $C_{12}A_7$ 及立方 ZrO_2，下部灰色为附着层，以 CA_2 为主，图 5-108b 为图 5-108a 的局部放大图。5~6mm 的复合层中仅残留有 1mm 左右尚未脱碳反应，其余基本完全脱碳，$CaZrO_3$ 也在夹杂物作用下完全分解为 ZrO_2，附着的 CA_2 也致密烧结。由于制样时仅保留了紧贴复合层的沉积物，其余在制样时脱落，由 X 射线分析结果可知，它们主要为 CA_2 和 Al_2O_3。

（3）无碳尖晶石材质。图 5-109 为复合有尖晶石内衬的水口用后内表面沉积状况。此试样为连浇两炉后堵塞水口，由电镜分析可以看出，在复合层表面，附着有沉积物（图 5-109a），其结构特点如放大后的图 5-109b 所示，在复合层表面有一层反应层，系钢中含 CaO 夹杂物（以 CA_2 为主）与尖晶石反应所形成一薄

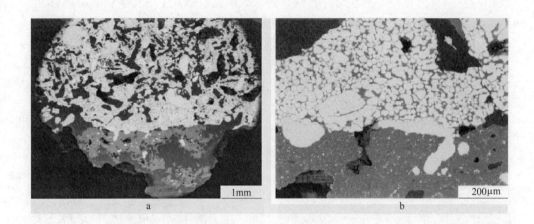

图 5-108　ZrO_2-CaO-C 内衬堵塞物形貌

a—ZrO_2-CaO-C 内表面形貌；b—沉积物放大照片

层致密层，深灰色为原复合层中的尖晶石颗粒，其间浅灰色相为反应生成的低熔点相（主要为 CaO、MgO、Al_2O_3），此反应层上附着有 CA_2，此附着层之 CA_2 呈片状，即已有一定程度的烧结长大。大部分是堵塞物（钢液中夹杂）在此层上沉积，既有 CA_2，又有 CA_6 和 Al_2O_3，且呈一定的规律性。如图 5-109c 所示，一是分层次附着，右下角浅灰色相为有一定程度烧结的 CA_2，其上再沉积的是连成絮状的 CA_2，左上角又为团絮状的 CA_6，后者又与絮状 Al_2O_3 沉积相连。图 5-109d 为絮状 Al_2O_3 沉积形貌。对无碳内衬来说，产生沉积现象的原因是夹杂物与内衬材料的反应所致，形成的反应层优先附着于内衬反应的夹杂物，在已有沉积形成的情况下，钢液中夹杂物很容易附着到沉积层上。另一个现象是在某种程度上后续的沉积有同类夹杂物粒子更易于附着的趋势。从试验结果和用后水口显微结构分析来看，无碳尖晶石内衬浸入式水口适用于防 Al_2O_3 沉积，但在钢液温度较低，钢液中含有较高比例的 CA_2 夹杂物时，两者间的反应使之防堵作用失效。

（4）无碳刚玉材质。以无碳刚玉材质为内衬的水口表面附着物形貌如图 5-110 中各照片所示。其特点是刚玉材质和钢液中夹杂物无很明显的反应，基本上是夹杂物直接在水口内表面附着沉积，附着层中夹带有明显的 Fe 粒（图 5-110a）。附着物同样按一定的层次顺序，直接附着于刚玉材质上的是 Al_2O_3，约几十微米厚度，然后是 CA_6，外层又为 Al_2O_3 附着。图5-110c 为附着的 Al_2O_3 粒子形貌，图 5-110d 为 CA_6 粒子形貌。在试验中也发现，对于复合无碳刚玉内衬水口，有些堵塞轻微，有些堵塞较严重。说明对特钢连铸无碳刚玉内衬和钢液中夹杂物反应程度较低，具有一定的防堵效果，但受操作条件影响较大。钢水过热度

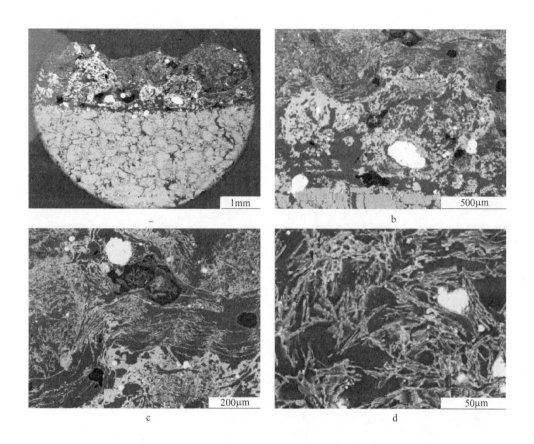

图 5-109 无碳尖晶石内衬堵塞物形貌

a—内表面复合层和附着物；b—附着物形成层次；c—CA_2、CA_6附着物形貌；d—Al_2O_3附着物形貌

较低时，易产生冷钢，钢液中的 CA_6 夹杂结晶较大，比较容易在水口表面或附着物上沉积，这些因素会促进附着沉积过程。尽管如此，在加以一定的改进后，无碳刚玉材质有可能不失为一种可选的防堵内衬，如通过合适的添加剂提高复合层内表面的光滑程度，通过水口端面复合防堵材料减少端头和出口的夹杂物异常沉积等。

（5）无碳改进型尖晶石材质。在检验和分析了几种防堵水口用于某厂特钢连铸效果不佳的原因后，确定水口内表面和钢液接触后的行为对能否有效防堵起着决定性作用，按照减少无碳复合内衬材料与钢液中主要夹杂物的反应程度，保持水口内表面在和钢液接触后的光滑程度以减少附着的原则，对尖晶石内衬材质进行了重新设计。即添加一定量的非氧化物材料，使尖晶石内衬表面和钢液接触后有一定的改性，既与夹杂物反应程度低，又不易黏附夹杂物。图 5-111 为所开

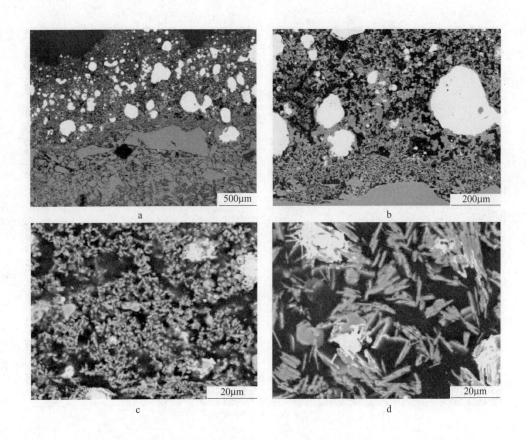

图 5-110　无碳刚玉复合内衬堵塞物形貌

a—水口内表面附着形貌；b—附着层放大；c—Al_2O_3 附着物形貌；d—CA_6 附着物形貌

发的水口用后内表面电镜照片。水口孔内沉积很少（0.5mm），特征是表面沉积有一薄层 Fe 粒（白色），已有一定程度的氧化（图 5-111a），少量的沉积物主要是 Al_2O_3 微粒（图 5-111b）。

　　由以上对不同材质内衬水口用后取样所做的电镜分析，可以认为水口堵塞可分为两个阶段：第一阶段是钢液及其内夹杂物与水口表面作用，产生反应层或冷钢层，第二阶段为钢液中夹杂物在此反应层或冷钢层上的沉积，而且第一阶段是决定是否发生堵塞的关键。所检验的 Al_2O_3-C 质水口、ZrO_2-CaO-C、尖晶石内衬防堵水口无一例外是表面为一层 Al_2O_3-CaO 系反应物或冷钢与 Al_2O_3-CaO 系反应物，然后是絮状的沉积物 Al_2O_3、CA_2。根据对此堵塞过程的分析，研究开发的改进型防堵浸入式水口，降低水口内衬和含 CaO 夹杂物的反应程度，较有效解决了特钢连铸过程中的水口堵塞现象。

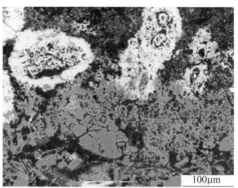

a   b

图 5-111　改进型尖晶石内衬用后形貌

a—内表面附着层形貌；b—表面层和附着物放大

（6）小结。特钢连铸过程中的水口堵塞现象的发生与钢液温度偏低，钢液中存在较多的 CA_2、CA_6 等含 CaO 夹杂物有关。常用的复合有 ZrO_2-CaO-C、无碳尖晶石、无碳刚玉等防堵内衬水口之所以不适应于特钢连铸的防堵是由于它们与含 CaO 夹杂物反应后形成的反应层较易沉积 CaO-Al_2O_3 系夹杂物。可以认为水口堵塞可分为两个阶段：第一阶段是钢液及其内夹杂物与水口表面作用，产生反应层或冷钢层，第二阶段为钢液中夹杂物在此反应层或冷钢层上的沉积，而且第一阶段是决定是否发生堵塞的关键。特钢连铸在钢液成分、钢液温度、钢水中的非金属夹杂物等方面都有一定的特殊性，解决特钢连铸中发生的水口堵塞要根据对堵塞物和堵塞过程的认识设计合适的防堵材质和防堵水口。改进型防堵浸入式水口降低了水口内衬和含 CaO 夹杂物的反应程度，可以有效解决特钢连铸过程中的水口堵塞现象。

B　稀土钢用浸入式水口

稀土钢是在炼钢过程中添加稀土的特殊钢种，稀土（RE）具有优良的脱氧能力，特别是优良的脱硫能力，可以改善夹杂物形态、尺寸和分布，并细化晶粒，消除偏析，改善钢的物理性能。在早期炼钢时期，钢锭模内吊挂稀土技术已经很成熟，但是目前模铸基本已经被连铸代替。采用连铸之后，先后开发了钢包、结晶器、中间包中喂稀土丝等方式。结晶器喂稀土丝的最大优点是适用大板坯连铸，在钢包和中间包喂稀土丝时出现的水口结瘤一直是稀土钢生产过程中的一大难题，严重阻碍了稀土钢的发展和应用。一般认为堵塞主要是由钢液中的稀土夹杂物在水口黏附、烧结而造成的。钢液中稀土与水口耐火材料作用生成的

REAlO$_3$ 与钢液中稀土夹杂物之间的界面能较低，有利于稀土夹杂物在水口壁上黏附和烧结，促进堵塞现象的发生。氧化铝的存在使得钢中高熔点夹杂物增多，因此为控制水口的结瘤应控制对钢液中铝的加入量；向钢液中加入 Si、Ca、Ba 等元素，也有利于减轻水口结瘤的倾向。

冶炼稀土钢的钢包为 80t，中间包温度为 1480~1485℃，三流铸机，每浇一炉大约需要 40min。精炼时需要深度脱氧和深度脱硫，使钢水中 [O] 和 [S] 分别控制在 0.001% 和 0.010% 以下，钢种为 071Mn。浸入式水口内装于中间包中，采用通常的烘烤制度进行烘烤和浇铸，同时从第 5 炉开始，在中间包的 T 形口处用喂丝机喂入少量的稀土丝（0.006%），喂丝时间为 170min。

（1）含稀土附着物组成。浇铸过程中，浸入式水口未发生堵塞，只是在水口内壁发现黄白色的附着层，图 5-112 是附着物的 XRD 分析结果，可以看出附着物以 REAlO$_3$ 和钙黄长石为主，还含有少量的 MgO·Al$_2$O$_3$ 和 CA$_2$。一般认为稀土夹杂物以 REAlO$_3$ 和 RE$_2$O$_2$S 为主，本试验条件下在附着物中仅发现稀土铝酸盐，可能与稀土的加入量或钢液中硫氧比有关，稀土加入量较少和 [S]/[O] < 10 时易形成稀土铝酸盐。

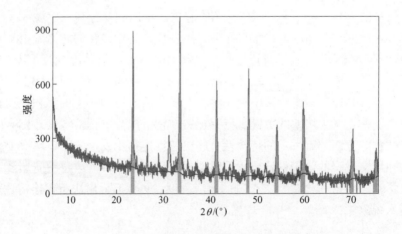

图 5-112 铝碳材料表面附着物 XRD 图谱

（2）铝碳材料与含稀土夹杂物的反应。图 5-113 是铝碳材料表面反应状况的显微结构照片，可以看出铝碳材料表面富集一层氧化铝颗粒，颗粒较小的氧化铝周边已经发生反应，较大颗粒的氧化铝只在接触钢水的一侧有明显的反应。铝碳材料表面的附着层厚度大约为 1mm，与氧化铝颗粒表面紧密相连，附着层中有少量大气孔，但显得比较致密，说明在使用过程中附着层为液相，有的颗粒已经被熔蚀到附着层中，发现少量金属 Fe。图 5-114 为附着层的显微结构照片，占附着物大部分的是无结晶形态的钙黄长石，还有棱角分明的立方镁铝尖晶石和白色的稀土铝氧化合物，其结果与衍射结果基本一致，稀土铝氧化合物 EDAX 成分分析（质量分数）为：Al_2O_3 45.05%，SiO_2 5.22%，La_2O_3 18.79%，Ce_2O_3 17.66%，CaO 21.28%。同时可以看出尖晶石和稀土铝氧化合物的分布不均匀，尖晶石在靠近原砖的一侧分布较多。

图 5-113　铝碳材料表面的反应显微结构图

图 5-114　附着层的 SEM 显微结构图

图 5-115 为界面层的显微结构图，有的氧化铝颗粒已经完全被附着物包围，并且氧化铝颗粒周边有一反应环带存在，主要是铝钙的化合物，如 CA_2、CA_6 等，附着物有将其熔蚀的趋势。由于石墨的存在，附着物没有向内部渗透。界面层中的物质是钙黄长石、尖晶石，并有少量稀土物质。图 5-116 为氧化铝与附着层的

反应图，可以分为刚玉颗粒、CA_x 层、过渡层和附着层，CA_x 层是氧化铝颗粒与附着层中的氧化钙反应，生成的铝钙化合物。过渡层是铝钙化合物逐渐向附着层溶解而形成的，是一种直接溶解，并在过渡层附近有较多尖晶石析出。附着层的钙黄长石中间还夹杂着一些白色的稀土铝酸盐，这是由于降温通过析晶而成。同时可以看出稀土元素只存在于附着层中，在过渡层和 CA_x 层中均未发现有稀土存在，这是因为附着层中稀土元素含量少或者稀土离子在硅酸盐熔体中的扩散速度小于 Ca 离子的扩散速度。

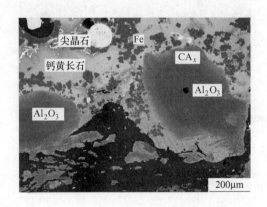

图 5-115　界面层的显微结构图

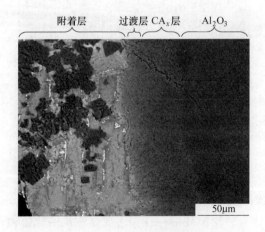

图 5-116　刚玉颗粒反应后的显微结构图

附着层中形成的镁铝尖晶石和刚玉颗粒周边的铝钙化合物均与氧化铝向熔体的间接溶解有关，由于 Ca、Mg 离子在硅酸盐熔体中的扩散速度大于 Al 离子并远大于 Si 离子的扩散速度，使得在反应界面富集氧化铝-氧化钙或氧化铝-氧化镁的反应产物。本试验中刚玉颗粒周边连续的铝钙化合物层就是氧化铝与附着物中扩散到界面的氧化钙反应的产物，是一种典型的间接溶解。然后铝钙化合物向附着层中溶解，使得在反应界面附近的附着层中氧化铝达到饱和值，与氧化镁形成镁铝尖晶石。形成的镁铝尖晶石形状与其自身的晶体构造有关，镁铝尖晶石晶体属立方晶系，因此其形状为八面体。

水口内表面的附着物来源于钢水中的夹杂物，了解夹杂物的类型及附着机理对预防水口堵塞具有一定的帮助。稀土夹杂物首先以钢液中析出的高熔点钙、铝等氧硫化合物为核心成核长大，由于稀土元素所特有的较高的表面活性作用，使独立成核长大的小尺寸稀土夹杂物在钢液中合并成大尺寸夹杂物，夹杂物的形成为附着提供了必要的条件。由于浇铸时边界层的存在，与水口表面接触的钢水流速接近零，此时钢液中的夹杂物易受液相作用黏附于水口内壁，水口流场中分离带的存在是造成附着的主要原因，分离区内的流动湍流度高，逆流和滞流的不断出现为夹杂物传输到水口壁上提供了驱动力。附着物到达水口内壁后，与水口发生化学反应或烧结，为附着的进一步发生提供了有利条件。因此，附着的发生不是一个简单的过程，它是一系列物理、化学作用的最终结果。

综上可以得到稀土夹杂物与水口内壁铝碳材料的反应过程：

1）钢液中加入稀土后，稀土与氧、硫等反应生成氧化物、硫化物、硫氧化物等，进而与氧化铝等反应生成稀土铝酸盐、硅酸盐等夹杂物。

2）一些液相夹杂物受钢液流场作用迁移到水口表面。

3）液相夹杂物与水口表面的刚玉颗粒反应，生成铝钙化合物进而发生氧化铝的间接溶解，使得在材料表面有高熔点的物质生成，为附着的进一步发生提供了衬底，继而附着显著发生。

（3）尖晶石与含稀土夹杂物的反应。在稀土丝喂入量达 0.008% 时，浇铸15min 后水口即开始发生堵塞。图 5-117 是尖晶石材料表面及附着物的显微结构图，可以看出附着层比较厚，大于 2mm，厚度不等，薄处 2mm，厚处 3～4mm。附着物中混杂有白色的铁。原砖层附近的反应层比较厚，有外来物质渗透到材料内部，厚度为 1～1.5mm。

图 5-118 是附着物的显微结构图，附着物主要是 MA（镁铝尖晶石）、球形的金属铁、铝钙系化合物如 CA、CA_2 等，还有含稀土的物质，其成分（质量分数）为 Al_2O_3 45.05%，SiO_2 5.22%，La_2O_3 18.79%，Ce_2O_3 17.66% 和 CaO 21.28%。

图 5-119 是附着层和反应层界面处的显微结构，发现有较多的 CA_2，铝钙化合物已经渗透到材料内部，尖晶石也有较多的溶解。随着渗透深度的增加，氧化

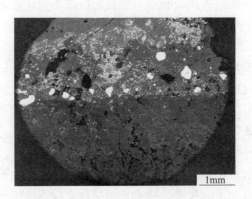

图 5-117　尖晶石材料表面及附着物的显微结构图

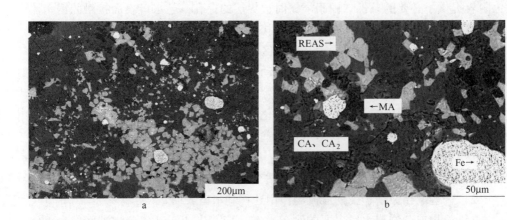

图 5-118　附着物显微结构图

a—100 倍；b—400 倍

钙的含量逐渐地减小。反应层中的基质主要为 CA_2，还有少量的 CA，以及含有稀土的化合物。另外，越靠近原砖，稀土的含量变高，如图 5-120 所示，可能是在初期这些含稀土的物质与尖晶石材料先反应，然后铝钙化合物进一步附着在材料表面。

（4）Sialon 结合刚玉材料与含稀土夹杂物的反应。在稀土丝喂入量达0.008%时，没有堵塞发生；当稀土丝喂入量达 0.010%时 12min 后发生堵塞；Sialon 结合刚玉材料用后残样如图 5-121 所示，水口碗部有较多黄色堵塞物。图5-122 是 Sialon 结合刚玉材料表面及附着物的显微结构图，可以看到在浸入式水口碗部和整体塞棒棒头间有较多的黄色夹杂物。材料与附着物界面清晰，由上到

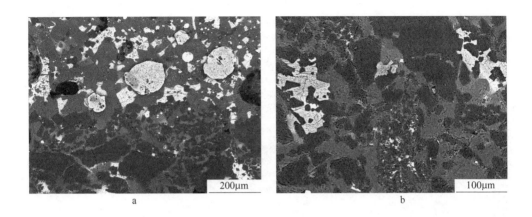

图 5-119 尖晶石材料与附着物及反应层界面处的显微结构图
a—界面；b—反应层

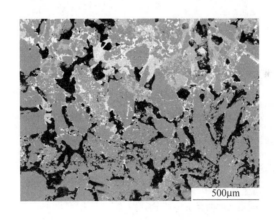

图 5-120 尖晶石材料反应层与原砖界面处的显微结构

下依次可以分为 4 层：第一层是成分比较复杂的物质，疑为塞棒上附着的物质，第二层为固溶稀土的钙黄长石、含稀土的硅酸盐、CA_6 和 MA；第三层是金属铁，第四层是 Sialon 表面附着的物质。

图 5-123 是第二层显微结构图，主要为固溶稀土的钙黄长石、含稀土的硅酸盐和铝酸盐、CA_6 和 MA，稀土硅酸盐成分（质量分数）为 SiO_2 22.88%，La_2O_3 22.73%，Ce_2O_3 37.89%，CaO 11.41%，F^- 5.10%，稀土铝酸盐成分（质量分数）为 Al_2O_3 24.14%，La_2O_3 23.79%，Ce_2O_3 46.10%，CaO 3.49%，F^- 2.48%。对于稀土的硅酸盐和铝酸盐进一步放大，发现稀土硅酸盐具有固有形态，而含稀

图 5-121   Sialon 结合刚玉材料用后残样

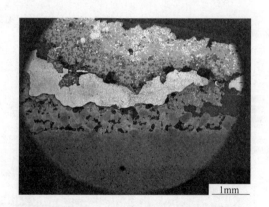

图 5-122   Sialon 结合刚玉材料表面及附着物的显微结构图

土铝酸盐填隙于其间。

图 5-124 是 Sialon 结合刚玉材料附着物第四层及放大的显微结构图，可以看出原砖层有大约 0.4μm 的渗透层，有少量的含稀土的物质。附着物与渗透层结合不紧密，附着层的气孔比较大，里面有反应后的氧化铝颗粒的原态。对第四层进行放大观察，发现有柱状的 CA_6、灰色的黄长石、稍白的为含稀土的钙长石、白色为含稀土的铝酸盐，还有 S 元素，黑色的物质为尖晶石。渗透层比较致密，刚玉周围有 CA_6 的反应环带。总体成分为：氧化铝 62.77%，氧化硅 37.33%，如图 5-125 所示。

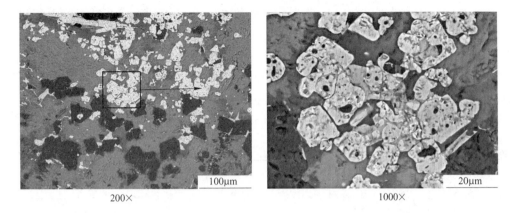

200×   1000×

图 5-123　Sialon 结合刚玉材料附着物第二层及放大的显微结构图

50×   400×

图 5-124　Sialon 结合刚玉材料附着物第四层及放大的显微结构图

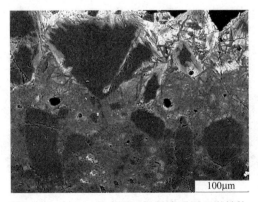

图 5-125　Sialon 结合刚玉材料渗透层显微结构

（5）小结。稀土夹杂物以稀土铝酸盐为主，稀土铝酸盐夹杂物和其他夹杂物如 CaO 等受钢液流场作用富集于水口表面，形成玻璃相。玻璃相中的 Ca 离子与铝碳材料中的刚玉反应形成铝钙化合物，氧化铝发生间接溶解，使玻璃相与铝碳材料紧密相连，为附着的显著发生提供了有利条件。无石墨尖晶石材料气孔率高，钢水中的夹杂物尤其是含稀土夹杂物易渗透到材料内部，在材料表面内部形成连续相，然后逐渐附着形成堵塞。Sialon 结合刚玉材料抗稀土附着效果较好。

5.5.5 薄板坯连铸用浸入式水口开发与应用

5.5.5.1 薄板坯连铸用浸入式水口的开发

薄板坯连铸技术是一项已基本发展成熟的高效连铸新技术。"九五"期间我国分别在珠钢、邯钢、包钢引进了三条薄板坯连铸生产线，连铸耐火材料三大件（长水口、整体塞棒、浸入式水口）是其生产中关键的功能耐火材料，特别是浸入式水口，同保护渣、结晶器一起被认为是连铸的三项关键相关技术。薄板坯连铸技术是一项短流程近终形连铸连轧技术，与常规连铸技术之不同之处就在于铸坯厚度远小于常规连铸板坯的厚度，由此而带来的技术上的要求是结晶器的宽度与铸坯厚度相适应，要窄小得多；拉坯的速度也比常规板坯高得多，达 4~6m/min，为保持较高的拉坯速度，相应要求保护渣在性能上具有熔融温度低、熔化速度快、熔化均匀、保温性能好的特点，这种保护渣对耐火材料的侵蚀性更强。同时，由于拉坯速度高，铸坯薄，钢液在结晶器内的流动状态必须合理。在这样的使用条件下，所用水口必须具备以下特征才能适应生产工艺要求的性能指标。

（1）外形结构为异形：上部为圆形，与中包水口配合，下部为扁形，深入宽度一定的结晶器中，且能保证和结晶器前后壁有一定的间隙。

（2）内腔结构的设计，一方面要能提供足够的铸坯钢水，另一方面要保证钢液在结晶器中有稳定的流态，不产生紊流、涡流，不卷渣，不影响保护渣的传热和对铸坯的润滑作用。

（3）ZrO_2-C 渣线材料具有好的抗保护渣侵蚀性，这是决定浸入式水口使用寿命的最关键的性能。

（4）良好的抗热震性，是保证浸入式水口使用可靠性的首要条件。

（5）足够的冷态和热态强度。

（6）有效的表面防氧化涂层技术，防止水口在加热烘烤过程中和使用过程中内外表面石墨的氧化脱碳，以免影响水口的使用寿命或造成局部熔蚀过快发生穿孔事故。

（7）钢种不同时，对使用过程中浸入式水口的各部位也会产生一定的影响，如水口内孔堵塞现象，碗部的冲蚀、剥落现象等。因此，应根据使用情况调整某些部位的水口材质，以适应这些变化。

（8）鉴于浸入式水口使用条件的苛刻和其对连铸工艺连续性的重大影响，水口使用中必须安全可靠，因此其组织结构的均匀性、质量的稳定性和重现性必须在工艺上得到保证。

为此根据浸入式水口的使用特点，主要分成三个部分：碗部、本体和渣线。不同的部位使用条件不同，需选用不同的材质。

（1）水口碗部：是与整体塞棒相配合的部位，和塞棒一同控制着钢液从中包到结晶器的流量，保持结晶器中钢液面的稳定，同时要能在整个使用过程中随时可靠地关断钢流。所选用材质抗钢液冲刷性要好，和钢液的反应程度要小，高温强度要高。一般此处选择和塞棒棒头相似的材质。

（2）本体：本体主要起着导流钢液、保护钢水不被氧化的作用。要求其抗热震性要好、具有较高的常温强度、高温强度，保证使用的可靠性；和钢液作用少，不会造成钢水中非金属夹杂物的增加。在此前提下，尽量降低原料成本。目前几乎无例外地都选用 Al_2O_3-C 材质。

（3）渣线：同时与钢液和渣液相接触，是遭受侵蚀最严重的部位，也是决定水口使用寿命的关键所在。对浸入式水口的研究多集中在对渣线材料的研究上。ZrO_2-C 材料是目前工业化规模生产中普遍采用的渣线材料，充分利用了 ZrO_2 抗渣侵蚀性优良的特点。选用了优质的氧化锆原料和高纯的鳞片状石墨，同时根据渣线部位的侵蚀机理，有针对性地选择了合适的添加剂，以提高 ZrO_2-C 材料的综合性能指标，适应薄板坯连铸的工艺特点。

根据珠钢薄板坯连铸工艺和与浸入式水口相关的配合要求，以及钢水在结晶器中的流速、流向、流态的要求，所设计的水口的结构如图 5-126 所示。其特点是上圆下扁，上端与中间包水口配合，下端与结晶器的形状和尺寸相适应。水口内腔上端为等截面圆形或多边形钢水通道，下端为扁平一维扩展形钢水通道，通过流钢通道横截面的增加，对钢液流速有稳定降低的作用，钢液出口为两侧开孔，并向下倾斜一定角度。

水口的制造工艺同其他连铸三大件普遍采用的工艺一样，即具有等静压成型和保护气氛热处理两个主要特点的生产工艺。鉴于薄板坯连铸用浸入式水口异形结构特点和所应具备的关键性能要求，在每一工序过程中，工艺条件的选择和确定都要有利于制品质量的控制。分析了以往采用的工艺和国内多数厂家目前采用的工艺，在工艺上进行适当变动，包括：改进混料程序，以改善配料中各组分的分布状况，最大限度地发挥各自在水口使用中的作用；变埋碳热处理为 N_2 保护热处理；变氧化物釉料型防氧化涂料为非氧化物型防氧化涂料。通过这些变动，以解决影响制品结构性能均质化的工艺因素，解决国内防氧化涂料普遍存在的使用效果与进口产品用涂料有明显差距的问题。

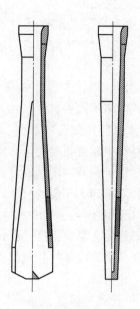

图 5-126　薄板坯连铸用浸入式水口结构示意图

　　采用上述工艺路线和工艺参数生产的浸入式水口的理化性能指标及与国外进口产品性能比较如表 5-41 所示。

表 5-41　试制的浸入式水口理化性能及与进口产品的比较

| 项　目 | 性 能 指 标 | | 进口产品指标 | | | |
| | | | 进口产品 1 | | 进口产品 2 | |
	Al_2O_3-C	ZrO_2-C	Al_2O_3-C	ZrO_2-C	Al_2O_3-C	ZrO_2-C
Al_2O_3 含量/%	48.5	—	45.0		51.6	
(ZrO_2+CaO) 含量/%	7.12	76.5	—	70.0	—	77.2
(SiC+C) 含量/%	33.01	18.58	28.0	17.5	31.0	16.0
显气孔率/%	8.5	11.7	14.9	15.6	17.6	16.0
体积密度/g·cm⁻³	2.64	3.48	2.45	3.53	2.36	3.74
常温耐压强度/MPa	28	29	14.2	18.4	—	—

项　目	性 能 指 标		进口产品指标			
			进口产品 1		进口产品 2	
	Al$_2$O$_3$-C	ZrO$_2$-C	Al$_2$O$_3$-C	ZrO$_2$-C	Al$_2$O$_3$-C	ZrO$_2$-C
常温抗折强度 /MPa	11.2	12.7	8.6	9.6	8.1	6.9
高温抗折强度 （1400℃，0.5h） /MPa	10.28	9.94	—	—	—	—
使用寿命/炉	6~7		3~8		≥6	

　　珠钢连铸机为引进德国 SMS 公司的 CSP 薄板坯立弯式连铸机。大包钢水 150t，中间包容量 25t，一般钢水温度（中间包）为 1550~1570℃，拉坯速度为 4~6m/min，每包钢水浇铸时间约为 1h，结晶器保护渣化学成分如表 5-42 所示，碱度为 0.93，Na$_2$O 含量为 14.80%，F 含量为 6.20%。中间包及浸入式水口在通钢前采用柴油喷枪预热，至整支水口处于红热状态（1000~1100℃），烘烤时间一般为 60~80min。浇铸板坯厚度为 50mm，宽度为 950~1250mm，所试验的钢种主要是低碳钢，其成分如表 5-43 所示。

表 5-42　连铸用保护渣成分

成　分	SiO$_2$	CaO	Al$_2$O$_3$	Na$_2$O	F$^-$	固定碳	MgO	R(碱度)
含量（质量分数）/%	30.8	28.72	1.68	14.80	6.20	7.84	0.61	0.93

表 5-43　试验浇铸低碳钢成分

组成	C	Si	Mn	P	S	Cu	Cr	Al	Ca
含量（质量分数）/%	0.037~0.042	0.050	0.17~0.28	0.012~0.02	0.006~0.021	0.180	0.054~0.074	0.041	0.0024

　　在试制水口现场试用之前，设计了对试制水口的抗热震性的现场考核试验，试验方案如图 5-127 所示。

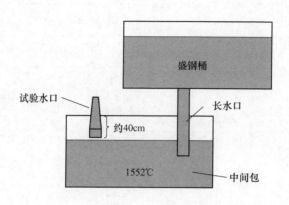

图 5-127　水口现场抗热震模拟试验示意图

　　将试验水口悬吊在中间包上方，利用中间包覆盖剂表面的热量对水口进行间接烘烤，持续 3h10min 后，水口探入中间包部分（约 40cm 长）为红热状态（约 1000℃），中间包上方部分仍为黑色（<600℃），即水口上下存在有较大的温度梯度。在此条件下，将水口迅速放入中间包钢水中（钢水温度 1552℃），持续 10min 后，将水口提出于空气中冷却，观察水口是否有裂纹产生或炸裂现象。结果表明所试验水口完好，未产生任何碎裂和裂纹。热震性考核试验的条件明显比正常使用时水口开浇时所承受的热冲击条件苛刻，因而推断试制的浸入式水口能够满足使用时对抗热震性的要求。

　　为防止试验浸入式水口氧化，在其内外表面涂非氧化物中高温复合防氧化涂料。对热震试验后水口（间接烘烤加热 190min）和柴油枪加热烘烤 250min 后才进行浇注试验的水口防氧化效果进行了检查。结果表明，尽管所试验水口的烘烤时间远超过正常生产烘烤时间（60~80min），但其对 Al_2O_3-C 制品的防氧化保护效果仍十分有效，断口检查氧化层不足 1mm，与实验室研究结果相符。图 5-128 给出了烘烤 190min 后水口的断面照片，显示未被氧化的情况。

　　在现场条件下对试制水口的抗热震性和防氧化涂料的保护作用进行了考核验证后，试用了 3 批共 47 支浸入式水口，最高连铸 7 炉，没有发生热震断裂和侵蚀断裂、穿孔等问题。

　　因此，通过采用合理的粒度配比和组成，合适的添加剂的选择和加入量的优化，制备工艺的改进和工艺参数的优化，所研制的浸入式水口具有优异的抗热震性、抗氧化性和抗结晶器保护渣侵蚀性，满足了薄板坯连铸用浸入式水口对此三项关键性能的要求。

图 5-128 190min 烘烤后水口断口形貌

5.5.5.2 新型结构薄板坯连铸用浸入式水口

薄板坯连铸生产线浇铸的板坯经过在线检测系统，可检测到钢板上纵裂、夹杂等缺陷。国内某厂浇铸的热轧板卷中存在的缺陷如表面纵裂较多，给钢厂造成了较大的损失。表面纵裂纹是连铸板坯生产过程中常见的一种表面缺陷，是铸坯表面沿轴向（拉坯方向）形成的裂纹，呈锯齿状，裂纹的长度为 200 ~ 700mm、宽度为 0.1 ~ 0.3mm、深度为 1 ~ 10mm，间断性出现；严重时整炉连续出现。轻微的纵裂经表面清理后对后步工序的轧制不会产生影响，严重的纵裂会造成拉漏和废品。表面纵裂经修磨后，由于修磨处铸坯厚度小于其他部位，造成轧制时压缩比偏小，板的表面质量和钢质性能不连续，降低板材的等级和钢材的收得率。

铸坯的表面纵裂纹产生于结晶器，由于热流分布不均匀，造成坯壳生长厚度不均，在坯壳薄的地方产生应力集中；结晶器与坯壳表面间的摩擦力使坯壳承受较大的负荷，在牵引坯壳向下运动时产生纵向应力，这种应力与结晶器窄面到宽面中心线的距离呈直线增加，最大处在板坯的中间。而钢水静压力随着坯壳往下移动呈直线增加，静压力使得坯壳往外鼓，表面裂纹得到进一步扩大。纵裂产生的原因有很多，主要有钢水的化学成分、连铸的工艺操作参数和保护渣等。薄板坯表面纵裂是 CSP 连铸连轧生产线上一个严重的质量缺陷，通过对其产生原因的分析，提出控制废钢质量、钢水成分、钢水浇铸过热度、结晶器保护渣、结晶器循环水水质、结晶器与扇形段等设备状态、浸入式水口的安装精度，以及保证浇注温度与拉速的匹配关系，可有效控制纵裂缺陷的发生，使纵裂纹比例控制在一个较好的水平。纵裂的位置多数处于距板坯边 34cm 左右的位置，纵裂程度较大，有的板卷大部分都有纵裂，纵裂发生的时间以浇铸后期为多，纵裂位置正好位于水模拟试验中波动强度最大的位置，因此判断纵裂的原因与浸入式水口结构有关，需要对浸入式水口结构进行优化。

钢中非金属夹杂物的数量是影响铸坯纯净度的重要因素。在钢冶炼和浇铸过程中，由于钢液要进行脱氧和合金化，钢液在高温下和熔渣、大气以及耐火材料接触，在钢液中生成一定数量的夹杂物。这些夹杂物若不设法从钢液中去除，就有可能使浸入式水口堵塞或遗留在铸坯中，恶化铸坯质量。根据钢种和产品质量，把钢中夹杂物降到所要求的水平，除了防止钢液与空气作用外，还应改善流动状况促进钢液中夹杂物上浮，减少渣卷入钢液内，为此正确设计和选择浸入式水口形状、结构以及拉速和插入深度等都有利于夹杂物上浮分离。

结晶器内的钢水的流动状态也是影响表面质量的一个主要原因，而浸入式水口结构则对控制结晶器内钢水的流动状态起着关键的作用。合理的浸入式水口结构有利于提高钢坯质量和保证浇铸的正常进行。如浸入式水口导流岛引导较强的向上流股，则对窄面坯壳冲击大，液面波动大；如水口导流岛引导钢流向上的流股不足，则保护渣熔化不良。浸入式水口的导流岛必须适宜，形成合理的流场才有利于钢坯质量的提高。水口浸入太深，使得从两侧孔流出的钢流带到钢液面上的热量不足，保护渣不能均匀熔化，影响初生坯壳的均匀性。水口浸入太浅，液面波动大，钢流会将液渣裹入凝固前沿。另外，由于水口结瘤、耐材侵蚀或浸入式水口不对中产生偏流冲刷坯壳，造成凝固坯壳生长不均匀，会增加裂纹发生的概率。

在浇铸后期，纵裂发生的概率较大，而此时浸入式水口的浸入深度较大，可能的原因是从两侧孔流出的钢流带到钢液面上的热量不足，保护渣不能均匀熔化，影响初生坯壳的均匀性。从另一方面说明此浸入式水口导流岛结构不合适。通过改变浸入式水口的结构，增强从侧孔向表面的流股，增加钢液表面的热量，促进保护渣的熔化，提高初生坯壳的均匀性。为此对水口的出口结构进行了改进，图 5-129 是 SEN 改进后水口结构图。并在现场进行实际浇铸试验，浇铸条件如表 5-44 所示。

表 5-44　浇铸条件

钢　种	拉速/m · min^{-1}	温度/℃	宽度/mm
ZJ330B	最大 5.2	1550~1560	1200，1250

图 5-130 为改进后水口进行模拟试验时，监测到的液面波动情况。由图可以看出，改型后的液面波动相比改型前更加平稳，说明液面发生卷渣的概率大大降低，有利于提高铸坯质量。

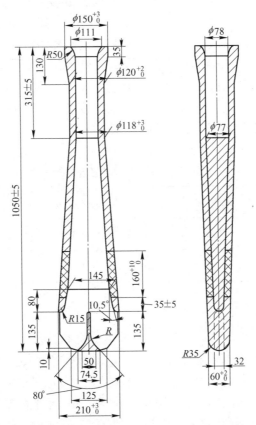

图 5-129 SEN 改进后水口结构图（单位：mm）

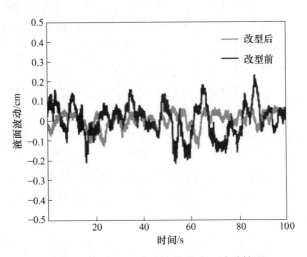

图 5-130 模拟试验时结晶器液面波动情况

　　从水模拟结果可以看出，出口导流岛改为圆弧后，右侧涡心位移变化加剧，平均涡心位置上移。涡心位移变化大，促使结晶器内温度均匀分布，有利于夹杂物上浮；另外表面的波动更加均匀，尤其是距结晶器窄面 34cm 处，波动明显减小，有利于避免表面的卷渣，减少钢坯内的夹杂缺陷。以上两者均有利于结晶器表面凝固坯壳的均匀生成，减少表面纵裂等缺陷的形成。表 5-45 是改进水口使用后的质量统计表，可以看出相对于改进前，改进后钢坯的质量有明显的提高，对钢厂钢材质量的提高有重要的意义。

表 5-45　改进水口生产质量统计表

项　目	平均连浇炉数/炉	平均缺陷长度/m·炉$^{-1}$	平均缺陷数量/个·炉$^{-1}$
改型前	8.6	0.30	0.28
改型后	8.8	0.23	0.19

5.6　发展趋势

　　近二十年来中国钢铁工业的崛起，不仅仅是钢产量快速增加，也包括钢材品种质量方面的提高，与之前国内优质钢材和关键钢材品种必须依赖进口相比，近年来钢材进口量已降至 1000 万~1200 万吨/年，在钢材消耗总量中占比降低至 2% 以下。中国钢铁工业攻克了家电板、汽车板、管线钢、轮胎线钢、超高强度悬索、厚板、轴承钢、电工钢、不锈钢、高速铁路钢轨等高级钢的冶炼与连铸技术，绝大部分高级钢材质量性能达到了国际高水平钢厂同类产品水平。但在某些高端关键品种钢材品种上如高性能 GA 板、重要用途超厚钢板、高铁轮对、硅片用切割钢丝等，产品质量不足，很大程度上仍旧依赖进口，其主要问题是与日本、韩国、德国、瑞典等国在夹杂物控制方面还有明显差距，超低氧特殊钢 DS 类大型夹杂物多等，国产钢材难以达到所要求的抗疲劳破坏、高速精密车削加工等性能。

　　功能耐火材料对连铸效率及铸坯质量有着重要的影响，对于高级钢连铸，其作用更加明显。特别是洁净钢、特殊合金钢连铸，对功能耐火材料提出了更高的要求，如高稳定性，长寿命，不污染钢水，同时还要起到优化冶金容器钢液流场的功能，为此，需要针对高级钢连铸开发出与之相适应或是能够满足高级钢连铸要求的关键耐火材料。

　　（1）镁碳质功能耐火材料。超低氧和低夹杂物级别是高品质特钢如轴承钢、切割丝钢等的重要指标。在超低氧和低夹杂物级别特钢材料的高效生产中，功能耐火材料材质选择及功能的实现是影响钢材质量的重要环节。一般功能耐火材料的材质为铝碳耐火材料，材料发生侵蚀后氧化铝颗粒极易进入到钢水中形成夹杂，损害钢的品质，而镁碳质材料可以解决这种问题。因此为了支撑超低氧钢的生产，需研究和开发超低氧钢用不增氧、不增夹杂的镁碳质功能耐火材料，如复合镁碳的滑板、镁碳浸入式水口等。

（2）防堵塞浸入式水口。在浇铸含 Al、Ti、稀土等钢种时，浸入式水口容易发生堵塞，这是一个长期困扰冶金科技工作者和耐火材料工作者的难题。鉴于堵塞物的多样性、堵塞过程的复杂性以及堵塞结果的不确定性，需针对浇铸钢种的不同，发展复合不同内衬材料的防堵塞浸入式水口。

（3）轻质、保温型浸入式水口。当前，全球大力发展低碳经济形势下，绿色耐火材料战略是关系到我国当前和今后耐火材料行业可持续发展的重要发展战略，我国炼钢耐火材料的平均消耗高出国际先进水平 1 倍以上，需要大力发展轻质耐火材料及其应用领域。在使用前浸入式水口一般要经过预热，所耗能量的大小与本身质量等有关，降低浸入式水口质量，实现轻质化不仅有利于节约能源，而且利于搬运，降低了工人的劳动强度；在使用过程中，浸入式水口外壁暴露在空气中，向外散热，降低了钢水的温度，在浇铸一些特殊钢种时，过热度低，容易结冷钢、发生堵塞等。为此，为适应国家节能减排的要求和满足新一代钢铁制造流程及其绿色化转型，非常有必要发展轻质、保温型浸入式水口。

（4）薄板坯连铸无头轧制工艺用功能耐火材料。薄板坯连铸连轧是一种近终形连续铸钢技术，目前世界上已投入工业生产的薄板坯连铸连轧技术主要有 CSP、ESP、ISP、QSP、FTSR、CONROLL、TSP、ASP 等工艺类型，截止到 2015 年底，世界上共建设薄板坯连铸—连轧生产线近 67 条，其中 CSP 连铸机生产线数量居首位。薄板坯连铸连轧技术发展已经接近 30 年，但近几年来随着全球钢铁市场需求萎缩、产能过剩，环保形势日趋严峻的形势下，薄板坯连铸连轧正朝着多品种开发、超高拉速和无头轧制等方向发展，特别是近几年以无头轧制为主要技术特征的 ESP 连铸技术引起广泛关注。无头轧制技术使连铸到轧钢全产线变成纯刚性连接，任何设备出现故障都可能导致全线停浇、停轧，甚至全线压钢。高钢通量是无头轧制重要的工艺保证，而 CSP 薄板坯连铸钢通量一般仅能达到轧制要求金属秒流量的 1/3～1/2，提高钢通量就意味着在铸坯增厚的条件下还要实现高拉速。另外钢水稳定是连铸实现高拉速的基础条件，要求钢水成分稳定、温度波动小等。

耐火材料是连铸基础支撑材料，对流程的高效运行、洁净钢生产等具有重要影响。耐火材料在中间包冶金和结晶器流场控制中起着关键的作用，主要体现在钢液成分、温度的均化、流场优化、夹杂物去除等。在高通量条件下中间包和结晶器流场稳定技术尤为重要，合理的中间包和浸入式水口结构设计是实现稳定流场的必要条件。另外高通量的钢水也会加大对耐火材料的侵蚀，尤其要提高整体塞棒棒头等控制连铸过程连续性关键耐火材料的抗侵蚀性。对于长水口、浸入式水口、滑板来说，高通量的钢水也加快了钢水与耐火材料之间的传热，对耐火材料热冲击加剧，提高它们的抗热冲击性才能够保证连铸得以顺畅进行。在品种开发的同时，薄板坯连铸也会遇到诸如普通连铸面临的浸入式水口堵塞、钢水侵蚀性强等问题，但薄板坯连铸用浸入式水口结构复杂，对薄板坯连铸来说是一个不小的挑战。因此开发薄板坯无头轧制工艺用功能耐火材料及技术是适应薄板坯连铸技术发展的需要。

（5）基于钢液/夹杂物/耐火材料界面接触摩擦带电作用的浸入式水口。理论与实验研究均表明水口侵蚀和夹杂物吸附结瘤等失效动力学受水口服役过程中特殊的电学特征影响显著，失效行为的影响因素趋于多样化、复杂化和关联化。材料高温下成分、形貌、介电特性，夹杂物颗粒大小、体积浓度以及相互间摩擦状态等条件都直接关系到界面瞬态摩擦荷电极性、电荷密度大小、界面充放电时间常数等，进而影响摩擦诱导界面电场的演变。水口服役失效动力学的研究热点之一就是界面润湿行为，界面润湿行为不仅与材料本身有关，还与界面处电场分布相关，调制电场已被实践证明可以改变液-固界面处受限电荷衍生电场从而对界面润湿行为产生显著影响，进而影响附着物的结瘤。浸入式水口渣线局部侵蚀远超其他耐火材料渣线部位侵蚀程度，除了熔渣成分差异导致的化学侵蚀外，异于其他冶炼流程渣线位置的水口摩擦诱导电场很有可能加速电化学侵蚀作用。由于电化学侵蚀是通过电化学反应进行的，附加电场和电流均会对侵蚀过程产生重要影响。为此，通过调节其诱导电场及界面荷电，优化水口结瘤、挂渣和侵蚀等服役行为，可以为解决浸入式水口服役失效问题提供新思路和新方法。

（6）低碳功能耐火材料。浸入式水口等含碳功能耐火材料作为与钢液接触的最后一道耐火材料，尽量降低对钢水的增碳对于洁净钢连铸尤为重要。1520℃时碳在钢液中的饱和溶解度可达 5.1%，除了碳向钢液的溶解外，还能与钢液成分作用被氧化，由于碳在熔钢中的溶解度高，处于不饱和状态，当含碳耐火材料（C 含量不小于 12%）接触钢液时碳会溶解到其中，造成对钢水的污染，降低钢的质量，在浇注 IF 钢等超低碳钢时尤为显著。另外含碳材料中的碳容易在高温下氧化，材料中碳含量高不利于抗侵蚀性的提高。很显然无碳耐火材料抗热震性和抗熔渣侵蚀性不足、使用寿命短，不利于生产效率提高。因此碳含量虽对抗热震性有益，但其氧化和在钢中溶解造成侵蚀严重，使材料功能劣化、钢液增碳和非金属夹杂增多，开发低碳功能耐火材料非常有必要。

（7）非酚醛树脂体系制备含碳功能耐火材料技术。目前含碳功能耐火材料的结合剂一般采用酚醛树脂+酒精或糠醛。酚醛树脂由苯酚、苯酚衍生物、聚苯酚结构物和一些游离的甲醛等组成，在制造过程中会或多或少释放出酚、醛等，形成对人体潜在的危害。另外糠醛易挥发，蒸汽有强烈的刺激性，对人体亦有害。所以长时间接触含碳功能耐火材料酚醛树脂结合体系，有职业危害，因此需要开发无毒的、非糠醛、酚醛树脂体系制备含碳功能耐火材料技术，以保证生产人员身体健康。

参 考 文 献

［1］刘景林. 提高连铸用含石墨浸入式水口的寿命［J］. 国外耐火材料，1997（2）：14-17.

［2］李红霞，杨彬，刘国齐，等. 钢液对连铸用含碳耐火材料的侵蚀作用研究［J］. 耐火材料，2007，41（3）：161-167.

［3］樊新丽. 钢包用含碳耐火材料侵蚀机理研究［D］. 武汉：武汉科技大学，2009.

［4］韩宏刚，范万臣. 首钢鱼雷罐渣线砖分析与研究［C］//第 4 届中国金属学会青年学术年会论文集. 北京，463-466.

［5］阮国智，李楠，吴新杰. 耐火材料在渣-铁（钢）界面局部蚀损机理［J］. 材料导报，2005，19（2）：47-49.

［6］杨彬，李红霞，刘国齐. 电熔氧化锆原料显微结构和抗侵蚀性研究［C］//洛阳耐火材料研究院建院 40 周年文集. 2003：90-95.

［7］郭丽华. 不锈钢连铸中浸入式水口渣线的化学蚀损［J］. 国外耐火材料，2003（3）：44-47.

［8］Daisuke Yoshitsugu，Katsumi Morikawa，et al. Properties of high zirconia-graphite material for submerged entry nozzles［J］. Journal of the Technical Association of Refractories，Japan，2007（3）：180-184.

［9］Kusuhiro Mukai. Wetting and marangoni effect in iron and steelmaking processes［J］. ISIJ International，1992，32（1）：19-25.

［10］陈肇友. 化学热力学与耐火材料［M］. 北京：冶金工业出版社，2005.

［11］Qian F，Li H X，Liu G Q，et al. Damage mechanism and countermeasures of carbon bonded refractories for continuous casting. China's Refractories，2016，25（3）：42-47.

［12］Fox A，Mills K，Lever D，et al. Development of fluoride-free fluxes for billet casting［J］. ISIJ International，2005，45（7）：1051-1058.

［13］Nakamura Y，Ando T，Kurata K，et al. Effect of chemical composition of mold powder on the erosion of submerged nozzles for continuous casting of steel［J］. Transactions ISIJ，1986，26：1053-1058.

［14］Hak Dong L. 保护渣组分和部分稳定氧化锆之间化学反应对浸入式水口耐蚀性的影响［C］//第三届国际耐火材料学术会议中文论文集. 北京，1998：105-111.

［15］Yoshitsugu D，Morikawa K，Yoshitomi J，et al. Properties of high zirconia-graphite material for submerged entry nozzles［J］. Journal of the Technical Association of Refractories，Japan，2007（3）：180-184.

[16] Li Hongxia, Yang Bin, Liu Guoqi. Erosion effect of molten steel on carbon containing refractories for continuous casting [J]. China's refractories, 2007, 16 (2): 3-10.

[17] 陈家稼. 炼钢常用数据图表数据手册 [M]. 北京: 冶金工业出版社, 1984.

[18] 王雅贞, 张岩, 刘术国. 连续铸钢工艺及设备 [M]. 北京: 冶金工业出版社, 2003.

[19] 王永胜, 王新华, 王万军. 高拉速板坯连铸结晶器液面波动影响因素研究 [J]. 中国冶金, 2009, 19 (9): 24-27.

[20] 手嶋俊雄. スラブ高速铸造时の连铸铸型内溶钢流动にずよぽす铸造条件の影响 [J]. 铁と钢, 1993 (5): 40.

[21] Srinivas P S, Singh A, Korath J M, et al. A water-model experimental study of vortex characteristics due to nozzle clogging in slab caster mould [J]. Ironmaking & Steelmaking, 2016: 1-13.

[22] Svensson J K S, Memarpour A, Brabie V, et al. Studies of the decarburisation phenomena during preheating of submerged entry nozzles (SEN) in continuous casting processes [J]. Ironmaking & Steelmaking, 2014, 44 (2): 108-116.

[23] Long M, Zuo X, Zhang L, et al. Kinetic modeling on nozzle clogging during steel billet continuous casting [J]. ISIJ International, 2010, 50 (5): 712-720.

[24] 龚坚, 王庆祥, 周晖. 浸入式水口堵塞机理 [J]. 连铸, 2001 (2): 4-7.

[25] 李积鹏, 程树森, 程子建, 等. BOF→RH→CSP 工艺生产含钛 IF 钢浸入式水口结瘤机理研究 [J]. 炼钢, 2017, 33 (4): 46-51.

[26] Singh S N. Mechanism of alumina build up in tundish nozzles during continuous casting of aluminum-killed steels [J]. Metallurgical Transactions, 1974, 5: 2165-2178.

[27] Mikio Suzuki, Yuichi Yamaoka. Oxidation of molten steel by the air permeated through a refractory tube [J]. ISIJ International, 2002 (3): 248-256.

[28] Moulden G T, Richard Sabol. Development of doloma tundish nozzle to reduce alumina clogging [C]//2000 Steelmaking Conference Proceedings. USA: Warrendale, 2001: 161-174.

[29] 冯秀梅, 平增福. 铝碳质浸入式水口氧化铝结瘤机理的研究 [J]. 耐火材料, 2002, 36 (2): 83-85.

[30] 高海潮, 刘茂林. CSP 连铸浸入式水口结瘤案例研究 [J]. 钢铁, 2005, 40 (11): 20-26.

[31] Rob Dekkers, Brat Blanpain, Partick Wollants, et al. Bart gommers and carina vercruyssen [J]. Steel Research, 2003, 74 (6): 351-355.

[32] 郑宏光, 陈伟庆. 含钛不锈钢连铸浸入式水口结瘤的研究 [J]. 钢铁研究学报, 2005, 17 (1): 14-18.

[33] 杨红, 尹国祥, 孙加林. 提高 ZrO_2-CaO-C 浸入式水口抗 Al_2O_3 附着性能的研究 [J]. 材料与冶金学报, 2008, 7 (2): 89-93.

[34] Tsujino R, Tanaka A, Imamura A, et al. Mechanism of deposition of inclusion and metal in ZrO_2-CaO-C immersion nozzle of continuous casting [J]. ISIJ International, 1994, 34 (11): 853-858.

［35］ 杨彬，李红霞，周川生，等．一种浸入式水口用耐火原料的制备方法：中国，97119092. 5［P］. 1999-05-05.

［36］ 李红霞，王金相，姬宝坤．防止 Al_2O_3 堵塞浸入式水口复合材料的研制［J］. 耐火材料，1996，30（4）：184-187.

［37］ Svensson J K S, Memarpour A, Ekerot S, et al. Studies of new coating materials to prevent clogging of submerged entry nozzle（SEN）during continuous casting of Al killed low carbon steels［J］. Ironmaking & Steelmaking，2016，44（2）：117-127.

［38］ Sambasivam R. Clogging resistant submerged entry nozzle dedign throuth mathematical modeling.［J］. Ironmaking and Steelmaking，2006，33（6）：439.

［39］ Prasad B, Sahu J K, Tiwari J N. Design and development of anti-clogging nozzles for casting of alumimium killed steel.［C］//Proceedings of the UNITECR，2007：208-211.

［40］ Yu J, Yang X, Liu Z, et al. Anti-clogging of submerged entry nozzle through control of electrical characteristics［J］. Ceramics International，2017，43：13025-13029.

［41］ 李红霞，刘国齐，钱凡，等．一种浸入式水口，中国，201510526430. 1［P］. 2015-12-23.

6 定径水口

6.1 定径水口概述

6.1.1 定径水口应用领域

早期的定径水口主要用于小方坯敞开式浇铸领域，安装在中间包底部，不可在线更换，使用寿命不超过20h。系统组成主要有水口座砖和定径水口，如图6-1所示。

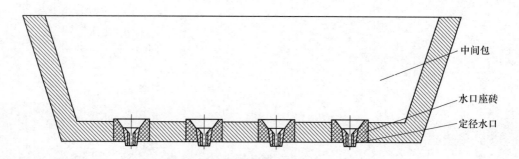

图6-1 敞开式浇铸用定径水口系统组成示意图

为适应长寿命中间包的需求，国内外开发了定径水口快速更换系统，实现下水口快速更换，其系统组成如图6-2所示。同时，为防止钢液的二次氧化，敞开式浇铸逐渐被保护式浇铸所替代，即在定径水口或快换下水口下部接浸入式水口，钢水通过浸入式水口流向结晶器，实现钢水的保护式浇铸。

随着保护浇铸和品种钢连铸的兴起，有些厂家[1,2]结合塞棒控流与快换水口控流的优势，开发了两者的复合控流技术，该系统结构示意图如图6-3所示。实践证明该技术用于优质钢、合金钢生产时，复合控流系统具有显著的技术优点：

（1）中间包在使用中，依靠定期计划更换的下水口与棒体配合进行控流，增大环缝面积，可以减轻钢水对棒头与水口碗部的冲刷侵蚀，延长塞棒使用寿命。

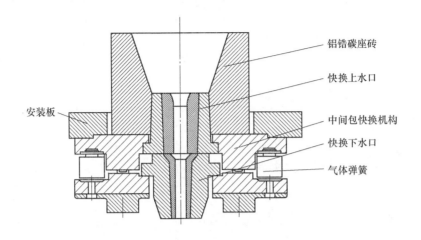

图 6-2 定径水口快速更换系统组成示意图

（2）塞棒突发性失控时，快换水口仍可控流，中间包能做到有计划停浇，减少生产事故发生。

（3）采用塞棒与快换双控流，主要用于品种钢浇铸，稳流性好，大大延长浇铸时间，显著降低中间包耐材成本。

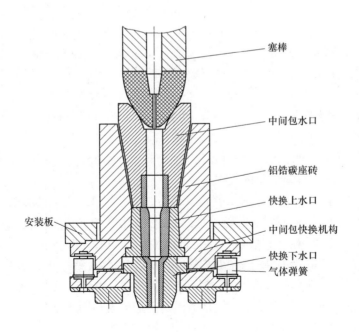

图 6-3 塞棒与快换水口复合控流组成示意图

定径水口无论在快换系统或不可更换系统、敞开式浇铸或保护式浇铸、单控流或复合控流领域中都起着控制钢水流量、稳定拉速的重要作用，也是提高连铸效率和钢水收得率的关键因素。

6.1.2 定径水口性能要求

定径水口在使用过程中直接与钢水接触，要经受长时间高温钢水的冲刷、侵蚀等作用，工作环境十分恶劣，因此对定径水口有较高的要求，具体要求如下：

(1) 抗冲刷：在浇铸过程中扩径慢，能保持拉速平稳。

(2) 耐侵蚀：能经受多次烧氧，并在浇铸结束时能顺利堵流停浇。

(3) 抗热震：高温体积稳定性好，使用过程中不允许开裂和脱落现象。

(4) 防堵塞：水口内表面不能结瘤妨碍浇铸过程。

6.1.3 定径水口损毁机理[3,4]

定径水口在使用过程中所承受的主要是化学侵蚀、机械冲刷、应力剥落，从损坏形式上主要表现为扩径和炸裂，整个损毁过程是其在高温下与钢渣、钢液相互进行复杂的物理、化学作用。

(1) 物理损毁。物理损毁主要有热冲击损伤和机械冲刷损伤。

1) 热冲击损伤。氧化锆质定径水口在浇钢过程中由于浇钢温度较高，升温较快，水口内部受热不均匀，使得定径水口承受剧烈的热冲击。热冲击造成的结构损伤降低了水口的强度和耐冲刷性，也为钢液及钢渣向水口内部的渗透和侵蚀提供了途径。特别剧烈的热冲击可直接使定径水口产生宏观裂纹，甚至在开浇瞬间直接炸裂。因此，在水口损毁过程中钢液的热冲击对于定径水口的损伤是最严重的。

2) 机械冲刷损伤。钢液对水口的机械冲刷是非常严重的。尽管钢液是一种高黏度液体，但由于钢液相对密度大、温度高、流速快，对水口产生严重的热冲刷。通过估算，钢液经过水口的速度为 $3 \sim 5 \mathrm{m/s}$，而且往往带有旋转的涡流，这些因素都加重了钢液对水口的侵蚀。

(2) 化学损毁。化学损毁主要是氧化锆脱溶和钢液及钢渣的渗透与侵蚀。

1) 氧化锆脱溶。氧化锆定径水口的主要化学成分是 ZrO_2，少量稳定剂（CaO、MgO、Y_2O_3等）和微量杂质。目前使用的定径水口大多采用 CaO、MgO 作为稳定剂，稳定化的氧化锆在使用过程中，钢水及钢水中的夹杂物（比如 MnO_2、SiO_2、MgO、Al_2O_3等）易与稳定剂（CaO、MgO）发生反应，形成多元低熔点氧化物熔体随钢水流走，氧化锆因稳定剂的脱溶而失稳分解，变成单斜相的小颗粒随钢水流走。

2) 钢液及钢渣的渗透与侵蚀。钢水侵蚀氧化锆质定径水口生成低熔点氧化物,反应生成的液相通过气孔逐渐向水口内部渗透。气孔率越高,渗透的液相量越多,氧化锆因稳定剂脱溶而产生不稳定状态导致分解过程加剧,较小的圆形单斜晶系的氧化锆颗粒进入熔融体。稳定剂脱溶和多元液相的渗透破坏了水口表面氧化锆的陶瓷结合,使其相互间的结合强度降低,当结合强度不足以抵抗钢水冲刷时易被钢水冲走,从而造成水口在使用过程中的扩径现象。

6.1.4 定径水口材质发展历史

6.1.4.1 锆英石-氧化锆复合定径水口

在连铸发展初期,浇铸时间短,使用由锆英石和氧化锆复合制成的锆质定径水口即可满足要求,氧化锆含量为 72%~85%,锆质定径水口的性能指标如表 6-1 所示[5]。

表 6-1 锆质定径水口的性能指标

序号	ZrO_2 含量/%	显气孔率/%	体积密度/g·cm^{-3}	使用时间/h
1	72	20	3.8	4
2	75	20	3.9	5
3	78	21	3.9	6
4	80	22	4.0	7
5	85	22	4.1	8

锆质定径水口的主要优点是,使用方便,价格比较便宜,连铸时间小于 500min 比较合适。但是此类水口存在明显的缺陷,即在使用时由于锆英石与钢水及钢水中的夹杂物(Al_2O_3、CaO、SiO_2、MgO、MnO_2 等)反应而分解,生成非常细小的氧化锆和多元液相,反应生成物很容易被钢水冲走。因此,锆质复合定径水口存在扩径问题,尽管提高水口中的氧化锆含量可以减缓其扩径速率,但不能从根本上解决此类缺陷。如果使用寿命要求大于 8h,应选用抗侵蚀性和抗冲刷性更好的氧化锆定径水口。

6.1.4.2 氧化锆定径水口

随着长寿命中间包包衬的应用和小方坯连铸水平的显著提高,小方坯连续浇铸时间超过 20h。锆质定径水口已不能满足使用要求,必须使用抗侵蚀性更好的氧化锆定径水口。氧化锆定径水口一般以氧化钙或氧化镁部分稳定的氧化锆为主要原料，按一定的粒度配合，加有机结合剂，经混练、成型和高温烧成制成，氧化锆含量一般大于93%。

氧化锆定径水口的烧成温度约为1800℃。在烧成条件不具备时，可采用加入烧结剂的办法，将烧成温度降至1650~1700℃，但低温（低于1700℃）烧成的氧化锆定径水口的抗侵蚀性要比高温烧成差。由于氧化锆原料比较贵，而且烧成温度较高，因此，氧化锆定径水口的生产成本高，价格昂贵。为了降低成本，氧化锆定径水口一般做成镶嵌式，即水口外套用较便宜的高铝料或锆英石制成，水口芯用氧化锆材料制成。氧化锆定径水口根据所用原料的不同，氧化锆水口可分为粗颗粒型、细颗粒型和陶瓷型三种不同的显微结构，其性能的对比如表6-2所示[5,6]。

表 6-2　氧化锆水口性能指标

项　　目	粗颗粒型	细颗粒型	陶瓷型
体积密度/g·cm^{-3}	4.6	4.9	5.3~5.7
显气孔率/%	18	13	3~5
颗粒尺寸/μm	20~2000	3~100	3~5
耐压强度/MPa	25	60	300
抗侵蚀性	很好	很好	极好
抗冲刷性	好	很好	极好
热稳定性	好	中	差
使用时间/h	8~14	15~20	>20

（1）粗颗粒型氧化锆定径水口。粗颗粒型氧化锆最大粒度可达2mm，由于颗粒较粗，热震稳定性较好，使用时不会出现炸裂，但强度较低，使用时间仅为8~14h。

（2）细颗粒型氧化锆定径水口。细颗粒型氧化锆的粒径小于50μm，因原料较细，水口的组织结构比较均匀，显气孔率明显比粗颗粒水口的低，因而抗侵蚀性比粗颗粒水口好，但热稳定性差一些，使用时间为15~20h。

（3）氧化锆陶瓷型定径水口。致密氧化锆陶瓷定径水口的粒径为5μm，显气孔率小于 5%。这种水口的强度非常高，使用寿命大于 20h，但热稳定性差，使用不当，易出现水口炸裂。在生产和使用这种水口时，必须采取措施，以降低水口开浇时所受的热应力。

氧化锆系列定径水口的共同优点主要有：（1）抗冲刷和耐侵蚀性强，扩径慢，钢水流动均匀稳定，浇铸过程拉速稳定；（2）连续浇铸时间长，不必频繁更换中间包，减少损耗和停机（准备）时间，提高铸机的效率。

纵观国内定径水口的发展历程，从最初引进吸收，到实现国产化，定径水口的氧化锆含量伴随着中间包连铸时间的延长而从 65%、75%、85%、95% 而逐步提高。经过几十年的发展，国产定径水口已经完全取代进口产品，使用寿命从最初 2~3h 提高到目前的 48h 以上。

6.1.5　定径水口结构的发展历史

在国内，定径水口发展的早期所谓普通型锆质定径水口，是指水口锆质镶嵌体中 ZrO_2 含量小于 85% 的定径水口，定径水口结构经历整体式、复合式、镶嵌式和振动成型锆质水口四种结构的演变[7]。

（1）整体式定径水口。整体式定径水口整个水口由同一种材料制成，其特点是：水口整体性好，使用安全可靠；氧化锆原料用量大，生产成本高。结构示意图如图 6-4a 所示。

（2）直接复合式定径水口。本体由锆英石组成，在定径水口的出口端，直接复合一层锆质复合体（氧化锆含量为 72%~78%），与水口的本体一次成型，经高温烧制而成，如图 6-4b 所示。该水口的特点是：降低了氧化锆原料质量，生产成本较低；由于水口本体和锆质复合体是直接复合在一起的，使用时不会发生脱落现象，使用安全可靠。

（3）镶嵌式锆质定径水口。镶嵌式锆质定径水口本体和锆质镶嵌体分别制作，然后用耐火泥将两者黏结在一起，如图 6-4c 所示。该水口特点是：生产成本较低；热稳定性比直接复合定径水口好；但也存在长时间使用时会出现锆芯脱落的风险。

（4）振动成型锆质定径水口。振动成型锆质定径水口由锆芯、浇注料本体和铁皮套组成，锆芯由锆英石和氧化锆组成，水口本体为高铝浇注料，如图 6-4d 所示。该水口的特点是：水口锆质镶嵌体事先做好，然后水口锆质镶嵌体、高铝浇注料装入铁皮套内，用振动浇注法成型；成型好的水口只需要烘干，无须烧成即可使用，生产成本低；水口的锆质镶嵌体和水口本体直接结合，不易脱落。

目前，随着快换技术的应用，定径水口外形结构根据所用快换系统的不同发生了显著的变化，而结构类型基本上采用镶嵌式和振动成型两种为主，常用定径水口结构如图 6-5 所示。随着连铸技术的发展，通过振动浇铸方法在定径水口芯

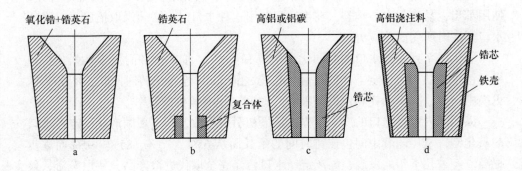

图 6-4　锆质定径水口结构演变示意图

和铁壳之间浇注浇注料而成型的快速更换定径水口得到越来越广泛的应用，典型
代表为维苏威 CNC 快换系统采用的如图 6-5e 所示的结构形式[8]。

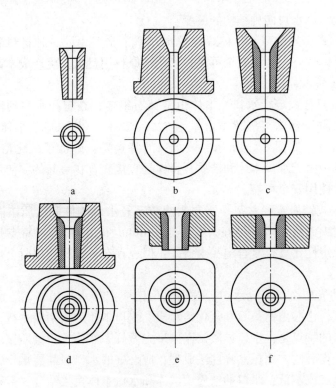

图 6-5　定径水口常见的结构形式

a—定径水口芯；b—整体水口；c—镶嵌式定径水口；d—快换上水口；e，f—快换下水口

6.2 定径水口结构设计

6.2.1 定径水口设计依据

早期的锆质定径水口外形尺寸与流钢孔内径已形成一个约定俗成的标准，锆质定径水口外形尺寸如图 6-6 所示，锆质定径水口的流钢孔的直径 ϕD 与其对应的 ϕD_1 尺寸关系如表 6-3 所示[9]。

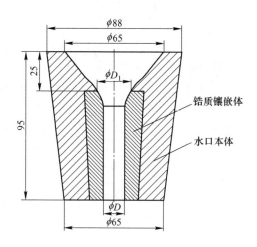

图 6-6 定径水口外形结构图（单位：mm）

表 6-3 流钢孔 ϕD 与其对应的 ϕD_1 尺寸关系　　　　　　　　（mm）

项目	ϕD 和 ϕD_1 的对应关系								
ϕD	12.0	12.5	13.0	13.5	14.0	14.5	15.0	15.5	16.0
ϕD_1	19.0	19.5	20.0	20.5	21.0	21.5	22.0	22.5	23.0

行业内通常认为锆质定径水口的设计，主要需要考虑以下几个方面：

（1）对于已约定的标准型锆质定径水口，其外形和流钢孔 ϕD 的尺寸已确定，只需对锆质镶嵌体进行设计即可。锆质镶嵌体的设计比较简单，首先根据小方坯结晶器的断面尺寸，选择相应的锆质镶嵌体的流钢孔出口内径 ϕD，则对应的 ϕD_1 尺寸已定，锆质镶嵌体下端的外径为 $\phi D + (12 \sim 16)\,\mathrm{mm}$，上端的外径为 $\phi D_1 + (15 \sim 20)\,\mathrm{mm}$。

（2）关于快换上水口和下水口，目前还没有一个规范的形状尺寸，对于上水口和下水口的设计，其外形尺寸要根据所用的快换系统来确定。

锆质镶嵌体的结构普遍采用如图 6-7 所示：上部近似流线型，起接受钢液及将钢流引入定径段的作用。当钢流通过时，阻力小，流量大，不产生漏钢，扰动性小，可改善制品的耐冲刷性能；水口下部较长部位为定径段，在钢流整流后可引导钢流匀速地流入结晶器[10]。

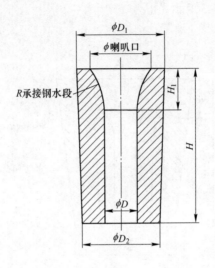

图 6-7　锆质镶嵌体外形结构图

锆质镶嵌体的流钢孔出口内孔 d 可根据式 6-1 确定[11]：

$$d^2 = \frac{4abv}{c\pi\sqrt{2gh}} \tag{6-1}$$

式中，d 为中间包定径水口直径；a、b 分别为结晶器内腔横断面的宽度和厚度；v 为拉坯速度；c 为系数，$c=\lambda\beta$；g 为重力加速度；h 为中间包液面高度。

可以看出，在设计定径水口直径时，要考虑到连铸参数如铸坯宽度、厚度、拉坯速度、中间包液面高度等因素，钢种也是影响直径设计的因素之一。由上式还可以看出，在其他条件不变的情况下，定径水口直径的增加会使拉坯速度增加，说明在使用过程中水口直径的扩大会导致拉坯速度的增加，而如果保持拉坯速度不变，那么降低中间包液面的高度是唯一可行的保持浇铸进行的方法。在实际操作中对于快换水口，上水口设计依据确定相对较大的孔径，而下水口会根据调整拉速的需要或用于开浇的目的，而设计相对较多的孔径规格。一般下水口的孔径尺寸均小于上水口孔径。

6.2.2 定径水口特形设计

基于一些特殊使用要求和使用特性，设计者对定径水口进行了一些特形设计，如防旋流定径水口的设计和复合控流型水口的设计。

防旋流定径水口的设计：为防止浇铸过程中液面出现漩涡卷渣，影响正常浇铸过程，不少厂家对定径水口进行了防旋流的特形设计，在钢水入口设计防旋流导向槽，有效避免了旋流的产生，其结构示意图见图6-8a。

复合控流型水口的设计：水口的本体（外套）为高铝质或铝碳质，整个碗部为锆质或碗口内部为锆质，内芯由多节锆质管组成。水口的本体与所有的锆质部件由耐火泥粘接组成，如图6-8b所示。

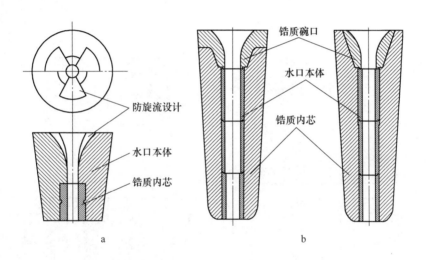

图 6-8　定径水口的特形设计示意图
a—防旋流定径水口；b—复合控流型定径水口

6.2.3 长寿命的设计思路

目前快换水口下线原因往往在于工作面抗钢水冲刷和侵蚀性差有关：下水口下线往往因上水口扩径超过下水口锆质材料的范围，常见的下线实物如图6-9所示。设计者们借鉴滑板领域常用的设计思路，加强工作面材料抗钢水侵蚀性和冲刷性，将上下水口的设计进行了重新设计，使其工作面处锆质材料的使用面积增大，改进前后的设计如图 6-10 所示。

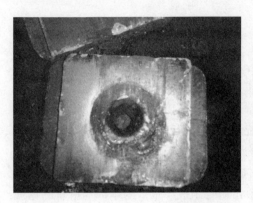

图 6-9 下水口常见的下线实物图

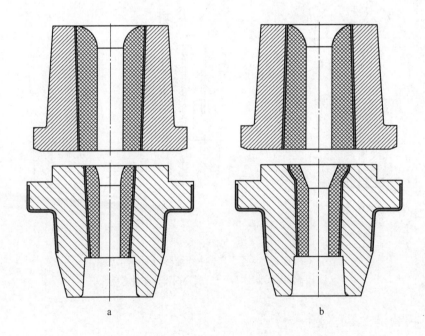

图 6-10 快换水口结构设计演变

a—常规设计；b—长寿命设计

针对一些特种钢连铸和生产节奏不够流畅需经过多次"堵流-烧氧开流"操作的特殊使用要求，耐火材料科技工作者一方面将氧化锆含量尽可能地提高到

97%以上，降低稳定剂含量，不仅能满足热震稳定性的要求，还能满足钙处理钢、高锰钢、合金钢等温度高、侵蚀性强的使用条件和多次烧氧开浇等。另一方面，对锆芯进行整体加长设计，最长的水口芯达到150mm的高度。实践证明，加长的水口芯设计确实起到延长使用寿命的作用，其重要影响在于高速钢流的通道上对钢水进行了有效的整流作用，钢水在上下水口工作面处形成的旋流冲刷作用被大大减弱。

6.3 定径水口生产工艺

6.3.1 生产原料[12~17]

6.3.1.1 锆英石

锆英石又称锆石，化学组成（$ZrO_2 \cdot SiO_2$）：ZrO_2 67.1%，SiO_2 32.9%。天然锆英石常含有：R_2O_3 0~3%，ThO_2 0~2%，HfO_2 0.5%~3%，P_2O_5 微量~3%。

锆英石的热导率较低，在100℃时为6.7W/(m·℃)，400℃时为5.1W/(m·℃)，1000℃为4.2W/(m·℃)。线膨胀系数较低，在1100℃时为4.6×10^{-6}/℃。锆英石晶体无色，但常被杂质染成黄绿、棕、褐、红、紫色等。硬度为7~8度，真密度为4.68~4.70g/cm³，熔点为2550℃，加热至1750℃不收缩。

锆英石是ZrO_2-SiO_2二元系中唯一的化合物，它在1676℃分解，纯锆英石耐火度在2000℃以上，随杂质含量的增多，耐火度亦相应降低。锆英石在高温下仅靠固相扩散作用，其烧结速度非常缓慢，难以充分烧结。在锆英石中加入某些氧化物可以促进其烧结，如Na_2O、K_2O、CaO、MgO、ZnO、B_2O_3、Fe_2O_3、Y_2O_3、NiO、TiO_2等对促进烧结非常有效，显著降低气孔率，但在使用时应尽可能选择对分解影响较小的氧化物。

锆英石精矿的分类和技术条件（YB 834—1987）见表6-4，国内外产锆英石精矿的化学成分见表6-5。

表6-4 锆英石精矿分类和技术条件（YB 834—1987）

品级	化学成分(质量分数)/%					
	二氧化（锆+铪）不小于	杂质，不大于				
		TiO_2	Fe_2O_3	P_2O_5	Al_2O_3	SiO_2
特级品	65.50	0.30	0.10	0.20	0.80	34.00

品级	化学成分（质量分数）/%					
	二氧化（锆+铪）不小于	杂质，不大于				
		TiO_2	Fe_2O_3	P_2O_5	Al_2O_3	SiO_2
一级品	65.00	0.50	0.25	0.25	0.80	34.00
二级品	65.00	1.00	0.30	0.35	0.80	34.00
三级品	63.00	2.50	0.50	0.50	1.00	33.00
四级品	60.00	3.50	0.80	0.80	1.20	32.00
五级品	55.00	8.00	1.50	1.50	1.50	31.00

表 6-5   国内外产锆英石精矿的化学成分   （%）

产地	灼减	ZrO_2	SiO_2	TiO_2	Al_2O_3	Fe_2O_3	CaO	MgO	Na_2O	K_2O	总计	杂质
中国	0.30	66.25	32.50	0.33	0.37	0.16	0.50	0.02	0.01	0.01	100.00	0.95
澳大利亚（东部）	0.16	67.02	32.38	0.08	0.25	0.07	0.01	0.01	0.01	0.01	100.00	0.44
澳大利亚（西部）	0.24	65.37	33.42	0.29	0.62	0.06	0.05	0.01	0.06	0.02	100.14	1.11
印度	0.24	67.27	31.98	0.13	0.20	0.08	0.03				99.93	>0.44
斯里兰卡	0.14	66.28	32.76	0.30	0.34	0.12	0.02	0.01	0.02	0.01	100.00	0.83
马来西亚	0.44	68.90	26.02	1.92	1.59	0.57	0.17	0.04	0.09	0.06	99.80	4.44
美国		62.50	35.00	1.75	0.12	0.10	0.10	0.10	0.05		99.62	2.12

    锆英石是早期普通锆质水口的主要原料之一，但由于锆英石易分解的特性，极大地影响了其抗侵蚀性能，并且浇铸含有［Mn］的钢种可能会出现如下反应：

$$ZrSiO_4 \longrightarrow ZrO_2 + SiO_2 \qquad\qquad (6\text{-}2)$$

$$2[Mn] + SiO_2 \longrightarrow [Si] + 2[MnO] \qquad (6-3)$$

以锆英石为主要材料的普通锆质水口均存在抗侵蚀性差、容易扩孔和使用寿命较低的问题，不能满足中间包长寿命的需求。目前，锆英石原料仅使用在与塞棒配合控流水口中的锆碗部位以降低原料成本，此部位 ZrO_2 含量为 80%。

6.3.1.2 斜锆石

斜锆石是唯一含游离氧化锆的天然含锆矿物。因 1899 年在巴西的卡尔达斯发现了斜锆石的大型矿床，故也将斜锆石称为巴西石。斜锆石的化学式为 ZrO_2，天然斜锆石一般含 ZrO_2 75%~95%。斜锆石的主要产地是巴西和南非，其他地方发现很少，在我国未见报道。斜锆石属单斜晶系，矿石为不规则的块状，晶体呈小板状。颜色自黄色、褐色到黑色，莫氏硬度为 6.5，相对密度为 5.7~6.0。斜锆石为 ZrO_2 的低温稳定相，将斜锆石加热至 1170℃ 时它转化为四方 ZrO_2 并产生 7% 左右的体积收缩；再继续加热，至 2370℃ 时转化为立方 ZrO_2。

斜锆石在原矿中的品位很低，必须经选矿提纯后才能使用。先将原矿破粉碎，用球磨机进行湿法磨细，以浮选的方法将含铜矿物分离出来。尾矿用水清洗后，用磁选机选别磁铁矿等磁性物。非磁性矿物再经若干次浮选，就能使含铜矿物和磷灰石彻底分离。将剩余的尾矿用离心式选矿机将其中硅砂分离而得到斜锆石、铀和钍的氧化物等组成的重矿物混合砂。最后再根据它们相对密度和磁性的差异，利用磁性和酸化的办法将其中的组分分离，水洗和筛分后得到含 ZrO_2 96%~98% 的斜锆石精矿。斜锆石精矿的化学成分及粒度组成见表 6-6。

表 6-6　斜锆石精矿的理化指标

级　别		A 级	B 级	粒度组成
化学组成/%	$ZrO_2 + HfO_2$	98	99	+60 目，3.8%
	TiO_2	0.4	0.2	+100 目，11.5%
	Fe_2O_3	0.5	0.2	+150 目，25.4%
	SiO_2	0.3	0.2	+200 目，25.8%
	CuO	0.1	0.1	+230 目，10.0%
	P_2O_5	0.1	<0.1	+325 目，19.4%
	HfO_2	1.5~1.9	1.5~1.9	−325 目，4.1%

普通锆质水口常利用斜锆石来提高氧化锆含量，有利于提高定径水口的抗冲刷性能。同时利用斜锆石单斜晶体的变化在微观区域中形成微裂纹结构，削弱了热冲击时所产生的热应力，提高了材质的韧性，从而改善了热震稳定性。

6.3.1.3 氧化锆

世界上所使用的 ZrO_2 大部分是由锆英石提炼而得到的。从锆英石（$ZrSiO_4$）中提炼 ZrO_2 主要有两种方法：化学法（碱金属氧化物分解法）和电熔法（还原熔融脱硅法）。前者工艺复杂，制得的 ZrO_2 纯度高，但价格较贵，一般在特种陶瓷中使用；后者生产较容易，成本低廉，适合规模生产，ZrO_2 含量可达 95% 以上，能满足耐火材料行业的需求。

A 氧化锆的基本性质

二氧化锆是高熔点金属氧化物，分子式为 ZrO_2，相对分子质量为 123.22，熔点为 2715℃，软化点在 2390~2500℃之间，沸点约为 4300℃，莫氏硬度为 7，密度为 5.65~6.27g/cm³，20~1000℃ 的平均线膨胀系数为 $10×10^{-6}$/℃，1000℃ 热导率为 2.30W/(m·K)。

纯氧化锆为白色粉末，含有杂质时略带黄色或灰色，含二氧化铪杂质。由于二氧化锆具有耐磨、耐高温、耐腐蚀、不导电、不导磁等特性，同时具有金属相近的线膨胀系数，又是氧化物中唯一具有与钢及其他有马氏体相变的合金相似性的材料，使得氧化锆具有许多重要的用途。

氧化锆具有三种不同的晶体结构：低温相 $m\text{-}ZrO_2$、中温相 $t\text{-}ZrO_2$ 和高温相 $c\text{-}ZrO_2$，高温下的氧化锆属于立方萤石结构，$t\text{-}ZrO_2$ 相当于萤石结构沿着 c 轴伸长而变形的晶体结构，$m\text{-}ZrO_2$ 则是 $t\text{-}ZrO_2$ 沿着 β 角偏转成一个角度而形成的，如图 6-11 所示。

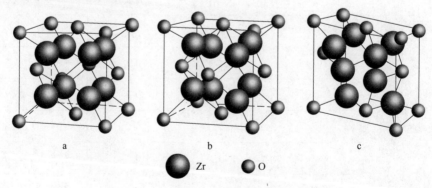

图 6-11 三种不同的氧化锆晶体结构
a—立方氧化锆；b—四方氧化锆；c—单斜氧化锆

三种晶型的线膨胀系数各不相同，如表 6-7 所示，单斜氧化锆的最小，立方氧化锆的最大，即 $\alpha_m < \alpha_t < \alpha_c$。这是因为材料的热容、导热及热膨胀等热学性能，都与原子的热震动有关，即直接取决于晶格的振动。在只考虑材料相组成的前提下，对氧化锆而言，由于立方相的晶格结构最为简单，原子的热振动相对容易，而单斜相结构最为复杂，原子的热振动相对困难，因此必然有 $\alpha_m < \alpha_t < \alpha_c$。

表 6-7　二氧化锆不同晶体结构的基本性质

晶型结构	线膨胀系数/℃$^{-1}$	密度/g·cm^{-3}	稳定的温度范围/℃
单斜晶体(m)	6.5×10^{-6}	5.68	<1170
四方晶体(t)	11×10^{-6}	6.10	1170~2370
立方晶体(c)	$(11 \sim 12) \times 10^{-6}$	6.27	2370~2715

B　氧化锆的晶型转变

氧化锆三种晶型随温度的变化存在一个可逆的相变过程，转变关系如图 6-12 所示。其中四方相向单斜相的相变为马氏体相变，由 G. M. Wolten 最早指出，该相变在氧化锆材料的研究中具有特别重要的意义。

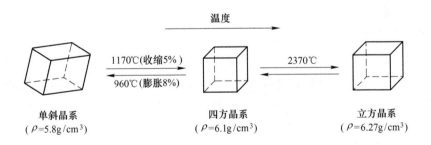

图 6-12　三种氧化锆晶型转变示意图

由单斜转化为四方晶形是可逆的，且体积收缩 7%。即升温时收缩，降温时膨胀。但单斜向四方正向转化始于 1170℃，而反向转化是在 1000~850℃之间，由于单斜相晶核形成困难，晶相转变会出现温度滞后现象。ZrO$_2$在不高于 1000℃时为单斜晶系，在高于 1000℃时为四方晶系。

图 6-13 是不同氧化锆的热膨胀性能，纯单斜相氧化锆的线膨胀系数虽然较小，但其线膨胀具有显著的各向异性，而且还存在相变的问题；四方相氧化锆虽

然轴向膨胀有所区别，但相差不大，近似于直线关系，$\alpha_a = 13.3 \times 10^{-6}/℃$，$\alpha_c = 15.2 \times 10^{-6}/℃$，因此膨胀均匀性较好，不会发生突变和脆裂；立方 ZrO_2 的热膨胀是沿单轴进行的，并且随着温度的增加而增加；部分稳定 ZrO_2 的热膨胀介于单斜和四方相之间。

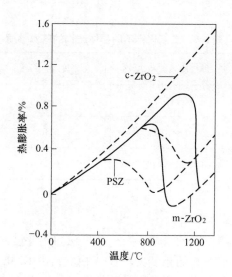

图 6-13　氧化锆的热膨胀曲线

C　氧化锆的稳定化

ZrO_2 稳定化是将四方晶格重建成在任何温度下都稳定的立方晶格，在晶格重建的同时，产生了由稳定剂和 ZrO_2 组成的固溶体，这些固溶体为溶解度有限的置换固溶体，它是由某些阳离子半径和 Z^{4+} 离子半径（0.087nm）相近的氧化物形成的。常见稳定剂是稀土或碱土氧化物，而且只有离子半径与 Zr^{4+} 半径相差不超过 40% 的氧化物才能作为 ZrO_2 的稳定剂。其中较常用的是 Y_2O_3、MgO、CeO_2、CaO。目前稳定机理还不十分清楚，一般解释为：Y^{3+}、Mg^{2+}、Ce^{4+}、Ca^{2+} 等稳定剂的阳离子在 ZrO_2 中具有一定的溶解度，可以置换其中的 Zr^{4+} 而形成置换型固溶体。

不同稳定剂稳定氧化锆，其实质大致相同，但经它们稳定后性能却不尽相同，且相同稳定剂，添加量不同获得的性能也存在较大差别。因此，选择合适的稳定剂和加入量对氧化锆材料性能至关重要。

D　氧化锆的增韧机理

氧化锆增韧机理有相变增韧、微裂纹增韧和弥散增韧，几种增韧机理并不互相排斥，但在不同条件下有一种或几种机理起主要作用。

（1）相变增韧。当部分稳定的氧化锆存在于陶瓷基体中时，即存在单斜→四方的可逆相变特性，晶体结构的转变伴随着 3%～5% 的体积膨胀。ZrO_2 颗粒弥散在其他陶瓷（包括 ZrO_2 本身）基体中，由于两者具有不同的线膨胀系数，烧结完成后，在冷却过程中，ZrO_2 颗粒周围则有不同的受力情况，当它受到基体的压抑，ZrO_2 的相转变也将受到压制。ZrO_2 还有另外一个特性，其相变温度随颗粒尺寸的降低而下降，一直可降低到室温或室温以下。当基体对 ZrO_2 有足够的压应力，而 ZrO_2 的颗粒也足够小，则其相变温度可降至室温以下，这样在室温时可保持四方相。当材料受到外应力时，基体对 ZrO_2 的压抑作用得到松弛，ZrO_2 颗粒即发生四方相到单斜相的转变，并在基体中引起微裂纹，从而吸收了主裂纹扩展的能量，达到增强断裂韧性的效果，这就是 ZrO_2 的相变增韧。

（2）微裂纹增韧。部分稳定氧化锆陶瓷在四方相向单斜相转变时出现体积膨胀而导致发生微裂纹。这样不论是 ZrO_2 陶瓷在冷却过程中产生的相变诱发微裂纹，还是裂纹在扩展过程中在其尖端形成的应力诱发相变导致的微裂纹，都将起着分散主裂纹尖端能量的作用，从而提高了断裂能，称为微裂纹增韧。

（3）弥散增韧。主要是在陶瓷基中加入第二相 ZrO_2 粒子，这种颗粒在基质材料受拉伸时阻止横向截面收缩。而要达到和基体相同的收缩，就必须增大横向拉应力，这样就使材料消耗了更多的能量，起到增韧作用。同时高弹性模量的颗粒对裂纹起钉扎作用，使裂纹发生偏转绕道，耗散了裂纹前进的动力，也起到增韧作用。另外，颗粒的强化在于颗粒和基体的热膨胀失配，使外加载荷重新分配，提高承载能力，防止基体内位错运动，达到强化增韧的目的。

E　氧化锆的合成方法

a　化学法（碱金属法）

将锆英石精矿粉加入到高热苛性钠中，反应生成锆酸钠。将锆酸钠用浓盐酸洗涤，可制得氧氯化锆（$ZrOCl_2 \cdot 8H_2O$）。氧氯化锆可溶解在水中，加入氨水使之生成 $Zr(OH)_4$ 沉淀。$Zr(OH)_4$ 经灼烧即可得到氧化锆。其化学式如下：

$$ZrSiO_4 + 4NaOH \longrightarrow Na_2SiO_3 + Na_2ZrO_3 + 2H_2O \qquad (6\text{-}4)$$

$$Na_2SiO_3 + 4HCl \longrightarrow ZrOCl_2 + 2NaCl + 2H_2O \qquad (6\text{-}5)$$

$$ZrOCl_2 + 2NH_4OH + H_2O \longrightarrow Zr(OH)_4 + 2NH_4Cl \qquad (6\text{-}6)$$

$$Zr(OH)_4 \longrightarrow ZrO_2 + 2H_2O \uparrow \qquad (6\text{-}7)$$

也可将锆英石与苛性钠或纯碱熔融而得到锆酸钠，加水浸析，除去溶液，再将沉淀物（含 $Zr(OH)_4$、Na_2SiO_3、Na_2ZrO_3 与未分解物等）加盐酸或硫酸进行酸浸析，除掉沉淀，再加氨水制得 $Zr(OH)_4$。另外，将锆英石加碱土金属氧化物或碳酸盐，经焙烧生产锆酸钙，再用盐酸煮沸除去杂质，也可得到氧化锆。

　　b　电熔法制备氧化锆

　　以电熔法从锆英石中制取或提纯氧化锆（脱硅锆）或稳定氧化锆。稳定或半稳定氧化锆是在电熔时加入一定量的稳定剂，制备方法分为一次电熔法和二次电熔法，如图 6-14 所示。

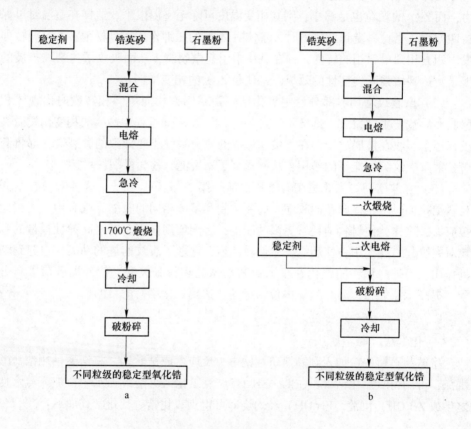

图 6-14　电熔法提取氧化锆工艺流程
a——一次电熔法；b—二次电熔法

　　（1）一次电熔法。将锆英石、石墨粉和稳定剂按一定配比，放入刚玉衬和刚玉球的球磨机中混合细磨，研磨时间根据加料粒度大小而定，一般不低于 2h，混合料在电弧炉中采用埋弧法操作进行电熔。电熔时控制电流大于 2500A。电熔后经快速冷却，再在 1700℃ 温度下烧成脱碳，便可制成稳定的氧化锆。

　　（2）二次电熔法。将锆英石和石墨粉按一定配比进行混合细磨（操作方法同一次电熔法），在电弧炉中电熔，经快速冷却后再经过轻烧即可制成单斜型氧化锆。在单斜氧化锆中加稳定剂混合均匀后进行第二次电熔（操作方法同一次电熔法），冷却后即制成稳定型氧化锆。制取电熔氧化锆的反应式为

$$2ZrSiO_4 + C \longrightarrow 2ZrO_2 + 2SiO\uparrow + CO_2\uparrow \qquad (6-8)$$

锆英石在电弧炉中还原熔融是一种脱硅富锆的还原过程。在2700℃的电弧炉中，锆英石完全分解成液态的 ZrO_2 和 SiO_2；同时 SiO_2 又可分解为气态的 SiO 和 O_2，这是一个可逆反应。反应式如下：

$$ZrSiO_4 \longrightarrow ZrO_2 + SiO_2 \qquad (6-9)$$

$$2SiO_2 \longrightarrow 2SiO\uparrow + O_2\uparrow \qquad (6-10)$$

要想使液态的 SiO_2 分解为气态的 SiO 逸出炉外，达到与 ZrO_2 分离的目的，就必须促使反应向右进行。加入一定量的还原剂可以消耗氧气、降低氧分压，而促进反应进行。一般采用碳（鳞片石墨、热解石墨或者两者的混合物）作还原剂。碳还与溶体中的杂质如 TiO_2、Fe_2O_3 反应，生产 Fe、Ti 等，并与 Si 形成硅铁合金沉降于炉底，与炉中的富锆溶体分离，从而使 ZrO_2 得以富集。

电熔稳定氧化锆常见的品种有氧化钙稳定氧化锆、氧化镁稳定氧化锆、氧化钇稳定氧化锆和复合稳定氧化锆，不同稳定剂稳定的氧化锆性能有较明显的差异。

（1）氧化钙稳定氧化锆。

氧化钙是最常用的、稳定效果好的稳定剂。氧化钙的加入量（质量分数）为3%~8%，摩尔分数为10%~16%即可制成 ZrO_2-CaO 的固溶体。以 CaO 稳定的 ZrO_2，随 CaO 加入量的增加稳定相增加，但加入量在6%以上的已无明显的变化，氧化钙加入量的影响见表6-8。

表6-8　氧化钙含量对稳定氧化锆性能的影响

特　性	Z-0	ZC-1	ZC-2	ZC-3	ZC-4	ZC-6	ZC-8	ZC-13	ZC-20	ZC-25
CaO 含量(质量分数)/%	0	1	2	3	4	6	8	13	20	25
真密度/g·cm^{-3}	5.85	5.84	5.83	5.82	5.80	5.65	5.52	5.27	4.99	4.75
显气孔率/%	4.0	4.5	4.5	5.0	5.0	3.0	3.0	4.0	4.0	5.0

特　性		Z-0	ZC-1	ZC-2	ZC-3	ZC-4	ZC-6	ZC-8	ZC-13	ZC-20	ZC-25
矿物相	m-ZrO$_2$	VS	VW	S	S	VW	VW	VW	VW	VW	VW
	c-ZrO$_2$	—	VS	VS	VS	VS	VS	S	S	W	W
	CaZrO$_3$	—	—	—	—	—	—	—	VW	W	S
稳定度/%		0	10	23	53	—	100	—	—	—	—

注：以 X 射线衍射峰强度高低表示物相的相对含量：VS 为非常强，S 为强，W 为弱，VW 为非常弱。

（2）氧化镁稳定的氧化锆。氧化镁作为稳定剂一般加入量（质量分数）为 20%～25%，摩尔分数为 5%～15%，氧化镁加入量的影响见表 6-9。

表 6-9　氧化镁含量对稳定氧化锆性能的影响

特　性		Z-0	ZM-5	ZM-15	ZM-24	ZM-40	ZM-50	ZM-60	ZM-70	ZM-80	ZM-90
MgO 含量(质量分数)/%		0	5	15	24	40	50	60	70	80	90
真密度/g·cm^{-3}		5.85	5.70	5.40	5.02	4.78	4.42	4.15	4.05	3.92	3.72
显气孔率/%		4.0	3.8	4.0	4.0	4.5	4.0	4.5	4.0	4.0	4.5
矿物相	m-ZrO$_2$	VS	VW	S	S	VW	VW	VW	VW	VW	VW
	c-ZrO$_2$	—	VS	VS	VS	VS	VS	S	S	W	W
	方镁石	—	—	VW	VW	S	VS	VS	VS	VS	VS

注：以 X 射线衍射峰强度高低表示物相的相对含量：VS 为非常强，S 为强，W 为弱，VW 为非常弱。

（3）氧化钇稳定的氧化锆。氧化钇是氧化锆最好的稳定剂，氧化钇的加入量（质量分数）为 8%～13%，摩尔分数为 7%～12%，即可制成 ZrO$_2$-Y$_2$O$_3$ 的固溶体。当氧化钇加入量为 8% 时氧化锆可基本达到稳定，当加入 13% 时则达到全稳定状态，如表 6-10 所示。

表 6-10　氧化钇含量对稳定氧化锆性能的影响

特　　性		Z-0	ZY-4	ZY-6	ZY-8	ZY-13
Y_2O_3 含量（质量分数）/%		0	4	6	8	13
真密度/g·cm^{-3}		5.85	5.95	5.97	6.00	6.05
显气孔率/%		4.0	4.0	3.5	3.0	3.0
矿物相	m-ZrO$_2$	VS	VS	W	VW	—
	c-ZrO$_2$	—	S	VS	VS	VS
稳定度/%		0	25	76	98	100

注：以 X 射线衍射峰强度高低表示物相的相对含量：VS 为非常强，S 为强，W 为弱，VW 为非常弱。

（4）复合稳定氧化锆。在 ZrO_2-CaO 和 ZrO_2-MgO 固溶体配料中加入 1%~2% 的 Y_2O_3 即可显著提高其热稳定性。加入 3%~5% 可以使之完全不分解，而且具有很高的机械强度和较低的平均线膨胀系数。常见的电熔部分稳定氧化锆性能见表 6-11。

表 6-11　部分稳定氧化锆 PSZ 的物理性能

性　　能	Mg-PSZ	Ca-PSZ	Y-PSZ	Ca/Mg-PSZ
稳定剂(质量分数)/%	2.5~3.5	3~4.5	5~12.5	3
硬度/GPa	14.4	17.1	13.6	15
室温断裂韧性 K_{IC}/MPa·m$^{1/2}$	7~15	6~9	21.06	4.6
杨氏模量/GPa	200	200~217	210~238	—
室温弯曲强度 R_T/MPa	430~720	400~690	650~1400	350
1000℃线膨胀系数/K^{-1}	9.2×10^{-6}	9.2×10^{-6}	10.2×10^{-6}	—
室温热导率/W·(m·K)$^{-1}$	1~2	1~2	1~2	1~2

脱硅锆是电熔法制取氧化锆的一个品种。其特点是在电熔过程中不加稳定剂，而加入少量的助熔剂可降低溶体的高温黏度，利于喷吹成球，并起到加强脱

硅效果和降低铁、钛杂质的作用，典型电熔脱硅锆的化学成分如表 6-12 所示。由于脱硅锆中不加稳定剂，故常使用一次电熔法生产。

表 6-12　电熔脱硅锆的化学成分　　　　　　　　（%）

牌　号	化　学　成　分					
	ZrO_2+HfO_2	Fe_2O_3	TiO_2	SiO_2	Al_2O_3	CaO
SZA	≥90	≤0.08	≤0.2	≤2	≤7.0	—
SBT	≥98	≤0.08	≤0.2	—	≤1.5	<0.2
SBT2	≥98	≤0.04	≤0.2	—	≤1	<0.2
ZE	≥98	≤0.05	≤0.16	≤1	0.65~1.0	<0.2

我国电熔氧化锆生产企业主要集中在广东、福建、安徽、河南、辽宁、山东等省份，产能规模较大的主要有三祥新材、蚌埠中恒、郑州振中、英格瓷阿斯创、圣戈班陶瓷材料（郑州）、焦作科力达、东方锆业等。国外厂家主要有 Saint-Gobain（法国）、DFM（澳大利亚）、第一稀土元素（日本）、昭和电工（日本）等少数几个厂家。

6.3.2　定径水口生产过程

定径水口生产过程具体如下：

（1）配料。将各种氧化锆颗粒、粉料按一定比例准确称量，称量误差（质量分数）一般不得大于 0.5%。

（2）预混。颗粒级配严格，细粉含量多，为使粉料尤其是含量少的添加剂混合得更加均匀，在混料前常将细粉等用混料设备如球磨罐、锥形混料机等混合均匀，这样混出的细粉组分分布均匀，有利于烧结，减少裂纹的产生。高性能氧化锆定径水口常加入氧化锆微粉，混合时需将其混合均匀，因此细粉的预混尤为必要。生产过程中，若细粉混合不均匀的话，会引起热应力不均匀，从而导致制品的开裂（或龟裂）。

（3）混料。为将各种原料和结合剂混合均匀，经常采用强制式混练设备进行混练。首先将颗粒放到混料机中搅拌 3~5min，然后加入适量结合剂搅拌 3~5min，使结合剂均匀覆盖在颗粒表面；随后将称量好的细粉放入混练机中混练 10~15min 即可，混练过程中需注意清理粘在混练机底部和侧面的料，否则料可能会混得不均匀。

（4）成型。一般用机压成型，成型压力不宜过高，否则定径水口坯体容易开裂，成型用模具寿命短。定径水口长径比一般大于2，故成型时一般采取双面加压成型，可以提高坯体的致密度。

（5）干燥。在烧成之前，需将混合时结合剂引入的水分排出，使坯体具有一定的强度，便于装窑和烧成。干燥的升温曲线和最高干燥温度要合理，使水分均匀地排出，减少对坯体的破坏。

（6）烧成。将定径水口坯体装入高温窑内，按一定升温制度对坯体进行烧结处理。最高烧成温度视水口材料而定，一般大于1700℃。高温窑可以是梭式窑、隧道窑等。锆制品的性能主要靠固相烧结而产生陶瓷结合，烧成状况对制品性能的影响较大，烧成温度适宜，制品烧结良好，气孔率低，致密度高，抗侵蚀性强；温度过高或过低，产品性能就难以达到使用要求。

（7）拣选。烧成后的定径水口要进行拣选，拣选项目包括水口尺寸偏差、缺棱深度、裂纹大小、熔洞、变形等情况，定径水口芯内孔是检查的主要对象。

（8）黏结装配。将水口芯和水口外套用火泥进行黏结，然后进行干燥，准备运到钢厂进行使用。过去供应的往往是单一材料定径水口，但是近年来，许多顾客出于节约成本的目的更青睐复合水口。迪胜公司首创复合水口制造方法，使得水口制造过程中无须采用火泥勾缝，而是采用嵌件和按压外套。这种制造方法使得整个系统内嵌件和外套之间没有漏钢的风险，非常可靠。

（9）快换水口一般表面都需要涂抹滑板油，便于滑动的顺畅，有两种方法：1）喷涂滑板油；2）涂刷滑板油。前一种工作效率慢，还需要对锆芯的内孔进行封堵，而后一种工作效率极高，不需要对内孔进行封堵。一般滑板生产厂家也是进行涂刷处理。

6.4 定径水口的使用与维护

6.4.1 常见事故及防止措施

6.4.1.1 爆裂或开裂

定径水口发生爆裂或开裂的主要原因是因为定径水口热震稳定性不良，经受高温钢水的冲击所产生的热应力常常超过定径水口本身的强度，导致裂纹产生，随着裂纹的贯穿，定径水口内层的氧化锆层发生剥落。提高定径水口热震稳定性，除了对技术方案进行合理的调整和设计外，适当地进行热处理也是提高热震稳定性的必要手段。同时，对水口设计时，采取镶嵌薄壁水口芯也是有效手段之一。

对于锆英石质水口而言，开浇时定径水口爆裂主要是由内芯部位的单斜氧化锆在受热过程中相变引起的。有时在浇铸到相当长一段时间后，也会发生水口开裂的现象，这主要是由于本体中的锆英石在受热过程中到 1540℃ 左右发生分解，生成单斜氧化锆和 SiO_2 玻璃体，在有杂质的情况下，分解温度降低，在浇铸一段时间后，水口内部温度达到了分解温度，使之发生开裂。预防措施是在使用定径水口前，应充分预热、烘烤；另外，提高水口的氧化锆含量。

另外，定径水口烘烤不良和因受潮而未充分干燥也是水口爆裂或开裂的原因之一。对水口上线前采取合适的烘烤制度是保证安全使用的有效手段。如乔治汤钢铁公司和北美耐材公司为改善 ZrO_2 水口的热震性，在一般材质的座砖内镶嵌高 ZrO_2 含量、高密度的薄壁水口，同时设计了合理的水口烘烤制度，创造了连铸 129 炉 9411t 钢纪录[18,19]。

6.4.1.2 水口孔径扩大

无论是普通锆质定径水口还是氧化锆定径水口，在使用过程中都存在扩径问题，只是扩径速度不同。

（1）锆质定径水口扩径的主要问题是：水口工作面的锆英石与钢水及钢水中的氧化物（夹杂物，如 CaO、MgO、Al_2O_3、SiO_2 等）反应而分解，并生成非常细小的氧化锆颗粒和多元液相而随钢水流走。

（2）氧化锆定径水口扩径的原因主要是：氧化锆中的稳定剂与钢水中的 Fe、Mn 和夹杂物等成分反应而脱溶，并导致氧化锆结构的破坏。

（3）这两类水口在使用时，水口内部的组织结构会遭到破坏，当材料的结合强度不足以抵抗钢水的冲刷时，位于水口工作面的颗粒和细粉就会被钢水冲刷走，并造成水口扩径。

（4）在开浇引流或因水口结塞时，要对定径水口进行烧氧处理，在烧氧过程中，很容易使定径水口扩径或变形，导致拉速过快或主流偏移，影响生产。

6.4.1.3 水口结瘤堵塞

浇铸高碳硅镇静钢定径水口内孔产生结瘤，结瘤物主要是 SiO_2 以及（Ca、Si、Mn、Al、Mg、Zr）O_x 的复合物。文献报道[20,21]通过采取合理控制钢水成分、精炼时间、净吹氩时间以及钢水过热度等措施，减少了中间包水口结瘤现象，连浇炉数提高了 47%，提高了铸坯的质量。

6.4.2 快速更换系统的应用

随着中间包内衬材料的发展，干式工作衬的使用寿命可达 70h 以上[22]，而单一控流的定径水口的寿命不足 20h，定径水口已成为连铸中间包寿命提高的"瓶颈"。为此，国内外普遍采用定径水口快换系统，可在不断流的情况下，以极短时间（<1s）内实现下水口的快速更换。

定径水口快换系统的工作原理与滑板类似，由上下两块水口组成，在工作状态下，上下两块水口的内孔中心线重合，以保证正常的钢水流通量。浇铸一定时间后，当拉速超过规定范围时，通过更换下水口使拉速保持稳定，不会对中间包钢水注流和结晶器内钢水液面产生不良影响，保证连铸坯质量和连铸操作的稳定。

快换水口的外形结构根据所采用的快换系统的不同而有较大的差异，目前国内外具有代表性的快换系统有：（1）康卡斯特水口调整系统（CNM）；（2）达涅利飞型水口更换系统（FNC）；（3）英特斯道普定径水口更换系统（MNC）；（4）黑崎播磨株式会社中间包水口在线更换系统（OTNC）；（5）维苏威校准水口更换系统（CNC）。虽然快换系统较多，但从更换方法上概括起来主要有两种方式：液压快速更换方式和手动快速更换方式。

（1）液压快速更换方式。正在使用的水口和备用水口在同一平面前后放置，由耐高温的弹簧支撑，用液压顶出的办法更换下水口；定径水口的快速更换采用特定的机械装置，装置内有一个尺寸精确的水口运行滑道。工作状态下的定径水口和备用定径水口均定位在滑道内。需要更换定径水口时，按动启动按钮，液压驱动装置在0.1s内推动备用下水口由备用位置滑向工作位置，原来工作的下水口被推出到收集位置，钢水通过新的下水口注入结晶器中，从而实现连铸过程中定径水口的快速更换。更换后，上下水口的中心线偏差小于0.1mm。液压快速更换工作原理示意图如图6-15a所示。

（2）手动快速更换方式。正在使用的水口和备用水口在同一平面扇形放置，机械固定，人工扳动更换，如图6-15b所示[23]。手动更换机构简单，分为底座、固定板、扇形板、弹簧压力调节器四部分。扇形滑板框内装有两块定径水口，移动扇形框的手柄，可以使扇形滑板框上其中一块水口的铸孔处于工作状态，而另一块水口已移动到装置的另一侧空间，这时可以更换移出的水口砖。该装置的特点为：1）装置结构合理，构造简单，维护方便，劳动强度低；2）采用独特的弹簧压力调节器，对水口有一定的预压力，能在不断流的情况下迅速更换新的水口砖。

我国于20世纪90年代，莱钢在国内率先攻克定径水口快速更换难题，实现了连铸中间包定径水口快速更换与中间包长寿技术，从而开展国内定径水口快换系统的应用热潮。国内不少钢厂通过定径水口快速更换系统的应用实践证明[24,25]：（1）应用快速更换定径水口技术，可避免水口侵蚀过大造成的拉速过快及漏钢事故；（2）提高单包连浇炉数，减少中间包余钢，提高铸坯收得率和铸坯质量，达到了降低成本增加效益的目的；（3）可以实现快速停浇、重新开浇和浇铸过程中更换不同孔径的定径水口，以适应浇铸后期钢水温度、流动性与

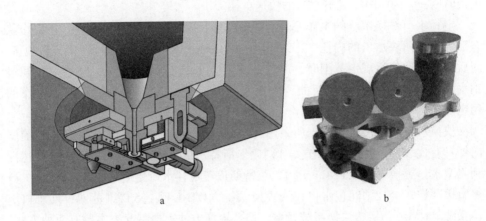

图 6-15　常见的两种快换水口更换方式
a—液压快速更换；b—手动快速更换

拉速的最佳匹配及与炉前钢水供应的匹配，促进生产组织的均衡稳定；（4）提高中间包使用寿命，减少中间包衬材料、烘包能源、砌包人力等的消耗。

　　然而快速更换系统也不是无限制地连续使用，虽然下水口可以更换，但上水口不能更换，长时间使用后上水口也会由于扩径太大而不能继续使用；另外，高温弹簧长时间使用后，也会由于弹性不一致而导致下水口不能很好地与上水口保持水平接触而造成漏钢。

　　快换系统常存在弹簧失效、底板变形、上下水口不对中等问题。

　　（1）弹簧失效。定径水口快速在线更换装置上用于压紧上、下两个水口的6个弹簧，在高温环境下有时达不到性能要求，弹性力降低，导致上、下水口脱离接触，缝隙中有钢水渗出而被迫停止浇铸，因此在中间包水口时必须用专有工具对弹簧测压，保证压力在 1.5~2.3MPa 之间。考虑到一般钢种无保护浇铸，为保证弹簧能满足使用要求，可用机械弹簧代替气体弹簧。

　　（2）底板变形。定径水口快速在线更换装置底板在高温环境下出现不同程度的变形，导致上、下水口接触面不好，产生机构渗钢事故，对此应改进底板的材质和尺寸，同时拆下对其进行修平，以减少此类事故的发生。

　　（3）上下水口不对中。更换下水口时出现下水口推不到位，使上水口和下水口的中心线不能重合，影响钢水的流通量。出现此种情况主要是液压装置液压油不够及下水口滑道粘有钢渣未清理干净，通过加强液压装置的检查及更换下水口时用钢钎清理滑道和用压缩空气吹扫滑道或加润滑油，可消除此类事故。

6.4.3　中间包和水口烘烤制度

中间包包衬要进行烘烤，烘烤时间应不小于 3.5h，前 0.5h 小火烘烤，后 3h 大火烘烤，使包衬温度达到900℃以上。在开浇前 1h 用专用烧嘴烘烤水口，烧嘴距离中间包水口 30~50mm，将水口烘烤至 200~300℃ 即可；同时烘烤时火焰不可过长，防止烧坏水口机构和气体弹簧。备用水口在备用位置通过环境温度烘烤 30min 左右，保证水口烘烤温度达到 200~300℃。

为了改善高密度细粒氧化锆水口的热震性，乔治汤钢铁公司选用三种加热制度对不同水口进行加热，加热后在空气中冷却，其温度梯度和热应力指数见表6-13。

表 6-13　乔治汤钢铁公司选用三种加热制度[18]

加热制度	缓慢	中等	快速
加热时间/h	6	4	2
线膨胀率/%	0.72	0.92	0.92
水口上部温度/℃	400	488	187
水口下部温度/℃	990	1197	1251
顶底温度差/℃	590	709	1064
热应力指数	425	652	979

可见，加热时间以中等（4h）为好，这时底部温度约为1200℃，顶部温度约为500℃，温度梯度和热应力指数都适中。加热太快，这两个数值都高，表明在加热时的相变不足。开浇前不能停止加热，以防在水口底部形成微裂纹。在微裂纹处开浇时钢水结瘤，使钢流发散。在加热时火焰一定要对准水口底部中心，要防止风吹使火焰摆动。

6.4.4　定径水口的引流方式

中间包水口烘烤后，使用前，应将其堵住。为了便于自动开浇，水口的引流方式如图 6-16 所示，有三种[26]：在定径水口下部用石棉填充水口（图 6-16a）；在定径水口上部填充引流砂，下部堵木塞（图 6-16b）；在定径水口上部堵木塞（图 6-16c）。

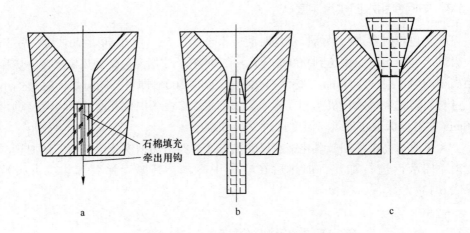

图 6-16　定径水口的引流方式示意图

　　此外，还可用金属锥（钢或铜质）将定径水口的下口堵住，从包内填充引流砂，并撒少量的 Ca-Si 或 Fe-Si 合金粉，浇铸时拔下金属锥待引流砂流出，即能自动开浇，简单方便。对于被迫停浇的水口，二次开浇时往往采用烧氧引流的方式，引流时氧气流尽可能地垂直向上，避免烧损水口内壁。

6.4.5　定径水口使用注意事项

　　定径水口使用过程中应注意如下事项：

　　（1）储存和搬运。

　　定径水口应存放于干燥通风的仓库内，保存期间塑料包装不能破坏，注意防潮。保存期一般不超过 6 个月。若长期在潮湿的空气中存放，使用前一定要烘烤。水口运输、装卸时应轻拿轻放，避免损坏。

　　（2）安装。

　　1）水口安装前检查，水口安装前应检查以下内容：

　　①检查水口是否有缺陷，有缺陷的水口不得投入使用；

　　②检查水口的孔径是否与要求的一致；

　　③检查水口与座砖的配合情况，两者之间的间隙不能过大。

　　2）水口安装：

　　①组装定径水口与座砖，在定径水口外侧均匀涂抹泥料，然后将定径水口垂直装入座砖内，要确保定径水口下平面与大座砖下平面平齐；

　　②在座砖底面与包壳接触面上涂抹泥料，将座砖放进包壳孔内，座砖要座平无偏斜；

③安装水口时保证水口对中；

④在座砖周围填入接缝料捣实；

⑤水口在安装过程中禁止用力猛击、敲打等。

3）水口烘烤。水口的烘烤与中包的烘烤同步进行。将中间包从修砌位调至浇钢平台的中包车上，并将中包车开至烘烤位，烘烤温度应大于900℃。

4）浇铸。将中间包车由烘烤位置开到浇铸位置，钢包滑动水口开浇后，正常情况下中间包定径水口自开。若不自开，则用氧枪引流开浇。不允许氧枪火焰直接对住水口芯内壁。浇铸过程中出现异常或停浇时需用堵眼锥堵住水口。

6.5 研究现状及发展趋势

目前连铸用功能耐火材料中，氧化锆质定径水口耐蚀性好，热震稳定性优异，可以满足多炉连浇的需要，提高连铸生产效率，降低生产成本。但随着高温出钢和钢水在钢包内停留时间延长以及采用炉外精炼技术等，对氧化锆质定径水口的质量、高温性能提出了更高的要求。

6.5.1 水口致密化的研究

从目前定径水口的发展趋势来看，提高定径水口使用寿命主要集中在提高氧化锆含量和致密度上，然而水口的致密度也是伴随着氧化锆含量的提高而增加。如英国 Dyson（迪胜特制陶瓷）ZPZ 系列 ZPZ LS 产品体积密度达到 $5.5g/cm^3$，ZrO_2+HfO_2 达到了 97% 的水平，在实际使用过程中有使用寿命超过 120h 的记录。

美国 Zircoa 公司开发了三种不同致密度氧化锆定径水口，图6-17 为三种产品的显微结构图，并比较了其使用寿命，如表6-14 所示，结果证明水口结构的致密化能够适应连续浇铸超过 24h 的使用场合，并进一步指出薄壁致密的氧化锆水口是当今的发展趋势。

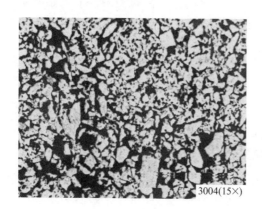
3004(15×)

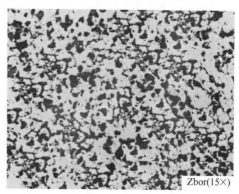
Zbor(15×)

DenZbor(15×)

图 6-17　美国 Zircoa 公司三种类型水口的显微结构图

表 6-14　美国 Zircoa 公司三种类型水口的性能

产品性能	3004	Zbor	DenZbor
气孔率/%	16~18	10~12	5
使用寿命/h	8~12	14~20	24 以上

　　袁安营等人[27]通过引入 15% 的纳米二次稳定的氧化锆并以 Y_2O_3+CeO_2 为复合稳定剂，制得体积密度高达 5.45g/cm³ 致密氧化锆水口。通过研究稳定剂对氧化锆材料的影响，得出 Y_2O_3 可促进试样的烧结，有利于试样致密度的提高，可显著降低显气孔率。

　　氧化锆耐火材料的气孔大小与熔体渗透距离之间存在密切关系，小气孔尺寸能抑制对氧化锆颗粒的扩散和浸润作用，还能减少渗透区的深度和阻碍钢和渣进一步的侵蚀。实践证明提高氧化锆定径水口致密度，降低气孔率是提高其使用寿命的有效途径之一。

6.5.2　热震稳定性的研究

　　抗热震性是衡量水口材料高温使用效果的一项重要指标，水口的热震稳定性差，是定径水口炸裂的重要原因。影响氧化锆陶瓷材料抗热震性的两个最重要因素是氧化锆的热膨胀行为和相变特征。通过改变 ZrO_2 的固溶组成和颗粒粒径分布来控制调整相变，一方面从宏观上改善材料的热膨胀行为，另一方面利用相变体积效应在材料内形成适量的微裂纹，提高材料的抗热震性能。

6.5.2.1 相组成的影响

相组成是决定氧化锆定径水口热震稳定性的重要影响因素，有关研究者实验证明[28]：由30%单斜相和70%立方相组成的氧化锆试样的热震稳定性最好，如图6-18所示。

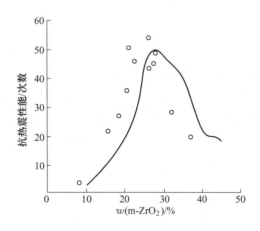

图 6-18 ZrO_2 相组成与热震稳定性的关系

文献［29，30］报道以斜锆石和电熔部分稳定氧化锆（PMD、PCD）为原料，通过合理控制颗粒级配和优化工艺参数，氧化锆的稳定化率达到70%左右，烧成温度为1720℃保温6h后，可得到热震稳定性不小于5次的锆质定径水口。

根据当前公认的理论，氧化锆中立方相/单斜相的比例为70/30时制品的热震稳定性最好，然而实际使用中制品热震稳定性并不是很理想，时常有炸裂现象发生。而文献报道[31]的结论是立方相的含量在30%（体积分数）左右时，氧化锆颗粒呈柱状结构并交错分布，样品耐压强度、抗热震次数分别可达立方相含量过大或者过小的2倍和42倍。文献［32］也认为适量增加单斜氧化锆的数量，制品的热震稳定性会有明显改善，但常温及高温强度都会有所下降。产生的原因是单斜锆在基质中经历烧成—冷却过程时会产生单斜—立方之间的相变，伴随有剧烈的体积变化，其数量越多，对结构的破坏就会越严重。当其数量较少时，会在基体中形成众多细小的裂纹，产生微裂纹效应，使得制品裂纹扩展受到抑制，这样就提高了热震稳定性。但微裂纹如果形成太多，就会产生结构缺陷而使基体的强度受到影响。

6.5.2.2 热处理的影响

合适的热处理工艺能够松弛材料裂纹尖端附近的集中应力，减弱应力场强度因子，增加脆断阻力，在一定程度上提高材料的性能。R. H. J. Hannink 等人[33] 很早就对 Mg-PSZ 在 1400℃热处理时间与显微结构的关系进行了较系统的研究。安胜利等人[34,35] 研究讨论了热处理后 MgO-PSZ 陶瓷的相变规律及其对热膨胀的影响。烧结温度和热处理条件对 MgO-PSZ 材料热膨胀特性的影响是明显的。在 460~830℃和 1150~1180℃产生的单斜→四方相变引起了体积收缩。当在合适的条件下热处理时，MgO-PSZ 陶瓷材料在 460~830℃产生体积收缩，导致线膨胀系数降低和在 1150~1180℃时的体积变化减小，这是改善 MgO-PSZ 陶瓷材料热震稳定性的重要原因。

通过 1100℃热处理调节部分稳定氧化锆材料中单斜相和四方相的比例，使其具有最佳的热震稳定性，热处理温度过高，热处理时间过长，会导致一部分 t 相转变为 m 相，导致强度下降，且对相变增韧作用不利。

此外，在水口生产制备过程中，采用缓慢降温，目的是保证水口不因降温速度过快而炸裂。根据氧化锆晶型转变特点可知，冷却时在 850~1000℃温度段，四方相会转变成单斜相。水口生产制备时，缓慢降温的过程恰好为四方相向单斜相转变提供了条件。然而四方相的缺失，使得四方相与单斜相之间的马氏体相变增韧作用减弱，影响水口的使用寿命。因此，生产过程中在保证水口不开裂的前提下，可适当加快降温速度以保证四方相的存在。

6.5.2.3 添加剂的影响

有研究表明[36] CeO_2 对氧化锆定径水口热震稳定性有较明显的影响，同时也得出氧化锆稳定化率在 70% 左右，且含有部分单斜氧化锆微晶时，制品的抗热震性能最好。

6.5.3 材料改性技术研究

陶瓷型氧化锆定径水口尽管使用寿命较长，但由于热稳定性差，使用时容易炸裂，在国外也未推广使用。日本学者[37] 最先通过表面改性的办法，将普通定径水口的工作面（内孔表面）致密化，由于气孔的微细化，减少了外来成分的渗透，抑制了由工作面内部的 ZrO_2 的脱离稳定化造成的细粒化。因此，在不降低水口热稳定性的情况下，表面改性的定径水口使用寿命可在原有基础上提高 1.4~1.5 倍。国内有报道[38] 以工业无机盐 $ZrOCl_2 \cdot 8H_2O$ 为前驱体，$CO(NH_2)_2$ 为水解促凝剂，通过溶胶-凝胶法对定径水口表面进行改性处理，烧后显气孔率从 20% 显著降低到 11%，表面致密化程度明显提高；同时发现改性后定径水口表面晶粒较大，烧结较好，结构致密。这些结构特征的改变都将有利于延长定径水口的连浇时间、连铸坯质量和连铸机的作业率。

田晓利等人[39]以溶胶-凝胶法制备的 Al_2O_3-ZrO_2 复合粉为原料制备定径水口试样，结果表明铝锆质定径水口烧成后，致密度高，颗粒之间结合紧密，形成部分刚玉-斜锆石弥散状镶嵌结构，具备优良的抗热震性能。用 Al_2O_3-ZrO_2 复合粉制备铝锆质定径水口，经 1650℃ 高温烧成后可以形成均匀的刚玉-斜锆石弥散状镶嵌结构，有利于提高材料的抗热震性能，延长使用寿命。

李翔等人[40]从氧化锆质定径水口的稳定剂入手，在氧化锆原料中添加 3%（质量分数）溶胶-凝胶法制备的 Al_2O_3-ZrO_2 复合粉对定径水口进行改性研究。复合粉中氧化锆形成柱状增强相结构，定径水口的力学性能和断裂韧性均得以提高，显气孔率显著降低，具有良好的抗侵蚀性和热震稳定性。

文献［41］通过添加 Al_2O_3-ZrO_2 复合粉改性陶瓷型和颗粒型两种定径水口，结果如图 6-19 所示：陶瓷型水口损毁的主要原因是热震稳定性差，其显微结构

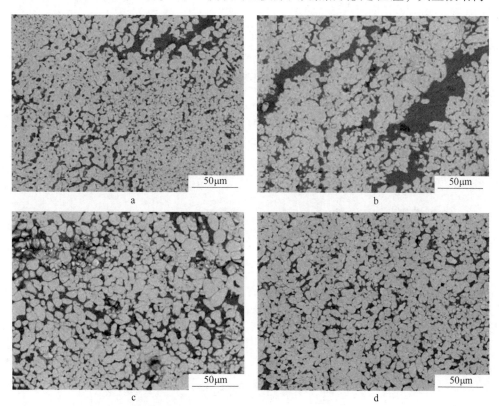

图 6-19 Al_2O_3-ZrO_2 复合粉改性定径水口

a—颗粒型水口；b—改性后的颗粒型水口；c—陶瓷型水口；d—改性后的陶瓷型水口

不能有效阻止热应力引起的炸裂，添加 Al_2O_3-ZrO_2 复合粉改性后的性能改善不明显；颗粒型水口损毁的主要原因是结构不够致密，为钢渣的侵入提供了有利通道，降低了抗冲刷和抗剥落性能，添加 Al_2O_3-ZrO_2 复合粉改性后，显微结构改善明显，生成的镁铝尖晶石增强相提高了材料的抗冲刷侵蚀性和热震稳定性。

为防止浇铸含铝量高的钢种时造成的堵塞，研制了 CaO 质定径水口与 CaO 型和 ZrO_2 质镶嵌型定径水口[42]。

6.5.4 生产工艺的优化研究

目前，镶嵌式水口应用较多，由锆芯和外套组成，外套有铝碳免烧、高铝烧成、浇注成型三种材质。为此，目前普遍采用镶嵌式复合结构，即水口内部热面采用锆质镶嵌体，而基体采用高铝质。制造工艺是分别将基体和镶嵌成型、煅烧后，在镶嵌体外表面涂敷锆英石质或高铝质泥浆，然后通过热处理使两者结合。

粘接外套的水口在高温使用时由于结合泥浆收缩，导致三个缺陷[43]：一是镶嵌体容易松动脱落；二是钢水从泥浆收缩产生的空隙处渗透，使水口熔损加快；三是基体与镶嵌体结合松散，不利于镶嵌体抗热震性的提高，为保证水口使用时镶嵌体不开裂，只能增加其气孔率，但不利于水口耐用性的提高。

Dyson（迪胜公司）首创复合水口制造方法，使得水口制造过程中无须火泥粘接，而是采用嵌件和按压外套。这种制造方法使得整个系统内嵌件和外套之间，没有漏钢的风险，非常可靠，如图 6-20 所示。

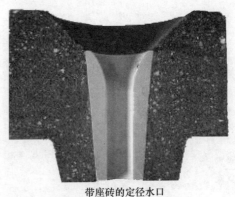

带座砖的定径水口

图 6-20 无火泥缝镶嵌工艺

　　综上所述，为得到性能优异的定径水口产品，必须在功能耐火材料的材质、制备工艺及产品设计等方面提出改进。目前，定径水口应用范围向更多浇铸领域拓展，使用维护需要更便捷、更安全，使用寿命向长寿命挑战。

参 考 文 献

[1] 苑希平. 中间包定径水口塞棒式快换复合浇注技术的开发 [J]. 山东冶金，2012, 34 (4)：76.

[2] 王文虎，李冰，王行华，等. 塞棒、快换定径水口双控流技术在连铸中间包上的应用 [J]. 耐火材料，2012, 46 (2)：137-139.

[3] 李学伟，王新福，赵洪波，等. 氧化锆水口在使用中的损毁机理初探 [J]. 河北冶金，2006, 6：1-4.

[4] 崔学正. 致密氧化锆质中间包水口的耐侵蚀性 [J]. 国外耐火材料，1999, 24 (7)：49-52.

[5] 王新福，李红霞，杨彬. 小方坯连铸用定径水口的发展趋势 [J]. 连铸，2003 (3)：37-39.

[6] 唐勋海，顾华志，杨林. 定径水口研究现状及发展 [C] //全国耐火材料青年学术报告会，2006.

[7] 干勇. 现代连续铸钢使用手册 [M]. 北京：冶金工业出版社，2010.

[8] 王静，译. Zirconia Metering Nozzle [J]. 中国耐火材料（英文版），2001, 9 (1)：28-30.

[9] 蔡开科. 连铸结晶器 [M]. 北京：冶金工业出版社，2008.

[10] 赵守才，方宇，李瑞祥，等. 浅析定径水口的损坏机理及生产中采用的改进措施 [C] //连铸用耐火材料学术会议论文集，1991：1-8.

[11] 史宸兴. 实用连铸冶金技术 [M]. 北京：冶金工业出版社，1998.

[12] 熊炳昆，林振汉，杨新民，等. 二氧化锆制备工艺与应用 [M]. 北京：冶金工业出版社，2008.

[13] Garvie R C, Hannink R H J, Pascoe R T. Ceramic steel [J]. Nature, 1975, 258：703.

[14] 余鑫萌，徐宝奎，袁发得. 二氧化锆的稳定化及应用 [J]. 稀有金属快报，2007, 26 (1)：28-32.

[15] 郭海珠. 实用耐火原料手册 [M]. 北京：中国建材工业出版社，2000.

[16] 李红霞. 耐火材料手册 [M]. 北京：冶金工业出版社，2007.

[17] 胡宝玉. 特种耐火材料实用技术手册 [M]. 北京：冶金工业出版社，2004.

[18] 卢盛意. 连铸坯质量 [M]. 北京：冶金工业出版社，1994.

[19] Bullard R L, Cheng P C, Schiefer B F J. Long term casting with zirconia nozzles [J]. Iron and Steelmaker, 1992 (6)：19.

[20] 齐志宇, 于守巍, 李泽林, 等. 高碳硅镇静钢小方坯水口结瘤分析及改进 [J]. 鞍钢技术, 2013 (5): 54-57.

[21] 孙永喜, 刘景华, 徐锡坤, 等. 定径水口浇铸电炉铝脱氧钢防水口堵塞 [C] // 发展中国家连铸国际会议, 2004.

[22] 吴武华, 薛文东, 高长贺, 等. 连铸中间包工作衬的历史及其最新研究进展 [J]. 材料导报, 2006 (S2): 418-421.

[23] 冯捷, 贾艳. 连续铸钢实训 [M]. 北京: 冶金工业出版社, 2004.

[24] 陈向阳, 付波, 杨君胜, 等. 连铸中间包定径水口快速更换与中间包长寿技术 [J]. 耐火材料, 2002 (6): 342-345.

[25] 张庆奇, 黄礼胜, 刘明华, 等. 连铸中间包不断流快速更换定径水口技术 [J]. 炼钢, 2002 (3): 27-30.

[26] 朱苗勇. 现代冶金工艺学——钢铁冶金卷 [M]. 北京: 冶金工业出版社, 2011.

[27] 袁安营, 邢连清, 李传山, 等. 致密氧化锆定径水口的制备及性能研究 [J]. 耐火与石灰, 2018, 43 (2): 16-18.

[28] 李宪奎. 电熔法制取稳定型二氧化锆 [J]. 耐火材料, 1989, 23 (5): 32-36.

[29] 张永治, 高里存, 毛向阳, 等. 添加剂对锆质定径水口烧结性能和抗热震性的影响 [J]. 耐火材料, 2006 (1): 41-43.

[30] 高里存, 张永治, 钱跃进. 锆质定径水口热震稳定性的研究 [J]. 硅酸盐通报, 2006 (3): 204-207.

[31] 薛群虎, 周咏华, 刘百宽, 等. 复合稳定剂对 ZrO_2 质定径水口相组成与性能的影响 [J]. 硅酸盐学报, 2015, 43 (12): 1806-1812.

[32] 贾文江. 氧化锆制品提高热稳定性的研究 [C] //河北省冶金学会. 2006 年第十二届冀鲁豫晋京五省 (市) 耐火材料学术交流会论文集, 2006: 3.

[33] Hannink R H J. Growth morphology of the tetragonal phase in partially stabilized zirconia [J]. Journal of Materials Science, 1978, 13: 2487-2496.

[34] 安胜利. 氧化镁部分稳定氧化锆的相变与抗热震性能研究 [J]. 包头钢铁学院学报, 2003 (4): 305-309.

[35] 李晓红, 赵团, 赵文广. 稳定氧化锆陶瓷的热膨胀特性 [J]. 包头钢铁学院学报, 1998 (2): 7-9.

[36] 张永治. 锆质定径水口的研制 [D]. 西安: 西安建筑科技大学, 2006.

[37] Masanobu Saito, Kimiaki Sasaki. et al. Corrsion resistance of densified zirconia tundish nozzle [J]. Taikabutsu Overseas, 1999, 19 (1): 40-44.

[38] 唐勋海, 顾华志, 杨林, 等. ZrO_2 定径水口表面致密化研究 [J]. 耐火材料, 2006 (4): 273-275.

[39] 田晓利, 薛群虎, 薛崇勃. 铝锆质定径水口性能研究 [J]. 硅酸盐通报, 2010, 29 (4): 918-921.

[40] 李翔，薛群虎，任学华，等. 添加 Al_2O_3-ZrO_2复合粉对氧化锆质定径水口性能的影响 [J]. 硅酸盐通报，2013，32（9）：1751-1755.

[41] 赵亮，薛群虎. 添加 Al_2O_3-ZrO_2复合粉改性氧化锆质定径水口及其损毁机理 [J]. 工程科学学报，2017，39（2）：202-207.

[42] 桂明玺. 国内外连铸用耐火材料的最新发展 [J]. 国外耐火材料，1995（1）：6-17.

[43] 李顺禄，周朝阳，李忠权，等. 连铸用高强度复合定径水口的研制 [J]. 陶瓷学报，2002（2）：139-141.

7　薄带连铸用关键耐火材料

7.1　钢铁薄带连铸用侧封板

当前，冶金工业进入了一个世界范围内的激烈竞争时代。高效、节能、环保已经成为当代冶金行业的发展趋势。因此，具有设备简洁紧凑、工艺简单、生产周期短、成材率高、能耗低等特点的薄带连铸技术已经成为冶金界的研究热点。20世纪80年代是薄带连铸技术的高速发展期，在此期间，各国开发出了多种连铸机，主要有双辊式、单辊式、辊带式、移动模式、雾冷轧制式等。其中双辊薄带连铸机被认为是最有前途的，但由于过程控制困难和产品质量不稳定，双辊薄带连铸技术的工业化应用一直非常困难。双辊薄带连铸是以旋转的水冷辊和两端侧封组成为结晶器，不经过中间冷却和再加热工序，直接由液态金属加工成金属成品或者半成品的一种新型加工工艺，如图7-1所示。

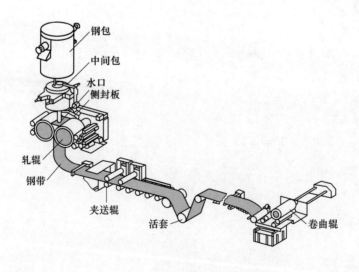

图 7-1　双辊薄带连铸示意图

在双辊薄带连铸工艺中，与之相关的一系列关键技术还有待突破，其中侧封技术就是制约其发展的瓶颈之一。侧封是为了能在两铸辊间形成液态金属熔池而在铸辊两端添加的防漏装置，它能起到约束金属液体，促进薄带成型，保证薄带边缘质量等作用，如图7-2所示。目前，主要有电磁侧封、气体侧封和固体侧封3种侧封，其中固体侧封技术是目前最成熟的一项侧封技术，在薄带连铸过程中，侧封板与铸辊两端面紧密结合，共同使钢液在侧封板与铸辊之间形成熔池，侧封板直接与高温钢水接触，要承受极其苛刻的工作条件，如反复的热冲击（尤其当钢水温度超过1500℃时）、薄带的宽展力磨损以及熔融钢水的侵蚀等。因此薄带连铸工艺生产条件要求侧封材料必须具有以下特性：首先，固体侧封板在高温下要具有一定的强度和耐磨性，但又不能磨损铸辊；其次，侧封材料必须具有较低的热导率，同时还具有低线膨胀系数和高的热震稳定性；此外，侧封材料在高温下呈化学惰性，不与金属液体反应，具有很好的抗侵蚀性。因此，侧封板材料必须具有合适的抗热震性、导热性、耐蚀性、强度、润滑性和经济性。目前由侧封材质引起的连铸失败概率达到60%，侧封材料的消耗占薄带坯生产成本的20%以上[1]，因此侧封板的材质成为急需解决的难题。

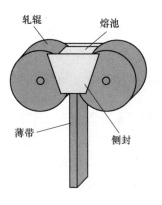

图7-2 侧封装置示意图

国内外早期的研究对象主要集中于经济性比较好的普通耐火材料，这些耐火材料的特点就是价格低廉，制备工艺简单，成本低。国外先后采用了黏土质、锆英石质、镁质、熔融石英质和铝碳质等普通材质的耐火材料进行了侧封试验，总之，目前国内外的侧封技术还没有完全成熟，真正用于生产检验的侧封材料并不多。据公开的文献，主要有以下应用实例，具体见表7-1。

表 7-1　国内外侧封技术的一些应用实例

国外研究单位	应用实例
戴维公司-浦项公司	采用熔融石英材质、高铝和氮化硼质的侧封板，实现侧封压力、位置自动
意大利尔尼钢厂	采用耐高温侵蚀的侧封板，及组合式耐火保温侧封板，并对侧封板预热，防止产生冷块
德国蒂森公司	采用碳纤维和陶瓷复合侧封板以及熔融石英侧封板，气动顶紧装置
新日铁	采用 Al_2O_3 和 ZrO_2 组合式侧封板，并设计了框架水冷和在线的加热设备
维苏威研究院和于齐诺尔公司	采用 BN 质侧封板，并分析了耐火材料损耗量和压紧力及耐火材料温度之间的关系
东北大学创新基地	采用 BN 为主的侧封板，制造成本有所降低
宝钢宁波薄带连铸	采用铝 ZrO_2-C-BN 复合材质，全自动安装技术

　　国内针对侧封材质的研究工作起步较早，但是研究水平与国外相比有明显的差距。早在 20 世纪 80 年代我国就开始对侧封板的材质进行了系统的研究。当时研究的重点依然是原料丰富、价格低廉、制备工艺简单、经济性好的侧封材料。整个 80 年代国内研制出了多种材质的侧封，为以后的研究奠定了基础。上海钢研所在"七五"期间先后开发了黏土质侧封、氧化铝-石墨质侧封和重质超低水泥浇注料与轻质超低水泥浇注料复合侧封。黏土质侧封和铝碳质侧封的热稳定性和耐蚀性均不达标，易开裂，不能完成钢水的顺利浇铸。重质超低水泥浇注料和轻质超低水泥浇注料复合侧封虽然解决了侧封炸裂的问题，但是其耐磨性和耐蚀性太差，仅能浇铸 1 炉钢，不能满足工业化生产的要求。

　　20 世纪 90 年代到 21 世纪初，随着国家和各大冶金企业对薄带连铸技术的持续关注，侧封技术的研究也迎来了其黄金期。在这一阶段，不同材质的侧封纷纷涌现。东北大学和宝钢研究院分别用熔融石英做了侧封试验，如图 7-3 所示。结果表明：熔融石英质侧封虽然具有较低的线膨胀系数和较高的抗热震性，能经受温度的剧烈变化，可以在不预热的情况下进行铸钢作业，但是由于其较脆，使用过程中容易产生裂纹而导致断裂和破碎现象，因此只能使用 1min，浇铸 1t 钢水。研究发现侧封板与钢水接触区域产生不同程度的侵蚀，随着铸轧时间的增加，侵蚀程度增加；硅钢的侵蚀程度最大，这主要是受钢中的合金元素的影响，钢中

Mn 对侧封板侵蚀程度的影响最大，这主要是由于钢水中的 MnO 和 SiO_2 反应生成低熔化合物，加速了钢水对侧封板的侵蚀；同时由于 MnO 的存在使得耐火材料与钢水的界面张力减小，钢水与侧封板反应产生的熔渣渗透到侧封板中而引起结构剥落。此外，熔融石英的硬度比较大，在连铸过程中还会磨损铸辊。宝钢的科技人员在试验中发现，这种侧封与铸辊摩擦时会产生火花，擦伤铸辊。宝钢研究院的科技人员制备了 Al_2O_3-C 复合材料侧封。试验表明：这种侧封的表面比较粗糙，且硬度较低，在连铸过程中磨损很快，使用寿命很短。为了提高侧封的强度，科技人员又研制了 MgO-SiC-C 质侧封和 Al_2O_3-SiC-C 质侧封，这两种侧封材料的耐磨性、强度、热稳定性均良好，但是在高温下材料易于氧化，使用寿命不高。东北大学李朝锋等人用锆英石和氧化锆质分别制备了侧封，并在连铸机上进行了试验，如图 7-3 所示。这两种耐火材料对熔融金属均具有良好的抗侵蚀性，不与钢水润湿和反应，化学稳定性比较好，线膨胀系数较低，随着耐火材料颗粒尺寸的减小和侧封板致密度的增大，侧封板的抗腐蚀性能增强；通过对侧封板温度场及热应力场的分析，在铸辊吻合处和钢水液面处的热应力最大，得到发生裂纹的状况与实验结果相吻合。试验证明，这两种侧封板开裂的次数明显少于熔融石英质的，这有利于保证铸轧过程的稳定性和提高铸带边缘的质量。但这两种材质的侧封板制作工艺较复杂，且锆英石在高温下易分解而造成材料抗热震性的降低。

图 7-3　侧封板模拟试验装置

从 20 世纪 80 年代起日本和美国等冶金技术强国开始对赛隆-氮化硼基复合材料做了深入而系统的研究。赛隆是一种新型耐火材料，具有极好的抗热震性、抗侵蚀性、良好的机械强度和硬度；而氮化硼热稳定性好，耐侵蚀，对钢水非润湿性好，具有化学稳定性，不与任何液态金属反应，并且它是良好的固体润滑剂。因此把两者的优势结合起来实现互补制备综合性能优越的复合材料侧封成为研究热点。日本的材料科学家比较系统地研究了这种复合材质的侧封，主要涉及 $Si_{6-z}Al_zO_zN_{8-z}$-BN-Mo、$Si_{6-z}Al_zO_zN_{8-z}$-BN、$Si_{6-z}Al_zO_zN_{8-z}$-BN-AlN、$Si_{6-z}Al_zO_zN_{8-z}$-BN-TiN、$Si_{6-z}Al_zO_zN_{8-z}$-BN-TiB$_2$ 等侧封材料。试验结果表明这些材料的抗热震性、耐磨性以及与钢水的非润湿性均良好。但是，这些材料在实现好的抗热震性的同时不能保证材料具有低的热导率，这就使得侧封板上有冷块，会导致侧封被磨损，缩短寿命。美国专利在赛隆（z 值 = 0.05 ~ 1.9）-氮化硼基体中加入 REAG 相（带有稀土金属的石榴石相，其化学式为 $3RE_2O_3 \cdot 5Al_2O_3$）。用热压烧结的方法把这种材料制成侧封板，专利称该材料的热震稳定性很好且热导率较低。

　　20 世纪 90 年代至 21 世纪初美国的薄带连铸技术走到了世界的前列，在侧封材质方面也有很大的突破。这阶段的研究热点是氮化硼-氧化物基复合材料和氮化硼-非氧化物复合材料。通过在 BN-ZrO$_2$ 基体中分别加入了 SiC、ZrC，在真空条件下于 1500 ~ 1800℃ 热压烧结制备成复合陶瓷。这两种材料的性能测试结果如下：分别达到理论密度的 94% 和 95%；弹性模量分别为 540GPa 和 750GPa；弯曲强度分别达到 77MPa 和 155MPa；线膨胀系数（1000℃）分别为 5.0×10^{-6}/℃ 和 3.5×10^{-6}/℃；热导率（1000℃）分别为 18W/(m·K) 和 14W/(m·K)。这些测试结果表明，制成的这两种侧封材料很致密，且具有很好的耐磨性、抗热震性和抗侵蚀性。另外以六方氮化硼-氧化物（Al、Mg、Si、Ti 的氧化物）为基体，加入氮化物（Al、Si、Zr、Ti 的氮化物），在真空状态下热压烧结制备了复合材料，BN-Al$_2$O$_3$-Si$_3$N$_4$ 性能最好，Al$_2$O$_3$ 和 Si$_3$N$_4$ 形成了固溶体，使材料具有很好的抗热震性、耐磨性、耐蚀性和非润湿性。采用 BN、AlN 和莫来石在 1500℃ 复合制备成陶瓷材料，在高温下试样 80% 的表面生成了玻璃态的保护层，起到了抗侵蚀的作用。侧封试验的结果表明，该试样的使用寿命较长可达 3h。BN-AlN-Si$_3$N$_4$-Al（或 Al 的等价物）复合陶瓷的抗弯强度大于 120MPa（常温）和 65MPa（1000℃），硬度达 350HV，热导率小于 8W/(m·K)，热震因子为 800W/m，与钢液的接触角大于 130°。

　　在双辊薄带连铸过程中，钢液直接注入由铸辊和耐火材料制成的侧封板所构成的熔池内，为了保持侧封板与辊端在整个连铸过程中始终处于压紧状态，在侧封板外侧需要施加较大的压紧力。同时，高温钢液对侧封板有热冲击作用，导致侧封板内部产生温度差，从而产生热应力。侧封板在压紧力和热应力等内外因素的共同作用下，极易发生破损。此外，侧封板内侧与高温钢液接触，而外侧与周围环境接触，向外散热。致使熔池内钢液在侧封板内侧易产生凝固块，使铸带边缘产生缺损。这就要求侧封板具有高耐热性能、耐热冲击性能，而且侧封板还要具有良好的绝热保温性能和对凝固块的剥离性。

　　在铸轧过程中由于侧封板与铸辊接触处发生磨损，造成侧封板与铸辊之间产生缝隙，钢水向缝隙内渗漏，产生飞边等缺陷，严重时会造成卡钢事故，在侧封板与高温钢水直接接触区域，钢水会对侧封板产生侵蚀，因此，侧封板的材质和结构及侧封板在使用过程中产生的热变形对密封效果是至关重要的。侧封板的磨损情况如图 7-4 所示，B 处为铸辊接触区，A 处为钢水接触区。铸辊接触区域要求侧封板具有良好的耐磨性，与钢水接触区域要求耐火材料具有良好的抗腐蚀性能；与铸辊吻合点需要具有以上两个性能，产生的磨损主要是铸辊的磨损和凝壳在轧制时产生宽展的磨损损耗，在铸辊吻合点部位侧封板的磨损最为严重，其对侧封板的使用寿命影响最大[2,3]。通过对侧封板热应力模拟及试验研究表明侧封板磨损最严重位置位于铸辊吻合处，主要是由于凝固壳加速了侧封板的磨损；组合式侧封板具有提高侧封板强度的作用，可以有效地防止侧封板破碎现象[4]。

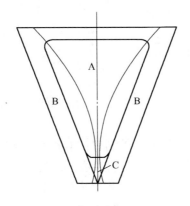

图 7-4　对侧封板不同区域的要求

A—中心位置，防止钢水的化学腐蚀；B—与铸辊接触区，防止铸辊的磨损；
C—轧制区，防止铸辊和凝壳的磨损

　　利用有限元软件得到了侧封板在工作过程中内部的温度分布情况[5]，并进行热、力耦合，得到了侧封板在工作过程中的热应力场；通过对侧封板温度场以及热应力场的分析，侧封板在与双辊吻合处和钢水液面处的热应力最大，在这些区域容易发生裂纹；采用试验结合数值模拟，并对侧封板上凝固块的形成进行了研究分析，侧封板的损坏主要是双辊的摩擦以及侧封板上冷钢凝固块对侧封板的磨损。当侧封板温度过低时，钢水的热量快速向侧封板扩散，造成侧封板附近的钢水冷却速度加快，钢水容易在侧封板附近粘住，产生凝固块，凝固块最厚可达10mm。双辊的轧制力也随之增大，并且随着铸辊的转动，凝固块反复形成、脱落，造成薄带边缘缺损。在试验过程中侧封板上形成的凝固块如图 7-5 所示，有时凝固块更大更厚，在试验中侧封板上的凝固层一旦掉入熔池内部，来不及熔化，直接进入双辊之间，就容易造成薄带连铸的断带，在连铸过程中这些凝固块甚至会造成侧封板的撕裂，导致侧封板破碎，当侧封板温度较高时，保温效果较理想，钢水在熔池内的流动性较好，减少了边部出现裂纹的情况，同时由于凝固块的减少，薄带连铸过程稳定性加强，侧封板对薄带的边缘冷却作用降低，减少了冷块、毛刺、飞边等缺陷的产生，因此在实际生产中应尽可能地提高侧封板的预热温度，同时采取加热措施来保证侧封板区域钢水温度和良好的流动性。

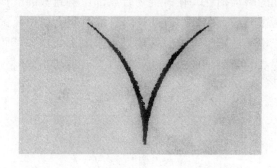

图 7-5   侧封板上形成的凝固块示意图

    侧封板是最接近实际应用的一种侧封技术。今后的侧封倾向于使用液压顶紧装置，并且具有移动功能，可以不断变换磨损点的位置，从而大大提高侧封的使用寿命。在材质方面，综合国内外的研究成果可以看出，BN 因具有一系列优良特性，成为侧封材料的首选材料，其中氮化硼-赛隆基复合材料和氮化硼-氧化物复合材料是最有潜力的两大类侧封材料。其中氮化硼-赛隆基复合材料具有良好的耐磨性、抗热震性和抗侵蚀性；氮化硼-氧化物复合陶瓷的抗氧化性强，化学稳定性良好，具有很高的强度和耐磨性以及适度的抗热震性。但这两种材料也存在一定的缺陷，即氮化硼-赛隆基复合材料的热导率过高，保温性能差，会产生冷块，加快侧封的磨损，影响薄带的质量；氮化硼-氧化物材料的抗热震性稍差，影响侧封寿命。为了克服单一材质侧封材料的缺陷，复合式侧封板就成了最好的选择。未来的研究主要侧重于复合式侧封，这将综合单一材质侧封材料的优点，得到综合性能理想的新材料。

7.2   非晶薄带连铸用关键耐火材料

    非晶薄带材是一种采用超高速凝固技术制备而成的新型功能材料，其特征是原子排列呈短程有序、长程无序，具有传统合金材料无法达到的综合优异性能，以其卓越的铁磁性、抗腐蚀性、高耐磨性等被广泛用于电力、电子等行业。自从20 世纪 60 年代 Duwez 教授等人发明液态金属快淬技术制取非晶合金以来，美国、日本、德国、苏联和中国等相继开展非晶合金的研究工作，并在 20 世纪

70~80 年代形成非晶合金研究开发的第一次热潮。非晶薄带材采用单辊浇铸成型，如图 7-6 所示，在炼钢之后直接喷带，只需一步就制造出薄带成品，节约了大量宝贵的能源，同时无污染物排放，对环境保护非常有利。正是由于非晶合金制造过程节能，同时它的磁性能优良，降低变压器使用过程中的损耗，因此非晶薄带材被称为绿色材料和 21 世纪新材料。

图 7-6　非晶薄带材生产示意图[6]

非晶薄带材生产工艺是一特钢超快超短流程超薄带连续制造新技术，所用的每个耐火元件特别是关键耐火元件的服役行为均对薄带生产效率（生产连续性）、生产成本、产品质量有重要影响。非晶薄带材实现生产高效化、薄带材高品质化发展和达到国际先进水平，有赖于高可靠性、高使用寿命、高精度新型特种耐火材料产品支撑。

（1）成带系统耐火材料组件结构、功能、寿命一体化技术。成带系统耐火材料组件是薄带生产用最关键的耐火材料，该组件是一个功能结构一体化的耐火功能制品。作为高温钢液在成带前的最后一个高温容器，其作用是成带前保持钢液的洁净度、钢液流场的均衡稳定、流股的稳定、温度场均衡稳定、各元件材料性能和使用寿命稳定等。该耐火功能组件是薄带高效生产的基础，由多个高性能、高稳定性耐火材料组装而成，包括对钢液起稳流作用、内腔结构精心设计的包体，具有过滤作用的泡沫陶瓷元件，特殊结构和高精度的流口等，需要关注各元件的选材和制备技术、结构设计和精加工技术、耐火元件组装技术等。成带系统耐火材料对钢液洁净度有严格的要求，整个工艺过程中要求不受污染。在选材上，与钢液直接接触的耐火材料需确保不与钢液产生界面化学反应，除了对材料优选外，有的表面还需特殊涂层处理，对钢液呈化学惰性。

　　流口是成带系统的最核心部件，是提高生产效率、发展特种薄带材新品种、提高特种薄带材产品质量的关键。对流口材料的性能要求是良好的抗热震性、化学稳定性、高温力学性能、可加工性；使用过程中壁面光洁且不与钢液反应、不开裂、无变形，目前普遍采用的是热压 BN 材料。但 BN 材料导热快及氧化变形易导致带材质量劣化，需开发新一代陶瓷基流口材料。

　　（2）精准和稳定控流功能耐火材料。钢液的控流耐火元件是非晶薄带材生产中较重要的关键功能耐火材料，其作用是准确控制钢液的传送，对可能突发的生产故障进行安全保护。塞棒和水口作为控流耐火元件是金属薄带生产工艺的主要形式。塞棒采用铝碳质材料，由于使用时塞棒预热条件受限，要求塞棒具有良好的抗热震性，满足现场苛刻的使用条件，其材质与生产工艺以及理化指标等见第 5 章介绍。与塞棒配套的水口是锆质水口，同样对锆质水口也有高抗热震的要求，另外要求抗侵蚀能力强，能够满足长达 1 个月的使用要求，其材质与生产工艺以及理化指标等见第 6 章介绍。

参 考 文 献

［1］孟繁德，施家红. 带钢近终形连铸的开发和应用［J］. 钢铁，1999，34（10）：348-351.

［2］施家红. 双辊薄带连铸侧封技术研究［J］. 上海钢研，1998（2）：22-34.

［3］邸洪双，李朝锋，刘相华，等. 双辊铸轧薄带钢侧封板磨损机理及热应力分析［J］. 东北大学学报（自然科学版），2002（7）：675-678.

［4］张捷宇，赵顺利，樊俊飞，等. 双辊薄带连铸侧封板热应力模拟及试验研究［J］. 包头钢铁学院学报. 2006（2）：116-118.

［5］刘鹏举，赵斌元，田守信，等. 薄带连铸侧封技术的研究现状及发展趋势［J］. 耐火材料，2008，42（4）：294-298.

［6］匿名. 非晶带材［EB/OL］.［2018-12-21］http：//www. zggy76. com/index. php？a＝shows php？a＝shows&catid＝18&id＝207.

索　引